51个专题解读西门子300/400

张胜利　范爱军　著

航空工业出版社

北　京

内 容 提 要

本书以河南中烟黄金叶生产制造中心正在使用的 CO_2 烟丝膨胀线的控制程序为例，把冷端、热端和燃烧炉中具有代表性的、难以理解的控制程序做了详细的介绍，并且每个专题还配备了相应的视频资料，如果是本行业人士使用，可以打开本部门的原程序，方便的使用本书；如果是行业外人士使用，在没有原程序的情况下，通过边观看视频边观看本书。

图书在版编目（CIP）数据

51 个专题解读西门子 300/400 / 张胜利，范爱军著
. -- 北京 ：航空工业出版社，2022.11
ISBN 978-7-5165-2935-5

Ⅰ. ①5… Ⅱ. ①张… ②范… Ⅲ. ①PLC 技术 Ⅳ. ①TB4

中国版本图书馆 CIP 数据核字（2022）第 031906 号

51 个专题解读西门子 300/400
51 ge Zhuanti Jiedu Ximenzi 300/400

航空工业出版社出版发行
（北京市朝阳区京顺路 5 号曙光大厦 C 座 4 层 100028）
发行部电话：010-85672688 010-85672689

天津和萱印刷有限公司 全国各地新华书店经售
2022 年 11 月第 1 版 2022 年 11 月第 1 次印刷
开本：787×1092 1/16 字数：510 千字
印张：29.75 定价：148.00 元

前　言

河南中烟黄金叶生产制造中心现在使用的1140Kg/h二氧化碳烟丝膨胀生产线是在美国埃尔考公司技术基础上转化吸收后的产品，控制系统由原来的Allen-Bradley的Control Logix变成了西门子的STEP7。由于STEP7是一个相当成熟的系统，介绍西门子STEP7的专著很多，其中最多的是从PLC的基本应用、基本指令、网络组态和网络诊断、编程语言等方面介绍。本书以河南中烟黄金叶生产制造中心正在使用的1140Kg/h二氧化碳烟丝膨胀生产线的控制程序为例，把冷端、热端和燃烧炉中具有代表性的、难以理解的控制程序做了详细的介绍。由于西门子STEP7是模块化设计的，本书也以专题的形式介绍了1140Kg/h二氧化碳烟丝膨胀生产线的控制程序，便于读者理解和转化。

鉴于编者的水平和时间的限制以及1140Kg/h二氧化碳烟丝膨胀生产线的控制程序庞大而繁杂，书中疏漏的地方在所难免，殷切希望同行和读者不吝指教。

作　者

2020.12.16

前言

目　录

1 变频器软启控制

功能 FC43 是“数字量输入映射”，EP1_ 冷端所有的数字量输入点全部包括在功能 FC43 当中，并且把 EP1_ 冷端用到的电机输入点全部做了定义，其中的程序段 24 把 CP-11 高压压缩机检测点全部做了定义，如图 1-1 所示。用鼠标右击程序段 24 的第一句程序“‘M’ .M1101.Q”—“跳转”—“应用位置”，选择功能 FC50，经过查找 FC50 的“对象属性”，了解到功能 FC50 是“电机状态转换程序”，其中程序段 17 是 CP-11 高压压缩机的状态转换程序，所有 CP-11 高压压缩机需要监控的点都在数据块 DB301 中存放，如图 1-2 所示。

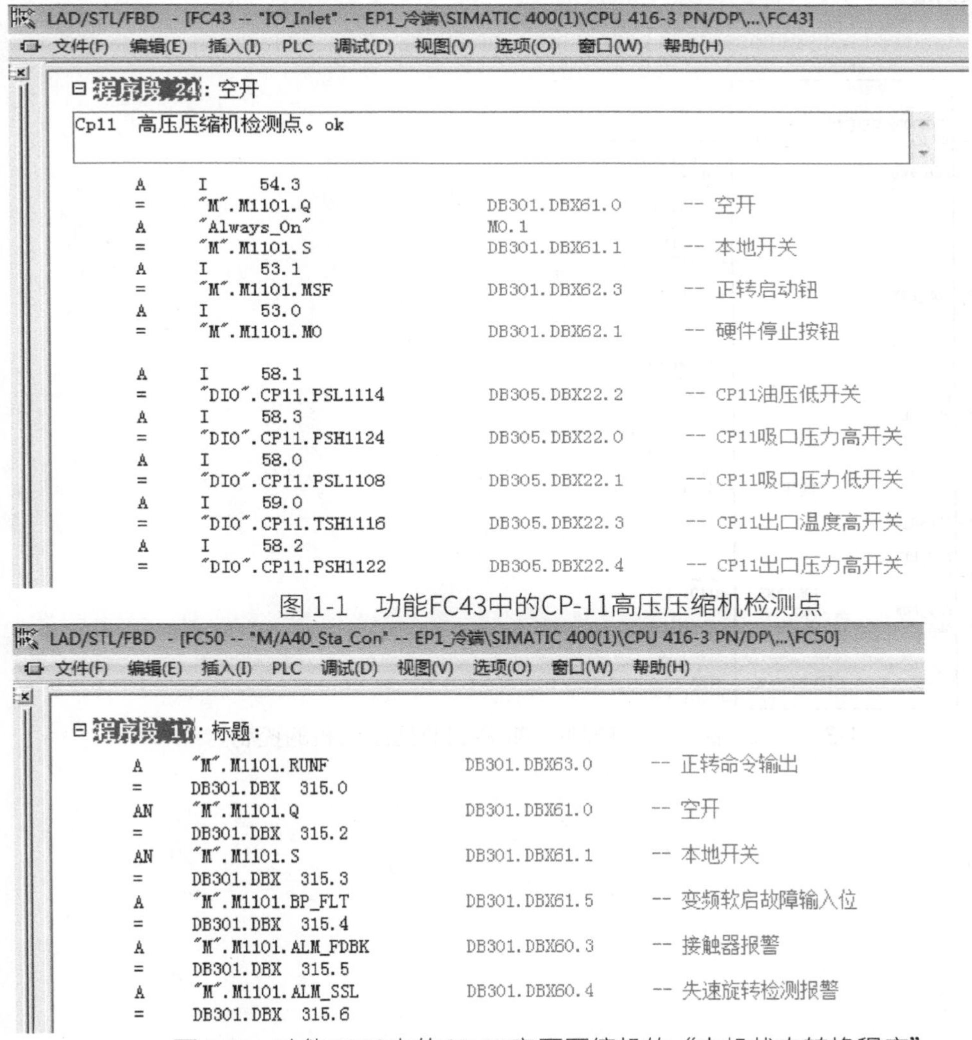

图 1-1 功能FC43中的CP-11高压压缩机检测点

图 1-2 功能FC50中的CP-11高压压缩机的“电机状态转换程序”

经过右击“‘M’.M1101.BP_FLT”—“跳转”—“应用位置”，选择功能 FB28，经过查找 FB28 的“对象属性”，了解到功能 FB28 是“变频软启控制”，在 FB28 中，定义了“开松器变频器”“CP-11 高压压缩机变频器”“液压站变频器”“工艺泵 A 变频器”“工艺泵 B 变频器”“低压压缩机变频器”共六台变频器，这和硬件配置中变频器的数量也是一致的。另外在 FB28 中，还有一台用于传输槽门控制的伺服控制器，在“标准 _SEW 伺服控制模块”中介绍。下面以高压压缩机 CP-11 为例介绍：

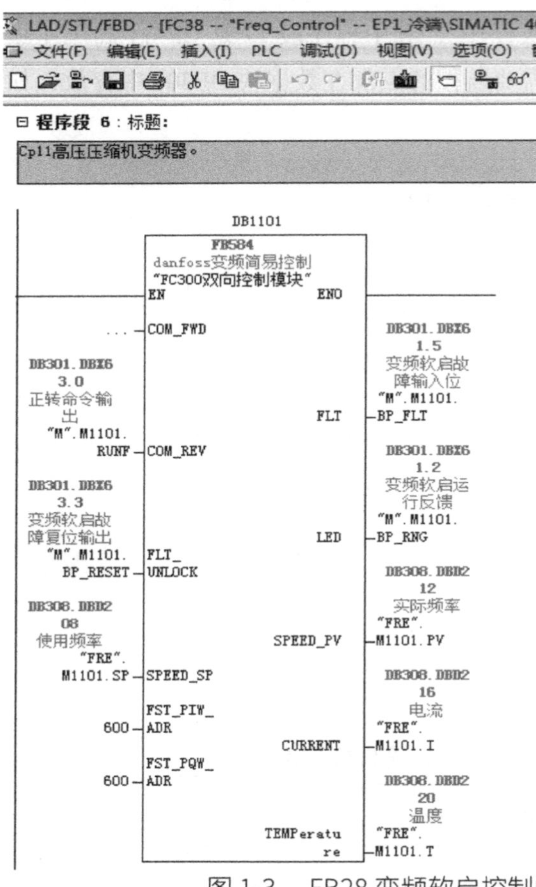

图 1-3 FB28 变频软启控制中的CP-11高压压缩机的控制

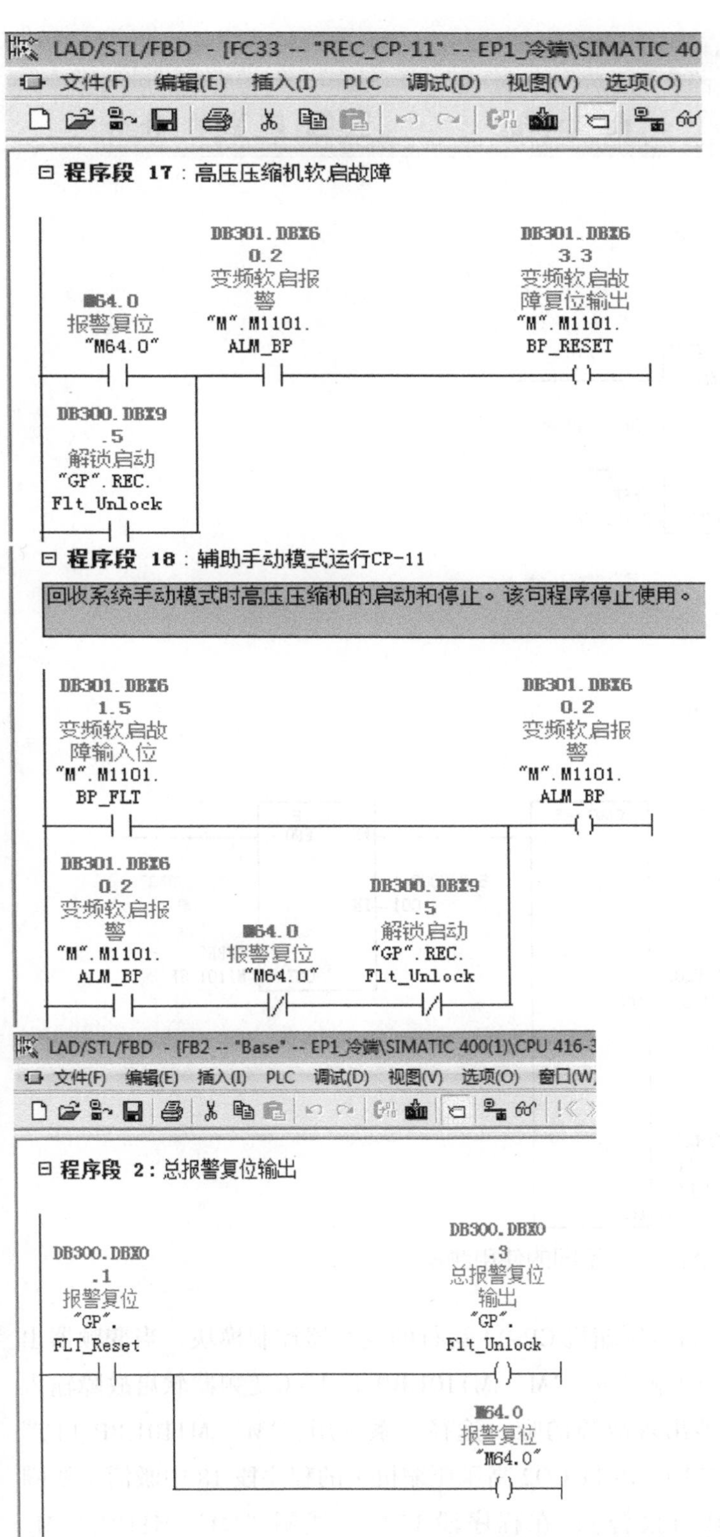

图 1-4　变频器故障和故障消除

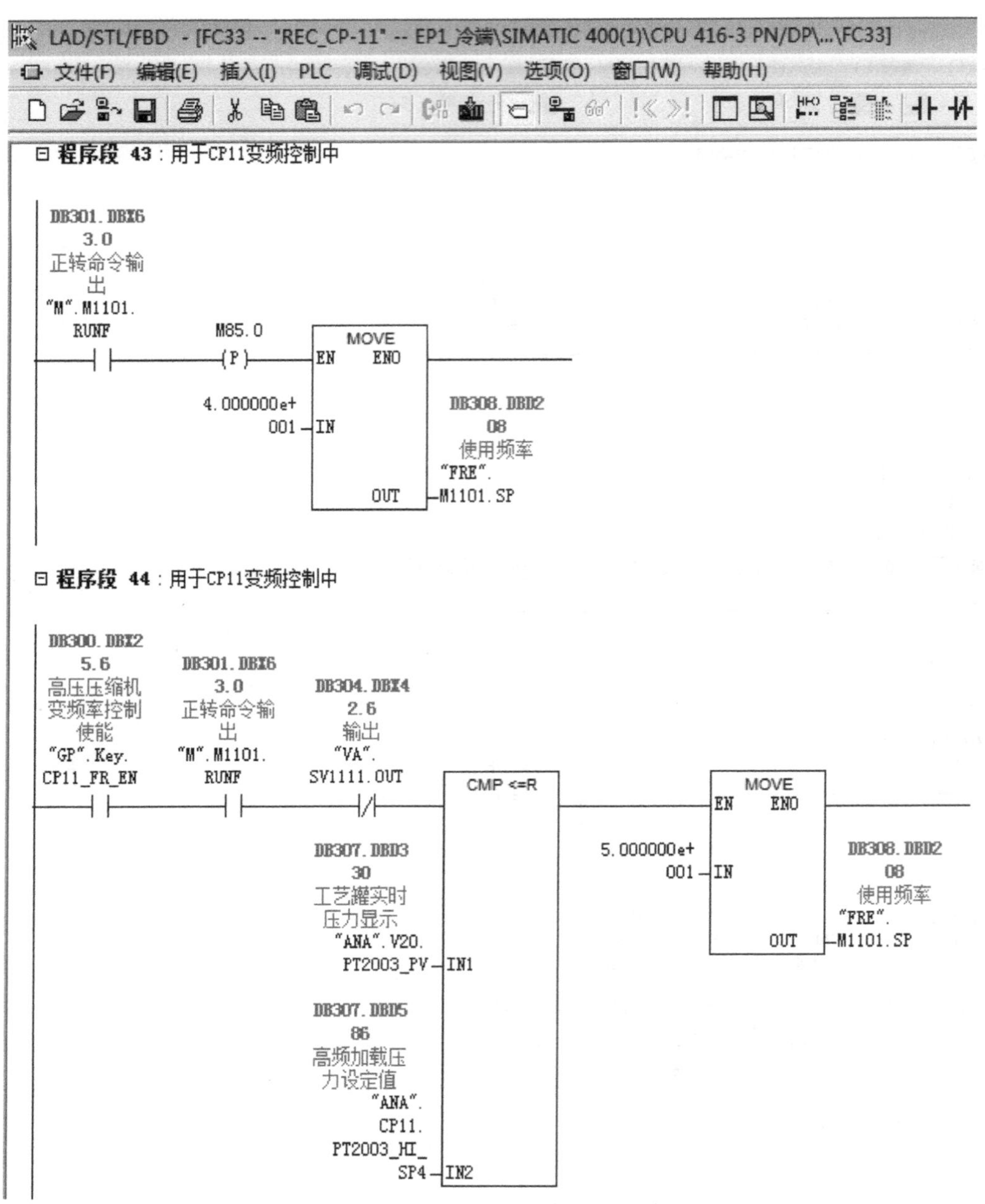

图1-5　不同的使用频率

在图 1-3 程序段 6 就是控制高压压缩机 CP-11 运行的变频器控制模块，当变频器出现故障的时候，变频器控制模块的输出位"'M'.M1101.BP_FLT"（变频器软启故障输入位）置位，也是外界知道变频器出现故障的唯一途径。系统用"'M'.M1101.BP_FLT"（变频器软启故障输入位）在 FC33（CP-11 CO2 高压压缩机）的程序段 18 中激活了线圈"'M'.M1101.ALM_BP"（变频软启报警）；在程序段 17 中，线圈"'M'.M1101.ALM_

BP”（变频软启报警）的常开触点为“M64.0”（报警复位）准备条件，如图 1–4 所示。当“报警复位按钮”被按下以后，在功能块 FB2（时钟和报警复位）的程序段 2 中激活了线圈“M64.0”（报警复位），如图 1–5 所示。紧接着，在图 1–4 程序段 17 中激活了线圈“‘M’.M1101.BP_RESET”（变频软启故障复位输出），在图 3 程序段 6 中，线圈“‘M’.M1101.BP_RESET”（变频软启故障复位输出）的常开触点消除了变频器故障。

在图 1–3 程序段 6 中，“‘M’.M1101.RUNF”（正转命令输出）是启动变频器的不多条件之一，当“‘M’.M1101.RUNF”（正转命令输出）条件输入到变频器模块以后，变频器模块会输出“‘M’.M1101.BP_RNG”(变频软启运行反馈）线圈，便于后边的程序使用。由于变频器接收到信号“‘M’.M1101.RUNF”（正转命令输出）以后，要经过一定的计算并且沿着一定的曲线进行启动，这也是线圈“‘M’.M1101.BP_RNG”(变频软启运行反馈）和线圈“‘M’.M1101.RUNF”(正转命令输出）的区别，线圈“‘M’.M1101.BP_RNG”(变频软启运行反馈）滞后于线圈“‘M’.M1101.RUNF”（正转命令输出）。

在图 1–3 程序段 6 中，右击“FRE”.M1101.SP”(使用频率)—“跳转到”—“应用位置”，打开了图 1–5 的 FC33（CP–11 CO2 高压压缩机），在程序段 43、44、45、46、47、48 中，分别对高压压缩机不同阶段使用的频率进行了设定，最终输入到变频器模块。

在图 1–3 程序段 6 中，输入参数中有两个“600”，这时高压压缩机使用的变频器的输入和输出地址如图 1–6 所示。

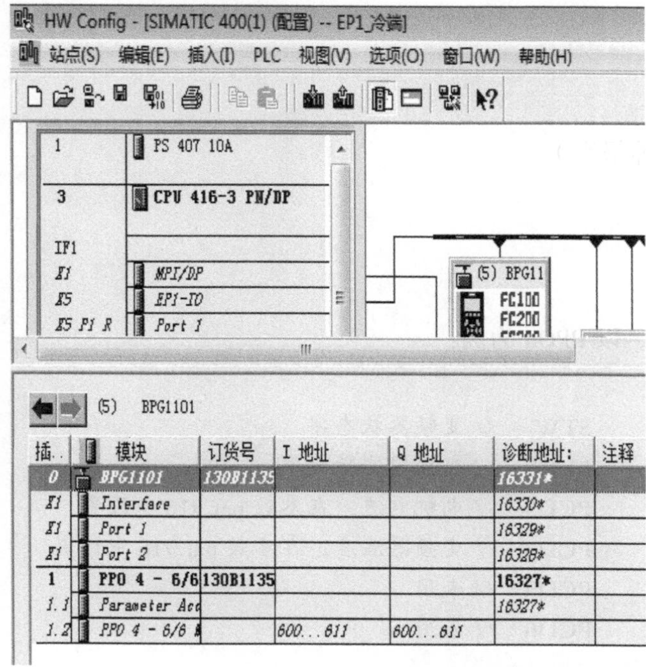

图1-6 高压压缩机使用的变频器的输入和输出地址

在图 1–3 程序段 6 中，右击控制模块—“被调用块—“打开”，打开了功能块 FB584，了解到功能块 FB584 是“双向变频器电机控制”，下面对功能块 FB584 进行解读，如图 7 所示。

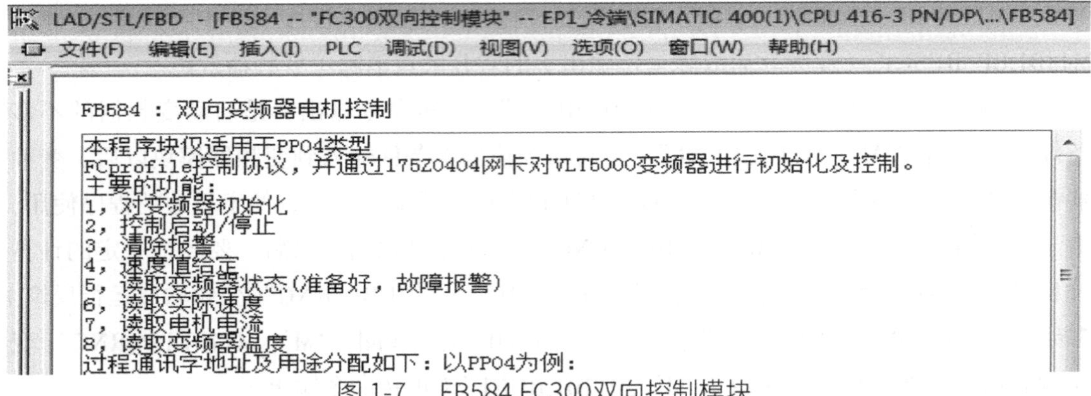

图 1-7　FB584 FC300双向控制模块

1. 放在 FB584 前面的解释

本程序块仅适用于 PPO4 类型（数据传输格式），FCprofile 控制协议，并通过 175Z0404 网卡对 VLT5000 变频器进行初始化及控制。其主要功能如下：

1. 对变频器初始化。
2. 控制启动 / 停止。
3. 清除报警。
4. 速度值给定。
5. 读取变频器状态 (准备好，故障报警)。
6. 读取实际速度。
7. 读取电机电流。
8. 读取变频器温度。

过程通信字地址及用途分配如下，以 PPO4 为例：

输入数据：

PIW300	byte 0 and 1	STW	// 变频器状态字
PIW302	byte 2 and 3	MAV	// 变频器实际频率
PIW304	byte 4 and 5	PCD3	// 电机电流，在参数 par.916 中设置
PIW306	byte 6 and 7	PCD4	// 变频器温度，在参数 par.916 中设置
PIW308	byte 8 and 9	PCD5	// 未用
PIW310	byte 10 and 11	PCD6	// 未用

输出数据：

PQW300	byte 0 and 1	CTW	// 变频器控制字

```
PQW302    byte 2 and 3     MRV     // 变频器频率设定
PQW304    byte 4 and 5     PCD3    // 未用
PQW306    byte 6 and 7     PCD4    // 未用
PQW308    byte 8 and 9     PCD5    // 未用
PQW310    byte 10 and 11   PCD6    // 未用
```

VLT5000 变频器内部相关参数设置为：

```
PAR.502        =SERIAL PORT          // 总线模式
PAR.904        =PPO4                 // 数据传输格式
PAR.918        =3                    // 该变频器的 PROFIBUS-DP 站址
PAR.512        =FC profile           // 报文结构
PAR.916 : [1]  = par.520             // 读取电机电流
               [2]= par.537          // 读取变频器温度（散热片温度）
PAR.200        =132HZ BOTH DIRICT
```

另外，变频器控制端子 12 与 27 需短接，目的是使能变频器。

2. 程序段 1——输入镜像

程序的第一句“L #FST_PIW_ADR”是“PP04 类型 PIW 起始地址”，这个地址是被调用功能块 FB584 的功能 FB28 中某个变频器在硬件配置时系统分配给它的起始地址，这个地址在硬件配置中可以找到。“#FST_PIW_ADR”经过“L”指令装载到累加器 1 中，经过“ITD”（整数变双整数）和“ SLD 3”（左移 3 位）把变频器的 PIW 起始地址值变成了寄存器间接寻址的指针形式，便于后面使用。通过“LAR1”把变频器的 PIW 起始地址的指针值装载到寄存器 1(AR1）中。“L PIW[AR1,P#0.0]”将变频器的 PIW 起始地址值装载到累加器 1 中。“T LW0”将累加器 1 中的“PIW[AR1,P#0.0] ”传送到局部数据字 LW0 中，接下来将“PIW [AR1,P#2.0]”中值传送到“#PIW_Speed”（变频器运行频率）、“PIW [AR1,P#4.0]”中值传送到“#PIW_Current”（变频器运行电流）、“PIW [AR1,P#6.0]”中值传送到“#PIW_ Temp”（变频器温度），最后“#PIW_StatusWord.OperatI/On”（状态字操作）被系统置位“#LED”。

```
L       #FST_PIW_ADR        //
ITD
SLD     3                   // 变频器的输入起始地址值变成了寄存器
                               间接寻址的指针形式
LAR1                        // 把变频器的输入起始地址的指针值装载
                               到寄存器 1(AR1）中
L       PIW [AR1,P#0.0]     // 将变频器的输入起始地址中的值装载到
                               累加器 1 中
```

```
T        LW    0                 //将变频器的输入起始地址中的值传送到
                                 局部变量LW0中
L        PIW [AR1,P#2.0]
T        #PIW_Speed              //将变频器的输入起始地址 +2 中的值传送
                                 给局部变量 #PIW_Speed
L        PIW [AR1,P#4.0]
T        #PIW_Current            //将变频器的输入起始地址 +4 中的值传送
                                 给局部变量 #PIW_Current
L        PIW [AR1,P#6.0]
T        #PIW_Temp               //将变频器的输入起始地址 +6 中的值传送
                                 给局部变量 #PIW_Temp
A        #PIW_StatusWord.OperatI/On
=        #LED                    //当“#PIW_StatusWord.OperatI/On”为 1
                                 时，激活 #LED
```

3. 程序段 2——置位 ALWAYS_ON 变量，读系统时间

读取系统时间的系统功能 SFC64 在“使用 SFC64‘TIME_TCK’读取系统时间”专题中已经讲述，在此不再赘述。

经过 SFC64 读取出来的系统时间通过返回参数“RET_VAL”赋值给“#TM_MS”，用“#TM_MS”中的时间值除以 100 后的值，通过“T”指令传送给局部变量“#TM_01S”。

```
SET
=          #ALWAYS_ON
CALL       “TIME_TCK”            //读取系统时间
RET_VAL    :=#TM_MS              //把系统时间赋值给 #TM_MS
L          #TM_MS
L          100
/D
T          #TM_01S               //读取的系统时间除以 100，再赋值给局
                                 部变量 #TM_01S
```

4. 程序段 3——反馈报警

有运行输出，没有运行反馈，超出 3 秒后，反馈故障。修改 L#30，改变反馈报警的时间。

```
      A         #COM_FWD
      =         #FWD_RUN_OUT
      A         #COM_REV
      =         #REV_RUN_OUT                   //
      SET
      A         #FWD_RUN_OUT
      O         #REV_RUN_OUT
      AN        #PIW_StatusWord.OperatI/On     //
      JC        FK
      L         #TM_01S                        // 只要 #COM_FWD（正转命令）或是
                                               #COM_REV（反转命令）没有输入变频器
                                               模块，或且 #PIW_StatusWord.OperatI/On
                                               没有置位
      T         #T_FDBK                        // 把系统时间的 1%，即 #TM_01S 赋值给
                                               #T_FDBK
FK:   NOP  0                                   // 只要 #COM_FWD（正转命令）或是
                                               #COM_REV（反转命令）有一个输入变频
                                               器模块，并且 #PIW_StatusWord.OperatI/On
                                               已经置位
      L         #TM_01S
      L         #T_FDBK
      -D
      SLD       25
      SRD       25
      L         L#30
      >=D
      =         #FDBK_FLT                      // 本次的 #TM_01S” 减去上一次“#T_
                                               FDBK”的差值和 30（3 秒）相比，如果
                                               差值大于 30（3 秒），说明系统有输入后
                                               没有反馈的时间超出了设定值，系统置位
                                               “#FDBK_FLT”，为故障报警提供准备
```

“#COM_FWD”和“#COM_REV”都是调用功能 FC38 中的“正转命令”和“反转命令”的输入点，当实际调用后，如果“正转命令”或“反转命令”有输入，系统通用“正转命令”和“反转命令”各自定义了“#FWD_RUN_OUT”（正转输出）和“#REV_RUN_OUT”（反转输出）线圈。“#FWD_RUN_OUT”（正转输出）和“#REV_RUN_OUT”

（反转输出）线圈的常开点并联后再和“#PIW_StatusWord.OperatI/On”（输入状态为操作位）的常闭点相串联，检测 RLO 位的值，当 RLO 位为 0 时，说明已经有反馈 [“#PIW_StatusWord.OperatI/On”（输入状态为操作位）常闭点已经变为开点]，系统把程序段 2 中读取到的系统时间的 1% 赋值给“#T_FDBK”（反馈报警定时器）；否则当 RLO 位为 1 时，说明已经没有反馈 [“#PIW_StatusWord.OperatI/On”（输入状态为操作位）常闭点没有被使能]，这时程序跳转到“FK”位置。用本次系统时间的 1% 的“#TM_01S”减去上一次系统时间的 1% 的“#T_FDBK”的差值和 30（3s）相比，如果差值大于 30（3s），说明系统有输入后没有反馈的时间超出了设定值，系统置位“#FDBK_FLT”为故障报警提供准备。

5. 程序 4——故障报警

程序 3 检测到的反馈报警“#FDBK_FLT”“#PIW_StatusWord.Warning”和“#PIW_StatusWord.Trip”中的任意一个被使能，系统就报警。

```
O        #FDBK_FLT
O        #PIW_StatusWord.Warning
O        #PIW_StatusWord.Trip
=        #FLT                      // 当 #FDBK_FLT、#PIW_StatusWord.
                                   Warning 或 #PIW_StatusWord.Trip 中的一个
                                   条件得到满足，就向外发出报警。
```

6. 程序段 5

VLT 反馈频率字的读取与解析、VLT 输出频率字的计算与输出和 VLT 控制字的计算及输出。

```
                    // 反馈频率字解析
L        #PIW_Speed
ITD
DTR
L        3.276800e+002
/R
T        #SPEED_PV
                    // 提取电机电流
L        #PIW_Current
ITD
DTR
L        1.000000e+002
/R
T        #CURRENT
```

```
                        //提取变频器温度
L        #PIW_Temp
ITD
DTR
T        #TEMPerature
                        //输出频率字运算
L        #SPEED_SP                          //装入速度设定值
L        3.276800e+002
*R
RND
T        #PQW_SpeedSet                      //输出频率数据转换
                        //输出控制字运算
L        W#16#43F                           //初始化控制字
T        LW      8
SET
A        #REV_RUN_OUT                       //判断是否反转
AN       #FWD_RUN_OUT
=        #PQW_ControlWord.ReversI/ //设置反转
    On
SET
A        #FWD_RUN_OUT
O        #REV_RUN_OUT
=        #PQW_ControlWord.Start             //启动变频器
```

1）反馈频率字解析，系统通过装载指令“L”把变频器频率的实际值“#PIW_Speed 装载到累加器 1 中，通过“ITD”（整数转换双整数）和“DTR”（双整数转换实数），把读取出的变频器频率的实际值转换成实数，变频器频率的实际值除以 3.276800e+002，并把这个值传送给输出值“#SPEED_PV”，作为调用块 FB28 的输出参数。通过这个输出参数把变频器的频率的实际值输出给共享数据块 DB308 中，以便调用。

2）提取电机电流，系统通过装载指令“L”把变频器电流的实际值“#PIW_Current”装载到累加器 1 中，通过“ITD”（整数转换双整数）和“DTR”（双整数转换实数），把读取出的变频器电流的实际值转换成实数，变频器电流的实际值除以 1.000000e+002，并把这个值传送给输出值“#CURRENT”，作为调用块 FB28 的输出参数。通过这个输出参数把变频器频率的实际值输出给共享数据块 DB308 中，以便调用。

3）提取变频器温度，系统通过装载指令“L”把变频器内部温度的实际值“#PIW_Temp”装载到累加器 1 中，通过“ITD”(整数转换双整数）和“DTR”(双整数转换实数)，把读取出的变频器内部温度的实际值转换成实数，并把变频器内部温度的实际值传送给输出值“#TEMPerature”，作为调用块 FB28 的输出参数。通过这个输出参数把变频器频率的实际值输出给共享数据块 DB308 中，以便调用。

4）输出频率字运算，系统通过装载指令“L”把“#SPEED_SP”（速度设定值）和 3.276800e+002 相乘后，所得到的数通过“RND”（将浮点数四舍五入成双整数），最终把经过整定的数传送给“#PQW_SpeedSet”（ 输出频率数据转换 ）。

5）输出控制字运算

经过查看 FB584 的变量声明表可以看到如图 1–8 所示，LW8 刚好是外设输出控制字，W#16#43F 的二进制数为 0000 0100　0011　1111，用“#REV_RUN_OUT”（反转输出）的常开触点和“#FWD_RUN_OUT”（正转输出）的常闭触点来判断是正转或反转，如果有能流输出说明是正转，这时置位“#PQW_ControlWord.ReversI/On”，让反转输出。最后，不管是正转或反转，都通过“#PQW_ControlWord.Start”启动变频器。

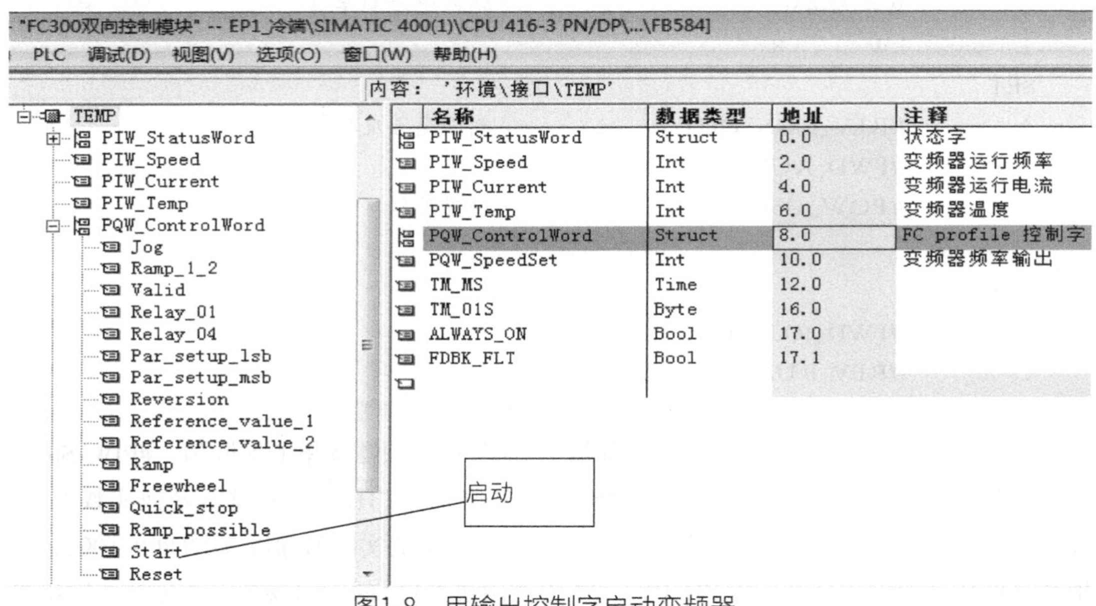

图1-8　用输出控制字启动变频器

6）报警程序的处理

```
SET
A        #FLT_UNLOCK            //将报警复位命令重新传输进去
=        #PQW_ControlWord.Reset
L        #FST_PQW_ADR
ITD
SLD      3
LAR1
L        LW       8
```

```
T       PQW [AR1,P#0.0]
L       #PQW_SpeedSet
T       PQW [AR1,P#2.0]
```

“#FLT_UNLOCK”是输入参数，主调功能 FB28 中通过该参数把已经报警的变频器复位，最终通过“#PQW_ControlWord.Reset”复位变频器。

程序的第一句“L #FST_PQW_ADR”是“PP04 类型 PQW 起始地址”，这个地址是被调用功能块 FB584 的功能 FB28 中某个变频器在硬件配置时系统分配给它的起始地址，这个地址在硬件配置中可以找到，如图 1–6 所示。“#FST_PQW_ADR”经过“L”指令装载到累加器 1 中，经过“ITD”（整数变双整数）和“ SLD 3”（左移 3 位）把变频器的 PQW 起始地址值变成了寄存器间接寻址的指针形式，便于后面使用。通过“LAR1”把变频器的 PQW 起始地址的指针值装载到寄存器 1(AR1）中，“L PQW[AR1,P#0.0]”将变频器的 PQW 起始地址值装载到累加器 1 中。“L LW8”将局部数据字 LW8 中的值装载到累加器 1，接下来将局部数据字 LW8 中的值传送给“PQW [AR1,P#0.0]”，最后把“#PQW_SpeedSet”（变频器频率输出）传送到“PQW [AR1,P#2.0]”。

2 本地启动点程序

在 EP1_ 冷端共使用了 13 台电机和 3 个加热器，3 个加热器的启停方式和电机的启停方式是一样的，所以把 3 个加热器也当成电机使用。当系统处于手动状态时，与这 16 台电机对应的正转按钮、反转按钮和停止按钮，以及监视屏上对应的正转软按钮、反转软按钮、停止软按钮都可以使用。在实际使用中，不是用这些按钮直接控制程序的，而是把这些按钮信号转换成了“正向启动信号”和“反向启动信号”，所以系统定义了“FB588”这个功能块，把按钮信号转换为启动信号。在 FB111（本地启动点程序）中，定义了 16 个和 FB588 具有多重背景的变量，对 16 台电机进行统一定义，下面以 BC33 双向皮带机上的布料车的双向移动为例进行介绍：

在图 2–1 程序段 4 中，“Man”（手动状态）、“MSF”（正转）、“MSR”（反转）、“MO”（停止）、“No_Limit_F”（左限位）、“No_Limit_R”（右限位）是输入条件，“ST_F”（正向启动信号）、“ST_R”（反向启动信号）是输出。

当“M101.6”（BC3302 车前进允许）条件具备，按下“‘M’.M3302.MSF”（正转启动钮）后，输出“M_MID”.M3302.ST_F”（1_ 正向启动信号），以备后面程序使用。当“M102.6”（BC–33 反转允许）条件具备，按下“‘M’.M3302.MSR”（正转启动钮）后，输出‘M_MID’.M3302.ST_R”（1_ 反向启动信号），以备后面程序使用。当按下“‘M’.M3302.MO”（硬件停止按钮）后，原来的启动信号被停止。

在 FB588 中，一共有 10 个程序段，在图 2–2 中，前 5 个程序段定义了当正转按钮按动以后，怎样转换成正向启动信号和按下停止按钮以后停止正向启动信号的输出；后 5 个程序段定义了当反转按钮按动以后，怎样转换成反向启动信号，和按下停止按钮以后，停止反向启动信号的输出。

在程序段 1 中，当系统处于手动模式和相当于左限位的“#No_Limit_F”也被激活，这时激活了线圈“#mid3”，线圈“#mid3”的常开触点分别为程序段 2、3 和 4 的启动做好准备。

在程序段 2 中，相当于正向启动的按钮“‘M’.M3302.MSF”（ 正转启动钮），即“#MSF”被按下（暂时不要松手）后，就激活了线圈“#mid1”。

在程序段 3 中，线圈“#mid1”的常开触点就为激活线圈“#startF”做好准备，当被按下的“#MSF”松手以后，在程序段 3 中“#MSF”和线圈“#mid1”的常开触点就激活了线圈“#startF”，在程序段 5 中，线圈“#startF”的常开触点激活了线圈“#ST_F”（ 1_ 正向启动输出），即 FB111 中‘M_MID’.M3302.ST_F”（1_ 正向启动信号）。

停止“#ST_F”（1_ 正向启动输出）有两种方式：

一种是按下“‘M’.M3302.MO”（硬件停止按钮），即“#MO”（停止按钮 0_ 停），导致程序段 2 中的线圈“#mid1”失电—程序段 3 中的线圈“#startF”失电—程序段 5 中的线圈“#ST_F”（1_ 正向启动输出）失电，即 FB111 中‘M_MID’.M3302.ST_F”（1_ 正向启动信号）失电。

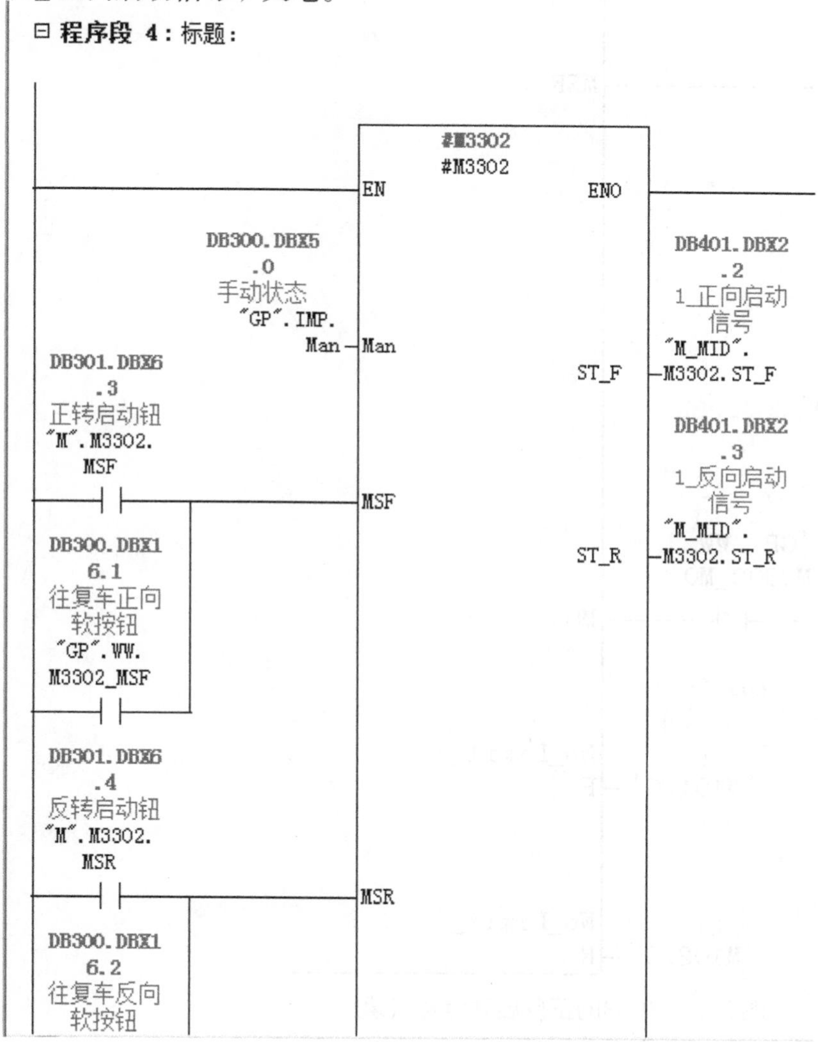

□ **程序段 4**：标题：

```
#M3302
#M3302
EN                ENO
DB300.DBX5.0 手动状态 "GP".IMP.Man — Man
DB301.DBX6.3 正转启动钮 "M".M3302.MSF — MSF
DB300.DBX16.1 往复车正向软按钮 "GP".WW.M3302_MSF
DB301.DBX6.4 反转启动钮 "M".M3302.MSR — MSR
DB300.DBX16.2 往复车反向软按钮
ST_F — DB401.DBX2.2 1_正向启动信号 "M_MID".M3302.ST_F
ST_R — DB401.DBX2.3 1_反向启动信号 "M_MID".M3302.ST_R
```

图2-1　BC33的正反启动信号

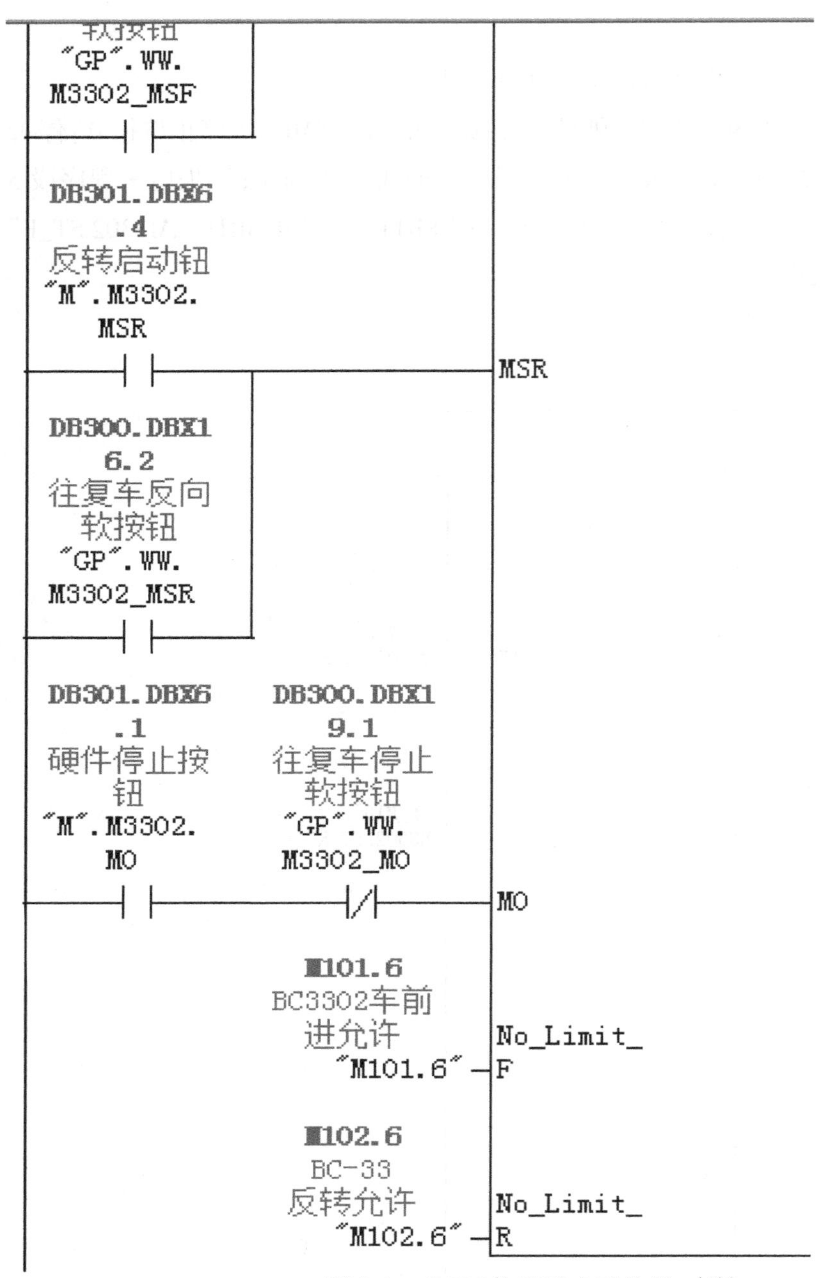

图 2-1　BC33的正反启动信号（续）

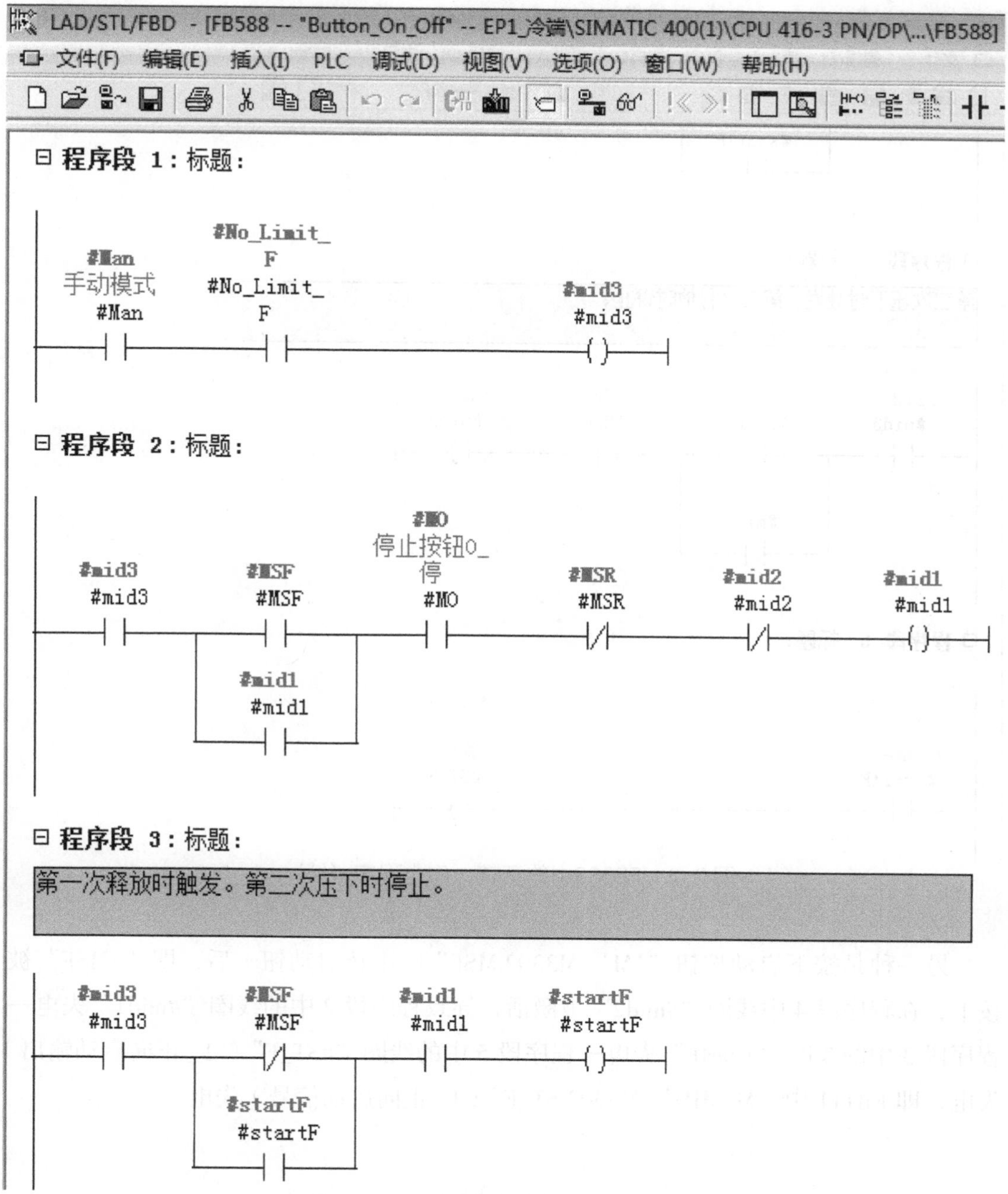

LAD/STL/FBD - [FB588 -- "Button_On_Off" -- EP1_冷端\SIMATIC 400(1)\CPU 416-3 PN/DP\...\FB588]

文件(F) 编辑(E) 插入(I) PLC 调试(D) 视图(V) 选项(O) 窗口(W) 帮助(H)

程序段 1：标题：

#Man 手动模式 #Man

#No_Limit_F #No_Limit_F

#mid3 #mid3

程序段 2：标题：

#mid3 #mid3

#MSF #MSF

#mid1 #mid1

#MO 停止按钮0_停 #MO

#MSR #MSR

#mid2 #mid2

#mid1 #mid1

程序段 3：标题：

第一次释放时触发。第二次压下时停止。

#mid3 #mid3

#MSF #MSF

#startF #startF

#mid1 #mid1

#startF #startF

图2-2 FB588中的正转、停止程序

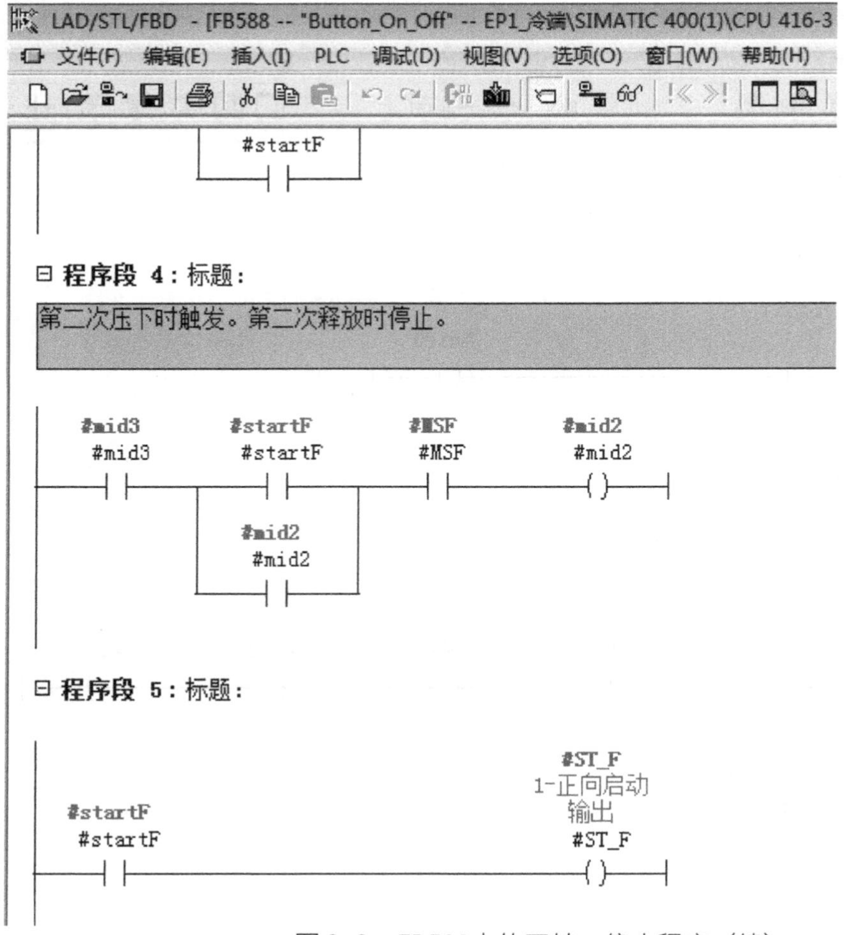

图 2-2　FB588中的正转、停止程序（续）

另一种是按下启动按钮“‘M’.M3302.MSF”（ 正转启动钮）后，即“#MSF”被按下，在程序段 4 中线圈“#mid2”被激活，导致程序段 2 中的线圈“#mid1”失电—程序段 3 中的线圈“#startF”失电—程序段 5 中的线圈“#ST_F”（ 1_ 正向启动输出）失电，即 FB111 中‘M_MID’.M3302.ST_F”（1_ 正向启动信号）失电。

3　多重背景功能块的使用

1. 多重背景功能块的使用

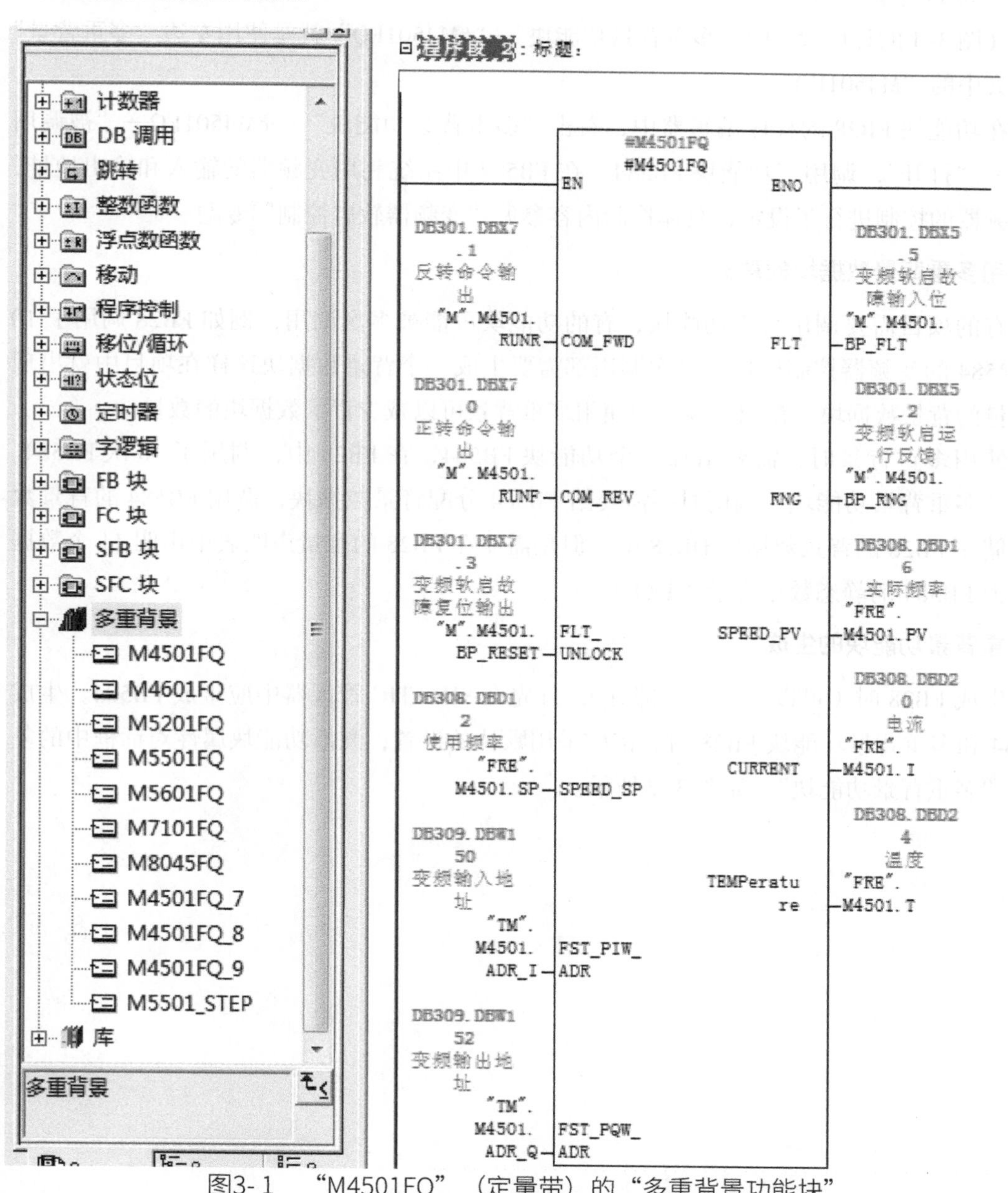

图3-1　“M4501FQ”（定量带）的“多重背景功能块”

在EP2_热端，双击SIMATIC管理器右边窗口中“FB28”(变频软启控制)，打开了程序编辑器FB28，点击上面的“视图”栏，勾选上面的“总览”，打开左边的指令列表，在指令列表中的“多重背景”文件夹中，定义了“M4501FQ”(定量带)、“M4601FQ”

（进料气锁）、“M5201FQ”（出料气锁）、“M5501FQ”（工艺风机）、“M5601FQ”（废气风机）、“M7101FQ”（冷却振槽）、“M8045FQ”（三级回潮筒）、“M4501FQ-7”（没有使用）、“M4501FQ-8”（没有使用）、“M4501FQ-9”（没有使用）、“M5501_STEP”（ 工艺风机步进控制）共 11 个多重背景功能块。

在图 3-1 的程序段 2 中,“多重背景功能块”—“#M4501FQ” 就是使用左边 “多重背景” 文件夹中的 “M4501FQ”。

在功能块 FB28 的程序编辑器中，右击 “多重背景功能块” —#M4501FQ— “被调用块” — “打开”，调用了功能块 FB584。在 FB584 中系统利用变频器的输入和输出地址，对变频器的控制进行了设定，具体控制内容参见 “变频器软启控制” 专题。

2. 使用多重背景数据块的意义

有的项目需要调用很多功能块，有的功能块可能被多次调用，例如 FB28 调用了 10 次 FB584 的变频器控制模块。每次调用都需要生成一个背景数据块这样在项目中就出现了大量的背景数据块。在用户程序中使用多重背景可以减少背景数据块的数量。

使用多重背景时，需要增加一个功能块 FB584，在 FB28 中，调用了 10 次 FB584。由于 “多重背景功能块” 调用时不需要给 FB584 分配背景数据块，调用 FB584 的背景数据存储在 FB28 的背景数据块 DB28 中，但是需要在 FB28 的变量声明表中声明 11 个数据类型为 FB584 的静态数据变量 (STAT)。

3. 多重背景功能块的生成

生成 FB28 时（可以是其中一部分），首先在 SIMATIC 管理器中应生成 FB584。生成 FB584 和多重背景功能块 FB28 时，都应采用默认的设置，激活功能块属性对话框中的复选框 “多重背景功能块”，如图 3-2 所示。

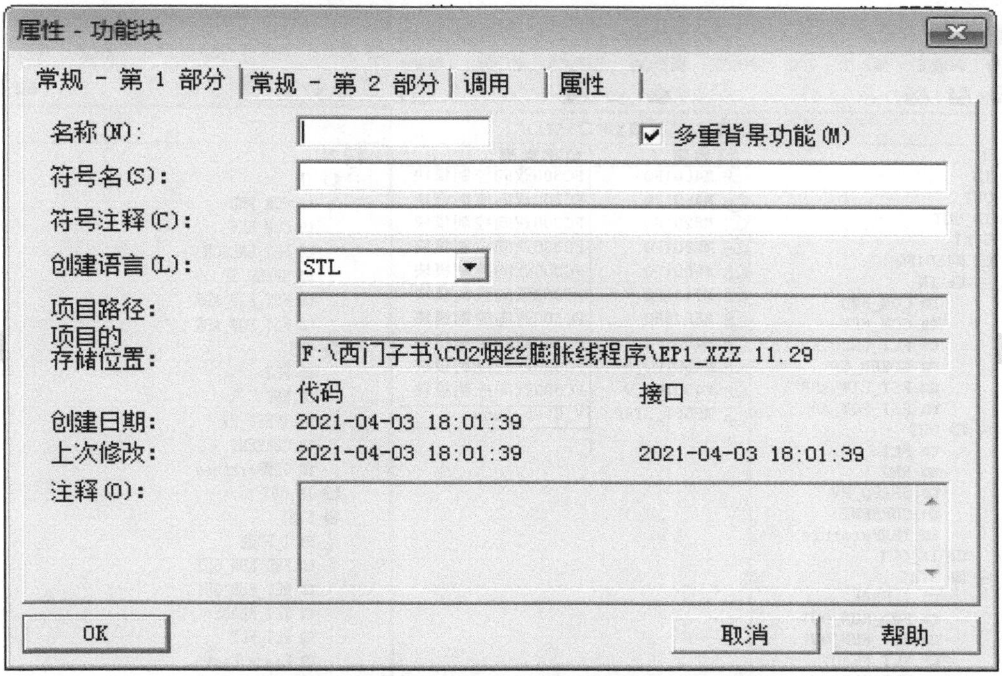

图 3-2　在功能块属性对话框中勾选多重背景功能

实现多重背景的关键，是在 FB28 的变量声明表中声明 11 个静态变量(STAT)“M4501FQ”(定量带)、“M4601FQ”、“M5201FQ”、“M5501FQ”、“M5601FQ”、“M7101FQ”、“M8045FQ”、“M4501FQ-7”、“M4501FQ-8”、“M4501FQ-9”和“M5501_STEP”，它们的数据类型为 FB584(符号名为“FC300 双向控制模块”)。程序编辑器左边“总览”里“多重背景”文件夹中的“M4501FQ”(定量带)、“M4601FQ”、“M5201FQ”、“M5501FQ”、“M5601FQ”、“M7101FQ”、“M8045FQ”、“M4501FQ-7”、“M4501FQ-8”、“M4501FQ-9”和“M5501_STEP”中的所有变量来自 FB584 的变量声明表，它们是自动生成的，不是用户在 FB28 中输入的，如图 3-3 所示。

4. 调用多重背景功能块

生成静态变量“M4501FQ”(定量带)、“M4601FQ”、“M5201FQ”、“M5501FQ”、“M5601FQ”、“M7101FQ”、“M8045FQ”、“M4501FQ-7”、“M4501FQ-8”、“M4501FQ-9”和“M5501_STEP”后，它们将自动出现在程序编辑器左边窗口的“多重背景”文件夹中，如图 3-1 所示。将它们“拖放”到 FB28 的程序区，然后指定它们的输入参数和输出参数。

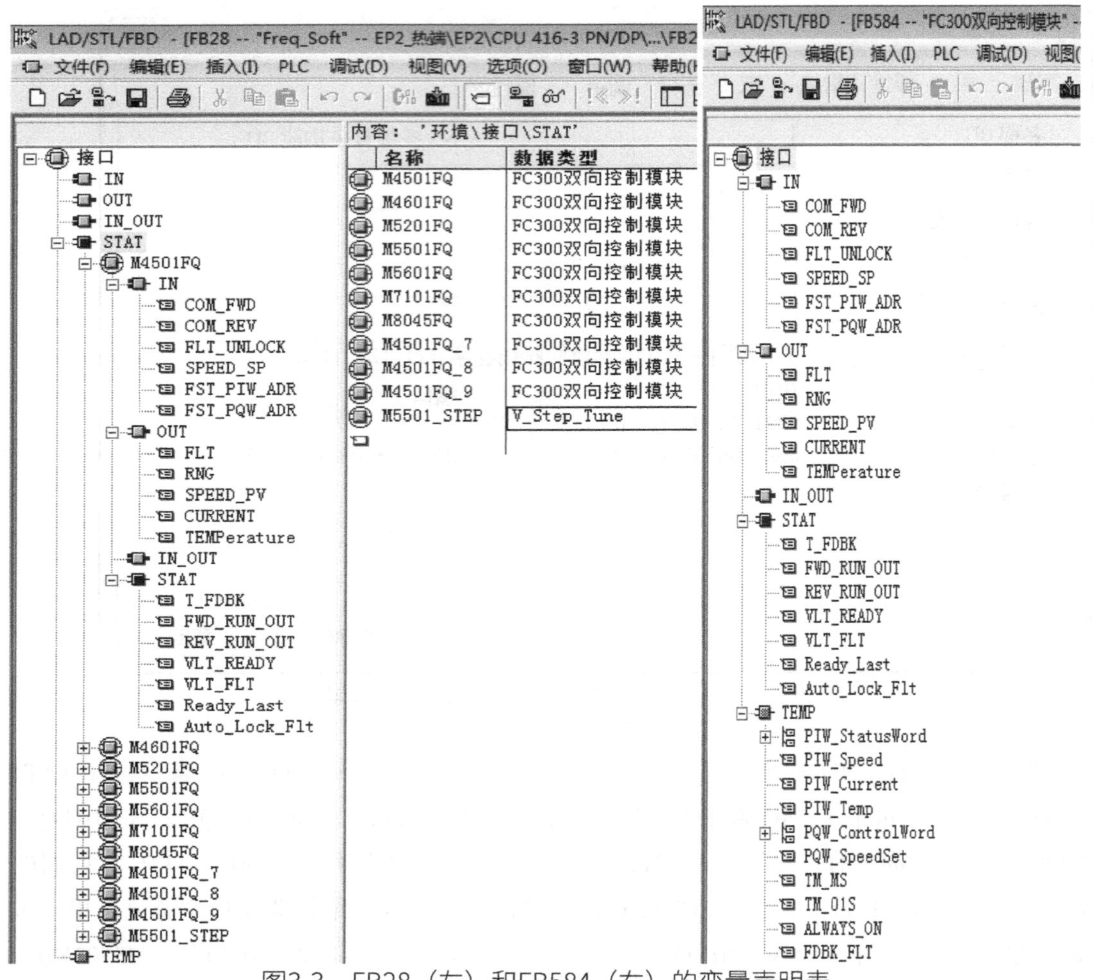

图3-3　FB28（左）和FB584（右）的变量声明表

4　CP-11 空载时间过长自动停止控制位

如图 4-1 所示，在 FC33（CP-11 CO_2 高压压缩机）控制的程序中，当压缩机空载运行一段时间以后，启动自动停机程序，以节省电能和减少设备的无效使用。用程序段 35 中的‘TM’.CP-11.IDLE_T_SP”（CP-11 空载延时设定），经过 FC121 标准 _ 时间转换 IEC_S5T，用转换过的时间“IDLE_T_SP_S5T”来控制延时接通计时器 T106，做下一步的控制。

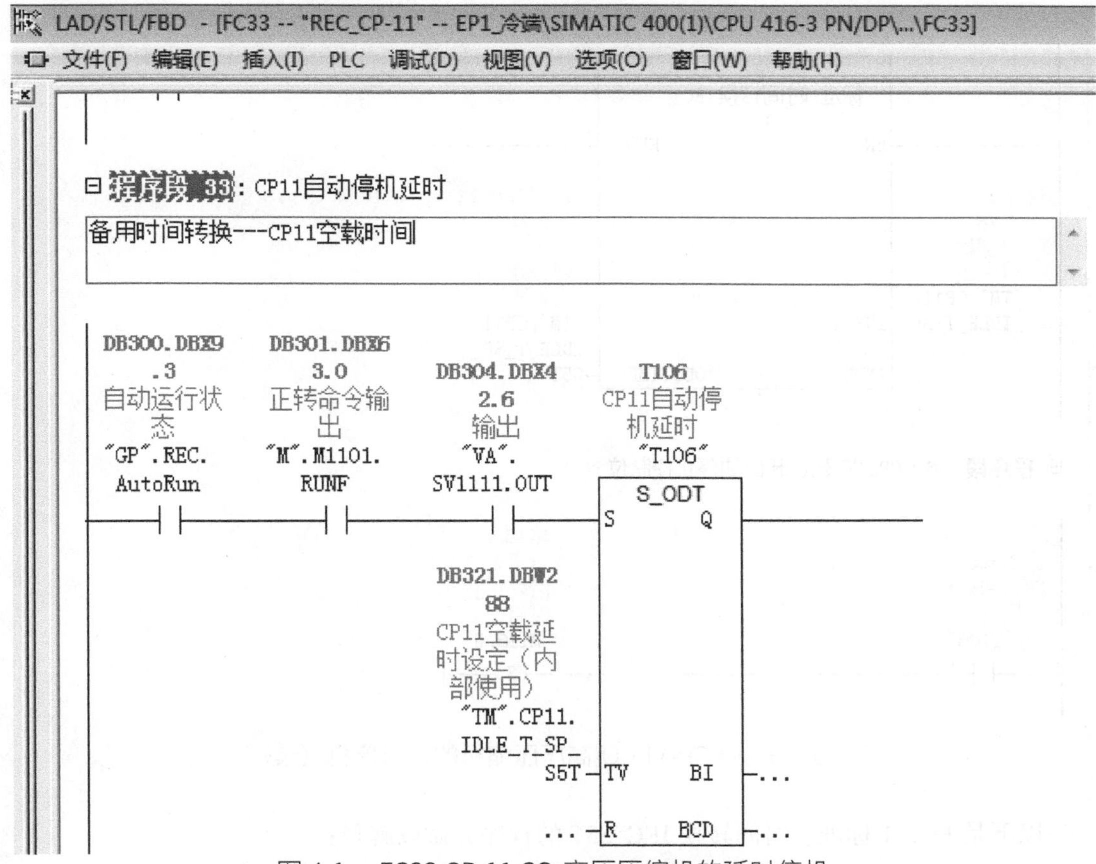

图 4-1　FC33 CP-11 CO_2高压压缩机的延时停机

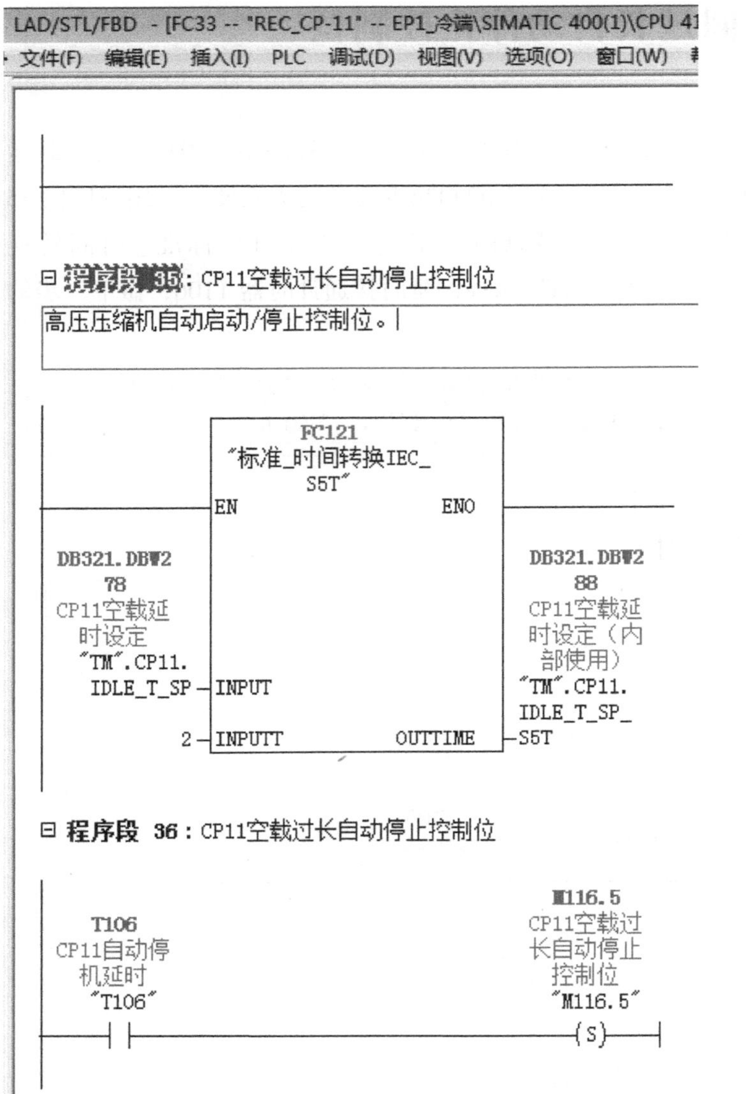

图 4-1　FC33 CP-11 CO_2高压压缩机的延时停机（续）

以下是 FC121 标准 _ 时间转换 IEC_S5T 的程序并做以解释：

1. 程序段 1

```
L       0
T       #Z1
T       #Z10
T       #Z100                //Z1、Z10、Z100 刚开始赋值为 0
L       #INPUTT
L       3
```

```
      <=I
      JC      M002          // 如果 INPUTT 值≤ 3 时跳转到 M002，
                            让 Z401= INPUTT 值
      L       3
      T       #Z401         // 否则，INPUTT 值＞ 3 时，让 Z401=3，
                            并跳转到 M001
      JU      M001
M002: L       #INPUTT
      T       #Z401
M001: L       #INPUT        //INPUTT>3 做一下判断
      L       10
      <I
      JC      MA            //INPUT<10 跳到 MA
      L       #INPUT
      L       100
      <I
      JC      MB            //INPUT<010 跳到 MB
      L       #INPUT
      L       1000          //INPUT<1000 跳到 MC
      <I
      JC      MC
      L       W#16#999      //INPUT>1000，#Z300=W#16#999， 跳
                            到 ME
      T       #Z300
      JU      ME
```

2. 程序段 2

```
MA:   L       #INPUT
      T       #Z1           //INPUT<10，#Z1=#INPUT，跳到 MD
      JU      MD
```

3. 程序段 3

```
MB:   NOP     0
      L       #INPUT
      T       #X11          // 把 INPUT 传送给 X11
MX1:  L       #X11
      L       10
      -I
```

```
    T       #X1         //X11 减去 10 后传送给 X1，同时也传送给 X11
    T       #X11
    L       #X1
    L       10
    >=I
    JC      MX1         // 如果 X1 中的值 >10 时跳转到 MX1，重做减去 10 的程序
    L       #X1
    T       #Z1         // 如果 X1 中的值小于 10，把 X1 中的值传送给 Z1
    L       #INPUT
    L       #Z1
    -I
    T       #X2         // 把 INPUT 中的值减去 Z1，传送给 X2
    L       #X2
    L       10
    /I
    T       #Z10        // 把 X2 中的值除以 10，传送给 Z10
    JU      MD
```

4. 程序段 4

```
MC:  NOP    0
    L       #INPUT
    T       #X31        // 把 INPUT 传送给 X31

MX2: L      #X31
    L       10
    -I
    T       #X3         //X31 减去 10 后传送给 X3，同时也传送给 X31
    T       #X31
    L       #X3
    L       10
    >=I
    JC      MX2         // 如果 X3 中的值 >10 时跳转到 MX2，重做减去 10 的程序
    L       #X3
```

```
      T        #Z1          // 如果 X3 中的值小于 10，把 X3 中的值
                            传送给 Z1

      L        #INPUT
      L        #Z1
      -I
      T        #X4          // 把 INPUT 中的值减去 Z1，传送给 X4
      L        #X4
      L        10
      /I
      T        #X5          // 把 X4 中的值除以 10，传送给 X5
      L        #X5
      T        #X61         // 把 X5 传送给 X61

MX3:  L        #X61
      L        10
      -I
      T        #X6
      T        #X61         //X61 减去 10 后传送给 X6，同时也传送
                            给 X61

      L        #X6
      L        10
      >=I
      JC       MX3          // 如果 X6 中的值 >10 时跳转到 MX3，重
                            做减去 10 的程序
      L        #X6
      T        #Z10         // 如果 X6 中的值小于 10，把 X6 中的值
                            传送给 Z10

      L        #X5
      L        #X6
      -I
      T        #X7          // 把 X5 中的值减去 X6，传送给 X7
      L        #X7
      L        10
      /I
      T        #Z100        // 把 X7 中的值除以 10，传送给 Z100
```

5. 程序段 5

```
MD:  NOP    0
     L      #Z1          //Z1 值传送给 Z2
     T      #Z2
     L      #Z10
     SLW    4
     T      #Z20         //Z10 中的值左移 4 位，相当于 Z10 中的值乘以 2^4，并传送给 Z20
     L      #Z100
     SLW    8
     T      #Z200        //Z100 左移 8 位，相当于 Z100 中的值乘以 2^8，并传送给 Z200
     L      #Z401
     SLW    12
     T      #Z400        //Z401 左移 12 位，相当于 Z401 中的值乘以 2^12，并传送给 Z400
     L      #Z400
     L      #Z2          // 累加器 2 中存放的是 Z400
     OW
     L      #Z20         //Z400 和 Z2 低位相或后传送给 Z20
     OW
     L      #Z200        //Z400 和 Z20 低位相或后传送给 Z200
     OW
     T      #OUTTIME     //Z400 和 Z200 低位相或后传送给 #OUTTIME
     BE
ME:  L      #Z401
     SLW    12
     T      #Z400        // 将 Z401 中的值左移 12 位，传送给 Z400
     L      #Z400
     L      #Z300
     OW
     T      #OUTTIME     // 将 Z400 和 Z300 低位相后传送给 OUTTIME
```

5 标准 _SEW 伺服控制模块

在 FC38（变频软启控制）中，除了定义了 6 个变频器控制模块之外，另外还定义了一台用于传输槽门控制的伺服控制器，如图 5-1 所示。

浸渍器上盖门打开后，传输槽的翻转门内翻，操作者清扫下盖滤网上的杂物，在传输槽翻转门内翻前，如发现开松器上还存有干冰烟丝，可断开传输槽翻转门的本地开关。在确认干冰烟丝完全落下后，复位翻转门的本地开关，并按下报警复位，此时翻转门自动内翻。具体翻转动作参见"打开、关闭传输槽门"两个专题。

传输槽门有三个极限位置，分别用三个行程开关检测："'DI/O'.TC40.ZSI4002"（传输槽主门内开接近开关）、"'DI/O'.TC40.ZSC4002"（传输槽主门关闭接近开关）和"'DI/O'.TC40.ZSO4002"（传输槽主门外开接近开关）。

在程序段 1 中，右击"'M'.M4001.RUNF"（正转命令输出）—"跳转"—"应用位置"，找到了如图 5-2 所示的 FC2（第一步，关闭传输槽门）；在程序段 5 中，这时虽然是在自动状态下，也必须使用"'M'.M4001.MSF"（正转启动按钮）才能够激活"'M'.M4001.RUNF"（正转命令输出）线圈，为 FC38 程序段 1 提供输出条件。

在程序段 1 中，右击"'M'.M4001.RUNR"（反转命令输出）—"跳转"—"应用位置"，找到了如图 5-3 所示的 FC20（第十九步，打开传输槽门）；在程序段 9 中，在自动状态下，系统自动激活"'M'.M4001.RUNF"（正转命令输出）线圈，为 FC38 程序段 1 提供输出提供条件。不过，"'M30.0'"（进入第一步：关 TC40 主门）和"'M'.M4001.RUNR"（反转启动按钮）组成的分支说明在程序运行到第一步时，可以使用"'M'.M4001.RUNR"（反转启动按钮）操控传输槽门，当然这时的"'M'.M4001.MSF"（正转启动按钮）。

在程序段 1 中，"PID638""PQW636"和"PQW638"是对应的伺服控制器的输入和输出地址，如图 5-4 所示。

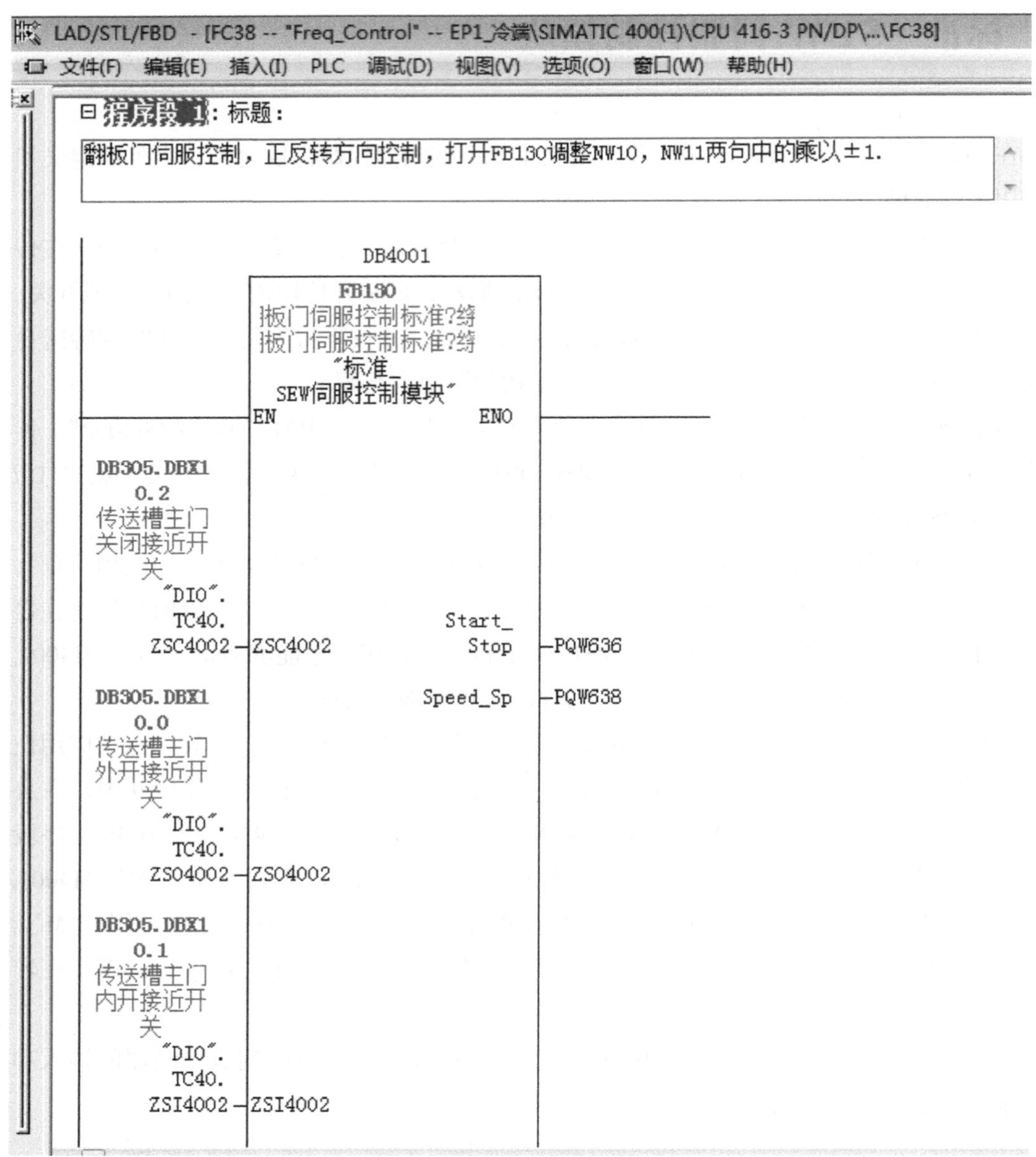

图5-1　FC38 变频软启控制中的传输槽门的标准_SEW伺服控制模块

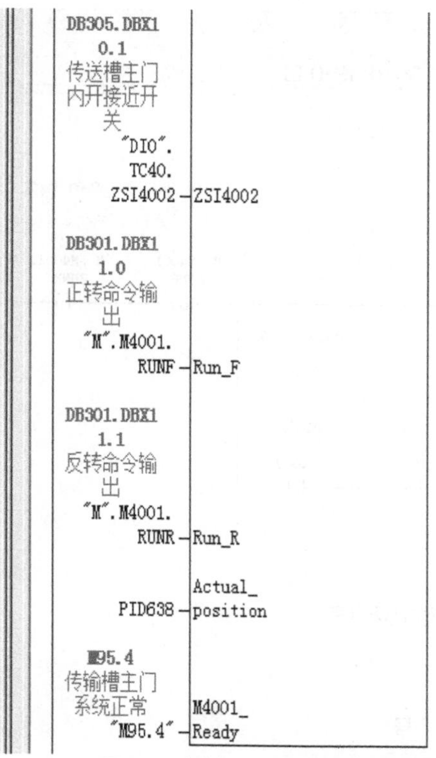

图5-1（续） FC38 变频软启控制中的传输槽门的标准_SEW伺服控制模块

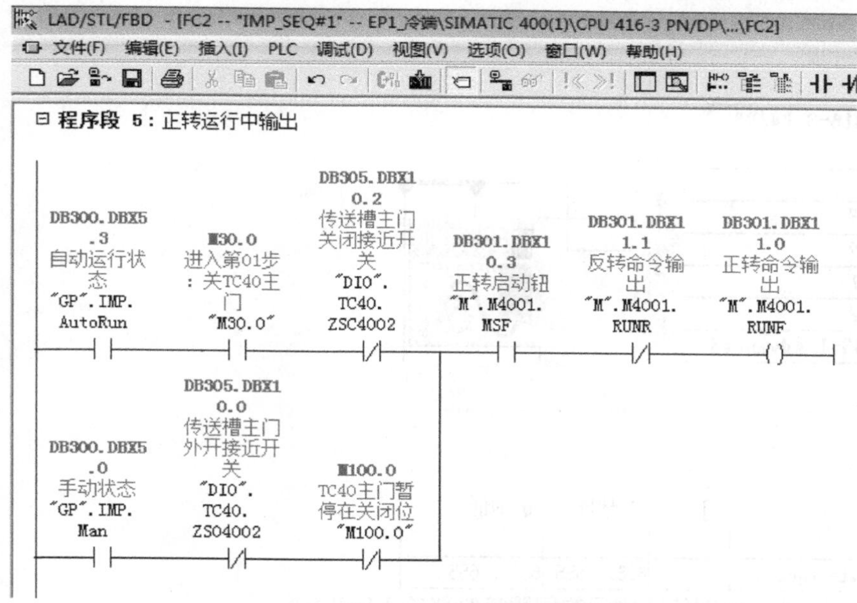

图5-2 FC2中的正转命令输出程序

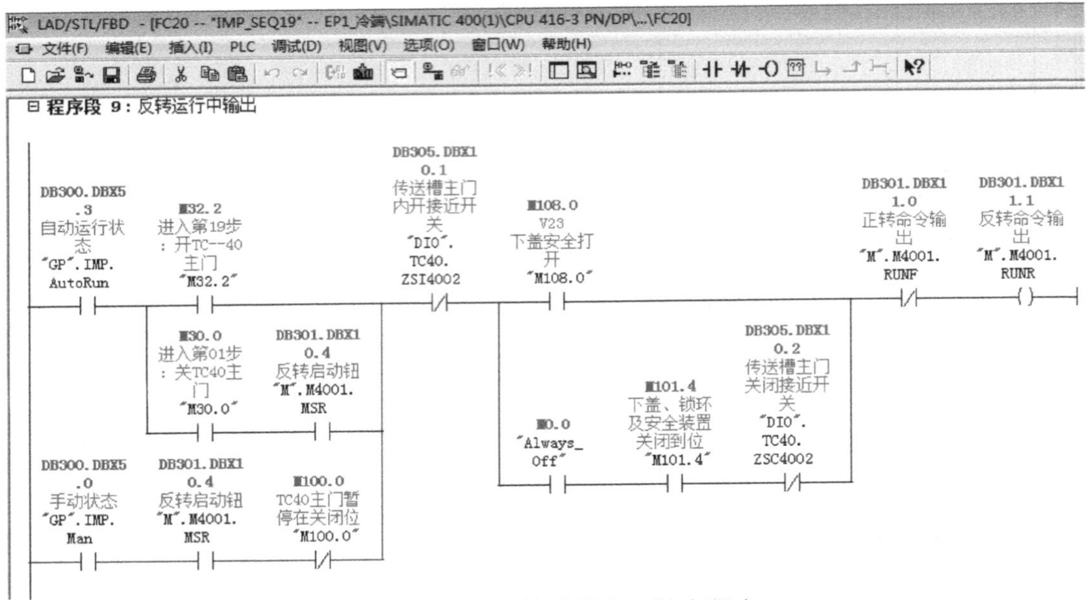

图 5-3 FC20中的反转命令输出程序

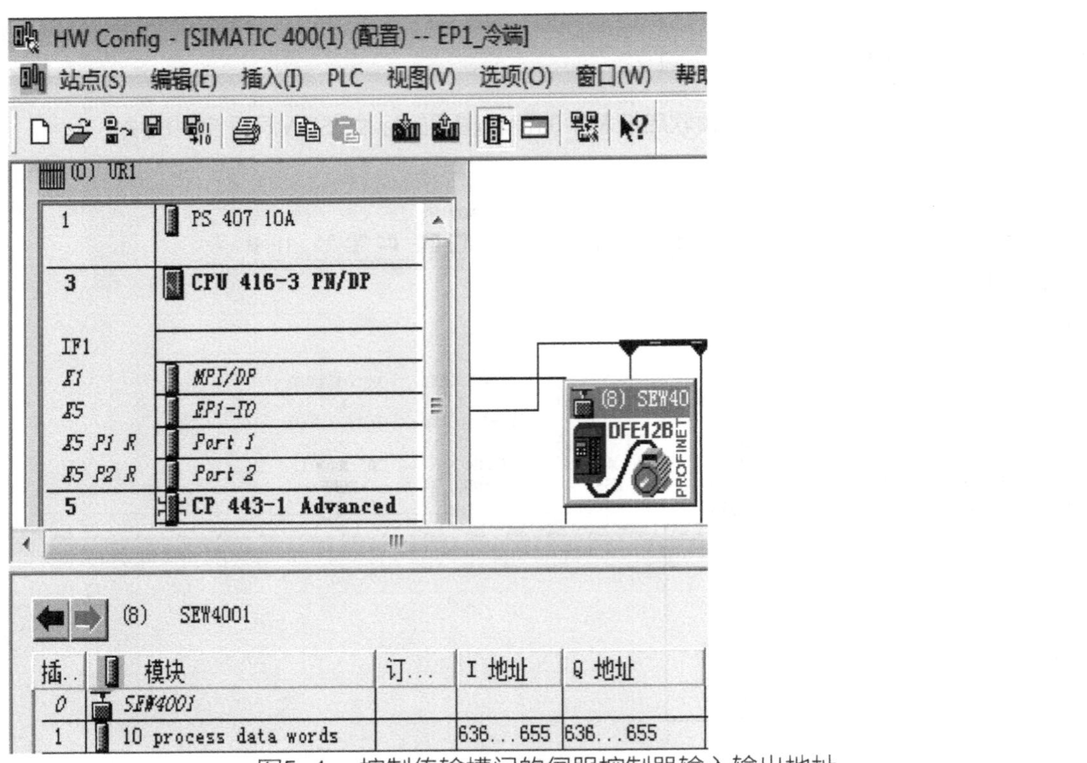

插...	模块	订...	I 地址	Q 地址
0	SEW4001			
1	10 process data words		636...655	636...655

图5-4 控制传输槽门的伺服控制器输入输出地址

在图 5-1 程序段 1 中，右击控制模块—“被调用块—“打开”，打开了功能块

FB130，了解到功能块 FB130 是“标准 _SEW 伺服控制模块”，下面对功能块 FB130 进行解读。

由于使用 FB130“标准 _SEW 伺服控制模块”只有一个设备，所以编制程序将使用的局部变量看起来和 FC38 程序段 1 中的全局变量有种很相似的感觉，所以介绍时会把局部变量和全局变量混合起来使用，如图 5-5 所示。

1. 程序段 1

在图 5-5 中，当“#M4001_Ready”（翻转门准备好）即“‘M95.4’”（传输槽主门系统正常），不管是“#Run_F”（正转）即正转命令输出或是“#Run_R”（反转）即反转命令输出传送给系统以后，系统就把“W#16#6”传送给“#Start_Stop 即“PQW636”，表示开始启动。

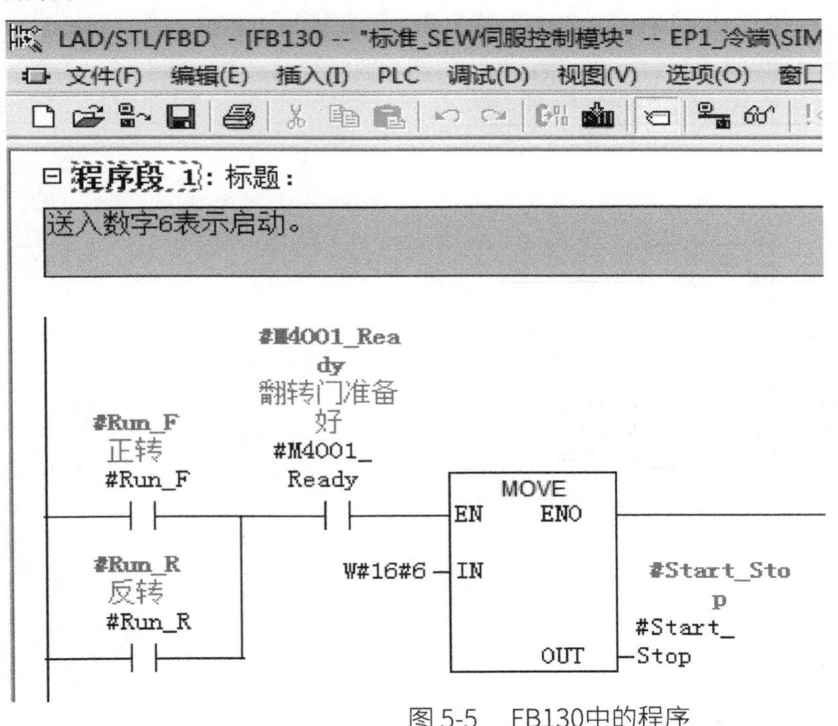

图 5-5　FB130中的程序

⊟ **程序段 2**：标题：

快速停止。

#Run_F
正转
#Run_F

#Run_R
反转
#Run_R

#M4001_Ready
翻转门准备好
#M4001_Ready

MOVE
EN ENO
W#16#0 — IN
OUT — #Start_Stop
#Start_Stop

⊟ **程序段 3**：标题：

读取当前位置。

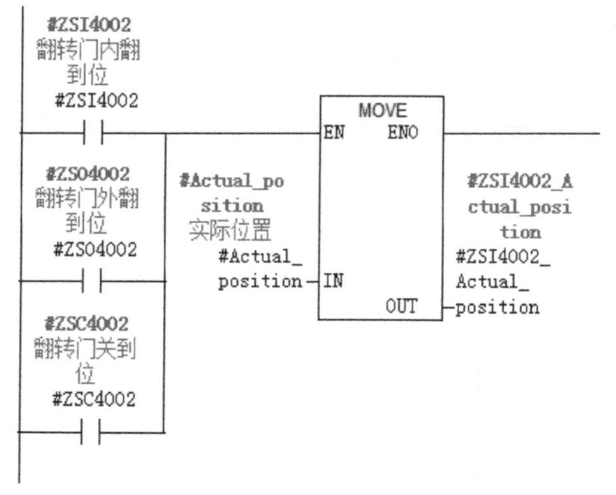

⊟ **程序段 4**：标题：

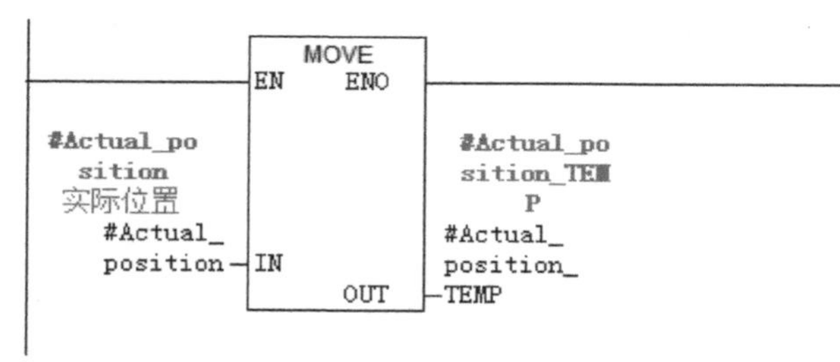

图 5-5（续）

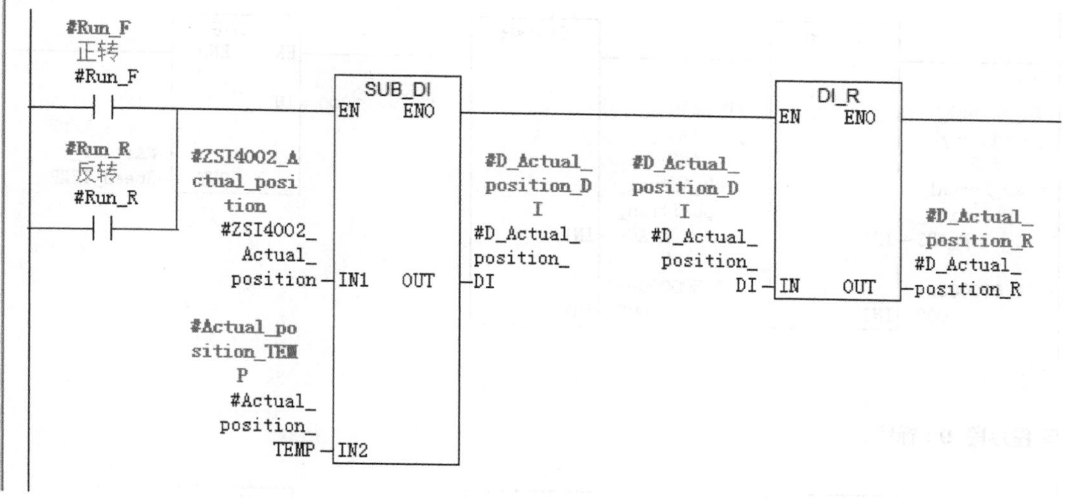
程序段 5：标题：
#Run_F
正转
#Run_F
#Run_R
反转
#Run_R
SUB_DI
EN ENO
#ZSI4002_Actual_position
#ZSI4002_Actual_position
IN1 OUT
#Actual_position_TEMP
#Actual_position_TEMP
IN2
#D_Actual_position_DI
#D_Actual_position_DI
DI_R
EN ENO
#D_Actual_position_DI
#D_Actual_position_DI
IN OUT
#D_Actual_position_R
#D_Actual_position_R

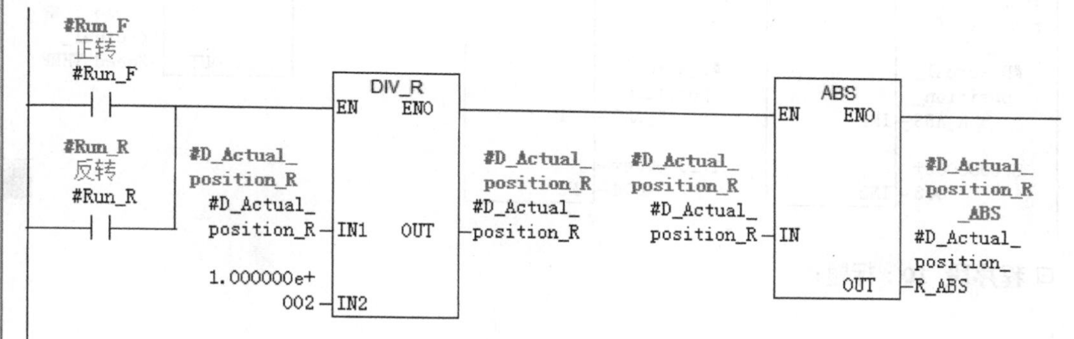
程序段 6：标题：
#Run_F
正转
#Run_F
#Run_R
反转
#Run_R
DIV_R
EN ENO
#D_Actual_position_R
#D_Actual_position_R
IN1 OUT
1.000000e+002
IN2
#D_Actual_position_R
#D_Actual_position_R
ABS
EN ENO
#D_Actual_position_R
#D_Actual_position_R
IN
OUT
#D_Actual_position_R_ABS
#D_Actual_position_R_ABS

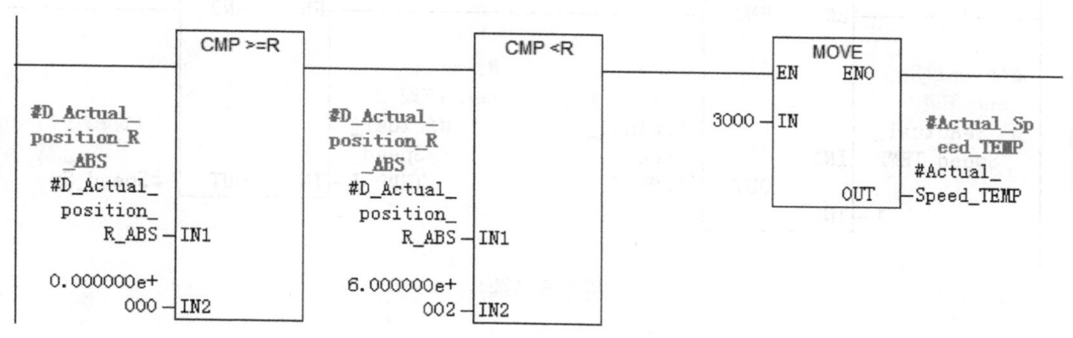
程序段 7：标题：
CMP >=R
#D_Actual_position_R_ABS
#D_Actual_position_R_ABS
IN1
0.000000e+000
IN2
CMP <R
#D_Actual_position_R_ABS
#D_Actual_position_R_ABS
IN1
6.000000e+002
IN2
MOVE
EN ENO
3000
IN
OUT
#Actual_Speed_TEMP
#Actual_Speed_TEMP

图 5-5（续）

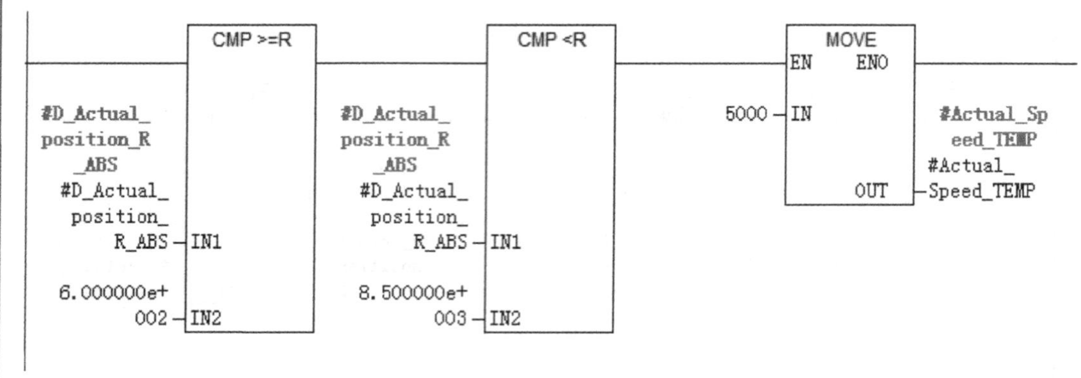

程序段 8：标题：
CMP >=R
#D_Actual_position_R_ABS
#D_Actual_position_R_ABS
IN1
6.000000e+002
IN2
CMP <R
#D_Actual_position_R_ABS
#D_Actual_position_R_ABS
IN1
8.500000e+003
IN2
MOVE
EN
ENO
5000
IN
OUT
#Actual_Speed_TEMP
#Actual_Speed_TEMP

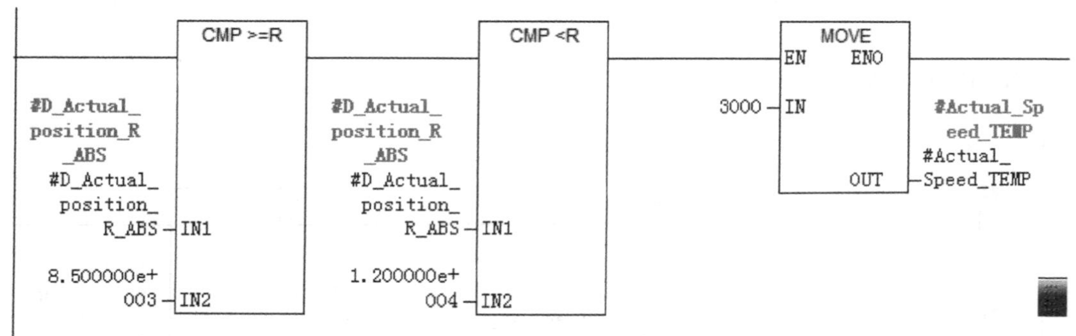

程序段 9：标题：
CMP >=R
#D_Actual_position_R_ABS
#D_Actual_position_R_ABS
IN1
8.500000e+003
IN2
CMP <R
#D_Actual_position_R_ABS
#D_Actual_position_R_ABS
IN1
1.200000e+004
IN2
MOVE
EN
ENO
3000
IN
OUT
#Actual_Speed_TEMP
#Actual_Speed_TEMP

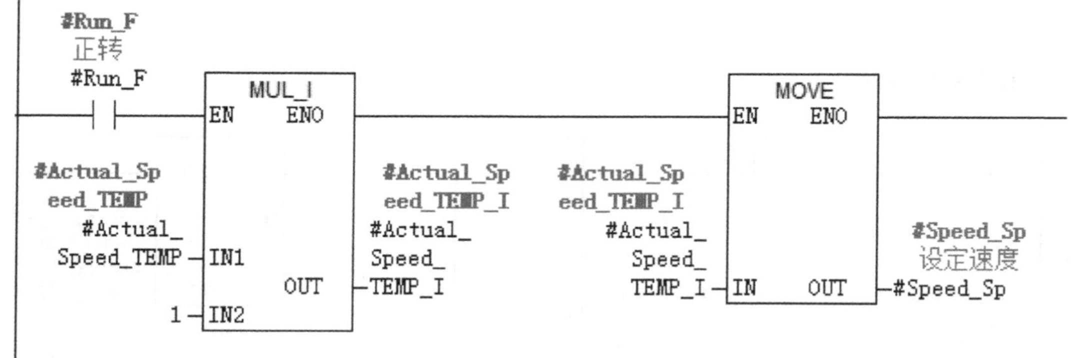

程序段 10：标题：
#Run_F
正转
#Run_F
MUL_I
EN
ENO
#Actual_Speed_TEMP
#Actual_Speed_TEMP
IN1
1
IN2
OUT
#Actual_Speed_TEMP_I
#Actual_Speed_TEMP_I
#Actual_Speed_TEMP_I
#Actual_Speed_TEMP_I
MOVE
EN
ENO
IN
OUT
#Speed_Sp
设定速度
#Speed_Sp

图 5-5（续）

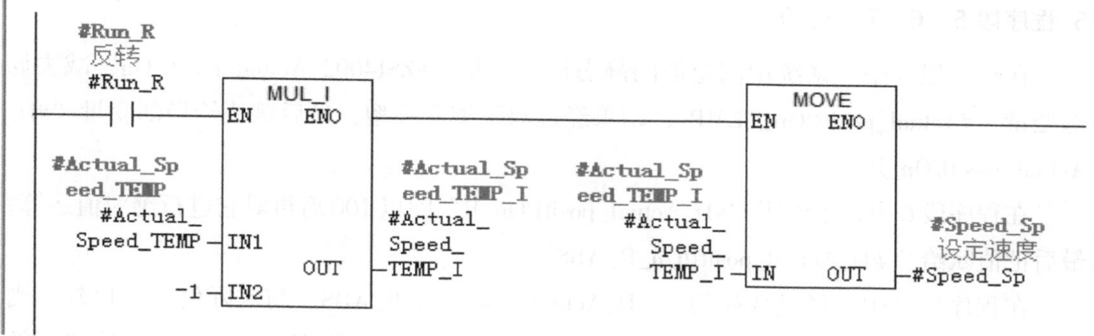

图 5-5（续）

2. 程序段 2

不管什么原因，只要“#M4001_Ready”（翻转门准备好）即“‘M95.4’”（传输槽主门系统正常）不正常时，或者“#Run_F”（正转）即正转命令输出，或是“#Run_R”（反转）即反转命令输出处于释放状态，系统就把“W#16#0”传送给“#Start_Stop”即“PQW636”，这时，传输槽门立刻停止翻转。

3. 程序段 3

系统设置的三个行程检测开关“‘DI/O’.TC40.ZSI4002”（传输槽主门内开接近开关）、“‘DI/O’.TC40.ZSC4002”（传输槽主门关闭接近开关）和“‘DI/O’.TC40.ZSO4002”（传输槽主门外开接近开关）是有固定位置的，所有离开这三个位置以后的位置都要和这三个固定位置进行比较，才能确定传输槽门向哪个方向翻转和翻转速度。

在程序段 3 中，当“#ZSI4002”（传输门内翻到位）即“‘DI/O’.TC40.ZSI4002”（传输槽主门内开接近开关）被感应到，这时“#Actual_positI/On”（实际位置）即“PID638”的值传送给静态局部变量“#ZSI4002_Actual_positI/On”，这是一个固定值。当其他两个行程检测开关被感应到以后，都会将“#Actual_positI/On”（实际位置）即“PID638”的值传送给静态局部变量“#ZSI4002_Actual_positI/On”，这也是一个固定值。在运行的过程中，静态局部变量“#ZSI4002_Actual_positI/On”到底是哪个值，是根据传输槽门所处的位置不同在这三个值之间不停地变化。

4. 程序段 4

在程序段 4 中，“#Actual_positI/On”（实际位置）就是除了程序段 3 中那三个固定值之外的任意值，也就是说传输槽门已经离开了三个行程检测开关所处的位置。所以，系统把“#Actual_positI/On”（实际位置）即“PID638”传送给了另一个局部变量“#Actual_positI/On_TEMP”，便于后面程序把局部变量“#Actual_positI/On_TEMP”和具有固定值的静态局部变量“#ZSI4002_Actual_positI/On”进行比较。

5. 程序段 5、6、7、8、9

在程序段 5 中，系统用固定值的静态局部变量“#ZSI4002_Actual_positI/On”减去局部变量“#Actual_positI/On_TEMP”，结果经过双整型变实型，最后赋值给局部变量“#D_Actual_positI/On_R”。

在程序段 6 中，系统用“#D_Actual_positI/On_R”除以 100 后再对它进行绝对值运算，最后把值赋给“ #D_Actual_positI/On_R_ABS”。

在程序段 7 中，经过变换的“ #D_Actual_positI/On_R_ABS”与实际值进行比较，当“ #D_Actual_positI/On_R_ABS”大于“0”但小于 600 时，系统把“3000”赋值给速度的局部变量“#Actual_Speed_TEMP”。

在程序段 8 中，当“ #D_Actual_positI/On_R_ABS”大于“600”但小于 8500 时，系统把“5000”赋值给速度的局部变量“#Actual_Speed_TEMP”。

在程序段 9 中，当“ #D_Actual_positI/On_R_ABS”大于“8500”但小于 12000 时，系统把“3000”赋值给速度的局部变量“#Actual_Speed_TEMP”。

通过程序段 7、8、9 可以看出，传输槽门的运行速度是个变值，在行程检测开关附近，不管是快接近行程检测开关，或是刚离开行程检测开关，都是低速运行（3000），在两个行程检测开关的中部是高速运行（5000）。

在程序段 10 中，当系统检测到是“#Run_F”（正转）即正转命令输出时，用速度的局部变量“#Actual_Speed_TEMP”减去“1”，然后赋值给输出变量“#Speed_Sp”（设定速度）即“PQW638”。

在程序段 11 中，当系统检测到是“#Run_R”（反转）即反转命令输出时，用速度的局部变量“#Actual_Speed_TEMP”减去“–1”即加“1”，然后赋值给输出变量“#Speed_Sp”（设定速度）即“PQW638”。

从通过程序段 10、11 可以看出，传输槽门的运行时，在相同的基础上，正转要比反转的速度要高。

6 智能仪表

在 EP1_ 冷端 FC50（电机状态转换程序）中，使用了 3 个“智能仪表”，以便对所用线电流、线电压、电源频率、总有用功和总无用功等参数进行显示和监控，为此，系统设计了符号名为“A40_Power”的功能块 FB131，在 FB131 中，把系统监测到的有关使用的电源进行检测，通过 PROFIBUS-DP 网络传送给配电柜上“DIRIS A40”的智能仪表。下面以“EP1 智能仪表信息”为例介绍：

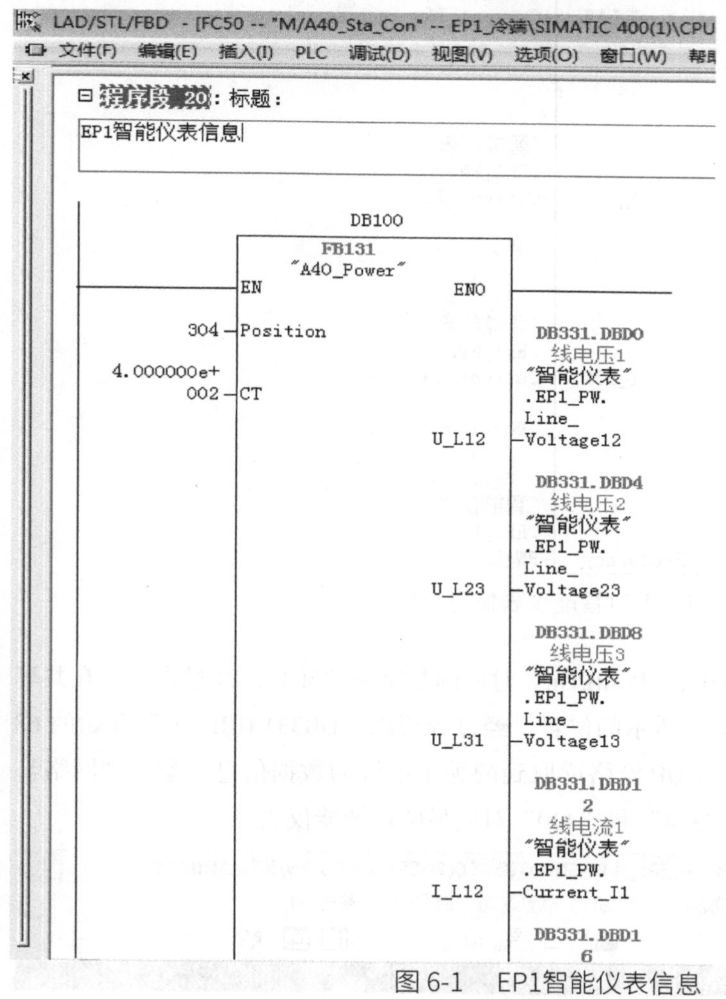

图 6-1　EP1智能仪表信息

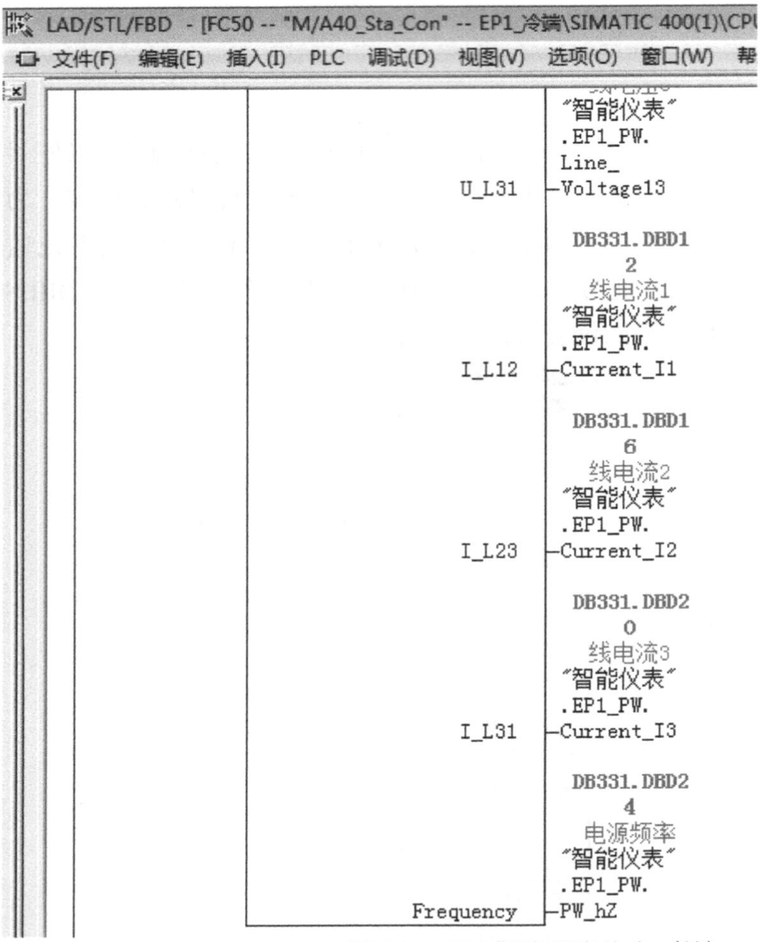

LAD/STL/FBD - [FC50 -- "M/A40_Sta_Con" -- EP1_冷端\SIMATIC 400(1)\CPU

文件(F) 编辑(E) 插入(I) PLC 调试(D) 视图(V) 选项(O) 窗口(W) 帮

"智能仪表".EP1_PW.Line_Voltage13 — U_L31

DB331.DBD12 线电流1 "智能仪表".EP1_PW.Current_I1 — I_L12

DB331.DBD16 线电流2 "智能仪表".EP1_PW.Current_I2 — I_L23

DB331.DBD20 线电流3 "智能仪表".EP1_PW.Current_I3 — I_L31

DB331.DBD24 电源频率 "智能仪表".EP1_PW.PW_hZ — Frequency

图 6-1　EP1智能仪表信息（续）

如图 6-1 所示在程序段 20 中，“PositI/On”对应的数字是“304”，经过查找，在共享数据块“DB331”找到了如图 6-2 所示的位置，经过分析以“DB331.DBB304”开始的 68 个字节存放的是经过 SFC14 通过 DP 网络读取到的关于电源的数据信息，参见“网络与硬件通信”专题。图 6-2 中的“374”和“440”对应另两块智能仪表。

LAD/STL/FBD - [DB331 -- "智能仪表" -- EP1_冷端\SIMATIC 400(1)\CPU 416-3 PN/DP\...\DB331]

文件(F) 编辑(E) 插入(I) PLC 调试(D) 视图(V) 选项(O) 窗口(W) 帮助(H)

+304.0	DB_VAR21	"A40"	
+372.0	DB_VAR22	"A40"	
+440.0	DB_VAR23	"A40"	

图 6-2　FC50中三块智能仪表的数据存放点（DB331）

功能块 FB131 就是把 SFC14 读取的、存放在“DB331.DBB304.BYTE 68”中的信息读

出来，并显示在仪表上。

功能块 FB131 中的程序

```
OPN     “智能仪表”            // 打开共享数据块 DB131
L       #PositI/On            // 来自主调功能 FC50 的起始地址
ITD
SLD     3
LAR1                          // 把起始地址通过“ITD”（整数转换双整数），向左移动三位“SLD3”，把起始地址变成了寄存器间接寻址的指针形式，作为起始指针，便于后面使用，并存放在寄存器 AR1 中
L       DBW [AR1,P#8.0]       // 把起始指针偏移 8 个字节的数据值装载到累加器 1 中
DTR
L       1.000000e+001
/R
T       #U_L12                // 经过“DTR”（整数转换实数），除以 10，最后传送给线电压“#U_L12”
L       DBW [AR1,P#10.0]      // 把起始指针偏移 10 个字节的数据值装载到累加器 1 中
DTR
L       1.000000e+001
/R
T       #U_L23                // 经过“DTR”（整数转换实数），除以 10，最后传送给线电压“#U_L23”
L       DBW [AR1,P#12.0]      // 把起始指针偏移 12 个字节的数据值装载到累加器 1 中
DTR
L       1.000000e+001
/R
T       #U_L31                // 经过“DTR”（整数转换实数），除以 10，最后传送给线电压“#U_L31”
L       DBW [AR1,P#20.0]      // 把起始指针偏移 20 个字节的数据值装载到累加器 1 中
DTR
L       1.000000e+002
```

```
/R
T      #Frequency              // 经过“DTR”(整数转换实数)，除以20，最后传送给频率“#Frequency”
L      DBW [AR1,P#0.0]         // 把以指针形式出现的起始地址中的值装载到累加器 1 中
DTR
L      1.000000e+003
/R                             // 把起始地址中的值经过“DTR”(双整数转换成实数)，再除以 300，重新装载到累加器 1 中
L      #CT                     // “#CT”是“电流变比 CT/5”，是主调功能 FC50 中输入的数据
*R
L      5.000000e+000
/R
T      #I_L12                  // 起始地址中的值除以 300，再乘以主调功能 FC50 中输入的数据“#CT”值，除以 5，最后就是线电流“#I_L12”
L      DBW [AR1,P#2.0]         // 把以指针形式出现的起始地址偏移 2 个字节中的值装载到累加器 1 中
DTR
L      1.000000e+003
/R                             // 把起始地址偏移 2 个字节中的值经过“DTR”(双整数转换成实数)，再除以 300，重新装载到累加器 1 中
L      #CT                     // “#CT”是“电流变比 CT/5”，是主调功能 FC50 中输入的数据
*R
L      5.000000e+000
/R
T      #I_L23                  // 起始地址偏移 2 个字节中的值除以 300，再乘以主调功能 FC50 中输入的数据“#CT”值，除以5，最后就是线电流“#I_L23”
L      DBW [AR1,P#4.0]         // 把以指针形式出现的起始地址偏移 4 个字节中的值装载到累加器 1 中
```

```
DTR
L       1.000000e+003
/R                      //把起始地址偏移4个字节中的值经过"DTR"(双整数转换成实数),再除以300,重新装载到累加器1中
L       #CT             //"#CT"是"电流变比CT/5",是主调功能FC50中输入的数据
*R
L       5.000000e+000
/R
T       #I_L31          //起始地址偏移4个字节中的值除以300,再乘以主调功能FC50中输入的数据"#CT"值,除以5,最后就是线电流"#I_L23"
```

7 时间存储器的使用

在 FB2（时钟和报警复位）中生成并使用了 4 个具有多重背景的静态变量 “Sys” “GR1” “GR2” “F1”，其中 “Sys” 和 FB500 组成了多重背景，“GR1” “GR2” “F1” 和 FB501 组成了多重背景。

1. 时钟存储器

在图 7–1 的程序段 1 中，系统自带的时钟存储器（M2.0 ~ M2.7）中的 5 个[“SYS_0.1_SEC_SQ_PULSE”（M2.0）、“SYS_0.2_SEC_SQ_PULSE”（M2.1）、“SYS_0.4_SEC_SQ_PULSE”（M2.2）、“SYS_1.0_SEC_SQ_PULSE”（M2.5 1_ 方 波 脉 冲）、“SYS_2.0_SEC_SQ_PULSE”（M2.7 2_ 方波脉冲）] 用 FB500 分别定义了 5 个时钟脉冲 [“SYS_0.1_SEC_PULSE”（M1.0）、“SYS_0.2_SEC_PULSE”（M1.1）、“SYS_0.4_SEC_PULSE”（M1.2）、“SYS_1.0_SEC_PULSE”（M1.5 1_ 秒尖峰脉冲）、“SYS_2.0_SEC_PULSE”（ M1.7 2_ 秒尖峰脉冲）]。

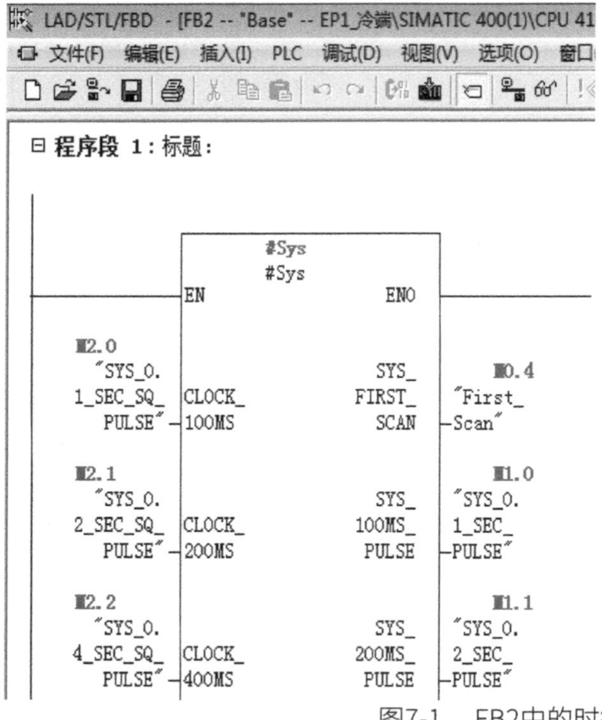

图7-1 FB2中的时钟块程序

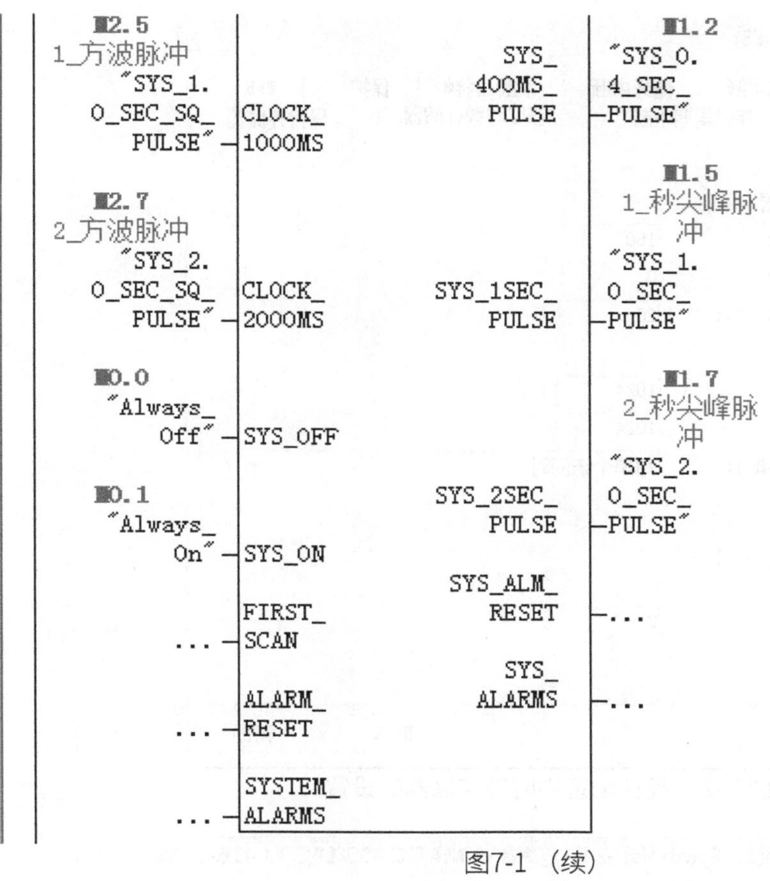

图7-1（续）

在硬件配置中，点击 CPU 所在的槽，出现图 7-2 所示的“CPU 属性”对话框，在对话框中点击“周期 / 时钟存储器”，勾选下面的“时钟存储器”，即使用 M2.0 ~ M2.7。图中的“2”是可以选择的，选择的那个存储器在使用时，一定要记着。

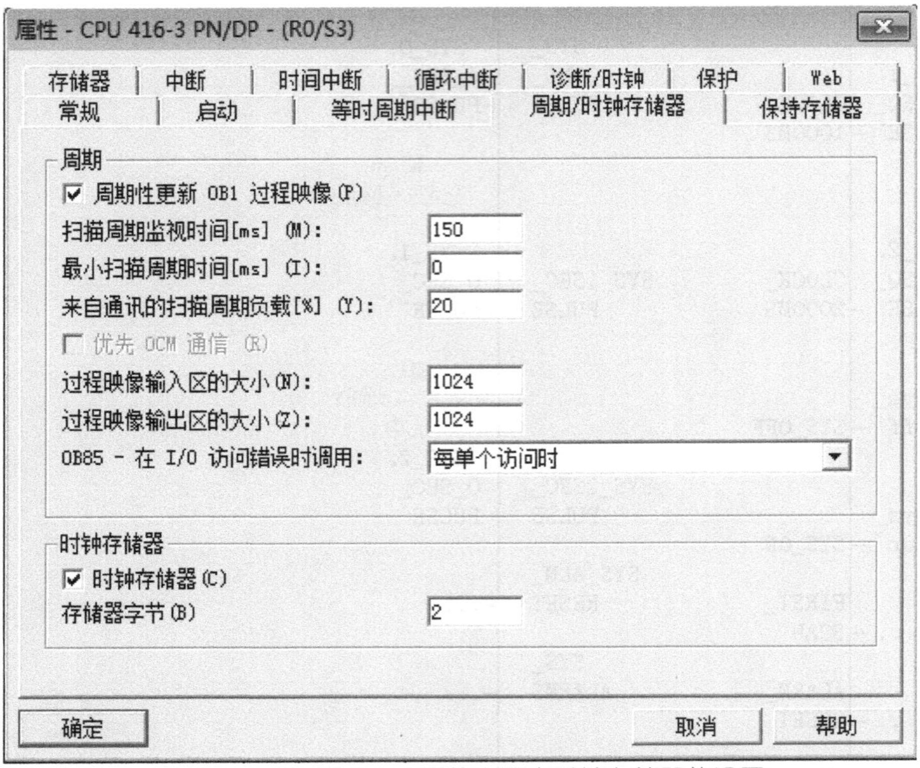

属性 - CPU 416-3 PN/DP - (R0/S3)

存储器 | 中断 | 时间中断 | 循环中断 | 诊断/时钟 | 保护 | Web
常规 | 启动 | 等时周期中断 | 周期/时钟存储器 | 保持存储器

周期
☑ 周期性更新 OB1 过程映像(P)
扫描周期监视时间[ms] (M): 150
最小扫描周期时间[ms] (I): 0
来自通讯的扫描周期负载[%] (Y): 20
☐ 优先 OCM 通信 (R)
过程映像输入区的大小(N): 1024
过程映像输出区的大小(Z): 1024
OB85 - 在 I/O 访问错误时调用: 每单个访问时

时钟存储器
☑ 时钟存储器(C)
存储器字节(B) 2

确定 取消 帮助

图 7-2 硬件配置中时钟存储器的设置

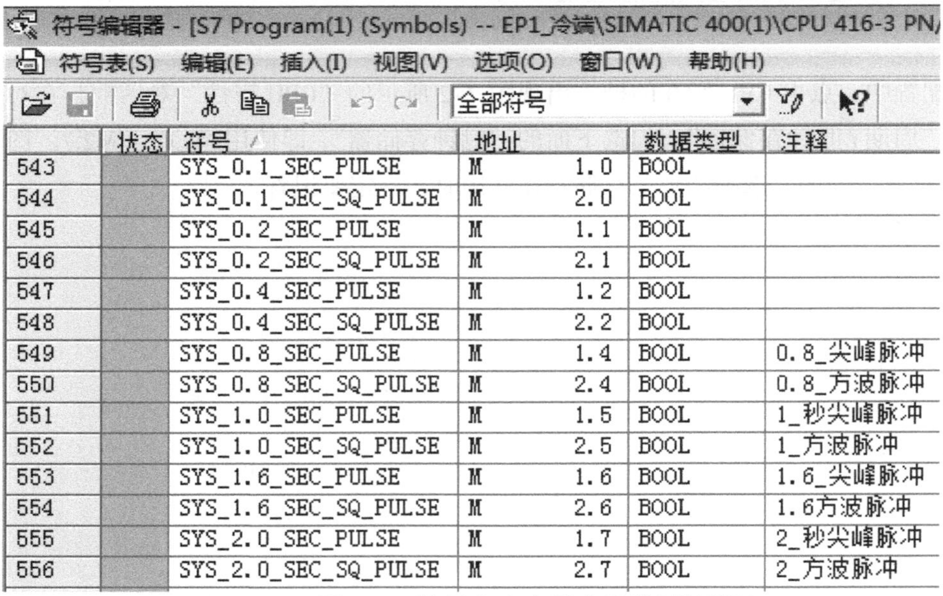

符号编辑器 - [S7 Program(1) (Symbols) -- EP1_冷端\SIMATIC 400(1)\CPU 416-3 PN/
符号表(S) 编辑(E) 插入(I) 视图(V) 选项(O) 窗口(W) 帮助(H)
全部符号

	状态	符号	地址		数据类型	注释
543		SYS_0.1_SEC_PULSE	M	1.0	BOOL	
544		SYS_0.1_SEC_SQ_PULSE	M	2.0	BOOL	
545		SYS_0.2_SEC_PULSE	M	1.1	BOOL	
546		SYS_0.2_SEC_SQ_PULSE	M	2.1	BOOL	
547		SYS_0.4_SEC_PULSE	M	1.2	BOOL	
548		SYS_0.4_SEC_SQ_PULSE	M	2.2	BOOL	
549		SYS_0.8_SEC_PULSE	M	1.4	BOOL	0.8_尖峰脉冲
550		SYS_0.8_SEC_SQ_PULSE	M	2.4	BOOL	0.8_方波脉冲
551		SYS_1.0_SEC_PULSE	M	1.5	BOOL	1_秒尖峰脉冲
552		SYS_1.0_SEC_SQ_PULSE	M	2.5	BOOL	1_方波脉冲
553		SYS_1.6_SEC_PULSE	M	1.6	BOOL	1.6_尖峰脉冲
554		SYS_1.6_SEC_SQ_PULSE	M	2.6	BOOL	1.6方波脉冲
555		SYS_2.0_SEC_PULSE	M	1.7	BOOL	2_秒尖峰脉冲
556		SYS_2.0_SEC_SQ_PULSE	M	2.7	BOOL	2_方波脉冲

图 7-3 符号表中全局变量的时钟脉冲

在图 7-3 中，系统自带的时钟存储器（M2.0 ~ M2.7），在全局变量的符号表中重新定义，便于使用。

2.FB500 中的程序

在 FB500 程序中，可以分为四部分：

1）“ALWAYS OFF”和“ALWAYS ON”

在图 7–4 的程序段 1、2 中，系统用“IN_OUT”中的“#SYS_OFF”复位了线圈“#SYS_OFF”，用“IN_OUT”中的“#SYS_ON”置位了线圈“#SYS_ON”，对应 FB2 中就是“Always_Off”（M0.0）复位“Always_Off”（M0.0），“Always_On”（M0.1）置位“Always_On”（M0.1）。

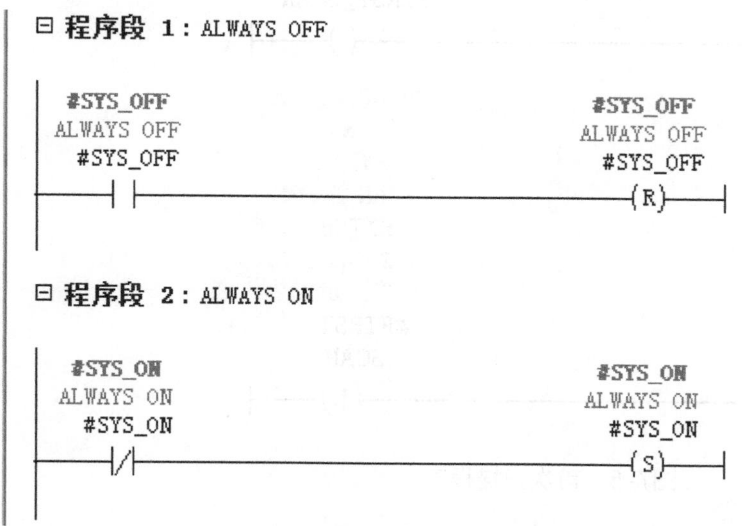

图7- 4　“ALWAYS OFF”和“ALWAYS ON”

2）首次扫描

在图 7–5 中，当系统第一次扫描程序后，来自“#FIRST_SCAN”（FIRST SCAN FROM EITHER OB100、OB101 OR OB102）的信息定义了“IN_OUT”线圈“#SYS_FIRST_SCAN”。在 FB2 中，定义了线圈“First_Scan”（M0.4），便于后面使用。首次扫描后，系统就自动复位了“#FIRST_SCAN”（FIRST SCAN FROM EITHER OB100、OB101 OR OB102）线圈。

⊟ **程序段 3**：FIRST SCAN

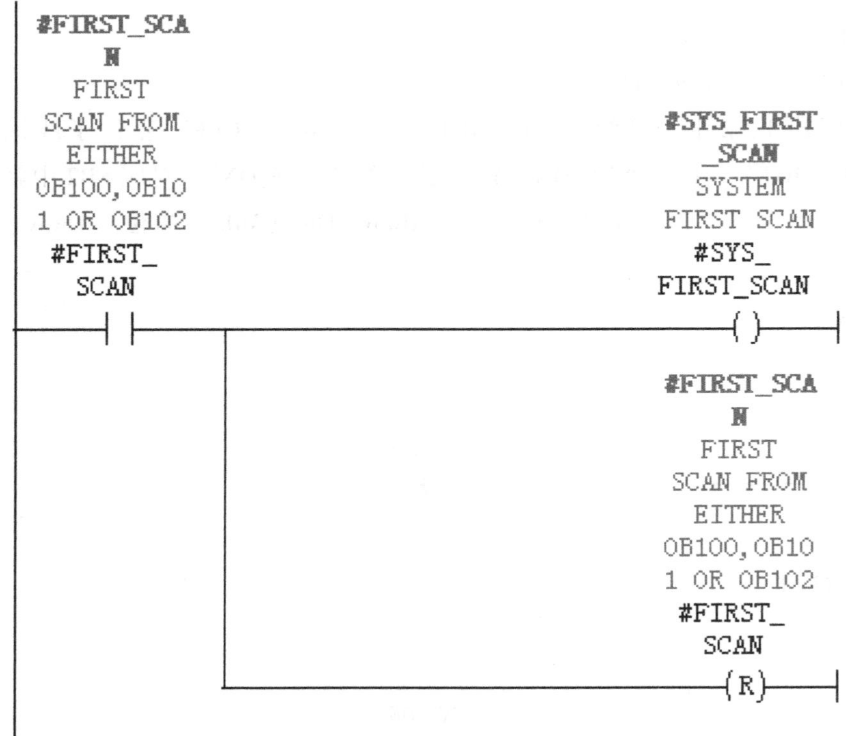

图7-5　首次扫描程序

3）报警的复位和消除报警

在图 7-6 的程序段 4 中，当有报警信号后，系统把“#SYSTEM_ALARMS”（SYSTEM ALARMS SET IN OB80’S）信号传送给“#SYS_ALARMS”（SYSTEM ALARMS SET IN OB80’S），在 FB2 中给出报警。当按下报警复位按钮“#ALARM_RESET”（ALARM RESET）以后，系统把“0”传送给“#SYSTEM_ALARMS”（SYSTEM ALARMS SET IN OB80’S），报警消失。

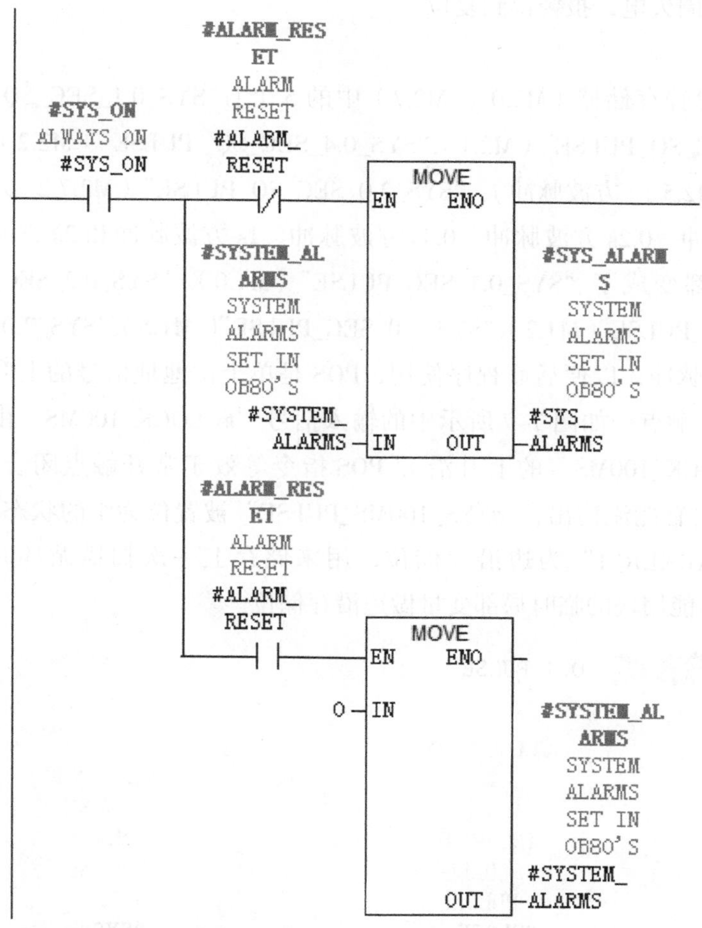

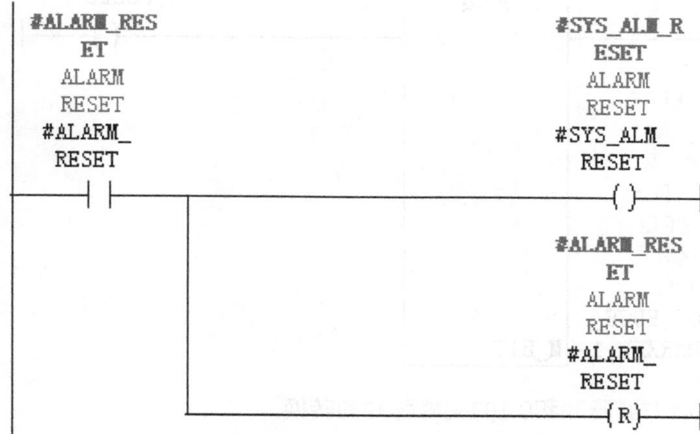

图7-6　报警的复位和消除报警

在程序段 5 中，复位报警按钮“#ALARM_RESET”（ ALARM RESET）、“#SYS_ALM_RESET”（ ALARM RESET）线圈失电，报警得到复位。

4）系统脉冲的转换

在 FB2 中，系统自带的时钟存储器（M2.0 ~ M2.7）中的 5 个[“SYS_0.1_SEC_SQ_PULSE”（M2.0）、“SYS_0.2_SEC_SQ_PULSE”（M2.1）、“SYS_0.4_SEC_SQ_ PULSE”（M2.2）、“SYS_1.0_SEC_SQ_PULSE”（M2.5 1_ 方波脉冲）、“SYS_2.0_SEC_SQ_PULSE”（M2.7 2_ 方波脉冲）]分别是 0.1s 方波脉冲、0.2s 方波脉冲、0.4s 方波脉冲、1s 方波脉冲和 2s 方波脉冲，经过 FB500 的转换，都变成了“SYS_0.1_SEC_PULSE”（M1.0）、“SYS_0.2_SEC_PULSE”（M1.1）、“SYS_0.4_SEC_PULSE”（M1.2）、“SYS_1.0_SEC_PULSE”（ M1.5）、“SYS_2.0_SEC_PULSE”（ M1.7）的尖峰脉冲，以便后面程序使用，POS 是单个位地址信号的上升沿检测指令，相当于一个常开触点。如图 7-7 所示中的输入信号“#CLOCK_100MS”由 0 状态变为 1 状态（即“#CLOCK_100MS”的上升沿），POS 指令等效于常开触点闭合，其 Q 输出端在一个扫描周期内有能流输出，“#SYS_100MS_PULSE”被置位为 1 的状态。图 7-7 中的“#POS_EDGE_MARKER_1”为边沿存储位，用来储存上一次扫描循环时“#CLOCK_100MS”的状态，不能用块的临时局部变量做边沿存储位。

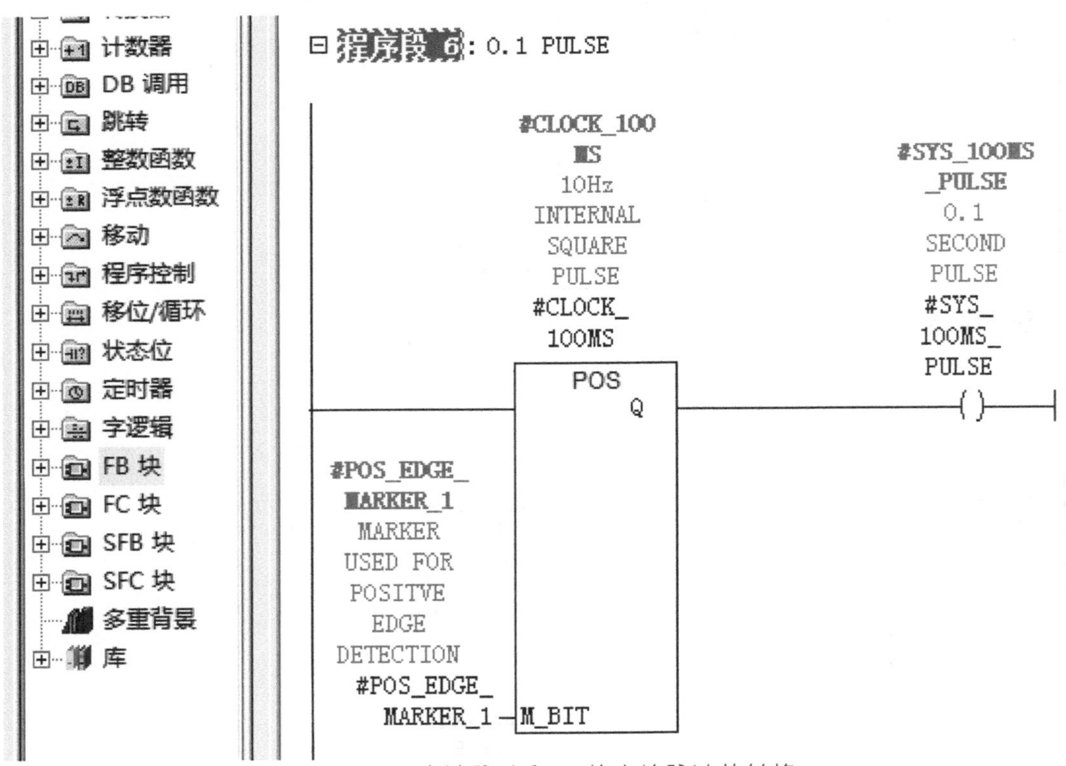

图 7-7　0.1方波脉冲和0.1的尖峰脉冲的转换

⊟ **程序段 6**：0.1 PULSE

```
A      #CLOCK_100MS                 #CLOCK_100MS         -- 10Hz INTERNAL SQUARE PULSE
BLD    100
FP     #POS_EDGE_MARKER_1           #POS_EDGE_MARKER_1 -- MARKER USED FOR POSITVE EDGE DETECTION
=      #SYS_100MS_PULSE             #SYS_100MS_PULSE     -- 0.1 SECOND PULSE
```

图 7-7（续）

8 标准段控制模块

在 FB2（时钟和报警复位）中生成并使用了 4 个具有多重背景的静态变量 “Sys”“GR1”“GR2”“F1”。其中 “Sys” 和 FB500 组成了多重背景，“GR1”“GR2”“F1” 和 FB501 组成了多重背景。

1. 报警复位

在 FB2 中，系统定义了三个报警复位项目—— “GR1”（“Imp_Ready”）、“GR2”（“Recover_Ready”）和 “F1”（“Always_On”），下面以 “GR1”（“Imp_Ready”）为例进行介绍：

在图 8-1 的程序 9 中，只要 “#SYS_READY” 被系统输入变量 “mp_Ready”（M59.7）程序就处于准备状态，只要输入相应的条件，就做出相应的动作。

如果这时刚好处于启动状态，“First_Scan”（M0.4）信息被输入到程序段 9 中，所有的输入条件就被复位。

当 “‘GP’.IMP.Auto_Req”（自动请求）信息被输入到程序段 9 中，除了 “‘GP’.IMP.Auto”（自动状态）被置位，其他复位。

当 “‘GP’.IMP.Man_Req”（手动请求）信息被输入到程序段 9 中，除了 “‘GP’.IMP.Man”（自动状态）被置位，其他复位。

当 “‘GP’.IMP.Off_Req”（离线请求）信息被输入到程序段 9 中，除了 “‘GP’.IMP.Off”（离线状态）被置位，其他复位。

如图 8-2 所示，这些是 FB2 调用 FB501 后产生的效果。

程序段 7：浸渍系统启动

浸渍系统启动。

DB300.DBX5.1
自动状态
"GP".IMP.Auto

M112.5
工艺步骤复位
"M112.5"

M66.0
主电源空开上电
"POWER_ON"

M64.1
主电源空开掉电
"POWER_OFF"

M59.7
"Imp_Ready"

程序段 8：辅助浸渍系统自动启动

DB300.DBX4.3
线启动
"GP".IMP.AutoStart

T123
浸渍系统中断定时器
"T123"

M59.6
"AUX_Imp_Start"

程序段 9：标题：

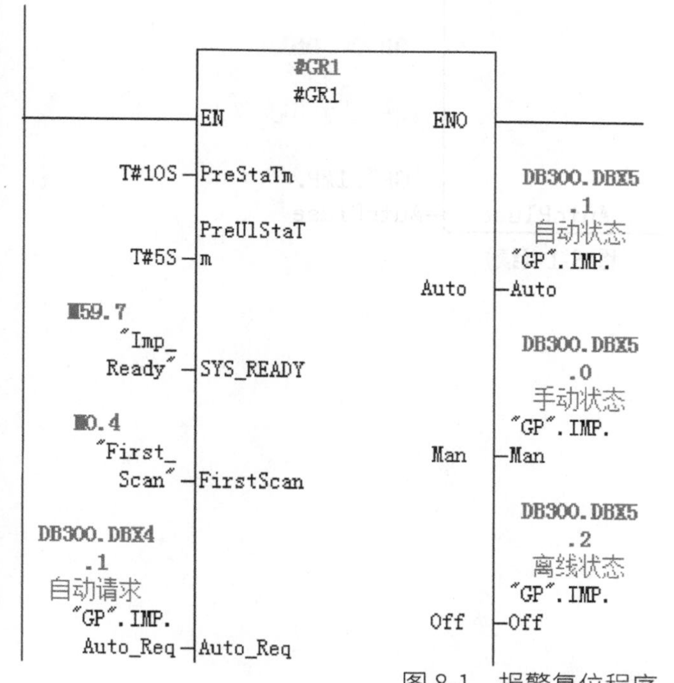

图 8-1　报警复位程序

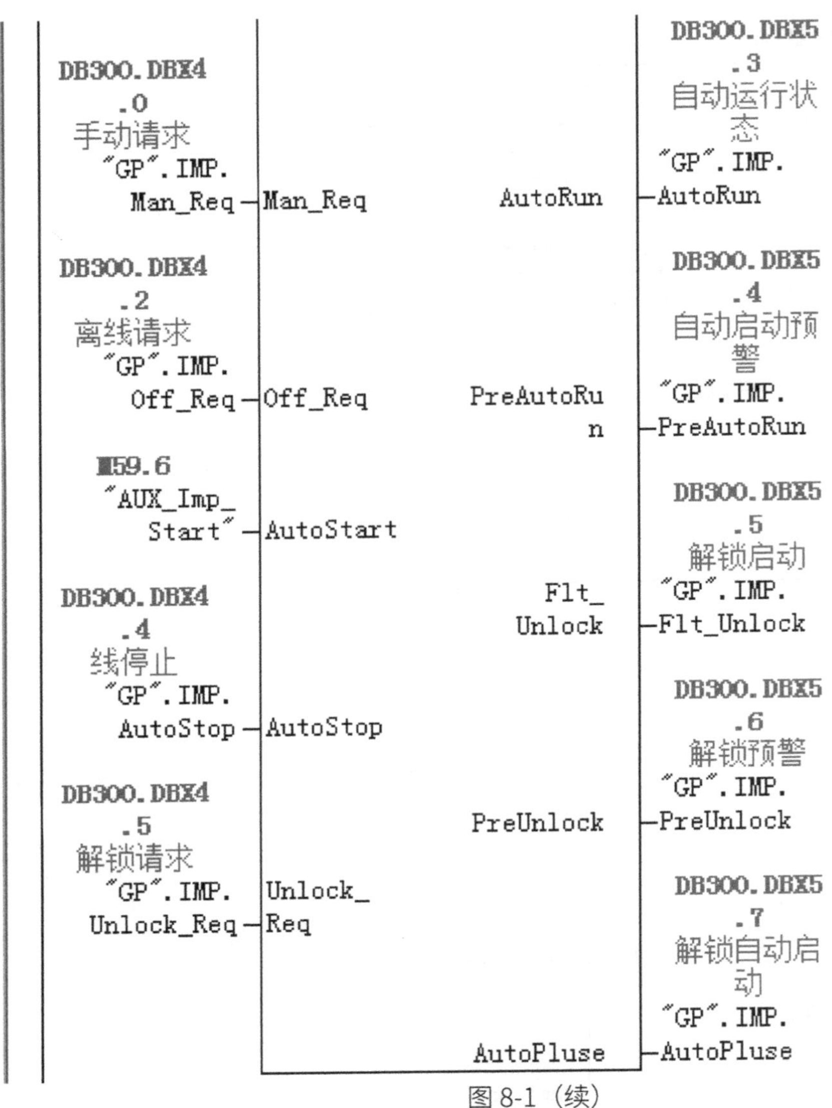
DB300.DBX4
.0
手动请求
"GP".IMP.
Man_Req
Man_Req
DB300.DBX4
.2
离线请求
"GP".IMP.
Off_Req
Off_Req
M59.6
"AUX_Imp_
Start"
AutoStart
DB300.DBX4
.4
线停止
"GP".IMP.
AutoStop
AutoStop
DB300.DBX4
.5
解锁请求
"GP".IMP.
Unlock_Req
Unlock_
Req
AutoRun
DB300.DBX5
.3
自动运行状
态
"GP".IMP.
AutoRun
PreAutoRu
n
DB300.DBX5
.4
自动启动预
警
"GP".IMP.
PreAutoRun
Flt_
Unlock
DB300.DBX5
.5
解锁启动
"GP".IMP.
Flt_Unlock
PreUnlock
DB300.DBX5
.6
解锁预警
"GP".IMP.
PreUnlock
AutoPluse
DB300.DBX5
.7
解锁自动启
动
"GP".IMP.
AutoPluse
图 8-1（续）

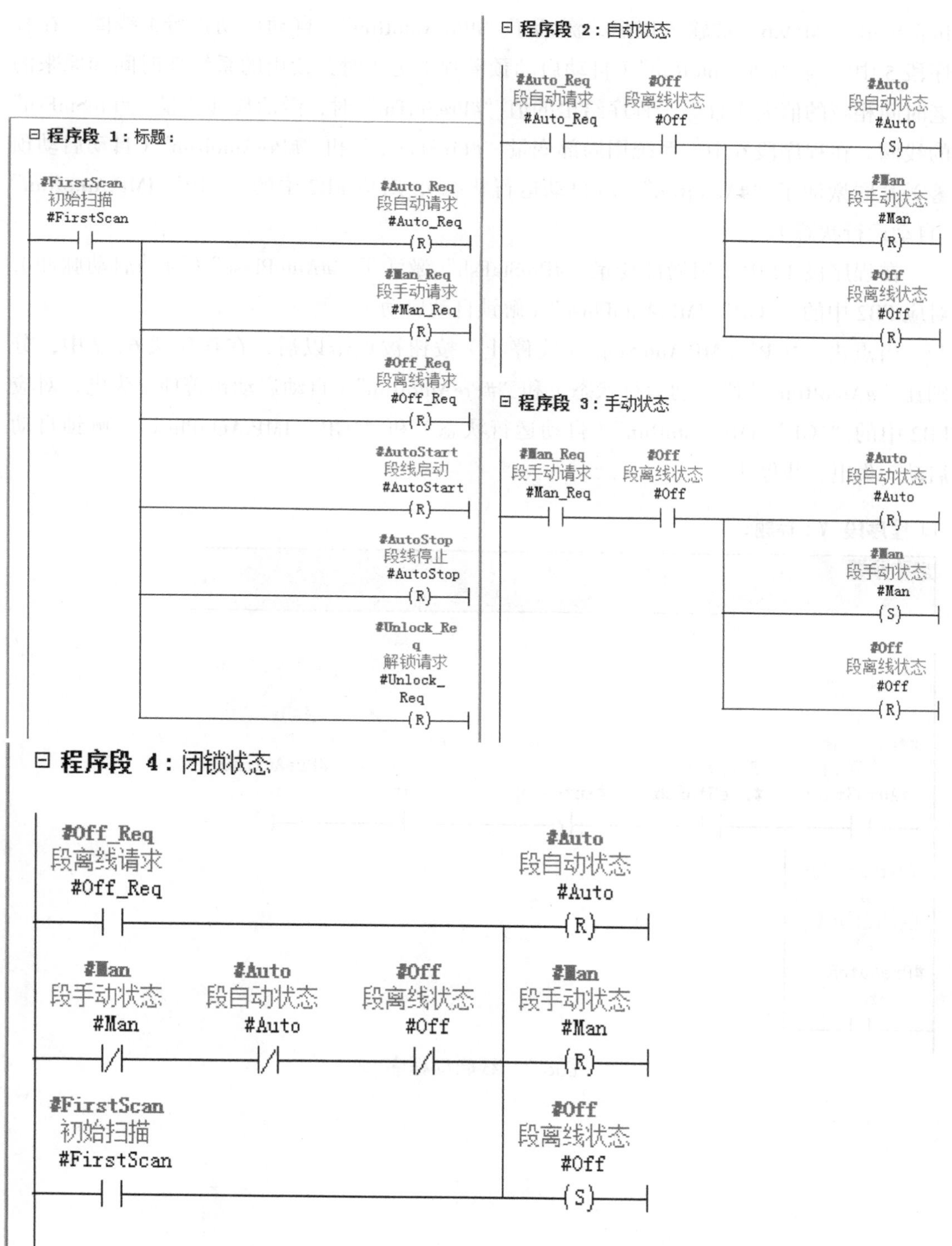

图8-2 初次扫描、段自动请求、段手动请求和段离线请求程序做出的动作

在图 8-3 FB501 的程序段 7 中，“#AutoStart”（段线启动）对应的 FB2 中的“AUX_

Imp_Start”（M59.6）被输入以后，激活了“#PreAutoRun”（自动启动预警）线圈。在程序段 5 中，当“#PreAutoRun”（自动启动预警项）为 1 时，读出的系统新时间和原来的老时间相减的值大于且等于程序给出的值“#PreStaTm”时，激活局部变量“#PreStaFsh”的线圈。在程序段 6 中，系统用局部变量“#PreStaFsh”和“#PreAutoRun”（自动启动预警）共同激活了“#AutoRun”（段自动运行状态），对应 FB2 中的“‘GP’.IMP.AutoRun”（自动运行状态）。

在程序段 12 中，用局部变量“#PreStaFsh”激活了“#AutoPluse”（自动启动脉冲），对应 FB2 中的“‘GP’.IMP.AutoPluse”（解锁自动启动）。

当点击“‘GP’.IMP.AutoStop”（线停止）按钮被点击以后，在程序段 6、7 中，分别让“#AutoRun”（段自动运行状态）和“#PreAutoRun”（自动启动预警项）失电，对应 FB2 中的“‘GP’.IMP.AutoRun”（自动运行状态）和“‘GP’.IMP.AutoPluse”（解锁自动启动）失电，线停止。

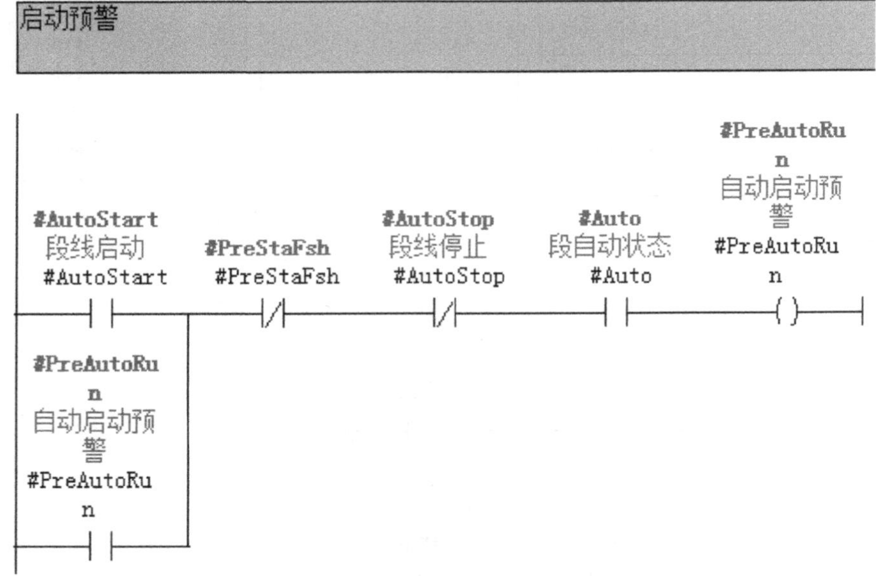

图8-3　线启动程序

⊟ **程序段 6**：标题：

自动运行

程序段 5：

```
      CALL           "TIME_TCK"                    // 调用 SFC64
      RET_VAL:=#SYS_TM                             // 读出系统时间
      SET
      A              #PreAutoRun
      JC             _001
      L              #SYS_TM
      T              #T_PreStart                   // 当 PreAutoRun（自动启动预警项）为
                                                   0 时，程序把系统时间 SYS_TM 赋给 T_
                                                   PreStart
_001: NOP            0
      L              #SYS_TM
      L              #T_PreStart                   // 当 PreAutoRun（自动启动预警项）为 1
                                                   时，读出的系统新时间和原来的老时间相
                                                   减的值大于且等于程序给出的值 PreStaTm
      -D
      ABS
      L              #PreStaTm
      >=D
      =              #PreStaFsh                    // 激活线圈 PreStaFsh
```

图8-3（续）

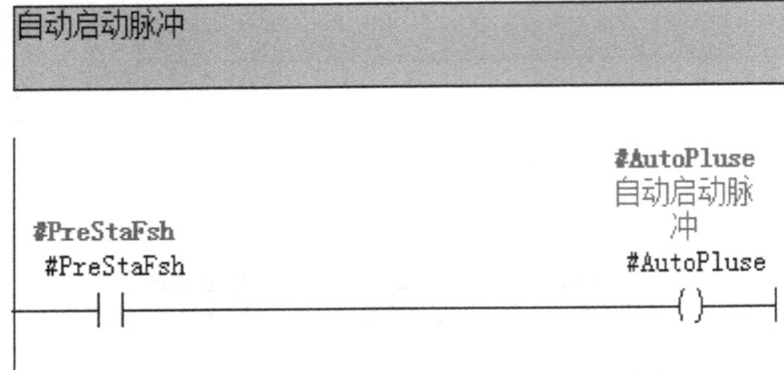

图8-3（续）

当 FB2 中的“‘GP’.IMP.Unlock_Req”（解锁请求）软按钮被点击以后，在图 4 的程序段 11 中，“#Unlock_Req”（解锁请求）就激活了“#PreUnlock”（解锁预警）线圈。

在程序段 8、9 中，“#PreUnLkFsh”和“#UnlockFsh”是两个重要的条件。

在程序段 8 中，当“#PreUnlock”（解锁预警）线圈被激活以后，在设定的“#PreUlStaTm”（解锁预警时间）之外，“#PreUnLkFsh”线圈被激活。

在程序段 10 中，用“#PreUnLkFsh”线圈的常开触点和“#PreUnlock”（解锁预警）线圈的常开触点激活“#Flt_Unlock”（解锁启动）线圈。对应 FB2 中“‘GP’.IMP.Flt_Unlock”（解锁启动）被激活。

在程序段 9 中，当“#Flt_Unlock”（解锁启动）线圈被激活后，经过一定时间的延时后，激活线圈“#UnlockFsh”；在程序段 10 中，线圈“#UnlockFsh”的常闭触点成为开点，“#Flt_Unlock”（解锁启动）线圈失电，对应 FB2 中“‘GP’.IMP.Flt_Unlock”（解锁启动）线圈失电，为下一次的解锁请求做准备。

程序段 8（故障解锁预警计时）：

```
      A     #PreUnlock        // 当 #PreUnlock（解锁预警）为 0 时
      JC    _002
      L     #SYS_TM
      T     #T_PreUnlock      // 当 #PreUnlock（解锁预警）为 0 时，把读出系统时间 #SYS_TM 赋值给 #T_PreUnlock
_002: NOP   0
      L     #SYS_TM
      L     #T_PreUnlock
      -D
      ABS
```

```
L        #PreUlStaTm      // 当 #PreUnlock（解锁预警）为 1 时，读出的系统新时间和原来的老时间相减的值大于且等于程序给出的值 #PreUlStaTm(解锁预警时间）
>=D
=        #PreUnLkFsh      // 激活线圈 #PreUnLkFsh
```

程序段 9（解锁脉冲计时）：

```
SET
A        #Flt_Unlock
JC       _003
L        #SYS_TM
T        #T_Unlock        // 当 #Flt_Unlock（解锁启动）为 0 时，把读出系统时间 #SYS_TM 赋值给 #T_Unlock
_003: NOP 0
L        #SYS_TM
L        #T_Unlock        // 当 #Flt_Unlock（解锁启动）为 1 时，读出的系统新时间和原来的老时间相减的值大于且等于 1 秒
-D
ABS
L        T#1S
>=D
=        #UnlockFsh       // 激活线圈 #UnlockFsh
```

程序段 11：标题：

按解锁启动，先预警N秒。

#Unlock_Req 解锁请求 #Unlock_Req
#PreUnLkFsh #PreUnLkFsh
#Auto 段自动状态 #Auto
#AutoStop 段线停止 #AutoStop
#PreUnlock 解锁预警 #PreUnlock
#PreUnlock 解锁预警 #PreUnlock

图 8-4 解锁的程序

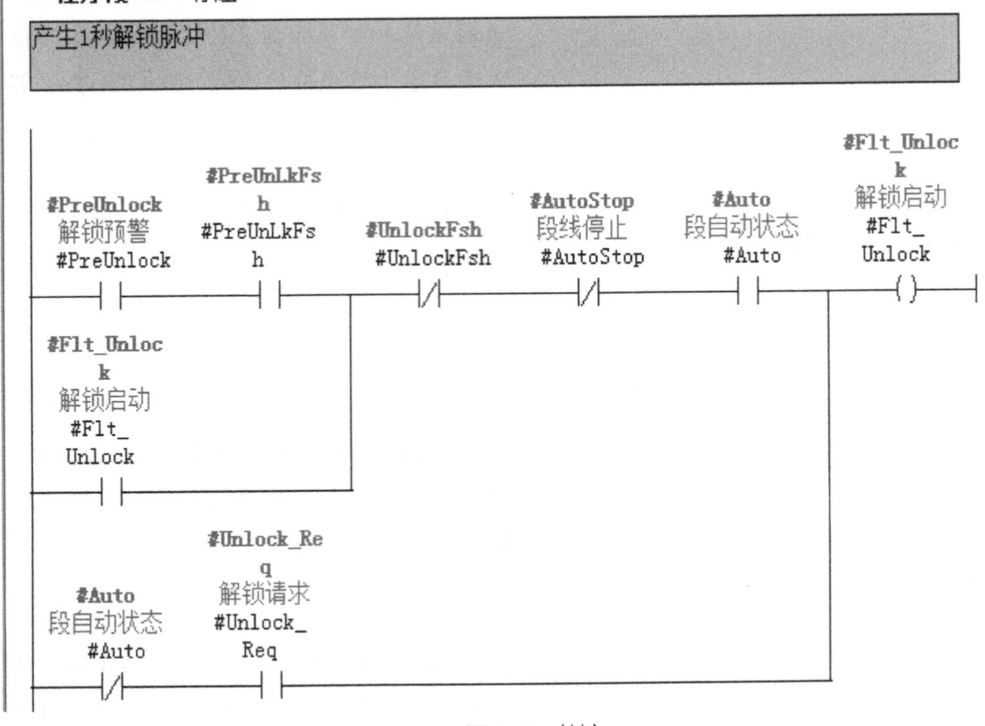

图 8-4 （续）

2.SFC64 的使用

1）使用 SFC64“TIME_TCK”读取系统时间

在 FB501 中使用了一个 SFC64“TIME_TCK”读取系统时间，用读取到的时间来设置一些参数。

使用 SFC64“TIME_TCK”（报时信号），可以读取 CPU 的系统时间。系统时间是循环时间计数器，技术范围 0 ~ 2147483647ms。如果出现溢出，系统时间将从 0 开始重新计数。分辨率和系统时间精度为 1 ms，只有 CPU 的工作模式才影响系统时间。

根据系统提供的信息和图 8–5 中反映出的信息，以及在 SFC64 的变量声明表中看到的，SFC64 只用一个“RETURN”（返回）变量——“RET_VAL”，把它相关的参数加以利用主要用于，比较 SFC64 两次执行的结果、测试执行周期。

日 程序段 5: 线启动预警计时

```
        CALL  "TIME_TCK"                  SFC64            -- Read the System Time
         RET_VAL:=#SYS_TM                 #SYS_TM
        SET
        A     #PreAutoRun                 #PreAutoRun      -- 自动启动预警
        JC    _001
        L     #SYS_TM                     #SYS_TM
        T     #T_PreStart                 #T_PreStart
_001:   NOP   0
        L     #SYS_TM                     #SYS_TM
        L     #T_PreStart                 #T_PreStart
        -D
        ABS
        L     #PreStaTm                   #PreStaTm        -- 启动预警时间
        >=D
        =     #PreStaFsh                  #PreStaFsh
```

图8-5 SFC64 "TIME_TCK" 读取系统时间

2）线启动预警计时的程序解读

通过调用 SFC64 "TIME_TCK" 读取系统时间，系统时间是循环时间计数器，把读取到的系统时间通过返回变量 "RET_VAL" 读取出来，再赋值给相应的变量。

FB501 由于使用了多重背景功能，"RET_VAL" 读取的系统时间值被赋值给局部变量 "#SYS_TM"。

"SET" 将 "RLO" 置位为 1，"#PreAutoRun" 在变量声明表中是输出变量，也是与之呈多重背景功能的 FB2 中的输出变量相对应。

1）当 "#PreAutoRun" 为 "0" 状态时，使用 L 装载指令把 "#SYS_TM" 赋值给累加器 1，通过传送指令 T 把累加器 1 中的 "#SYS_TM" 传送给静态变量 "#T_PreStart"，所以 "#T_PreStart" 中的值是某一次的系统时间值，因为这个变量值要保持不变，所以使用了静态变量。这也是使用 FB，而不使用 FC 的原因。

2）当 "#PreAutoRun" 为 "1" 状态时，程序 "JC"（跳转）到 "_001"，"NOP 0" 指令把所有的指令全部置位为 0，减少干扰。读取的时间使用 L 装载指令把 "#SYS_TM" 赋值给累加器 1，使用装载指令 L 把具有静态变量特性的 "#T_PreStart" 赋值给累加器 1，这时 "#SYS_TM" 被赋值给累加器 2。累加器 2 中的值减去累加器 1 中的值，然后结果赋给累加器 1，通过 ABS（绝对值）后，结果赋值给累加器 1。局部变量 "#PreStaTm" 是输入值，对应的 FB2 中也是输入值，使用值 L 装载指令把 "#PreStaTm" 赋值给累加器 1，ABS（绝对值）后的结果赋值给累加器 2。当累加器 2 中的值大于累加器 1 中的值时，置位局部变量 "#PreStaFsh（启动预警标志位）"，以便后续使用。

9　电机的正向和反向启动信号（　）

1. 主调块 FB111

在 EP1_ 冷端，使用的电机以及和电机的启动方式相同的工艺罐 V20 的三个加热器总共有 16 台，它们的启停方式和控制方式也大同小异，所以系统设计了一个功能块 FB588，在功能块 FB111 中通过调用功能块 FB588，对 16 台电机的正向和反向启动信号进行了定义。经过对功能块 FB111 "对象属性" 可知，FB111 是 "本地启动点程序"，顾名思义，FB111 是对这些电机进行点动控制时设计的程序。在 FB111 中，系统定义了 16 个多重背景变量，分别对上面提到的 16 台电动机的手动启、停进行控制。

下面以向浸渍器中输送烟丝的双向皮带输送机为例介绍控制方式：

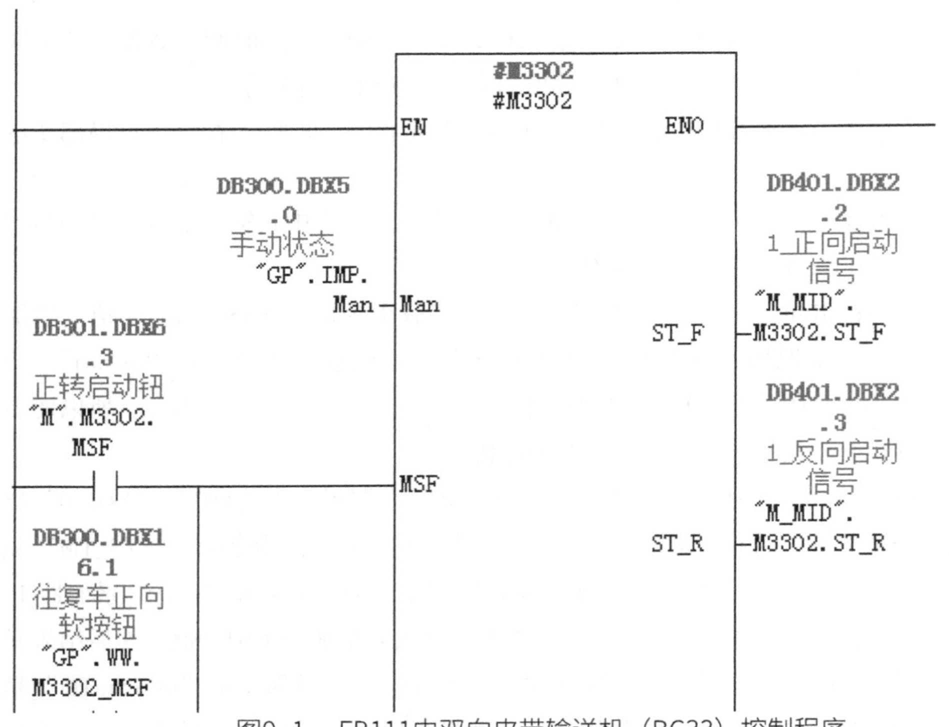

图9-1　FB111中双向皮带输送机（BC33）控制程序

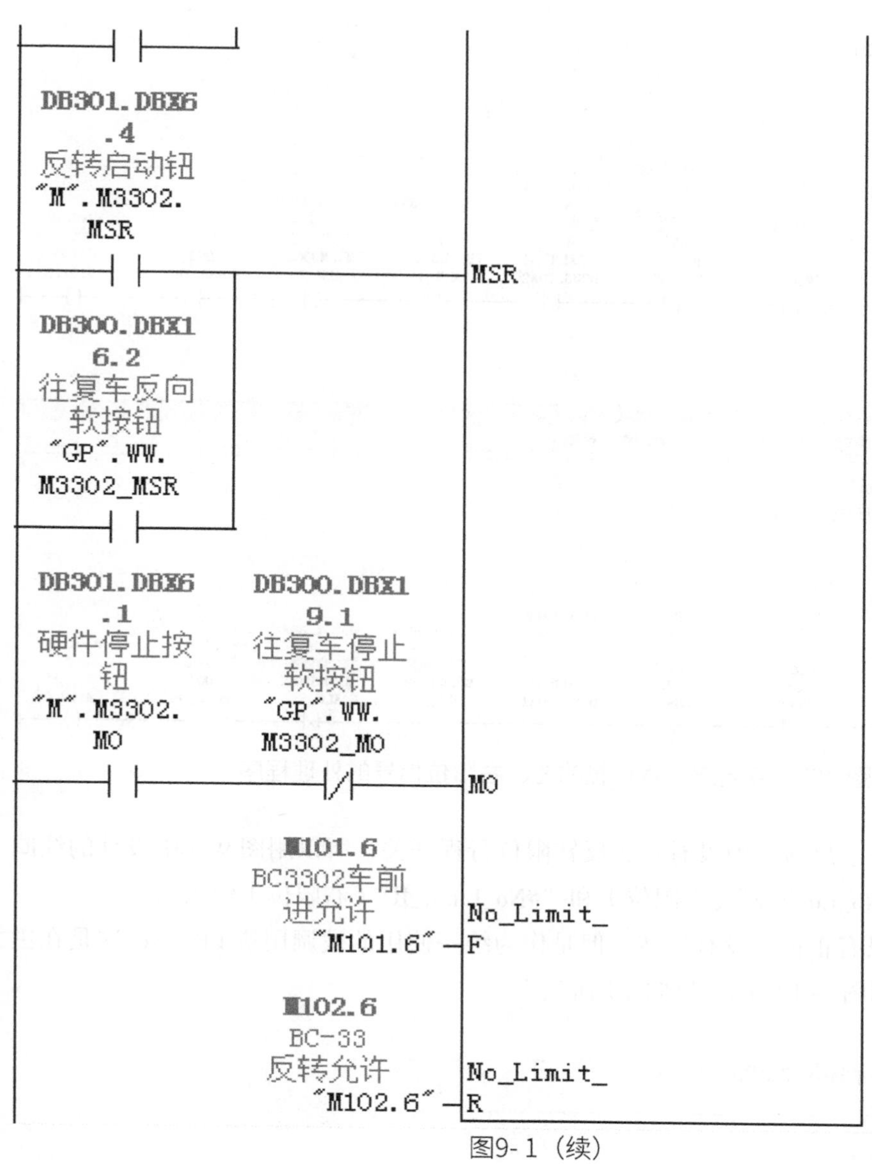

图9-1（续）

在图 9–1 中，只要处于手动状态，这时不管是按动子站箱的正向、反向按钮或者触摸屏上的正向、反向按钮，系统都会启动 BC33 皮带输送机，按动停止按钮，BC33 皮带输送机停止。

根据不同的使用地点，"#No_Limit_F"（左限位）和"#No_Limit_R"（右限位）赋给的值是不同的，针对选择的双向皮带输送机，由于它本身就有左、右限位，所以把它的左、右限位信号输入进去就可以了，如图 9–2 所示。

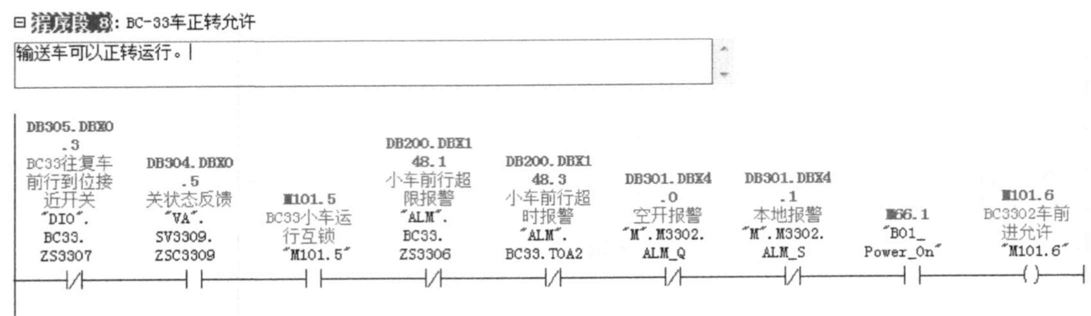

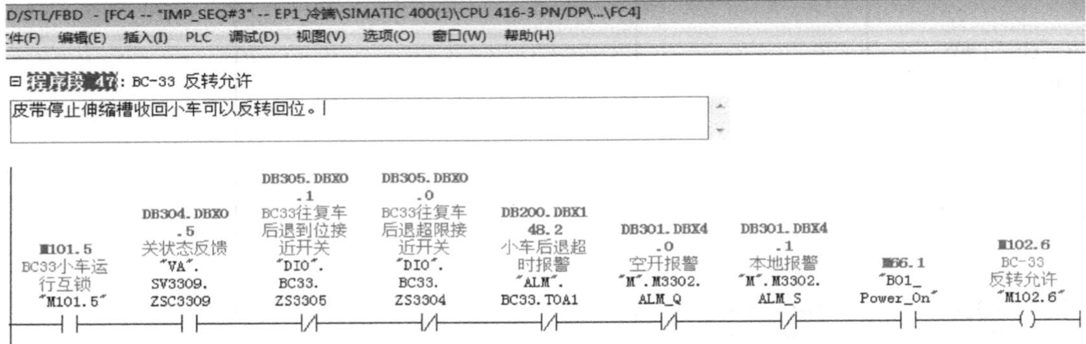

图 9-2　双向皮带输送机的左、右限位信号的处理程序

有的电机有正、反转，但没有正、反转限位行程开关，所以用图 9–3 中设计的线圈的常开点作为“#No_Limit_F”（左限位）和“#No_Limit_R”（右限位）输入点。

还有的电机只有正传，没有反转，但是作为统一使用的被调用块 FB588，这是在主调块中可以不使用图 9–1 中的“反向使用信号”。

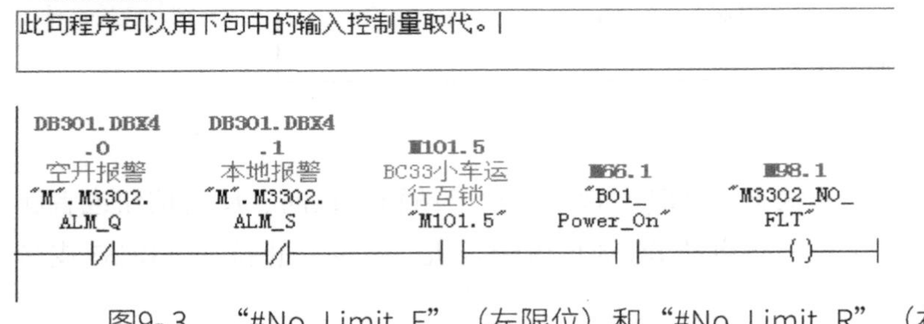

图9- 3　“#No_Limit_F”（左限位）和“#No_Limit_R”（右限位）的代替点

2. 被调块 FB588

在被调块 FB588 中，总共有 10 个程序段，前 5 个程序段设计的是正向启动，后 5 个程序段设计的是反向启动，程序是相同的，所以主要介绍前 5 个程序段。

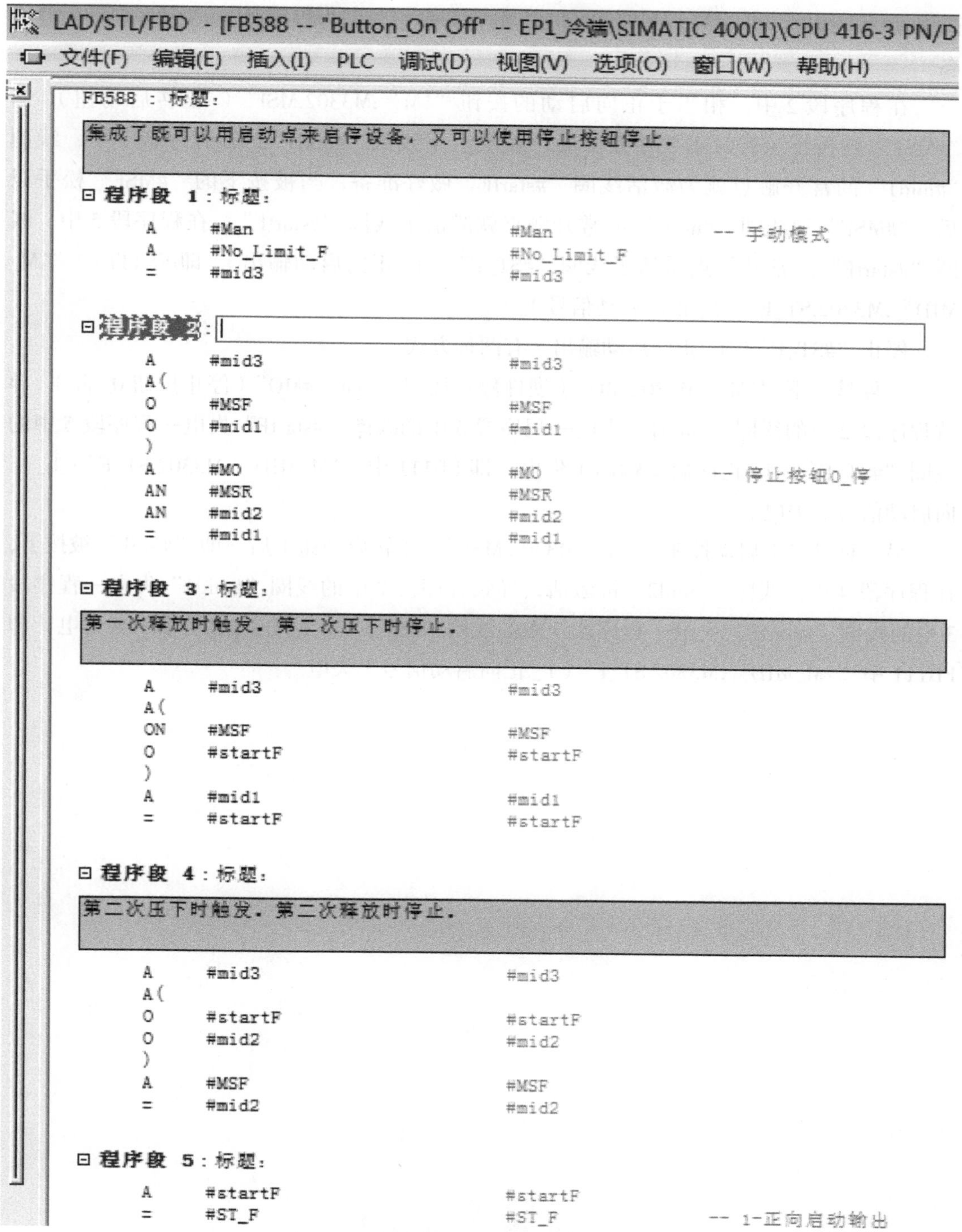

LAD/STL/FBD - [FB588 -- "Button_On_Off" -- EP1_冷端\SIMATIC 400(1)\CPU 416-3 PN/D

文件(F) 编辑(E) 插入(I) PLC 调试(D) 视图(V) 选项(O) 窗口(W) 帮助(H)

FB588 : 标题:

集成了既可以用启动点来启停设备，又可以使用停止按钮停止。

程序段 1：标题：

```
A     #Man            #Man            -- 手动模式
A     #No_Limit_F     #No_Limit_F
=     #mid3           #mid3
```

程序段 2：

```
A     #mid3           #mid3
A(
O     #MSF            #MSF
O     #mid1           #mid1
)
A     #MO             #MO             -- 停止按钮0_停
AN    #MSR            #MSR
AN    #mid2           #mid2
=     #mid1           #mid1
```

程序段 3：标题：

第一次释放时触发，第二次压下时停止。

```
A     #mid3           #mid3
A(
ON    #MSF            #MSF
O     #startF         #startF
)
A     #mid1           #mid1
=     #startF         #startF
```

程序段 4：标题：

第二次压下时触发，第二次释放时停止。

```
A     #mid3           #mid3
A(
O     #startF         #startF
O     #mid2           #mid2
)
A     #MSF            #MSF
=     #mid2           #mid2
```

程序段 5：标题：

```
A     #startF         #startF
=     #ST_F           #ST_F           -- 1-正向启动输出
```

图 9-4 被调块FB588的正向程序段

在程序段 1 中，当系统处于手动模式和相当于左限位的“#No_Limit_F”也被激活，这时激活了线圈“#mid3”，线圈“#mid3”的常开触点分别为程序段 2、3 和 4 启动做好准备。

在程序段 2 中，相当于正向启动的按钮“‘M’.M3302.MSF”（正转启动钮），即“#MSF”被按下（暂时不要松手）后，就激活了线圈“#mid1”；在程序段 3 中，线圈“#mid1”的常开触点就为激活线圈“#startF”做好准备，当被按下的“#MSF”松手以后，“#MSF”和线圈“#mid1”的常开触点就激活了线圈“#startF”；在程序段 5 中，线圈“#startF”的常开触点激活了线圈“#ST_F”（1_ 正向启动输出），即 FB111 中“‘M_MID’.M3302.ST_F”（1_ 正向启动信号）。

停止“#ST_F”（1_ 正向启动输出）有两种方式：

一种是按下“‘M’.M3302.MO”（硬件停止按钮），即“#MO”（停止按钮 0_ 停），导致程序段 2 中的线圈“#mid1”失电—程序段 3 中的线圈“#startF”失电—程序段 5 中的线圈“#ST_F”（1_ 正向启动输出）失电，即 FB111 中“‘M_MID’.M3302.ST_F”（1_ 正向启动信号）失电。

另一种是按下启动按钮“‘M’.M3302.MSF”（正转启动钮）后，即“#MSF”被按下，在程序段 4 中，线圈“#mid2”被激活，导致程序段 2 中的线圈“#mid1”失电—程序段 3 中的线圈“#startF”失电—程序段 5 中的线圈“#ST_F”（1_ 正向启动输出）失电，即 FB111 中“‘M_MID’.M3302.ST_F”（1_ 正向启动信号）失电。

10　模拟量输入映射

当程序周期组织块 OB1 扫描到 FC45 后，经过右键单击“CALL ‘Ana_Inlet’”—“被调用块”—“打开”，打开了功能 FC45，经过对 FC45 的“对象属性”可知，FC45 是“模拟量输入映射”，对 EP1_ 冷端的所有模拟量进行检测，主要内容有生产区的 CO_2 浓度、CO_2 的温度、压力、重量等参数进行检测，如图 10–1、图 10–2 所示。

由于这些参数的输入、输出和限定条件基本相同，所以，系统定义了功能 FC900 对这些参数进行统一的定义。下面以“下盖区浓度”为例介绍：

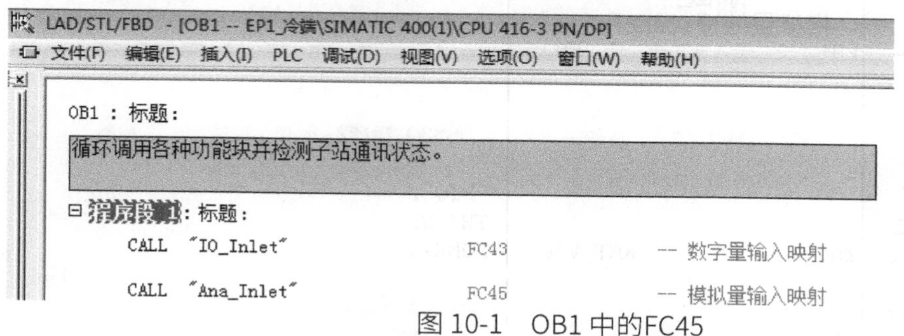

图 10-1　OB1 中的FC45

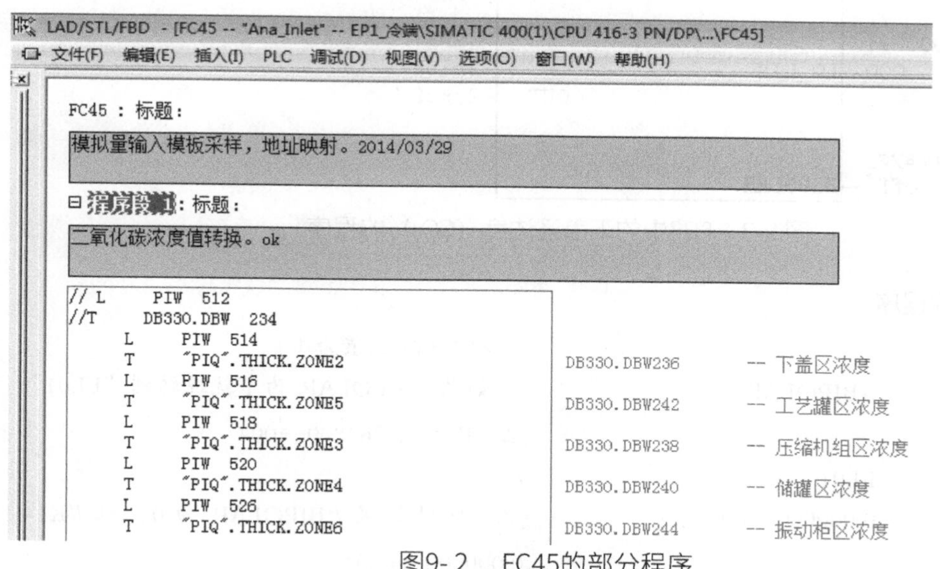

图9- 2　FC45的部分程序

来自主控柜 CPU416–3PN/DP 的模拟量输入模块“AI8x14Bit”的第二通道的输入值 PIW514 中的值被传送到 CPU 中，最终被传送到了“‘PIQ’.THICK.ZONE2”(下盖区浓度)中，方便调用。

经过对 FC45 中的“‘PIQ’.THICK.ZONE2”右击—“跳转到”—“应用位置”，出现了图 10–3 中 FB3 的程序，图中主要是下盖区浓度（CO_2）的程序图。

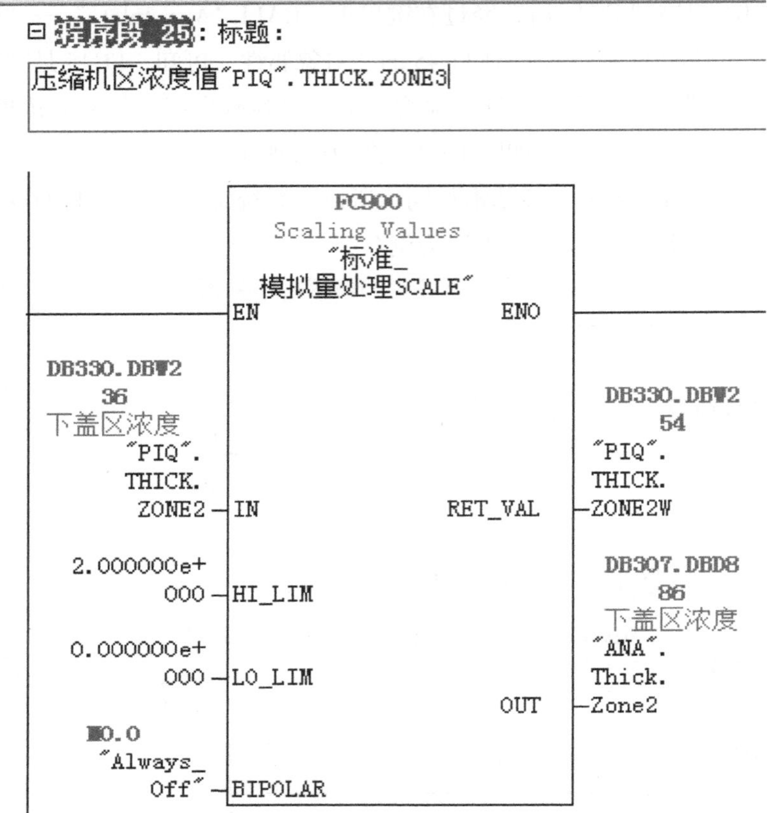

图 9-3　FB3中的下盖区浓度（CO_2）的程序

1.FC900 中的程序

```
      SET                                    // 把 RLO 赋值为 1
      A        #BIPOLAR                      // 如果 #BIPOLAR 为 1 就跳转到 "EL01"，
                                             让 #K1=–2.764800e+004
      JC       EL01                          //
      L        0.000000e+000                 // 否则如果 #BIPOLAR 为 0，让 #K1=
                                             0.000000e+000
      T        #K1                           //
      JU       EI01                          //
EL01: L        –2.764800e+004                //
      T        #K1                           //
EI01: NOP   0                                //
```

```
L        2.764800e+004    // 不管 #BIPOLAR 为 0 或者不为 0，#K2=2.764800e+004
T        #K2              // 在上面进行了单极性和双极性的设定
L        #IN              // #IN 接受的是主调程序中来自模拟量模块读取的现场值
ITD                       // 整数转换成双整数
DTR                       // 双整数转换成实数
T        #IN_REAL         // 然后把这个实数传送给功能块局部变量“#IN_REAL”
L        #HI_LIM          // #HI_LIM 是主调程序赋给的高限位
L        #LO_LIM          // #LO_LIM. 是主调程序赋给的低限位
-R                        //
T        #SPAN            // 用“#HI_LIM”（高限位）减去“#LO_LIM”（低限位），并赋值给“#SPAN”。如果输入值在 K1 和 K2 之外，则输出值就被钳位在“LO_LIM”或“HI_LIM”。这时，这个错误就被写在日志中，如果输入值在设定的范围之内，输出值就能正确地输出
L        #IN_REAL         //
L        #K1              //#K1 的值只有“0.000000e+000”或“-2.764800e+004”
>=R                       // 如果输入值比“#K1”的值小，就把主调程序的一个变量“#RET_VAL”赋值为 8，意思就是系统出现了错误
JC       EL02             // 如果输入值比“#K1”的值大，就跳转到“EL02”
L        8                //
T        #RET_VAL         //
L        #LO_LIM          //
T        #OUT             // 并把“#LO_LIM”（低限位）赋值给输出
JU       FAIL             // 并跳转到“FAIL”，进而把“RLO”置位为 0，系统报错
EL02: POP                 //
```

```
      L        #K2            //如果输入值比“#K2”的值大，就把主调程序的一个变量“#RET_VAL”赋值为8，意思就是系统出现了错误
      <=R                     //
      JC       EI04           //如果输入值比“#K2”的值小，就跳转到“EL04”
      L        8              //
      T        #RET_VAL       //
      L        #HI_LIM        //
      T        #OUT           ///并把“#HI_LIM”（高限位）赋值给输出
      JU       FAIL           //并跳转到“FAIL”，进而把“RLO”置位为0，系统报错
EI04: NOP      0              //
      NOP      0              //指令各位全为0
      L        #K2            //
      L        #K1            //
      -R                      //
      T        #TEMP1         //让局部变量“#TEMP1”=“#K2”-“#K1”
      L        #IN_REAL       //
      L        #K1            //
      -R                      //让“#IN_REAL”-“#K1”
      L        #TEMP1         //
      /R                      //让（“#K2”-“#K1”）/（“#IN_REAL”-“#K1”）
      L        #SPAN          //#SPAN=“#HI_LIM”-“#LO_LIM”
      *R                      //[（“#K2”-“#K1”）/（“#IN_REAL”-“#K1”）]×（“#HI_LIM”-“#LO_LIM”）
      L        #LO_LIM        //
      +R                      //
      T        #OUT           //OUT=[（“#K2”-“#K1”）/（“#IN_REAL”-“#K1”）]×（“#HI_LIM”-“#LO_LIM”）+“#LO_LIM”
      L        0              //
      T        #RET_VAL       //如果检测错误，让返回值为0
```

```
SET                                   // 如果检测没有错误，跳转到 SVBR，把二进制结果为 BR 置位为 1，使程序继续进行
      JU         SVBR                 //
FAIL: CLR                             // RLO = 0 (ERROR)
SVBR: SAVE                            // BR = RLO
```

2. 程序的主体意思

当主调程序功能块 FB3 调用功能 FC900 对“下盖区浓度（CO_2）”进行检测时，系统要对输入信号进行检测，当它高出系统的最大值 27648 或低于最小值 –27648 或者 0 时，系统报警；当输入信号值小于最大值 27648 但大于设定的上限值 2 时，这时系统的输出值为 2，但是要报警；当输入信号值大于最小值 –27648 但小于设定的下限值 0 时，这时系统的输出值为 0，但是要报警。如果输入信号值在 0 ~ 2 时，返回值“RET_VAL”就是输入信号值的真实实数值，而输出值：

“OUT” = [（“#K2” – “#K1”）/（“#IN_REAL” – “#K1”）] ×（“#HI_LIM” – “#LO_LIM”）+ “#LO_LIM”

= {[27648–（–27648）或 0] / [输入信号值 –（–27648）或 0]} ×（2–0）–0

=2 × 27648/ 输入信号值（单极性信号）

=2 × 27648 × 2/（输入信号值 +27648）（双极性信号）

11 网络故障的诊断

当程序周期组织块 OB1 扫描到 FB5 后，经过右键单击“‘CALL’ Net_Diag”—“被调用块”—“打开”，打开了功能块 FB5，如图 11-1 所示，经过对 FB5 的“对象属性”可知，FB5 是“网络诊断”，对 EP1_ 冷端的所有以太网、DP 网以及与它们相连接的子网进行进行检测和输出报警信息。

选中 FB5 中的 SFC51，再点击计算机的“F1”帮助按键，SFC51 是“RDSYSST”读取系统状态列表或部分列表，是系统内置的功能，只能调用不能打开内部的具体情形。

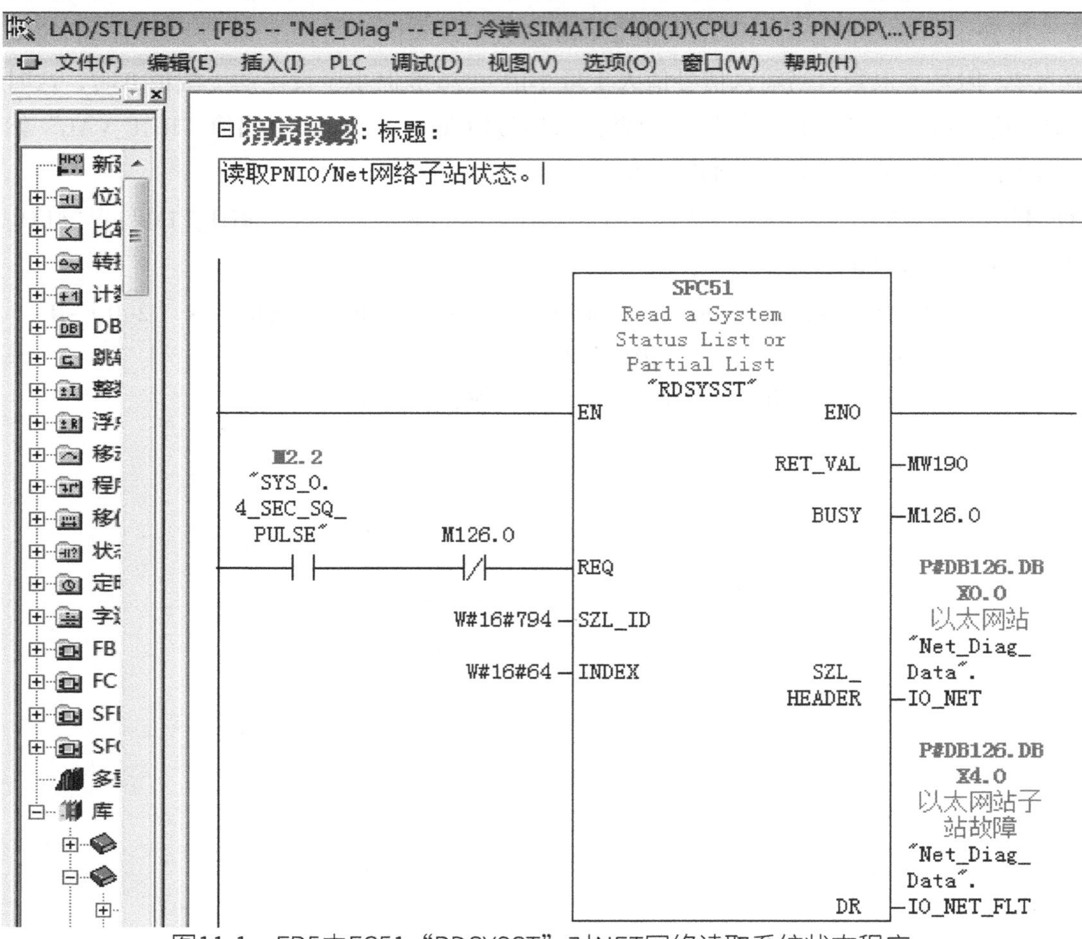

图11-1 FB5中FC51“RDSYSST”对NET网络读取系统状态程序

1.SFC51 的解读

通过系统功能 SFC51“RDSYSST”(读取系统状态)，可以读取系统状态列表或部分系统状态列表。

1）REQ，输入参数，通过将值“1”赋给输入参数 REQ 来启动读取系统状态列表。

2）SZL_ID，输入参数，是个常数，将要读取的系统状态列表或部分列表的 SZL–ID，见表 1。

3）INDEX，输入参数，是个常数，部分列表中对象的类型或编号，见表 1。

表 1 SZL_ID和INDEX参数意义

SZL_ID (W#16#...)	部分列表 模块标识符	INDEX (W#16#...)
0111	一个标识数据记录	
	模块的标识	0001
	系统扩展卡的标识	0004
	基本硬件的标识	0006
	基本固件的标识	0007
0012	CPU 特征	
	所有特征	无关
	一个组的特征	
0112	MC7 处理单元	0000
	时间系统	0100
	系统特性	0200
	MC7 语言描述	0300
	SFC87 和 SFC88 的可用性	0400
0794	I/O 控制系统的中央机架 / 站中的机架的维护状态 [I/O 控制器系统的中央机架 / 站的诊断 / 维护状态（状态位 = 0：无故障，无维护要求；状态位 = 1：机架 / 站有问题，和 / 或有维护要求或维护请求）]	0 / PNI/O 子系统 ID (0：中央模块；1–32：PROFIBUS DP 上的分布式模块；100~115：PROFINET I/O 上的分布式模块）
……	……	

在“F1”中可以看到“SZL_ID”输入参数有 70 个不同含义的选择数字，以及对应的输入参数“INDEX”输入值。

点击“SZL_ID”输入参数，会出现更多的本参数中的信息，以 FB5 中使用的“W#16#794”为例：

用途：“SZL–ID”为 W#16#0x94 的部分列表包含有关中央组态中的模块机架及 PROFIBUS DP 主站系统 /PROFINET I/O 控制系统的站的期望组态和实际组态的信息。

“SZL–ID”为 W#16#0794：I/O 控制器系统的中央机架 / 站的诊断 / 维护状态（状态位

=0：无故障，无维护要求；状态位 =1：机架 / 站有问题，和 / 或有维护要求或维护请求)。

“INDEX” 为 0: 中央模块。

1~32：(16#1~20) PROFIBUS DP 上的分布式模块。

100~115：(16#64~73) PROFINET I/O 上的分布式模块。

双击“硬件配置” (HW Config) 页面的“PROFINET I/O 系统”的主网，出现图 11-2 所示的“属性 –PROFNET I/O 系统”对话框，可以看到“I/O 系统的编号”为 100。也就是“INDEX” =100 (16#64) 的由来。

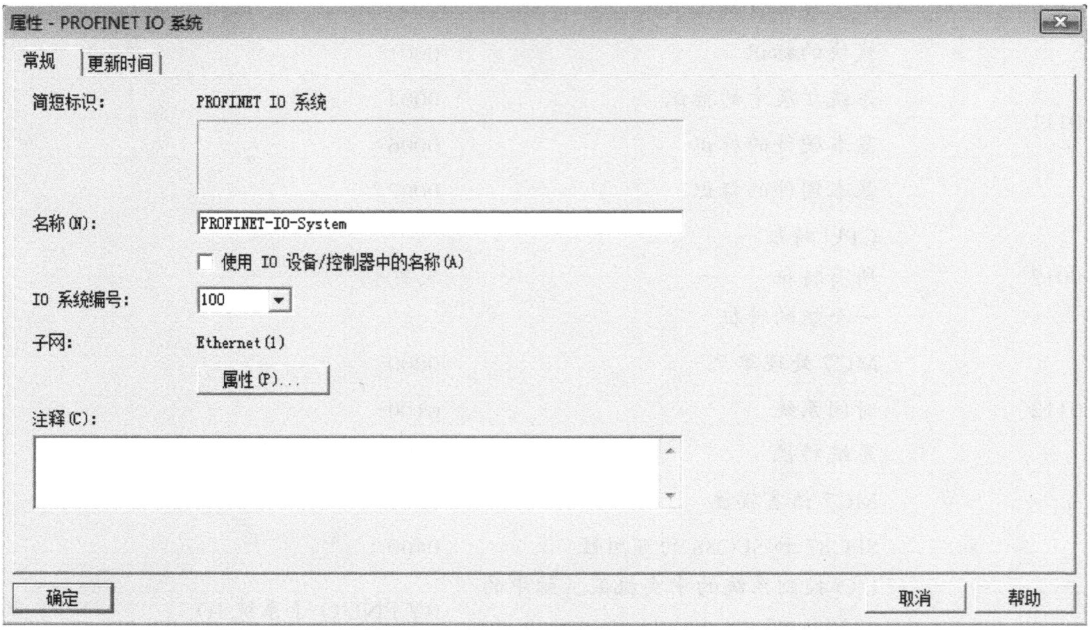

图 11-2　属性-PROFINET I/O系统显示的I/O系统的编号

表 2 RET_VAL参数将包含错误代码

错误代码 (W#16#...)	描述
0000	无错。
0081	结果域过短。(但是，仍然将尽可能多地提供数据记录。SSL 标题指示此数值。)
7000	首次调用 REQ=0：没有数据传输；BUSY 的值为 0
7001	首次调用 REQ=1：已启动数据传送；BUSY 的值为 1。
7002	中间调用 (REQ 无关联)：数据传送已经激活；BUSY 的值为 1。
………	………

4）RET_VAL，输出参数，如果执行 SFC 时出错，则 RET_VAL 参数将包含错误代码，见表 2。

在“F1”可以看到 RET_VAL 参数可以返回 20 个错误代码，使用时可以查找。

5）BUSY，输出参数，如果可以立即读取系统状态，则 SFC 将在 BUSY 输出参数中返回值 0。如果 BUSY 的值为 1，则尚未完成读取功能。

图 11-1 中的“M126.0”点使用得很巧妙，当“M126.0”=0，刚好对应的输入参数 REQ 有能流输入，可以读取系统状态。

6）SZL_HEADER，输出参数

SZL_HEADER 参数是一个如下的结构：

```
SZL_HEADER: STRUCT
     LENTHDR: WORD
       N_DR: WORD
          END_STRUCT
```

LENTHDR 是 SZL 列表或 SZL 部分列表的数据记录的长度。如果仅读取了 SSL 列表的标题信息，则 N_DR 包含属于它的数据记录数。否则，N_DR 包含传送到目标区域的数据记录数。

图 11-3 是真实使用的 FB5 的背景数据块 DB126 中的关于 SZL_HEADER 的结构。

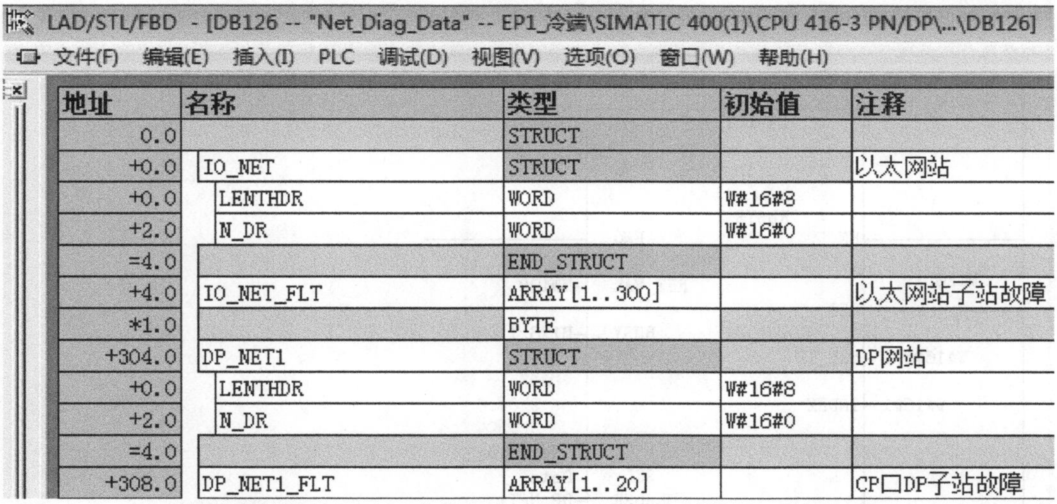

LAD/STL/FBD - [DB126 -- "Net_Diag_Data" -- EP1_冷端\SIMATIC 400(1)\CPU 416-3 PN/DP\...\DB126]

文件(F) 编辑(E) 插入(I) PLC 调试(D) 视图(V) 选项(O) 窗口(W) 帮助(H)

地址	名称	类型	初始值	注释
0.0		STRUCT		
+0.0	IO_NET	STRUCT		以太网站
+0.0	LENTHDR	WORD	W#16#8	
+2.0	N_DR	WORD	W#16#0	
=4.0		END_STRUCT		
+4.0	IO_NET_FLT	ARRAY[1..300]		以太网站子站故障
*1.0		BYTE		
+304.0	DP_NET1	STRUCT		DP网站
+0.0	LENTHDR	WORD	W#16#8	
+2.0	N_DR	WORD	W#16#0	
=4.0		END_STRUCT		
+308.0	DP_NET1_FLT	ARRAY[1..20]		CP口DP子站故障

图 11-3　FB5的背景数据块DB126中的SZL_HEADER结构以及DR对应的“DP_NET1_FLT”

7）DR，输出参数，SSL 列表读取或 SSL 部分列表读取的目标区域：如果仅读取了 SSL 列表的标题信息，则不能评估 DR 的值，而只能评估 SSL_HEADER 的值。否则，LENTHDR 和 N_DR 的乘积将指示已在 DR 中输入了多少字节。系统定义了 30（一个站占用 10 个字节）以太网中的子网，实际上只是使用了 10 个子站。

2.SFC51 输出数据的使用

系统读取出来的信息存放在背景数据块 DB126 中，在图 11–1 的下部来自背景数据块 DB126.DBX6.1 中的信息定义了一个起保停电路，当 DB126.DBX6.1 中的信息为 1 时，系统激活了“1# 子站通信故障”的线圈，以便其他程序调用。同样的方式，如果那个子站出现了网络故障，就通过读取 SFC51 中的数据来激活对应的点。系统总共使用了 10 个子站箱。

3.DP 网络的诊断

在图 11–1 中，是对 EP1_ 冷端的 NET 网络故障数据进行读取，SFC51 对 DP 网络故障数据进行读取的方式、输入、输出形式完全一样，只是一些参数值设置不同。

图 11–4 中只有输入的“SZL_ID”值和对应的“INDEX”值有所不同，“SZL_ID”=0692 表示中央组态中扩展机架的诊断状态 / 通过集成 DP 接口模块连接的 DP 主站系统中的站的诊断状态。“INDEX”=1 ，是通过集成 DP 开关连接的 DP 主站系统的 DP 主站系统 ID。双击“硬件配置”（HW Config）页面的“PROFIBUS DP”的主网，出现图 11–5 所示的“属性 –DP 主站系统”对话框，可以看到“主站系统的编号”为 1，也就是“INDEX”=1 的由来。

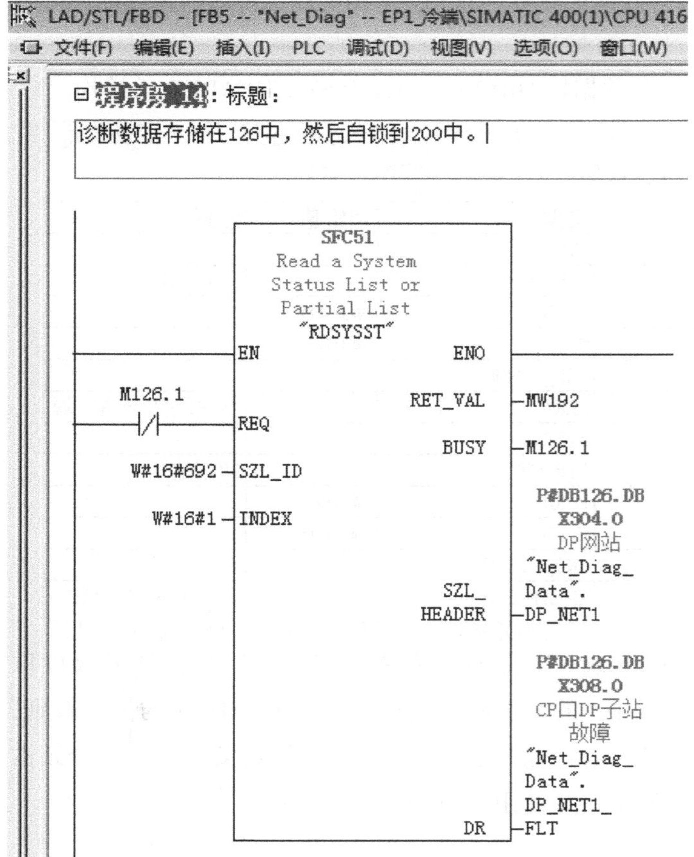

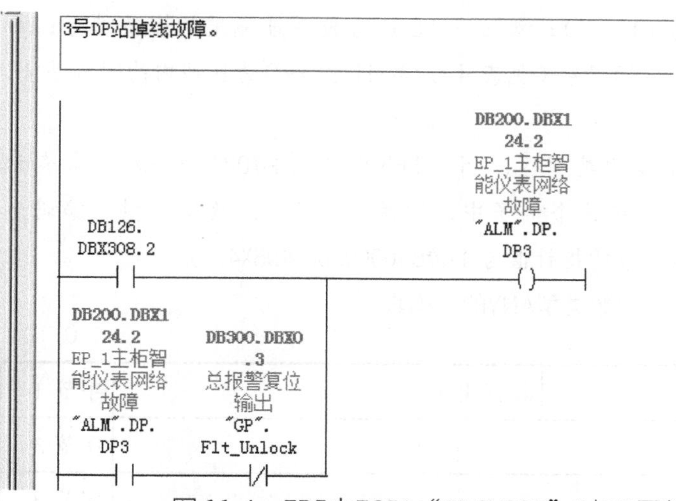

图 11-4　FB5中FC51“RDSYSST”对DP网络读取系统状态程序

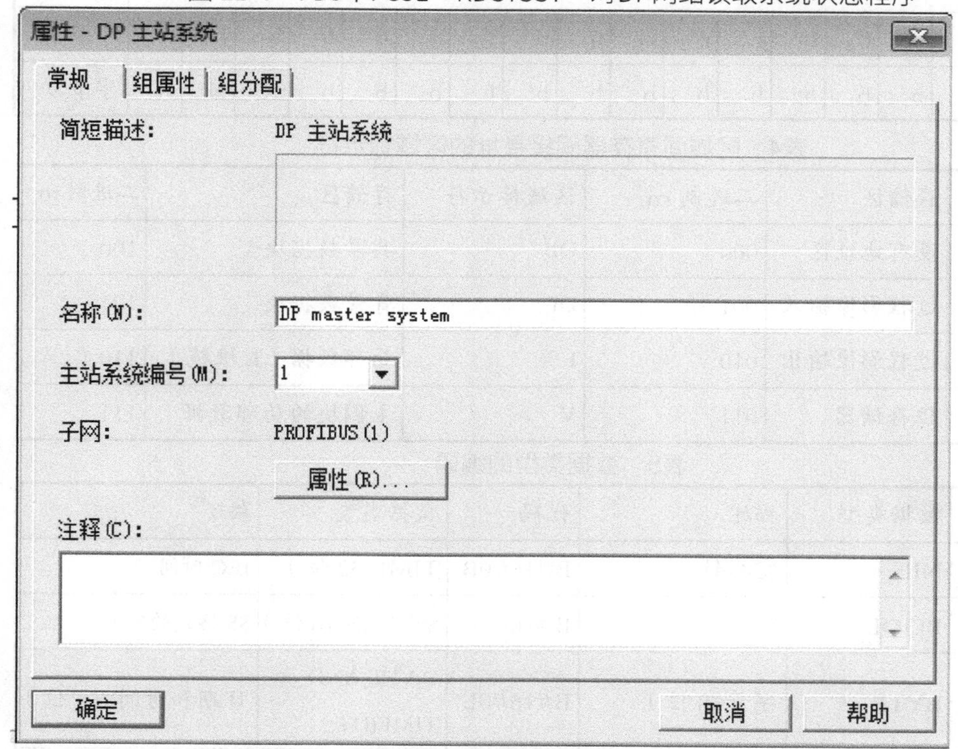

图11-5　属性-DP主站系统显示的主站系统的编号

附：参数类型 ANY

在调用逻辑块时，参数类型 ANY 用于将任意的数据类型传递给声明的形参。ANY 可用于实参的数据类型未知，或实参可以使用任意数据类型的情况。

ANY 由 10B 组成（见表 3），字节 4 和字节 5 中的数值用来存放数据块的编号。如果指针不是用于数据块，DB 编号为 0。字节 6 到字节 9 组成了一个双字地址指针格式；第 0 ~ 2

位(xxx)为被寻址地址中位的编号(0 ~ 7);第 3 ~ 18 位为被寻址地址的字节编号;第 24 ~ 26 位(rrr)为被寻址地址的区域标识号(见表 4);第 31 位 x=0 为区域内的间接寻址,为 1 则为区域间的间接寻址。

ANY 指针可以用来表示一片连续的数据区,例如 FB5 中使用 P#DB126.DBX4.0 来表示 DB126 中的 DBX4.0 开始的一片区域。在这个例子中,DB 编号为 126,数据类型的编码为 B#16#02(BYTE)(见表 5)。6 ~ 9 号字节的指针值为 16#84000020(P#DBX4.0)。

表 3　参数类型ANY的结构表

15　　　　0

字节 0	10H(保留)								数据类型								字节 1
字节 2	重复因子(数据长度)																字节 3
字节 4	DB 编号或 0																字节 5
字节 6	1	0	0	0	r	r	r	0	0	0	0	0	b	b	b	b	字节 7
字节 8	b	b	b	b	b	b	b	b	b	b	b	b	b	X	X	X	字节 9

表4　区域间寄存器间接寻址的区域标示符

区域标示符	存储区	二进制 rrr	区域标示符	存储区	二进制 rrr
P	没有地址区	000	DB	共享数据块	100
I	过程影像输入	001	DI	背景数据块	101
Q	过程影像输出	010	L	局部数据(L 堆栈)	110
M	位存储器	011	V	主调块的局部数据	111

表5　数据类型的编码

代码	数据类型	描述	代码	数据类型	描述
B#16#00	NIL	空指针	B#16#0B	TIME(32 位)	IEC 时间
B#16#01	BOOL	位	B#16#0C	S5TIME(16 位)	S5 格式的时间
B#16#02	BYTE	字节 (8 位)	B#16#0E	DATE_AND_TIME(DT)	日期和时间 (64 位)
B#16#03	CHAR	字符 (8 位)	B#16#13	STRIN	字符串
B#16#04	WORD	字 (16 位)	B#16#17	BLOCK FB	FB 编号
B#16#05	INT	整数 (16 位)	B#16#18	BLOCK	FC FC 编号
B#16#06	DWORD	双字 (32 位)	B#16#19	DB	BLOCK DB 编号

B#16#07	DINT	双整数 (32 位)	B#16#1AB	BLOCKS D	系统数据块编号
B#16#08	REAL	浮点数 (32 位)	B#16#1C	COUNTER	计数器编号
B#16#09	DATE	IEC 日期 (16 位)	B#16#1D	TIMER	定时器编号
B#16#0AT	IME_OF_DAY(TOD)	实时时间 (32 位)			

12 一秒尖峰脉冲的使用

当 OB1 运行到 FC1 时，经过右键点击—“对象属性”—“属性 – 功能”，可以看到 FC1 是“冷端运行基础程序”，是对 EP1_ 冷端的一些常规运行进行设置，如“有烟丝制冷”“无烟丝制冷”“最后一批料”“单步运行时间计时”“每批次的循环时间”“工艺中断后计时”“每班次烟丝批次计数”“下一班次的批次复位”“热端准许出料”“烟丝准备好”“正在装烟丝”“装烟完毕”“请求装入烟丝”等进行设置。

一秒尖峰脉冲的使用如下：

膨胀烟丝线冷端运行总共 19 步，每一步都要对它计时，由 19 步组成的一个运行周期也要对它进行计时，但是系统并没有用计时器，而是使用了“一秒尖峰脉冲”（M1.5）。这个 M1.5 是在 FB2“时钟和报警复位”中重新定义过的，通过系统自带的“1– 方波脉冲”（M2.5）对 FB500 重新定义了“一秒尖峰脉冲”（M1.5），在此使用的是“1– 方波脉冲”（M2.5）的上升沿。

为了很好地记录每一步的起始和结束，系统定义了“辅助复位分步计时器”（M150.0），经过“跳转到”—“应用位置”，可以看到从 FC2 ~ FC20 运行的 19 步中，每一步都有先对“辅助复位分步计时器”（M150.0）置位。这一步最后对“辅助复位分步计时器”（M150.0）复位的设计，如图 12–1 所示。

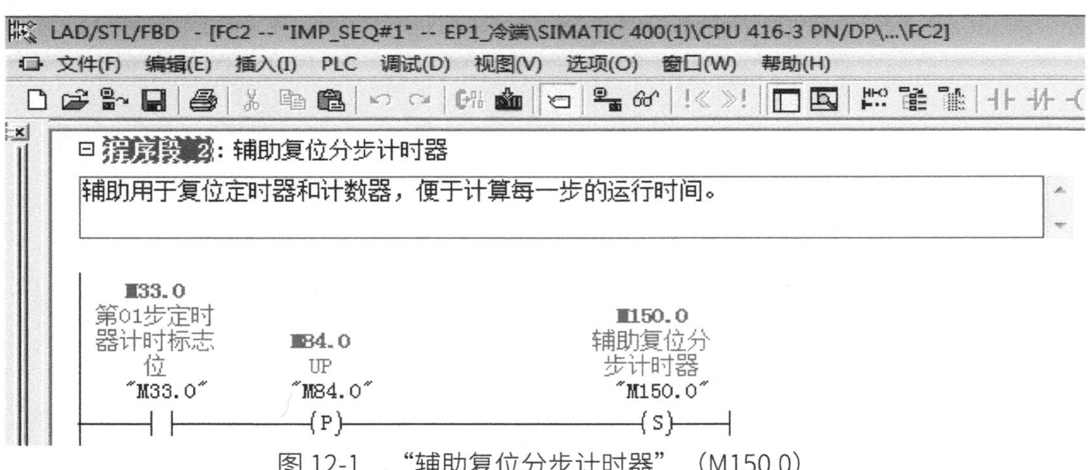

图 12-1 “辅助复位分步计时器”（M150.0）

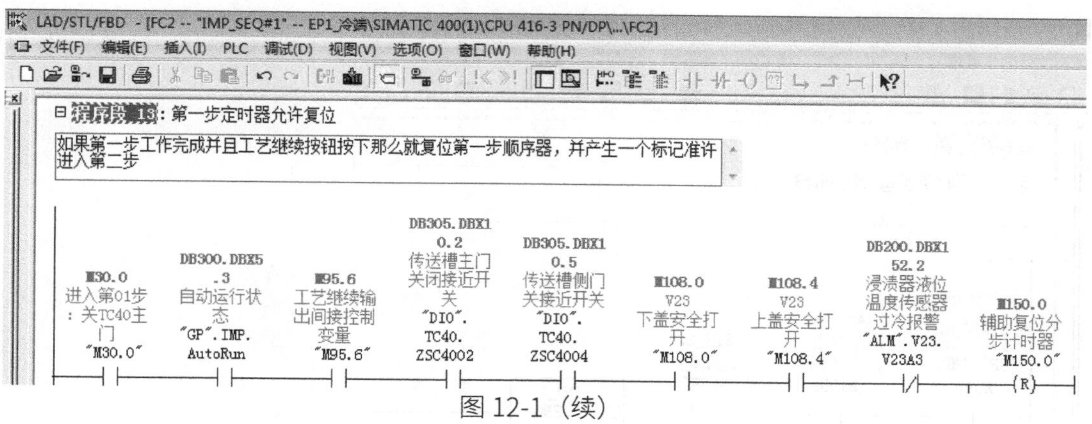

图 12-1（续）

当系统投入自动运行，进入“自动状态”就为计时做好了准备，一旦第一步开始，“辅助复位分步计时器”（M150.0）就被置位，“一秒尖峰脉冲”（M1.5）始终是个常闭点。这时，图 12–2 中的程序段 7 就有能流输送给加法器，原来初始值为 0 的“‘TM’.V23.STEP_S”（单步运行秒数）就被加 1，然后又赋值给“‘TM’.V23.STEP_S”（单步运行秒数），实现自加 1,。

程序段 8 中，当“‘TM’.V23.STEP_S”（单步运行秒数）大于等于 60 时，激活了另一个加法器，用于记录“‘TM’.V23.STEP_M”（单步运行分钟数），然后重新赋值给“‘TM’.V23.STEP_M”（单步运行分钟数），而这时的“‘TM’.V23.STEP_S”（单步运行秒数）被重新赋值为 0，重新计数，再等到下一个“60 秒”的到来，“‘TM’.V23.STEP_S”（单步运行秒数）和“‘TM’.V23.STEP_S”（单步运行秒数）被 WINCC 调用，时刻显示在电脑的屏幕上。

当 19 步中的被记录的“步”结束以后，在 FC2 ~ FC20 程序的最后都要复位“辅助复位分步计时器”（M150.0），这时用于计时的“‘TM’.V23.STEP_S”（单步运行秒数）和“‘TM’.V23.STEP_M”（单步运行分钟数）同时被赋值为 0，本步的计时结束。

在 FC1 中的程序段 12、13，系统又定义了本周期的计时，当系统投入自动运行，进入“自动状态”就为计时做好了准备，一旦第一步开始，“启动批次周期计时”（“M100.2”）就被置位，“一秒尖峰脉冲”（M1.5）始终就是个常闭点。这时，图 12–3 中的程序段 12 就有能流输送给加法器，原来初始值为 0 的“‘TM’.V23.CYC_S”（本周期运行秒数）就被加 1，然后又赋值给“‘TM’.V23.CYC_S”（本周期运行秒数），实现自加 1。

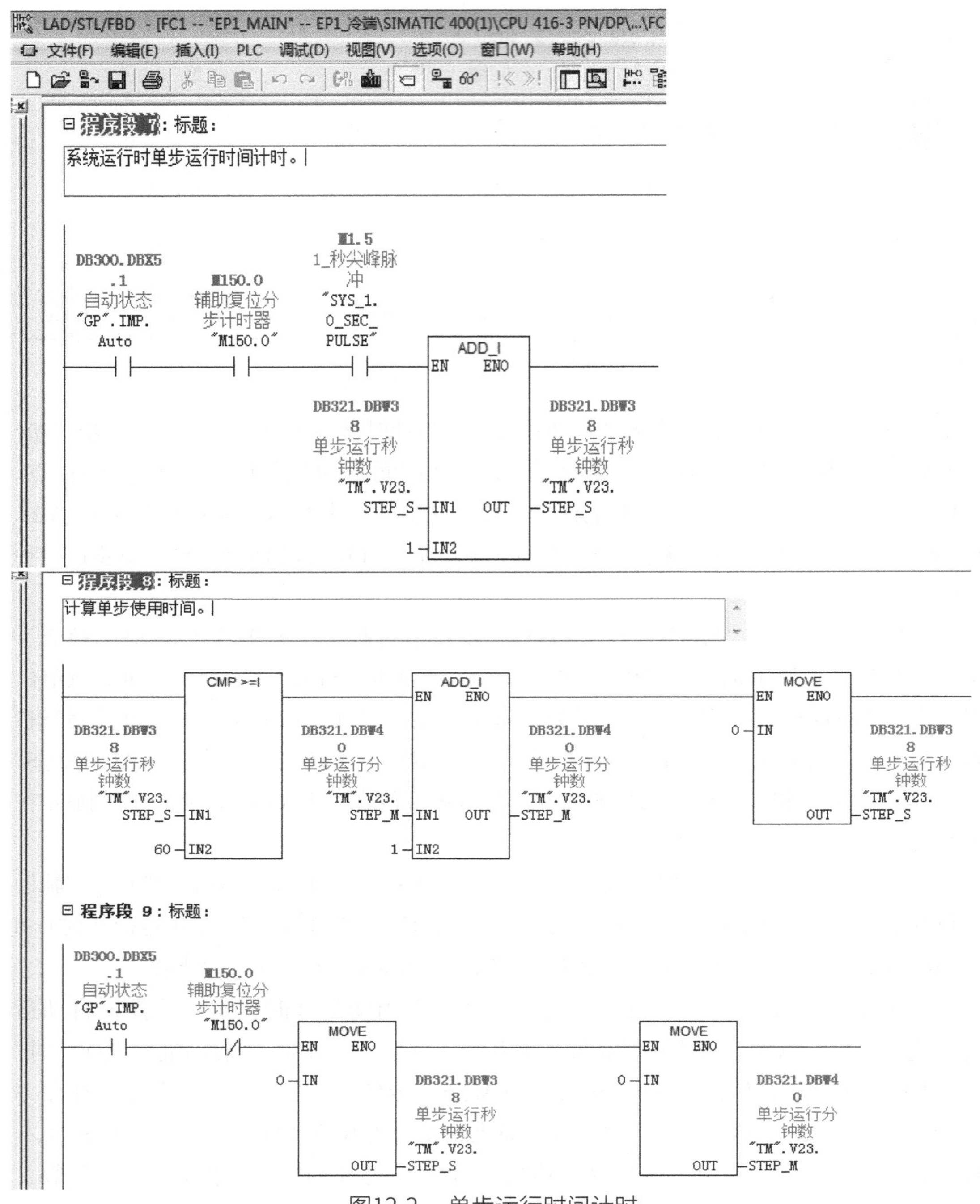

图12-2 单步运行时间计时

程序段 13 中，当“‘TM’.V23.CYC_S”（本周期运行秒数）大于且等于 60 时，激活了另一个加法器，用于记录“‘TM’.V23.STEP_M”（本周期运行分钟数），然后重新赋值给“‘TM’.V23.STEP_M”（本周期运行分钟数），而这时的“‘TM’.V23.CYC_S”（本周期运行秒数）被重新赋值为 0，重新计数，再等到下一个“60 秒”的到来。“‘TM’.V23.CYC_S”（本周期运行秒数）和“‘TM’.V23.STEP_M”（ 本周期运行分钟数）被 WINCC 调用，时刻显示在电脑的屏幕上。

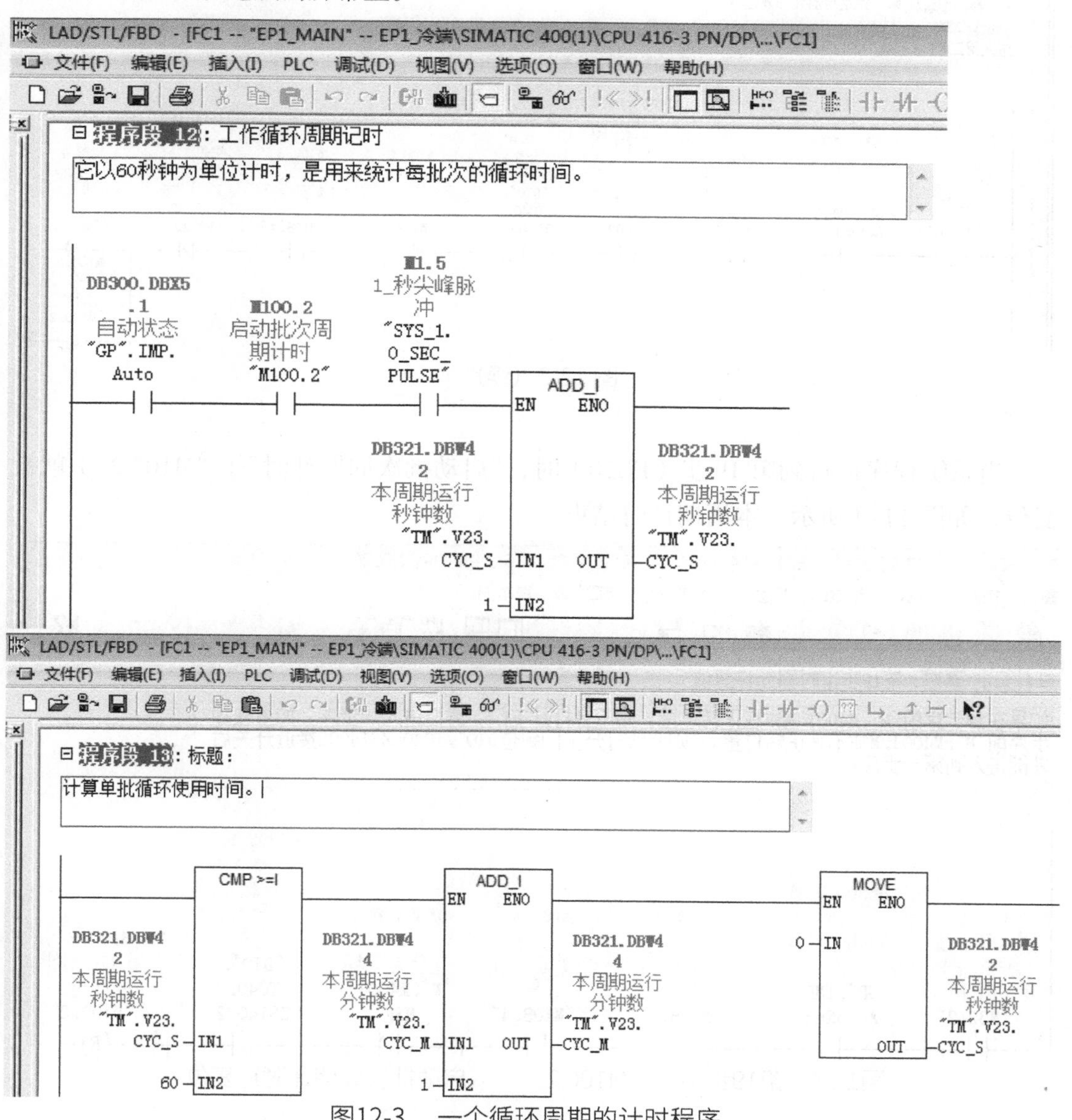

图12-3　一个循环周期的计时程序

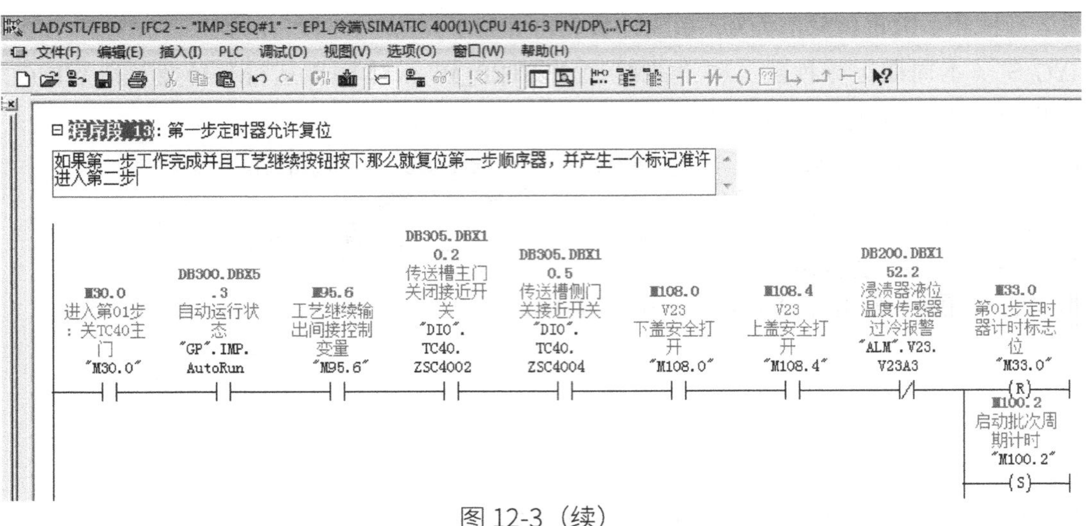

图 12-3（续）

当系统程序进行到第 19 步（FC20）时，“启动批次周期计时”（“M100.2”）就被复位，如图 11–4 所示，本周期计时结束。

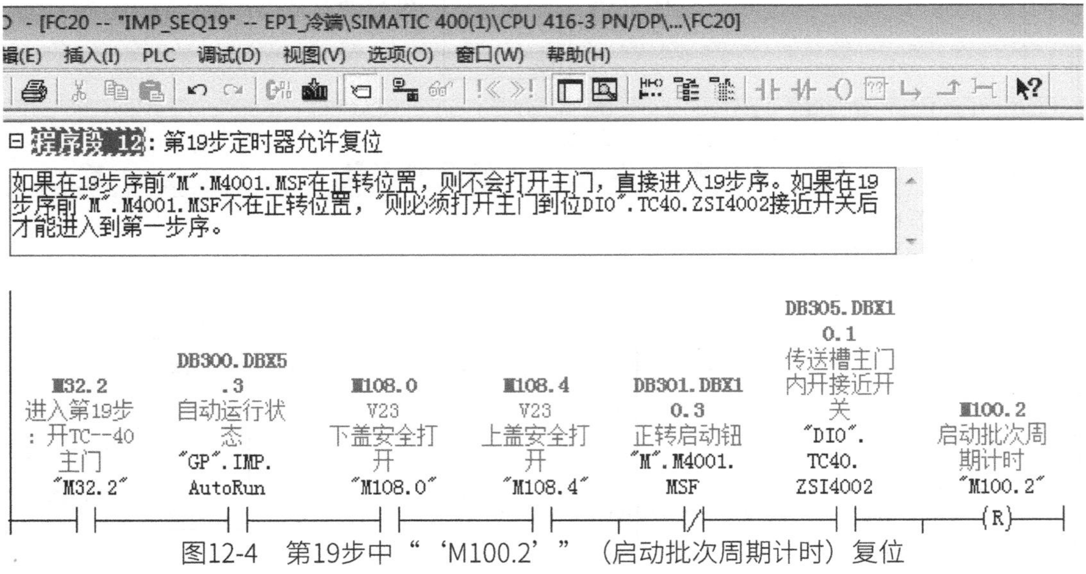

图12-4　第19步中“‘M100.2’”（启动批次周期计时）复位

附：

1. 有烟丝和无烟丝的选择（图 12-5）

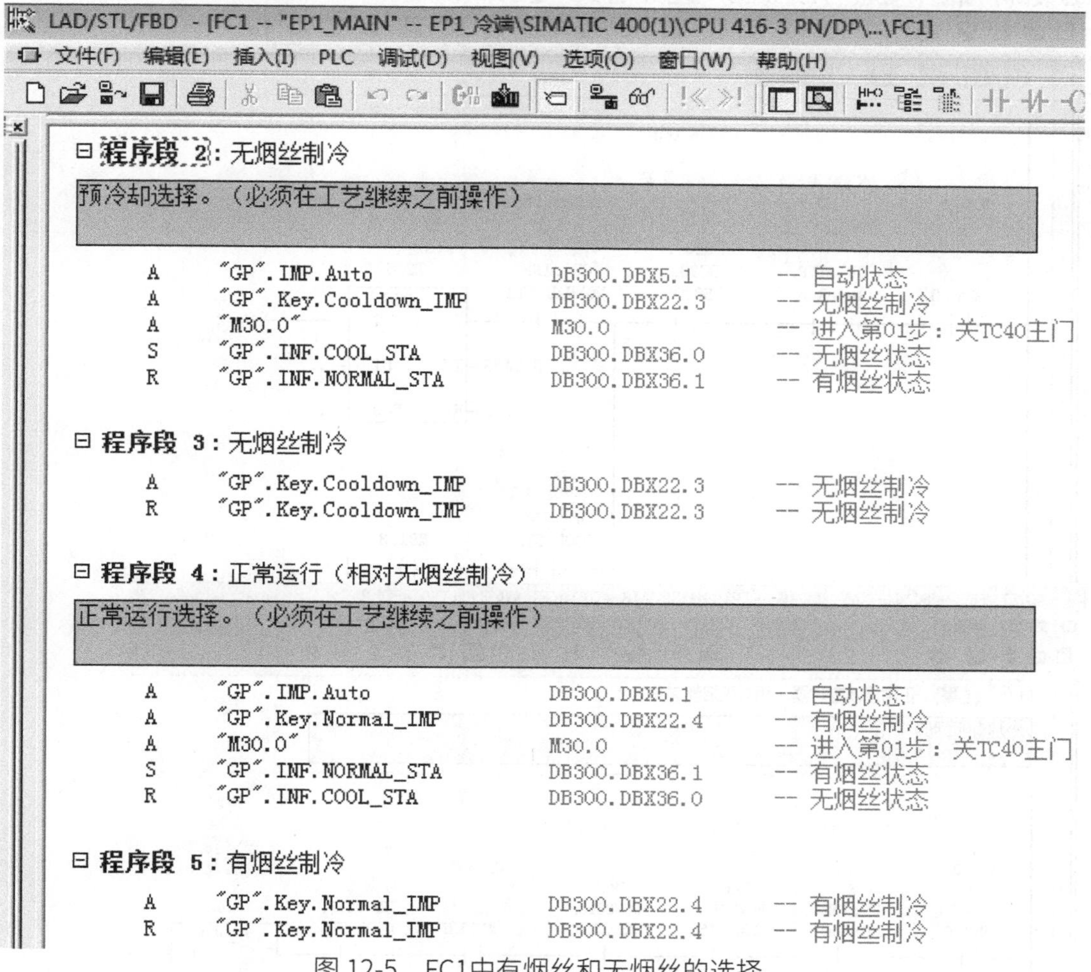

LAD/STL/FBD - [FC1 -- "EP1_MAIN" -- EP1_冷端\SIMATIC 400(1)\CPU 416-3 PN/DP\...\FC1]

文件(F)　编辑(E)　插入(I)　PLC　调试(D)　视图(V)　选项(O)　窗口(W)　帮助(H)

程序段 2：无烟丝制冷

预冷却选择。（必须在工艺继续之前操作）

```
A     "GP".IMP.Auto               DB300.DBX5.1     -- 自动状态
A     "GP".Key.Cooldown_IMP       DB300.DBX22.3    -- 无烟丝制冷
A     "M30.0"                     M30.0            -- 进入第01步：关TC40主门
S     "GP".INF.COOL_STA           DB300.DBX36.0    -- 无烟丝状态
R     "GP".INF.NORMAL_STA         DB300.DBX36.1    -- 有烟丝状态
```

程序段 3：无烟丝制冷

```
A     "GP".Key.Cooldown_IMP       DB300.DBX22.3    -- 无烟丝制冷
R     "GP".Key.Cooldown_IMP       DB300.DBX22.3    -- 无烟丝制冷
```

程序段 4：正常运行（相对无烟丝制冷）

正常运行选择。（必须在工艺继续之前操作）

```
A     "GP".IMP.Auto               DB300.DBX5.1     -- 自动状态
A     "GP".Key.Normal_IMP         DB300.DBX22.4    -- 有烟丝制冷
A     "M30.0"                     M30.0            -- 进入第01步：关TC40主门
S     "GP".INF.NORMAL_STA         DB300.DBX36.1    -- 有烟丝状态
R     "GP".INF.COOL_STA           DB300.DBX36.0    -- 无烟丝状态
```

程序段 5：有烟丝制冷

```
A     "GP".Key.Normal_IMP         DB300.DBX22.4    -- 有烟丝制冷
R     "GP".Key.Normal_IMP         DB300.DBX22.4    -- 有烟丝制冷
```

图 12-5　FC1中有烟丝和无烟丝的选择

当正常生产前，系统要先做一批无烟丝制冷，以便让浸渍烟丝的主要设备浸渍器充分变冷，以符合生产的要求，避免正式生产时烟丝沾到浸渍器的壁上。在监控画面上有“无烟丝制冷”和“有烟丝制冷”的选择。经过对“‘GP’.INF.NORMAL_STA”（有烟丝状态）或“‘GP’.INF.COOL_STA”（无烟丝状态）进行“跳转”—“应用位置”以后，发现有烟丝状态和无烟丝状态的区别。

FC5（第四步）中，有烟丝时，需要人工清扫上盖部位，因为装载烟丝遗留在上面的烟尘，而无烟丝时则不需要这一步骤，如图 12-6 所示。

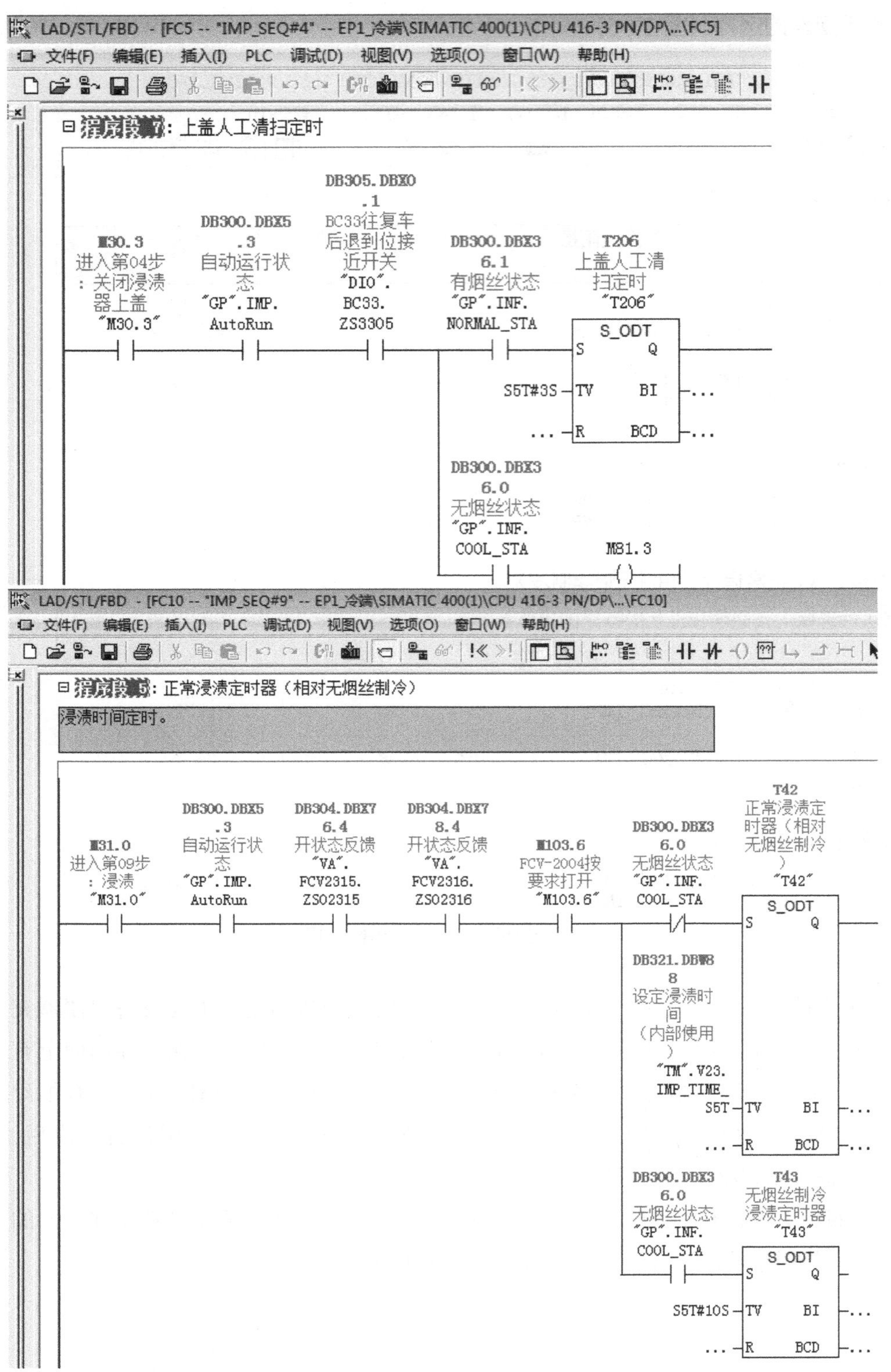
LAD/STL/FBD - [FC5 -- "IMP_SEQ#4" -- EP1_冷端\SIMATIC 400(1)\CPU 416-3 PN/DP\...\FC5]
文件(F) 编辑(E) 插入(I) PLC 调试(D) 视图(V) 选项(O) 窗口(W) 帮助(H)
程序段 7: 上盖人工清扫定时
M30.3 进入第04步：关闭浸渍器上盖 "M30.3"
DB300.DBX5.3 自动运行状态 "GP".IMP.AutoRun
DB305.DBX0.1 BC33往复车后退到位接近开关 "DIO".BC33.ZS3305
DB300.DBX36.1 有烟丝状态 "GP".INF.NORMAL_STA
T206 上盖人工清扫定时 "T206"
S_ODT
S5T#3S
DB300.DBX36.0 无烟丝状态 "GP".INF.COOL_STA
M81.3
LAD/STL/FBD - [FC10 -- "IMP_SEQ#9" -- EP1_冷端\SIMATIC 400(1)\CPU 416-3 PN/DP\...\FC10]
文件(F) 编辑(E) 插入(I) PLC 调试(D) 视图(V) 选项(O) 窗口(W) 帮助(H)
程序段 5: 正常浸渍定时器（相对无烟丝制冷）
浸渍时间定时。
M31.0 进入第09步：浸渍 "M31.0"
DB300.DBX5.3 自动运行状态 "GP".IMP.AutoRun
DB304.DBX76.4 开状态反馈 "VA".FCV2315.ZS02315
DB304.DBX78.4 开状态反馈 "VA".FCV2316.ZS02316
M103.6 FCV-2004按要求打开 "M103.6"
DB300.DBX36.0 无烟丝状态 "GP".INF.COOL_STA
T42 正常浸渍定时器（相对无烟丝制冷） "T42"
S_ODT
DB321.DBW88 设定浸渍时间（内部使用） "TM".V23.IMP_TIME_S5T
DB300.DBX36.0 无烟丝状态 "GP".INF.COOL_STA
T43 无烟丝制冷浸渍定时器 "T43"
S_ODT
S5T#10S

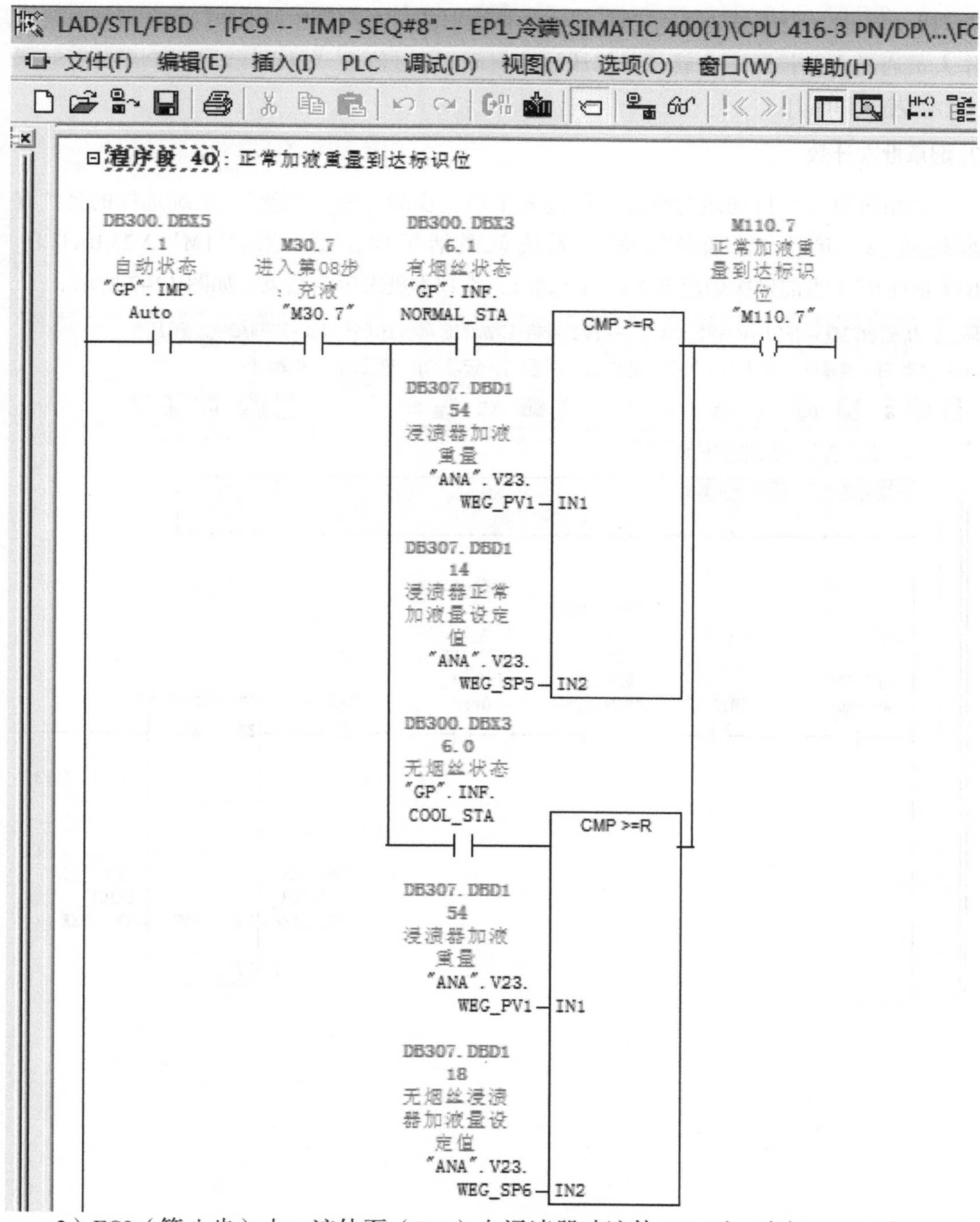

2）FC9（第八步）中，液体泵（P22）向浸渍器冲液体 CO_2 时，有烟丝和无烟丝时，冲注的液体 CO_2 的重量是不一样的，程序设计了一个比较器，对冲注的液体 CO_2 与各自的设定值进行比较，以便于进行下一步的程序。

3）在 FC5（第四步）中，有烟丝和无烟丝的浸渍时间也不一样。从图 12-6 中可以看到无烟丝时，浸渍时间是固定的 10 秒（修改时需要在程序中修改）；而有烟丝时，操作人员通过在监控画面上就可以修改浸渍时间 [通过修改“‘TM’.V23.IMP_TIME_S5T”（设定浸渍时间）]。

2. 烟草批次计数

当系统处于“自动运行状态”就进入了第三步的“装入烟丝”，系统选择的是“有烟丝状态”并且“装烟丝完毕”，系统就激活了加法器，对“‘TM’.V23.BATCH_REGISTER”（当前班次烟丝批次计时）加 1，直到本班次生产结束，如图 12–7 所示。

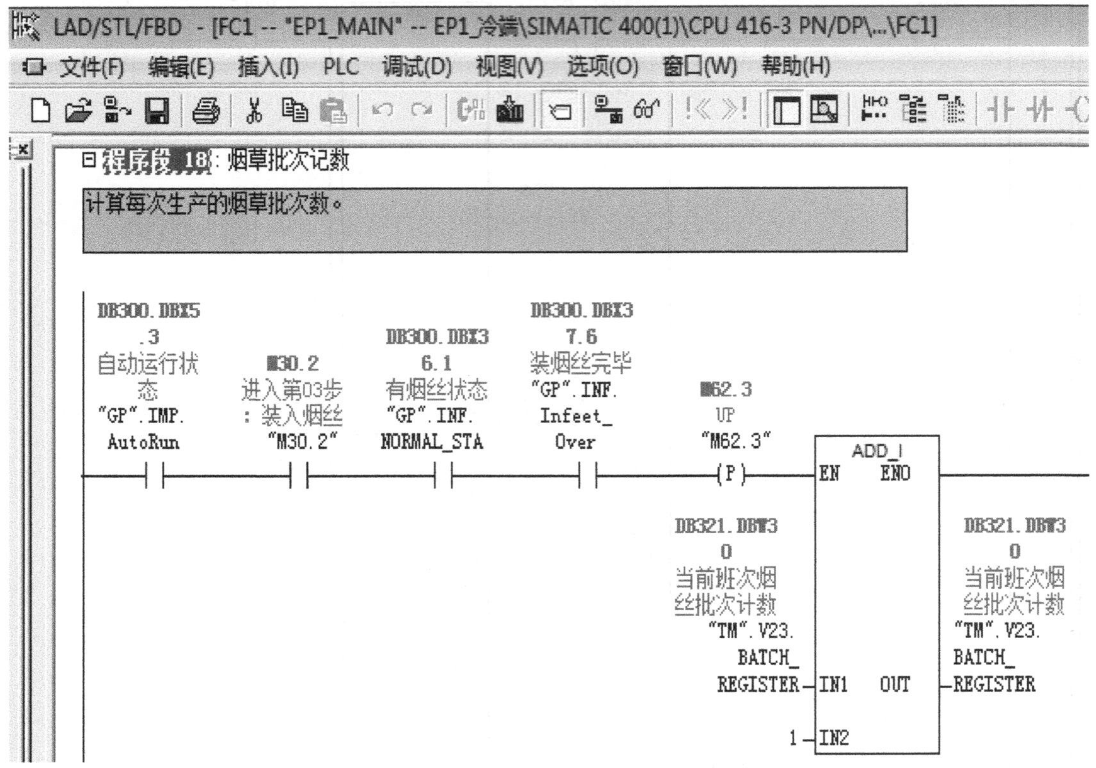

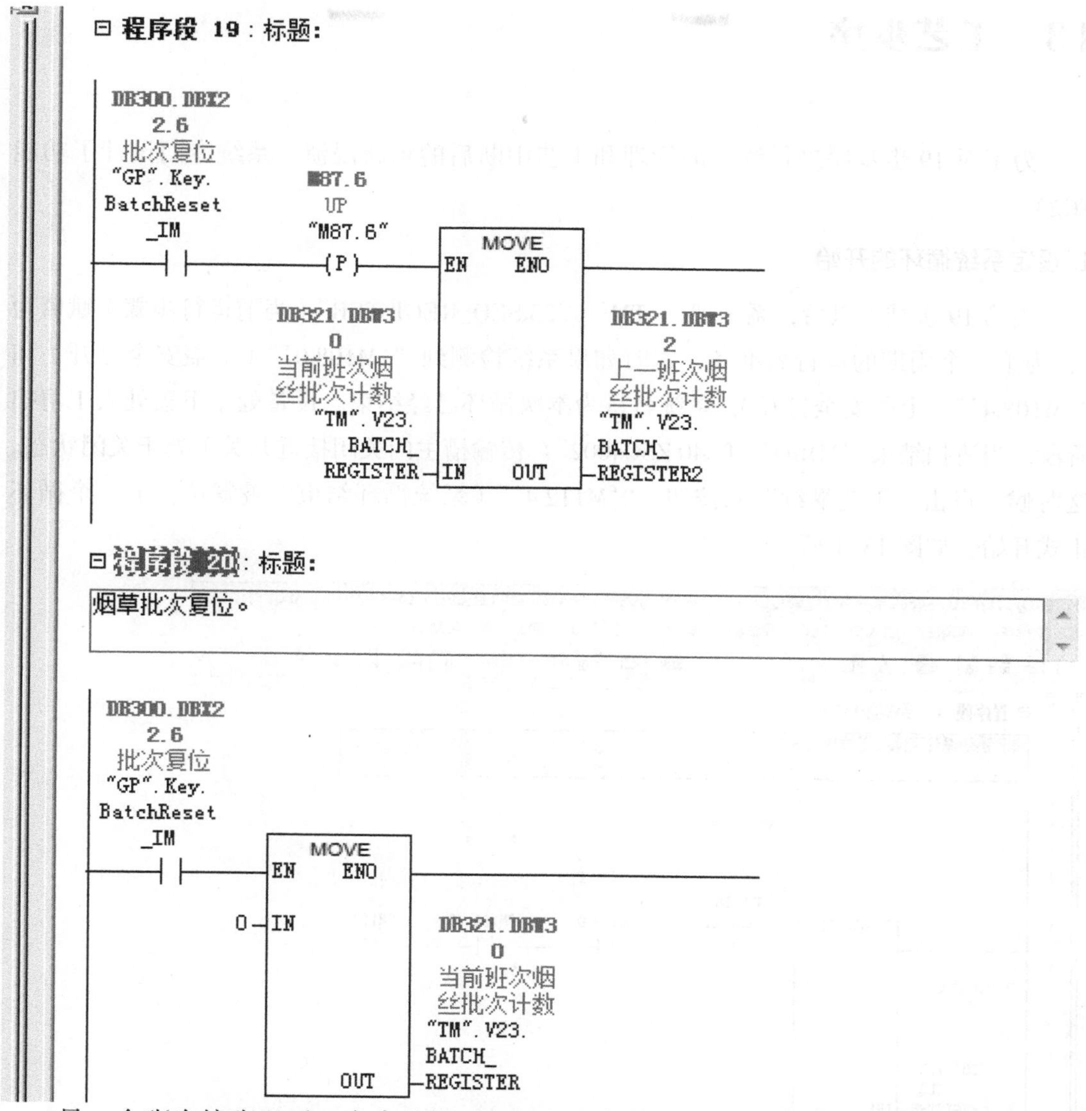

另一个班次接班以后，点击监视画面上的“批次复位”软按钮，系统就把上一个班次生产的批次数记录下来，本班次的生产批次复位为 0，继续生产。

13 工艺步序

为了对 19 步步序进行统一的管理和工艺中断后的重新浸渍，系统专门设计了功能 FC23。

1. 设定系统循环的开始

当第 19 步结束以后，系统把"'TM'.V23.SEQ_REGISTER"（当前运行步骤）赋值为 1，为下一个周期的运行做准备，这时如果系统检测到"'M108.0'"（下盖安全打开）和"'M108.4'"（上盖安全打开），系统就认为本次循环已经结束。设备处于下盖处人工清扫阶段，当清扫结束，"'DI/O'.TC40.ZSC4002"（传输槽主门关闭接近开关）处于关闭状态。这时候，点击"工艺继续"软按钮，"'M112.4'"（系统循环结束）被复位，下一个循环正式开始。如图 13-1 所示。

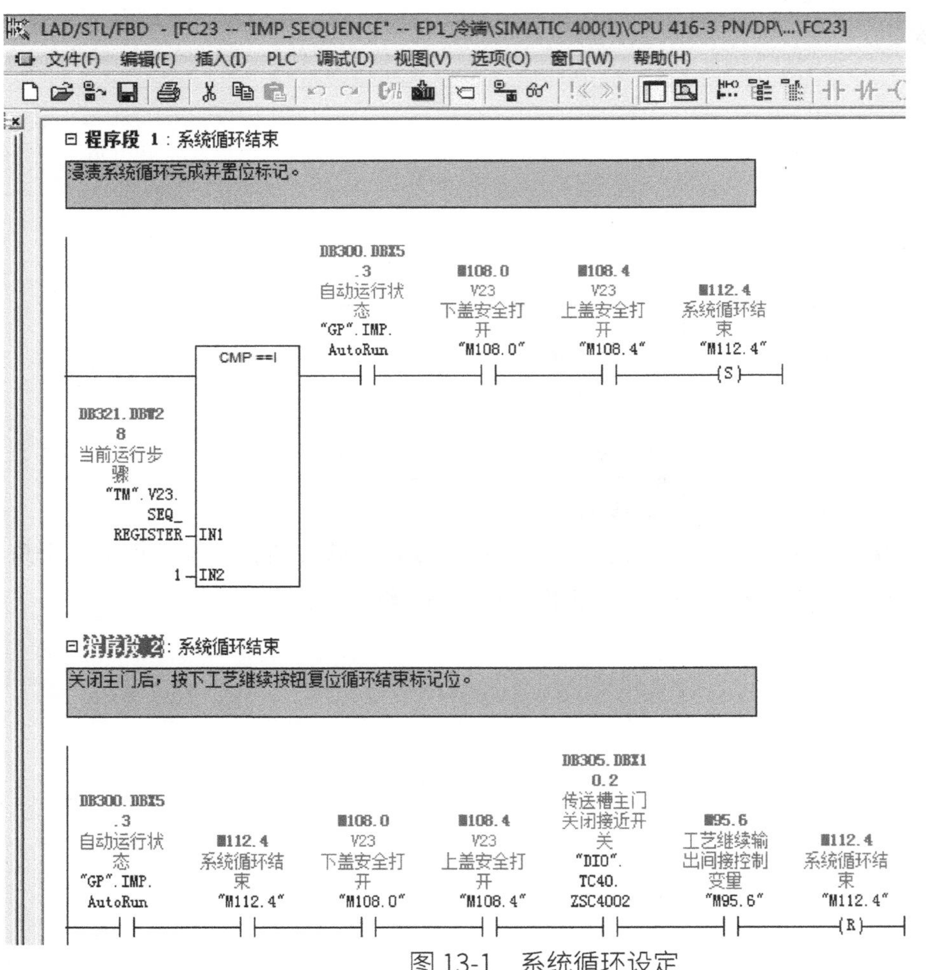

图 13-1 系统循环设定

2. 工艺继续

当"'DI/O'.TC40.ZSC4002"（传输槽主门关闭接近开关）处于关闭状态，就意味着准备结束，可以继续生产，这时点击"工艺继续"软按钮。在 FC1 的程序段 14 中，激活了"M95.6"（工艺继续输出间接控制变量）线圈，为下一个循环做准备，如图 13–2 所示。当点击"工艺继续"软按钮后，经过 500ms 的计时，"工艺继续"被复位，这时下一个生产周期已经开始，"工艺继续"按钮处于屏蔽状态，这是为了保证安全。

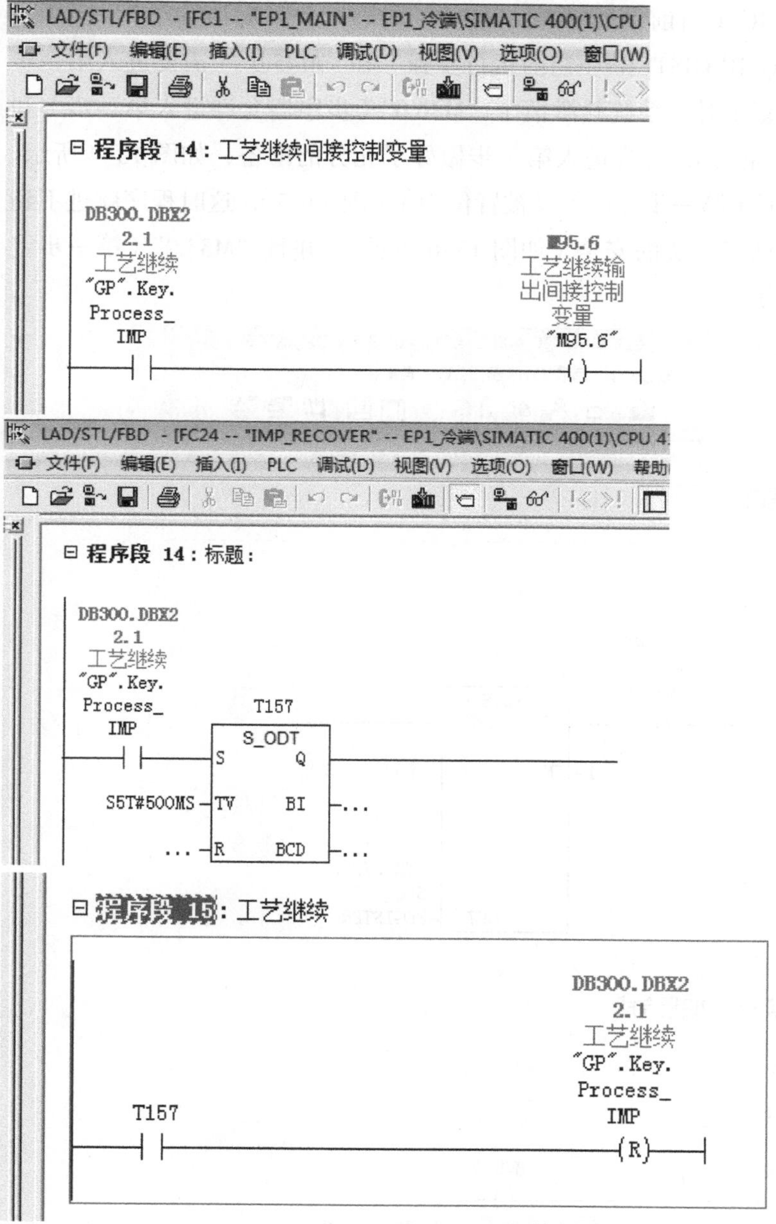

图13-2　工艺继续的处理

3. 设置步序

在 FC23 中，从程序段 4 ~ 程序段 22 统一对 19 个步序进行了设置。下面以第一步为例进行介绍：

在第 19 步完成以后，系统把"'TM'.V23.SEQ_REGISTER"（当前运行步骤）赋值为 1，意思就是可以进入程序的第一步，如果这时的上、下盖是打开状态，这时"M45.0"（需要进入第一步的设置完成）就为进入第一步做好准备，如图 13–3 所示。经过对"'TM'.V23.SEQ_REGISTER"（当前运行步骤）进行"跳转"—"对应位置"，打开了 FC23，当"'TM'.V23.SEQ_REGISTER"（当前运行步骤）和"M45.0"（需要进入第一步的设置完成）同时被系统置 1 时，系统就激活了"M36.0"（步序器允许进入第一步）和复位了"M39.0"（第 01 步完成），就为进入第一步做好了充分的准备，如图 13–4 所示。在第一步结束以后"M39.0"（第一步完成）又被置位为 1（图 13–5），这时程序就进不到第一步的系统循环中，保证了系统的安全（如图 13–6 所示），并且"M33.0"（第一步定时器计时标志位）被复位为 0。

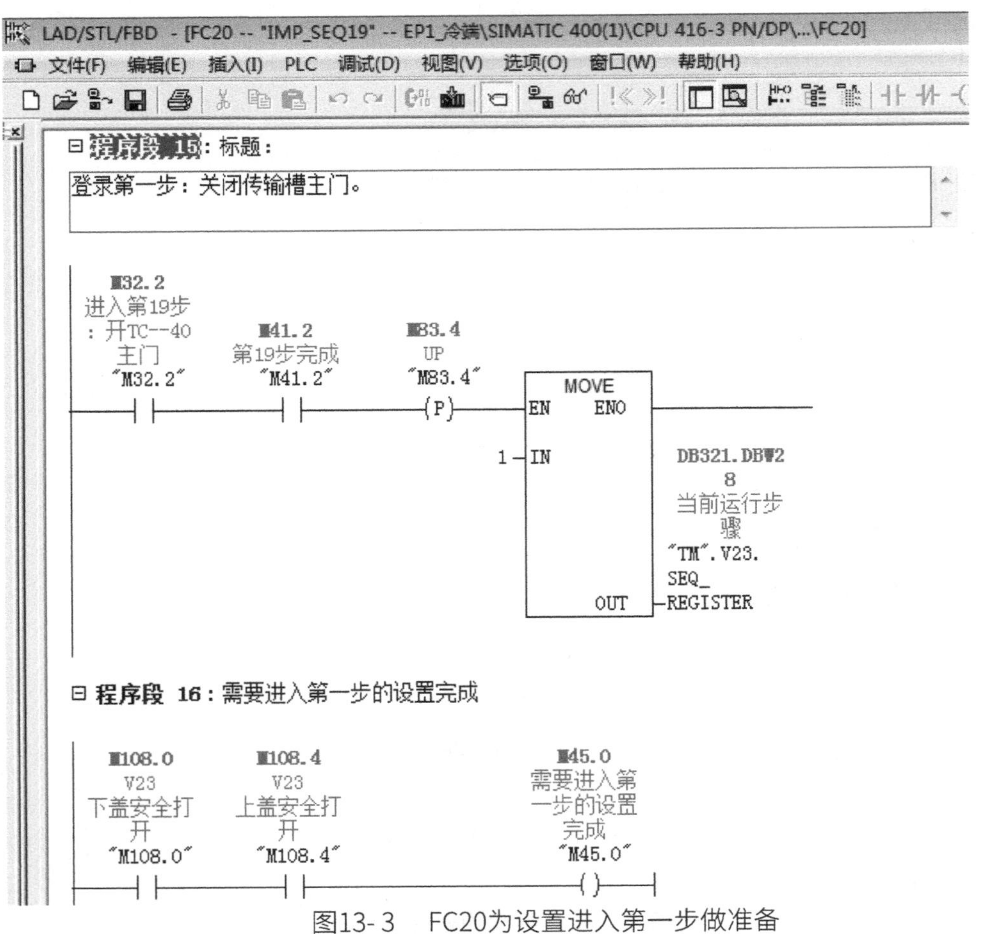

图13-3　FC20为设置进入第一步做准备

LAD/STL/FBD - [FC23 -- "IMP_SEQUENCE" -- EP1_冷端\SIMATIC 400(1)\CPU 416-3 PN/DP\
文件(F) 编辑(E) 插入(I) PLC 调试(D) 视图(V) 选项(O) 窗口(W) 帮助(H)
程序段 4: 允许进入第一步
传输槽门关闭后，就准许登录到第一步。
M45.0
需要进入第一步的设置完成
"M45.0"
M36.0
步序器允许进入第一步
"M36.0"
M39.0
第01步完成
"M39.0"
CMP ==I
DB321.DBW28
当前运行步骤
"TM".V23.SEQ_REGISTER
IN1
1
IN2

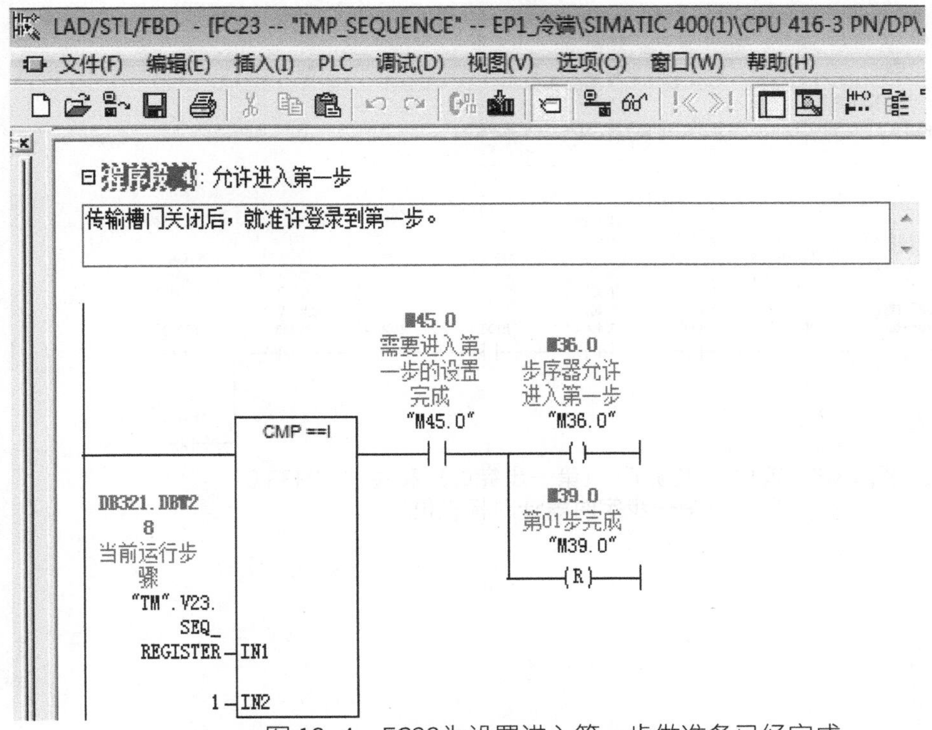

图 13-4　FC23为设置进入第一步做准备已经完成

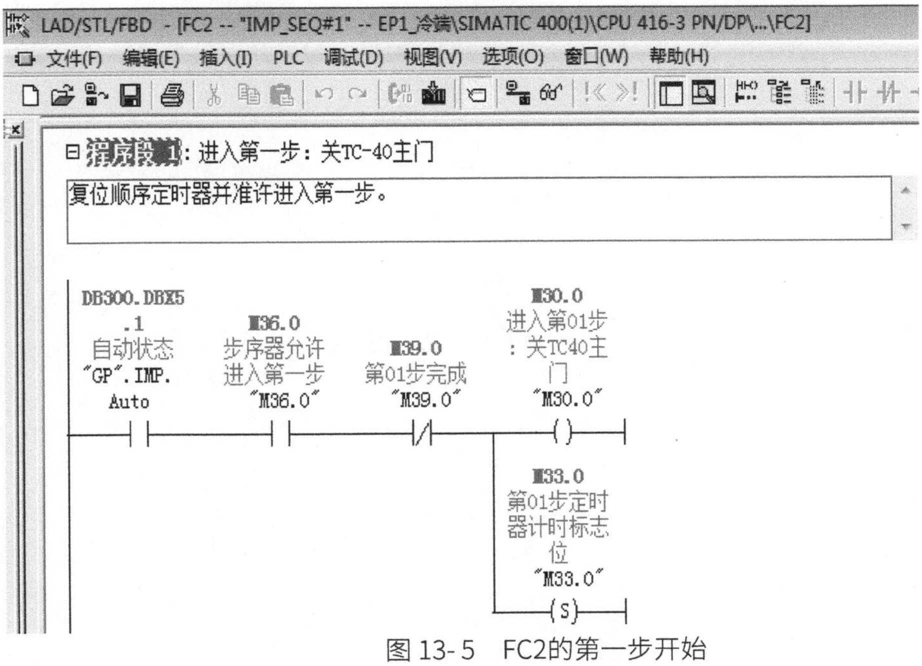

LAD/STL/FBD - [FC2 -- "IMP_SEQ#1" -- EP1_冷端\SIMATIC 400(1)\CPU 416-3 PN/DP\...\FC2]
文件(F) 编辑(E) 插入(I) PLC 调试(D) 视图(V) 选项(O) 窗口(W) 帮助(H)
程序段 1: 进入第一步：关TC-40主门
复位顺序定时器并准许进入第一步。
DB300.DBX5.1
自动状态
"GP".IMP.Auto
M36.0
步序器允许进入第一步
"M36.0"
M39.0
第01步完成
"M39.0"
M30.0
进入第01步：关TC40主门
"M30.0"
M33.0
第01步定时器计时标志位
"M33.0"
S

图 13-5　FC2的第一步开始

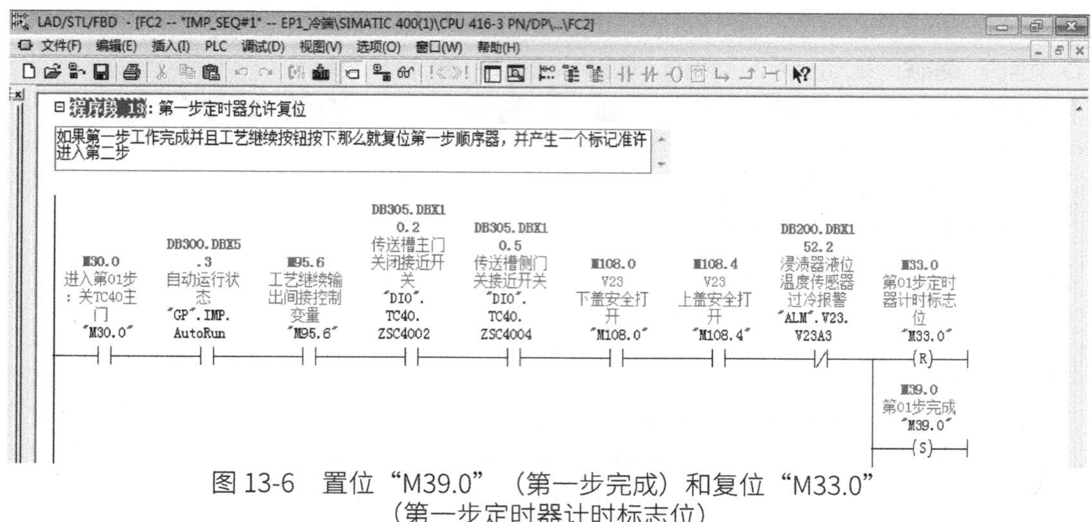

图 13-6　置位“M39.0”（第一步完成）和复位“M33.0”（第一步定时器计时标志位）

14 液压系统

CO_2烟丝膨胀线的上、下盖和与之对应的上、下锁环使用液压系统驱动，程序设计时，液压泵是零功率启动的，主阀“‘VA’.SV2802.OUT”是不打开的，让液压油直接回到油箱中，经过10s的延时，主阀“‘VA’.SV2802.OUT”打开，这时候，才能够自动驱动上、下盖的动作，由于刚开始时，起旁通作用的电磁换向阀“‘VA’.SV2805.OUT”被置位为1，上、下盖是高速运行，当接触到各自的慢速行程开关的时候，程序把电磁换向阀“‘VA’.SV2805.OUT”被复位为0，这时的液压油经过一个溢流阀以后，液压油的流量变小，上、下盖的运行速度降低，一直到感应到各自的到位开关。

1. 液压系统电动机的运行

液压系统的油泵是由电动机直接驱动的，电动机又由变频器驱动，液压系统的功能FC22开始的设置实际上是对电机的设置，程序段1中“M101.0”（自动模式时调用液压系统）在第2、4、16、18步是一样的，都是先置位，调用FC22使用以后再复位，为下面程序的使用提供条件。其他条件是固定的，没有故障的时候都置位为1，所以图14–1中的程序段1条件“M101.1”（允许液压系统自动运行）和程序段5中的“M110.5”（“P28_START”）在正常情况下得到置位，为后续程序提供条件。用“M110.5”（“P28_START”）激活了程序段6中的“‘M’.M2801A.RUNF”（正转命令输出），系统用“‘M’.M2801A.RUNF”（正转命令输出）和其他一些条件激活了FC38（变频软启控制）中的P–28的电动机控制模块，这时FC38（变频软启控制）输出了“‘M’.M2801A.BP_RNG”（变频软启运行反馈），电动机按照设定的频率正常运行。

⊟ **程序段 5**：启动液压泵P-28

启动液压泵。 是否现场增加由于浸渍器压力高导致液压站不启动提示！！！！！！

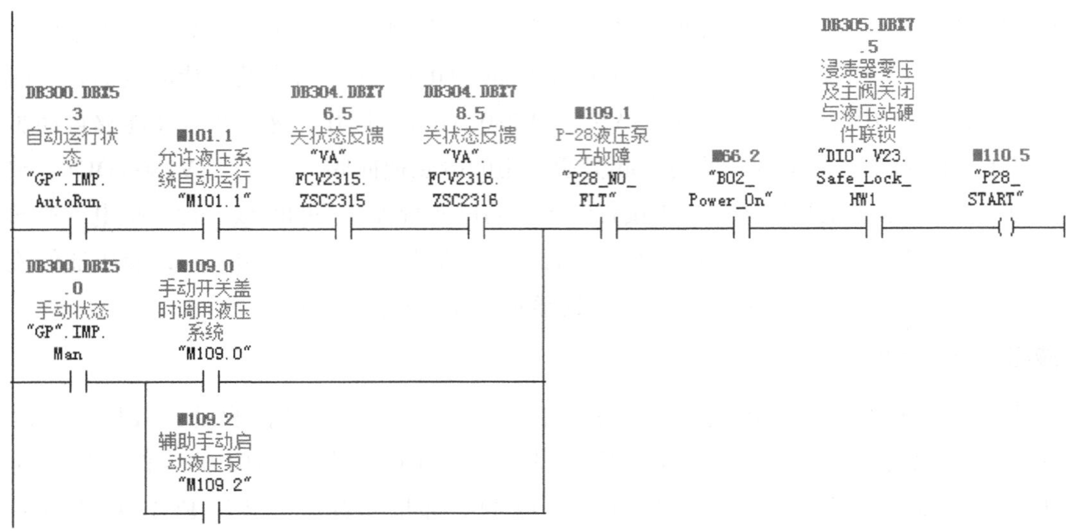

⊟ **程序段 6**：正转命令输出

"GP".INF.P28A_SELD

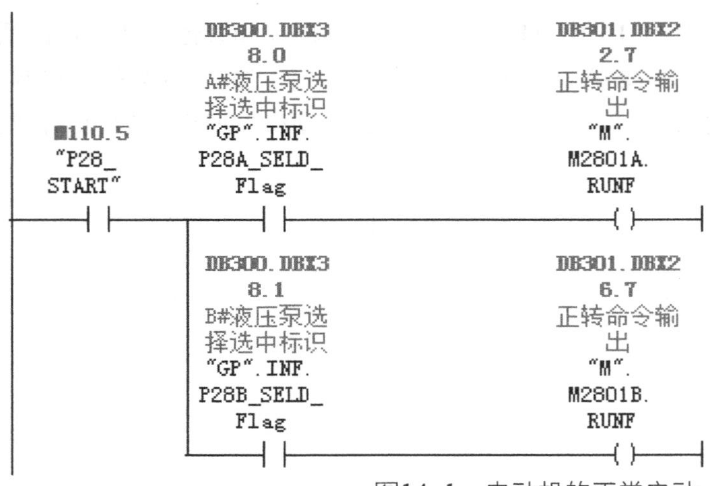

图14-1 电动机的正常启动

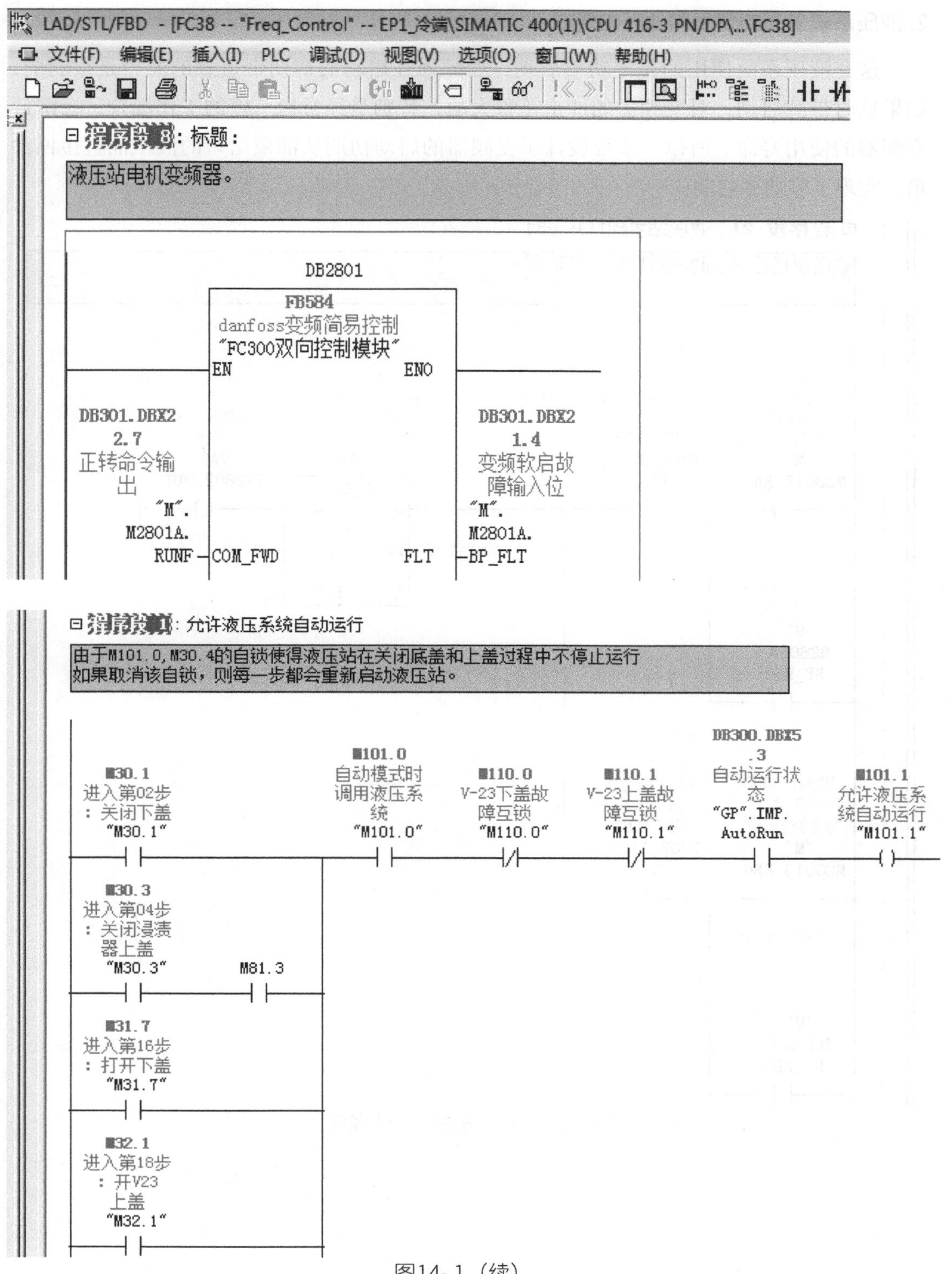
LAD/STL/FBD - [FC38 -- "Freq_Control" -- EP1_冷端\SIMATIC 400(1)\CPU 416-3 PN/DP\...\FC38]
文件(F) 编辑(E) 插入(I) PLC 调试(D) 视图(V) 选项(O) 窗口(W) 帮助(H)
程序段 8: 标题:
液压站电机变频器。
DB2801
FB584
danfoss变频简易控制
"FC300双向控制模块"
EN
ENO
DB301.DBX2
2.7
正转命令输出
"M".
M2801A.
RUNF
COM_FWD
FLT
DB301.DBX2
1.4
变频软启故障输入位
"M".
M2801A.
BP_FLT
程序段 1: 允许液压系统自动运行
由于M101.0,M30.4的自锁使得液压站在关闭底盖和上盖过程中不停止运行
如果取消该自锁，则每一步都会重新启动液压站。
M30.1
进入第02步：关闭下盖
"M30.1"
M101.0
自动模式时调用液压系统
"M101.0"
M110.0
V-23下盖故障互锁
"M110.0"
M110.1
V-23上盖故障互锁
"M110.1"
DB300.DBX5.3
自动运行状态
"GP".IMP.AutoRun
M101.1
允许液压系统自动运行
"M101.1"
M30.3
进入第04步：关闭浸渍器上盖
"M30.3"
M81.3
M31.7
进入第16步：打开下盖
"M31.7"
M32.1
进入第18步：开V23上盖
"M32.1"

图14-1（续）

2. 液压系统主阀的使用和油压的建立

这套液压系统使用的是零功率启动，变频器在启动的初期带负载的能力是很弱的，如果这时带载启动，对变频器的冲击是很大的，特别是经常启、停的工作场合，会降低变频器的使用寿命。所以，系统设计了变频器的启动初期从油泵出口的液压油直接回油箱，实现了零功率启动。

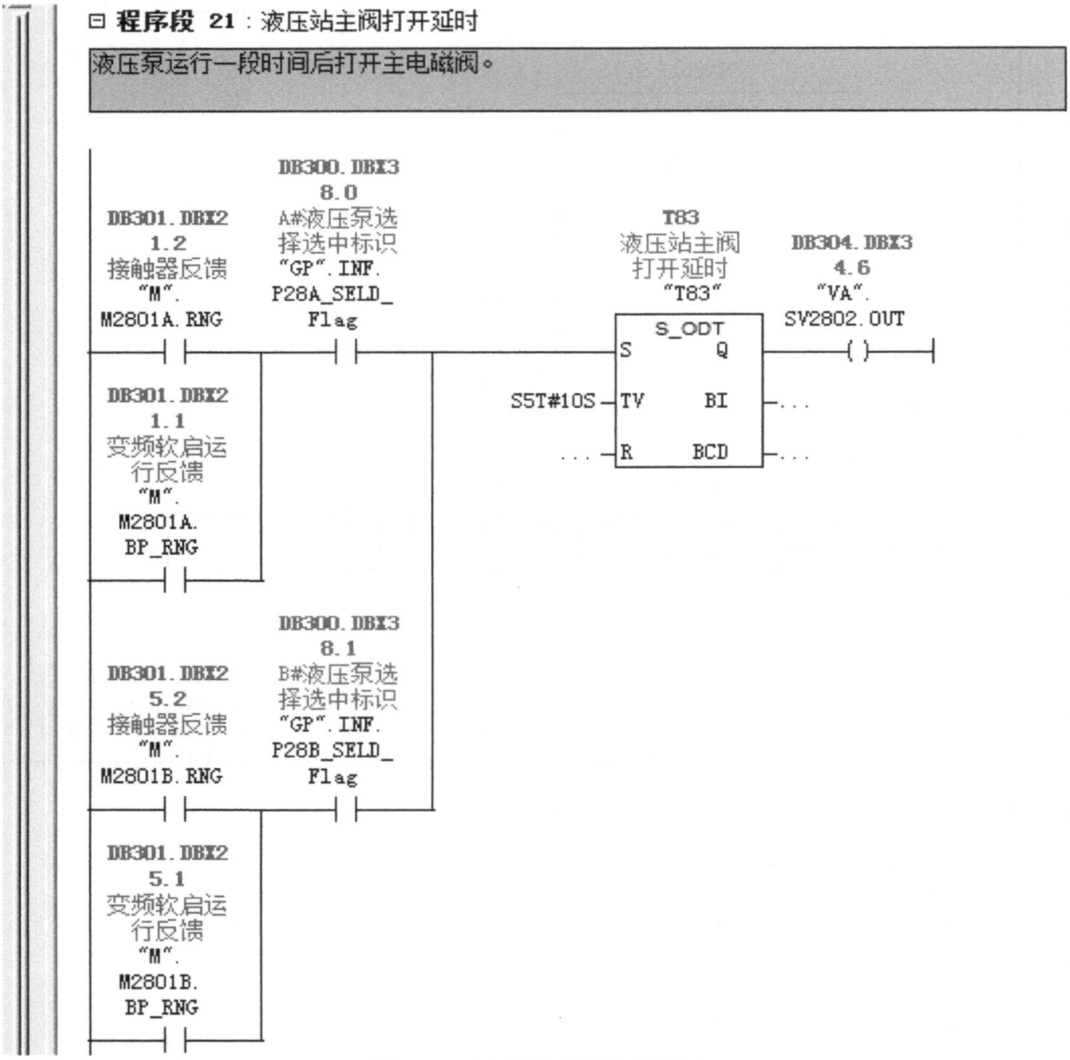

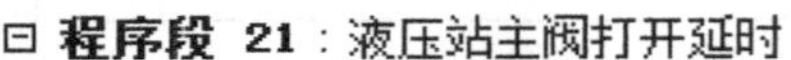

图14-2　液压站主阀打开程序

程序段 22：延时建立油压定时器

DB304.DBX3
4.6
"VA".
SV2802.OUT
T85
建立油压定
时器
"T85"
S_ODT
S Q
S5T#10S TV BI ...
... R BCD ...

程序段 23：油压延时

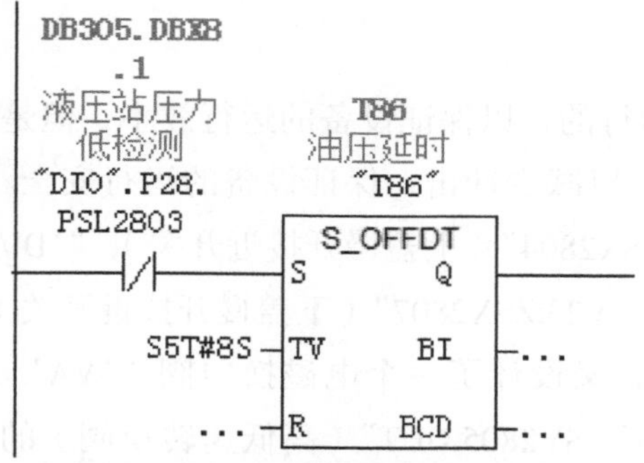

程序段 24：液压站油压低报警

液压泵油压力低报警。

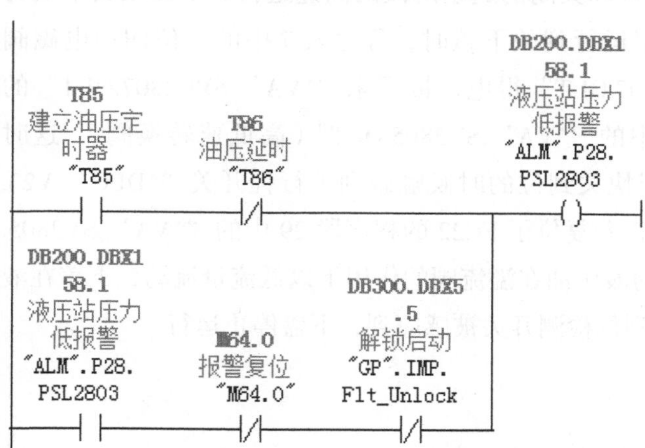

图 14-3　主回路液压油的油压保证

当电动机在变频器的驱动下按照设定的频率正常运行后，从变频器驱动模块 FC38 返回"'M'.M2801A.BP_RNG"（变频软启运行反馈），FC22 就用"'M'.M2801A.BP_RNG"

（变频软启运行反馈）作为激活程序段 21 的条件，这时为了保证电动机的安全，系统又增加了一个计时器“T83”（液压站主阀打开延时），当 10s 的延时到了以后，系统才打开“‘VA’.SV2802.OUT”（液压站主阀），这时液压系统才正式向外输出液压油，如图 14-2 所示。

当“‘VA’.SV2802.OUT”（液压站主阀）打开以后，用“‘VA’.SV2802.OUT”（液压站主阀）的常开点激活了接通延时计时器“T85”（建立油压定时器），“‘VA’.SV2802.OUT”（液压站主阀）刚打开时，系统的压力还是很低的，系统使用“‘DI/O’.P28.PSL2803”（液压站压力低检测）检测开关的常闭点激活了另一个断电延时计时器“T86”（油压延时），用这两个计时器的触点触发程序段 24 中的“‘ALM’.P28.PSL2803”（液压站压力低报警），在设定的时间内液压油的压力没有建立起来，说明系统出现了故障，就向外报警，如图 14-3 所示。

3. 开、关上、下盖时的高低速设计

上、下盖在打开和关闭的起始阶段都是高速运行的，以保证设备的运行效率，但是上、下盖在打开和关闭的终了阶段是慢速运行的，以减少冲击，保证设备的运行安全。所以系统设计了四个减速行程开关“‘DI/O’.V23.ZSX2804”（上盖慢开接近开关）、“‘DI/O’.V23.ZSY2804”（ 上盖慢关接近开关）、“‘DI/O’.V23.ZSX2807”（下盖慢开接近开关）和“‘DI/O’.V23.ZSY2807”（ 下盖慢关接近开关），又设计了一个电磁换向阀“‘VA’.SV2805.OUT”（高低速转换阀）。电磁换向阀“‘VA’.SV2805.OUT”（高低速转换阀）的作用是把油路分成两路，一路经过溢流阀的溢流使管路中的液压油流量降低，用于上、下盖在打开和关闭的终了阶段时的慢速运行，另一路没有经过溢流阀的的溢流，管道中液压油的流量大，用于上、下盖在打开和关闭的起始阶段的高速运行。下面以关下盖为例简要介绍：在功能 FC3 中，当程序运行到关下盖时，程序段 7 中的三位四通电磁阀的关下盖的电磁线圈“‘VA’.SVC2807.OUT”得电，接下来“‘VA’.SVC2807.OUT”的常开触点置位了 FC22 的程序段 32 中的“‘VA’.SV2805.OUT”（高低速转换阀），这时下盖在液压缸的驱动下高速运行，当快关到位的时候触碰到了行程开关“‘DI/O’.V23.ZSY2807”（ 下盖慢关接近开关），紧接着复位了 FC22 的程序段 29 中的“‘VA’.SV2805.OUT”（高低速转换阀），这时管道中的液压油在溢流阀的作用下以低流量流动，下盖在液压缸的驱动下低速运行，直到下盖关到位检测开关被感应到，下盖停止运行。

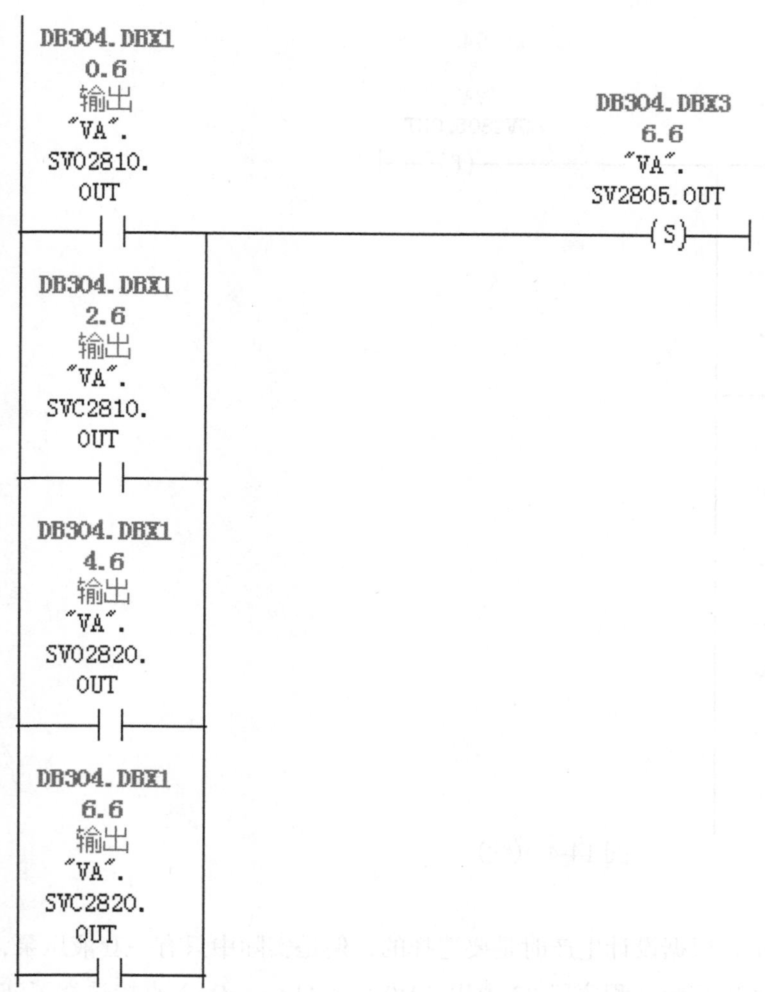

图 14-4　上、下盖运行时的高低速设置

如果在上盖或下盖的操作过程中发生故障，设置一个标记来中断液压系统。
断电选择阀SV2805时，可以加快打开或关闭速度。即得电打开减速，断电关闭加速。

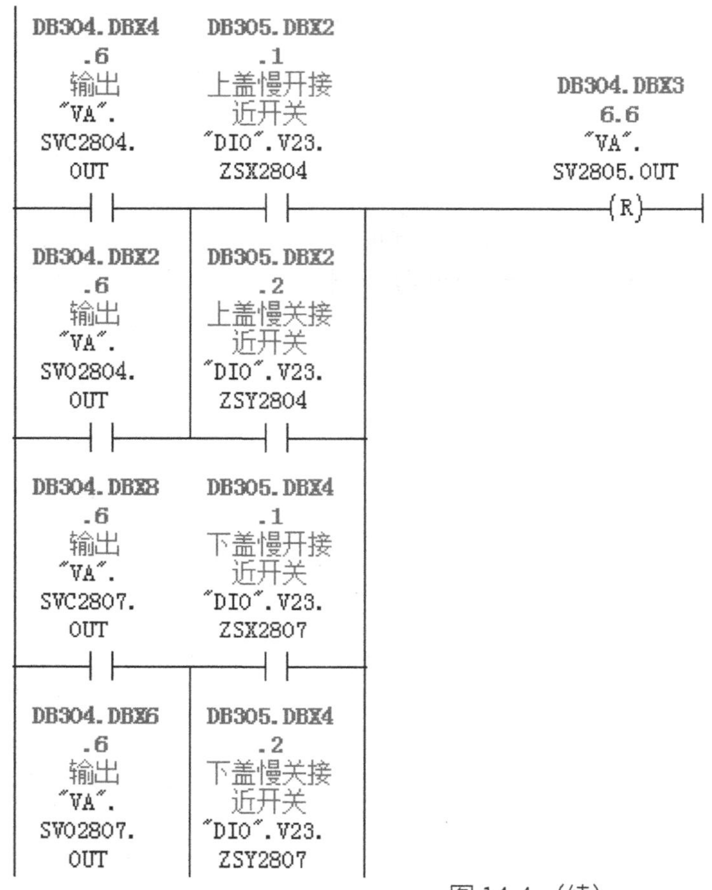

图 14-4 （续）

4. 泵的选择

系统设计了两套液压泵，根据设计生产时是要选择的，但是实际中只有一套液压泵，生产时不需要做出选择，所以系统在程序段 33 中用“M0.1”（Always_On）直接选择了液压系统 A（图 14-5）。

□ **程序段 33**：A#补偿泵选中标识

只有一台液压泵，因此使用始终接通命令。

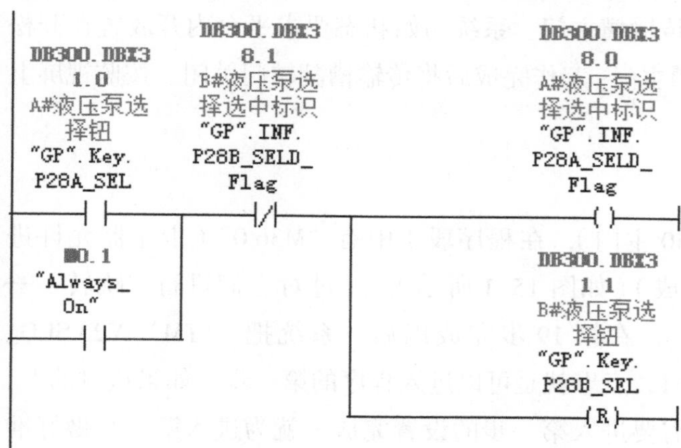

□ **程序段 34**：B#补偿泵选中标识

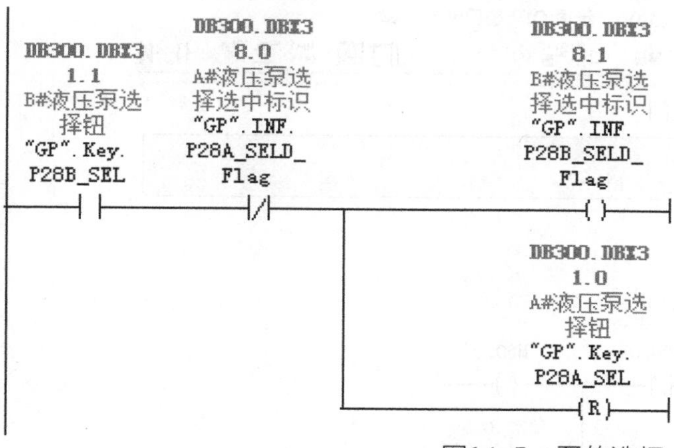

图14-5　泵的选择

15　第一步，关闭传输槽门

系统运行第一步：关闭 TC-40 传输槽主门。系统初始状态要求平台内开放置在开松器上，上、下盖打开，先关闭传输槽主门，工作完成后将传输槽翻转门关闭，按监视屏上的“工艺继续”按钮进入下一步序。

1. 设置步序

打开 FC2（第一步，打开 TC-40 主门），在程序段 1 中有“M36.0”（步序器允许进入第一步）和“M39.0”（第一步完成）（如图 15-1 所示），经过对它们进行“跳转”—“对应位置”，打开 FC20（第 19 步），在第 19 步完成以后，系统把“‘TM’.V23.SEQ_REGISTER”（当前运行步骤）赋值为 1，意思就是可以进入程序的第一步，如果这时的上、下盖是打开状态，这时“M45.0”（需要进入第一步的设置完成）就为进入第一步做好准备，如图 15-2 所示。

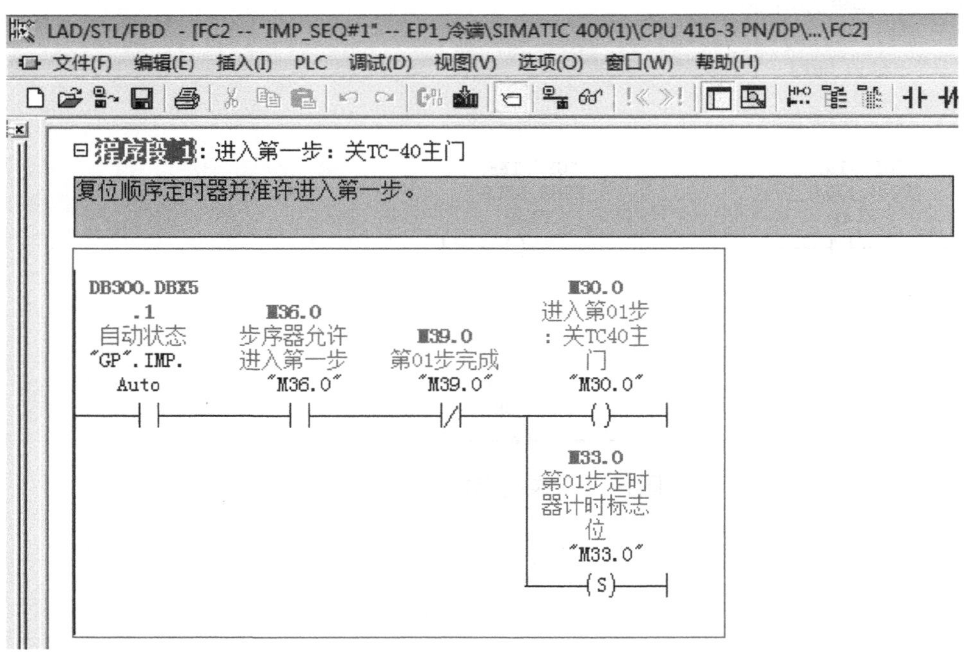

图 15-1　FC2的程序段1

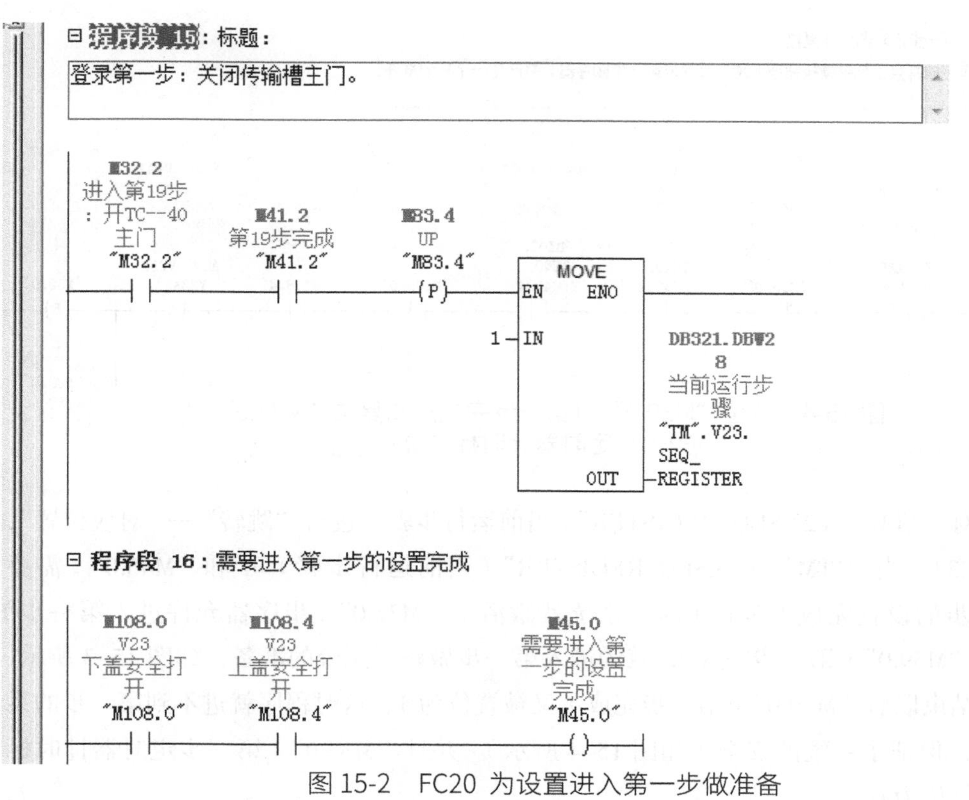

图 15-2 FC20 为设置进入第一步做准备

LAD/STL/FBD - [FC23 -- "IMP_SEQUENCE" -- EP1_冷端\SIMATIC 400(1)\CPU 416-3 PN/DP\...\FC23]

文件(F) 编辑(E) 插入(I) PLC 调试(D) 视图(V) 选项(O) 窗口(W) 帮助(H)

程序段 4：允许进入第一步

传输槽门关闭后，就准许登录到第一步。

M45.0
需要进入第
一步的设置
完成
"M45.0"

M36.0
步序器允许
进入第一步
"M36.0"

CMP ==I

M39.0
第01步完成
"M39.0"
R

DB321.DBW2
8
当前运行步
骤
"TM".V23.
SEQ_
REGISTER IN1

1 IN2

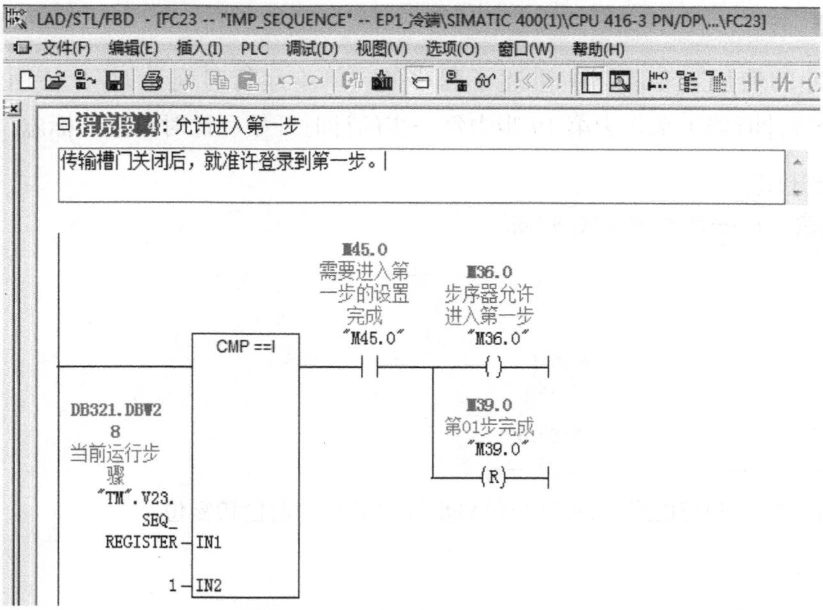

图15-3 FC23 为设置进入第一步做准备已经完成

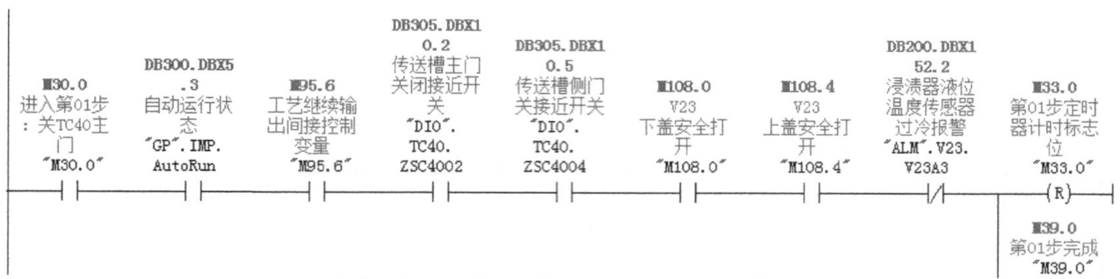

图 15-4　置位“M39.0”（第一步完成）和复位“M33.0”（第一步定时器计时标志位）

经过对“‘TM’.V23.SEQ_REGISTER”（当前运行步骤）进行“跳转”—“对应位置”，打开了 FC23，当“‘TM’.V23.SEQ_REGISTER”（当前运行步骤）=1 和“M45.0”（需要进入第一步的设置完成）被置 1 时，系统就激活了“M36.0”（步序器允许进入第一步）和复位了“M39.0”（第一步完成），就为进入第一步做好了充分的准备，如图 15–3 所示。在第一步结束以后“M39.0”（第一步完成）又被置位为 1，这时程序就进不到第一步的系统循环中，保证了系统的安全（如图 15–4 所示）。并且“M33.0”（第一步定时器计时标志位）被复位为 0。

2. 辅助复位分步计时器

在“一秒尖峰脉冲的使用”专题当中讲述了程序的“单步运行时间计时”，使用“M150.0”（辅助复位分步计时器）来作为第 19 步中每一步的计时开始和计时结束的标志，

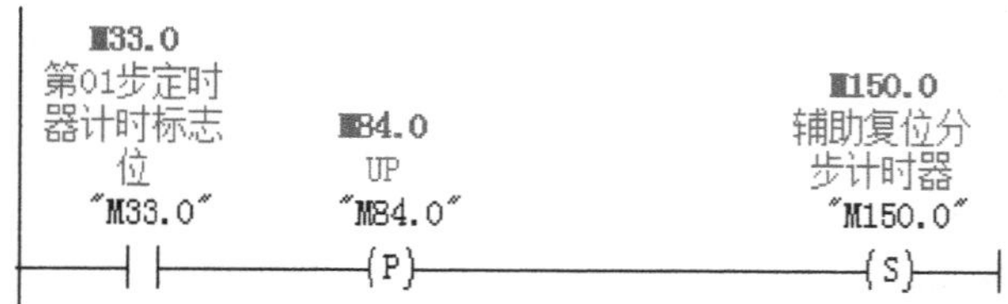

图 15-5　FC2中“M150.0”（辅助复位分步计时器）的置位和复位

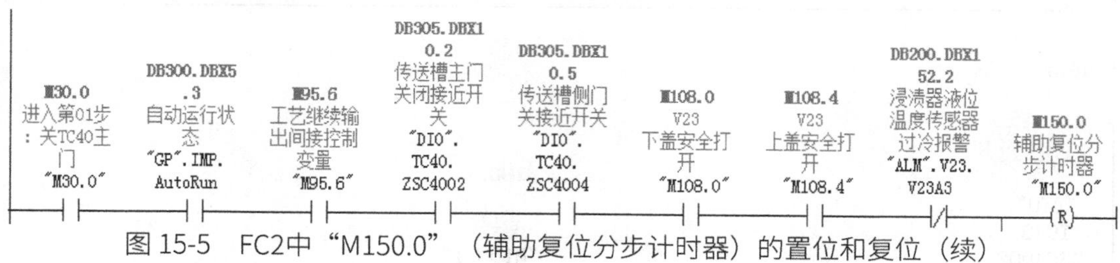

图 15-5　FC2中“M150.0”（辅助复位分步计时器）的置位和复位（续）

而且，在第 19 步中“M150.0”（辅助复位分步计时器）使用的是同一存储器位，这是因为用时置位，不用时复位，增加了程序的通用性和可读性，如图 15-5 所示。

3. 传输槽门停在关闭位，保证安全

在图 15-6 的程序段 5 中，“‘M’.M4001.MSF”（正转启动钮）是“‘M’.M4001.RUNF”（正转输出命令）的最为直接的启动条件，而“‘DI/O’.TC40.ZSC4002”（传输槽主门关闭接近开关）是传输槽门停止的直接条件。

在自动状态下，在程序段 5 中，“‘DI/O’.TC40.ZSC4002”（传输槽主门关闭接近开关）使“M100.0”（TC40 主门暂停在关闭位）被置位的状态不会变化。

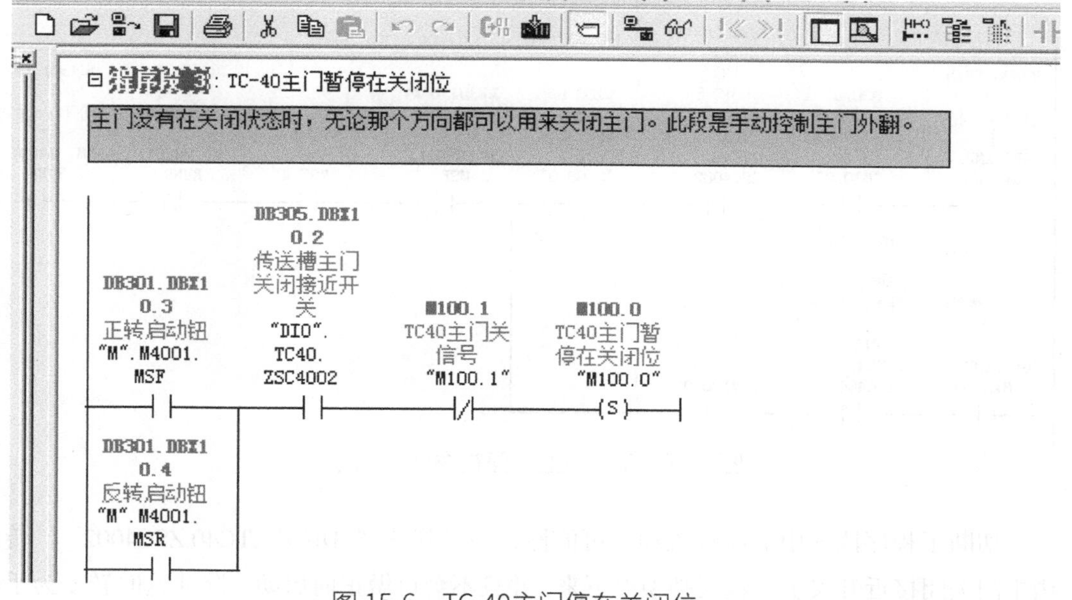

图 15-6　TC-40主门停在关闭位

⊟ **程序段 4**：TC40主门关信号

tc-40主门在关闭状态，并辅助控制主门的再次外翻打开。

DB305.DBX1
0.2
传送槽主门
关闭接近开
关
"DIO".
TC40.
ZSC4002

M100.1
TC40主门关
信号
"M100.1"

⊟ **程序段 6**：TC--40主门暂停在关闭位

DB301.DBX1
0.3
正转启动钮
"M".M4001.
MSF

DB301.DBX1
0.4
反转启动钮
"M".M4001.
MSR

M100.0
TC40主门暂
停在关闭位
"M100.0"
(R)

⊟ **程序段 5**：正转运行中输出

自动状态时只能正转外开关闭主门，手动模式时只要主门没有在外开位置，主门将向外打开直至到位。

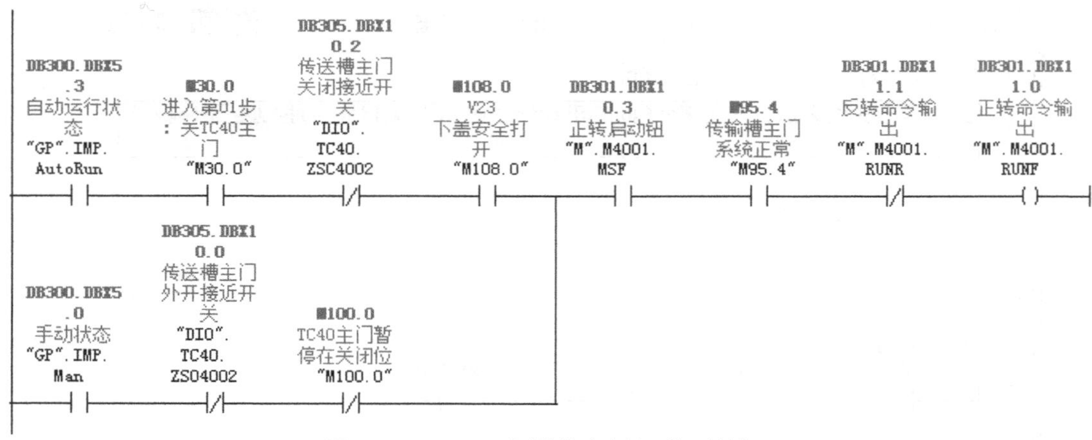

图 15-6　TC-40主门停在关闭位（续）

切断了程序段 5 中的能流流动的可能性，一旦到达“‘DI/O’.TC40.ZSC4002”（传输槽主门关闭接近开关）位置就必须停下来，并且不会再做正向启动，除非这时转变为手动状态。

在程序段 3 中，不管按动“正转启动钮”或“反转启动钮”，当传输槽门运行到“ZSC4002”（传输槽主门关闭接近开关）位置时，“M100.0”（TC40 主门暂停在关闭位）

被置位，“‘DI/O’.TC40.ZSC4002”（传输槽主门关闭接近开关）在程序段中4中激活了“M100.1”（TC40主门关信号）线圈，同时把程序段3中的常闭点变成开点。

在程序段6中，一旦“正转启动钮”和“反转启动钮”同时被释放，系统马上把“M100.0”（TC40主门暂停在关闭位）复位，这时又可以进行传输槽主门的操作了。

实际的操作中，第01步和第19步是结合在一起使用的，通过“‘M’.M4001.MSF”（正转启动钮）和“‘M’.M4001.MSR”（反转启动钮）随时可以调换传输槽门的转动方向。“‘M’.M4001.MSF”（正转启动钮）和“‘M’.M4001.MSR”（反转启动钮）的信号转换成“‘M’.M4001.RUNF”（正转输出命令）和“‘M’.M4001.RUNR”（反转命令输出）通过FB38中的FB130（标准_SEW伺服控制模块）传输给传输槽门的驱动电机，实现传输槽门的自由翻转。具体操作方式参见“标准_SEW伺服控制模块”专题。

4. 报警复位

当条件具备，传输槽主门进行正转时，在图15-7的程序段5中同时激活了“‘M’.M4001.RUNF”（正转命令输出），用“‘M’.M4001.RUNF”（正转命令输出）常开点启动“T1”（TC40正转延时）计时器，在设定的时间内“‘DI/O’.TC40.ZSC4002”（传输槽主门关闭接近开关）或“‘DI/O’.TC40.ZSO4002”（传输槽主门外开接近开关）没有被感应到，系统就报“‘ALM’.TC40.TIME_OVER1”（传输槽主门外开超时报警）。这时可以通过按动“报警复位”或通过“解锁请求”消除报警。

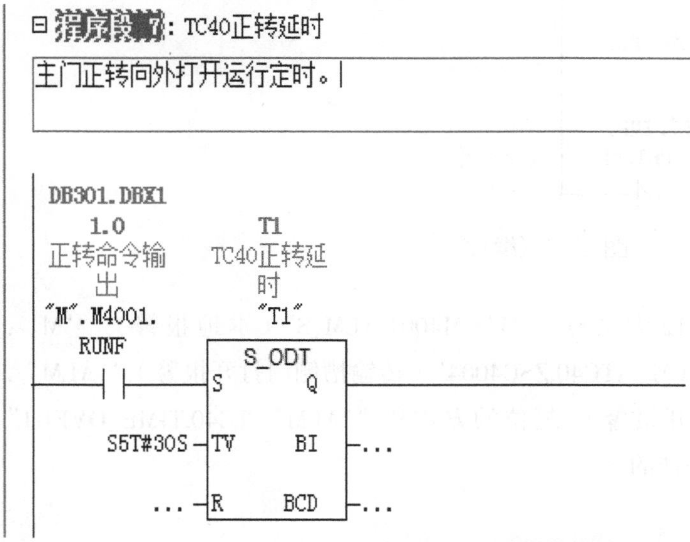

```
⊟ 程序段 7: TC40正转延时
主门正转向外打开运行定时。

DB301.DBX1
    1.0            T1
正转命令输      TC40正转延
    出              时
"M".M4001.        "T1"
   RUNF         S_ODT
---| |-------|S       Q|----------
S5T#30S -|TV     BI|-...
    ... -|R     BCD|-...
```

图15-7　正转超时报警及复位

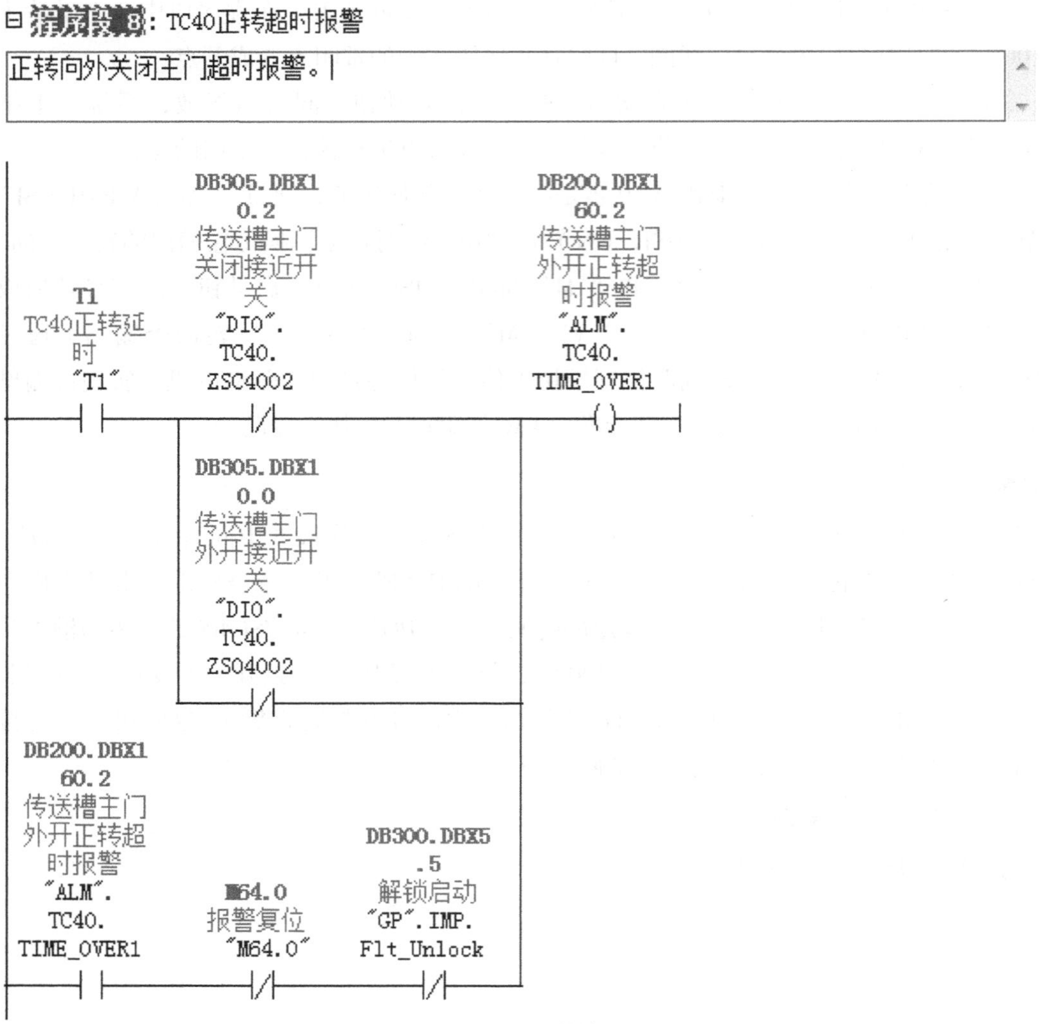

⊟ 程序段 8：TC40正转超时报警

正转向外关闭主门超时报警。

T1
TC40正转延时
"T1"

DB305.DBX10.2
传送槽主门关闭接近开关
"DIO".TC40.ZSC4002

DB200.DBX160.2
传送槽主门外开正转超时报警
"ALM".TC40.TIME_OVER1

DB305.DBX10.0
传送槽主门外开接近开关
"DIO".TC40.ZS04002

DB200.DBX160.2
传送槽主门外开正转超时报警
"ALM".TC40.TIME_OVER1

M64.0
报警复位
"M64.0"

DB300.DBX5.5
解锁启动
"GP".IMP.Flt_Unlock

图 15-7（续）

在以下程序段 9、10、11、12 中又有“‘M’.M4001.ALM_S”（本地报警）、“‘M’.M4001.ALM_Q”（空开报警）、“‘ALM’.TC40.ZSC4004”（传输槽侧门打开报警）、“‘ALM’.TC40.ZSC4003”（传输槽顶门打开报警），复位的方式和“‘ALM’.TC40.TIME_OVER1”（传输槽主门外开超时报警）是一样的。

5. 为第二步做准备

当传输槽主门处于“‘DI/O’.TC40.ZSC4002”（传输槽主门关闭接近开关）被触发的位置，并且一些条件满足以后，系统就认为“第 01 步”结束了，这时图 15-8 的程序段 13 中，“M33.0”（第一步定时器计时标志位）被复位，“M39.0”（第 01 步完成）被置位，“M150.0”（辅助复位分步计时器）被复位，“M100.2”（启动批次周期计时”）被置位。

⊟ **程序段 13**：第一步定时器允许复位

如果第一步工作完成并且工艺继续按钮按下那么就复位第一步顺序器，并产生一个标记准许进入第二步

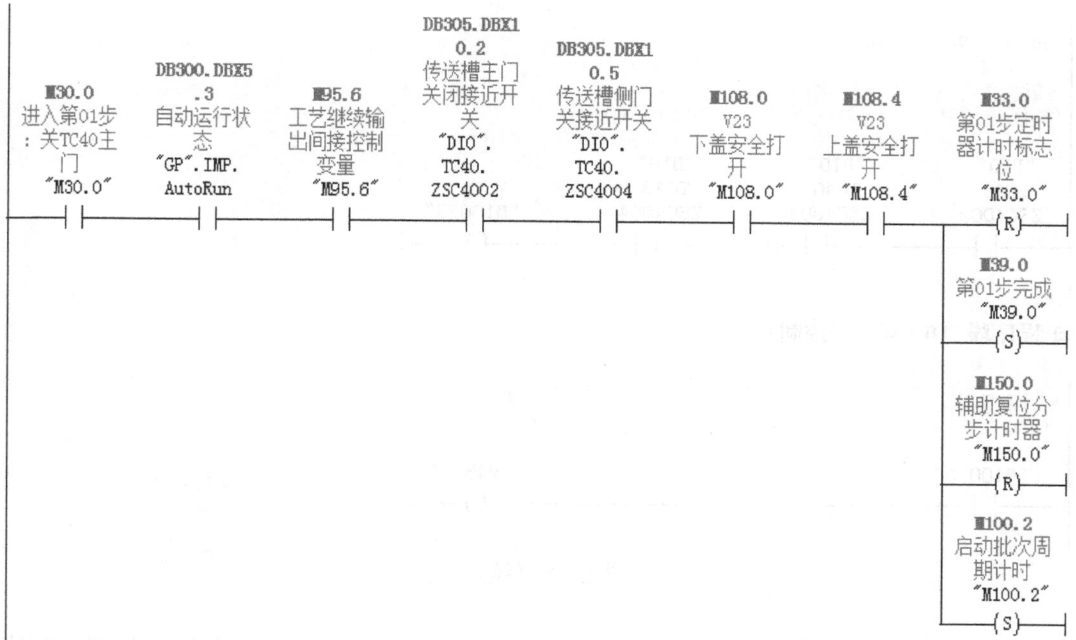

⊟ **程序段 16**：标题：

移动2进入顺序指示器。

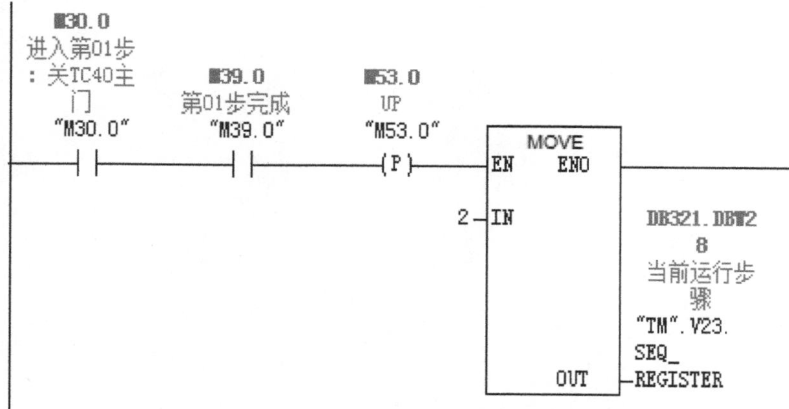

图 15-8　为第二步做准备的程序

⊟ **程序段 17**：TC-40门关闭安全

传输槽所有门都已经关闭在安全位。

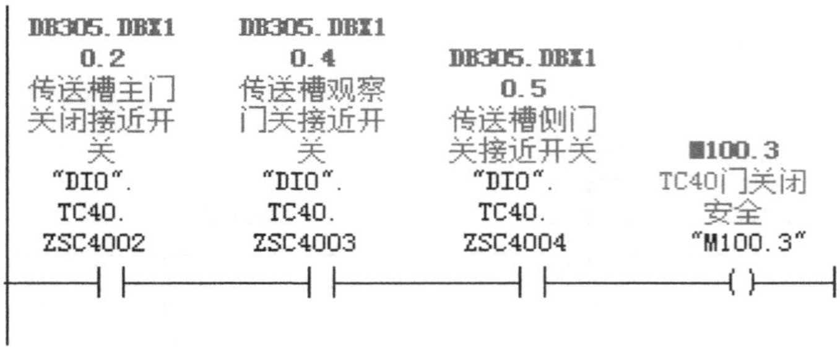

DB305.DBX1 0.2 传送槽主门关闭接近开关 "DIO".TC40.ZSC4002	DB305.DBX1 0.4 传送槽观察门关接近开关 "DIO".TC40.ZSC4003	DB305.DBX1 0.5 传送槽侧门关接近开关 "DIO".TC40.ZSC4004	M100.3 TC40门关闭安全 "M100.3"
─┤ ├─	─┤ ├─	─┤ ├─	─( )─

⊟ **程序段 18**：第二步控制允许

M100.3 TC40门关闭安全 "M100.3"	M45.1 允许进入第二步 "M45.1"
─┤ ├─	─( )─

图 15-8（续）

当第一步完成以后，系统就把“‘TM’.V23.SEQ_REGISTER”（当前运行步骤）赋值为 2 和“M45.1”（允许进入第二步），线圈同时被系统激活，为第二步做准备。

16　第二步，关闭下盖

系统运行到第二步，关闭下盖。工艺继续后，启动液压系统，先关闭下盖，接着关闭下锁环，最后关闭安全锁环，根据有无烟丝再做出判断，是进入第三步还是进入第四步。

1. 设置步序

打开 FC3（第二步，关闭下盖），在程序段 1 中有“M36.1”（步序器允许进入第二步）和“M39.1”（第 02 步完成）（图 16–1 所示），经过对它们进行“跳转”—“对应位置”，打开了图 2 中的 FC2（第一步），在第一步完成以后，系统把“‘TM’.V23.SEQ_REGISTER”（当前运行步骤）赋值为 2，意思就是可以进入程序的第二步，如果这时的“M100.3”（TC40 门关闭安全）被激活，“M45.1”（允许进入第二步）就为进入第二步做好准备，如图 16–2 所示。经过 FC3 中的“‘TM’.V23.SEQ_REGISTER”（当前运行步骤）进行右击—“跳转”—“对应位置”，打开了 FC23，当“‘TM’.V23.SEQ_REGISTER”（当前运行步骤）和“M45.1”（允许进入第二步）同时被系统置 1 时，系统就激活了“M36.1”（步序器允许进入第二步）和复位了“M39.1”（第 02 步完成），就为进入第二步做好了充分的准备，如图 16–3 所示。在第一步结束以后“M39.1”（第 02 步完成）又被置位为 1，这时程序就进不到第二步的系统循环中，保证了系统的安全（如图 16–4 所示）。并且“M33.1”（第 02 步定时器计时标志位）被复位为 0。

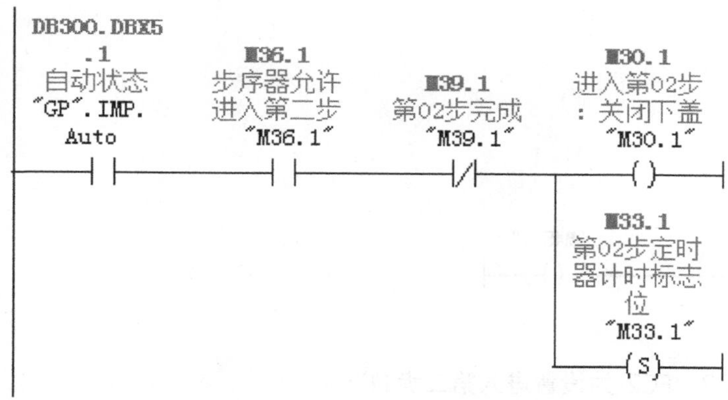

图16-1　FC3的程序段1

⊟ **程序段 16**：标题:

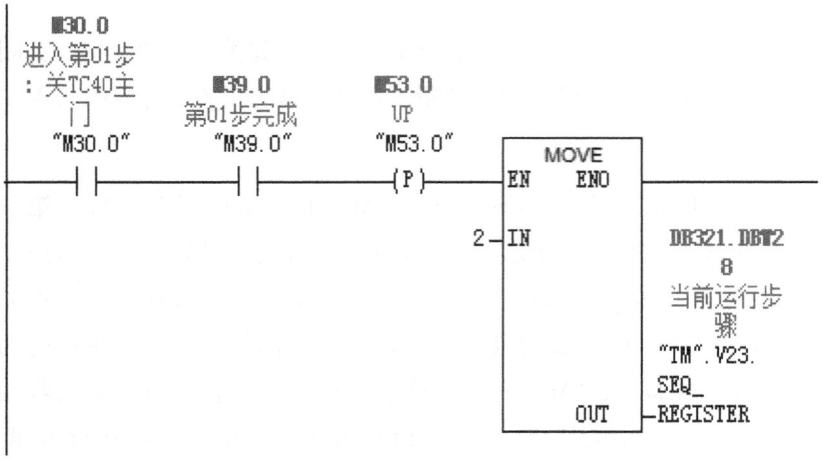

M30.0 进入第01步：关TC40主门 "M30.0" —| |— M39.0 第01步完成 "M39.0" —| |— M53.0 UP "M53.0" —(P)— MOVE EN ENO
2 — IN
OUT — DB321.DBW28 当前运行步骤 "TM".V23.SEQ_REGISTER

⊟ **程序段 17**：TC-40门关闭安全

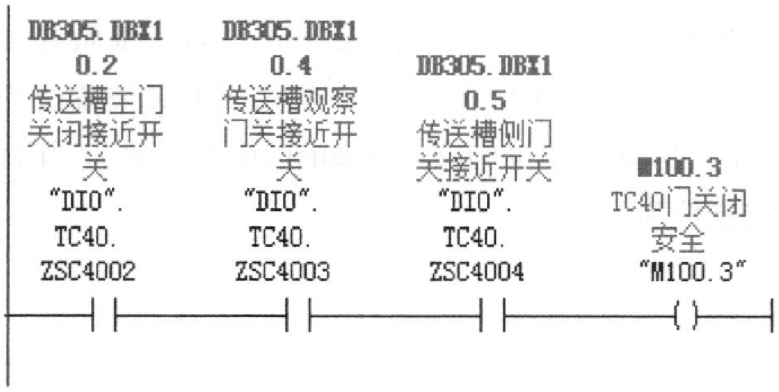

DB305.DBX10.2 传送槽主门关闭接近开关 "DIO".TC40.ZSC4002 —| |— DB305.DBX10.4 传送槽观察门关接近开关 "DIO".TC40.ZSC4003 —| |— DB305.DBX10.5 传送槽侧门关接近开关 "DIO".TC40.ZSC4004 —| |— M100.3 TC40门关闭安全 "M100.3" —( )—

⊟ **程序段 18**：第二步控制允许

M100.3 TC40门关闭安全 "M100.3" —| |— M45.1 允许进入第二步 "M45.1" —( )—

图 16-2　FC2 为设置进入第二步做准备

□ **程序段 5**：允许进入第二步

第二步：关闭底盖。

M112.5
工艺步骤复位
"M112.5"

M45.1
允许进入第二步
"M45.1"

M36.1
步序器允许进入第二步
"M36.1"

CMP ==I

DB321.DBW28
当前运行步骤
"TM".V23.SEQ_REGISTER — IN1

2 — IN2

M39.1
第02步完成
"M39.1"
(R)

图 16-3　FC23 为设置进入第二步做准备已经完成

□ **程序段 21**：第二步定时器允许复位

如果不需要停止液压泵可以在此取消M101.1的复位。

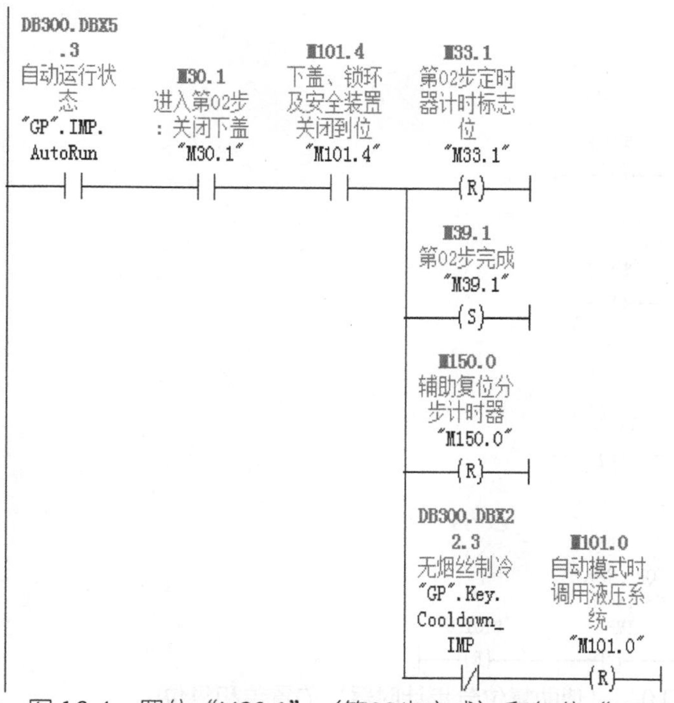

图 16-4　置位"M39.1"（第02步完成）和复位"M33.1"（第02步定时器计时标志位）

2. 辅助复位分步计时器

在“一秒尖峰脉冲的使用”专题当中讲述了，程序的“单步运行时间计时”使用“M150.0”（辅助复位分步计时器）来作为 19 步中每一步的计时开始和计时结束的标志，而且，在这 19 步中“M150.0”（辅助复位分步计时器）使用的是同一存储器位，这是因为用时置位，不用时复位，增加了程序的通用性和可读性，如图 16-5 所示。

⊟ **程序段 2**：标题：

M33.1
第02步定时器计时标志位
"M33.1"
M86.0
UP
"M86.0"
(P)
M150.0
辅助复位分步计时器
"M150.0"
(S)

⊟ **程序段 21**：第二步定时器允许复位

如果不需要停止液压泵可以在此取消M101.1的复位。

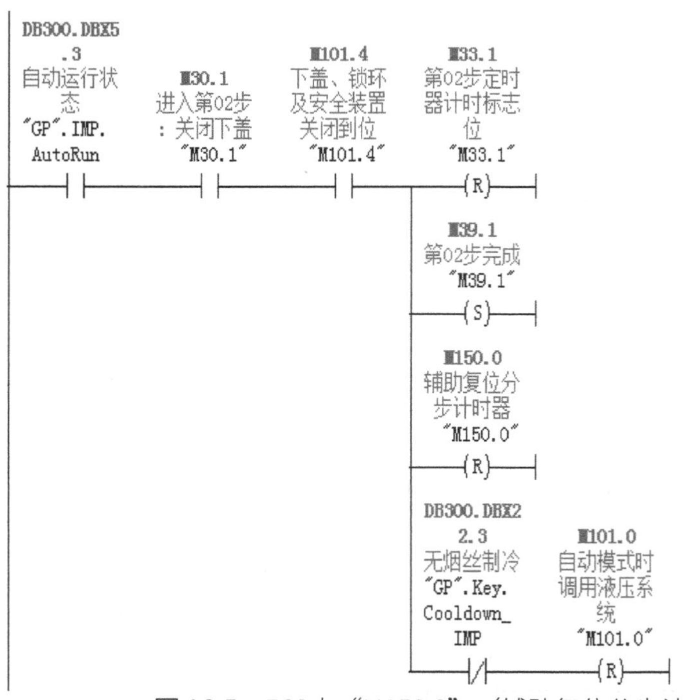

图 16-5　FC3中“M150.0”（辅助复位分步计时器）的置位和复位

3. 关下盖和关下锁环

在系统进入自动运行并进入第二步以后，系统定义了“M101.0”（自动模式时调用液压系统）以便于后续使用，这时自动启动液压系统，如图 16–6 所示。

在程序段 7 中，如图 16–7 所示，只要条件具备，在液压系统的作用下下盖开始关闭，“‘VA’.SVC2807.OUT”（输出）被激活，在程序段 7 中没有设置让关闭上盖动作停止的条件，不知是程序编制人员的失误或是有意而为之。在程序段 11 和 12 中，当“‘DI/O’.V23.ZSC2807”（下盖关接近开关）被感应到以后，激活了计时器“T3”（下盖关闭后延时关锁环），经过 400ms 的延时，首先激活了“M107.1”（关锁环时辅助关底盖），如图 16– 8 所示。系统用“M107.1”（关锁环时辅助关底盖）和“‘DI/O’.V23.ZSC2820”（下锁环关接近开关）共同在程序段 7 重新启动关下盖的动作，又经过 100ms 的延时，激活了下盖锁环关闭“‘VA’.SVC2820.OUT”（输出）电磁阀，当“‘DI/O’.V23.ZSC2820”（下锁环关接近开关）被感应到，经过计时器“T215”延时 800ms 以后，锁环关闭电磁阀“‘VA’.SVC2820.OUT”（输出）被复位，关闭锁环的动作停止，同时“M107.1”（关锁环时辅助关底盖）也被复位并且“‘DI/O’.V23.ZSC2820”(下锁环关接近开关）也被感应到，关闭上盖的动作也停止。

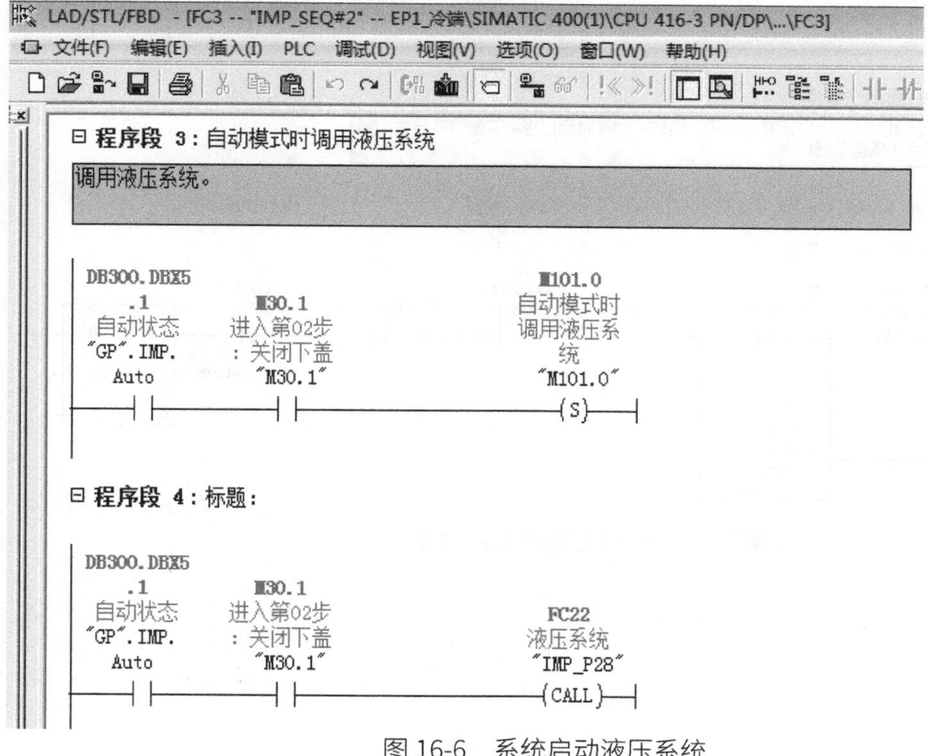

图 16-6　系统启动液压系统

程序段 7: V23底盖关SVC-2807

自动模式时自动关闭浸渍器底盖。注意：在底盖锁环的开关过程中底盖关闭电磁阀必须事先100打开，以便保证底盖由于重力的作用不会掉下。注意：底盖的打开和关闭与平台
有一个硬件连锁。

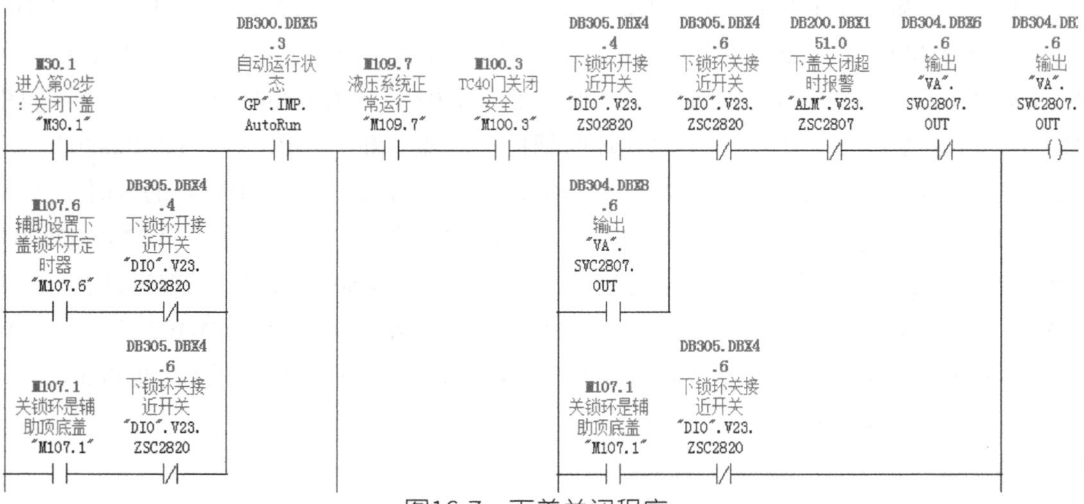

图16-7　下盖关闭程序

程序段 11：V23底盖锁环关暂停1秒

底盖锁环关闭控制。底盖关闭一秒钟后开始关闭下锁环，如果时间过短，下盖可能没关闭到位，可能造成下锁环会和底盖花键相卡。

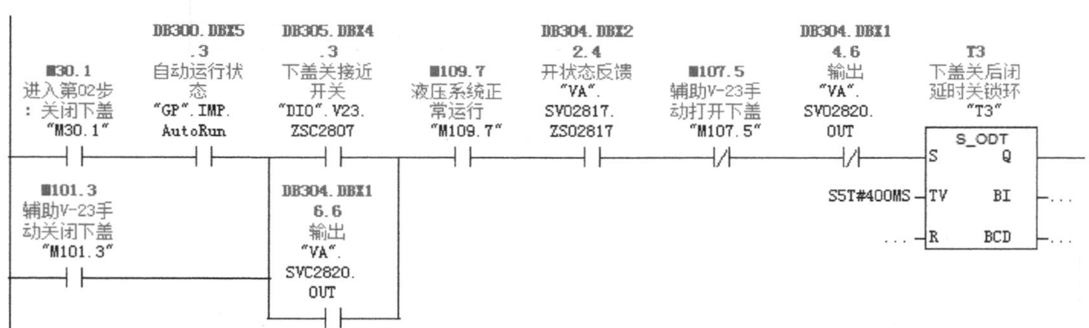

图 16-8　延时关锁环和延时停关锁环

⊟ **程序段 12**：V-23底盖锁环关SVC-2820

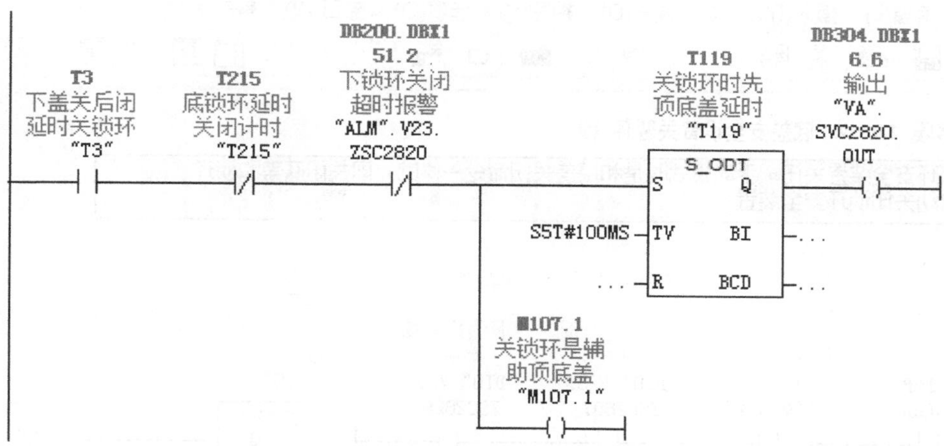

⊟ **程序段 13**：底锁环延时关闭计时

此句程序是为了保证下锁环能够完全锁定到位设置的，通过修改时间可以决定下锁环锁卡到位的程度。这是在加压过程中为可能出现下锁环偏移设定的。如时间过长可能导致下锁环卡死，无法打开。

DB305.DBX4
.6
下锁环关接
近开关
"DIO".V23.
ZSC2820

T215
底锁环延时
关闭计时
"T215"
(SD)
S5T#800MS

图 16-8（续）

4. 关闭安全锁环

在浸渍器的上、下盖各设置了安全锁环，用机械的方法保证锁环在正常生产时不会被打开，如图 16–9 所示。当"'DI/O'.V23.ZSC2820"（下锁环关接近开关）和"'DI/O'.V23.ZSC2807"（下盖关接近开关）同时被感应到以后，首先激活计时器"T5"，经过 1s 的延时，就激活了安全锁环的电磁线圈"'VA'.SVC2817.OUT"（输出），安全锁环关闭。

安全锁环系统处于正常状态，否则计时器设定的时间 10s 计时到了之后，安全锁环关到位检测开关""VA".SVC2817.ZSC2817"还没有被感应到，说明安全锁环系统处于不正常状态，需要停下来检修。

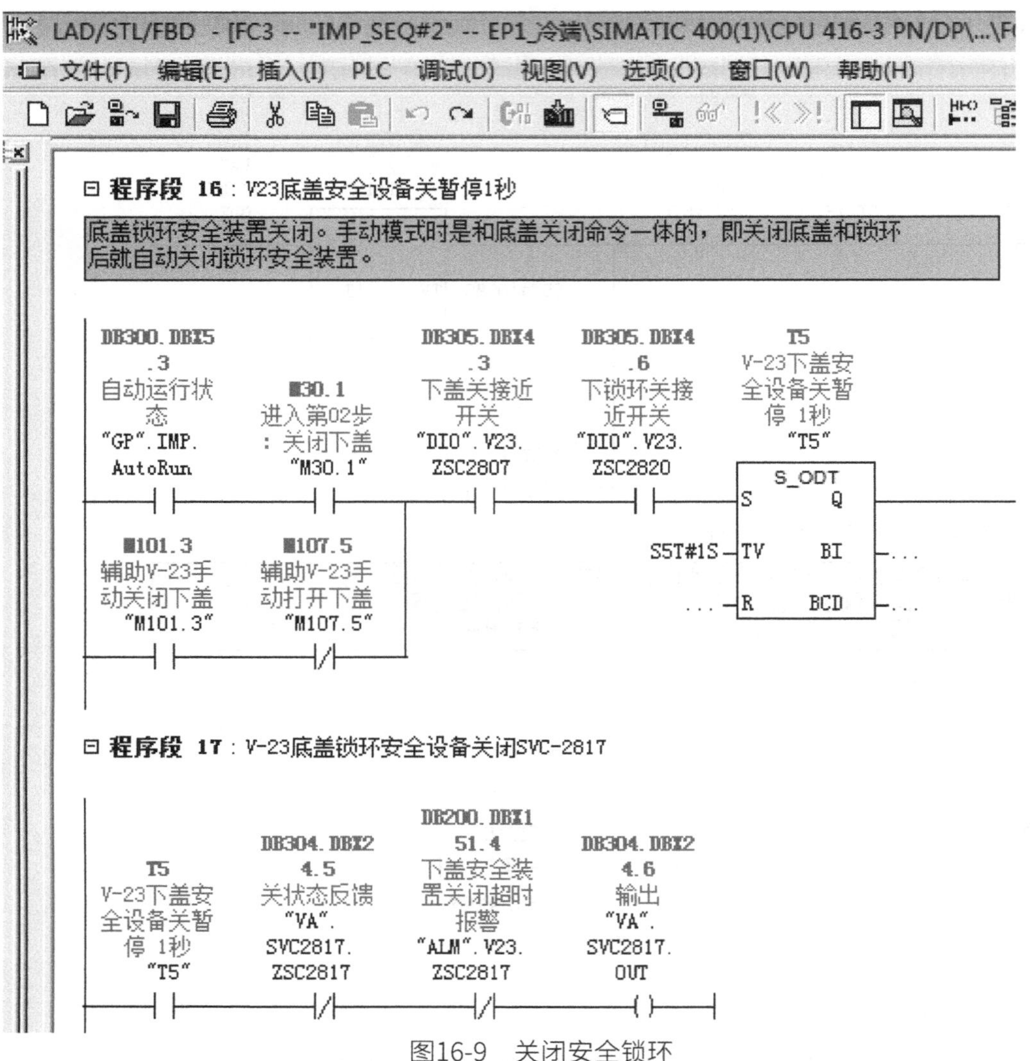

图16-9 关闭安全锁环

5. 动作定时器的使用

在 FC3 中一共有三个主要的动作，关底盖、关锁环和关安全锁环，系统为它们各设置了动作计时器，必须在设定的时间内完成动作，否则要超时报警，利于设备的安全。如图 16–10 所示，用“‘VA’ .SVC2817.OUT”（输出）的常开点激活计时器“T6”，当计时器设定的时间 10s 计时到之前，安全锁环关到位检测开关”“VA” .SVC2817.ZSC2817”被感应到，说明安全锁环关闭动作正常，反之，说明安全锁环有卡死等故障。

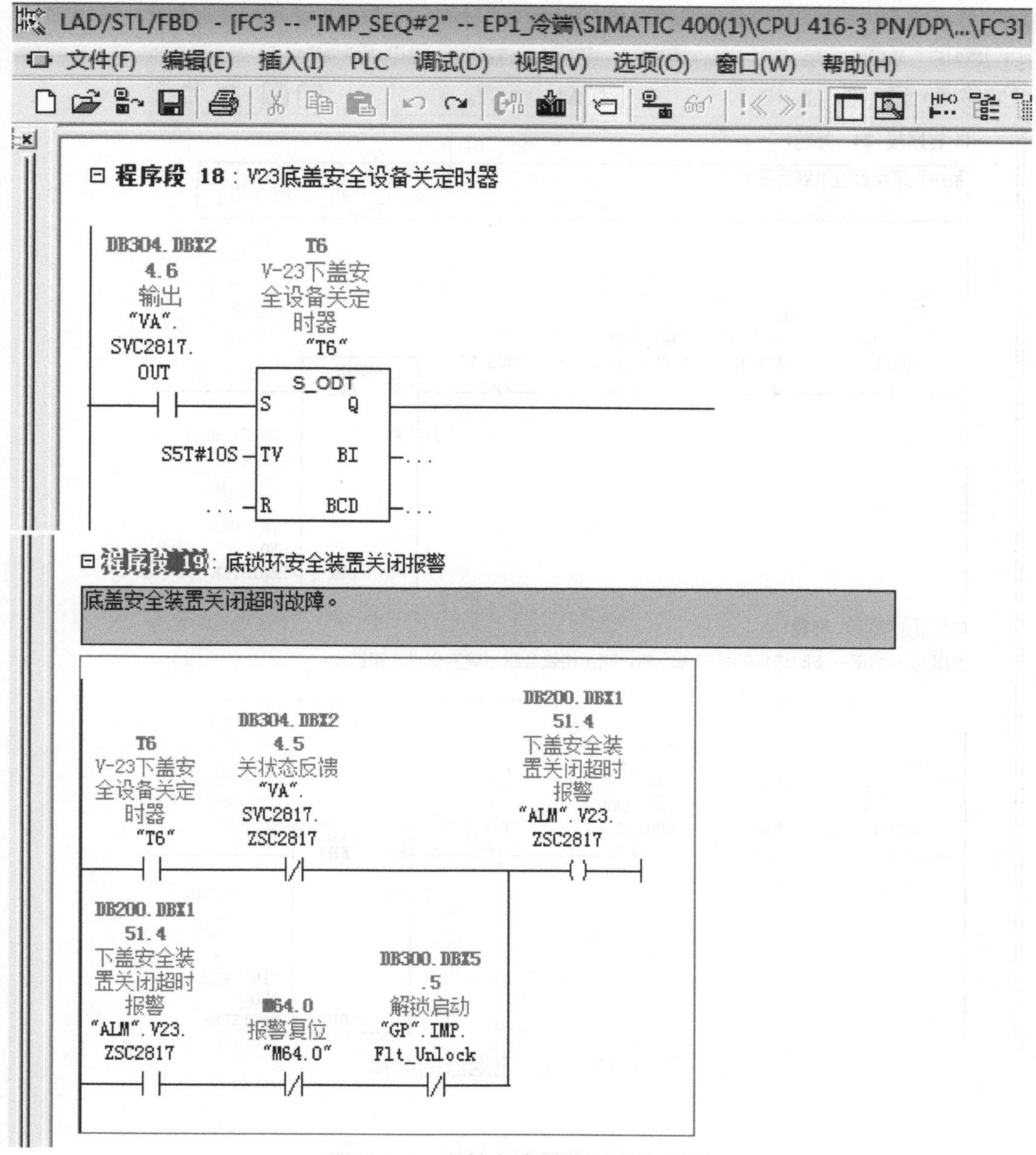

图16-10　底盖安全锁环动作定时器

6. 为第三步做准备

和第一步基本相同，不再赘述。不同之处就是有无烟丝的选择，当没有烟丝时，系统处于无烟丝制冷形式，可以直接跳到第四步，否则有烟丝时，从第三步开始，如图16–11 所示。

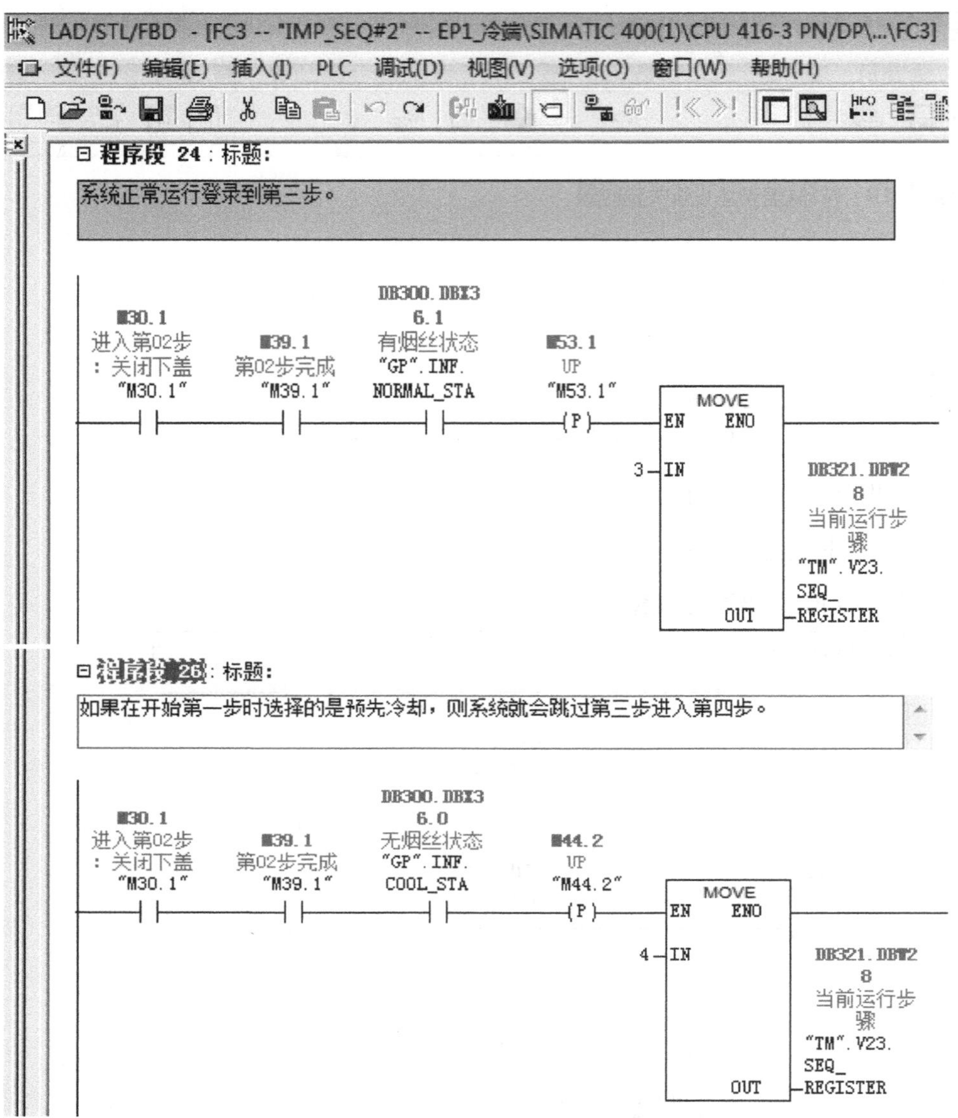

图 16-11　有、无烟丝的选择

17 模拟量输出转换

上一个专题介绍了打开排空阀 FCV2301，厂家为打开吹除阀 FCV2301 的旋转气缸设置了一个定位器，这个定位器由模拟量模块来控制。

在 FC6 的程序段 9 中，右键单击"'ANA'.FCV2301.Out"（输出开度）—"跳转"—"应用位置"，打开了功能块 FB4，如图 17–1 所示。在管理器中右键点击"FB4"鼠标—"对象属性"—"属性—功能"，FB4 是模拟量输出转换，如图 17–2 所示。鼠标右键单击程序段 4 中的"'PIQ'.FCV2301.OUT—"跳转"—"应用位置"，打开了功能 FC46，如图 17–3 所示。从 FC6 传送过来的的"'ANA'.FCV2301.Out"（输出开度）经过"FB4"的转换，转换成了"'PIQ'.FCV2301.OUT"（外设输出），通过传送指令传送给 PQW516。经过在硬件配置中查找，PQW516 来自 PROFINET 网络控制的子站箱 BO1 中的模拟量模块"2AO I ST"的输出量，把 PQW516 值传送给定位器，由定位器控制排空阀 FCV2301 的旋转气缸，如图 17–4 所示。

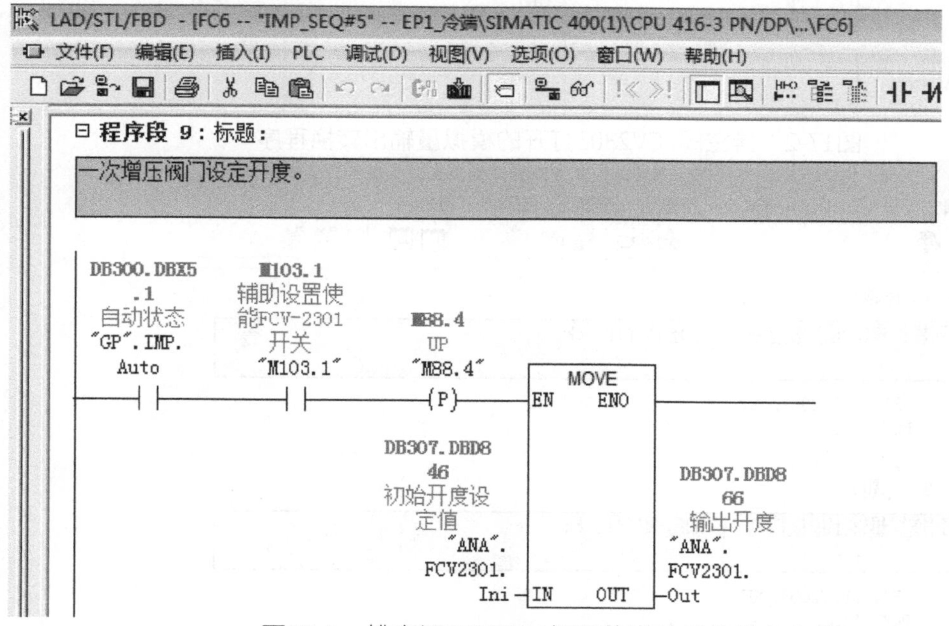

图17-1　排空阀FCV2301打开的定位器的输入条件

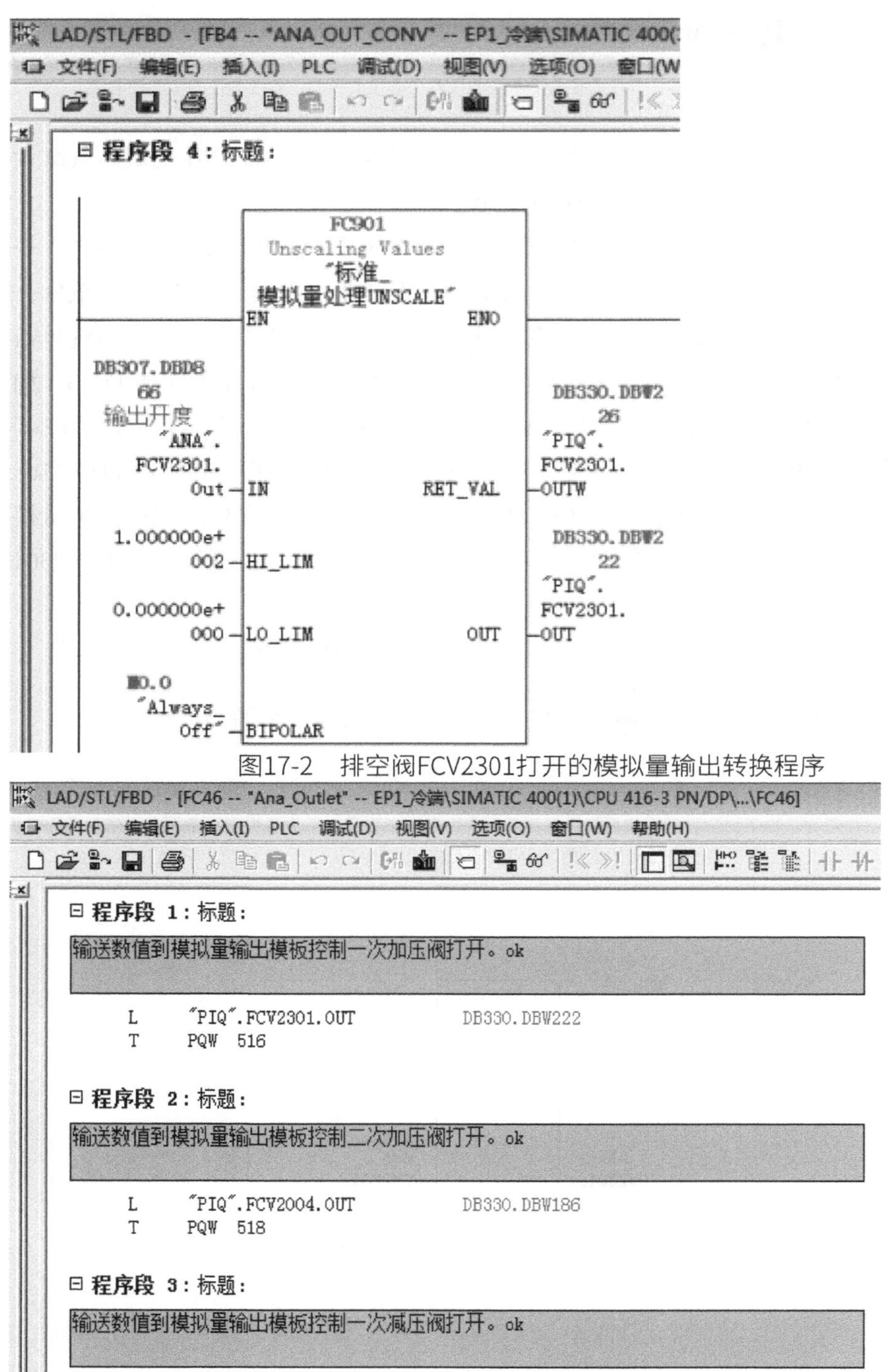

图17-2 排空阀FCV2301打开的模拟量输出转换程序

图17-3 排空阀FCV2301打开的模拟输出映射

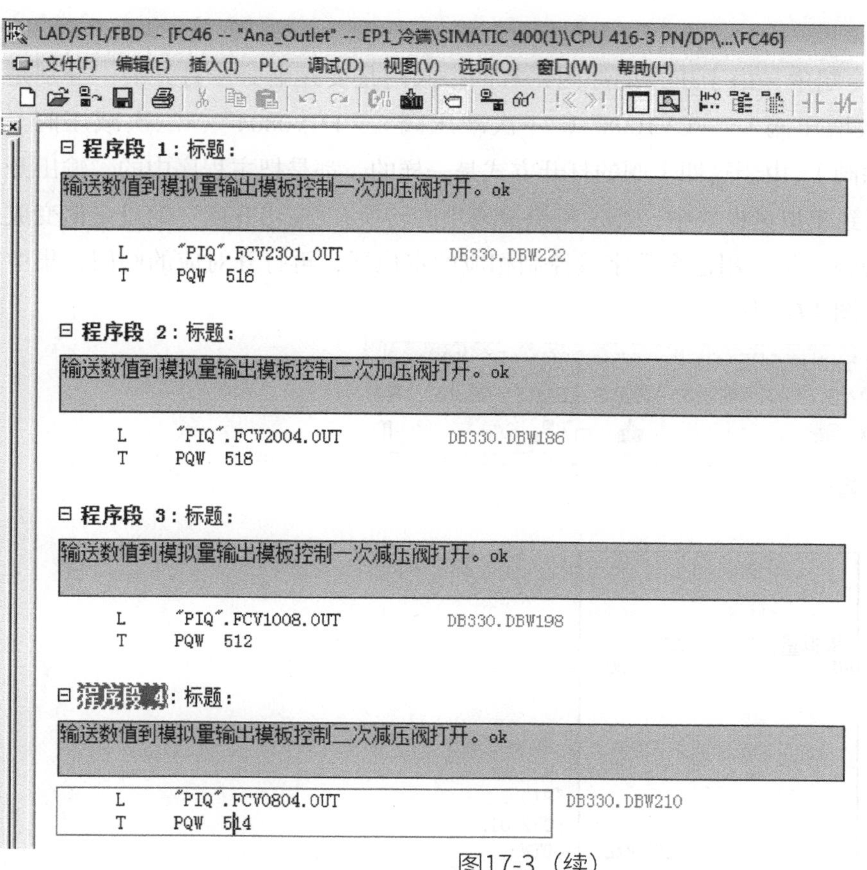

图17-3（续）

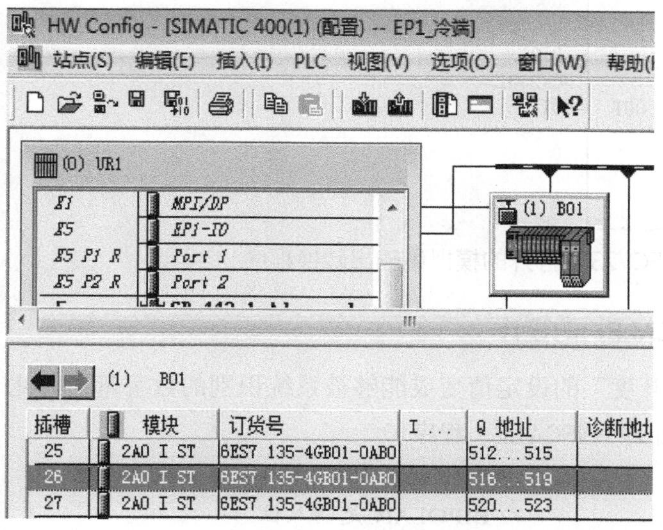

图17-4　排空阀FCV2301打开的模拟输出的硬件配置

1.FB4 的设计

在整个 EP1_ 冷端中，由于压差的原因，有四个阀门是要逐渐分步打开的，分别是“FCV2004”（ 二次增压阀 ）、“FCV1008”（ 一次减压阀 ）、“FCV0804”（ 二次减压阀 ）、“FCV2301”（ 吹除阀 ）。由于这四个阀的打开方式是一样的，都是把主程序中的“输出开度”的设定值输入到模拟量模块中，经过模拟量模块的转换，“输出开度”的设定值变成能够被系统识别的数字量，用这个数字量控制相应的定位器，再打开对应的阀门，集中放置在 FB4 中，如图 17–5 所示。

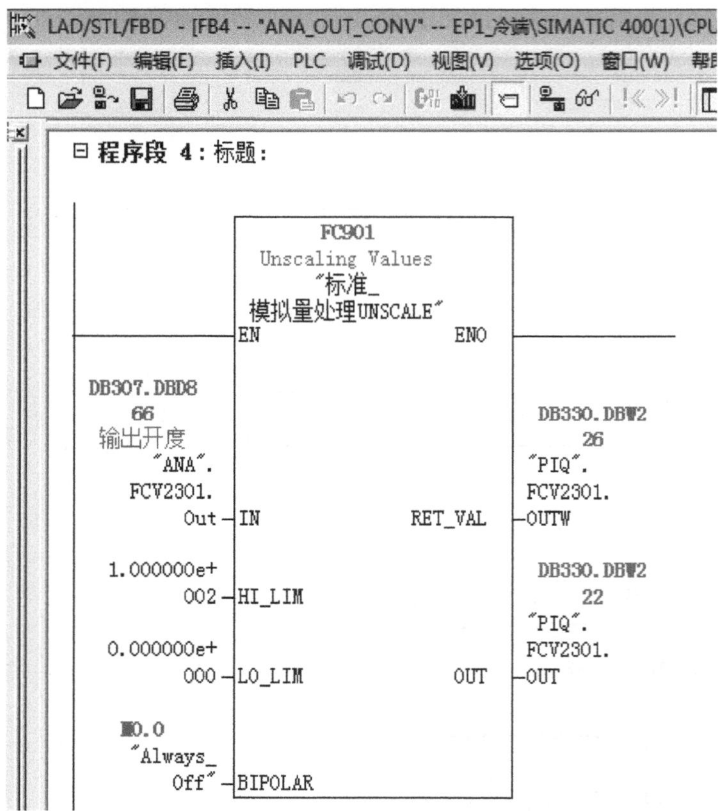

图 17- 5　排空阀FCV2301打开的模拟量输出转换程序

2.FC901（标准 _ 模拟量处理 UNSCALE）的设计

为了把来自主调程序中“输出开度”的设定值变成能够被系统识别的数字量，为此系统设计了 FC901（标准 _ 模拟量处理 UNSCALE）程序。

```
SET                          // 把逻辑运算结果位 RLO 置位为 1
A        #BIPOLAR            // BIPOLAR 是输入位
JC       EL01                // 当 BIPOLAR=0 说明是单极性输入，这
                             时 K1=0
```

```
        L          0.000000e+000      //
        T          #K1                //
        JU         EI01               //
EL01:   L          -2.764800e+004     // 当 BIPOLAR=1，说明是双极性输入，这
                                      时 K1=-27648.0
        T          #K1                //
EI01:   NOP        0                  //
        L          2.764800e+004      // 不管单极性或是双极性，K2=+27648.0
        T          #K2                //

        L          #HI_LIM            //
        L          #LO_LIM            //
        -R                            //
        T          #SPAN              // 用高限位（HI_LIM）减去低限位（LO_
                                      LIM），然后赋值给 SPAN，这两个值是主
                                      调程序的输入值

        L          #SPAN              //
        L          0.000000e+000      //
        <R                            //
        JCN        EL02               //
        L          #IN                // 如果 SPAN（HI_LIM- LO_LIM）〉0，
                                      并且 IN《HI_LIM
        L          #HI_LIM            //
        >=R                           //
        JC         EI03               //
        L          8                  //
        T          #RET_VAL           // 把 8 传送给返回值 RET_VAL
        L          #K1                // 把 K1 的值装载到累加器 1
        JU         WRIT               // write OUT
EI03:   NOP        0                  //
        POP                           // 如果 SPAN（HI_LIM- LO_LIM）〉0，并
                                      且 IN》HI_LIM
        L          #LO_LIM            //
        <=R                           //
        JC         EI04               // 这时 HI_LIM《LO_LIM
        L          8                  //
```

```
      T           #RET_VAL      //
      L           #K2           // 把 K2 装载到累加器 1 中
      JU          WRIT          // write OUT
EI04: NOP         0             //
      JU          EI02          //
EL02: L           #IN           // 如果 SPAN（HI_LIM- LO_LIM）〈0，并
                                且 IN《LO_LIM
      L           #LO_LIM       //
      >=R                       //
      JC          EI05          //
      L           8             //
      T           #RET_VAL      // 把 8 传送给返回值 RET_VAL
      L           #K1           // 把 K1 的值装载到累加器 1
      JU          WRIT          // write OUT
EI05: NOP         0             //
      POP                       // 如果 SPAN（HI_LIM- LO_LIM）〈0，并
                                且 IN》LO_LIM
      L           #HI_LIM       //
      <=R                       // 如果 LO_LIM《HI_LIM
      JC          EI06          // 如果 LO_LIM》HI_LIM
      L           8             //
      T           #RET_VAL      // 把 8 传送给返回值 RET_VAL
      L           #K2           // 把 K2 的值装载到累加器 1
      JU          WRIT          // write OUT
EI06: NOP         0             //
EI02: NOP         0             //
      JU          CALC          // perform unscale calculatI/On
WRIT: TRUNC                     // 把浮点数变成截位取整的双整数（把累
                                加器 1 中的值取整）
      T           #OUT          // 累加器 1 中的值作为输出值
      JU          FAIL          //

      CALC: L     #K2           // TEMP1=K2−K1
      L           #K1           //
      −R                        //
      T           #TEMP1        //
      L           #IN           // IN−LO_LIM
```

```
      L           #LO_LIM         //
      -R                          //
      L           #SPAN           // ( IN-LO_LIM ) / SPAN
      /R                          //  .
      L           #TEMP1          // (K2-K1 ) ×( IN-LO_LIM ) / SPAN
      *R                          // .
      L           #K1             // K1 + (K2-K1 ) ×( IN-LO_LIM ) /
                                  SPAN
      +R                          //  .
      TRUNC                       // 浮点数转换成双整数
      T           #OUT            // 把 K1 + (K2-K1 ) ×( IN-LO_LIM ) /
                                  SPAN 通过 OUT 输出

      L           0               // return error code 0
      T           #RET_VAL
      SET                         // RLO = 1 (NO ERROR )
      JU          SVBR            //
FAIL: CLR                         // RLO = 0 (ERROR )
SVBR: SAVE                        // BR = RLO
```

3. 程序的主体意思

1. 如果设定的上、下限（HI_LIM- LO_LIM）〈0，并且 IN》LO_LIM、LO_LIM《HI_LIM，系统认为输入失误，是无效的输入，没有做出相应的输出值。

2. 如果设定的上、下限（HI_LIM- LO_LIM）〈0，并且 IN《LO_LIM，把 8 传送给返回值 RET_VAL，把 K1 的值作为输出值通过 OUT 输送给定位器。

3. 如果设定的上、下限（HI_LIM- LO_LIM）〈0，并且 IN》LO_LIM、LO_LIM《HI_LIM，把 8 传送给返回值 RET_VAL，把 K2 的值变成截位取整的双整数作为输出值，通过 OUT 输送给定位器。

4. 如果设定的上、下限（HI_LIM- LO_LIM）〉0，并且 IN《HI_LIM，把 8 传送给返回值 RET_VAL，把 K1 的值变成截位取整的双整数作为输出值通过 OUT 输送给定位器。

5. 如果设定的上、下限（HI_LIM- LO_LIM）〉0，并且 IN》HI_LIM、HI_LIM》LO_LIM，把 8 传送给返回值 RET_VAL，把 K2 的值变成截位取整的双整数作为输出值通过 OUT 输送给定位器。

6. 如果设定的上、下限（HI_LIM- LO_LIM）〉0，并且 IN》HI_LIM、HI_LIM《LO_

LIM，把“K1 +（K2–K1）×（IN–LO_LIM）/ SPAN”通过 OUT 输送给定位器。

4. 模拟量输出映射

在图 17–3 中，EP1_ 冷端总共使用了 4 块模拟量输出模块，分别用于“FCV2301”（一次加压阀）、“FCV2004”（二次加压阀）、“FCV1008”（一次减压阀）和“FCV0804”（二次减压阀）的逐渐分布打开，经过在硬件配置中查找，对应的 PQW516、PQW518、PQW512、PQW514 是来自 PROFINET 网络控制的子站箱 BO1 的 25 槽和 26 槽中的模拟量模块“2AO I ST”的输出量，具体参照上面的解释。

18　第三步，给浸渍器装烟丝

底盖关闭结束后，立即进入第三步，这一步的安全运行条件是伸缩气缸回收，上盖打开，围栏门关闭。当冷端收到已经“备料完毕”的信号后，喂料小车从待料位置（ZS-3308）前行至喂料位置（ZS-3307），气缸得电（SV-3309）放下伸缩槽，喂料皮带（BC-3301）运行。气缸得电放下并且皮带运行之后，发送信号通知前段的双速皮带机（此为等烟丝，当前段喂料皮带的喂料检测光电管检测到料位之后，就会发出料已经准备好的信号，这时可以装烟丝）。备料段喂料结束之后 15s，气缸收回，喂料皮带停止运行，喂料车收回至待料位置。

1. 设置步序

打开 FC4（第三步，给浸渍器装烟丝），在程序段 1 中有“M36.2”（步序器允许进入第三步）和“M39.2”（第 03 步完成），(如图 18–1 所示)，经过对它们进行“跳转”—“对应位置”，打开了图 18–2 中的 FC3（第二步），在第二步完成以后，系统把“‘TM’.V23.SEQ_REGISTER”（当前运行步骤）赋值为 3，意思就是可以进入程序的第三步。如果这时是“‘GP’.INF.NORMAL_STA”（有烟丝状态），“M45.2”（允许进入第三步）就为进入第二步做好准备，如果这时是“‘GP’.INF.COOL_STA”（无烟丝状态），则系统执行第四步，如图 18–3 所示。经过 FC3 中的“‘TM’.V23.SEQ_REGISTER”（当前运行步骤）进行右击—“跳转”—“对应位置”，打开了 FC23，当“‘TM’.V23.SEQ_REGISTER”（当前运行步骤）和“M45.2”(允许进入第三步）同时被系统置 1 时，系统就激活了“M36.2”(步序器允许进入第三步）和复位了“M39.2”（第 03 步完成），就为进入第三步做好了充分的准备，如图 18–4 所示。在第三步结束以后“M39.2”（第 03 步完成）又被置位为 1，这时程序就进不到第三步的系统循环中，保证了系统的安全（如图 18–4 所示）。并且“M33.2”（第 03 步定时器计时标志位）被复位为 0。

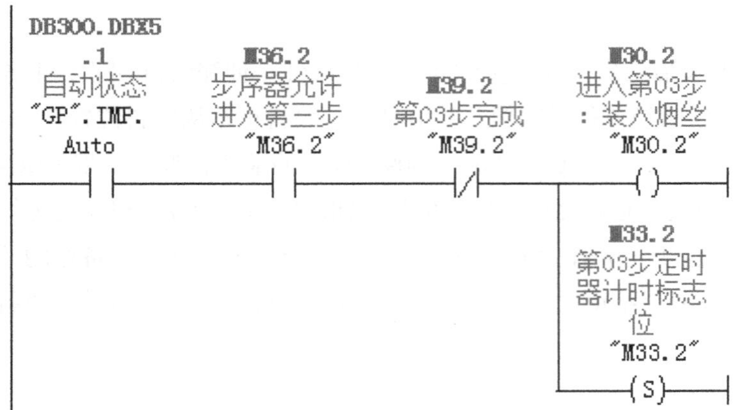

图18-1 FC4的程序段1

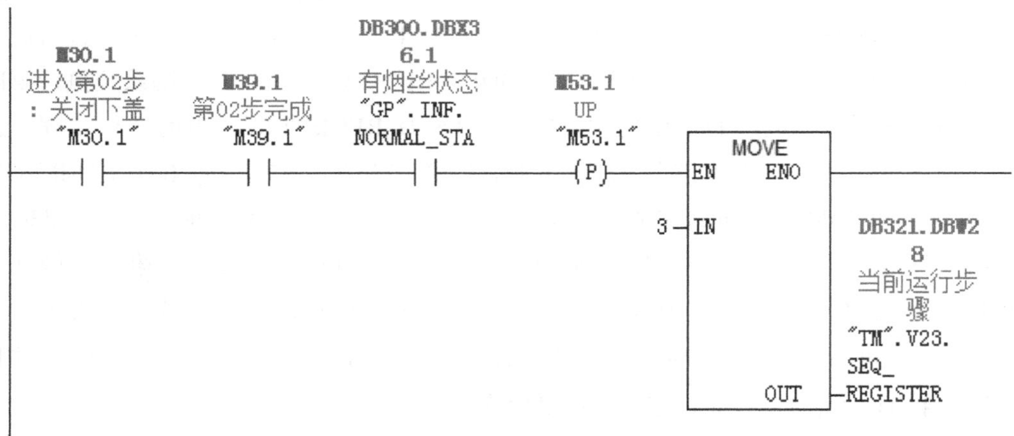

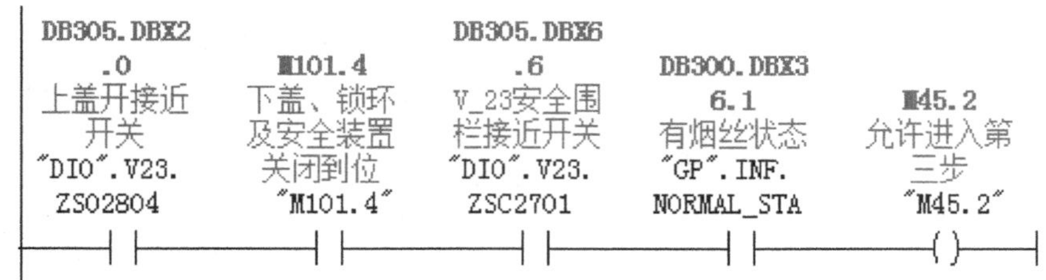

图 18-2 FC3 为设置进入第三步做准备

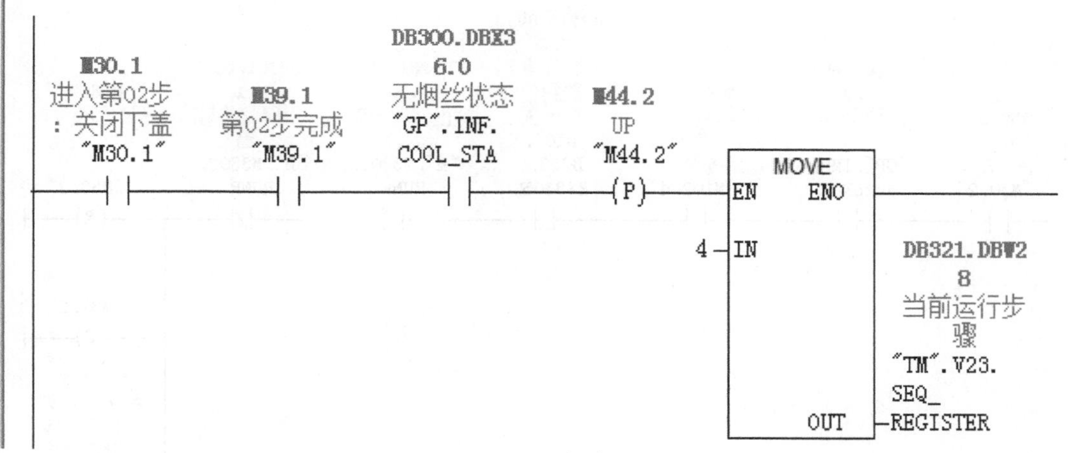

图 18-2（续）

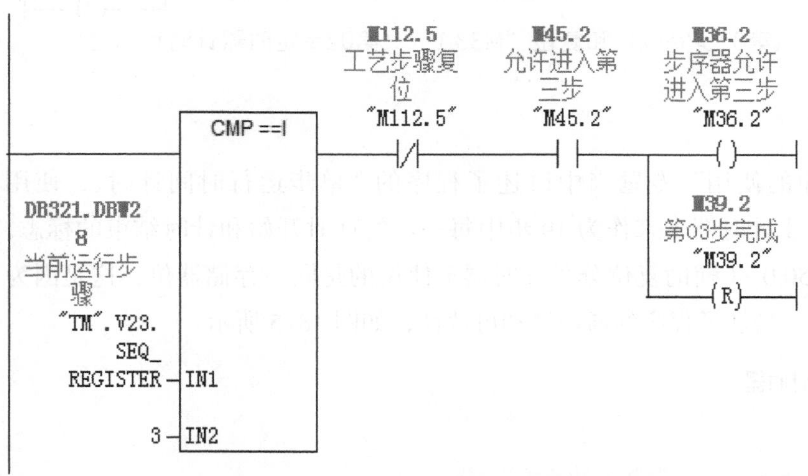

图 18-3　FC23 为设置进入第二步做准备已经完成

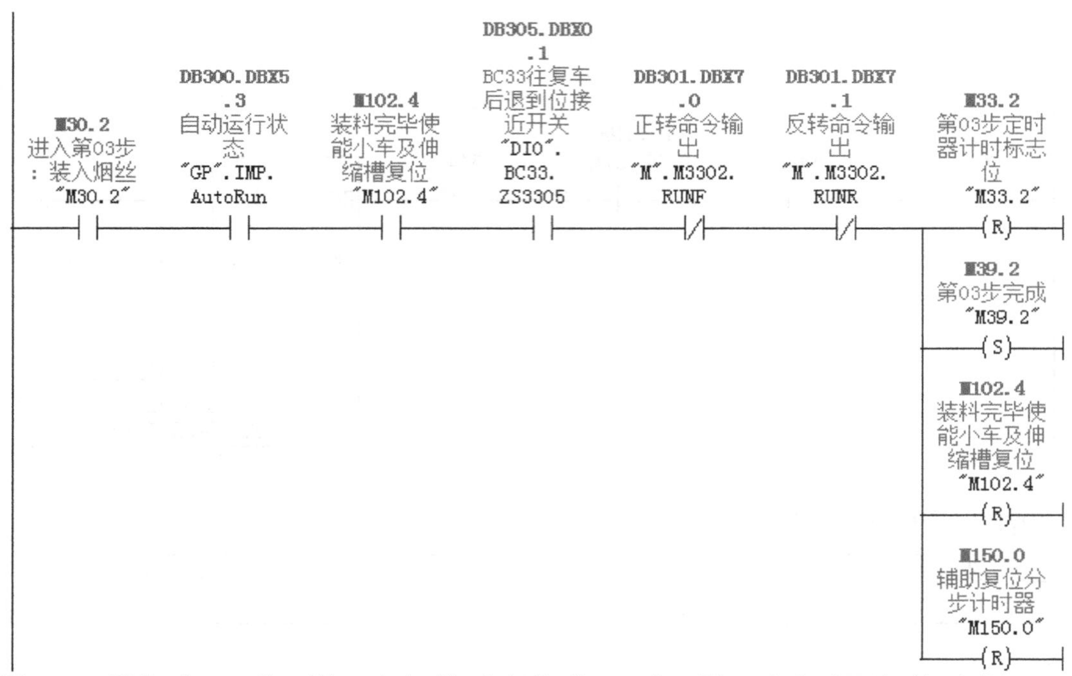

图 18-4　置位“M39.1”（第02步完成）和复位“M33.1”（第02步定时器计时标志位）

2. 辅助复位分步计时器

在“一秒尖峰脉冲的使用”专题当中讲述了程序的“单步运行时间计时”，使用“M150.0”（辅助复位分步计时器）来作为 19 步中每一步的计时开始和计时结束的标志，而且在这 19 步中“M150.0”（辅助复位分步计时器）使用的是同一存储器位，这是因为用时置位，不用时复位，增加了程序的通用性和可读性，如图 18–5 所示。

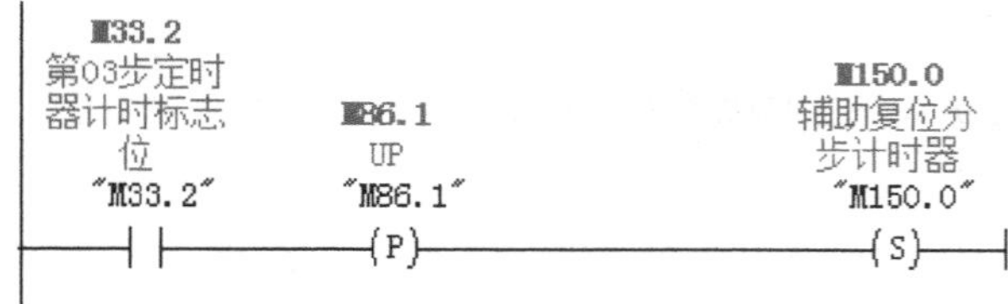

图18-5　FC4中“M150.0”（辅助复位分步计时器）的置位和复位

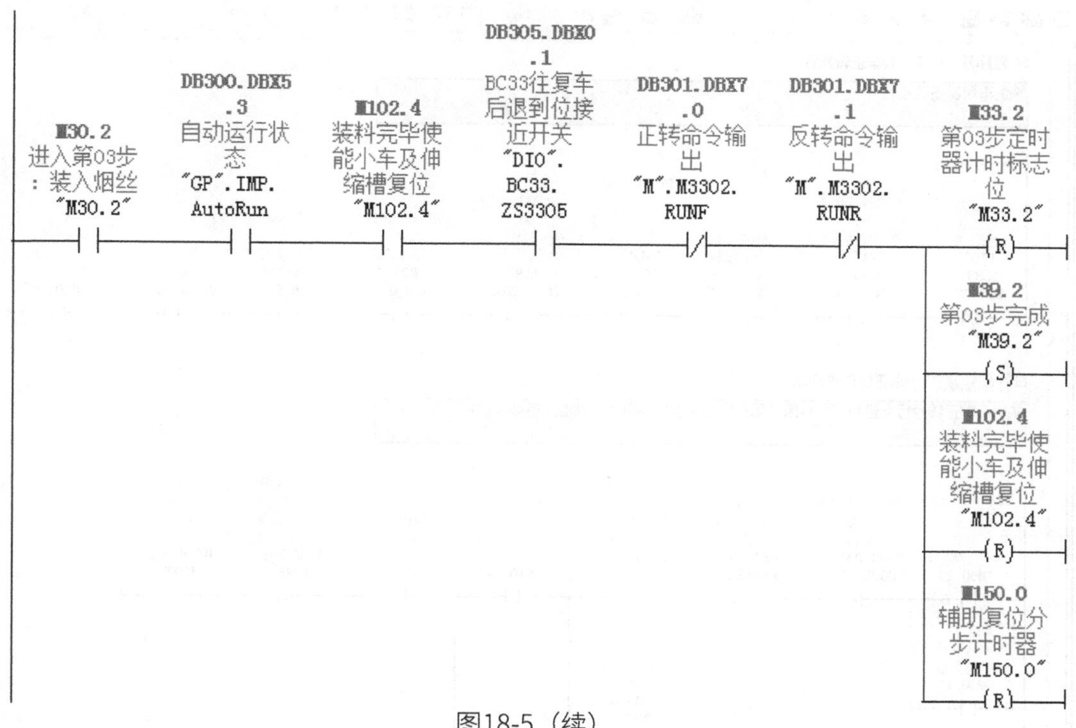

图18-5（续）

2.BC33 小车向前移动

当程序运行到第三步，紧接着就是启动 BC-33 小车，从功能 FC4 的程序段 8、9 可以看到其中众多的条件当中，在设备正常的情况下其他条件都很正常，只有“‘GP’.INF.Tobacco_Ready”（烟丝准备好）和“‘DI/O’.BC33.ZS3307”（BC33 往复车前行到位检测开关）是最重要的条件。经过右击“‘GP’.INF.Tobacco_Ready”（烟丝准备好）—“跳转到”—“应用位置”，程序跳转到了 FC1 的程序段 23，经过右击“‘DI/O’.SIN.Tobacco_Ready”（烟丝准备好）—“跳转到”—“应用位置”，程序跳转到了 FC4 的程序段 27，经过查找资料，输入点“I22.0”就是双速皮带上面有烟丝时的感应开关。

当输入点“I22.0”被触发到以后并且已经进入第三步，系统就激活了“‘M’.M3302.RUNF”（正转命令输出），由于 BC33 小车的驱动电动机功率很小，没有使用变频器，直接使用输出点“Q102.0”驱动接触器，如图 18-6 所示。

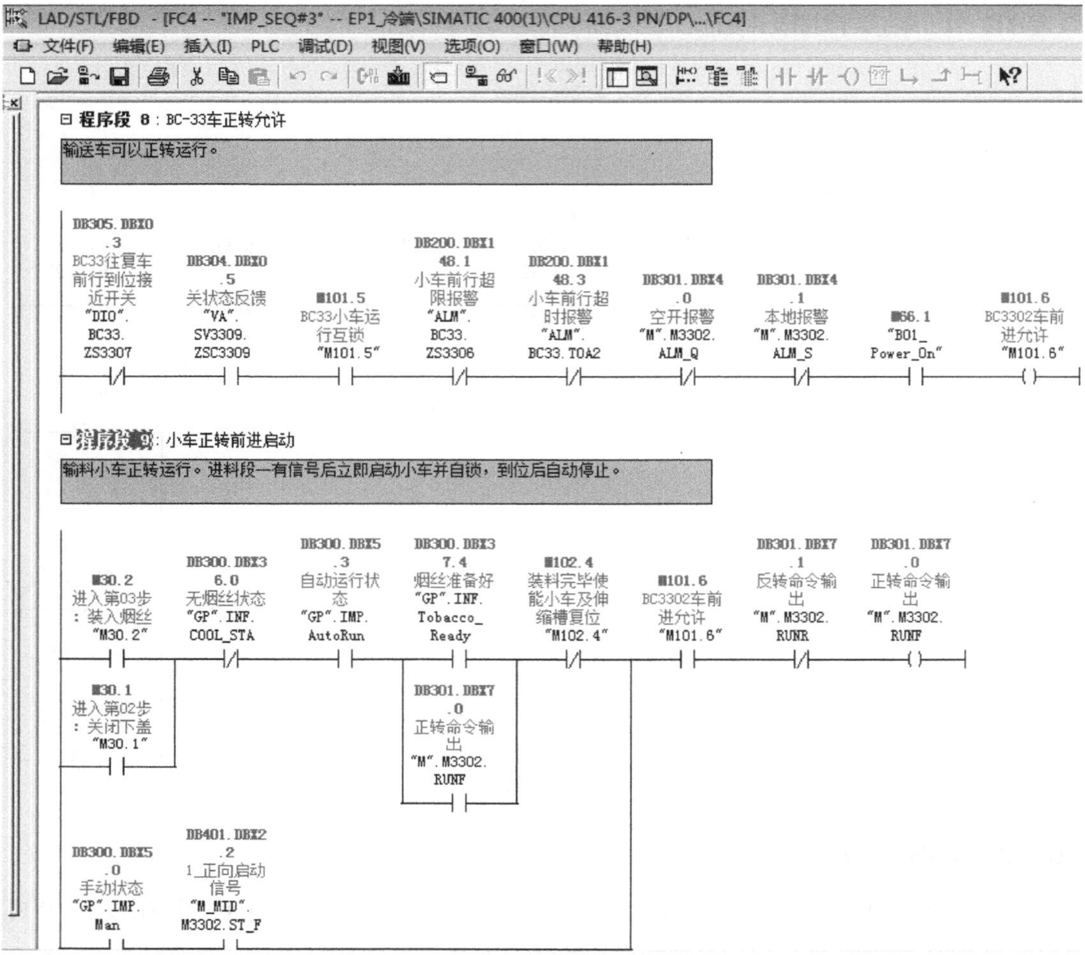

LAD/STL/FBD - [FC4 -- "IMP_SEQ#3" -- EP1_冷端\SIMATIC 400(1)\CPU 416-3 PN/DP\...\FC4]

文件(F) 编辑(E) 插入(I) PLC 调试(D) 视图(V) 选项(O) 窗口(W) 帮助(H)

程序段 8：BC-33车正转允许

输送车可以正转运行。

DB305.DBX0.3 BC33往复车前行到位接近开关 "DIO".BC33.ZS3307
DB304.DBX0.5 关状态反馈 "VA".SV3309.ZSC3309
M101.5 BC33小车运行互锁 "M101.5"
DB200.DBX148.1 小车前行超限报警 "ALM".BC33.ZS3306
DB200.DBX148.3 小车前行超时报警 "ALM".BC33.TOA2
DB301.DBX4.0 空开报警 "M".M3302.ALM_Q
DB301.DBX4.1 本地报警 "M".M3302.ALM_S
M66.1 "B01_Power_On"
M101.6 BC3302车前进允许 "M101.6"

程序段 9：小车正转前进启动

输料小车正转运行。进料段一有信号后立即启动小车并自锁，到位后自动停止。

M30.2 进入第03步：装入烟丝 "M30.2"
DB300.DBX36.0 无烟丝状态 "GP".INF.COOL_STA
DB300.DBX5.3 自动运行状态 "GP".IMP.AutoRun
DB300.DBX37.4 烟丝准备好 "GP".INF.Tobacco_Ready
M102.4 装料完毕使能小车及伸缩槽复位 "M102.4"
M101.6 BC3302车前进允许 "M101.6"
DB301.DBX7.1 反转命令输出 "M".M3302.RUNR
DB301.DBX7.0 正转命令输出 "M".M3302.RUNF
M30.1 进入第02步：关闭下盖 "M30.1"
DB301.DBX7.0 正转命令输出 "M".M3302.RUNF
DB300.DBX5.0 手动状态 "GP".IMP.Man
DB401.DBX2.2 1_正向启动信号 "M_MID".M3302.ST_F

图18-6 BC33小车向前驱动程序

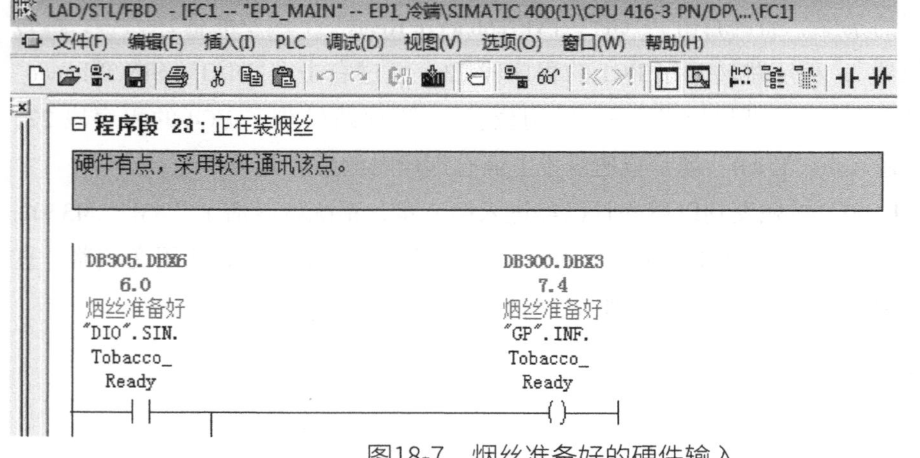

图18-7 烟丝准备好的硬件输入

当 BC33 小车向前移动到“‘DI/O’.BC33.ZS3307”（ BC33 往复车前行到位检测开

关）时，检测开关感应到后，在程序段 8 中就把“M101.6”（BC3302 车前进允许）线圈断电，继而程序段 9 的“‘M’.M3302.RUNF”（正转命令输出）线圈断电，BC33 小车停止运行，如图 18–7 所示。

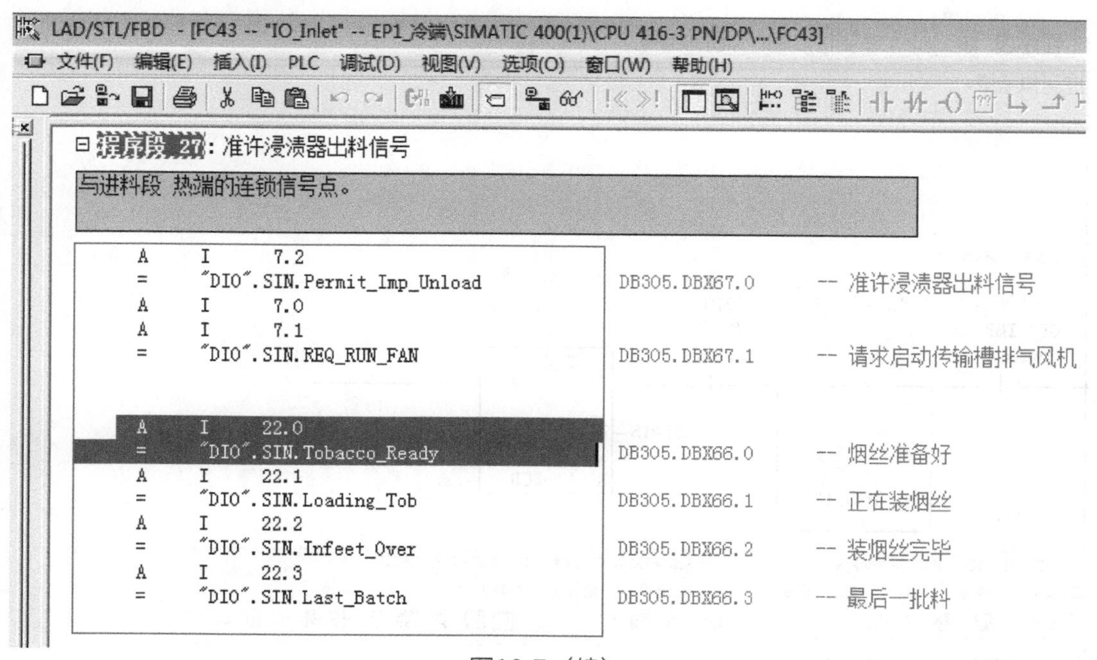

图18-7（续）

3. 伸缩槽的伸出、停止和缩回

当 BC33 小车停止在“‘DI/O’.BC33.ZS3307”（ BC33 往复车前行到位检测开关）位置后，系统用这辆小车到位检测开关激活了一个计时器“T8”(延时伸长伸缩槽)，经过 1s 的延时后，三位五通电磁阀的一端“‘VA’.SV3309.OUT1”（伸长输出）线圈置位为 1，伸缩槽在气缸的作用下伸出，程序段 22 中即便是触碰到伸缩槽伸出到位检测开关“‘VA’.SV3309.ZSO3309”（开状态反馈）后，三位五通电磁阀的一端“‘VA’.SV3309.OUT1”（伸长输出）线圈也不失电，伸缩槽在气缸的作用下顶紧在浸渍器的上口处。

当烟丝装载完毕以后，在程序段 22 中使用了计时器“T15”（烟丝装入完毕延时）作为伸缩槽复位的条件，当计时器“T15”（烟丝装入完毕延时）2s500ms 计时时间到了以后，三位五通电磁阀的一端“‘VA’.SV3309.OUT1”（伸长输出）线圈复位为 0，三位五通电磁阀的另一端“‘VA’.SV3309.OUT2”（回缩输出）线圈得电，伸缩槽缩回，这时“‘VA’.SV3309.OUT2”（回缩输出）一直带电，以防漏气伸缩槽下垂。

在程序段 42、43 中，用“‘GP’.INF.Infeet_Over”（装烟丝完毕）的常开点定义了一个计时器“T15”（烟丝装入完毕延时）。在程序段 42 中，经过右击“‘GP’.INF.Infeet_Over”（装烟丝完毕）—“跳转到”—“应用位置”，程序跳转到了 FC1 的程序段 25，经过右击“‘DI/O’.SIN.Infeet_Over”（装烟丝完毕）—“跳转到”—“应用位置”，程序跳转到了 FC43 的程序段 27。经过查找资料，输入点“I22.2”就是双速皮带上面的烟丝装载完毕后的感应开关，如图 18-8 所示。

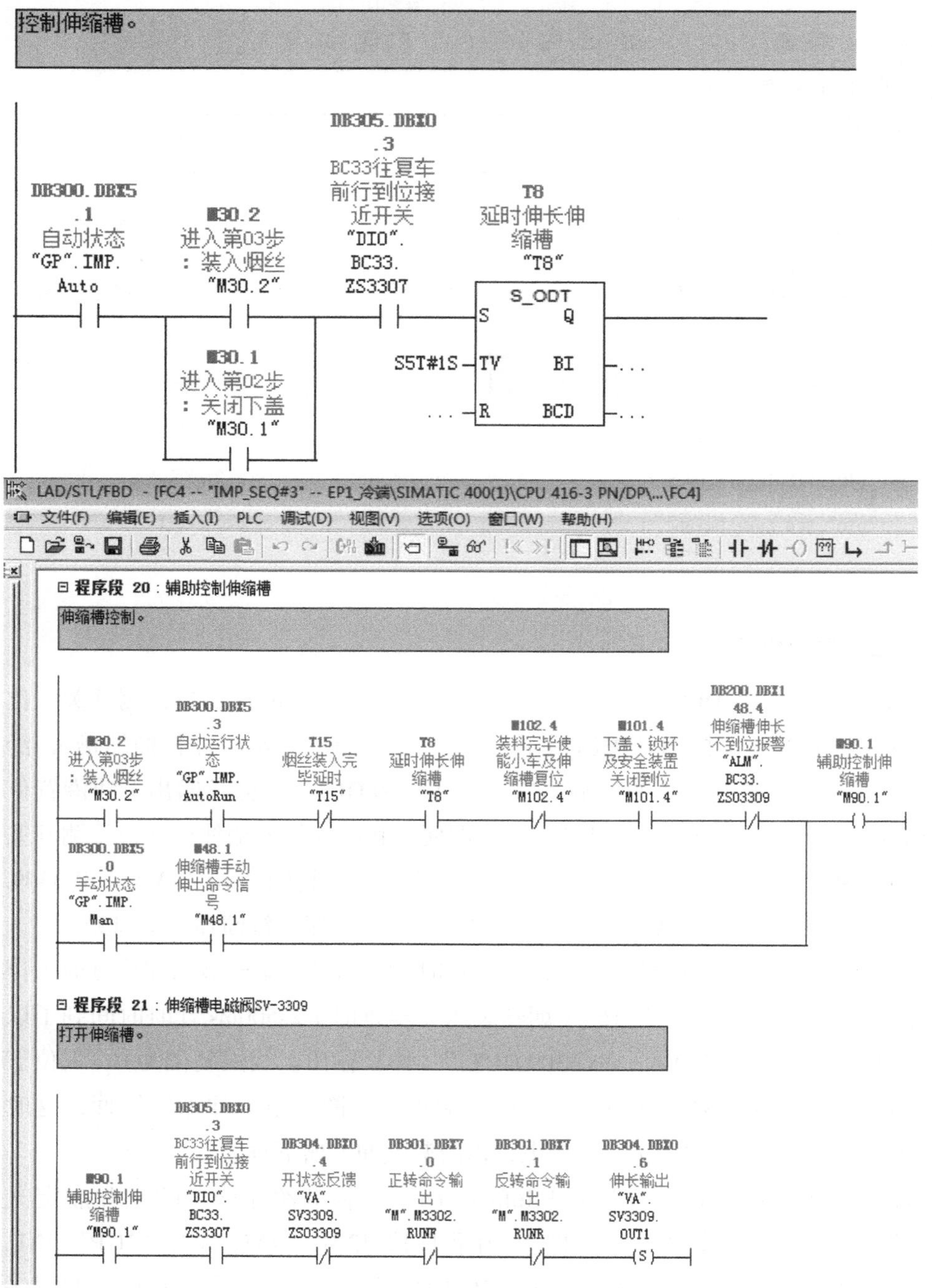

图18-8 伸缩槽的伸出、停止程序和缩回程序

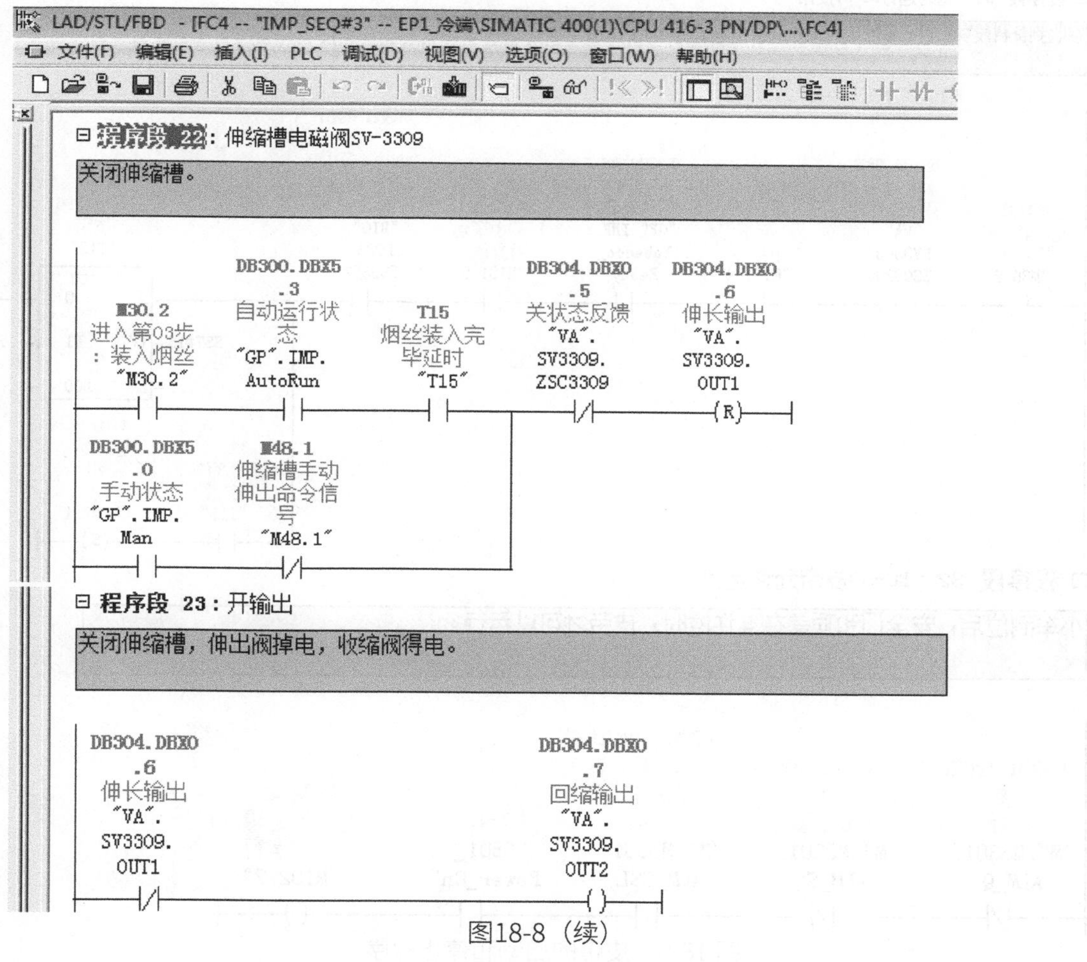

图18-8（续）

程序段22中的“‘VA’.SV3309.ZSC3309”（关状态反馈）只是一个检测点，作为“4.向浸渍器中装入烟丝”的一个条件，并让“‘VA’.SV3309.OUT2”（回缩输出）一直带电，直到下一个循环。

4.向浸渍器中装入烟丝

在程序段31中，当伸缩槽伸出到位检测开关“‘VA’.SV3309.ZSO3309”（开状态反馈）、BC33小车向前移动到位检测开关“‘DI/O’.BC33.ZS3307”（BC33往复车前行到位检测开关）和烟丝准备好的“‘GP’.INF.Tobacco_Ready”三个条件同时被触发时，就已经具备了启动BC33皮带的条件。在程序段32中用“‘M’.M3301.ALM_SSL”（失速旋转检测报警）作为条件，主要用于检测电动机启动以后带动的皮带是否也跟着转动，如果皮带不转动，说明皮带在上面打滑就是故障的表现，如图18-9所示。

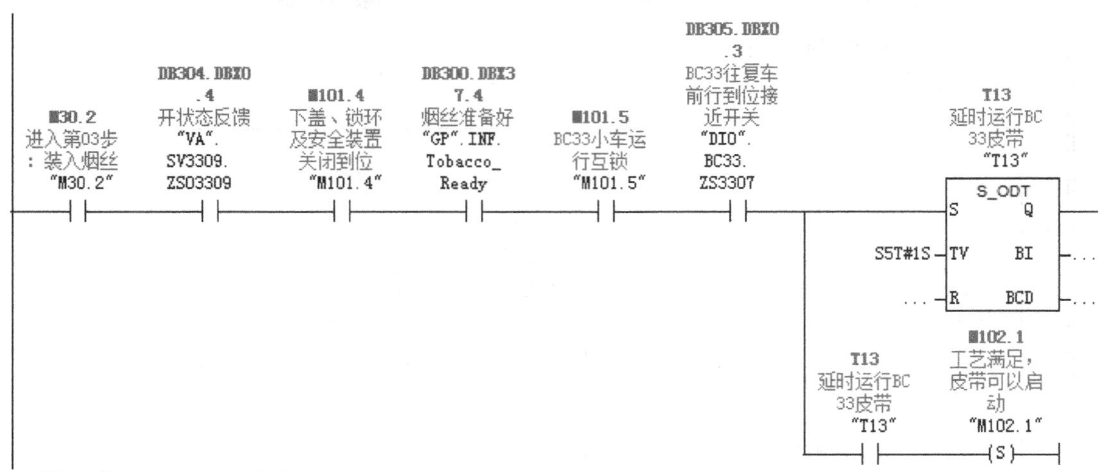

图 18-9　皮带的启动和停止程序

⊟ **程序段 33**：小车皮带启动

小车皮带运行。

DB300.DBX5.3 自动运行状态 "GP".IMP.AutoRun

M102.1 工艺满足，皮带可以启动 "M102.1"

M30.2 进入第03步：装入烟丝 "M30.2"

T15 烟丝装入完毕延时 "T15"

M102.2 皮带无故障，允许运行 "M102.2"

DB301.DBX3.0 正转命令输出 "M".M3301.RUNF

DB300.DBX5.0 手动状态 "GP".IMP.Man

DB401.DBX0.2 1_正向启动信号 "M_MID".M3301.ST_F

⊟ **程序段 42**：BC--33烟丝已装完

装料完毕后置位表示小车可以回位此时禁止小车正转。
（如果装料完毕信号持续时间过短可以进行程序自锁。）

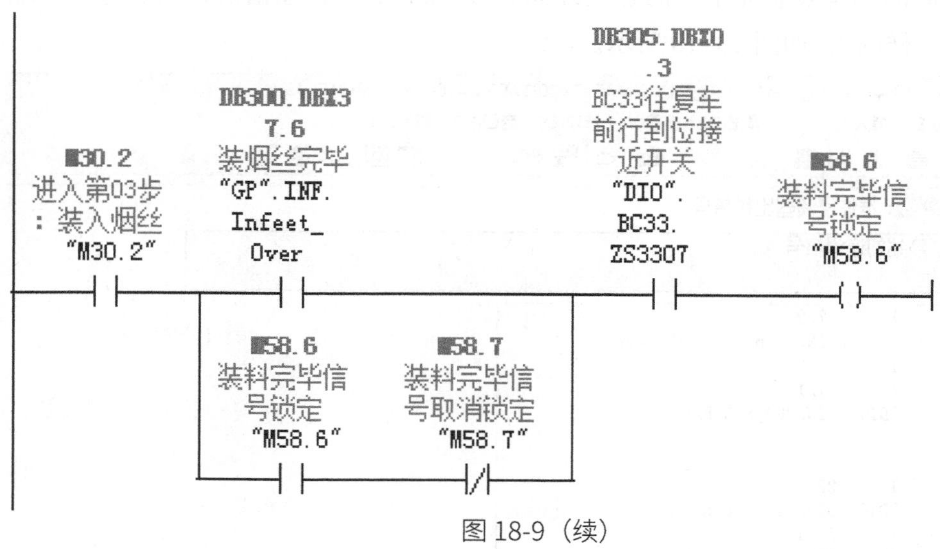

图 18-9（续）

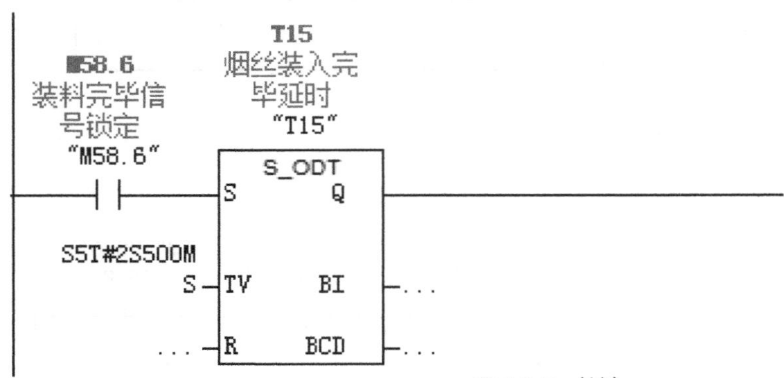

图 18-9（续）

在程序段 33 中使用了计时器“T15”（烟丝装入完毕延时）作为 BC33 皮带停止运行的条件；在程序段 42、43 中，用“‘GP’.INF.Infeet_Over”（装烟丝完毕）的常开点定义了一个计时器“T15”（烟丝装入完毕延时）；在程序段 42 中，经过右击“‘GP’.INF.Infeet_Over”（装烟丝完毕）—“跳转到”—“应用位置”，程序跳转到了 FC1 的程序段 25，经过右击“‘DI/O’.SIN.Infeet_Over”（装烟丝完毕）—“跳转到”—“应用位置”，程序跳转到了 FC43 的程序段 27。经过查找资料，输入点“I22.2”就是双速皮带上面的烟丝装载完毕后的感应开关。（这点和 3 中伸缩槽的伸出、停止和缩回道理都是一样的），如图 18–10 所示。

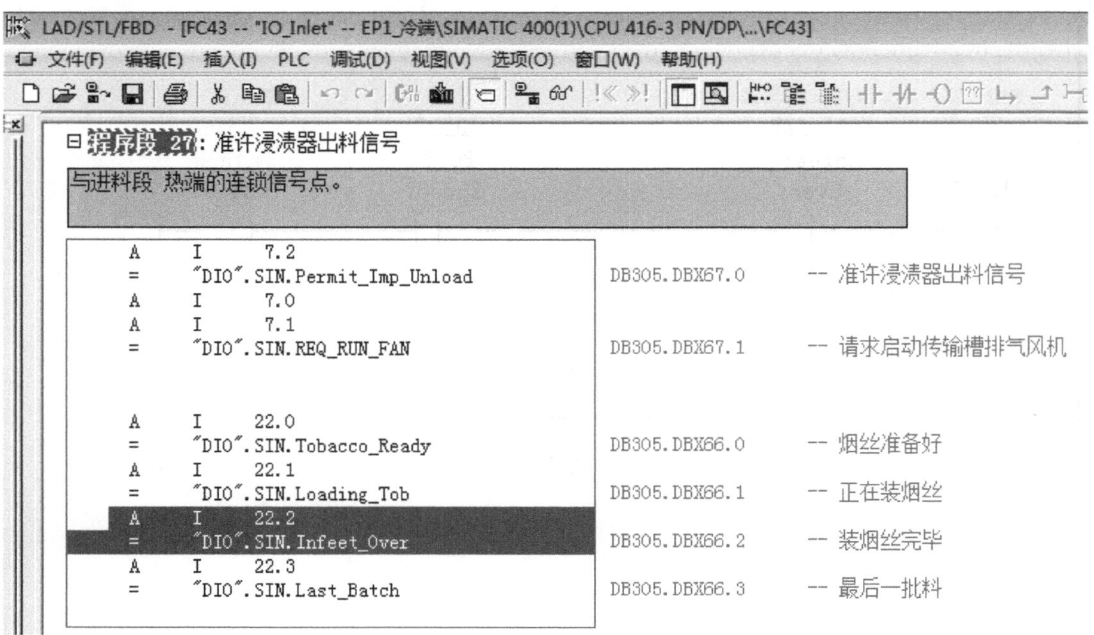

图 18-10 烟丝装载完毕的硬件输入

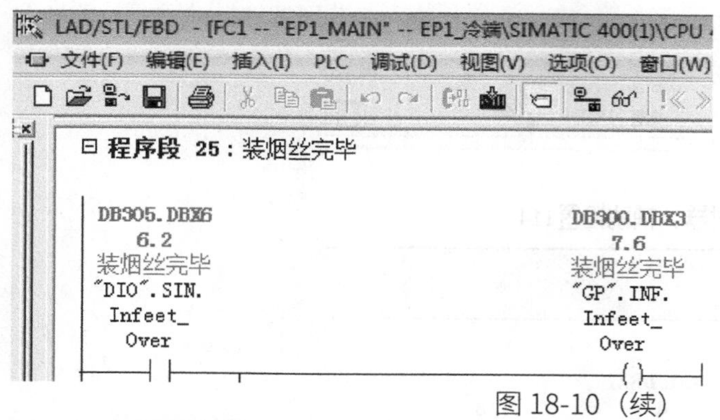

图 18-10（续）

5、皮带的失速检测

在皮带机的被动辊上，基本上都安装有检测皮带打滑的检测开关，如果在设定的时间内检测开关没有被感应到，系统就认为皮带打滑并报警。

在程序段 37 中，"'M'.M3301.RUNF"（正转命令输出）被激活以后，皮带在驱动电动机的带动下开始运动，安装在被动辊上的感应铁就随着被动辊旋转，安装在机架上的"'M'.M3301.SSL"（旋转检测开关）就被感应铁触碰，而且被动辊每旋转一圈，"'M'.M3301.SSL"（旋转检测开关）就被感应一次。程序段 37 中"'M'.M3301.SSL"（旋转检测开关）使用的是常闭点，因为"'M'.M3301.SSL"（旋转检测开关）被感应铁感应的是短暂的时间，大部分时间是不被感应的，在不被感应的大部分时间内只要不超过设定值（4s，可以设定），系统就认为皮带不打滑，否则皮带不打滑，如图 18-11 所示。

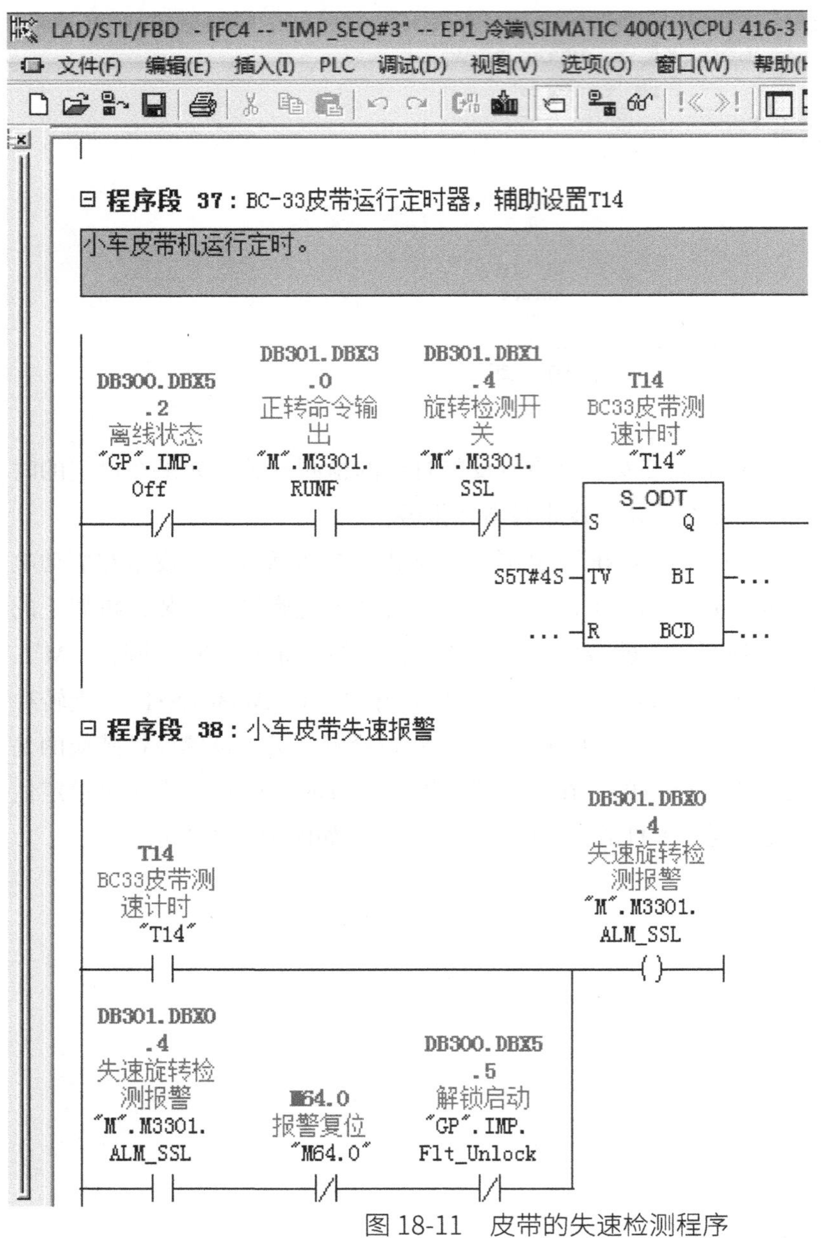

图 18-11　皮带的失速检测程序

6.BC33 小车向后移动（图 18-12）

当“T15”（烟丝装入完毕延时）计时到了以后，皮带机停止运行，伸缩槽缩回到位，“‘VA’.SV3309.ZSC3309”（关状态反馈）被感应到，BC33 小车反向运行。直到“‘DI/O’.BC33.ZS3305”（BC33 往复车后退到位检测开关）被感应到，小车停在“停泊位”。

⊟ **程序段 44**：可以运行BC-33皮带

T15
烟丝装入完毕延时
"T15"

M102.1
工艺满足，皮带可以启动
"M102.1"
(R)

DB300.DBX22.7
装料完毕模拟按钮
"GP".Key.Load_Over

M30.2
进入第03步：装入烟丝
"M30.2"

M102.4
装料完毕使能小车及伸缩槽复位
"M102.4"
(S)

⊟ **程序段 46**：BC-33车反转回位

检查伸缩槽是否回位，小车皮带是否停止运行。注意现场很可能由于伸缩槽不能够回缩到位导致小车不后退。

DB300.DBX5.1
自动状态
"GP".IMP.Auto

M30.2
进入第03步：装入烟丝
"M30.2"

M102.4
装料完毕使能小车及伸缩槽复位
"M102.4"

DB301.DBX3.0
正转命令输出
"M".M3301.RUNF

DB304.DBX0.5
关状态反馈
"VA".SV3309.ZSC3309

M102.5
辅助小车后退归位
"M102.5"
( )

⊟ **程序段 47**：BC-33 反转允许

皮带停止伸缩槽收回小车可以反转回位。

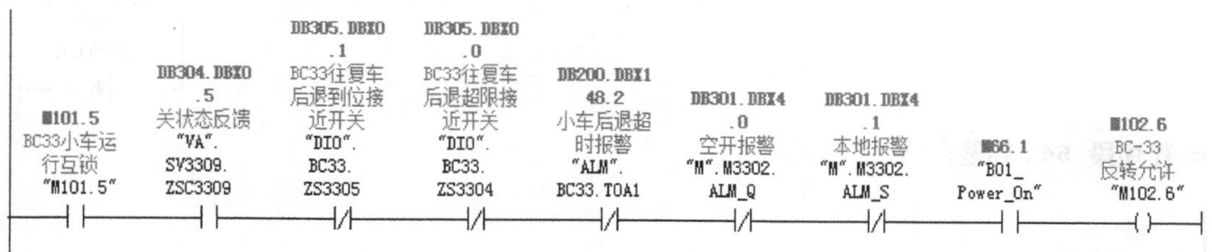

⊟ **程序段 48**：小车反转后退启动

小车反转回位。

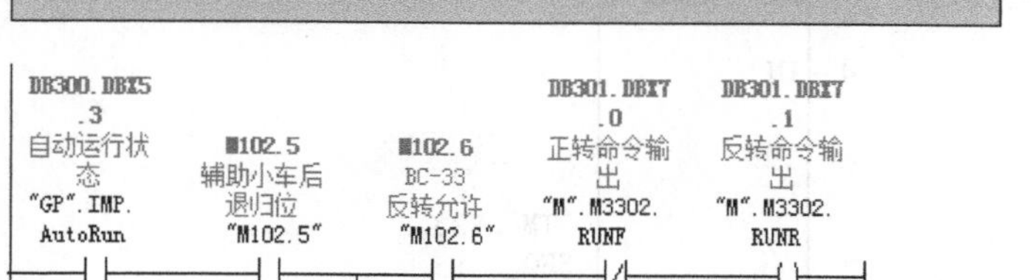

图 18-12　BC33小车向后移动程序

7. 为第四步做准备

当“M102.4”（装料到位使能小车及伸缩槽复位）、“‘DI/O’.BC33.ZS3305”（BC33 往复小车退到位接近开关）等一些条件满足以后，系统就认为“第三步”结束了，这时程序段 51 中，“M33.2”（第 03 步定时器计时标志位）被复位，“M39.2”（第 03 步完成）被置位，“M150.0”（辅助复位分步计时器）被复位，如图 19–13 所示。

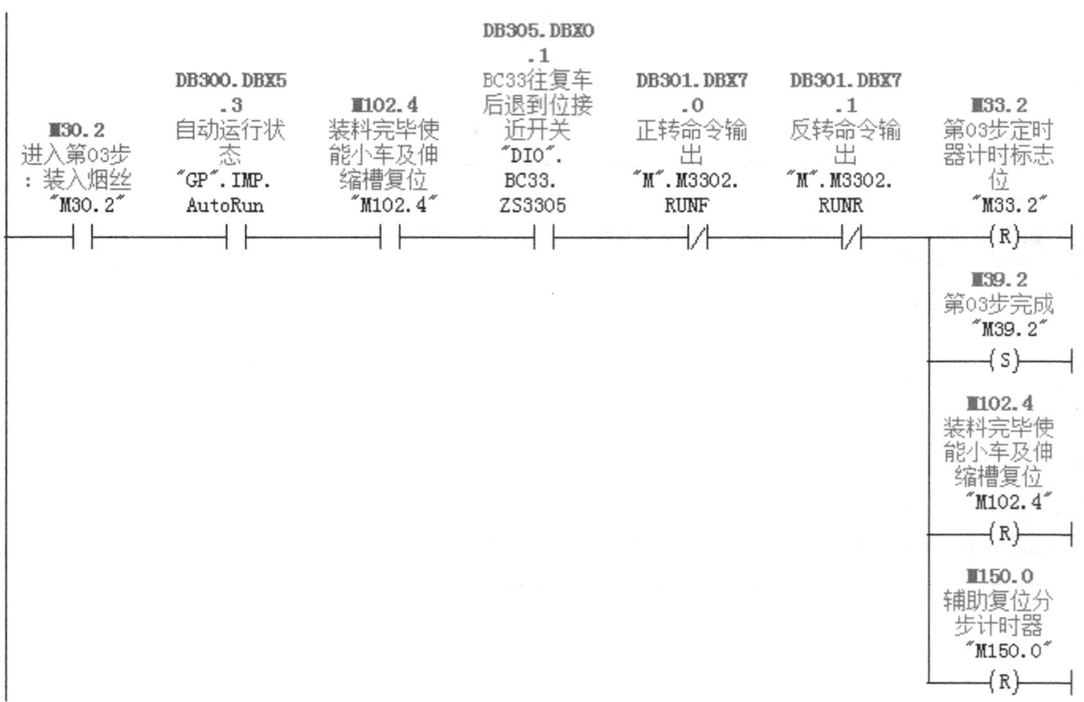

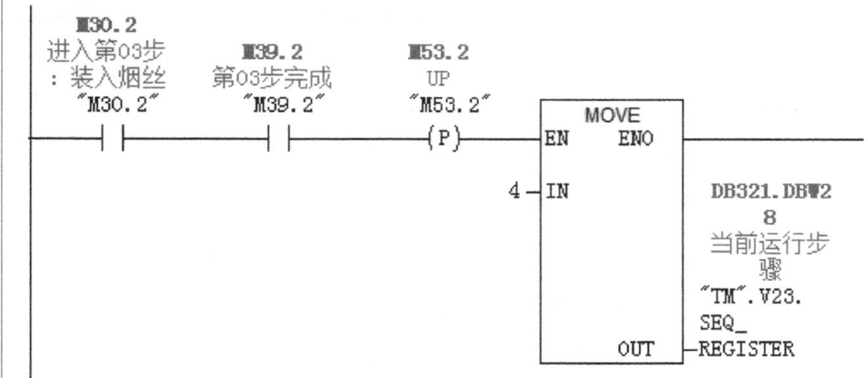

图 18-13　为第七步做准备

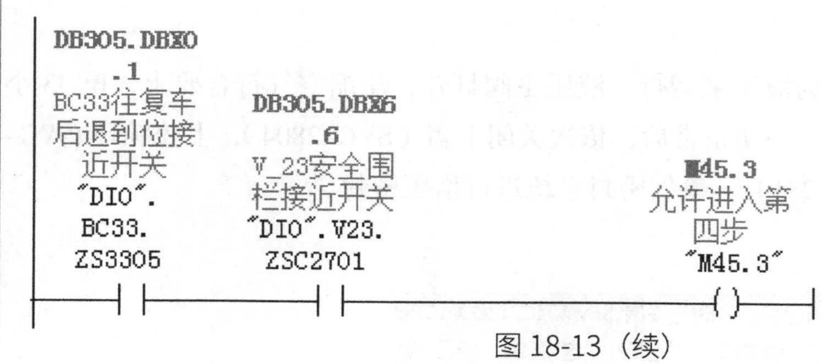

图 18-13（续）

当第三步完成以后，系统就把“‘TM’.V23.SEQ_REGISTER”（当前运行步骤）赋值为 4 和“M45.3”（允许进入第四步），线圈同时被系统激活，为第四步做准备，如图 18–13 所示。

19　第四步，关上盖

第四步运行的前提条件为液压泵运行，液压主阀打开，压缩空气符合要求，BC33 小车回到停泊位，安全门关闭。一切正常后，依次关闭上盖（SVC–2804），上盖锁环 (SVC–2810)，上盖安全装置 (SVC–2814)，氮气密封系统进行增压密封。

1. 设置步序

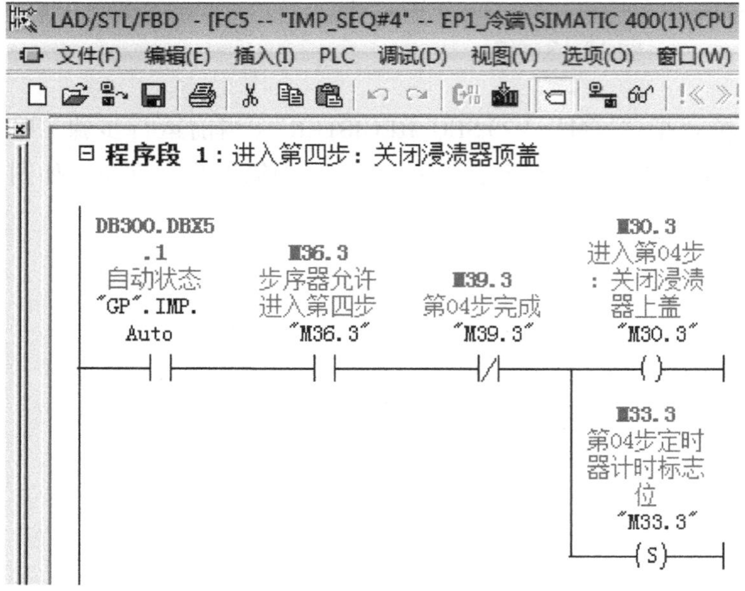

图 19-1　FC5的程序段1

打开 FC5（第四步，关闭上盖），在程序段 1 中有“M36.3”（步序器允许进入第四步）和“M39.3”（第 04 步完成）（图 19–1 所示），经过对它们进行“跳转”—“对应位置”，打开 FC4（第三步）。在第三步完成以后，系统把“‘TM’.V23.SEQ_REGISTER”(当前运行步骤）赋值为 4，意思就是可以进入程序的第四步，如果这时的“‘DI/O’.BC33.ZS3305”（BC33 往复车后退到位检测开关）被后退的下车感应到，“M45.3”（允许进入第四步）就为进入第四步做好准备，如图 19–2 所示。经过 FC4 中的“‘TM’.V23.SEQ_REGISTER”(当前运行步骤）进行右击—“跳转”—“对应位置”，打开了 FC23，当“‘TM’.V23.SEQ_REGISTER”（当前运行步骤）和“M45.3”（允许进入第四步）同时被系统置 1 时，系统就激活了“M36.3”(步序器允许进入第四步）和复位了“M39.3”(第 04 步完成），就为进入第四步做好了充分的准备，如图 19–3 所示。在第一步结束以后“M39.3”（第 04 步完成）又被置位为 1，这时程序就进不到第四步的系统循环中，保证了系统的安全（如图 19–4 所示），并且“M33.3”（第 04 步定时器计时标志位）被复位为 0。

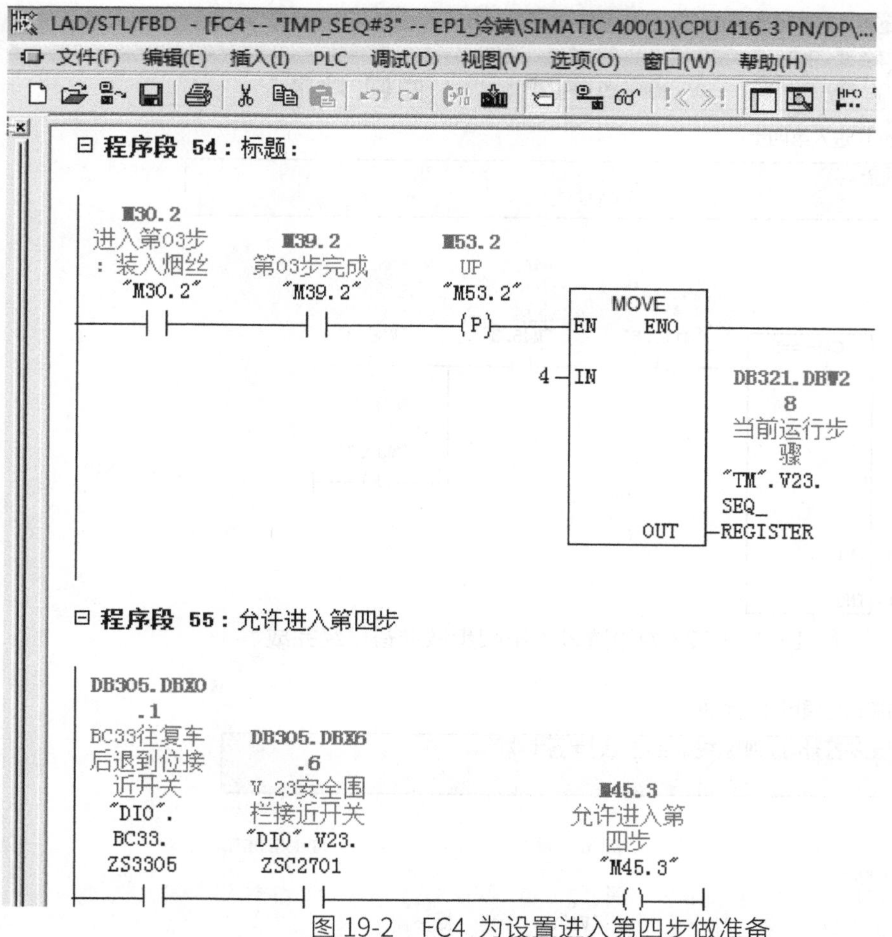

图 19-2 FC4 为设置进入第四步做准备

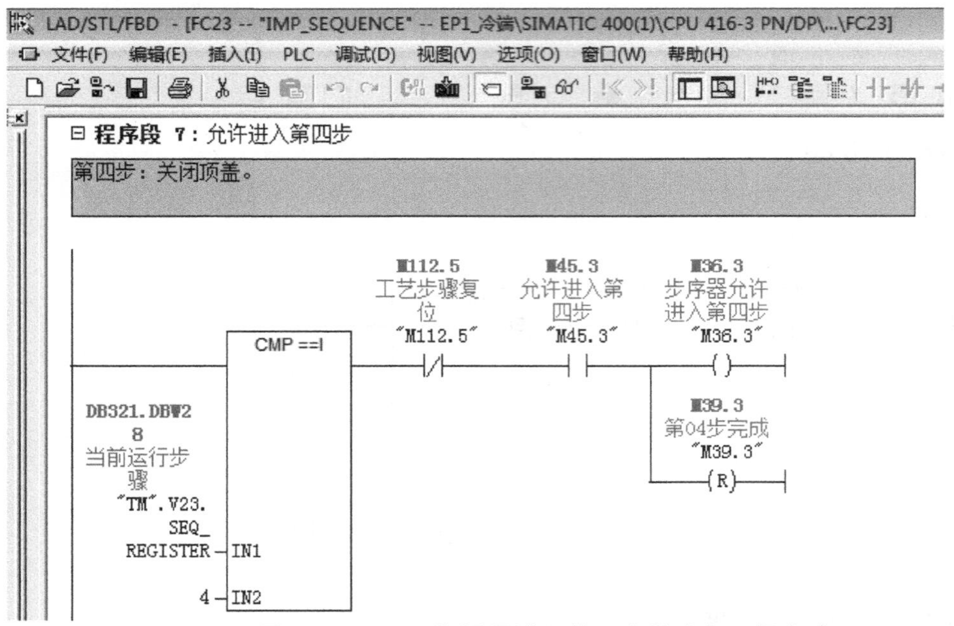

图 19-3 FC23 为设置进入第四步做准备已经完成

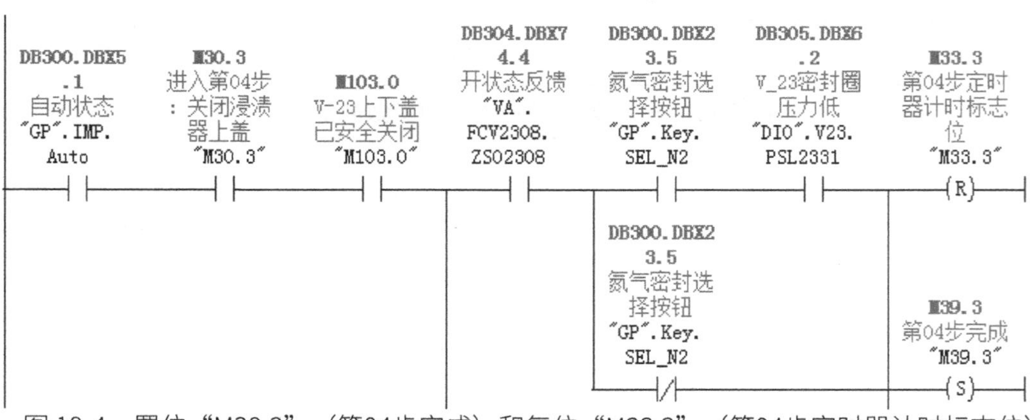

图 19-4 置位“M39.3”（第04步完成）和复位“M33.3”（第04步定时器计时标志位）

2. 辅助复位分步计时器

在“一秒尖峰脉冲的使用”专题当中讲述了程序的“单步运行时间计时”，使用“M150.0”（辅助复位分步计时器）来作为 19 步中每一步的计时开始和计时结束的标志，而且在这 19 步中“M150.0”（辅助复位分步计时器）使用的是同一存储器位，这是因为用时置位，不用时复位，增加了程序的通用性和可读性，如图 19–5 所示。

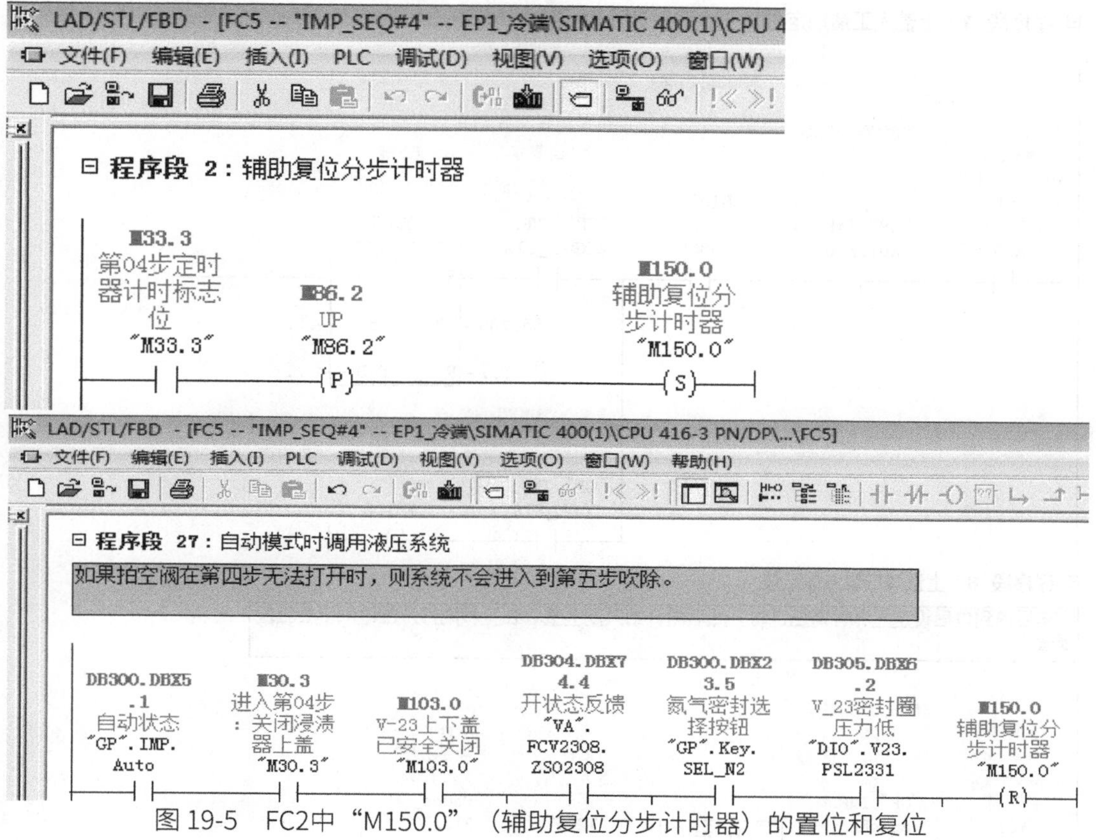

图 19-5　FC2中“M150.0”（辅助复位分步计时器）的置位和复位

3. 上盖的清扫

从上盖处装入烟丝时，不可避免地有一部分烟丝留在浸渍器的上沿，影响密封效果，系统设置了清扫上盖的程序。当系统进入第四步，“‘DI/O’.BC33.ZS3305”（BC33 往复车后退到位接近开关）被小车感应到以后，系统设定了一个计时器“T206”（人工清扫定时），这时操作人员可以打开上盖处的围栏门（有检测开关），在设定的计时时间之内及时关上围栏门，系统不会报警，如图 19–6 所示。

⊟ **程序段 7**：上盖人工清扫定时

M30.3 进入第04步：关闭浸渍器上盖 "M30.3"
DB300.DBX5.3 自动运行状态 "GP".IMP.AutoRun
DB305.DBX0.1 BC33往复车后退到位接近开关 "DIO".BC33.ZS3305
DB300.DBX36.1 有烟丝状态 "GP".INF.NORMAL_STA
T206 上盖人工清扫定时 "T206"
S_ODT
S Q
S5T#3S TV BI ...
... R BCD ...
DB300.DBX36.0 无烟丝状态 "GP".INF.COOL_STA
M81.3

⊟ **程序段 8**：上盖清扫暂停标志位

小车后退到位后设定三秒钟清扫定时，然后再开始关闭上盖。在三秒内打开围栏门不会出现报警。

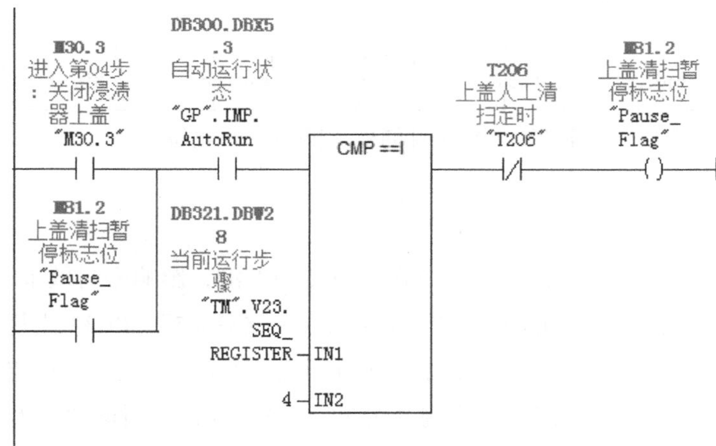

图19-6 上盖的清扫程序

4. 关上盖和上盖的密封面的吹除

在系统进入自动运行并进入第四步以后，系统定义了“M101.0”（自动模式时调用液压系统），便于后续使用，通过对“M101.0”（自动模式时调用液压系统）右击—“跳转”—“对应位置”，在 FC22 中“M101.0”（自动模式时调用液压系统）为启动液压系统提供了条件。这时，系统调用液压系统并自动启动液压系统，如图 19-7 所示。

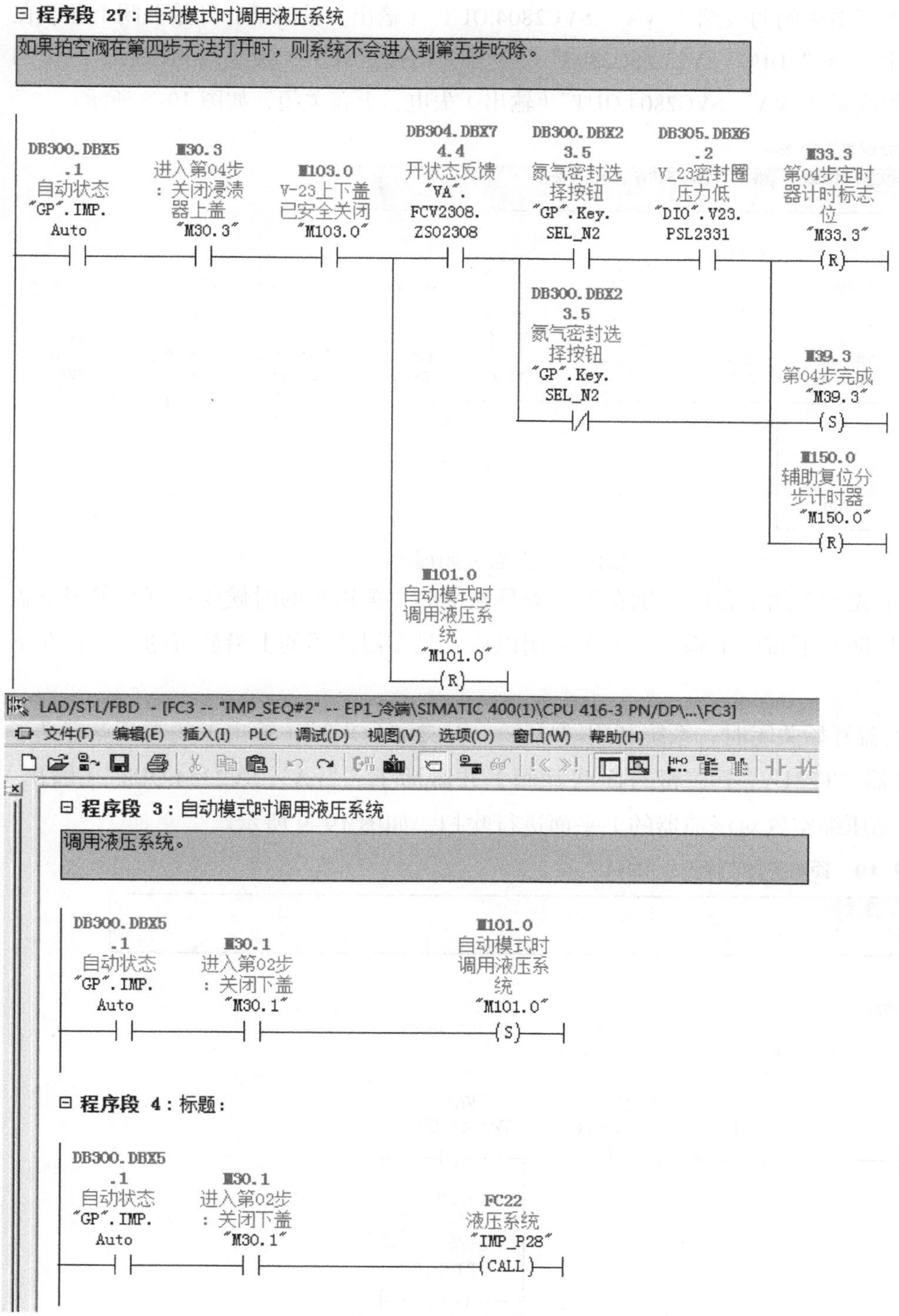

⊟ **程序段 27**：自动模式时调用液压系统

如果拍空阀在第四步无法打开时，则系统不会进入到第五步吹除。

DB300.DBX5.1 自动状态 "GP".IMP.Auto　M30.3 进入第04步：关闭浸渍器上盖 "M30.3"　M103.0 V-23上下盖已安全关闭 "M103.0"　DB304.DBX7.4.4 开状态反馈 "VA".FCV2308.ZS02308　DB300.DBX23.5 氮气密封选择按钮 "GP".Key.SEL_N2　DB305.DBX6.2 V_23密封圈压力低 "DIO".V23.PSL2331　M33.3 第04步定时器计时标志位 "M33.3" (R)

DB300.DBX23.5 氮气密封选择按钮 "GP".Key.SEL_N2 (常闭)　M39.3 第04步完成 "M39.3" (S)

M150.0 辅助复位分步计时器 "M150.0" (R)

M101.0 自动模式时调用液压系统 "M101.0" (R)

LAD/STL/FBD - [FC3 -- "IMP_SEQ#2" -- EP1_冷端\SIMATIC 400(1)\CPU 416-3 PN/DP\...\FC3]

文件(F) 编辑(E) 插入(I) PLC 调试(D) 视图(V) 选项(O) 窗口(W) 帮助(H)

⊟ **程序段 3**：自动模式时调用液压系统

调用液压系统。

DB300.DBX5.1 自动状态 "GP".IMP.Auto　M30.1 进入第02步：关闭下盖 "M30.1"　M101.0 自动模式时调用液压系统 "M101.0" (S)

⊟ **程序段 4**：标题：

DB300.DBX5.1 自动状态 "GP".IMP.Auto　M30.1 进入第02步：关闭下盖 "M30.1"　FC22 液压系统 "IMP_P28" (CALL)

图19-7　系统启动液压系统

在程序段 9 中（如图 19–8 所示），只要条件具备，在液压系统的作用下上盖开始关闭，三位四通电磁阀的线圈“‘VA’.SVC2804.OUT”（输出）被激活，开始关闭上盖。在程序段 9 中，当“‘DI/O’.V23.ZSC2804”（ 上盖关闭接近开关）被感应到以后，三位四通电磁阀的线圈“‘VA’.SVC2804.OUT”（输出）失电，上盖关闭，如图 19-8 所示。

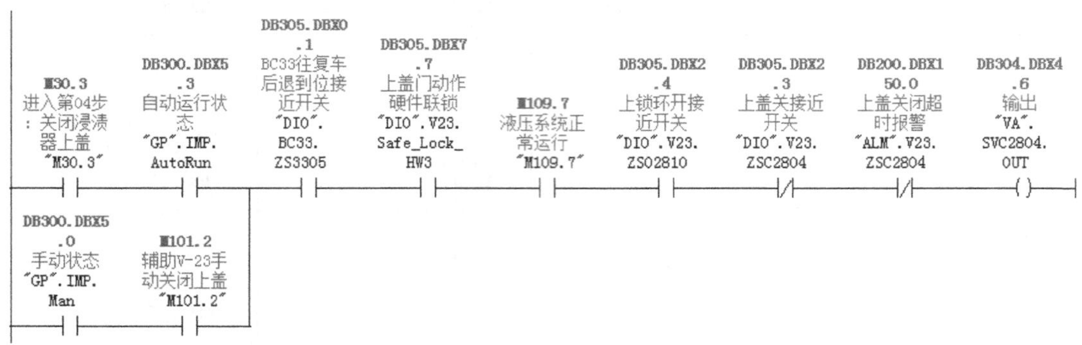

图19-8　上盖关闭程序

关闭上盖和关闭下盖的区别在于下盖是悬空的，关锁环的时候要一直有关闭下盖的动作，以防止下盖的下垂，而上盖关闭以后，是在浸渍器的上沿放着的，不存在下垂的问题。

在上盖开始关闭时，系统利用“‘VA’.SVC2804.OUT”（输出）的常开点定义了一个计时器“T221”（上盖密封面吹除阀）并激活了“‘VA’.SV2344.OUT”（输出）线圈，启动压缩空气对浸渍器的上平面进行吹扫，如图 19-9 所示。

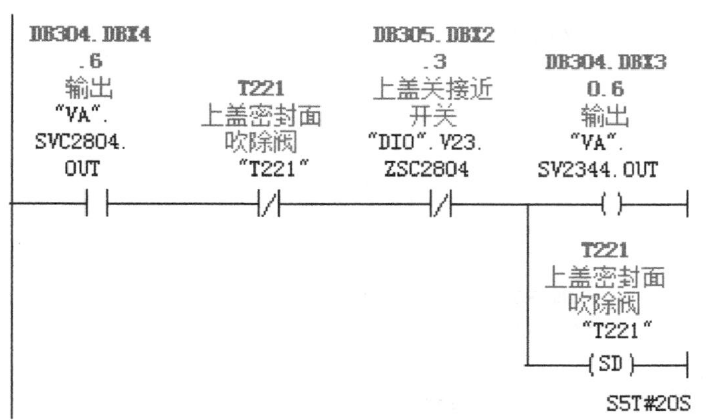

图19-9　上盖密封面吹除程序

5. 关锁环

在程序段 13、14 中，当"'DI/O'.V23.ZSC2804"（上盖关接近开关）被感应到以后，又经过计时器"T18"（V23 上盖锁环关定时器）500ms 的延时，激活了上锁环关闭"'VA'.SVC2810.OUT"（输出）电磁阀，当"DI/O".V23.ZSC2810"（上锁环关接近开关）被感应到，经过计时器"T216"（顶锁环关闭延时）延时 100ms 以后，下锁环关闭电磁阀"'VA'.SVC2810.OUT"（输出）失电，关闭锁环的动作停止，如图 19-10 所示。

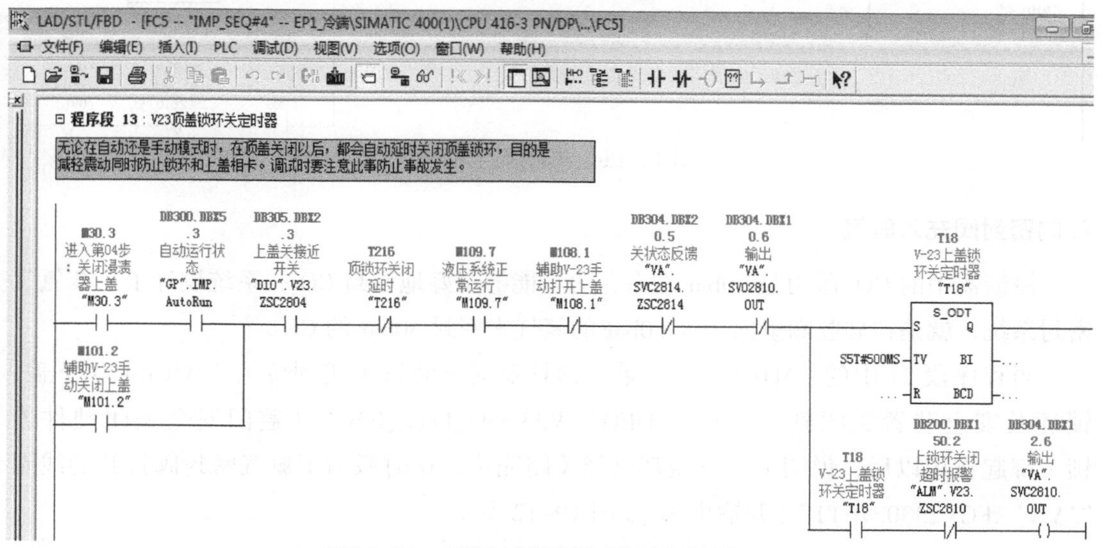

图19-10　延时关锁环和延时停关锁环

6. 关闭安全锁环

在浸渍器的上、下盖各设置了安全锁环，用机械的方法保证锁环在正常生产时不会被打开，如图 19-5 所示。当"'DI/O'.V23.ZSC2810"（上锁环关闭接近开关）和"'DI/O'.V23.ZSC2804"（上盖关闭接近开关）同时被感应到以后，首先激活计时器"T20"，经过 1s 的延时，就激活了安全锁环的电磁线圈"'VA'.SVC2814.OUT"（输出），安全锁环关闭。

安全锁环系统处于正常状态，否则计时器设定的时间 10s 计时到之后，安全锁环关闭到位检测开关"'VA'.SVC2814.ZSC2814"还没有被感应到，说明安全锁环系统处于不正常状态，需要停下来检修，如图 19-11 所示。

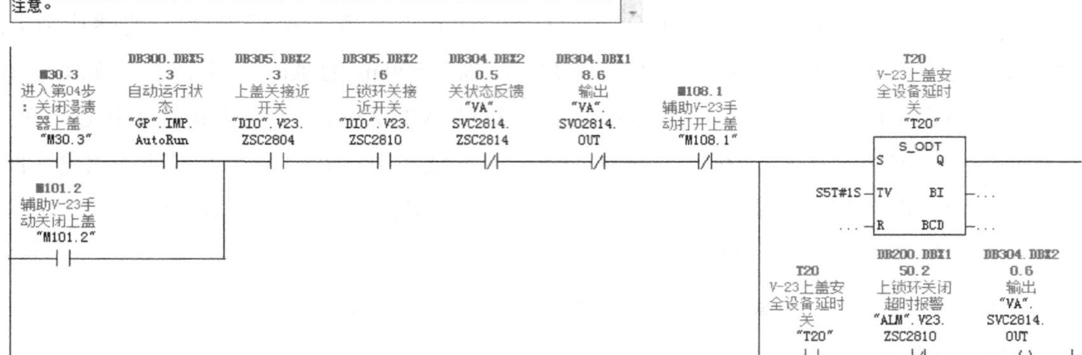

图 19-11　关闭安全锁环

7. 向密封阀充入氮气

浸渍器中的 CO_2 压力是 30bar 左右，为了能够很好地密封 CO_2，系统设计了一套氮气密封系统，就是在硅胶圈里面充入 60bar 的氮气来密封 30bar 的 CO_2。

当程序段 21 中的“M102.7”（上盖、锁环及安全装置关闭到位）、“M101.4”（下盖、锁环及安全装置关闭到位）和“‘DI/O’.V23.Safe_Lock_HW2”（盖门安全关闭硬件连锁）都起作用以后，说明上、下盖都已经关闭完毕，这时激活了氮气密封阀打开的线圈“‘VA’.FCV2330.OUT1”（开输出），如图 19-12 所示。

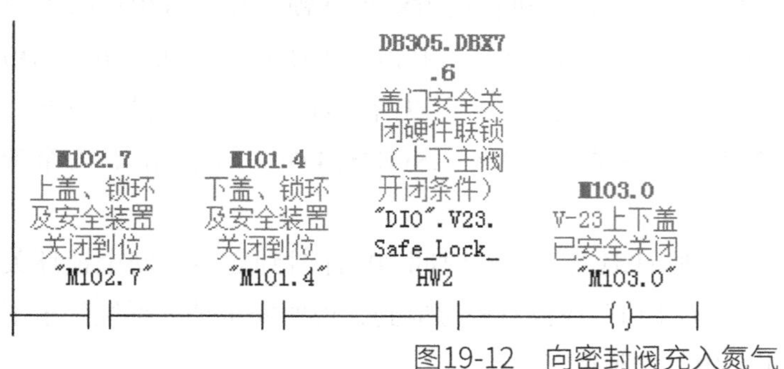

图19-12　向密封阀充入氮气

⊟ **程序段 22**：氮气密封阀打开SVO-2330

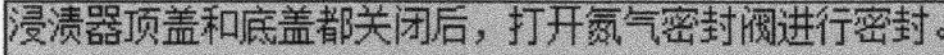

浸渍器顶盖和底盖都关闭后，打开氮气密封阀进行密封。

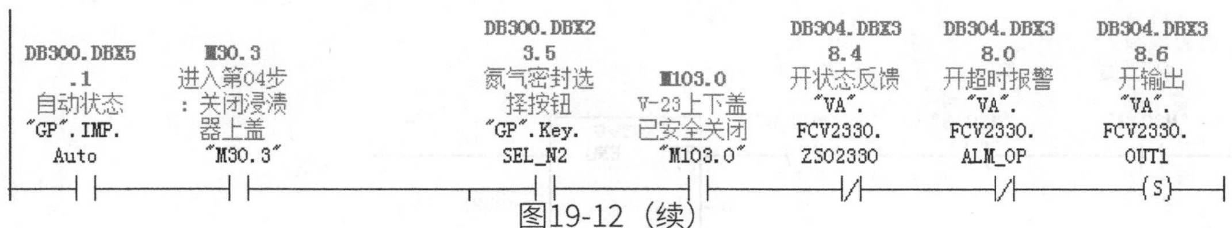

图19-12（续）

8. 为第五步做准备

当密封圈中的压力建立起来后"'DI/O'.V23.PSL2331"（V23 密封圈压力低）被触发，并且一些条件满足以后，系统就认为"第四步"结束了，这时程序段27中的"M33.3"（第04 步定时器计时标志位）被复位，"M39.3"（第 04 步完成）被置位，"M150.0"（辅助复位分步计时器）被复位。

当第四步完成以后，系统就把"'TM'.V23.SEQ_REGISTER"（当前运行步骤）赋值为 4 和"M45.4"（允许进入第五步），线圈同时被系统激活，为第五步做准备，如图 19–13 所示。

⊟ **程序段 27**：自动模式时调用液压系统

如果拍空阀在第四步无法打开时，则系统不会进入到第五步吹除。

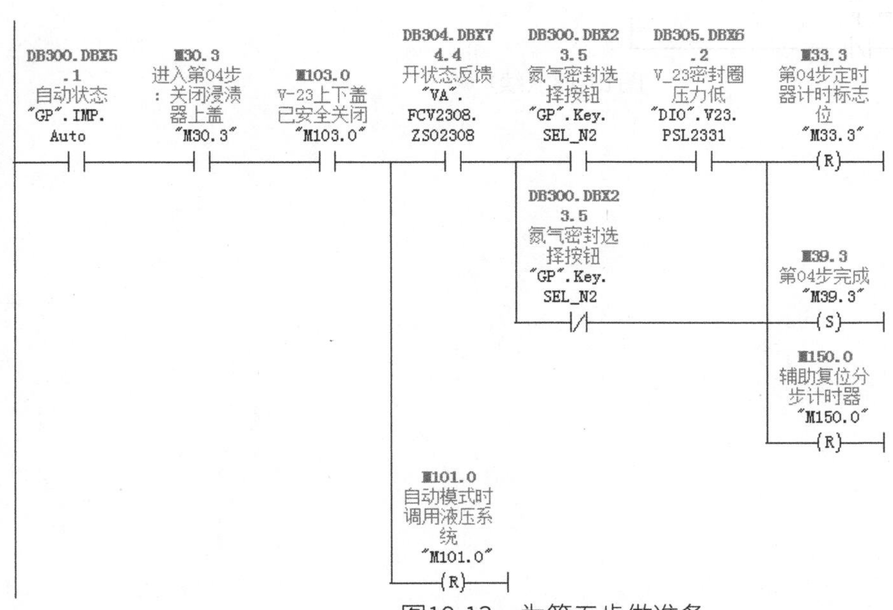

图19-13　为第五步做准备

⊟ **程序段 30**：标题：

登陆到第五步吹除空气。

M30.3
进入第04步：关闭浸渍器上盖
"M30.3"

M39.3
第04步完成
"M39.3"

M53.3
UP
"M53.3"
(P)

MOVE
EN ENO
5 — IN
OUT — DB321.DBW28
当前运行步骤
"TM".V23.SEQ_REGISTER

⊟ **程序段 31**：允许进入第五步

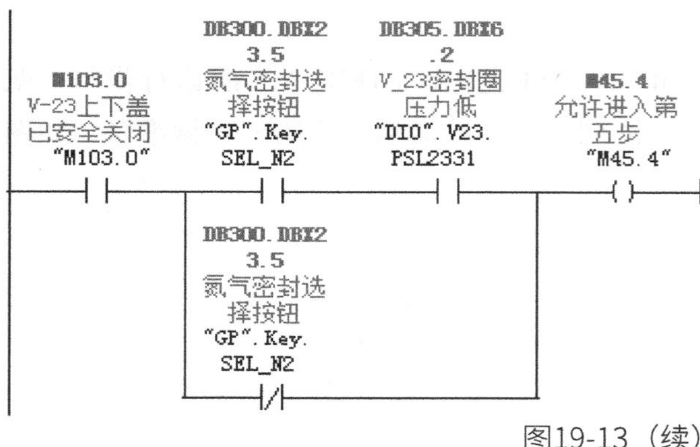

图19-13（续）

20　第五步，吹除空气

氮气密封完毕后，在上一个循环时排空阀（FCV-2308）已经打开，第五步只是检测排空阀（FCV-2308）是否已经打开，打开底盖主阀（FCV-2315），逐步打开一次净化/加压阀（FCV-2301）。高压回收罐中的二氧化碳气体进入浸渍器，吹除浸渍器中的空气，经过消音器排入大气，此时排空阀 FCV2308 处于打开状态，10s 之后关闭排空阀（FCV-2308），立即进入下一步，此步的主要目的是排空浸渍器内的空气。

1. 设置步序

打开 FC6（第五步，吹除空气），在程序段 1 中有“M36.3”（步序器允许进入第五步）和“"M39.3"”（第 05 步完成）（图 20-1 所示），经过对它们进行“跳转”—“对应位置”，打开 FC5（第四步），在第四步完成以后，系统把“"TM".V23.SEQ_REGISTER”（当前运行步骤）赋值为 5，意思就是可以进入程序的第五步，如果这时密封圈中的压力已经建立起来“‘DI/O’.BC33.ZS3305”（V23 密封圈压力低）常开触点就被触发，这时“M45.4”（允许进入第五步）就为进入第四步做好准备，如图 20-2 所示。

⊟ **程序段 1**：进入第五步：浸渍器进行一次吹出

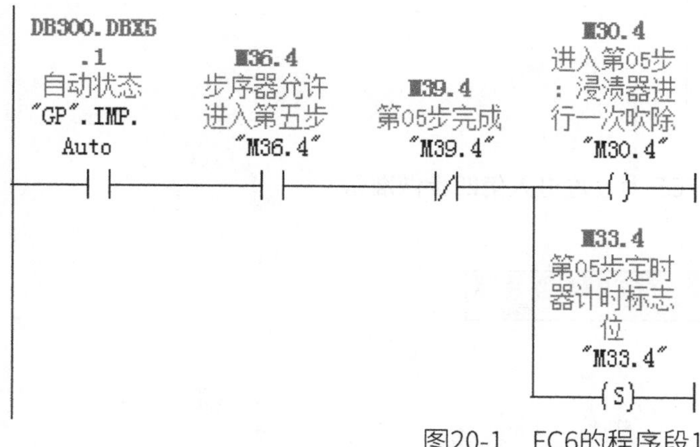

图20-1　FC6的程序段1

⊟ **程序段 30**：标题：

登陆到第五步吹除空气。

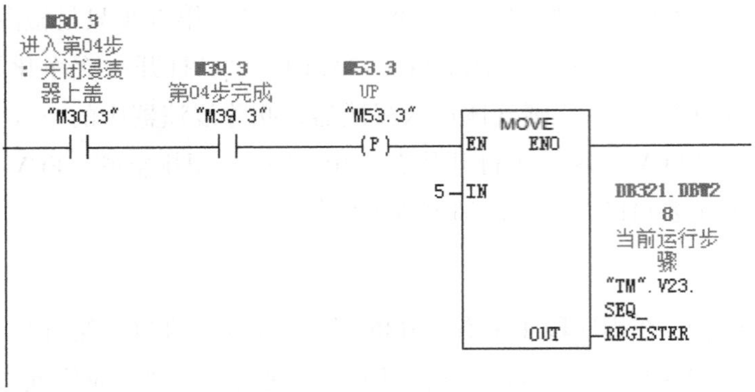

M30.3 进入第04步：关闭浸渍器上盖 "M30.3"　M39.3 第04步完成 "M39.3"　M53.3 UP "M53.3" (P)　MOVE EN ENO　5 — IN　OUT — DB321.DBW28 当前运行步骤 "TM".V23.SEQ_REGISTER

⊟ **程序段 31**：允许进入第五步

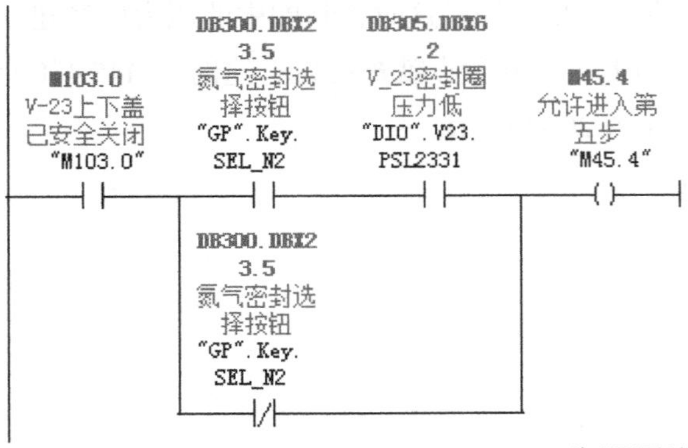

M103.0 V-23上下盖已安全关闭 "M103.0"　DB300.DBX23.5 氮气密封选择按钮 "GP".Key.SEL_N2　DB305.DBX6.2 V_23密封圈压力低 "DIO".V23.PSL2331　M45.4 允许进入第五步 "M45.4" ( )

DB300.DBX23.5 氮气密封选择按钮 "GP".Key.SEL_N2 (/)

图20-2　FC5 为设置进入第四步做准备

⊟ **程序段 8**：允许进入第五步

第五步：一次吹除。

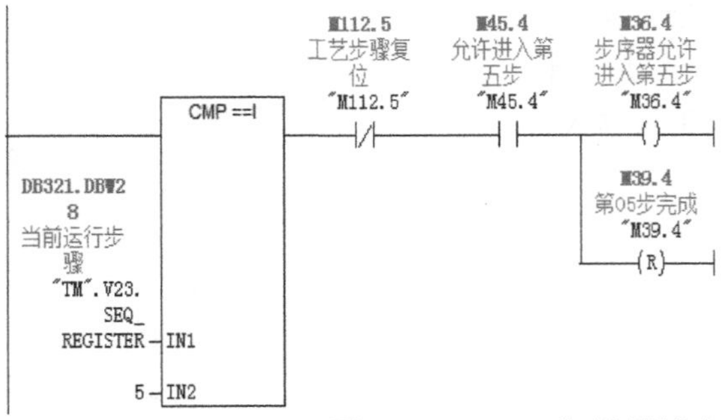

CMP ==I　DB321.DBW28 当前运行步骤 "TM".V23.SEQ_REGISTER — IN1　5 — IN2　M112.5 工艺步骤复位 "M112.5" (/)　M45.4 允许进入第五步 "M45.4"　M36.4 步序器允许进入第五步 "M36.4" ( )　M39.4 第05步完成 "M39.4" (R)

图20-3　FC23 为设置进入第五步做准备已经完成

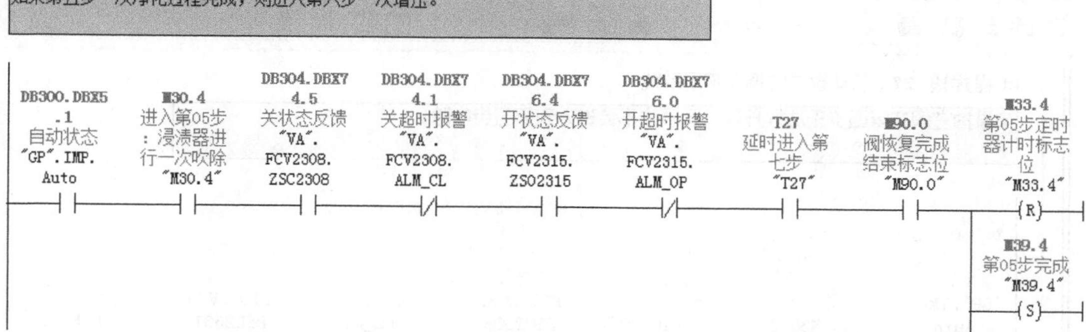

图20-4　置位“M39.4”（第01步完成）和复位“M33.4”（第01步定时器计时标志位）

经过 FC5 中的“‘TM’.V23.SEQ_REGISTER”（当前运行步骤）进行右击—“跳转”—“对应位置”，打开了 FC23。当“‘TM’.V23.SEQ_REGISTER”（当前运行步骤）=5 和“M45.4”（允许进入第五步）被系统置 1 时，系统就激活了“"M36.4”（步序器允许进入第五步）和复位了“M39.4”（第 05 步完成），就为进入第五步做好了充分的准备，如图 20–3 所示。在第五步结束以后“"M39.4”（第 05 步完成）又被置位为 1，这时程序就进不到第五步的系统循环中，保证了系统的安全（如图 20–4 所示），并且“M33.4”（第 05 步定时器计时标志位）被复位为 0。

2. 辅助复位分步计时器

在“一秒尖峰脉冲的使用”专题当中讲述了程序的“单步运行时间计时”，使用“M150.0”（辅助复位分步计时器）来作为 19 步中每一步的计时开始和计时结束的标志，出开度值即是 FC6 中的主要参数，也是和模拟量输出转换功能块 FB4 的纽带。吹除阀 FCV2301 在旋转气缸作用下和定位器的控制下打开 20% 的开度。

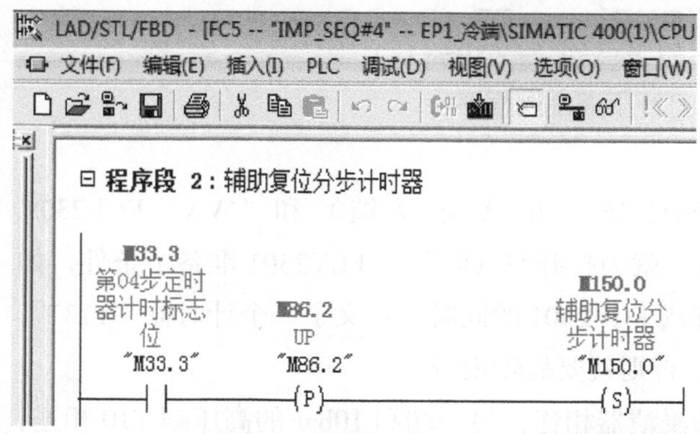

图20-5　FC2中“M150.0”（辅助复位分步计时器）的置位和复位

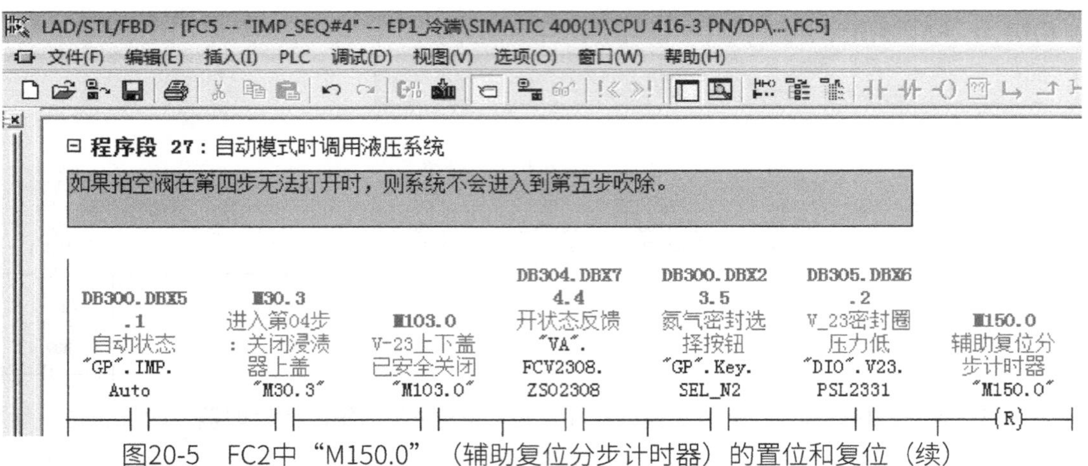

图20-5 FC2中“M150.0”（辅助复位分步计时器）的置位和复位（续）

而且，在这 19 步中“M150.0”（辅助复位分步计时器）使用的是同一存储器位，这是因为用时置位，不用时复位，增加了程序的通用性和可读性，如图 20-5 所示。

3. 打开下盖主阀

当上、下盖关闭以后，系统就为下盖主阀的三位五通电磁阀的线圈“‘VA’.FCV2315.OUT”置位为 1，主阀在压缩空气的作用下打开，如图 20-6 所示。

⊟ **程序段 3**：底盖主阀FCV-2315

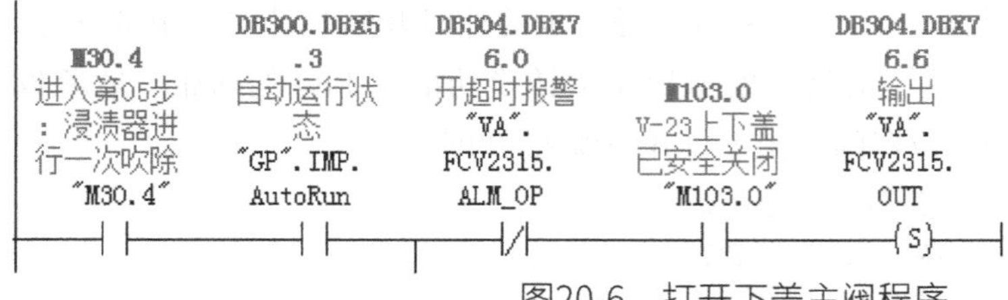

图20-6 打开下盖主阀程序

4. 打开 FCV2301 吹除浸渍器中的空气

当下盖主阀“‘VA’.FCV2315.ZSO2315”（开状态反馈）和“‘VA’.FCV2308.ZSO2308”（开状态反馈）全部打开以后，就为打开空气吹除阀 FCV2301 准备了条件，如图 20-7 所示。在自动状态下，打开吹除阀 FCV2301 的同时，定义了一个计时器“T137”，在 30ms 之内必须打开吹除阀 FCV2301，否则就要故障报警。

吹除阀 FCV2301 一端和外界畅通的浸渍器相连，另一端和 10bar 的高压罐 T10 相连，由于压差很大，不能猛然打开，而是逐渐分步打开。所以厂家为打开吹除阀 FCV2301 的旋转气缸设置了一个定位器，为此还要使用模拟量输出功能块 FB4，在下一个专题中讲述。

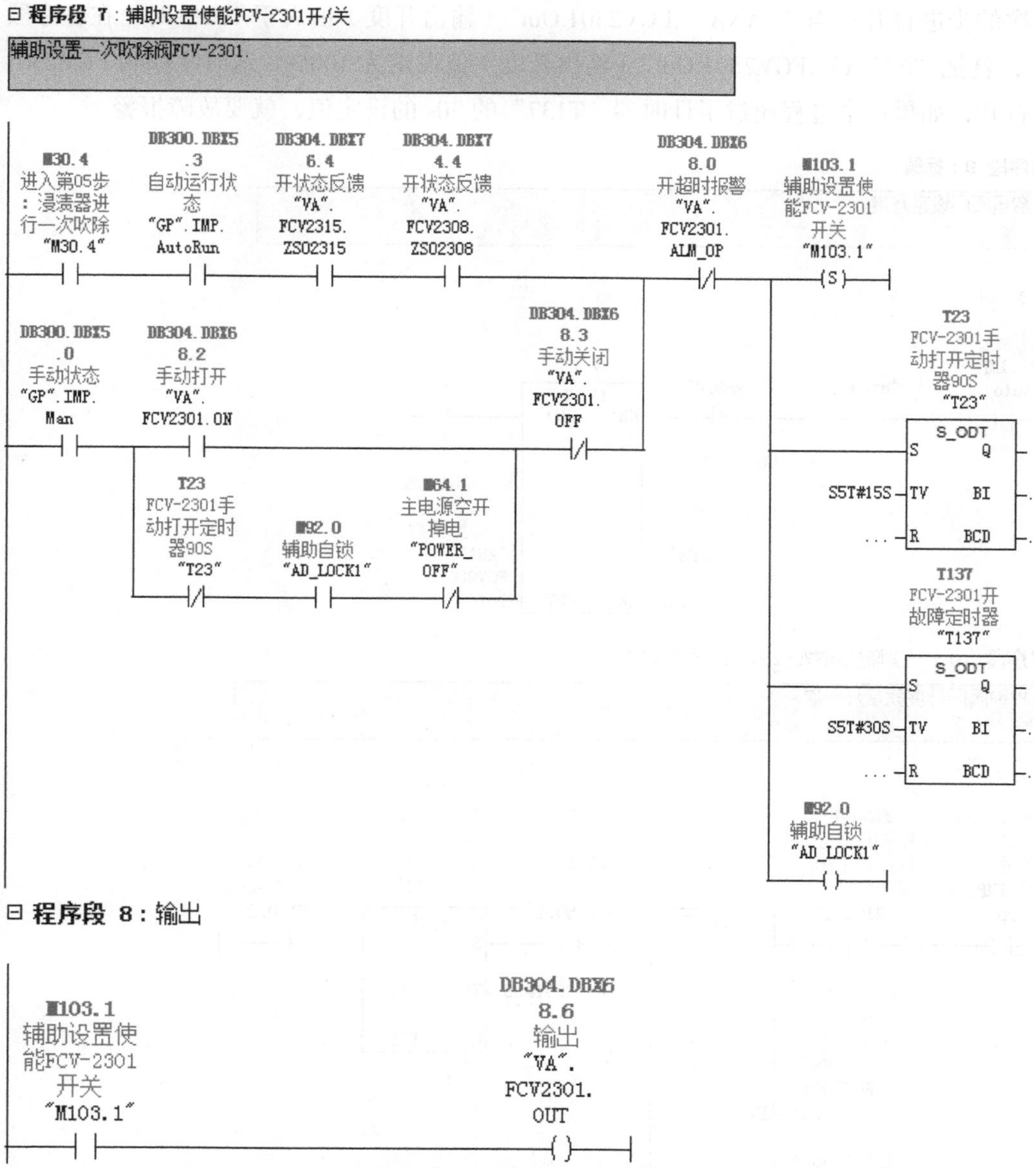

⊟ **程序段 7**：辅助设置使能FCV-2301开/关

辅助设置一次吹除阀FCV-2301.

M30.4
进入第05步
：浸渍器进
行一次吹除
"M30.4"

DB300.DBX5
.3
自动运行状
态
"GP".IMP.
AutoRun

DB304.DBX7
6.4
开状态反馈
"VA".
FCV2315.
ZS02315

DB304.DBX7
4.4
开状态反馈
"VA".
FCV2308.
ZS02308

DB304.DBX6
8.0
开超时报警
"VA".
FCV2301.
ALM_OP

M103.1
辅助设置使
能FCV-2301
开关
"M103.1"
(S)

DB300.DBX5
.0
手动状态
"GP".IMP.
Man

DB304.DBX6
8.2
手动打开
"VA".
FCV2301.ON

DB304.DBX6
8.3
手动关闭
"VA".
FCV2301.
OFF

T23
FCV-2301手
动打开定时
器90S
"T23"

M92.0
辅助自锁
"AD_LOCK1"

M64.1
主电源空开
掉电
"POWER_
OFF"

T23
FCV-2301手
动打开定时
器90S
"T23"
S_ODT
S Q
S5T#15S TV BI ...
... R BCD ...

T137
FCV-2301开
故障定时器
"T137"
S_ODT
S Q
S5T#30S TV BI ...
... R BCD ...

M92.0
辅助自锁
"AD_LOCK1"
( )

⊟ **程序段 8**：输出

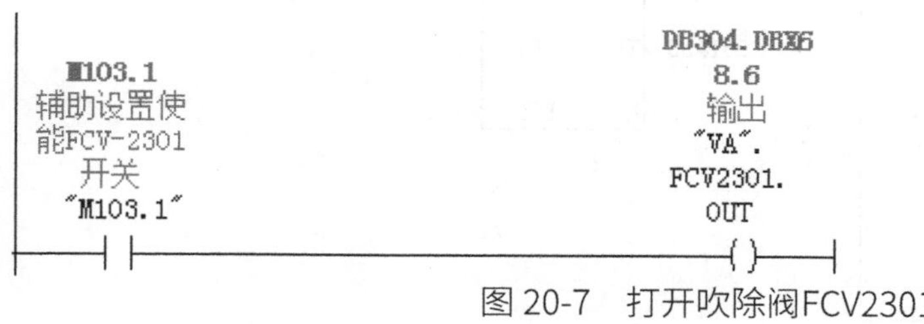

图 20-7 打开吹除阀FCV2301

在图 20-8 的程序段 9 中，"'ANA'.FCV2301.Ini"（初始开度设定值）是通过显示面板设置的，一般设定 20%（20），把这个初始值传送给"'ANA'.FCV2301.Out"（输出开度），这个输出在程序段 10 和程序段 11 中。当吹除阀 FCV2301 的开度还没有达到 100% 的时候，每五秒增加一个"'ANA'.FCV2301.Step"（步进开度设定值），和原来的"'ANA'.FCV2301.Out"（输出开度）相加以后重新赋值给"'ANA'.FCV2301.Out"（输出开度），传送给 FB4，并作为下一个扫描周期的吹除阀 FCV2301 开度设定值，就这样经过几次的步进打开；当"'ANA'.FCV2301.Out"（输出开度）值大于 100% 时，在程序段 13 中，就把"'ANA'.FCV2301.Out"（输出开度）值设定为 100%，这时吹除阀 FCV2301 才算打开，如果这个过程超过了计时器"T137"的 30s 的设定值，就要故障报警。

⊟ **程序段 9**：标题：

一次增压阀门设定开度。

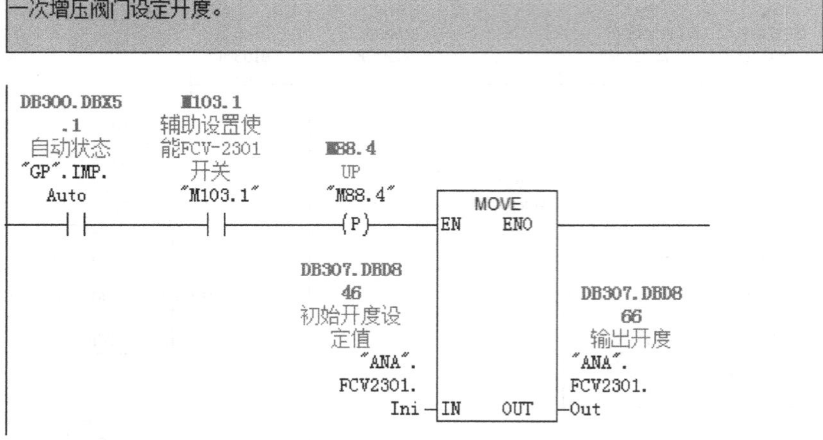

⊟ **程序段 10**：一次增加阀FVC-2301分步开定时器

每八秒钟阀门开度就增开一次。

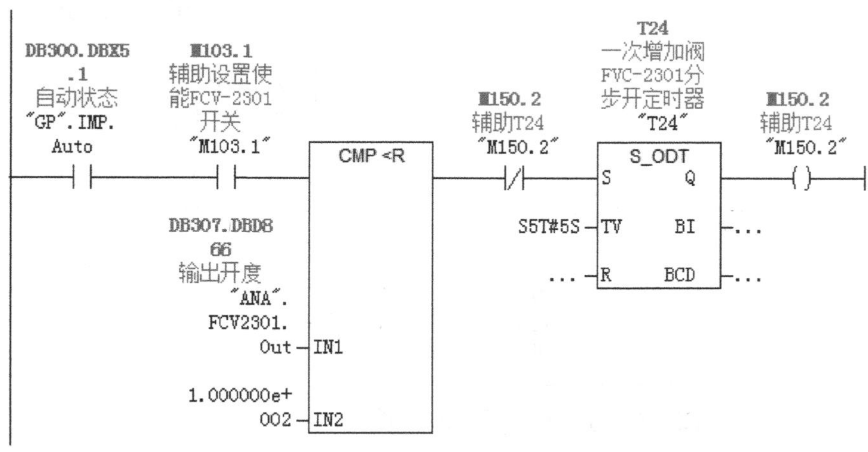

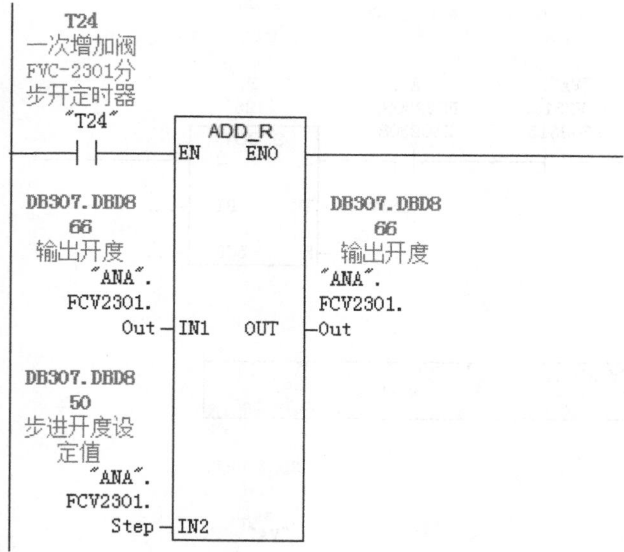

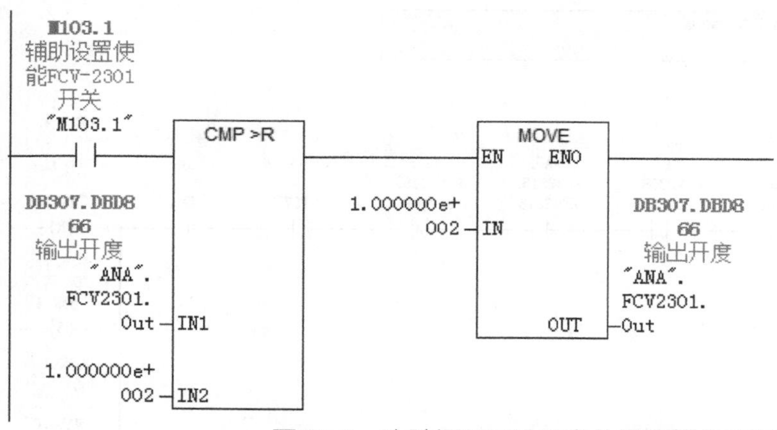

图 20-8　吹除阀FCV2301定位器逐渐打开程序

5. 关闭排空阀 FCV2308

当吹除阀 FCV2301 完全打开，又经过 10s 的延时即 10s 吹除浸渍器中的空气，系统就把电磁线圈"'VA'.FCV2308.OUT"复位，排空阀 FCV2308 在弹簧力的作用下关闭，如图 20–9 所示。

⊟ **程序段 16**：一次吹除定时器

自动模式时，一次吹除定时。完毕后关闭大气排空阀FCV-2308。

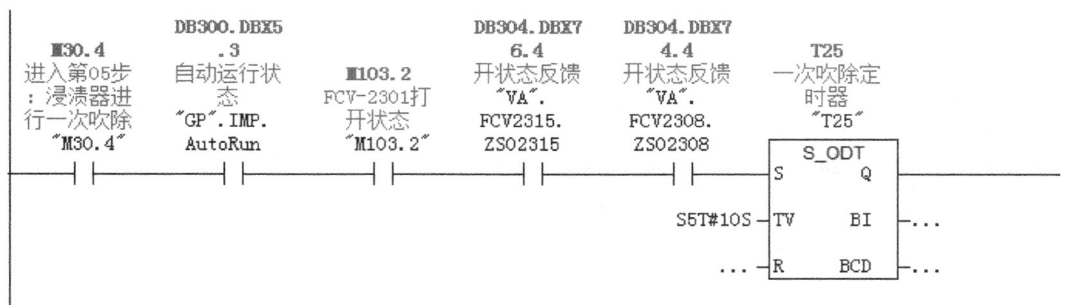

⊟ **程序段 17**：大气排空阀FCV-2308开/关

一次净化吹除完成后，关闭浸渍器大气排空阀FCV-2308。

DB300.DBX5 .1 自动状态 "GP".IMP. Auto

M30.4 进入第05步 ：浸渍器进 行一次吹除 "M30.4"

T25 一次吹除定 时器 "T25"

DB304.DBX7 4.6 输出 "VA". FCV2308. OUT (R)

图20-9 关闭排空阀FCV2308程序

⊟ **程序段 22**：第五步定时器允许复位

如果第五步一次净化过程完成，则进入第六步一次增压。

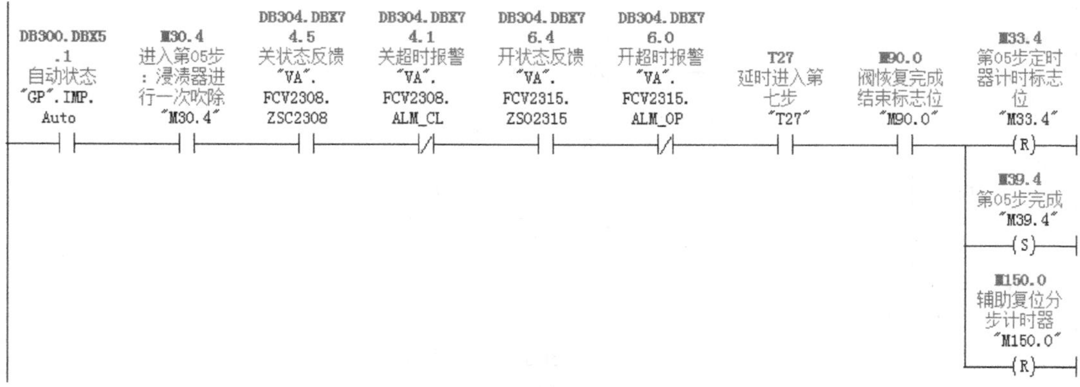

图 20-10 为第六步做准备

⊟ **程序段 25**：标题：

注册下一步。

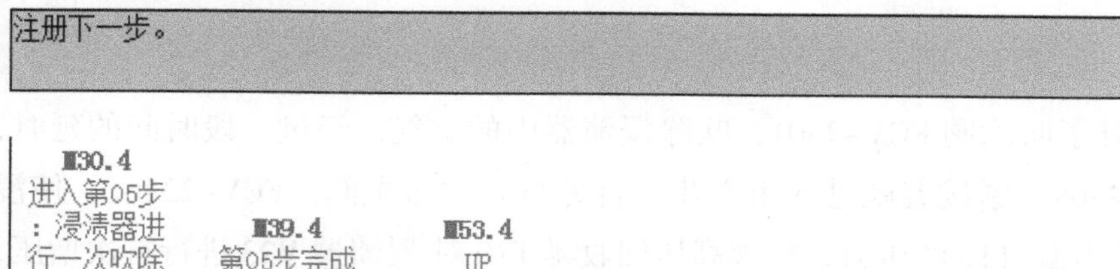

⊟ **程序段 26**：允许进入第6步进行二次加压

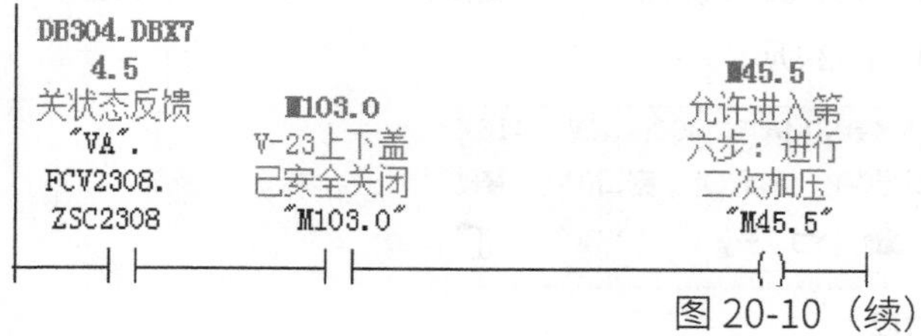

图 20-10（续）

6. 为第六步做准备

当排空阀 FCV2308 关闭，并且一些条件满足以后，系统就认为“第五步”结束了，这时程序段 22 中，“M33.4”（第 05 步定时器计时标志位）被复位，“M39.4”（第 05 步完成）被置位，“M150.0”（辅助复位分步计时器）被复位。

当第五步完成以后，系统就把“‘TM’.V23.SEQ_REGISTER”（当前运行步骤）赋值为 6 和“M45.5”（允许进入第六步），线圈同时被系统激活，为第六步做准备，如图 20–10 所示。

21　第六步，一次增压

在第五步中打开了吹除阀 FCV–2301，吹除浸渍器中的空气，经过一段时间的延时，关闭了排空阀 FCV2308。紧接着就进入第六步，首先打开顶盖主阀（FCV–2316），使浸渍器内的压力达到高压罐 T10 的压力，实现高压回收罐 T10 对 浸渍器 V23 进行首次增压，当 T10 与 V23 的压力基本相等且增压时间到后，这时的 FCV2301 由第五步中的吹除阀变成了第六步中的一次增压阀。

1. 设置步序

打开 FC7（第六步，一次增压），在程序段 1 中有“M36.5”（步序器允许进入第六步）和“"M39.5”（第六步完成）（如图 21–1 所示），经过对它们进行“跳转”—“对应位置”，打开 FC6（第五步）。在第五步完成以后，系统把“"TM".V23.SEQ_REGISTER”（当前运行步骤）赋值为 6，意思就是可以进入程序的第六步，如果这时上、下盖已安全关闭“M103.0”（V23 上、下盖已安全关闭），常开触点就被触发，这时“M45.5”（允许进入第六步）就为进入第六步做好准备，如图 21–2 所示。

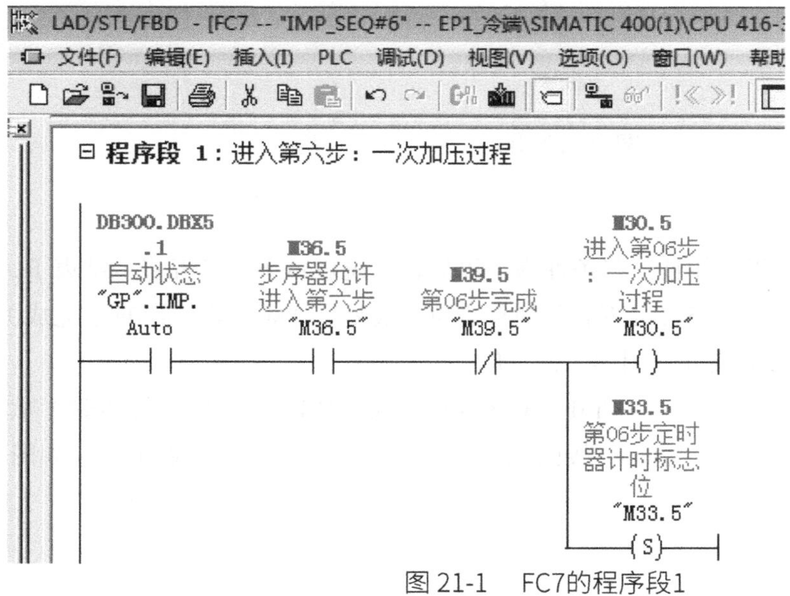

图 21-1　FC7的程序段1

⊟ **程序段 25：** 标题：

注册下一步。

M30.4
进入第05步
：浸渍器进
行一次吹除
"M30.4"

M39.4
第05步完成
"M39.4"

M53.4
UP
"M53.4"
(P)

MOVE
EN　ENO
6 – IN
OUT – DB321.DBW28
当前运行步骤
"TM".V23.SEQ_REGISTER

⊟ **程序段 26：** 允许进入第6步进行二次加压

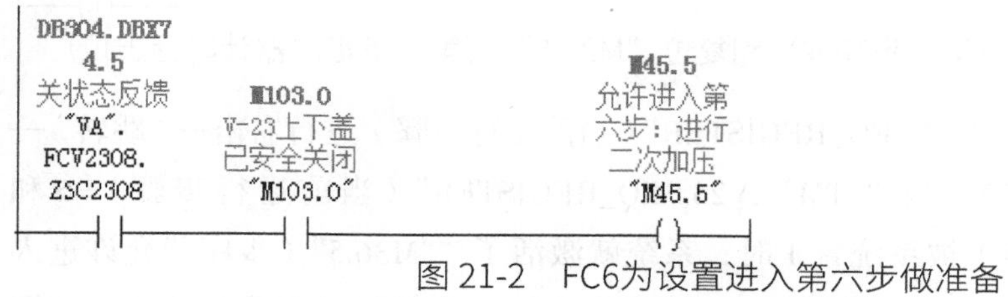

图 21-2　FC6为设置进入第六步做准备

⊟ **程序段 9：** 允许进入第六步

第六步：一次加压。

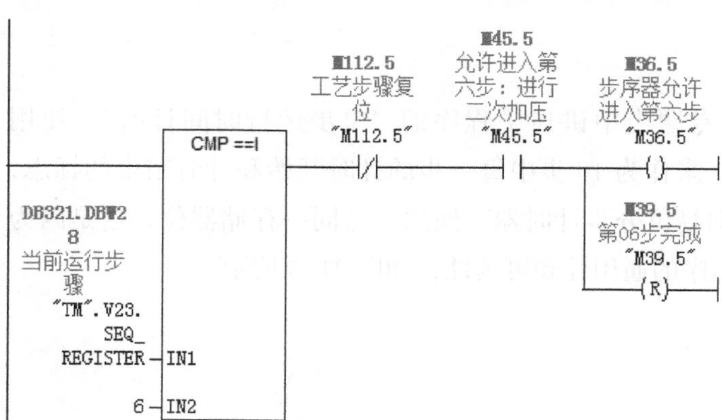

图21-3　FC23 为设置进入第六步做准备已经完成

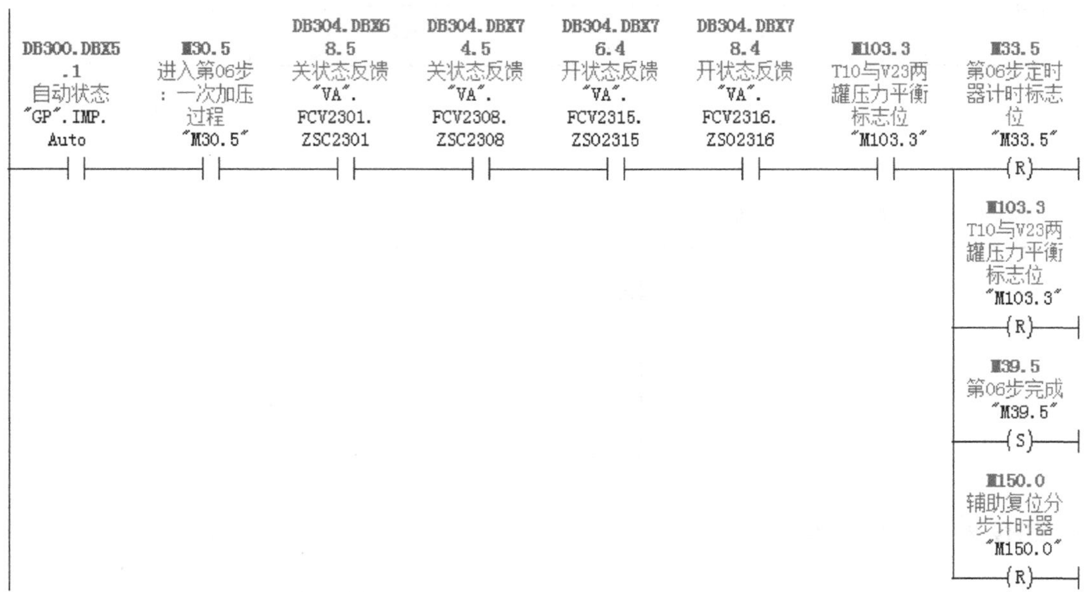

图 21-4　置位“M39.5”（第一步完成）和复位“M33.5”（第六步定时器计时标志位）

经过 FC6 中的“‘TM’.V23.SEQ_REGISTER”（当前运行步骤）进行右击—“跳转”—“对应位置”，打开了 FC23，当“‘TM’.V23.SEQ_REGISTER”（当前运行步骤）=6 和“M45.5”（允许进入第五步）被系统置 1 时，系统就激活了“"M36.5”（步序器允许进入第六步）和复位了“M39.5”（第六步完成），就为进入第六步做好了充分的准备，如图 21–3 所示。在第六步结束以后“"M39.5”（第六步完成）又被置位为 1，这时程序就进不到第六步的系统循环中，保证了系统的安全（如图 21–4 所示）。并且“M33.5”（第六步定时器计时标志位）被复位为 0。

2. 辅助复位分步计时器

在“一秒尖峰脉冲的使用”专题当中讲述了程序的“单步运行时间计时”，使用“M150.0”（辅助复位分步计时器）来作为 19 步中每一步的计时开始和计时结束的标志，而且在这 19 步中“M150.0”（辅助复位分步计时器）使用的是同一存储器位，这是因为用时置位，不用时复位，增加了程序的通用性和可读性，如图 21–5 所示。

⊟ **程序段 2：标题：**

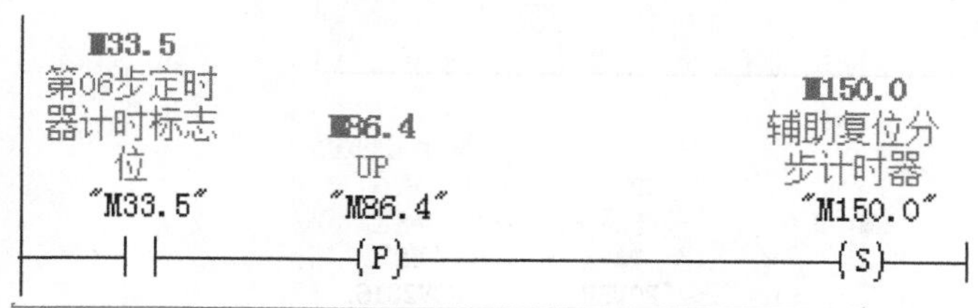

⊟ **程序段 17：第六步定时器允许复位**

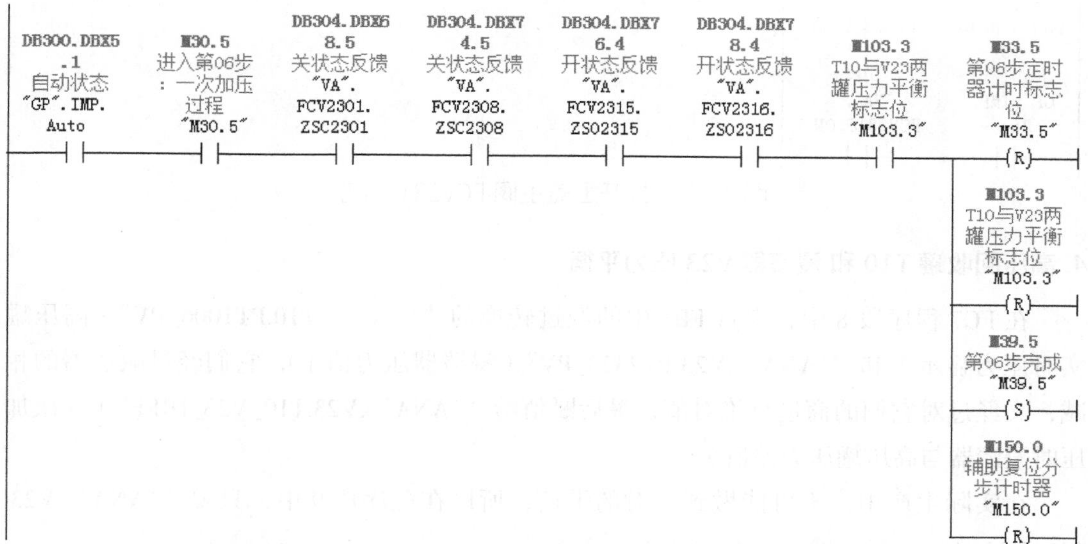

图 21-5　FC7中“M150.0”（辅助复位分步计时器）的置位和复位

3. 打开上盖主阀 FCV2316

由于上盖主阀 FCV2316 没有逐渐打开的要求，只要上、下盖已安全关闭“M103.0”（V23 上、下盖已安全关闭）常开点被触发，阀体在旋转气缸的驱动下打开，如图 21-6 所示。

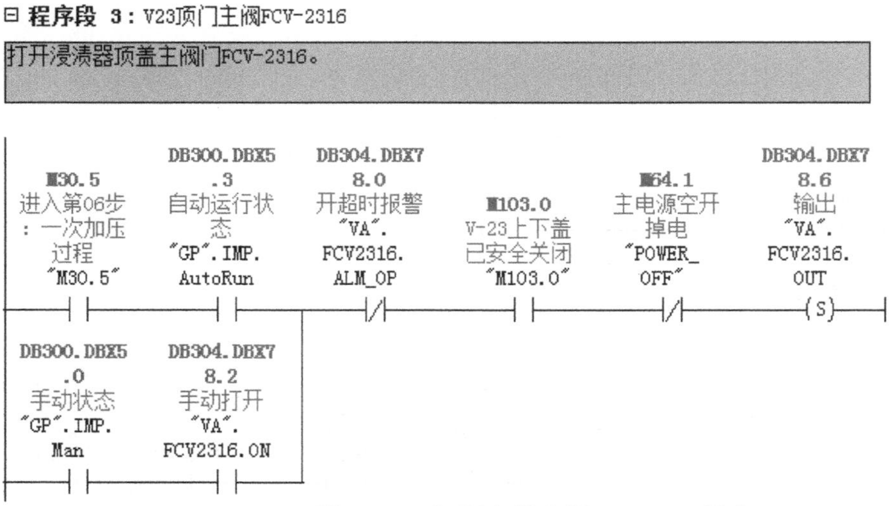

⊟ **程序段 3：** V23顶门主阀FCV-2316

打开浸渍器顶盖主阀门FCV-2316。

M30.5 进入第06步：一次加压过程 "M30.5"
DB300.DBX5.3 自动运行状态 "GP".IMP.AutoRun
DB304.DBX78.0 开超时报警 "VA".FCV2316.ALM_OP
M103.0 V-23上下盖已安全关闭 "M103.0"
M64.1 主电源空开掉电 "POWER_OFF"
DB304.DBX78.6 输出 "VA".FCV2316.OUT (S)

DB300.DBX5.0 手动状态 "GP".IMP.Man
DB304.DBX78.2 手动打开 "VA".FCV2316.ON

图 21-6　打开上盖主阀 FCV2316程序

4. 高压回收罐 T10 和 浸渍器 V23 压力平衡

在 FC7 程序段 8 中，来自 FB3 中的经过转换的“‘ANA’.T10.PT1006_PV”（高压罐实时压力显示）和“‘ANA’.V23.PT2323_PV”（浸渍器压力值 1），它们经过减法器的相减，又经过对它们的商进行绝对值，最后赋值给“‘ANA’.V23.T10_V23_DIFF”（一次加压时浸渍器与高压罐压力差值）。

在实际生产中，不可能做到绝对的平衡，所以在程序段 9 中，只要“‘ANA’.V23.T10_V23_

DIFF”（一次加压时浸渍器与高压罐压力差值）小于且等于设定的压差值“‘ANA’.V23.PT_DIFF_SP1”（ 一次加压时浸渍器压力平衡差值设定），或者设定的超长确认计时器“T148”计时 2 分 10 秒的时间已到，这时“‘ANA’.V23.T10_V23_DIFF”（一次加压时浸渍器与高压罐压力差值）小于且等于 500，这两个条件只要其中的一个满足，系统就认为浸渍器和高压罐 T10 内的压力已经平衡。

在程序段 11 中，用“M103.3”（T10 与 V23 两罐压力平衡标志位）让“M103.1”（辅助设置使能 FCV–2301 开关）线圈复位。在程序段 14 中，用“M103.1”（辅助设置使能 FCV–2301 开关）的常闭触点触发了一个传送指令，通过传送指令把“0”传送给“‘ANA’.FCV2301.Out”（输出开度），FCV2301 阀门在旋转气缸的作用下关闭。如图 21–7 所示。

⊟ **程序段 8**：标题：

进行一次加压时，判断高压罐与浸渍器的压力差。

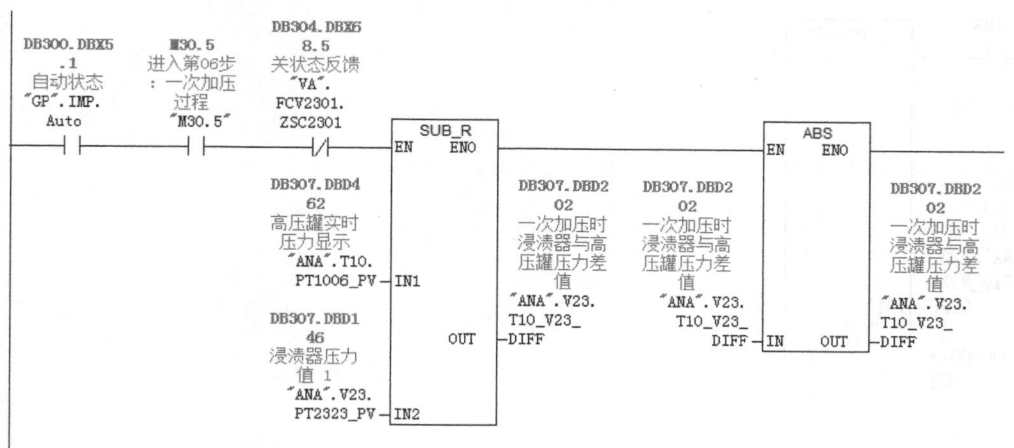

⊟ **程序段 9**：T10与V23两罐压力平衡

判断压力差是否在一定要求的范围内，以来确定压力是否平衡。通常平衡差值为30千帕，现设定超长时差值50千帕，防止系统出现由于无法平衡而导致工艺无法完成。调试时需要注意。

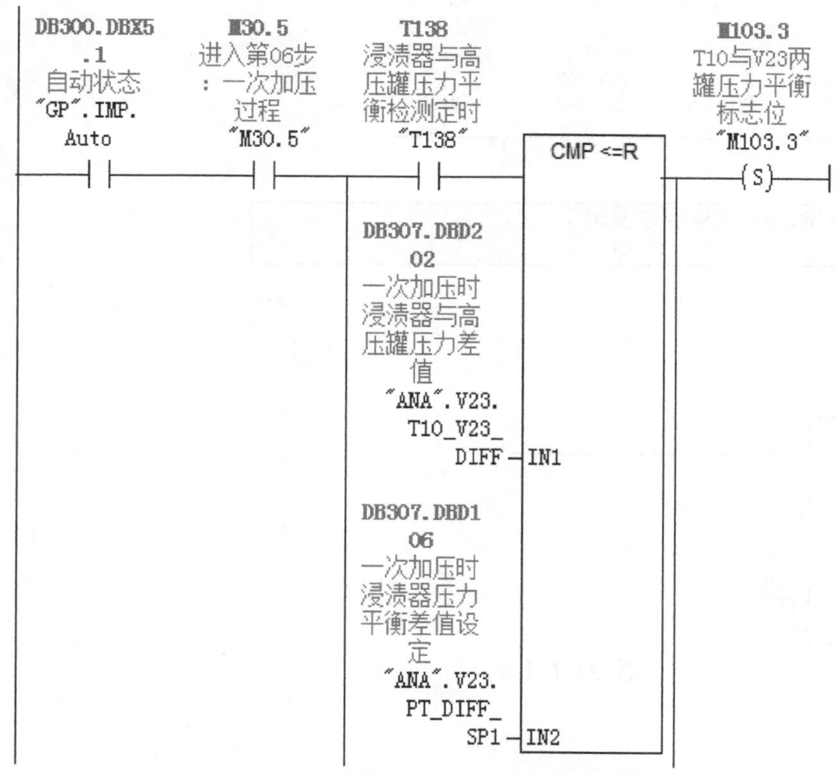

图 21-7 FCV2301阀门的关闭程序

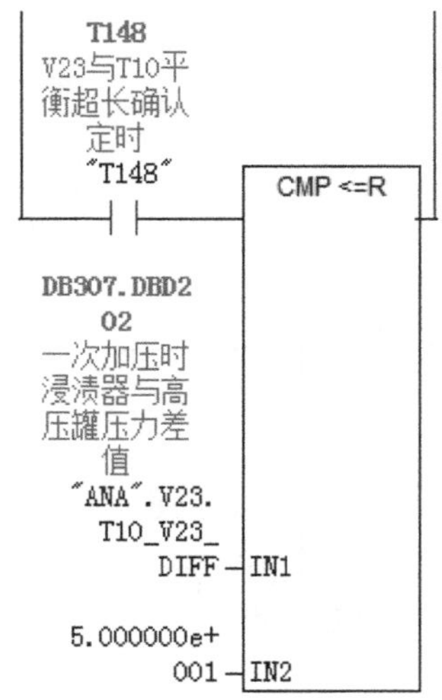

⊟ **程序段 11**：辅助设置使能FCV-2301开关

辅助关闭一次加压阀FCV-2301。

DB300.DBX5.1 自动状态 "GP".IMP.Auto

M30.5 进入第06步：一次加压过程 "M30.5"

M103.3 T10与V23两罐压力平衡标志位 "M103.3"

DB304.DBX74.5 关状态反馈 "VA".FCV2308.ZSC2308

M103.1 辅助设置使能FCV-2301开关 "M103.1" (R)

⊟ **程序段 14**：标题：

一次加压阀关闭控制。关闭时输出最小信号到模拟量阀门。

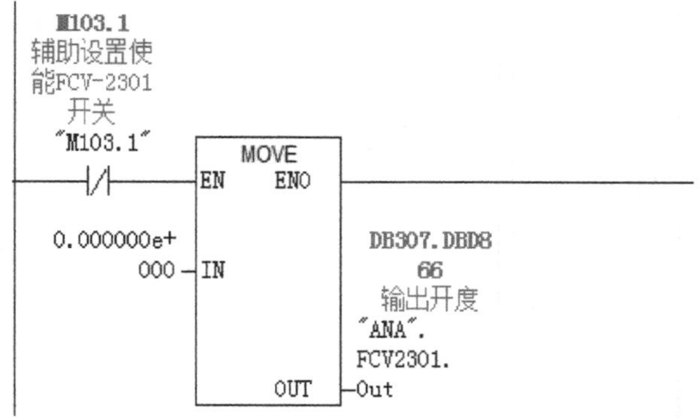

图 21-7（续）

6. 为第七步做准备

当一次加压阀 FCV2301 关闭、浸渍器和高压罐 T10 内的压力已经平衡等一些条件满足以后，系统就认为“第六步”结束了，这时程序段 17 中，“M33.5”（第 06 步定时器计时标志位）被复位，“M39.5”（第 06 步完成）被置位，“M150.0”（辅助复位分步计时器）被复位。

当第六步完成以后，系统就把“‘TM’.V23.SEQ_REGISTER”（当前运行步骤）赋值为 7 和“M45.6”（允许进入第七步），线圈同时被系统激活，为第七步做准备，如图 21-8 所示。

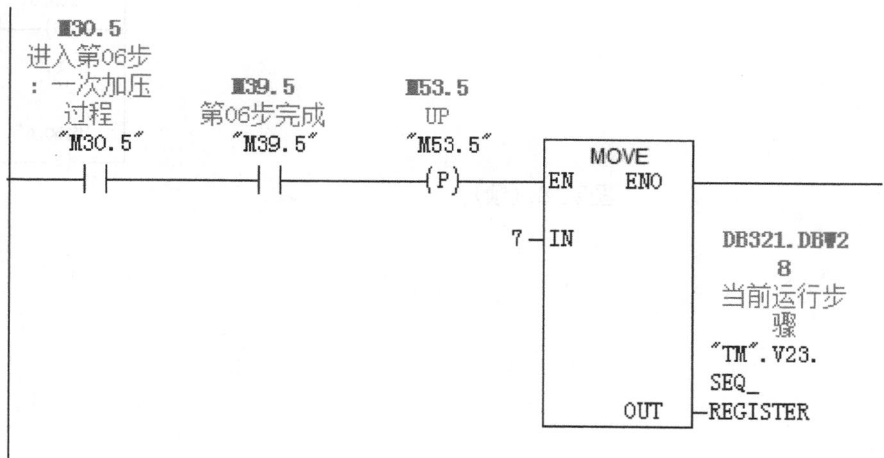

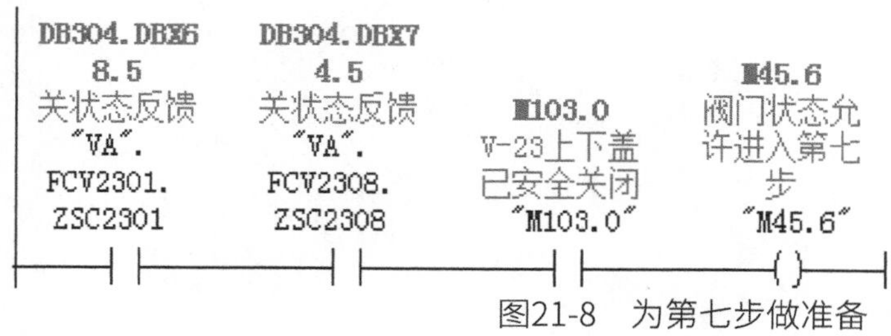

图21-8　为第七步做准备

⊟ **程序段 17**：第六步定时器允许复位

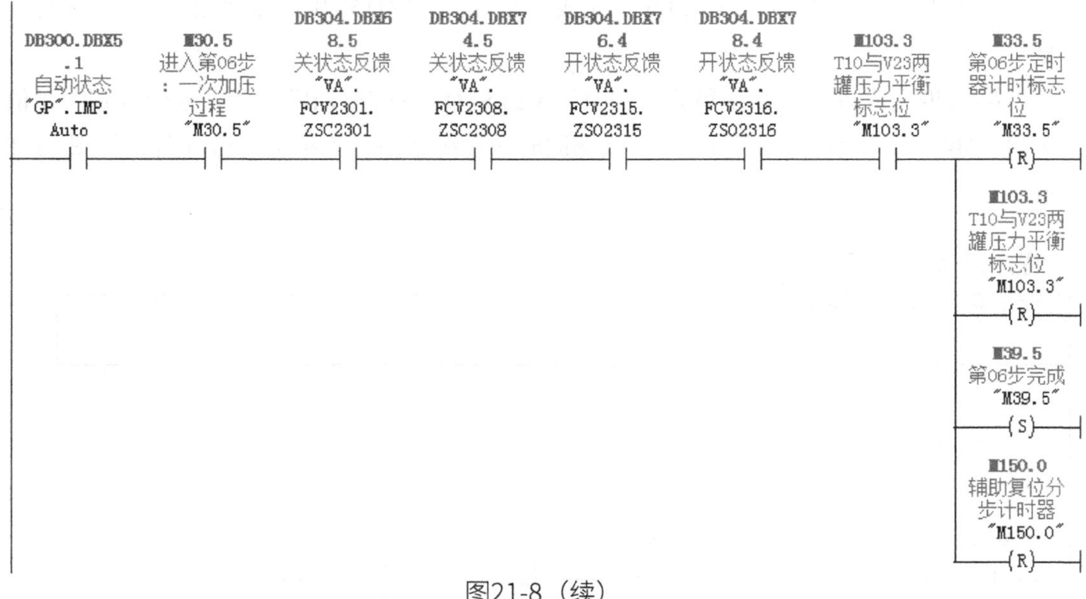

图21-8（续）

22　第七步，二次增压

当第六步结束以后，浸渍器 V23 中的压力为 10bar 左右，工艺罐 V20 中的压力位 30bar 左右。在第七步中，逐渐分步打开二次加压阀（FCV-2004），工艺罐通过二次加压阀 FCV-2004 对浸渍器进行二次加压，当浸渍器和工艺罐压力平衡后进入下一步，在此步骤严重警告禁止“工艺中断”操作。

1. 设置步序

打开 FC8（第七步，二次增压），在程序段 1 中有“M36.6”（步序器允许进入第七步）和“"M39.6”（第 07 步完成）（如图 22-1 所示），经过对它们进行“跳转”—“对应位置”，打开 FC7（第六步）。在第六步完成以后，系统把“‘TM’.V23.SEQ_REGISTER”(当前运行步骤）赋值为 7，意思就是可以进入程序的第七步。如果这时上、下盖已安全关闭“M103.0”（V23 上、下盖已安全关闭），常开触点就被触发、FCV2301 阀关闭、FCV2308 关闭，这时“M45.6”（允许进入第七步）就为进入第七步做好准备，如图 22-2 所示。

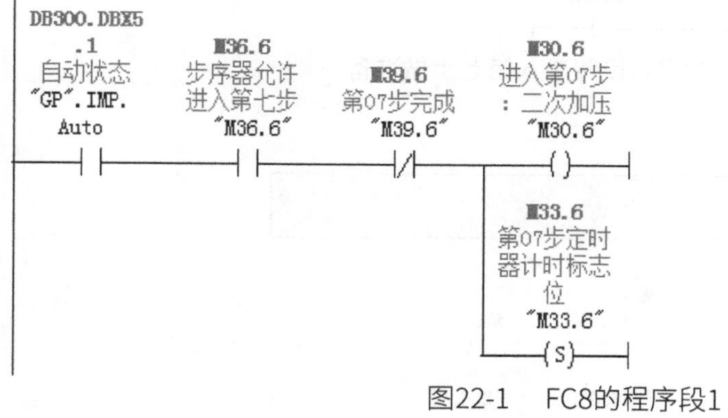

图22-1　FC8的程序段1

⊟ **程序段 20**：标题：

注册第七步进行二次加压。

M30.5
进入第06步：一次加压过程
"M30.5"

M39.5
第06步完成
"M39.5"

M53.5
UP
"M53.5"
(P)

MOVE
EN ENO
7 - IN
OUT - DB321.DBW28
当前运行步骤
"TM".V23.SEQ_REGISTER

⊟ **程序段 21**：允许进入第七步

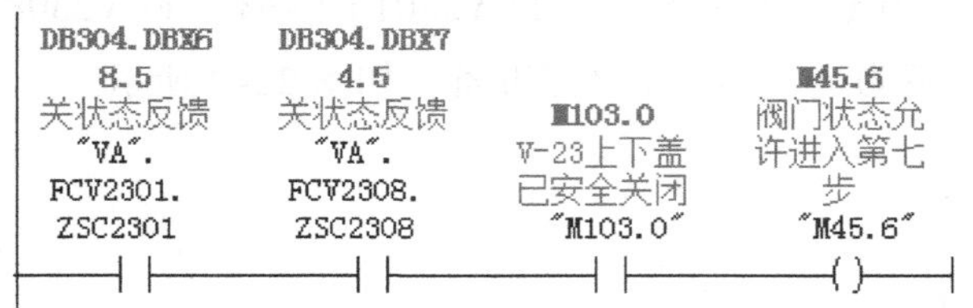

图 22-2　FC7为设置进入第七步做准备

⊟ **程序段 10**：允许进入第七步

第七步：二次加压。

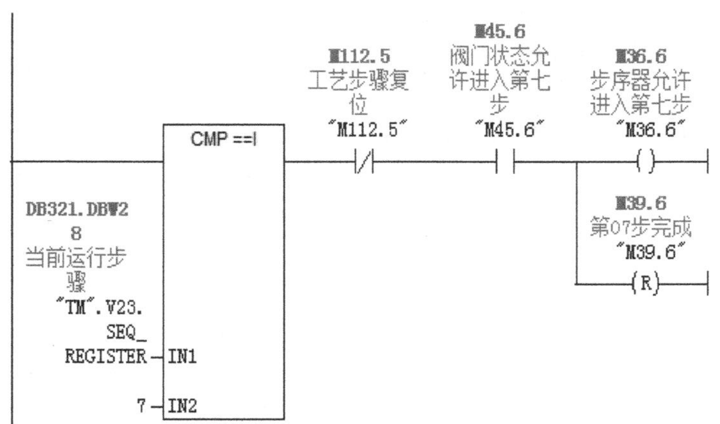

图22-3　FC23 为设置进入第七步做准备已经完成

经过 FC7 中的"'TM'.V23.SEQ_REGISTER"（当前运行步骤）进行右击—"跳转"—"对应位置"，打开了 FC23。当"'TM'.V23.SEQ_REGISTER"（当前运行步骤）

=7 和 “M45.6”（允许进入第七步）被系统置 1 时，系统就激活了 ““M36.6”（步序器允许进入第七步）和复位了 “M39.6”（第 07 步完成），就为进入第七步做好了充分的准备，如图 22–3 所示。在 FC8 的程序段 20 中，在第七步结束以后 ““M39.6”（第 07 步完成）又被置位为 1，这时程序就进不到第七步的系统循环中，保证了系统的安全（如图 22–4 所示）。并且 “M33.6”（第 07 步定时器计时标志位）被复位为 0。

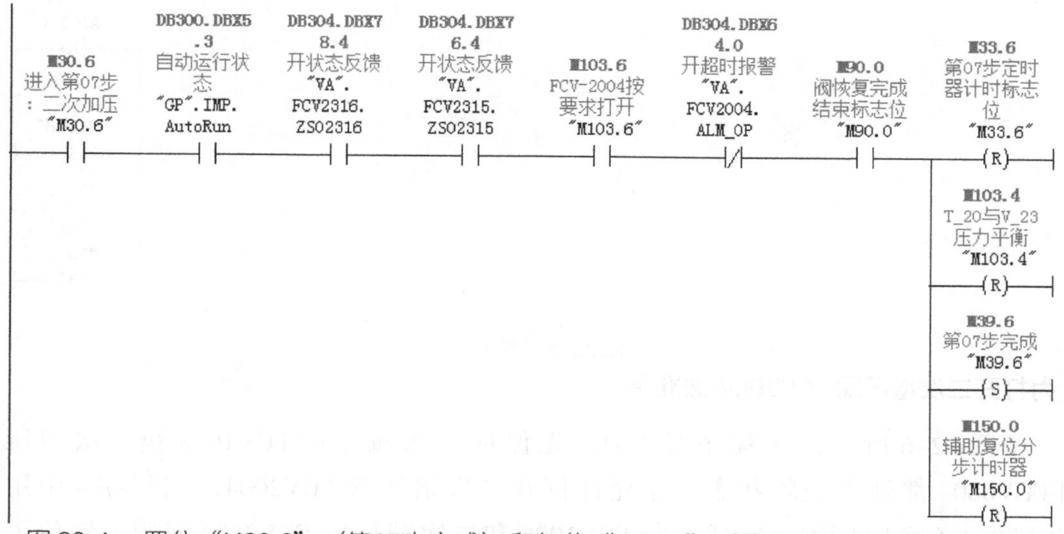

图 22-4　置位 “M39.6”（第07步完成）和复位 “M33.6”（第07步定时器计时标志位）

2. 辅助复位分步计时器

在 “一秒尖峰脉冲的使用” 专题当中讲述了程序的 “单步运行时间计时”，使用 “M150.0”（辅助复位分步计时器）来作为 19 步中每一步的计时开始和计时结束的标志，而且在这 19 步中 “M150.0”（辅助复位分步计时器）使用的是同一存储器位，这是因为用时置位，不用时复位，增加了程序的通用性和可读性，如图 22–5 所示。

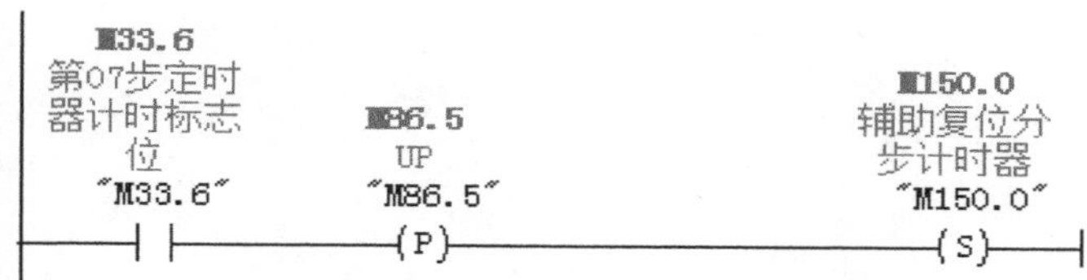

图22-5　FC8中 “M150.0”（辅助复位分步计时器）的置位和复位

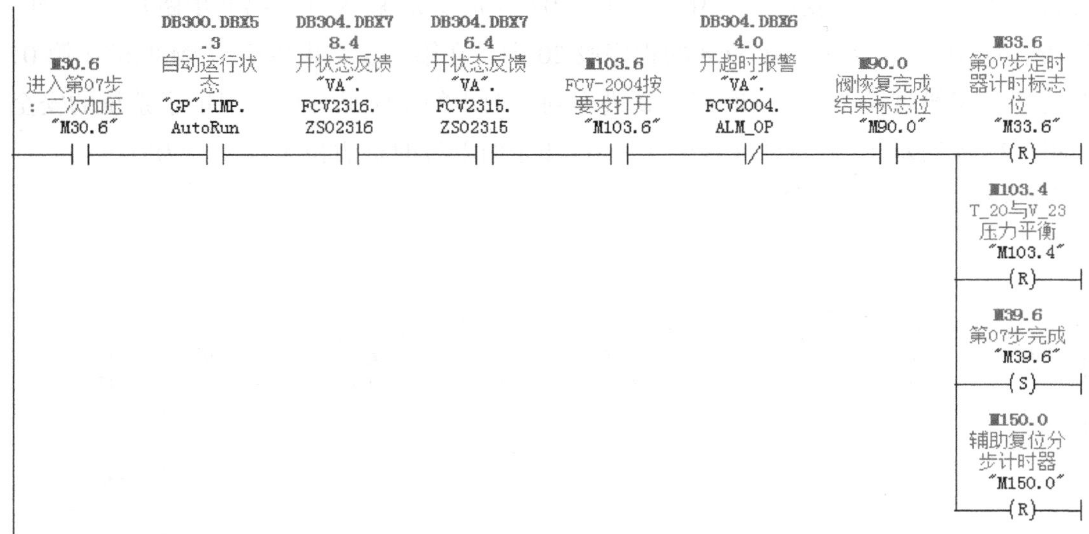

图22-5（续）

3. 为打开二次增压阀 FCV2004 做准备

如图 22-6 所示，在程序段 3 中，先保证一次减压阀 FCV1008 和二次减压阀 FCV0804 都处于关闭状态，才允许打开二次增压阀 FCV2004；在程序 4 中用“FCV2004_Interlock”（一次减压阀 FCV1008 和二次减压阀 FCV0804 连锁）置位了“M103.5”（使能二次增压阀开关）线圈，为后续程序做准备。在本段注释中提到 7、8、9、10 步重复时必须有小于 11 步的限制，否则会打开 2004 阀，这时当工艺中断时候需要解决的问题，在后续的“工艺步骤重复”中详细解读。

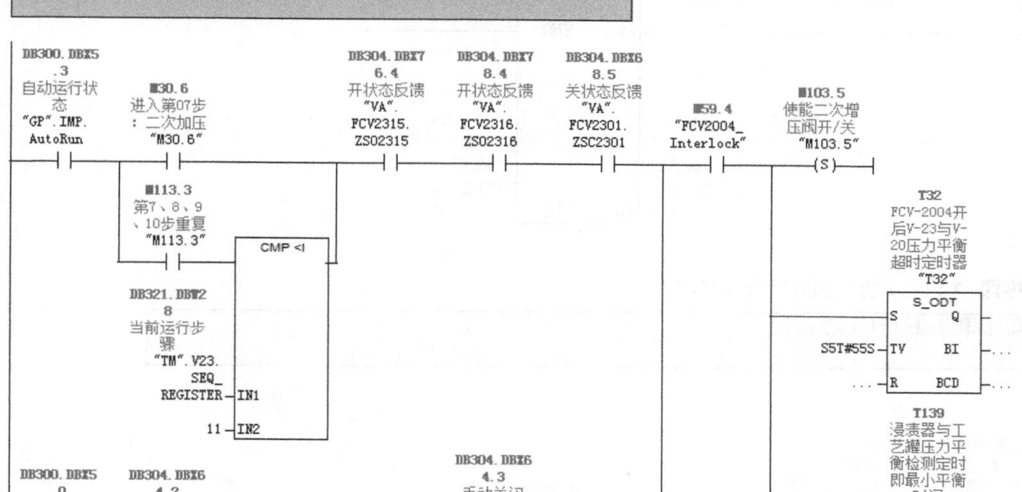

图22-6　为打开二次增压阀 FCV2004做准备

4. 逐渐打开二次增压阀 FCV2004

如图 22-7 所示，二次增压阀 FCV2004 一端和内部压力为 10bar 的浸渍器相连，另一端和 30bar 的工艺罐 V20 相连，由于压差很大，不能猛然打开，而是逐渐分步打开，所以厂家为打开二次增压阀 FCV2004 的旋转气缸设置了一个定位器。

在图 22-7 的程序段 6 中，"'ANA'.FCV2004.Ini"（初始开度设定值）是通过显示面板设置的，一般设定 20%（20），把这个初始值传送给"'ANA'.FCV2004.Out'（输出开度），这个输出开度值即是 FC8 中的主要参数，也是和模拟量输出转换功能块 FB4 的纽带。二次增压阀 FCV2004 在旋转气缸作用下和定位器的控制下打开 20% 的开度。

在程序段 7、8 中，当二次增压阀 FCV2004 的开度还没有达到 100% 的时候，每五秒增加一个"'ANA'.FCV2004.Step"（步进开度设定值），和原来的"'ANA'.FCV2301.Out"（输出开度）相加以后重新赋值给"'ANA'.FCV2301.Out "（输出开度），传送给 FB4，并作为下一个扫描周期的二次增压阀 FCV2004 开度设定值，就这样经过几次的步进打开，当"'ANA'.FCV2301.Out "（输出开度）值大于 100% 时。在程序段 9 中，就把"'ANA'.FCV2004.Out"（输出开度）值设定为 100%，这时二次增压阀 FCV2004 才算打开，如果这个过程超过了计时器“T32”的 55s 的设定值，就要故障报警。

⊟ **程序段 6**：标题：

设定二次增压阀FCV-2004的开度。

DB300.DBX5.1
自动状态
"GP".IMP.Auto

M103.5
使能二次增压阀开/关
"M103.5"

M88.5
UP
"M88.5"
(P)

MOVE
EN ENO

DB307.DBD738
初始开度设定值
"ANA".FCV2004.Ini — IN OUT — DB307.DBD758
输出开度
"ANA".FCV2004.Out

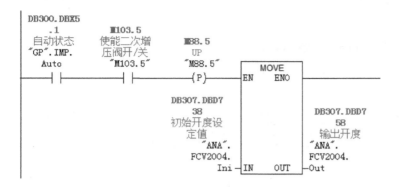

⊟ **程序段 7**：二次增压阀分步开定时器

二次增压阀步进打开定时。

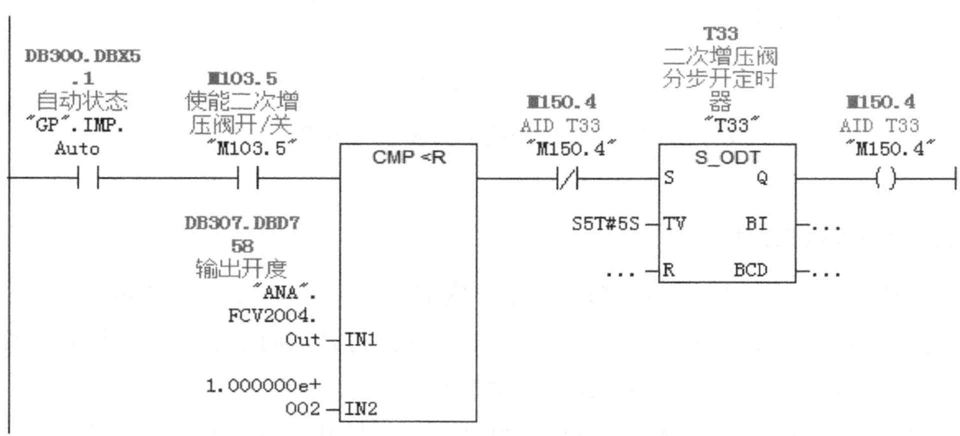

图22-7　一次增压阀FCV2004定位器逐渐打开程序

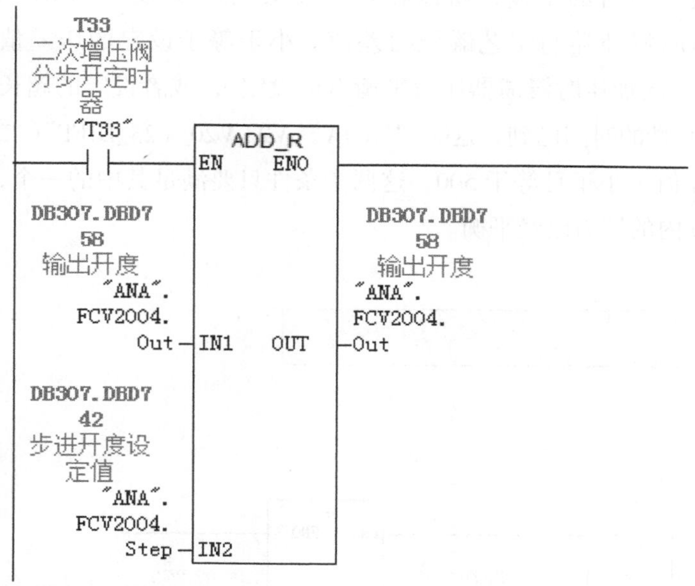

⊟ 程序段 9：标题：

限制二次增压阀最大打开开度。

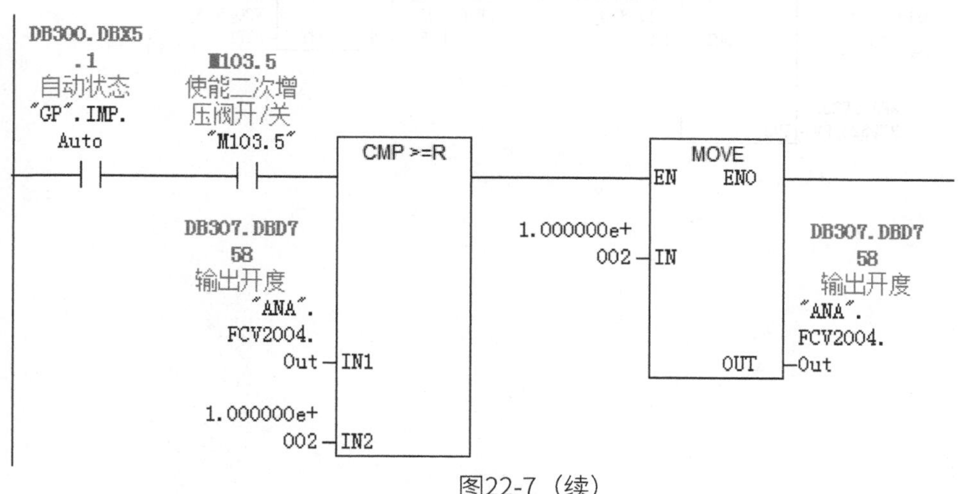

图22-7（续）

4. 工艺罐 V20 和浸渍器 V23 压力平衡

如图 22-8 所示，在 FC8 程序段 14 中来自 FB3 中的经过转换的"'ANA'.V20.PT2003_PV"（工艺罐实时压力显示）和"'ANA'.V23.PT2323_PV"（浸渍器压力值 1），它们经过减法器的相减，又经过对它们的商进行绝对值，最后赋值给"'ANA'.V23.

V20_V23_DIFF”（二次加压时浸渍器与工艺罐压力差值）。

在实际生产中，不可能做到绝对的平衡，所以在程序段 15 中，只要“‘ANA’.V23.V20_V23_DIFF”（二次加压时浸渍器与工艺罐压力差值）小于等于设定的压差值“‘ANA’.V23.PT_DIFF_SP2”（ 二次加压时浸渍器压力平衡差值设定），或者设定的超长确认计时器“T149”计时 3 分 50 秒的时间已到，这时“‘ANA’.V23.V20_V23_DIFF”(二次加压时浸渍器与工艺罐压力差值）小于且等于 500，这两个条件只要满足其中的一个，系统就认为浸渍器和工艺罐 V20 内的压力已经平衡。

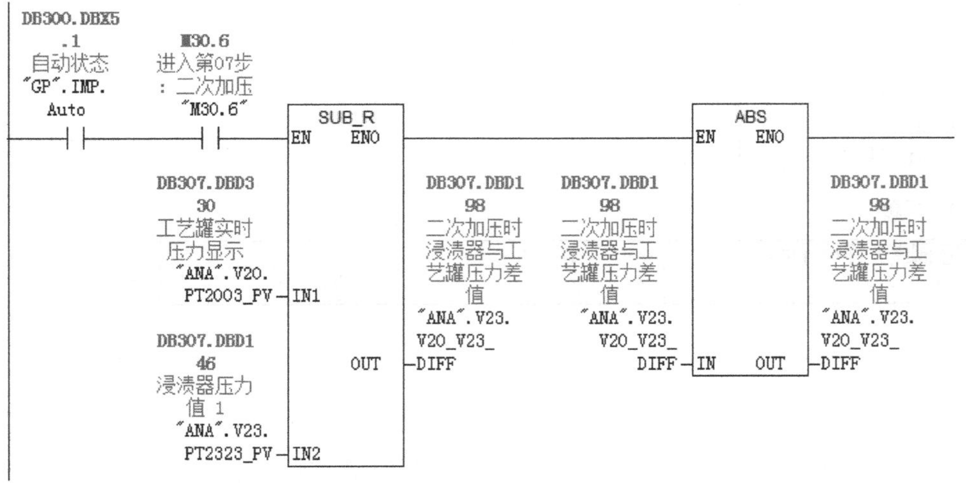

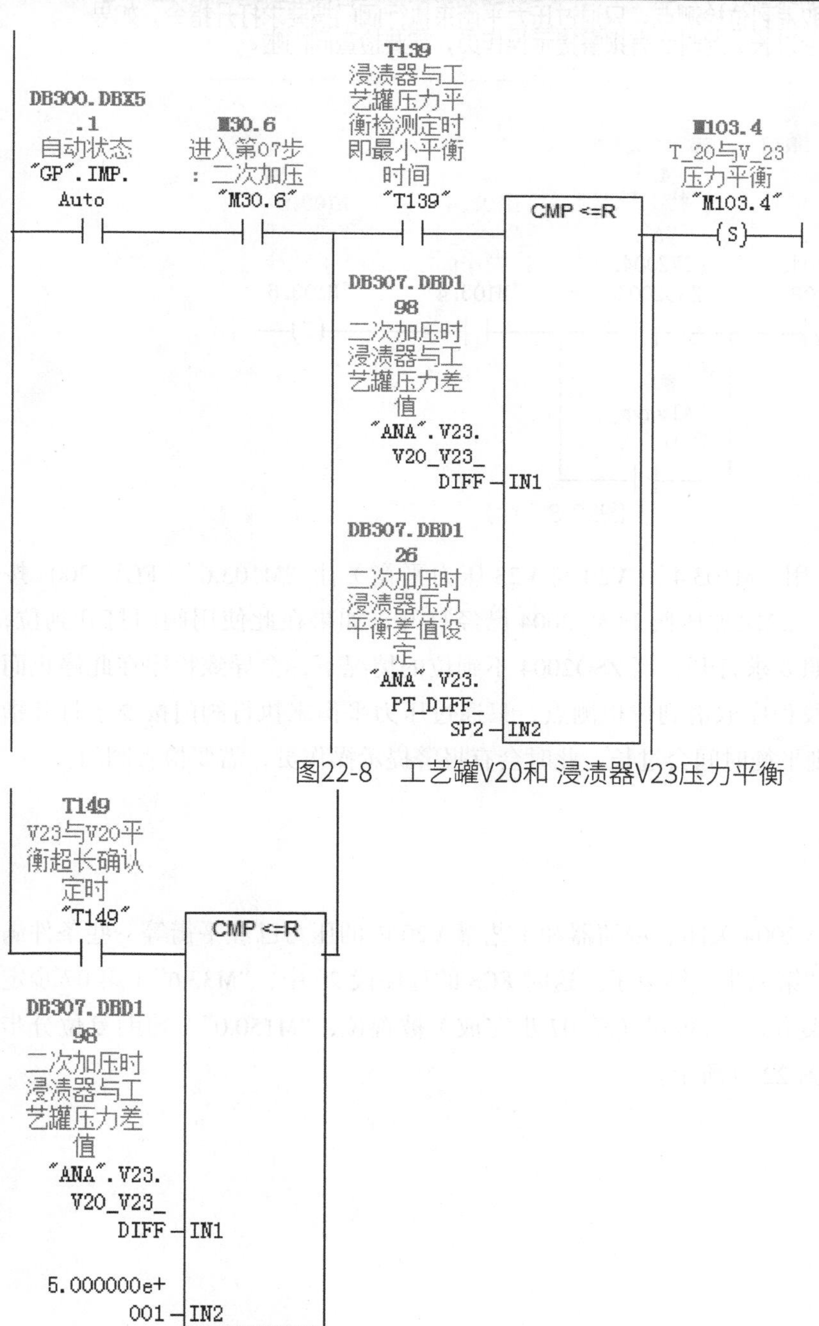

图22-8　工艺罐V20和 浸渍器V23压力平衡

⊟ 程序段 16: FCV-2004按要求打开

二次加压阀已经打开。取消"T32"在此的与压力平衡的并行分支,如果在此使用阀门打开到位，则要检测是否阀门按照要求打开，当zso2004不到位的情况下，会导致程序在此停止不继续运行。因此本段程序取消到位检测点，只通过压力平衡来执行阀门按要求打开指令，如果气路不畅，则平衡时间会过长。此时会有报警提示操作员，需要检查阀门啦。

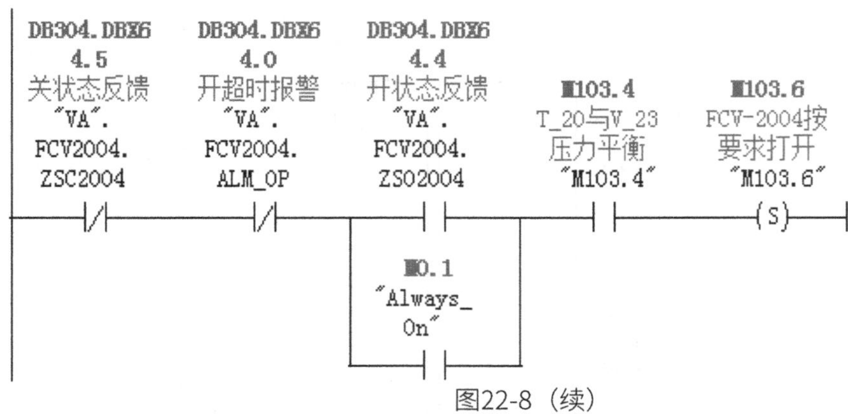

图22-8（续）

在程序段 16 中，用“M103.4”（V20 与 V23 压力平衡）让“M103.6”（FCV-2004 按要求打开）线圈置位。二次加压阀 FCV-2004 已经打开，如果在此使用阀门打开到位，则要检测阀门是否按照要求打开，当 ZSO2004 不到位的情况下，会导致程序在此停止而不继续运行。因此本段程序取消到位检测点，只通过压力平衡来执行阀门按要求打开指令，如果气路不畅，则平衡时间会过长。此时会有报警提示操作员，需要检查阀门。

5. 为第八步做准备

当二次增压阀 FCV2004 关闭、浸渍器和工艺罐 V20 内的压力已经平衡等一些条件满足以后，系统就认为“第七步”结束了。这时 FC8 的程序段 20 中，“M33.6”（第 07 步定时器计时标志位）被复位、“M39.6”（第 07 步完成）被置位，“M150.0”（辅助复位分步计时器）被复位。如图 22-9 所示。

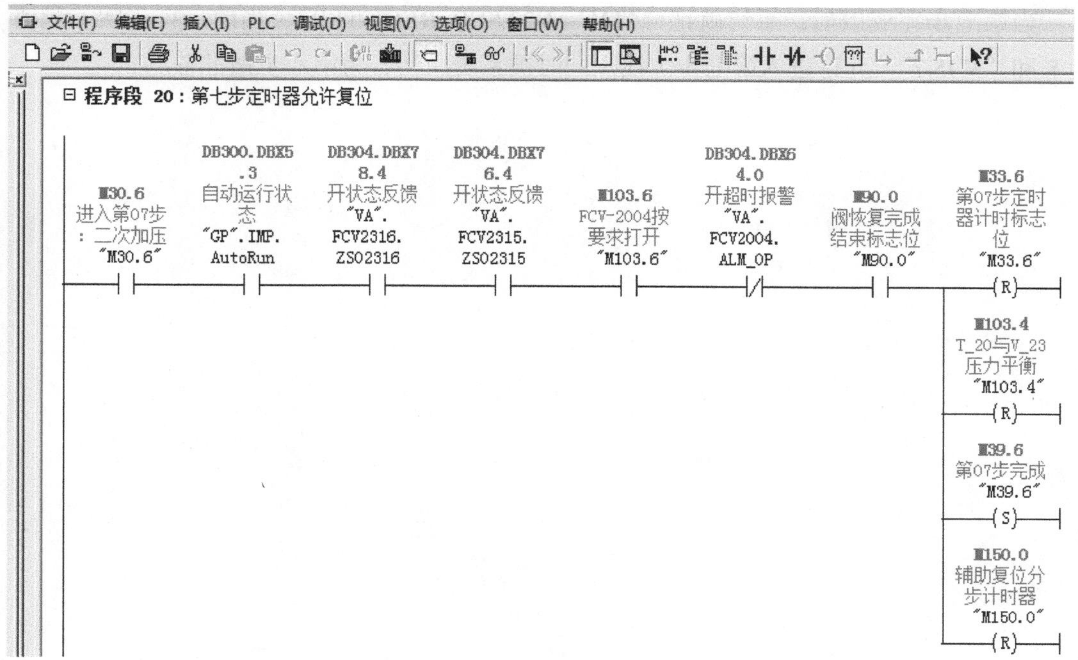

程序段 23：标题：

注册第八步顺序器：工艺罐对浸渍器进行充液。

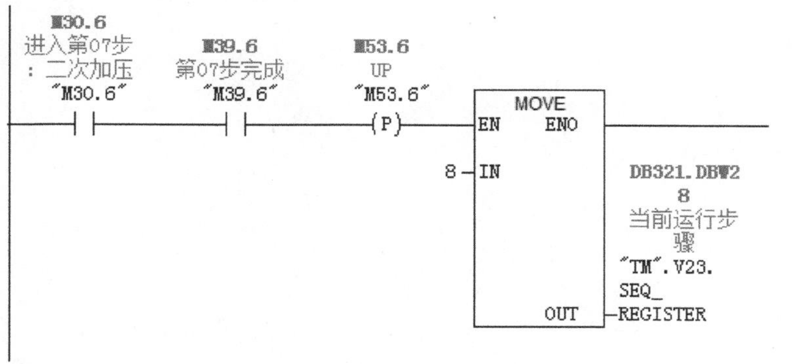

程序段 24：允许进入第8步

可以进入第八步。

M103.6
FCV-2004按要求打开
"M103.6"
M103.0
V-23上下盖已安全关闭
"M103.0"
M45.7
允许进入第八步
"M45.7"

图22-9　为第八步做准备

当第七步完成以后，系统就把“‘TM’.V23.SEQ_REGISTER”（当前运行步骤）赋值为 8 和“M45.7”（允许进入第七步）线圈同时被系统激活，为第八步做准备。

23　第八步，泵送液体 CO_2

在程序运行之前，就要先在监视画面上选择使用 A、B 液体输送泵，在现场也要做好对应的选择，在各自泵的手动阀门出口处都有检测开、关到位的开关。下面以选择 A 泵为例，在第八步，首先打开 CO_2 液体加注阀（FCV2305），延时以后关闭工艺泵平衡阀 FCV2207A，然后启动 CO_2 工艺泵 P — 22A 加注液体 CO_2 到 V23。当 V20 内 CO_2 的重量减少量大于 280kg（此值可修改），并且下述条件之一满足时：

1）V23 低位及中位温度探头温度均低于设定值。

2）V23 高位温度探头温度低于设定值。

3）工艺泵运行时间到。

4）V20 内 CO_2 重量减少量达到设定值。

5）管路上超声液位开关 LSH2321 动作。

停止工艺泵 P — 22A、关闭 CO_2 液体加注阀（FCV2305）、打开工艺泵平衡阀（FCV2207A）。

1. 设置步序

打开 FC9（第八步，泵送液体 CO_2），在程序段 1 中有“M36.7”（步序器允许进入第八步）和“"M39.7”（第 08 步完成）（如图 23–1 所示），经过对它们进行右键单击“跳转”—“对应位置”，打开 FC8（第七步），在第七步完成以后，系统把“‘TM’.V23. SEQ_REGISTER”（当前运行步骤）赋值为 8，意思就是可以进入程序的第八步，如果这时上、下盖已安全关闭，“M103.0”（V23 上、下盖已安全关闭）常开触点就被触发，“M45.7”（允许进入第八步）就为进入第八步做好准备，如图 23–2 所示。

经过 FC8 中的“‘TM’.V23.SEQ_REGISTER”（当前运行步骤）进行右击—“跳转”—“对应位置”，打开了 FC23，当“‘TM’.V23.SEQ_REGISTER”（当前运行步骤）=8 和“M45.7”（允许进入第八步）被系统置 1 时，系统就激活了“M36.7”（步序器允许进入第八步）和复位了“M39.7”（第 08 步完成），就为进入第八步做好了充分的准备，如图 23–3 所示。在 FC52 的程序段 52 中，在第八步结束以后“M39.7”（第 08 步完成）又被置位为 1，这时程序就进不到第八步的系统循环中，保证了系统的安全（如图 23–4 所示）。并且“M33.7”（第 08 步定时器计时标志位）被复位为 0。

⊟ **程序段 1**：进入第8步：充液

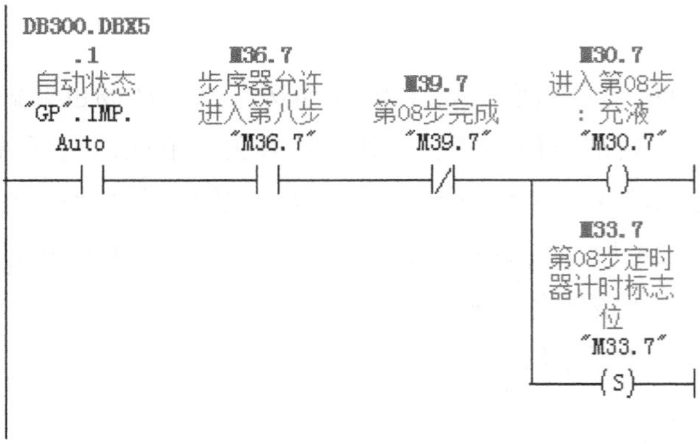

DB300.DBX5
.1
自动状态
"GP".IMP.
Auto

M36.7
步序器允许
进入第八步
"M36.7"

M39.7
第08步完成
"M39.7"

M30.7
进入第08步
：充液
"M30.7"
( )

M33.7
第08步定时
器计时标志
位
"M33.7"
(S)

图23-1　FC9的程序段1

⊟ **程序段 23**：标题：

注册第八步顺序器：工艺罐对浸渍器进行充液。

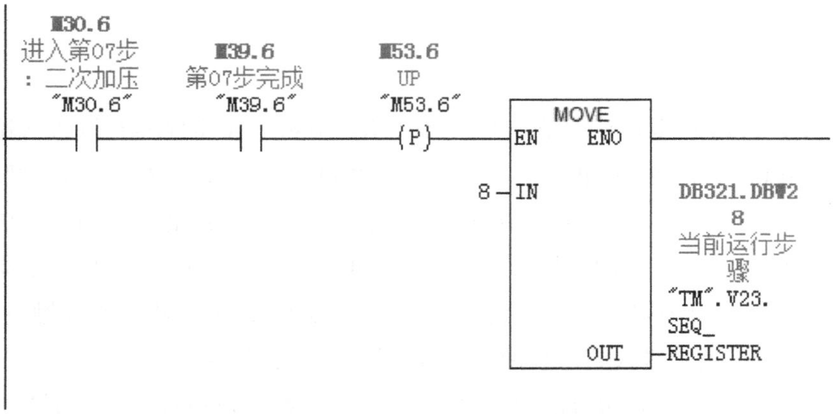

M30.6
进入第07步
：二次加压
"M30.6"

M39.6
第07步完成
"M39.6"

M53.6
UP
"M53.6"
(P)

MOVE
EN　ENO
8 - IN
OUT

DB321.DBW2
8
当前运行步
骤
"TM".V23.
SEQ_
REGISTER

⊟ **程序段 24**：允许进入第8步

可以进入第八步。

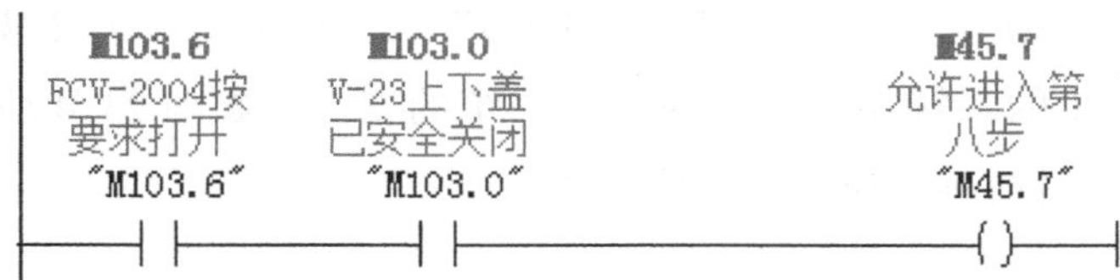

图23-2　FC8为设置进入第八步做准备

⊟ **程序段 11**：允许进入第八步

第八步：充液。

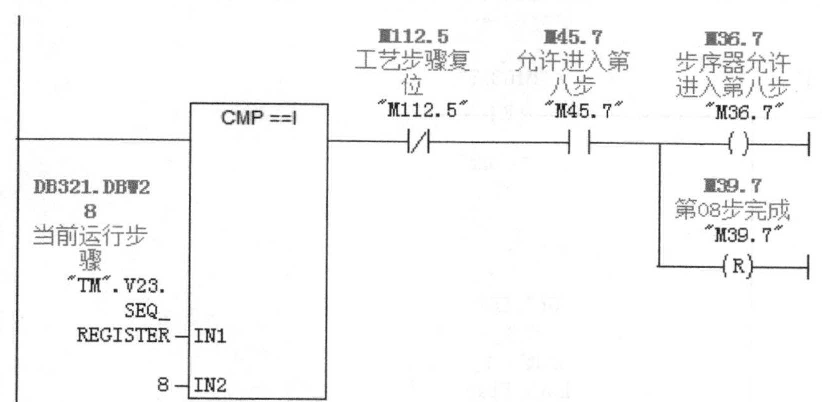

图23-3　FC23为设置进入第八步做准备已经完成

⊟ **程序段 52**：第八步定时器允许复位

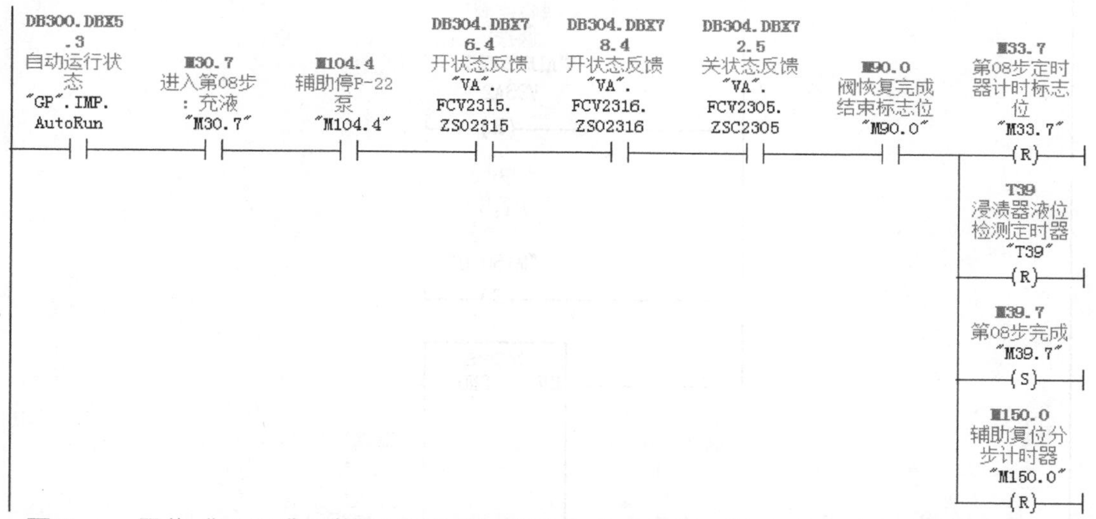

图23-4　置位"M39.7"（第08步完成）和复位"M33.7"（第08步定时器计时标志位）

2. 辅助复位分步计时器

在"一秒尖峰脉冲的使用"专题当中讲述了程序的"单步运行时间计时"，使用"M150.0"（辅助复位分步计时器）来作为19步中每一步的计时开始和计时结束的标志，而且在这19步中"M150.0"（辅助复位分步计时器）使用的是同一存储器位，这是因为用时置位，不用时复位，增加了程序的通用性和可读性，如图23-5所示。

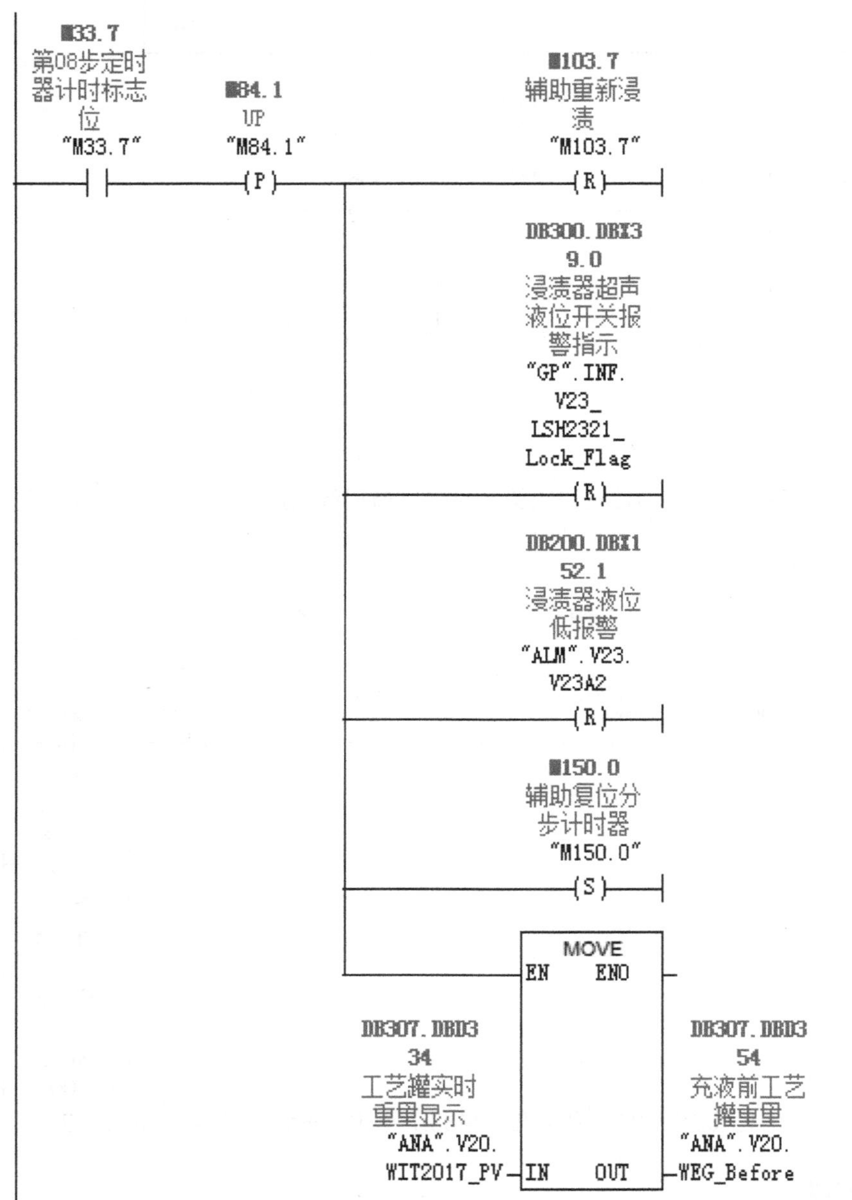

图23-5　FC9中“M150.0”（辅助复位分步计时器）的置位和复位

⊟ **程序段 52**：第八步定时器允许复位

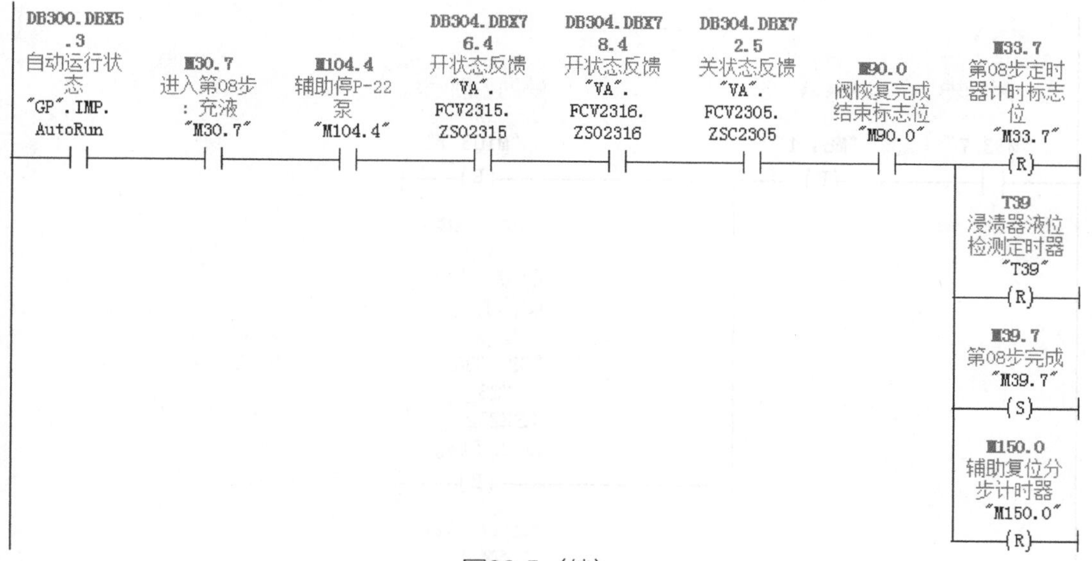

图23-5（续）

3. 几个需要复位的线圈

在程序 2 中，复位了"M103.7"（辅助重新浸渍）、"'GP'.INF.V23_LSH2321_Lock_Flag"（浸渍器超声液位开关报警指示）、"'ALM'.V23.V23A2"（浸渍器液位低报警）等几个线圈，如图 23–6 所示。"M103.7"（辅助重新浸渍）线圈的置位一直等到第 19 步 FC19 的程序段 22 才置位，经过检查后浸渍的烟丝不合格后，在程序段 27 中重新设置返回到第四步（关上盖）。在程序段 42 中只要"'DI/O'.V23.LSH2321"（浸渍器液位高超声开关）被感应到"'GP'.INF.V23_LSH2321_Lock_Flag"（浸渍器超声液位开关报警指示）被置位，但是又一个循环的时候必须复位，如果复位不了这个报警，有可能"'DI/O'.V23.LSH2321"（浸渍器液位高超声开关）就有故障。在程序段 44 中只要中、低液位温度值超过了设定值，"'ALM'.V23.V23A2"（浸渍器液位低报警）就被置位，但是又一个循环的时候必须复位，如果复位不了这个报警，中、低液位温度有可能就有故障。

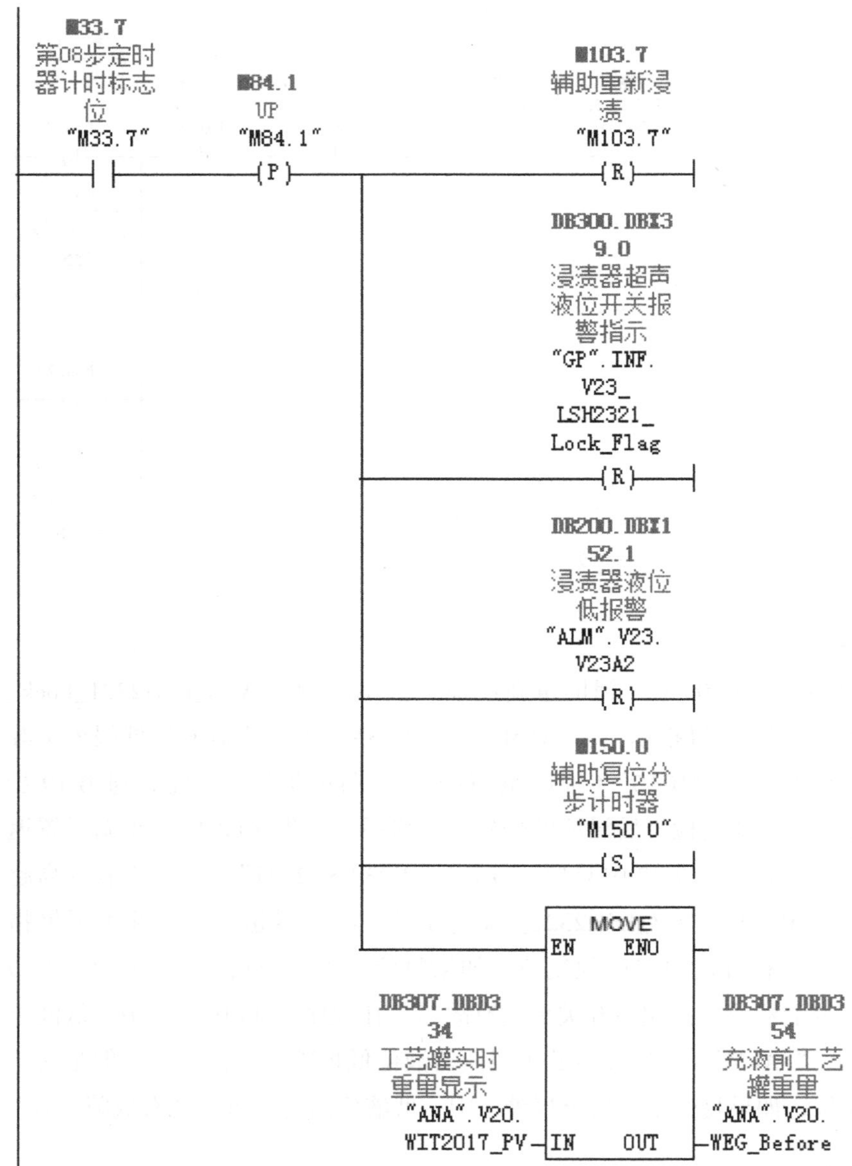

图23-6　几个需要复位的重要线圈程序

⊟ **程序段 22**：辅助重新浸渍

如果充液过程中液位没有达到要求，检察烟丝没有被浸渍好，按下重新浸渍按钮后，检察零压开关后进入第四步工艺，关闭顶盖密封。

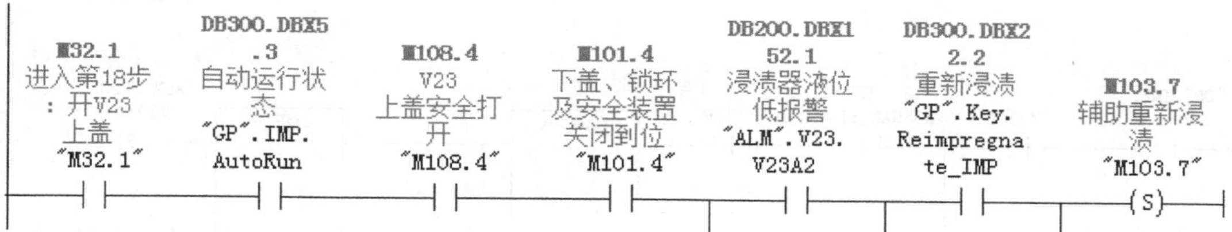

⊟ **程序段 27**：标题：

如果选择重新浸渍，则登录到第四步：关闭顶盖并密封。

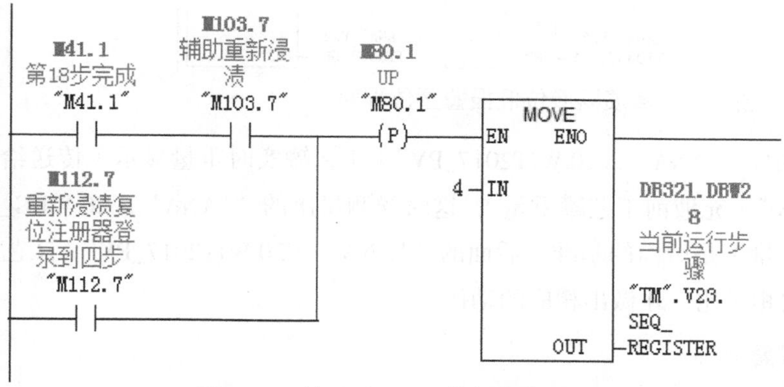

图23-7 第19步FC19的程序段22对“辅助重新浸渍”置位

⊟ **程序段 42**：浸渍器液位过高

浸渍器内液体二氧化碳过高报警。

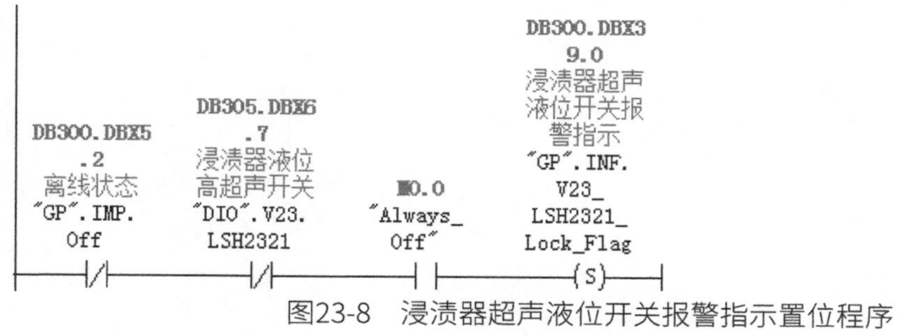

图23-8 浸渍器超声液位开关报警指示置位程序

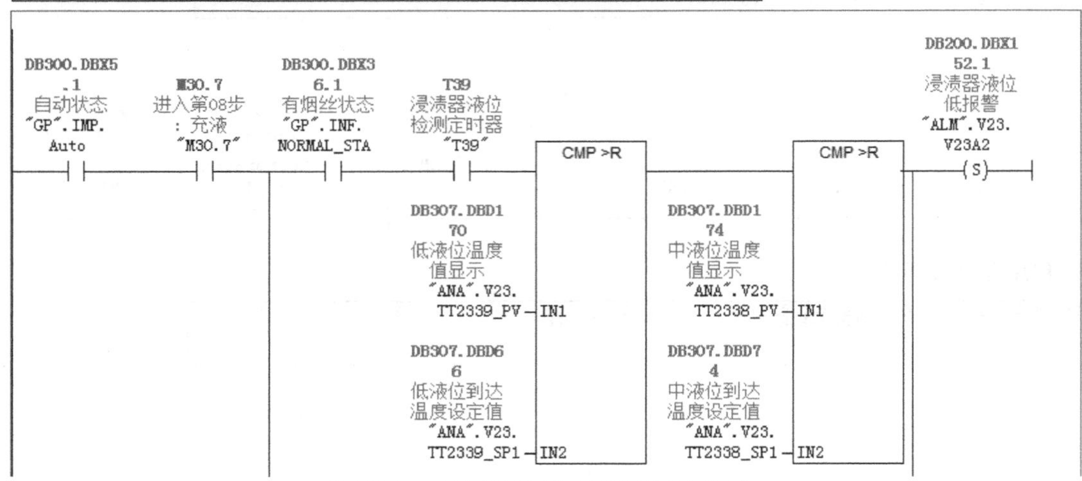

图23-9 浸渍器液位低报警置位程序

在图 23–6 程序段 2 中，"'ANA'.V20.WIT2017_PV"（工艺罐实时重量显示）传送给"'ANA'.V20.WEG_Before"（充液前工艺罐重量），这时候测量出的"'ANA'.V20.WEG_Before"（充液前工艺罐重量）是后面的基准，后面的"'ANA'.V20.WIT2017_PV"（工艺罐实时重量显示）要与它相对比，才做出相应的动作。

4. 浸渍器内部压力过低报警

在第八步开始时，浸渍器中的压力和工艺罐是相平衡的，这时候如果压力低于设定值 24.5bar 时，系统报警并阻止下一步泵液体 CO_2 的进行，主要是因为液体 CO_2 必须在高压下才能存在，压力低到一定值时，CO_2 的气、液共存存在一定的危险性。

⊟ **程序段 3**：二次加压后浸渍器压力低报警

进入第八步后，在二次加压后进入浸渍器充液步序，如果浸渍器压力低，则报警并且禁止打开充液阀FCV-2305，如果不在第八步时，即使压力低也不会报警。

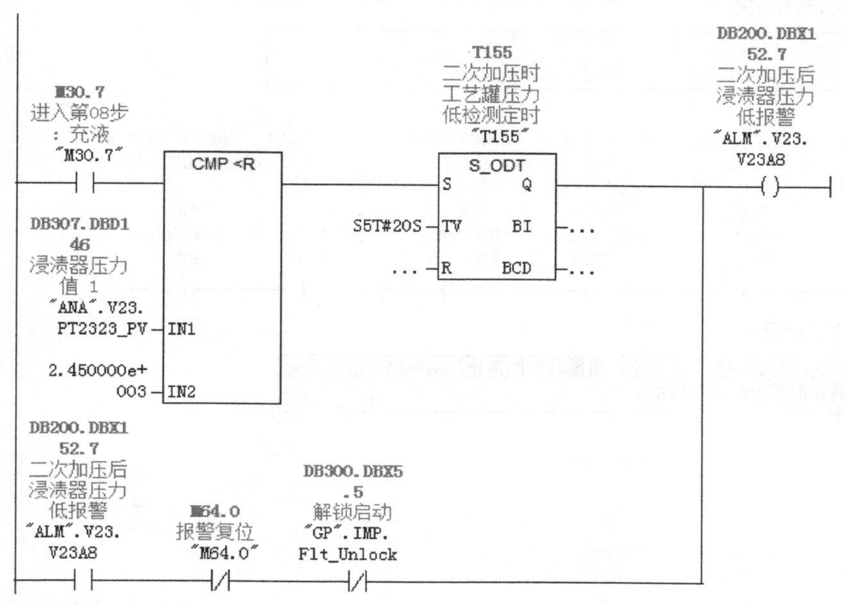

⊟ **程序段 4**：UP

需要对主辅工艺泵在上位机上进行选择。

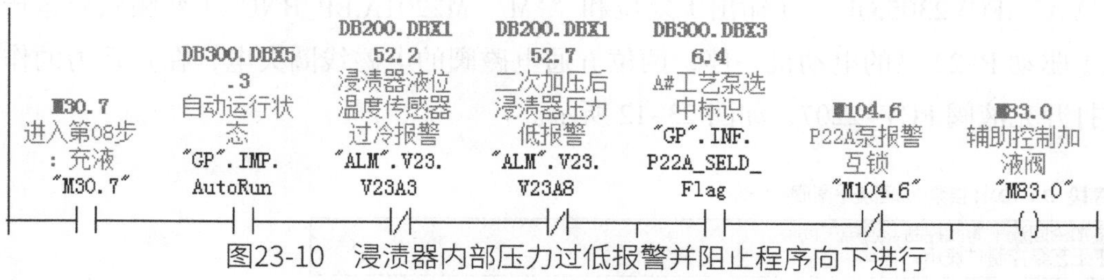

图23-10　浸渍器内部压力过低报警并阻止程序向下进行

5. 打开和关闭 V23 充液阀 FCV-2305

在程序段 5 中没有特殊条件，基本条件只要满足，系统就把驱动充液阀 FCV-2305 的两位五通电磁阀的电磁线圈置位，打开充液阀 FCV-2305。在程序段 28 中，只要液体 CO_2 输送泵按照要求停止了，再经过计时器 “T40”(P-22 泵停后延时关 FCV-2305 定时器) 500ms 的延时，两位五通电磁阀的电磁线圈复位，在弹簧力的作用下关闭充液阀 FCV-2305，如图 23-11 所示。

6. 关闭和打开 V20 补偿泵的 CO_2 回流平衡阀 FCV-2207

在程序段 9 中，使用了 “‘VA’ .FCV2305.OUT” (输出) 和 “‘M’ .M2201A.BP_RNG”

（变频软启运行反馈）两个主要条件，让驱动回流平衡阀 FCV–2207 的两位五通电磁阀的电磁线圈得电。

⊟ **程序段 5**：V23充液阀FCV-2305开/关

打开浸渍器充液阀。

M83.0	DB304.DBX76.4	DB304.DBX78.4	DB304.DBX68.5	DB304.DBX72.4	DB304.DBX72.0	DB304.DBX72.6
辅助控制加液阀	开状态反馈	开状态反馈	关状态反馈	开状态反馈	开超时报警	输出
"M83.0"	"VA".FCV2315.ZS02315	"VA".FCV2316.ZS02316	"VA".FCV2301.ZSC2301	"VA".FCV2305.ZS02305	"VA".FCV2305.ALM_OP	"VA".FCV2305.OUT
—| |—	—| |—	—| |—	—| |—	—|/|—	—|/|—	—(S)—

⊟ **程序段 48**：V23充液阀FCV-2305开/关

手动模式时，充液阀的关闭也可以超时报警。如果出现重量导致的停止加液则有可能出现无法关闭2305阀门的情况，主要可能是定时器造成的。

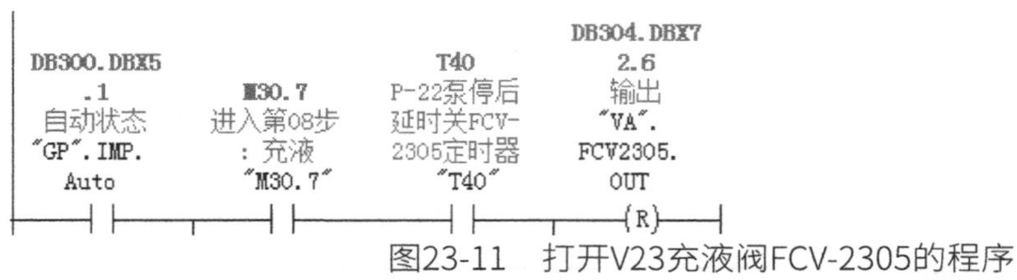

图23-11　打开V23充液阀FCV-2305的程序

在气缸的驱动下关闭回流平衡阀 FCV–2207。由于没有使用置位和复位线圈，只要"'VA'.FCV2305.OUT"（输出）复位和"'M'.M2201A.BP_RNG"（变频软启运行反馈）驱动 P–22 泵的电动机一停，两位五通电磁阀的电磁线圈失电，在弹簧力的作用下打开充液阀 FCV–2207，如图 23–12 所示。

⊟ **程序段 9**：V20补偿泵CO2回流平衡阀FCV-2207

工艺泵加液回流平衡阀控制。通电关闭。
选择主工艺泵控制时使用。

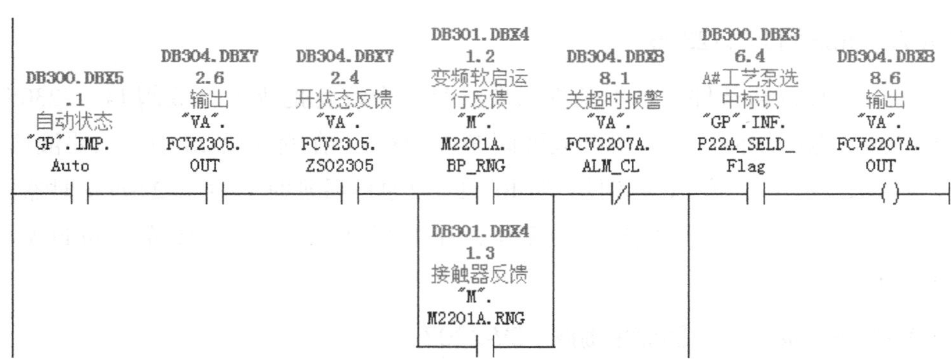

图23-12　关闭V20补偿泵的CO_2回流平衡阀FCV-2207的程序

7. 启、停 P-22 液体输送泵

系统专门设置了启、停 P-22 液体输送泵的辅助线圈“M83.1”（辅助设置工艺泵）和“M104.4”（辅助停 P-22 泵），在程序段 23 中，一个主要的启动条件就是“‘ALM’.V23.V23A3”（浸渍器液位温度传感器过冷报警），在上一个周期的第 16 步（开下盖），在打开下盖之前，用压缩空气对三个液位温度传感器进行清吹和加热，让原来检测时的低温变成所要求的温度。因为生产是不停地循环的，当到了本次循环的第八步时，如果三个液位温度传感器的温度还很低，系统就认为要么液位温度传感器坏了，要么液位温度传感器周围被杂物堵塞，需要清理。如图 23-13 所示。

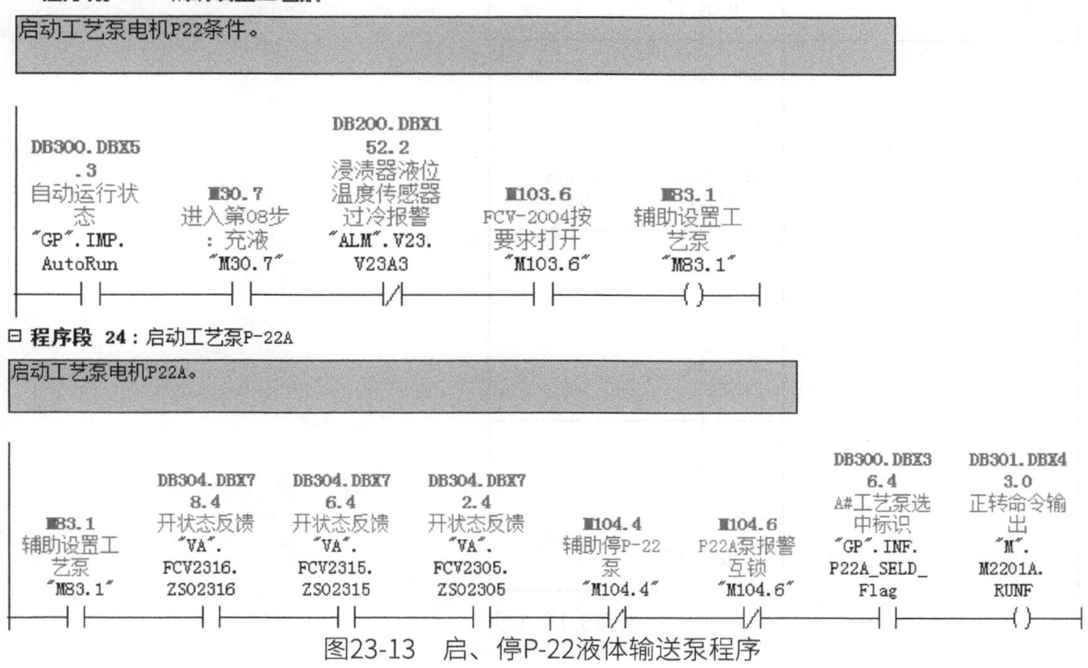

图23-13　启、停P-22液体输送泵程序

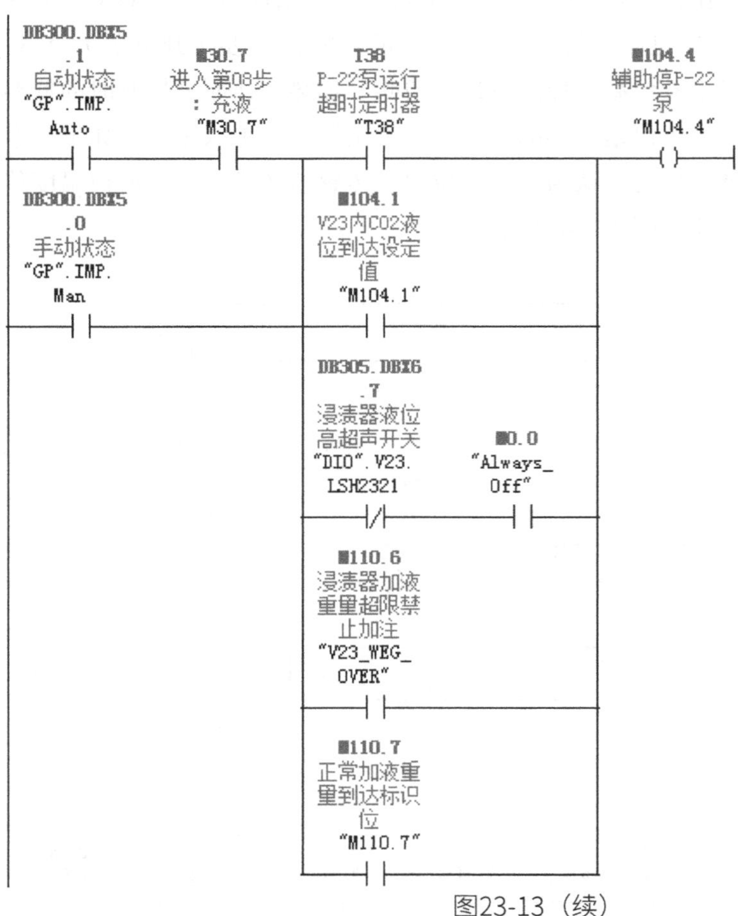

图23-13（续）

在程序段 45 中，系统设置了 5 个条件，只要满足这 5 个条件的其中一个，P–22 泵就自动停止，分别是“T38”（P–22 泵运行超时定时器）、“M104.1”（V23 内液位达到设定值）、“‘DI/O’.V23.LSH2321”（浸渍器液位高超声开关）、“V23_WEG_OVER”（浸渍器加液重量超限禁止加注）、“M110.7”（正常加液重量达到标示位）。

8. 加注的液体 CO_2 的重量检测

在程序段 37 中，“‘ANA’.V20.WEG_Before”（充液前工艺罐重量）是在程序段 2 中，工艺泵 P–22 还没有启动前，工艺罐的静态重量，是个相对固定值。一旦工艺泵 P–22 启动，就要向浸渍器中充注 CO_2，“‘ANA’.V20.WIT2017_PV”（工艺罐实时重量显示）就是一个变化的值，它们之间的差就是向浸渍器中充注的量即“‘ANA’.V23.WEG_PV1”（浸渍器加液重量），在工艺泵 P–22 停止之前“‘ANA’.V23.WEG_PV1”（浸渍器加液重量）也是一个变化的值。如图 23-14 所示。

⊟ **程序段 37**：标题：

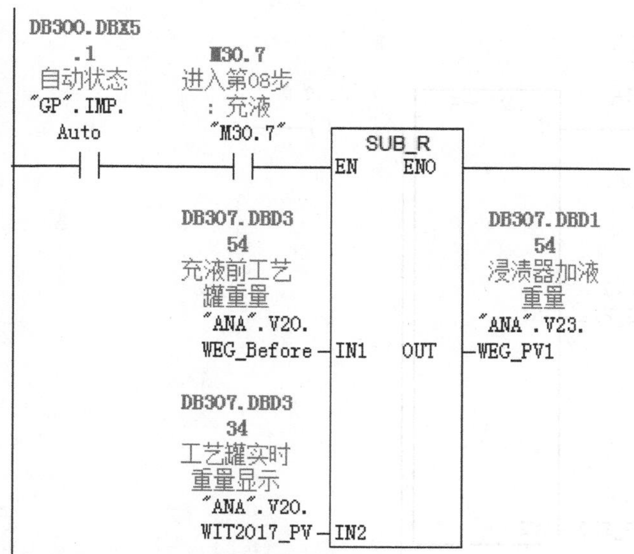

⊟ **程序段 38**：浸渍器加液重量超限禁止加注

使用定时器过滤由于液位波动造成的影响。

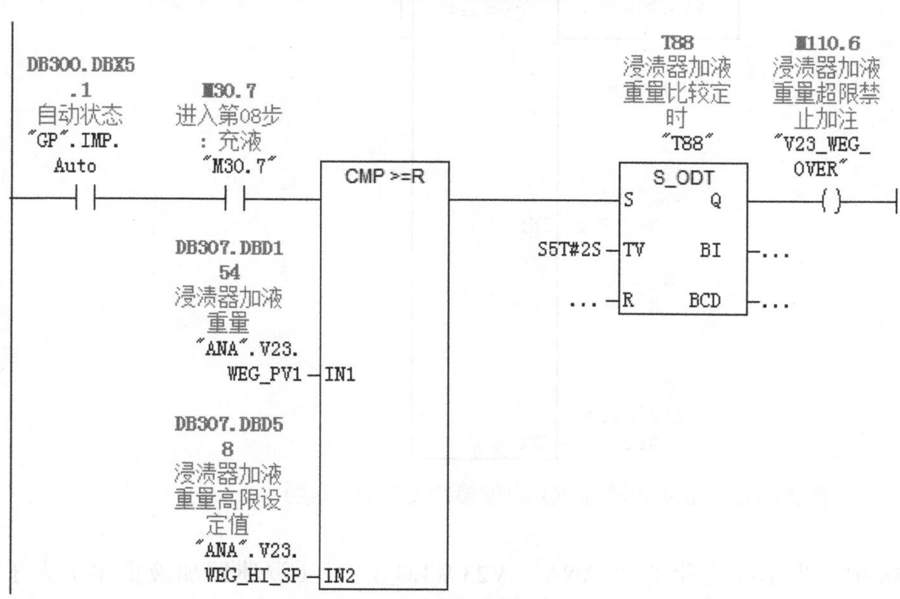

图23-14 加注的液体CO_2的重量检测程序

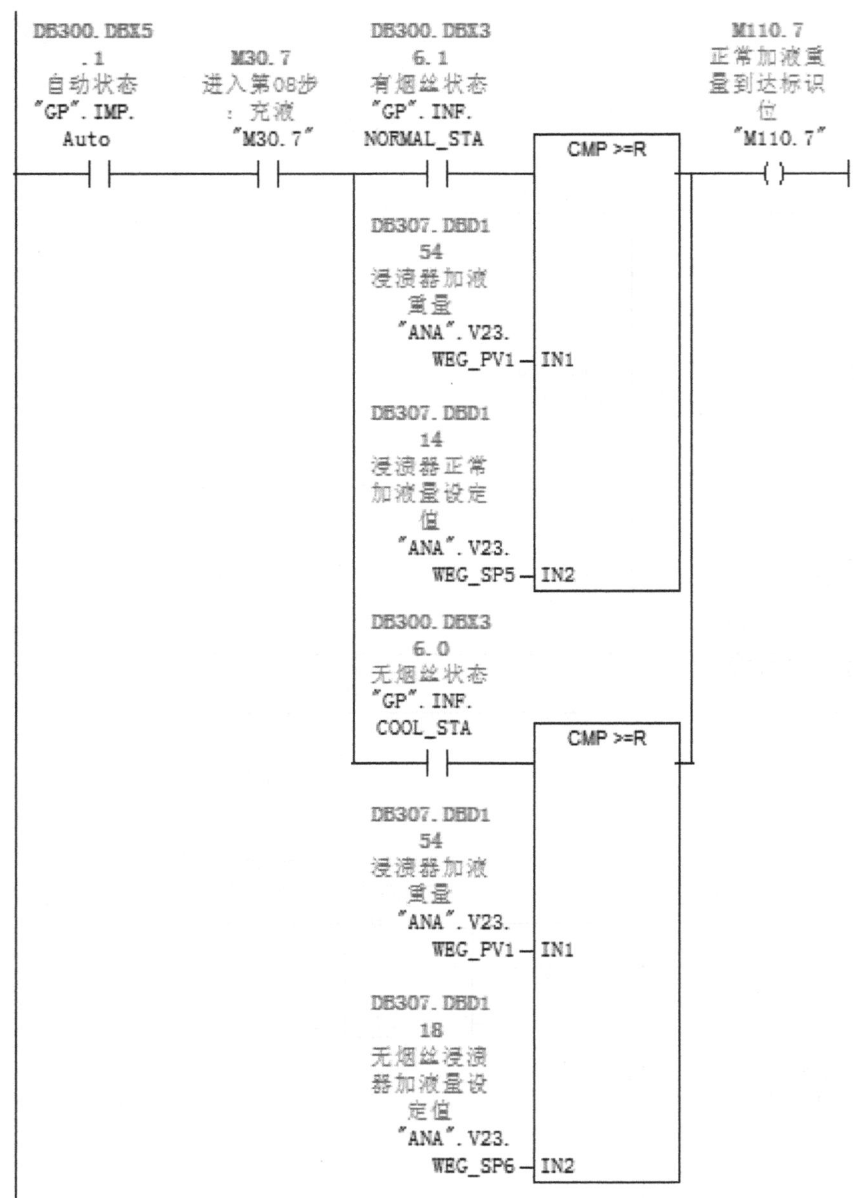

图23-14　加注的液体CO_2的重量检测程序（续）

在程序段 38 中，当不断变化的“‘ANA’.V23.WEG_PV1”（浸渍器加液重量）大于等于“‘ANA’.V23.WEG_HI_SP”（浸渍器加液重量高限设定值）时，系统就要报警，但这样的报警不会出现停机，只是提示。

在程序段 40 中，有烟丝状态时，由于烟丝占了浸渍器的很大空间，这时候同样高度的温度检测探头需要相对少量的液体 CO_2 就能满足要求，所以这时的"'ANA'.V23.WEG_SP5"（浸渍器正常加液量设定值）就少与"'ANA'.V23.WEG_SP6"（无烟丝浸渍器加液量设定值）。

9.CO_2 的液位检测

对液体 CO_2 液位的检测，系统设置了浸渍器内部的低位、中位、高位温度检测探头和浸渍器外的超声波检测开关。在程序段 41 中，当浸渍器内部的低位、中位、高位温度检测探头检测的温度小于且等于设定值时，系统就认为充液量已经满足要求，但是，在程序段 42 中，如图 23-15 所示。

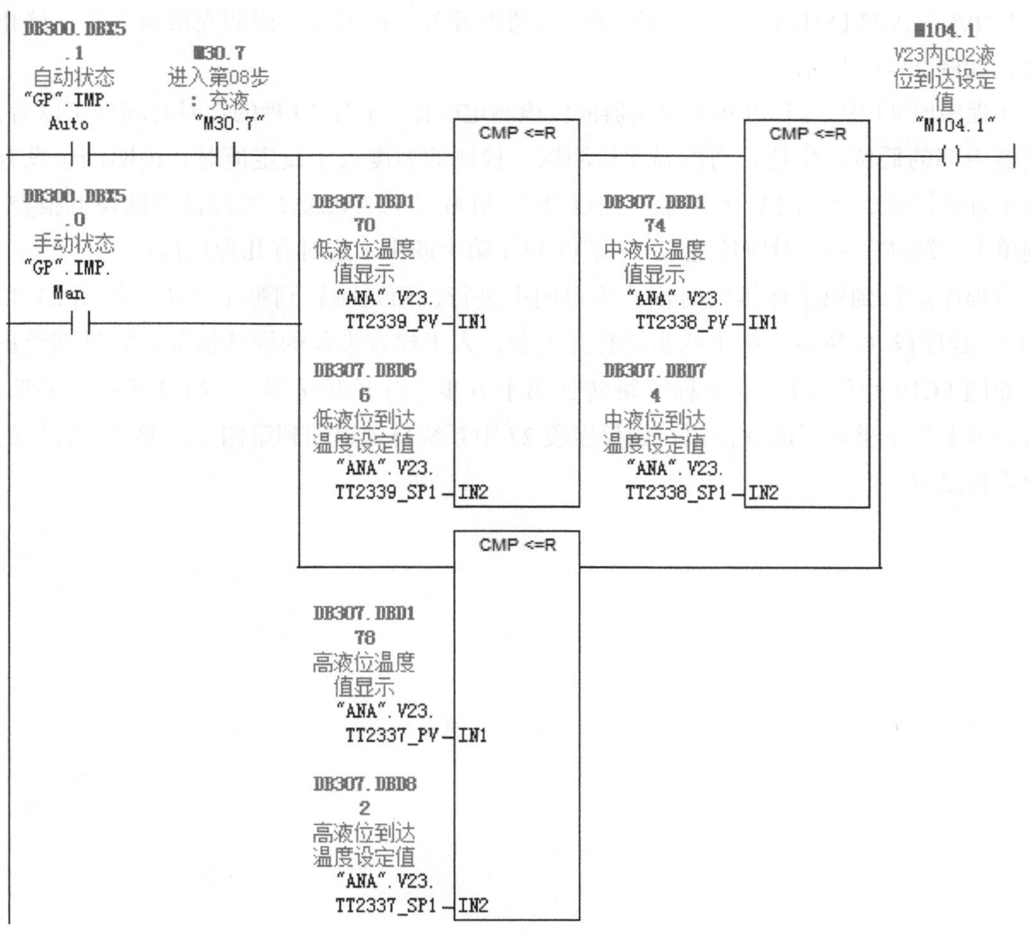

⊟ **程序段 42**：浸渍器液位过高

浸渍器内液体二氧化碳过高报警。

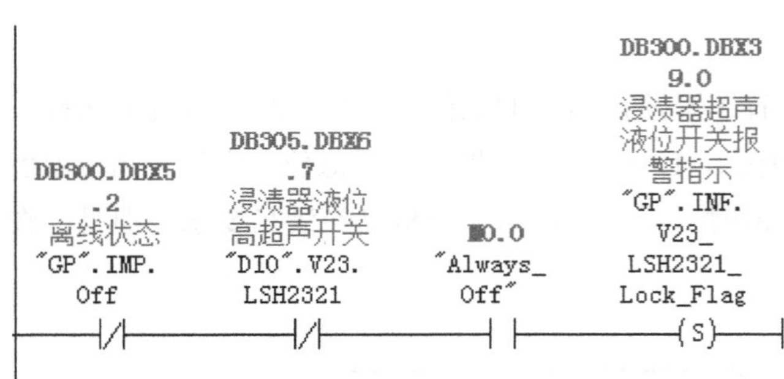

图23-15　CO_2的液位检测（1）

"'DI/O'.V23.LSH2321"（浸渍器液位高超声开关）被触发，说明充液量太多，停止P-22，如图 23-15 所示。

在程序段 44 中，当"T39"(浸渍器液位检测定时器）1 分 30 秒的定时时间到了以后，浸渍器内部的低位、中位、高位温度检测探头检测的温度大于设定值时，说明烟丝没有得到很好的浸渍，如图 23-16 所示。经过对"'ALM'.V23.V23A2"(浸渍器液位低报警）右键单击"跳转"—"对应位置"，打开 FC15（第十四步）这时有几种选择：

当程序运行到第十四步的时候，不再向下进行，而是跳转到第十八步，如图 23-17 中 FC15 程序段 40 所示，第十八步是打开上盖，人工检查烟丝的浸渍情况，如果烟丝正常，如同 FC19 的程序段 28 中程序跳转到第十五步（打开开松器）；如果烟丝不正常，在监视屏上按下重新浸渍软按钮，如程序段 27 中系统自动返回到第四步，要对不合格的烟丝重新浸渍。

⊟ **程序段 44**：浸渍器液位低延时定时器

工艺泵运行一段时间后，如果浸渍器内的温度大于要求温度，加液量小于下限，则认为二氧化碳液位低。

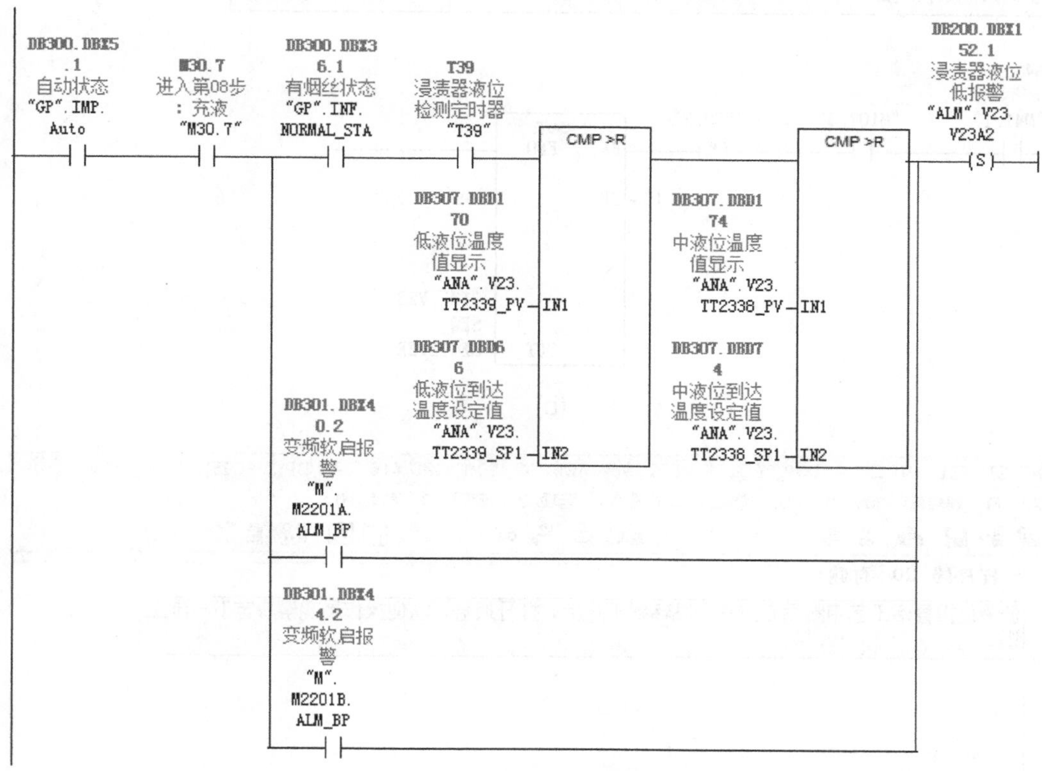

图23-16　CO_2的液位检测（2）

⊟ **程序段 27**：标题：

如果选择重新浸渍，则登录到第四步：关闭顶盖并密封。

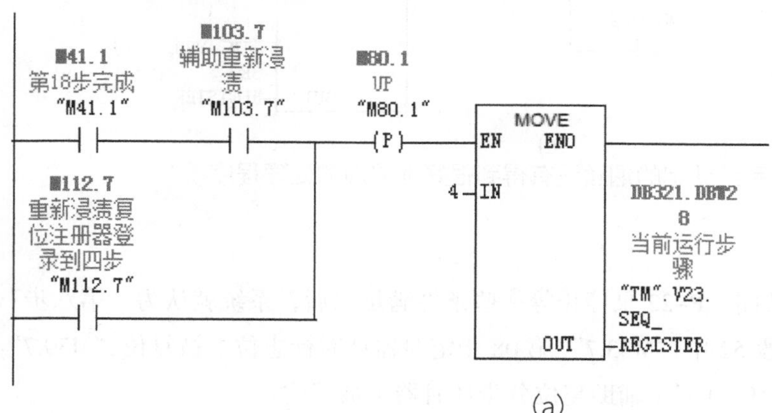

(a)

⊟ **程序段 28**：标题：

虽然液体CO2没有达到要求，但如果烟丝合格，按下工艺继续按钮后登录到第十五步：启动喂料设备。

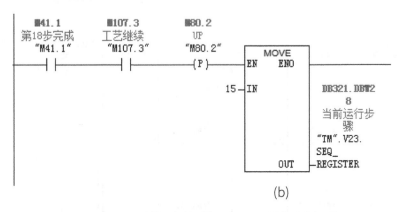

M41.1
第18步完成
"M41.1"

M107.3
工艺继续
"M107.3"

M80.2
UP
"M80.2"
(P)

MOVE
EN ENO
15 – IN
OUT
DB321.DBW28
当前运行步骤
"TM".V23.SEQ_REGISTER

(b)

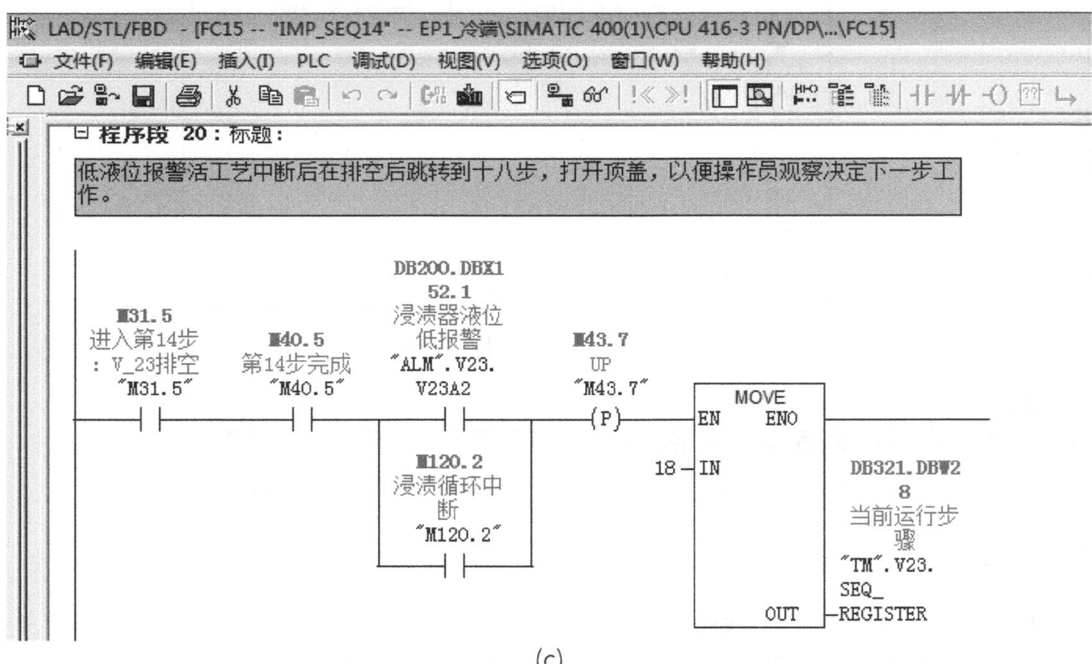

(c)

图 23-17 系统认定的烟丝没有得到很好地浸渍的处理程序

10. 为第九步做准备

当充液阀 FCV-2305 关闭、P-22 泵停止等一些条件满足以后，系统就认为“第八步”结束了，这时 FC9 的程序段 52 中，“M33.7”（第 08 步定时器计时标志位）被复位、“M39.7”（第 08 步完成）被置位，“M150.0”（辅助复位分步计时器）被复位。

当第八步完成以后，系统就把“‘TM’.V23.SEQ_REGISTER”（当前运行步骤）赋值为 9 和 “M46.0”（允许进入第八步），线圈同时被系统激活，为第 9 步做准备，如图 23–18 所示。

程序段 55：标题：

M30.7
进入第08步
：充液
"M30.7"

M39.7
第08步完成
"M39.7"

M43.0
UP
"M43.0"
(P)

MOVE
EN ENO
9 IN
OUT

DB321.DBW28
当前运行步骤
"TM".V23.
SEQ_
REGISTER

程序段 56：允许进入第9步

DB304.DBX72.5
关状态反馈
"VA".
FCV2305.
ZSC2305

M103.0
V-23上下盖
已安全关闭
"M103.0"

M46.0
允许进入第
九步
"M46.0"
( )

(a)

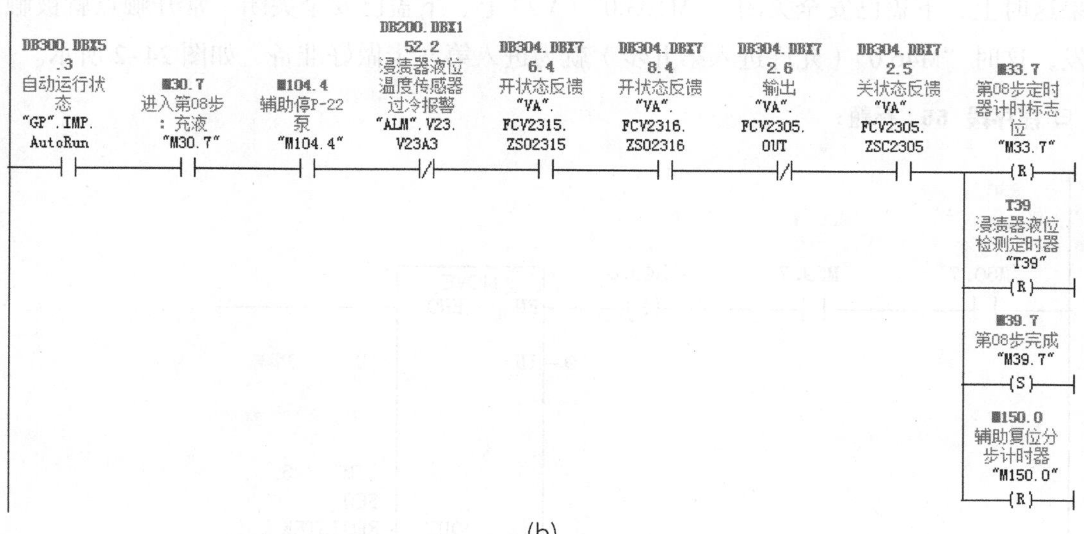

(b)

图23-18 为第九步做准备

24　第九步、浸渍

1. 设置步序

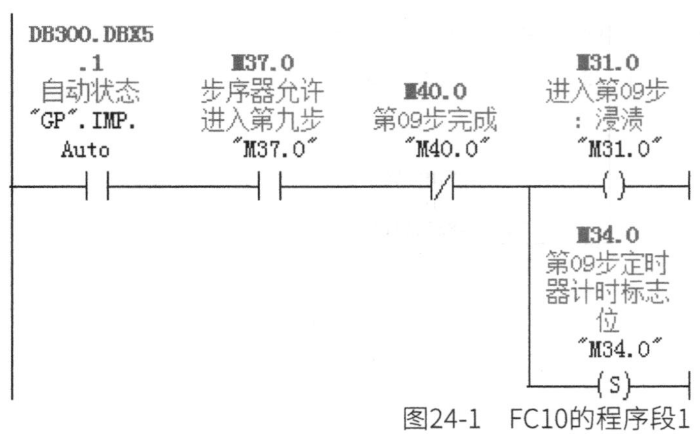

图24-1　FC10的程序段1

打开 FC10（第九步，浸渍烟丝），在程序段 1 中有“M37.0”（步序器允许进入第九步）和“M40.0”（第 09 步完成）（图 24–1 所示），经过对它们进行右键单击“跳转”—“对应位置”，打开 FC9（第八步）。在第八步完成以后，系统把“‘TM’.V23. SEQ_REGISTER”（当前运行步骤）赋值为 9，意思就是可以进入程序的第九步，如果这时上、下盖已安全关闭，“M103.0”（V23 上、下盖已安全关闭）常开触点就被触发，这时“M46.0”（允许进入第九步）就为进入第九步做好准备，如图 24–2 所示。

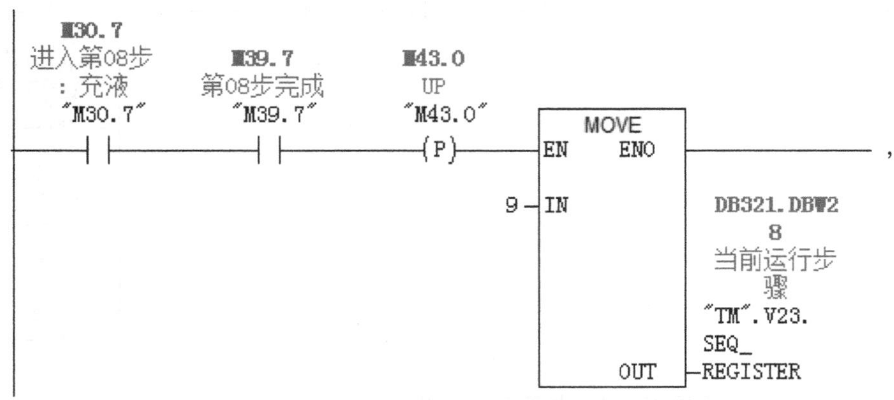

图24-2　FC9为设置进入第八步做准备

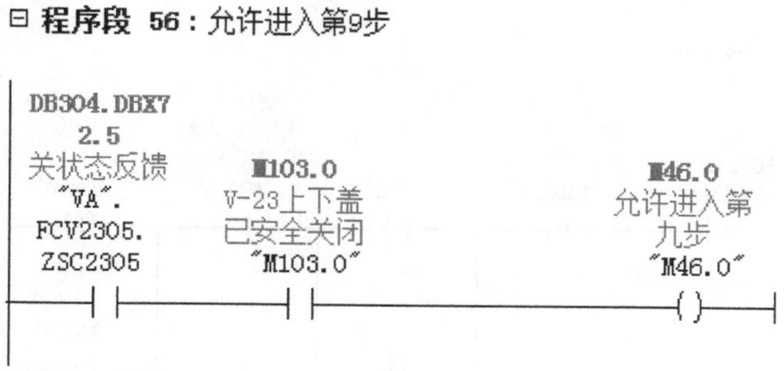

⊟ **程序段 56：** 允许进入第9步

DB304.DBX7
2.5
关状态反馈
"VA".
FCV2305.
ZSC2305

M103.0
V-23上下盖
已安全关闭
"M103.0"

M46.0
允许进入第
九步
"M46.0"

图24-2(续)

经过FC9中的"'TM'.V23.SEQ_REGISTER"(当前运行步骤)进行右击—"跳转"—"对应位置"，打开了FC23，当"'TM'.V23.SEQ_REGISTER"(当前运行步骤)=9和"M46.0"(允许进入第九步)被系统置1时，系统就激活了""M37.0"(步序器允许进入第九步)和复位了"M40.0"(第09步完成)，就为进入第九步做好了充分的准备，如图24–3所示。在FC10的程序段6中，在第九步结束以后""M40.0"(第09步完成)又被置位为1，这时程序就进不到第9步的系统循环中，保证了系统的安全(如图24–4所示)，并且"M34.0"(第09步定时器计时标志位)被复位为0。

⊟ **程序段 12：** 允许进入第九步

第九步：浸渍。

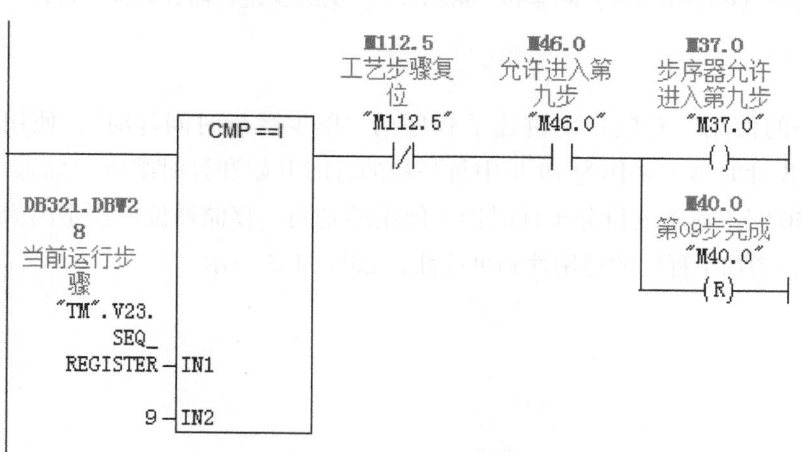

图24-3　FC23为设置进入第九步做准备已经完成

⊟ 程序段 6：第九步定时器允许复位

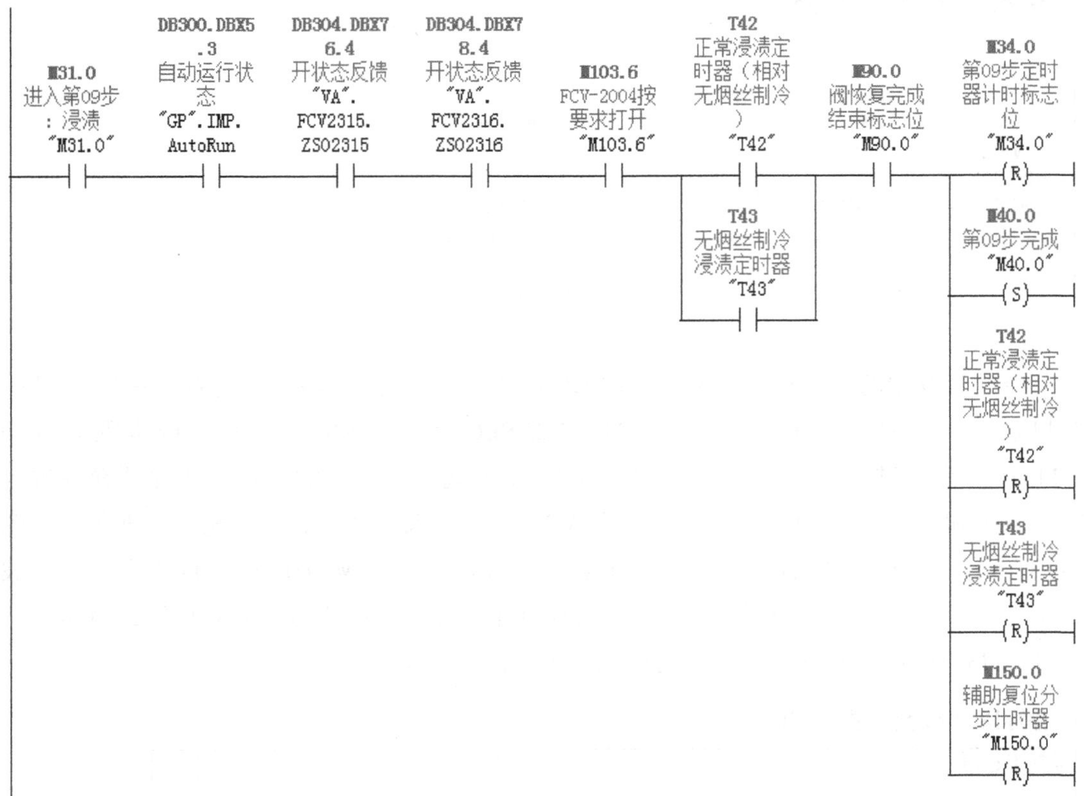

图 24-4　置位“M40.0”（第09步完成）和复位“M23.0”（第09步定时器计时标志位）

2. 辅助复位分步计时器

在“一秒尖峰脉冲的使用”专题当中讲述了程序的“单步运行时间计时”，使用“M150.0”（辅助复位分步计时器）来作为 19 步中每一步的计时开始和计时结束的标志，而且在这 19 步中“M150.0”（辅助复位分步计时器）使用的是同一存储器位，这是因为用时置位，不用时复位，增加了程序的通用性和可读性，如图 24–5 所示。

⊟ 程序段 2：标题：

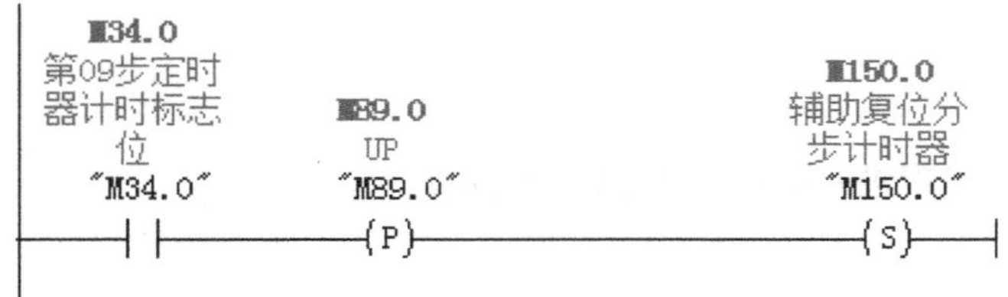

图24-5　FC10中“M150.0”（辅助复位分步计时器）的置位和复位

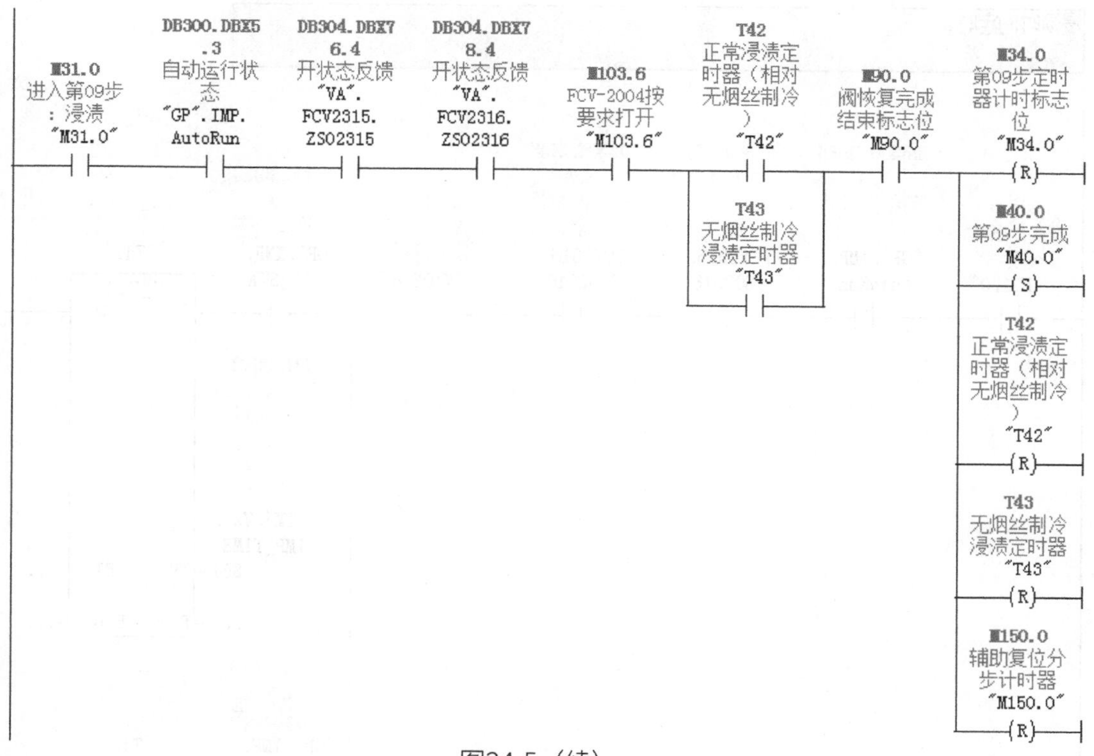

图24-5（续）

3. 设定烟丝的浸渍时间

当液体 CO_2 充注完毕以后，液体 CO_2 要想很好地浸润到烟丝中必须有一定的浸渍时间，程序段 4 中的"'TM'.V23.IMP_TIME_SP"（设定浸渍时间）就是通过监视屏中的参数输入进去的，但是这个时间表达方式不是 PLC 能够识别的形式，系统设置了功能 FC121（标准 _ 时间转换 IEC_），把输入的时间"'TM'.V23.IMP_TIME_SP"（设定浸渍时间）转换为能够被 PLC 认识的时间"'TM'.V23.IMP_TIME_S5T"（设定浸渍时间（内部使用）），关于功能 FC121 的具体使用方法在专题"CP-11 空载时间过长自动停止控制位"已经讲过。

在程序段 5 中，定义了"T42"[正常浸渍（相对无烟丝制冷）] 和"T43"（无烟丝制冷浸渍定时器）两个定时器，"T43"（无烟丝制冷浸渍定时器）定时器的定时值"S5T#10S"是直接在程序中输入的，是个定值。而"T42"[正常浸渍（相对无烟丝制冷）] 的定时值是把通过监视屏输入的时间"'TM'.V23.IMP_TIME_SP"（设定浸渍时间）转换为能够被 PLC 认识的时间"'TM'.V23.IMP_TIME_S5T"[设定浸渍时间（内部使用）] 使用的，是个随工艺条件的变化，操作人员就能够改变的值。如图 24-6 所示。

⊟ **程序段 5**：正常浸渍定时器（相对无烟丝制冷）

浸渍时间定时。

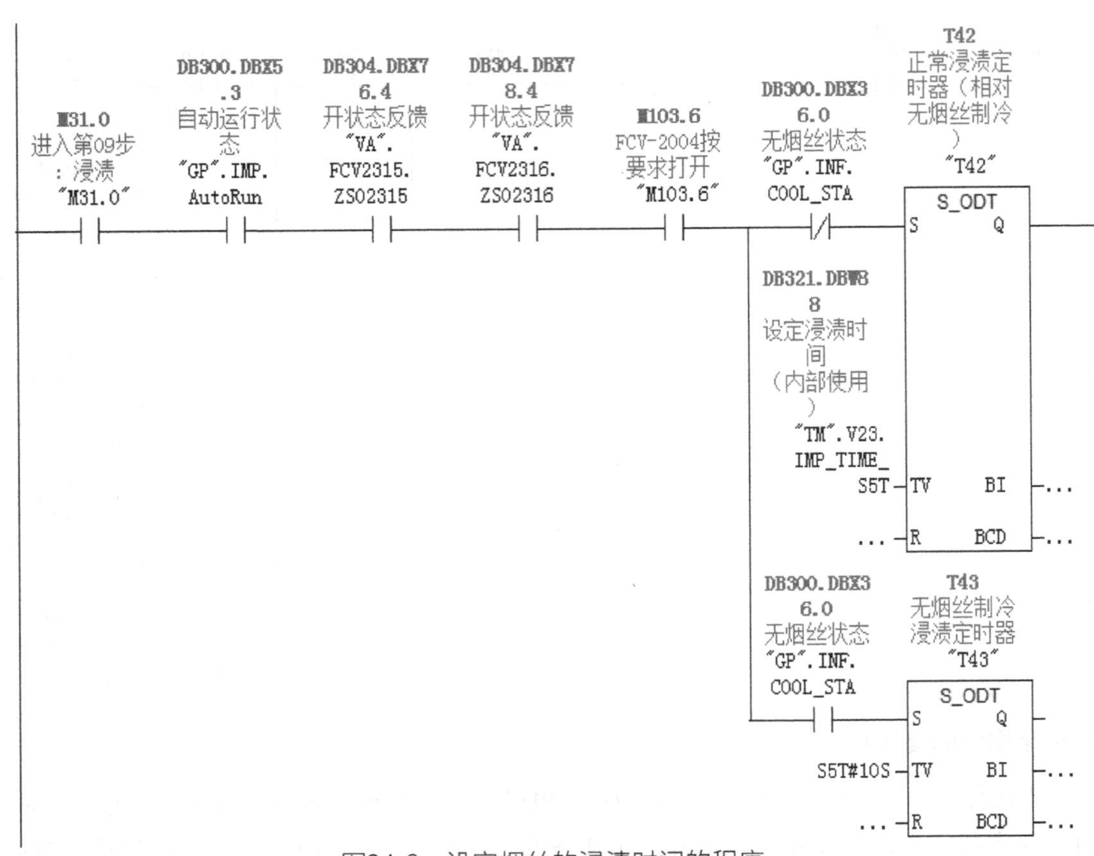

图24-6 设定烟丝的浸渍时间的程序

⊟ **程序段 4**：标题：

上位机设定浸渍器的浸渍时间。

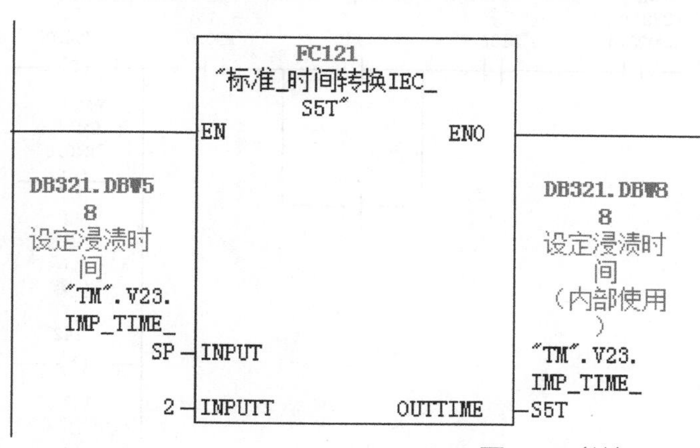

图24-6（续）

4. 为第十步做准备

当“T42”[正常浸渍（相对无烟丝制冷）]或“T43”(无烟丝制冷浸渍定时器）定时时间已到等一些条件满足以后，系统就认为“第九步”结束了。这时FC10的程序段6中，“M34.0”(第09步定时器计时标志位）被复位、“M40.0”(第09步完成）被置位，“M150.0”(辅助复位分步计时器）被复位。

当第九步完成以后，系统就把“‘TM’.V23.SEQ_REGISTER”(当前运行步骤）赋值为10和“M46.1”(允许进入第十步)，线圈同时被系统激活，为第十步做准备，如图24–7所示。

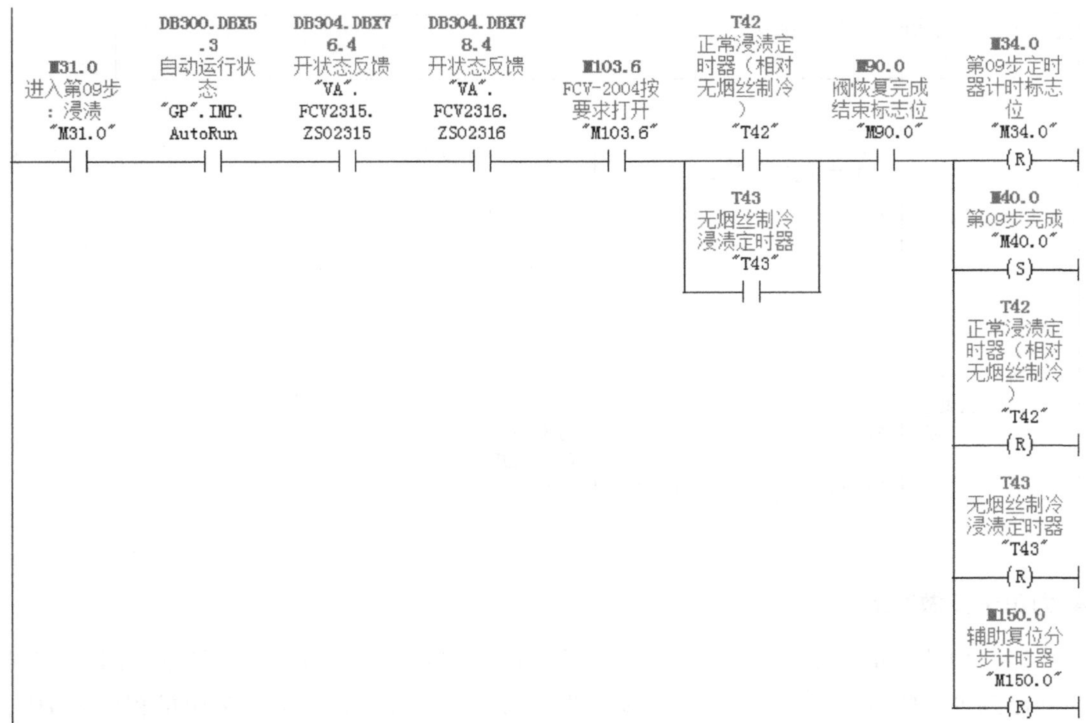

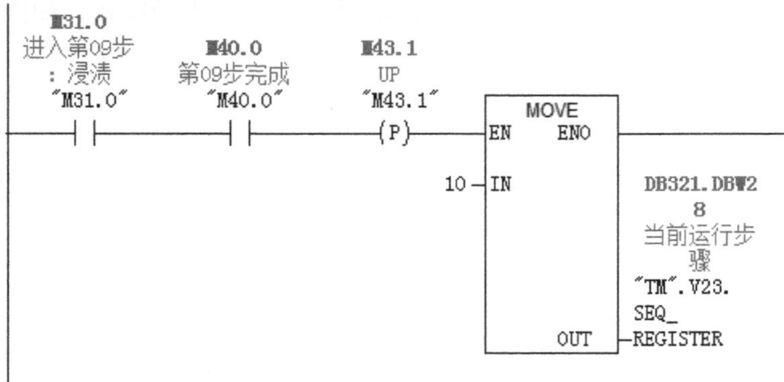

图24–7　为第十步做准备

25　第十步，排液

烟丝浸渍结束后，回液阀 FCV2302 打开，浸渍器与工艺罐的气、液相连通，液体二氧化碳靠重力排回到工艺罐，排液时间为 180s，到设定时间关闭回液阀和二次增压阀。如果超声波液位探测仪探测到液位说明加入的液体超限，需要较长时间来排液，时间设为 300s。

1. 设置步序

打开 FC11（第十步，排液），在程序段 1 中有“M37.1”（步序器允许进入第十步）和“M40.1”（第 10 步完成），图 25-1 所示，经过对它们进行右键单击“跳转”—“对应位置”，打开 FC10（第九步），在第九步完成以后，系统把“"TM".V23.SEQ_REGISTER”（当前运行步骤）赋值为 10，意思就是可以进入程序的第十步，如果这时上、下盖已安全关闭“M103.0”（V23 上、下盖已安全关闭）常开触点就被触发和其他条件已经满足，这时“M46.1”（允许进入第十步）就为进入第十步做好准备，如图 25-2 所示。

⊟ **程序段 1**：进入第10步：排液

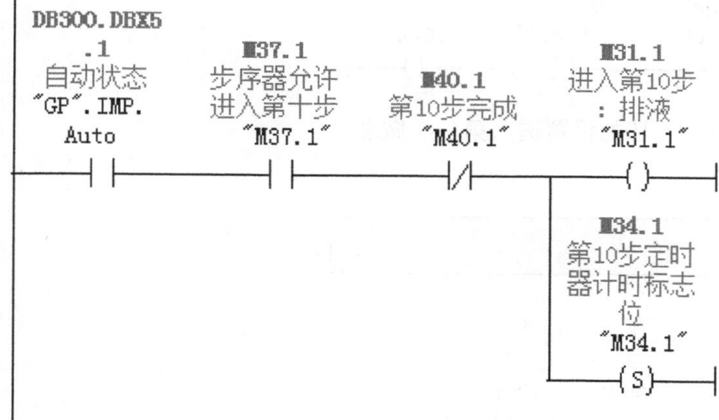

图25-1　FC11的程序段1

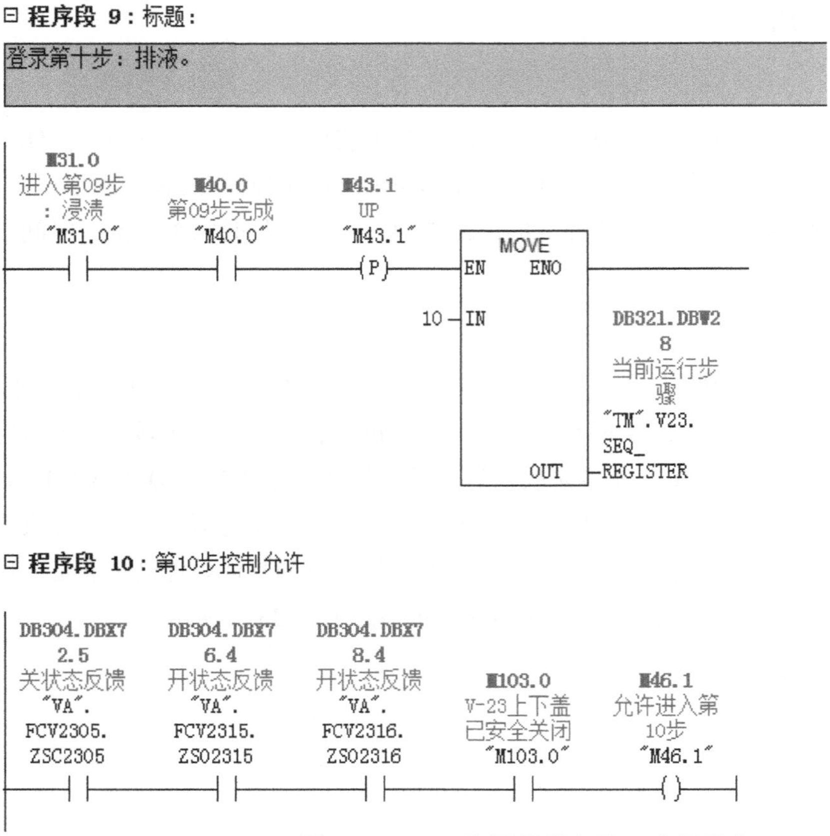

□ **程序段 9**：标题：

登录第十步：排液。

M31.0
进入第09步
：浸渍
"M31.0"

M40.0
第09步完成
"M40.0"

M43.1
UP
"M43.1"
(P)

MOVE
EN ENO
10 - IN
OUT - DB321.DBW28
当前运行步骤
"TM".V23.SEQ_REGISTER

□ **程序段 10**：第10步控制允许

DB304.DBX72.5
关状态反馈
"VA".FCV2305.ZSC2305

DB304.DBX76.4
开状态反馈
"VA".FCV2315.ZS02315

DB304.DBX78.4
开状态反馈
"VA".FCV2316.ZS02316

M103.0
V-23上下盖
已安全关闭
"M103.0"

M46.1
允许进入第
10步
"M46.1"
( )

图25-2　FC10为设置进入第八步做准备

□ **程序段 13**：允许进入第10步

第十步：排液。

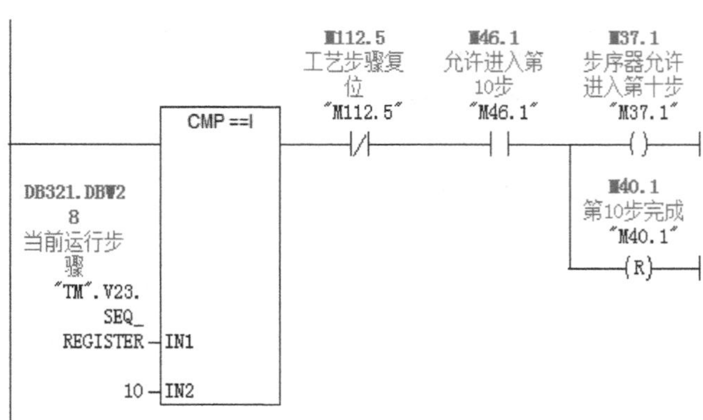

图25-3　FC23 为设置进入第九步做准备已经完成

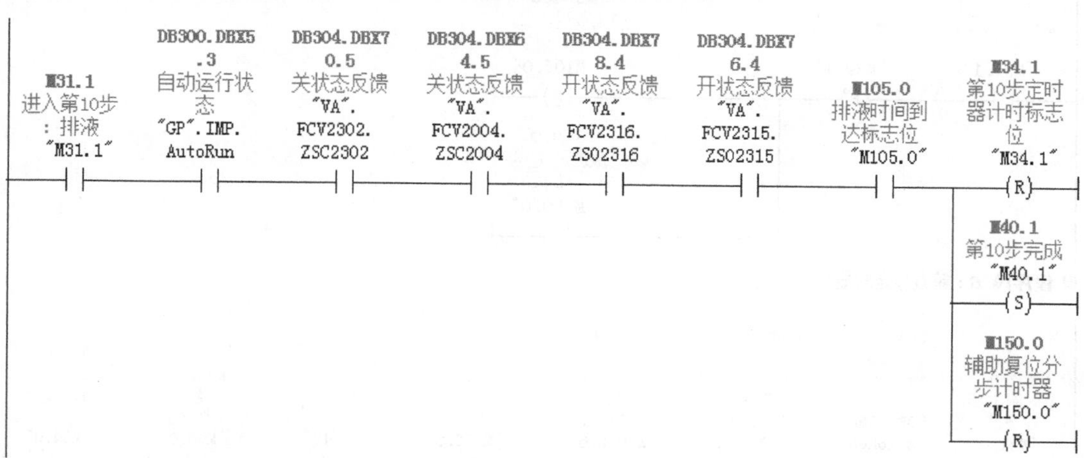

图25-4 置位“M40.1”（第10步完成）和复位“M34.1”（第10步定时器计时标志位）

经过对 FC10 中的“‘TM’.V23.SEQ_REGISTER”（当前运行步骤）进行右击—“跳转”—“对应位置”，打开了 FC23，当“‘TM’.V23.SEQ_REGISTER”（当前运行步骤）=10 和“M46.1”（允许进入第十步）被系统置 1 时，系统就激活了“"M37.1”（步序器允许进入第十步）和复位了“M40.1”（第 10 步完成），就为进入第十步做好了充分的准备，如图 25–3 所示。在 FC11 的程序段 22 中，在第十步结束以后“"M40.1”（第 10 步完成）又被置位为 1，这时程序就进不到第十步的系统循环中，保证了系统的安全，如图 25–4 所示。并且“M34.1”（第 10 步定时器计时标志位）被复位为 0。

2. 辅助复位分步计时器

在“一秒尖峰脉冲的使用”专题当中讲述了，程序的“单步运行时间计时”使用“M150.0”（辅助复位分步计时器）来作为 19 步中每一步的计时开始和计时结束的标志，而且，在这 19 步中“M150.0”(辅助复位分步计时器）使用的是同一存储器位，这是因为，用时置位，不用时复位，增加了程序的通用性和可读性，如图 25–5 所示。

⊟ **程序段 3**：排液时间到达标志位

M34.1
第10步定时器计时标志位
"M34.1"

M89.1
UP
"M89.1"
(P)

M105.0
排液时间到达标志位
"M105.0"
(R)

M150.0
辅助复位分步计时器
"M150.0"
(S)

⊟ **程序段 6**：第九步定时器允许复位

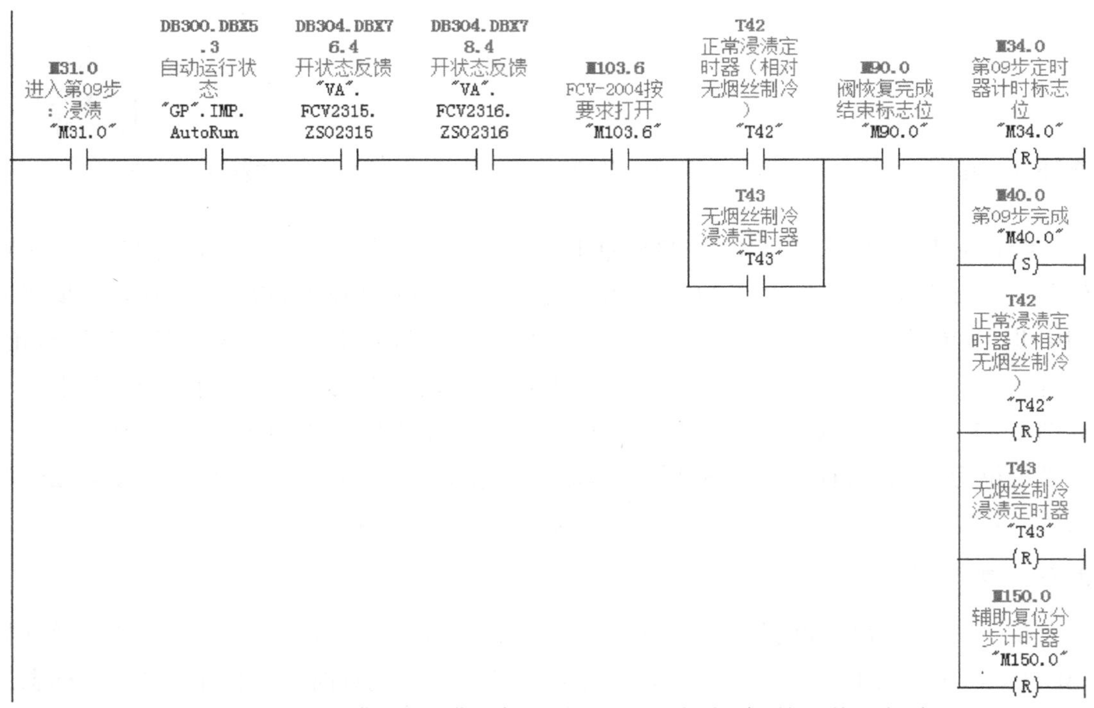

图25-5　FC11中“M150.0”（辅助复位分步计时器）的置位和复位

3. 打开和关闭排液阀

在程序段 4 中，“M31.1”（进入第十步：排液）和“M105.0”（排液时间到达标志位）是置位排液阀“‘VA’.FCV2302.OUT”（输出）的两个重要条件，但是经过查找可以看到这两个条件是由程序段 1 中的相同条件控制的两个线圈控制的。条件具备排液阀电磁线圈“‘VA’.FCV2302.OUT”（输出）就被置位，在旋转气缸的作用下而打开。

在程序段 10 中，也是使用“M31.1”（进入第十步：排液）和“M105.0”（排液时间到达标志位）是置位排液阀“‘VA’.FCV2302.OUT”（输出）的两个重要条件定义了

“T45”（浸渍器溢流排液定时器）和“T46”（浸渍器正常排液定时器）两个定时器。定时器“T45”（浸渍器溢流排液定时器）的定时值是固定的 4 分钟，而定时器“T46”（浸渍器正常排液定时器）的定时值是通过 FC121 把监视屏输入的“‘TM’.V23.DRAIN_TIME_SP”（设定排液时间）转换以后输入进去的。当设定排液时间到了以后，排液阀电磁线圈“‘VA’.FCV2302.OUT”（输出）就被复位，在旋转气缸的作用下而关闭。如图 25-6 所示。

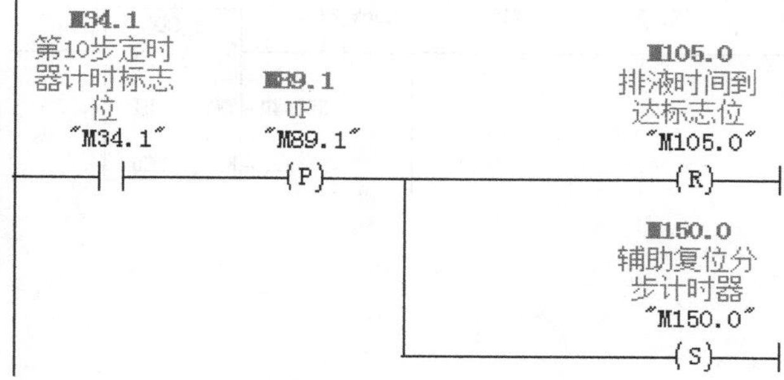

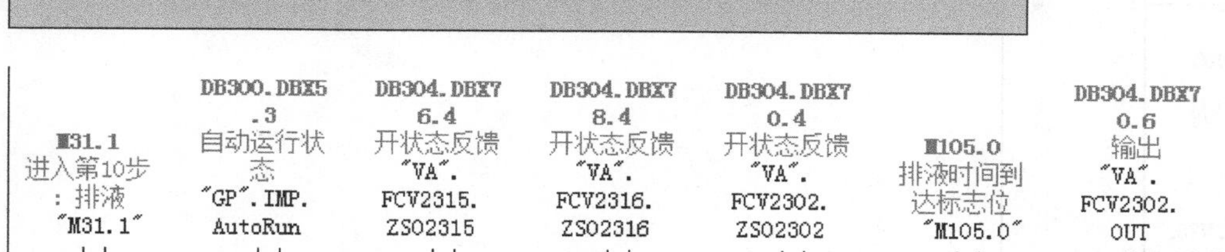

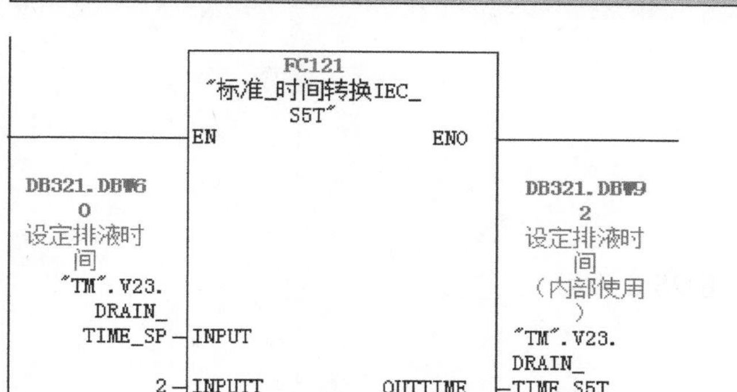

图25-6　排液阀FCV2302开、关的程序

⊟ **程序段 10：**当有V23溢流时排液时间

在上位机设定浸渍器的排液时间。

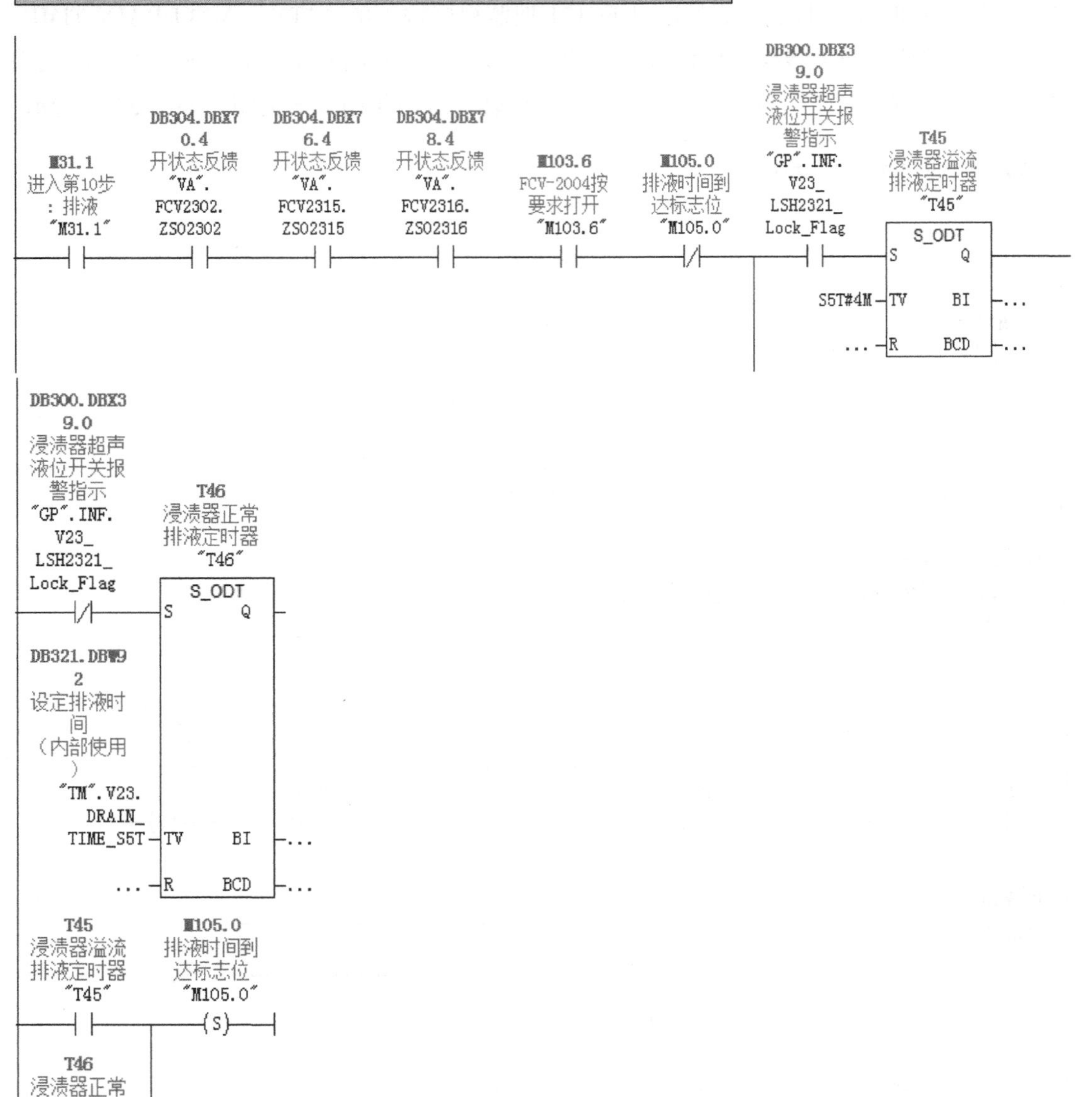

图25-6（续）

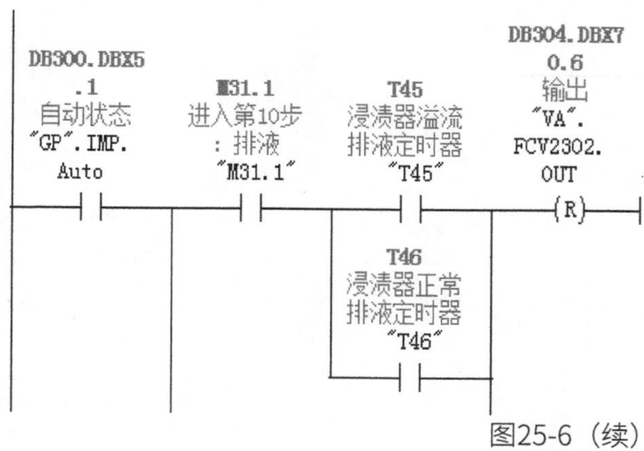

图25-6（续）

4. 回流的液体 CO_2 量的检测

图 25-7 中程序段 2 的"'ANA'.V20.WEG_Before"（充液前工艺罐重量），在第八步的程序段 2 中，已经被作为固定值记录下来，在程序段 2 中用"'ANA'.V20.WEG_Before"（充液前工艺罐重量）减去"'ANA'.V20.WIT2017_PV"（工艺罐实时重量检测）就是"'ANA'.V23.WEG_PV2"（浸渍器回液后剩余液体重量）。在程序段 11 中，当"'ANA'.V23.WEG_PV2"（浸渍器回液后剩余液体重量）大于回流值的设定值"'ANA'.V23.WEG_LO_SP"（浸渍器回液剩余液体重量低限设定值）时，系统就以为回液重量低报警，当是不停机。

⊟ **程序段 2**：标题：

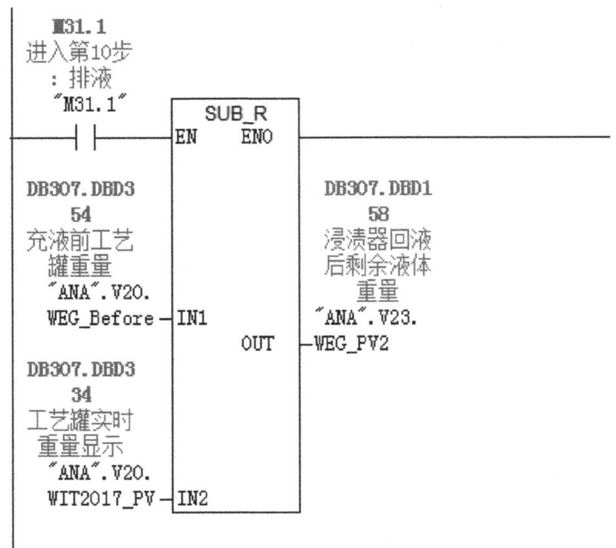

⊟ **程序段 11**：工艺罐回液少报警

该报警仅用于警示作用，提醒操作员此次回液重量不正常。不影响程序的运行。

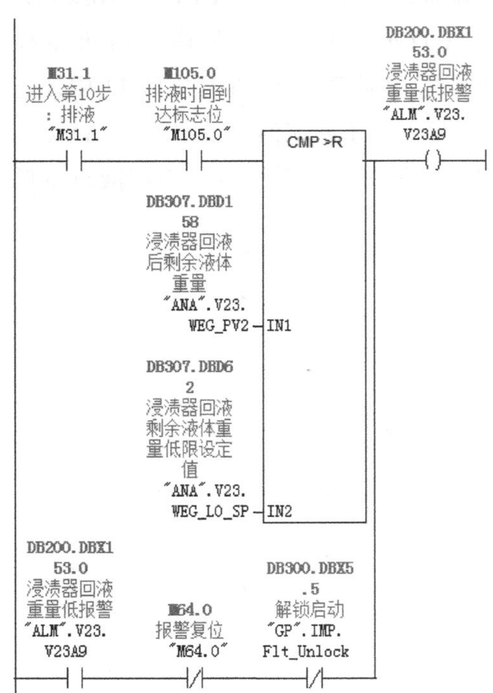

图25-7　回流的液体CO_2量的检测程序

5. 关闭二次增压阀 FCV2004

在程序段 12 中，“T45”（浸渍器溢流排液定时器）和“T46”（ 浸渍器正常排液定时器）两个定时器任意一个定时到后，系统就把“M103.5”（使能二次增压阀开 / 关）和“M103.6”（FCV2004 按要求打开）线圈复位。在程序段 13 中，用“M103.5”（使能二次增压阀开 / 关）的常闭点和其他几个条件分别激活传送指令，把“0”传送给“‘ANA’.FCV2004.Out”（输出开度），如图 25-8 所示。

对“‘ANA’.FCV2004.Out”（输出开度）右击—“跳转到”—“应用位置”，打开了图 25-9 中 FB4（模拟量输出转换）程序段 1，“‘ANA’.FCV2004.Out”（输出开度）输入值经过 FC901 的转换，变成了可以被 PLC 认识的“‘PIQ’.FCV2004.OUT”。对“‘PIQ’.FCV2004.OUT”右击—“跳转到”—“应用位置”，打开了 FC46（模拟输出映射）。在程序段 2 中，把这个值传送给了“PQW518”，经过在硬件配置中查找，PQW518 来自 PROFINET 网络控制的子站箱 BO1 中的模拟量模块“2AO I ST”的输出量，把 PQW518 值传送给定位器，由定位器控制排空阀 FCV2004 的旋转气缸关闭阀门。

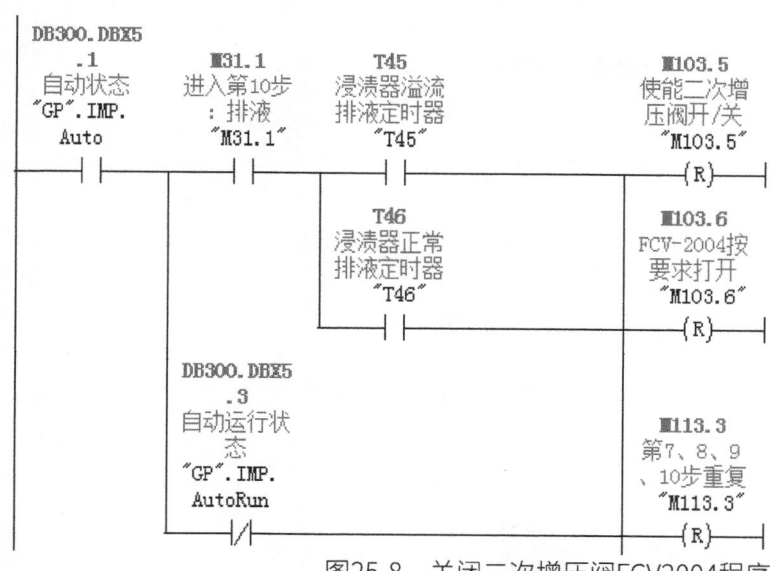

图25-8　关闭二次增压阀FCV2004程序

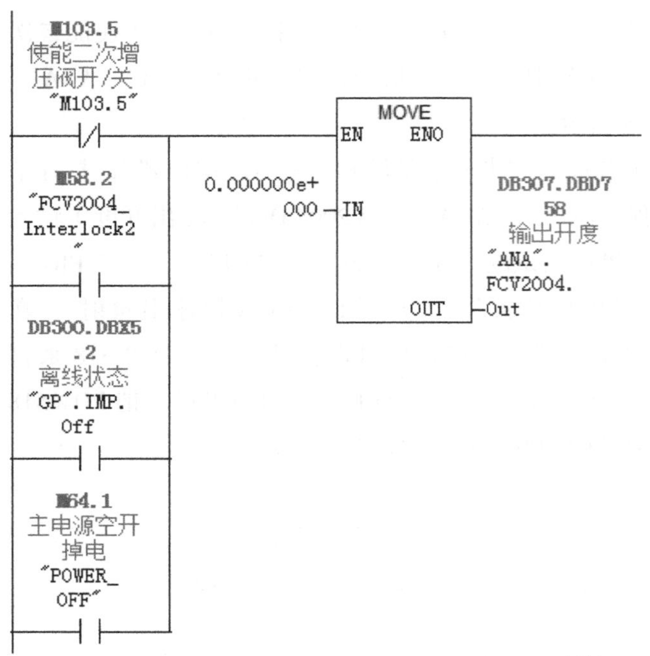
程序段 13：标题：
关闭二次增压阀后输出4毫安。
M103.5
使能二次增压阀开/关
"M103.5"
M58.2
"FCV2004_Interlock2"
DB300.DBX5.2
离线状态
"GP".IMP.Off
M64.1
主电源空开掉电
"POWER_OFF"
MOVE
EN
ENO
0.000000e+000
IN
OUT
DB307.DBD758
输出开度
"ANA".FCV2004.Out

图25-8（续）

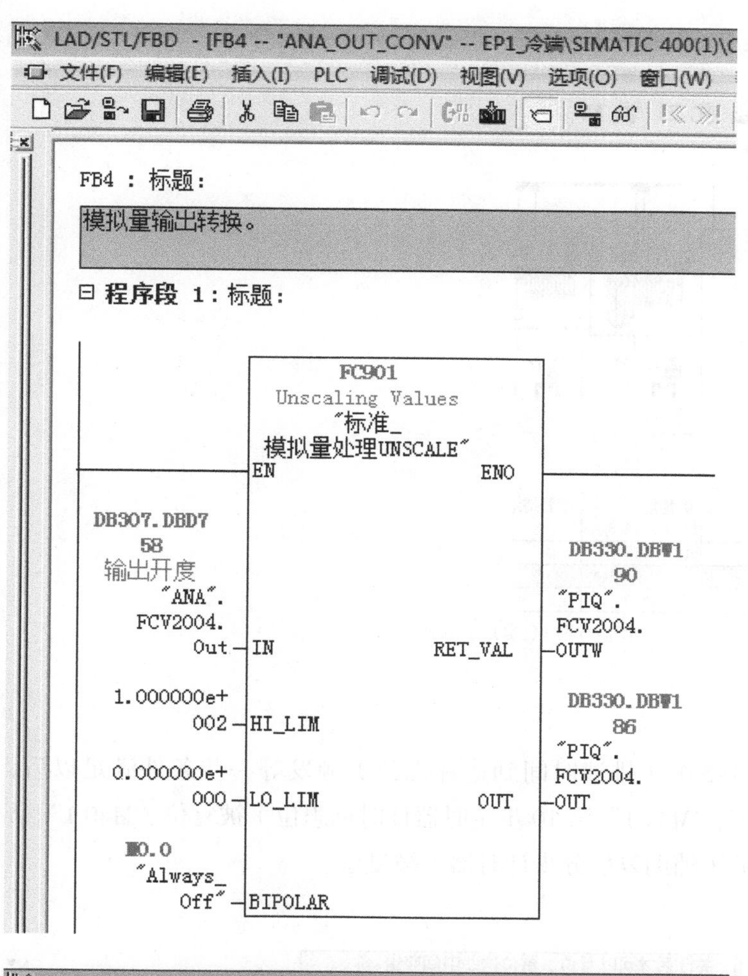

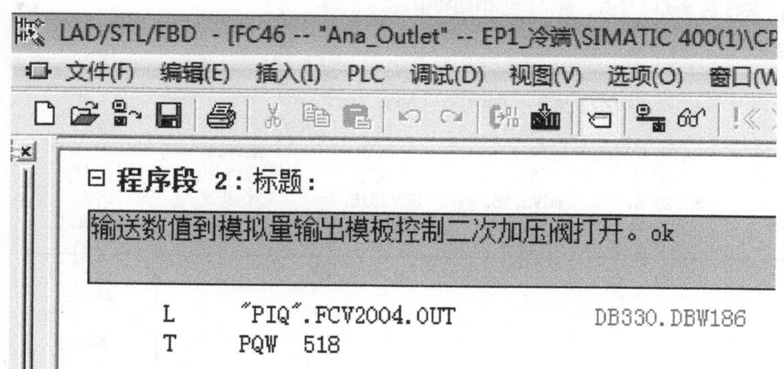

图25-9　二次增压阀FCV2004输出开度的使用

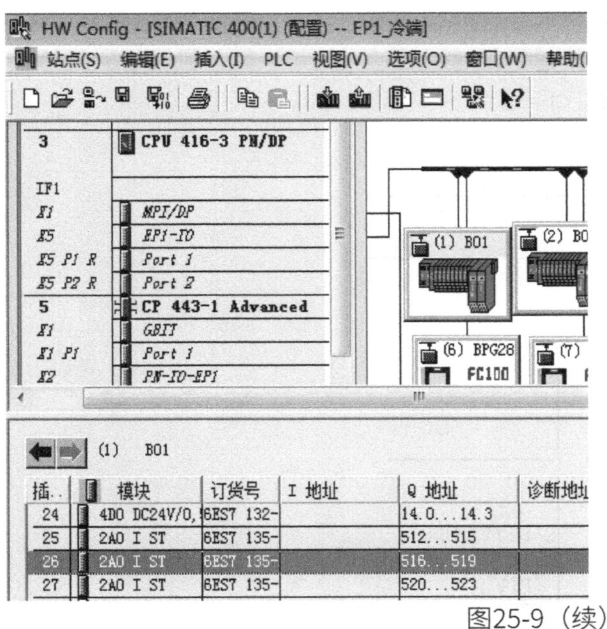

图25-9（续）

6. 为第十一步做准备

在程序段 22 中，当“M105.0”（排液时间到达标志位）触发等一些条件满足以后，系统就认为“第十步”结束了，“M34.1”（第 10 步定时器计时标志位）被复位、“M40.1”（第 10 步完成）被置位、“M150.0”（辅助复位分步计时器）被复位。

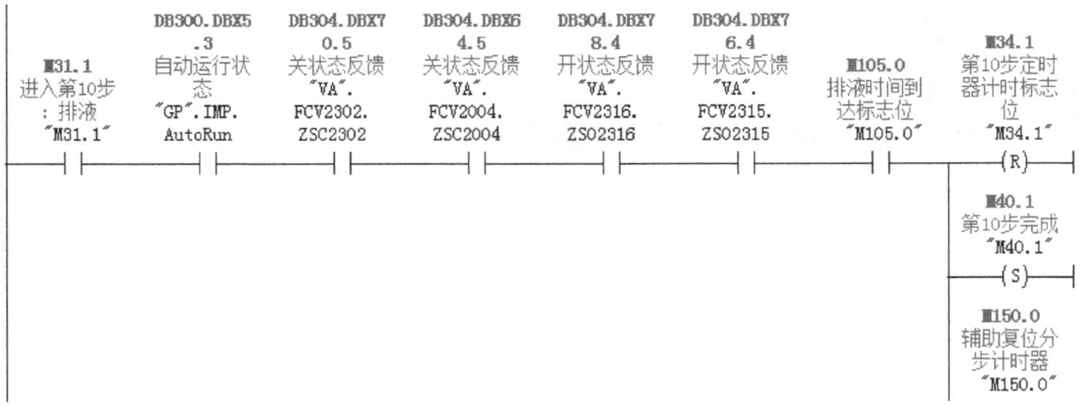

⊟ **程序段 25：**标题：

M31.1
进入第10步
：排液
"M31.1"

M40.1
第10步完成
"M40.1"

M43.2
UP
"M43.2"
(P)

MOVE
EN ENO
11 – IN
OUT – DB321.DBW28 当前运行步骤 "TM".V23.SEQ_REGISTER

⊟ **程序段 26：**允许进入第11步

表示即将进入 下一步。

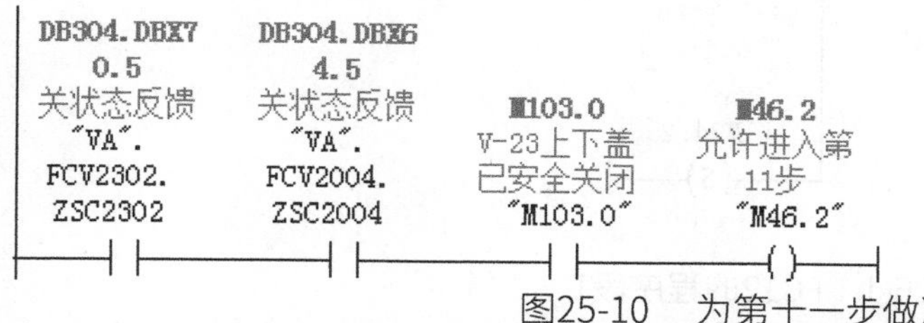

图25-10 为第十一步做准备

当第十步完成以后，系统就把"'TM'.V23.SEQ_REGISTER"（当前运行步骤）赋值为 11 和"M46.2"（允许进入第十一步），线圈同时被系统激活，为第十一步做准备，如图 25–7 所示。

26　第十一步，一次减压

逐渐分步打开一次减压阀 (FCV–1008)，使浸渍器中的二氧化碳气体排放到高压回收罐，当浸渍器和高压回收罐的压差小于设定值时，关闭一次减压阀 (FCV–1008)，进入下一步。

1. 设置步序

⊟ **程序段 1**：进入第11步：一次减压

DB300.DBX5.1 自动状态 "GP".IMP.Auto
M37.2 步序器允许进入第十一步 "M37.2"
M40.2 第11步完成 "M40.2"
M31.2 进入第11步：一次减压 "M31.2" ( )
M34.2 第11步定时器计时标志位 "M34.2" (S)

图26-1　FC12的程序段1

⊟ **程序段 25**：标题：

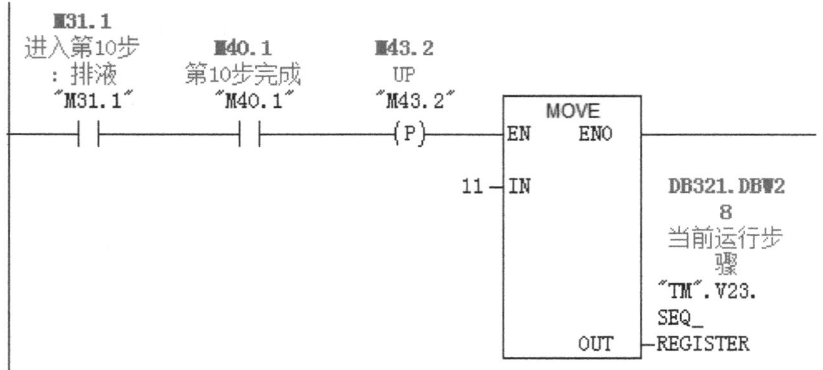

打开 FC12（第十一步，排液），在程序段 1 中有“M37.2”(步序器允许进入第十一步）和“M40.2”(第 11 步完成),(图 26–1)，经过对它们进行右键单击“跳转”—“对应位置”，打开 FC11（第十步）—在第十步完成以后，系统把“‘TM’.V23.SEQ_REGISTER”（当前运行步骤）赋值为 11，意思就是可以进入程序的第十一步，如果这时上、下盖已安全关闭，“M103.0”（V23 上、下盖已安全关闭）常开触点被触发和其他条件已经满足，这时

"M46.2"（允许进入第十一步）就为进入第十一步做好准备，如图 26-2 所示。

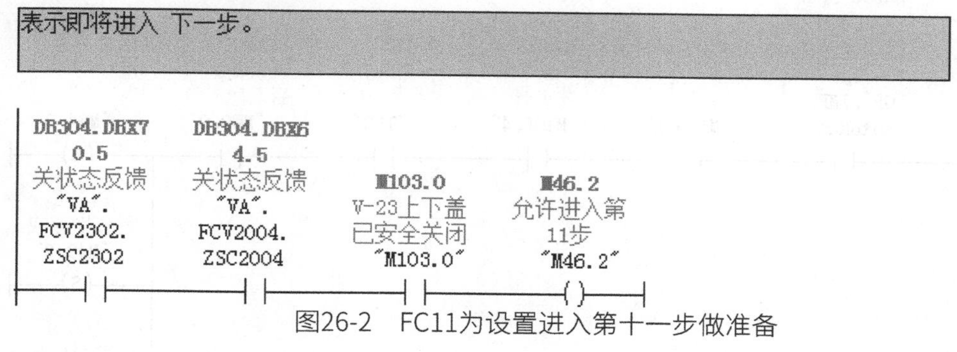

图26-2　FC11为设置进入第十一步做准备

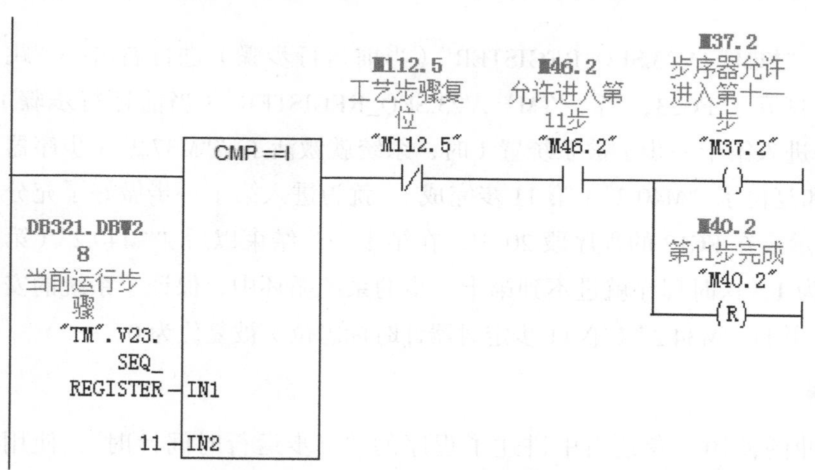

图26-3　FC23 为设置进入第十一步做准备已经完成

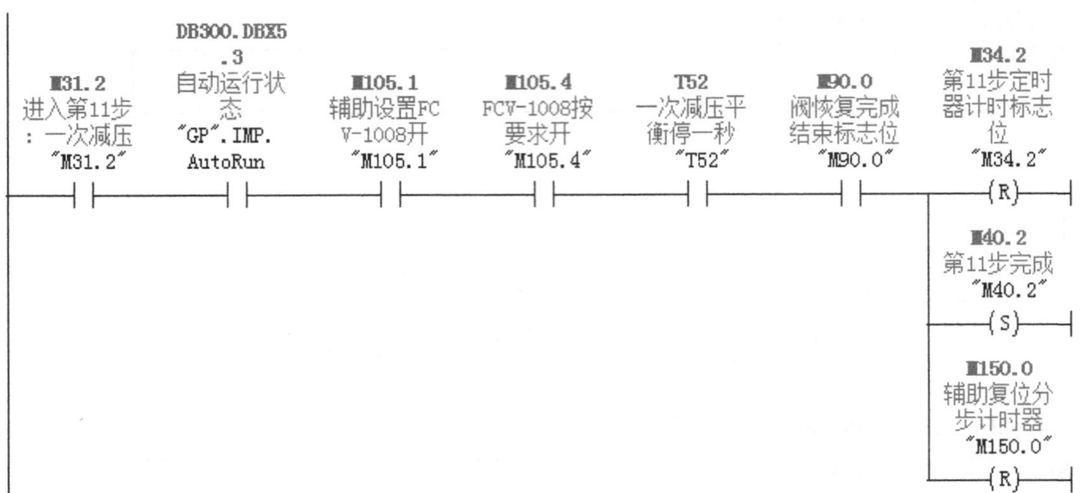

图26-4　置位“M40.2”（第11步完成）和复位“M34.2”（第11步定时器计时标志位）

经过对 FC11 中的“‘TM’.V23.SEQ_REGISTER”（当前运行步骤）进行右击—“跳转”—“对应位置”，打开了 FC23，当“‘TM’.V23.SEQ_REGISTER”（当前运行步骤）=11 和“M46.2”（允许进入第十一步）被系统置 1 时，系统就激活了“"M37.2”（步序器允许进入第十一步）和复位了“M40.2”（第 11 步完成），就为进入第十一步做好了充分的准备，如图 26–3 所示。在 FC12 的程序段 20 中，在第十一步结束以后“"M40.2”（第 11 步完成）又被置位为 1，这时程序就进不到第十一步的系统循环中，保证了系统的安全（如图 26–4 所示）。并且“M34.2”（第 11 步定时器计时标志位）被复位为 0。

2. 辅助复位分步计时器

在“一秒尖峰脉冲的使用”专题当中讲述了程序的“单步运行时间计时”，使用“M150.0”（辅助复位分步计时器）来作为 19 步中每一步的计时开始和计时结束的标志，而且在这 19 步中“M150.0”（辅助复位分步计时器）使用的是同一存储器位，这是因为用时置位，不用时复位，增加了程序的通用性和可读性，如图 26–5 所示。

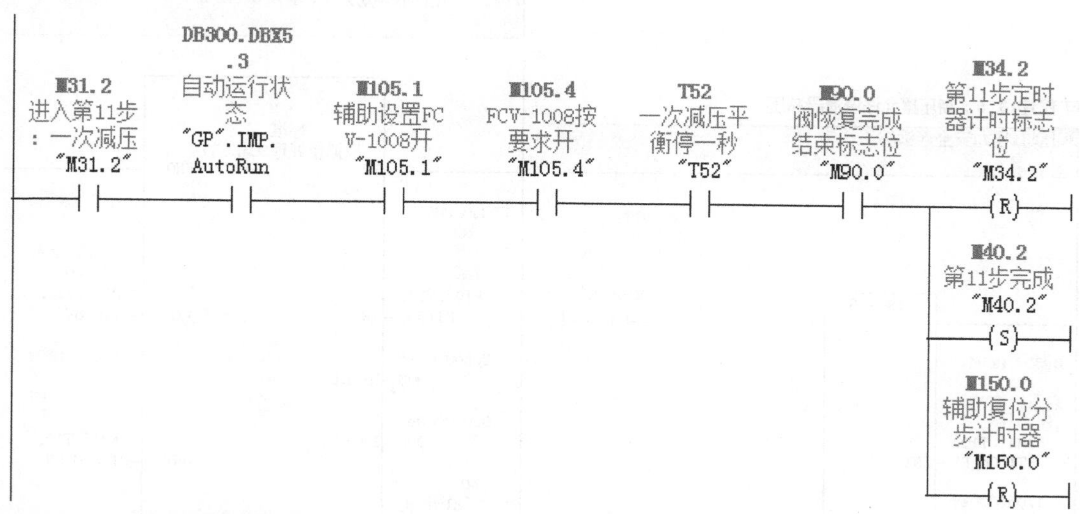

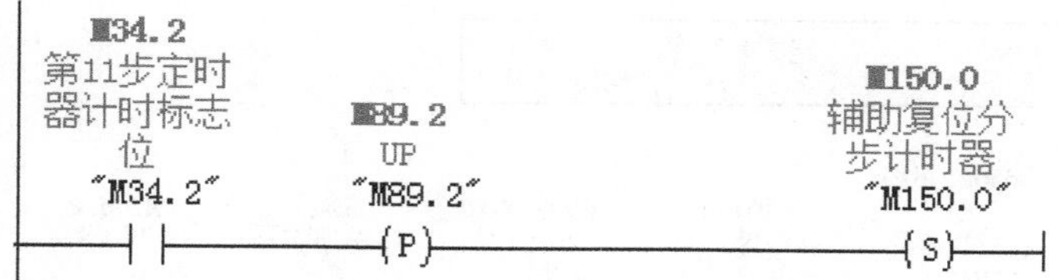

图26-5 FC11中“M150.0”（辅助复位分步计时器）的置位和复位

3. 为打开一次减压阀 FCV1008 做准备

在图 26-6 的程序段 3 中，把几个主要阀门的状态作为打开一次减压阀 FCV1008 的辅助条件；在程序段 5 中，通过一个比较指令，当“‘ANA’.T10.PT1006_PV”（高压罐实时压力显示）大于设定值 10.5bar 时，不允许打开一次减压阀 FCV1008，来自高压罐 T-10 的压力经过 FB3 中的压力变换成为“‘ANA’.T10.PT1006_PV”（高压罐实时压力显示），成为能被使用的信号。

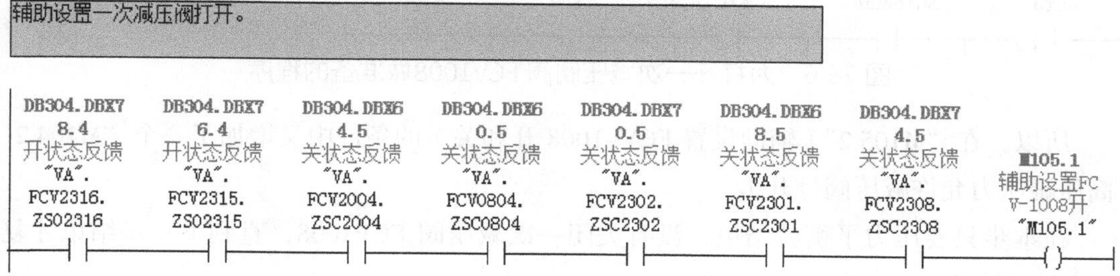

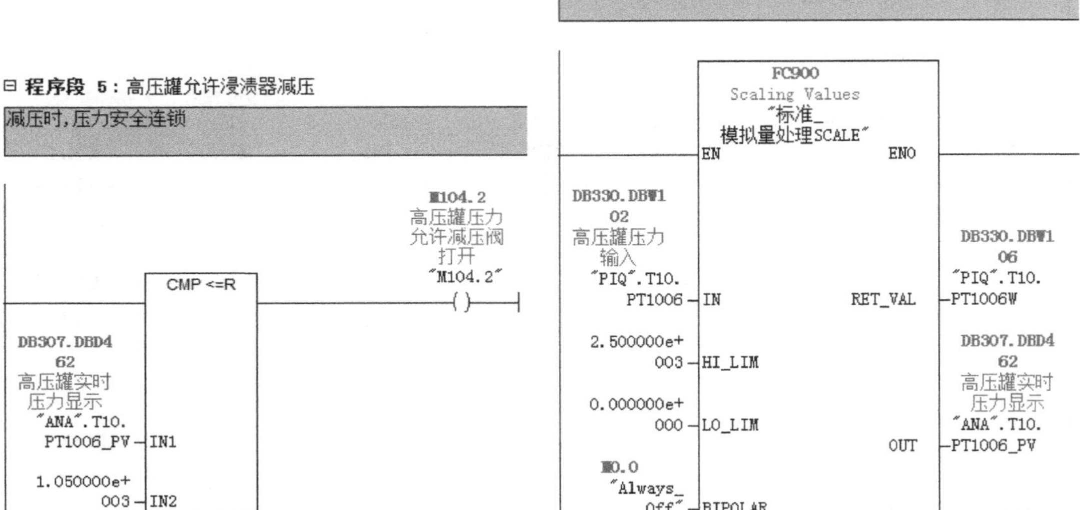

程序段 6：辅助设置FCV-1008开/关

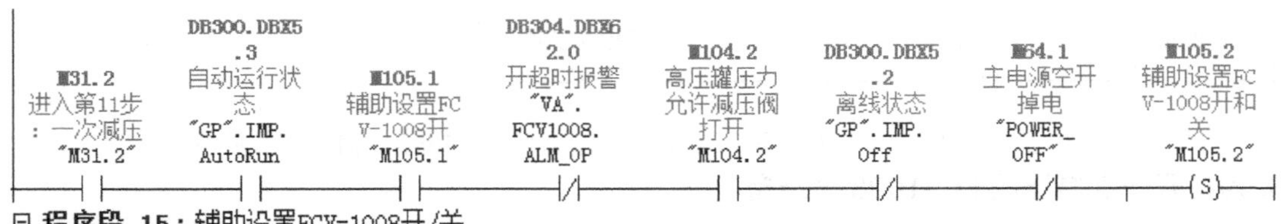

二次吹除阀关闭延时2秒钟后关闭一次减压阀FCV-1008。

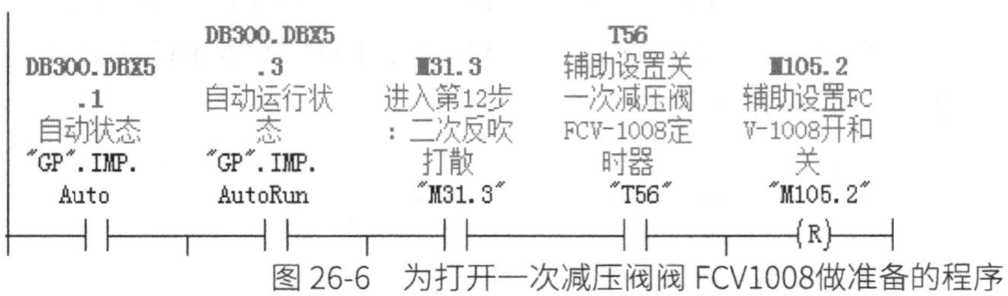

图 26-6 为打开一次减压阀阀 FCV1008做准备的程序

所以，在“M105.2”（辅助设置 FCV-1008 开和关）的条件中又增加了一个“M104.2”（高压罐压力允许减压阀打开）。

在本步只要压力平衡就结束，没有关闭一次减压阀 FCV1008，直到下一步结束才复位一次减压阀 FCV1008。

4. 逐渐打开一次减压阀 FCV1008

如图 26–7 所示，由于一次减压阀 FCV1008 一端和内部压力为 30bar 的浸渍器相连，另一端和 8bar 的 T10 相连，由于压差很大，不能猛然打开，而是逐渐分步打开，所以厂家为打开一次减压阀 FCV1008 的旋转气缸设置了一个定位器。

在图 26–7 的程序段 8 中，"'ANA'.FCV1008.Ini"（初始开度设定值）是通过监视屏设置的，一般设定 20%（20），把这个初始值传送给"'ANA'.FCV1008.Out'"（输出开度），这个输出开度值即是 FC12 中的主要参数，也是和模拟量输出转换功能块 FB4 的纽带。一次减压阀 FCV1008 在旋转气缸作用下和定位器的控制下打开 20% 的开度。

在程序段 9 和 10 中，当一次减压阀 FCV1008 的开度还没有达到 100% 的时候，每五秒增加一个"'ANA'.FCV1008.Step"（步进开度设定值），和原来的"'ANA'.FCV1008.Out "（输出开度）相加以后重新赋值给"'ANA'.FCV1008.Out "（输出开度），传送给 FB4，并作为下一个扫描周期的二次增压阀 FCV2004 开度设定值，就这样经过几次的步进打开，当"'ANA'.FCV1008.Out"（输出开度）值大于 100% 时，在程序段 12 中就把"'ANA'.FCV1008.Out"（输出开度）值设定为 100%，这时，一次减压阀 FCV1008 才算打开，如果这个过程超过了计时器"T125"的 20s 的设定值，就要故障报警。

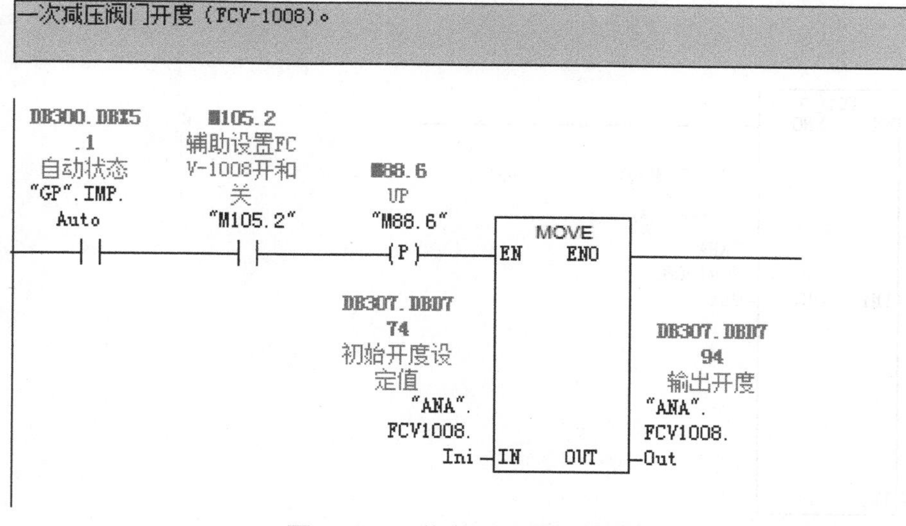

图 26-7　逐渐打开一次减压阀FCV1008程序

程序段 9：FCV-1008延时开

逐步打开一次减压阀门每5秒钟步进一次。

DB300.DBX5.1 自动状态 "GP".IMP.Auto

M105.2 辅助设置FCV-1008开和关 "M105.2"

CMP <R

DB307.DBD794 输出开度 "ANA".FCV1008.Out — IN1

1.000000e+002 — IN2

M150.5 AID T51 "M150.5"

T51 FCV-1008延时开 "T51"

S_ODT

S　Q

S5T#6S — TV　BI — ...

... — R　BCD — ...

M150.5 AID T51 "M150.5" —( )—

程序段 10：标题:

一次减压阀门步进打开值。

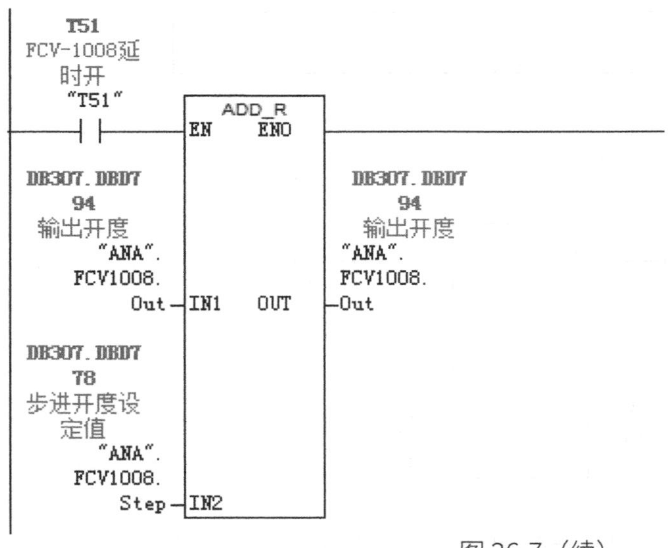

图 26-7（续）

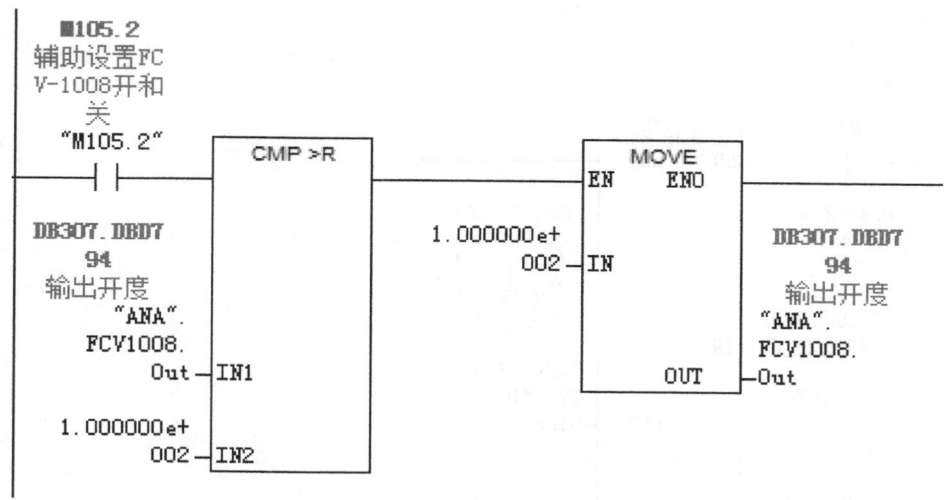

图 26-7（续）

5. 高压罐 T-10 和浸渍器 V23 压力平衡

如图 26–8 所示，在 FC12 程序段 13 中来自 FB3 中的经过转换的"'ANA'.T10.PT1006_PV"（高压罐实时压力显示）和"'ANA'.V23.PT2323_PV"（浸渍器压力值 1），它们经过减法器的相减，最后赋值给"'ANA'.V23.V23_T10_DIFF"（一次减压时浸渍器与高压罐压力差值）。

在实际生产中，不可能做到绝对的平衡，所以在程序段 14 中，只要"'ANA'.V23.V23_T10_DIFF"（一次减压时浸渍器与高压罐压力差值）小于且等于设定的压差值"'ANA'.V23.PT_DIFF_SP3"（一次减压时浸渍器压力平衡差值设定），或者设定的超长确认计时器"T178"计时 2 分 20 秒的时间已到，并且这时"'ANA'.V23.V23_T10_DIFF"（一次减压时浸渍器与高压罐压力差值）小于且等于 50，这两个条件只要满足其中的一个，系统就认为浸渍器和高压罐 T–10 内的压力已经平衡，把"M105.3"（一次减压 V23 与 T10 压力平衡）置位。

□ **程序段 13**：标题：

一次减压时检测浸渍器与高压罐体内的压力差。

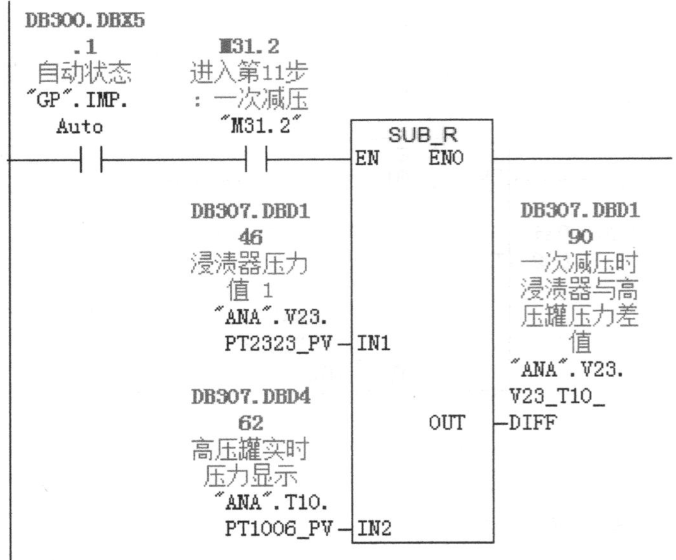

□ **程序段 14**：V23/T10压力平衡

一次减压阀打开一段时间后，判断浸渍器与高压罐体内的压力差是否在合适的范围内。

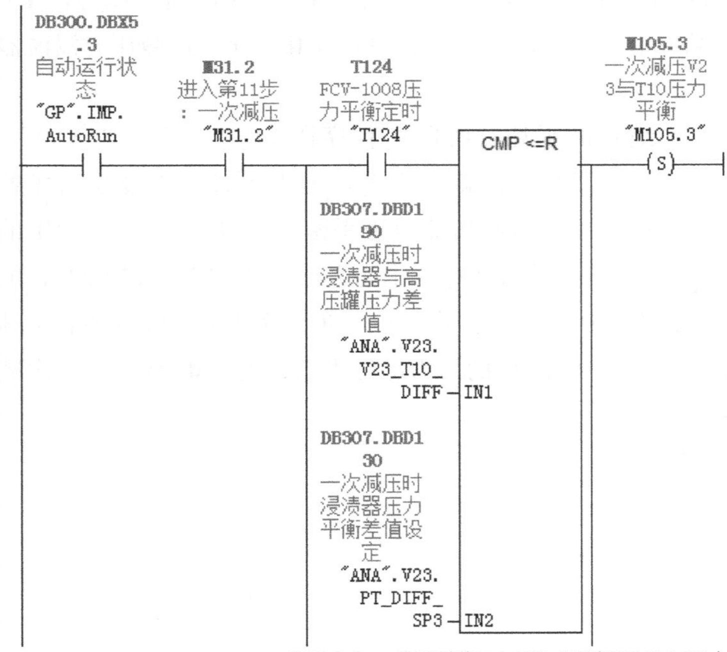

图26-8 高压罐T-10和 浸渍器V23压力平衡

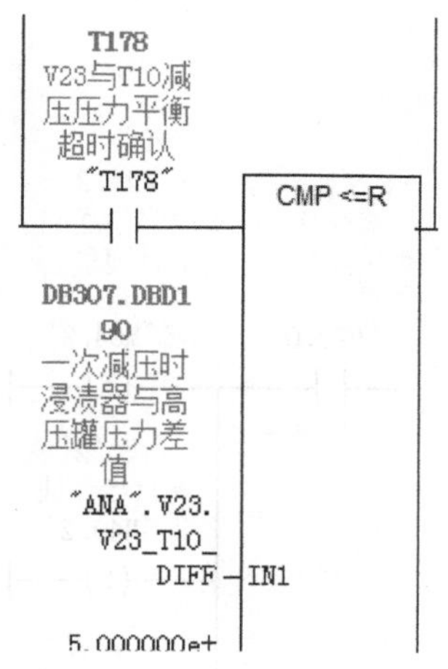

图26-8（续）

6. 为第十二步做准备

在程序段 17 中，用“M105.3”（一次减压 V23 与 T10 压力平衡）的常开触点置位了“M105.4”（FCV-1008 按要求开），当“M105.4”（FCV-1008 按要求开）触发等一些条件满足以后，系统就认为“第十一步”结束了，“M34.2”（第 11 步定时器计时标志位）被复位、“M40.2”（第 11 步完成）被置位、“M150.0”（辅助复位分步计时器）被复位。

当第十一步完成以后，系统就把“‘TM’.V23.SEQ_REGISTER”（当前运行步骤）赋值为 12 和“M46.3”（允许进入第十二步），线圈同时被系统激活，为第十二步做准备，如图 26-9 所示。

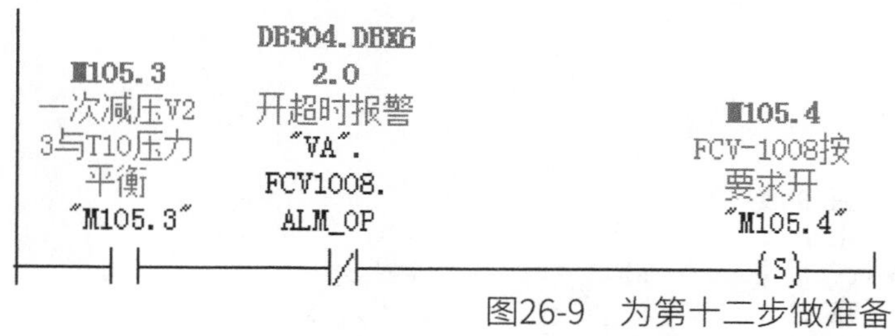

图26-9　为第十二步做准备

⊟ **程序段 20**：第11步定时器允许复位

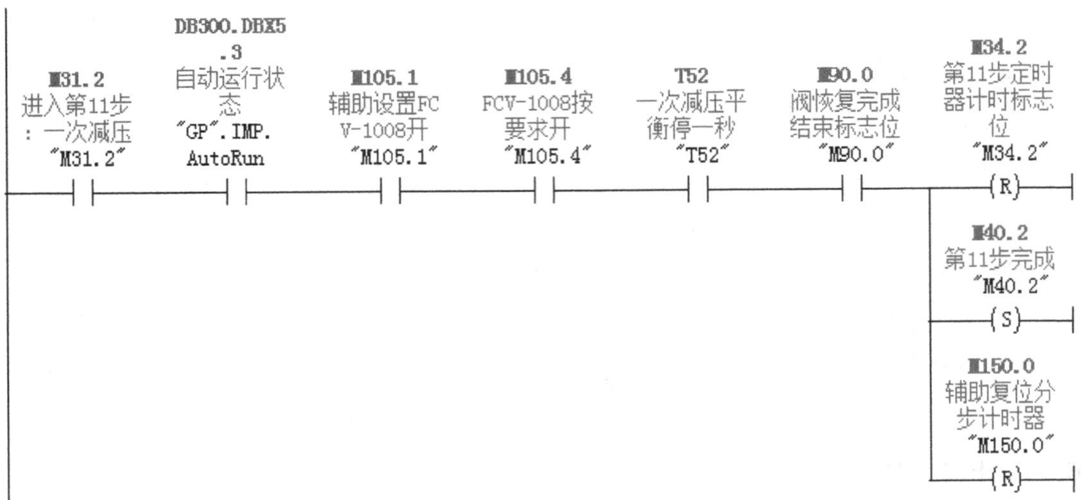

⊟ **程序段 23**：标题：

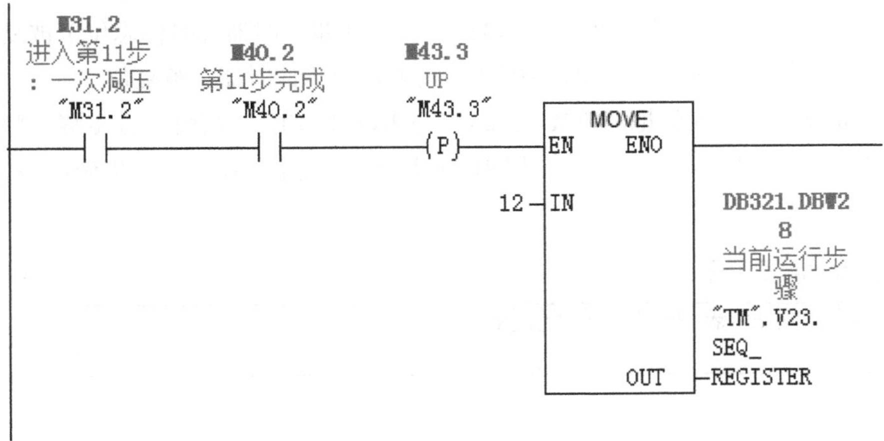

⊟ **程序段 24**：允许进入第12步

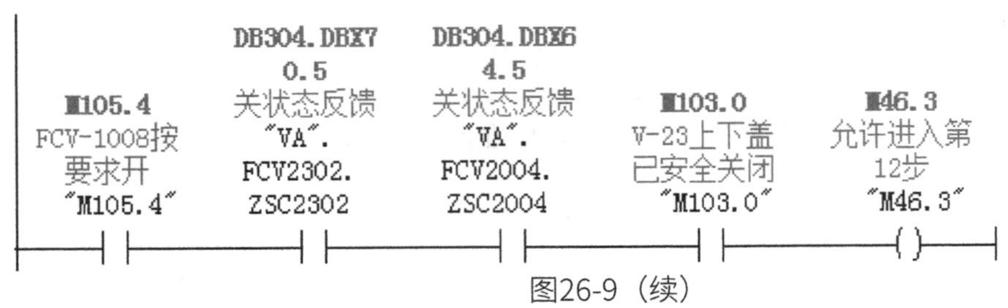

图26-9（续）

27　第十二步，二次反吹打散

在第一次减压过程中，滞留在烟丝中的二氧化碳液体有形成干冰的趋势，为避免结成大的干冰烟丝团，把工艺罐中的30bar的高压二氧化碳气体通入浸渍器中，起到吹散的作用。打开反吹阀FCV2044，二氧化碳气体由工艺罐进入浸渍器，反吹时间由监视屏输入，根据情况进行调整，然后关闭反吹阀FCV2044和一次减压阀FCV1008。

1. 设置步序

打开FC13（第十二步，二次反吹打散），在程序段1中有“M37.3”（步序器允许进入第十二步）和“M40.3”(第12步完成)(图27-1)，经过对它们进行右键单击“跳转”—“对应位置”，打开FC12（第十一步）。在第十一步完成以后，系统把“‘TM’.V23.SEQ_REGISTER”（当前运行步骤）赋值为12，意思就是可以进入程序的第十二步，如果这时上、下盖已安全关闭，“M103.0”（V23上、下盖已安全关闭）常开触点被触发和其他条件已经满足，这时“M46.2”（允许进入第十一步）就为进入第十一步做好准备，如图27-2所示。

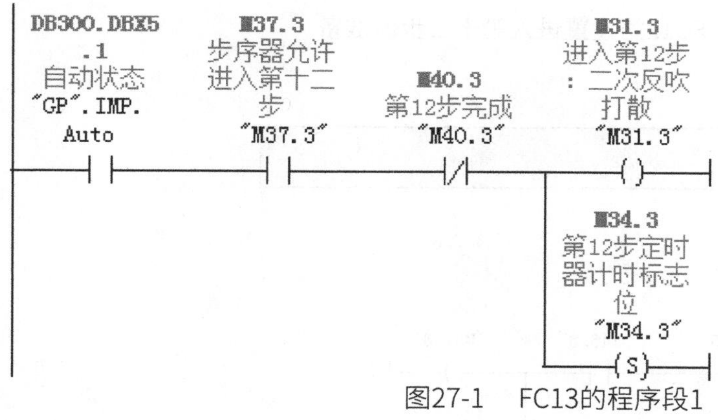

图27-1　FC13的程序段1

程序段 23：标题：

M31.2
进入第11步：一次减压
"M31.2"
M40.2
第11步完成
"M40.2"
M43.3
UP
"M43.3"
(P)
MOVE
EN ENO
12 - IN
OUT - DB321.DBW28
当前运行步骤
"TM".V23.SEQ_REGISTER

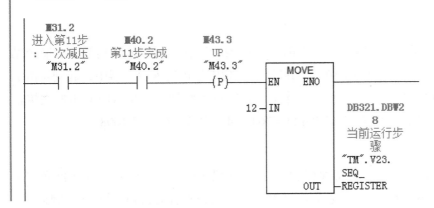

程序段 24：允许进入第12步

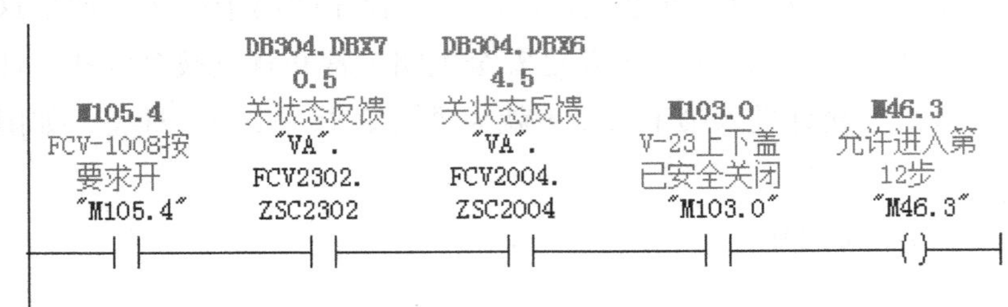

图27-2 FC12为设置进入第十二步做准备

程序段 15：允许进入第12步

第十二步：吹除打散FCV-2044。

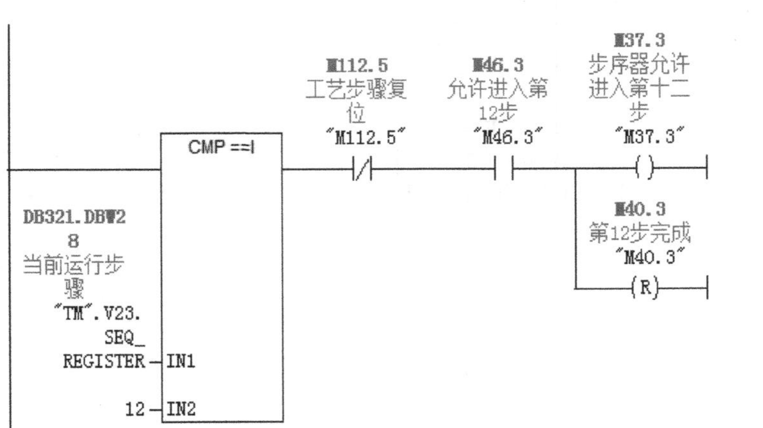

图27-3 FC23 为设置进入第十二步做准备已经完成

程序段 22：第12步定时器复位允许

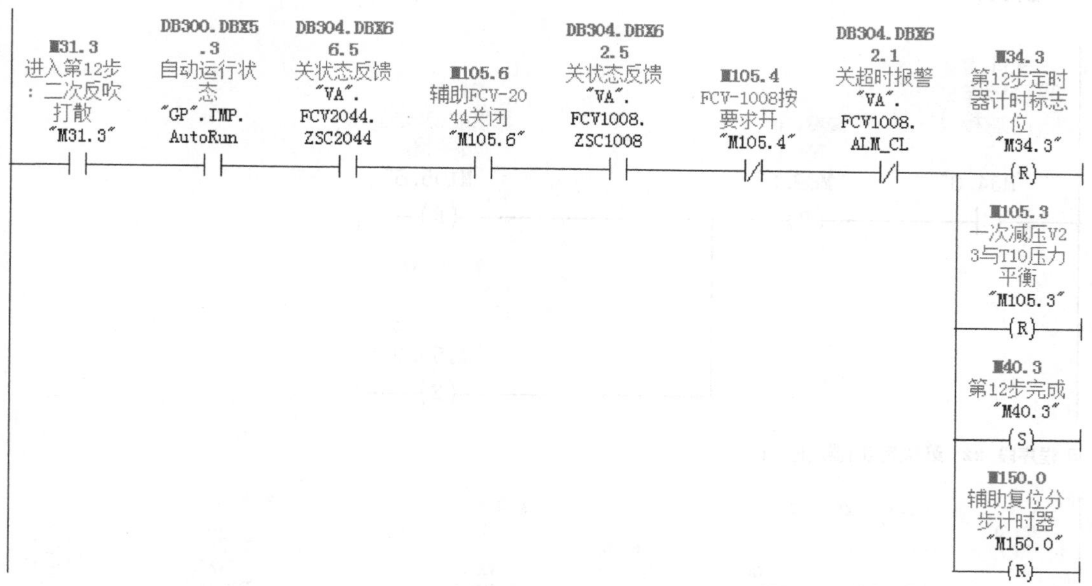

图27-4　置位“M40.3”（第12步完成）和复位“M34.3”（第12步定时器计时标志位）

经过对 FC11 中的“‘TM’.V23.SEQ_REGISTER”（当前运行步骤）进行右击—“跳转”—“对应位置”，打开了 FC23，当“‘TM’.V23.SEQ_REGISTER”（当前运行步骤）=11 和“M46.3”（允许进入第十二步）被系统置 1 时，系统就激活了“"M37.3”（步序器允许进入第十二步）和复位了“M40.3”（第 12 步完成），就为进入第十二步做好了充分的准备，如图 27–3 所示。在 FC13 的程序段 22 中，在第十二步结束以后“"M40.3”（第 12 步完成）又被置位为 1，这时程序就进不到第十二步的系统循环中，保证了系统的安全（如图 27–4 所示），并且“M34.3”（第 12 步定时器计时标志位）被复位为 0。

2. 辅助复位分步计时器

在“一秒尖峰脉冲的使用”专题当中讲述了程序的“单步运行时间计时”，使用“M150.0”（辅助复位分步计时器）来作为 19 步中每一步的计时开始和计时结束的标志，而且在这 19 步中“M150.0”（辅助复位分步计时器）使用的是同一存储器位，这是因为用时置位，不用时复位，增加了程序的通用性和可读性，如图 27–5 所示。

⊟ **程序段 2：辅助关闭烟丝吹散阀FCV-2044**

M34.3
第12步定时器计时标志位
"M34.3"

M89.3
UP
"M89.3"
(P)

M105.6
辅助FCV-2044关闭
"M105.6"
(R)

M150.0
辅助复位分步计时器
"M150.0"
(S)

⊟ **程序段 22：第12步定时器复位允许**

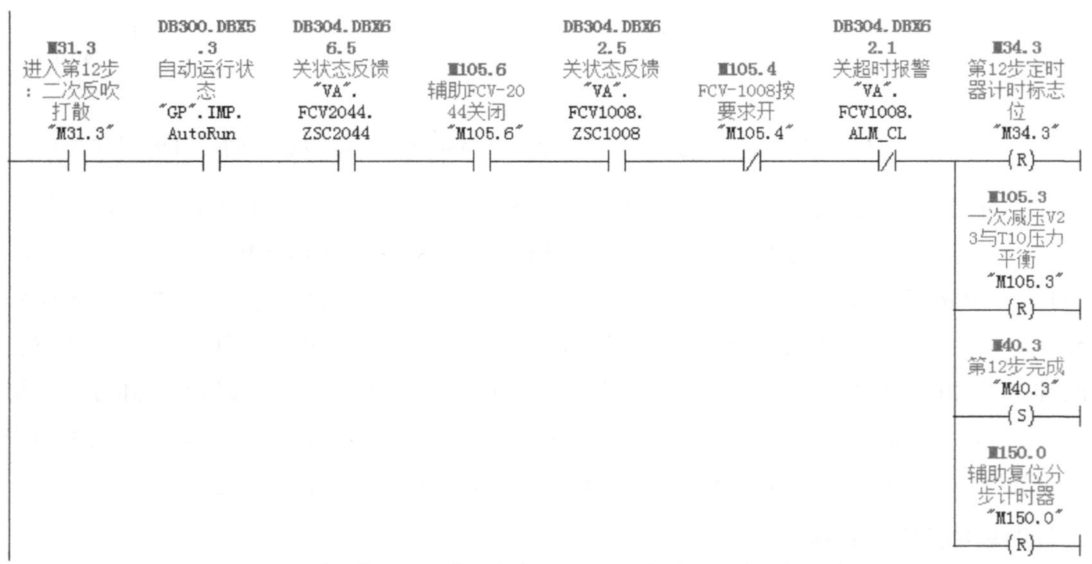

图27-5　FC11中"M150.0"（辅助复位分步计时器）的置位和复位

3. 打开反吹阀 FCV2044

在上一步（第十一步）一直到现在一次减压阀 FCV1008 是打开着的，如图 27–6 所示，在第十二步利用图 27–6 中的条件"M105.1"（辅助设置 FCV1008 开）和"M105.4"（FCV1008 按要求开）置位了本步 FC13 的程序段 3、4 中的"'VA'.FCV2044.OUT"（输出）线圈的条件"M105.5"（辅助设置二次吹除阀 FCV2044 开）。

在程序段 8、10 中，把通过监视屏输入的二次反吹时间通过功能 FC121 的转换变成可以被 PLC 认识的时间"'TM'.V23.SEC_PURGE_S5T"[二次反吹时间（内部使用）]，系统使用时间"'TM'.V23.SEC_PURGE_S5T"[二次反吹时间（内部使用）] 作为定时器

“T54”（二次吹除时间）的设定时间。

在程序段 11 中，用定时器“T54”（二次吹除时间）的定时时间到为条件关闭了“‘VA’.FCV2044.OUT”[输出（二次反吹阀 FCV2044]。

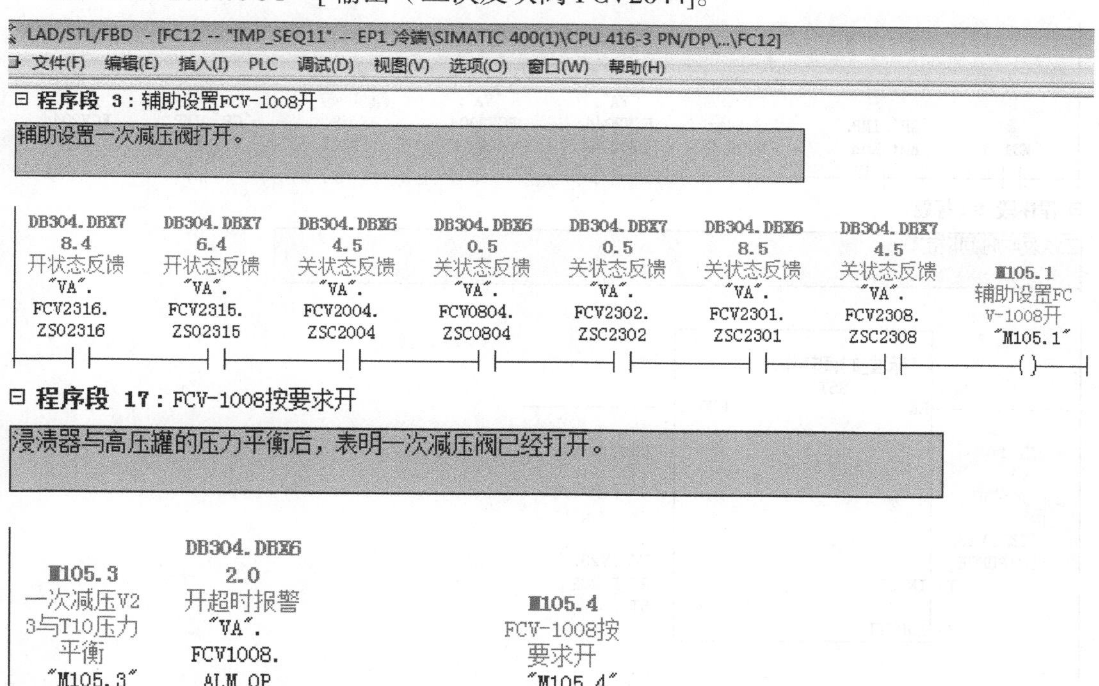

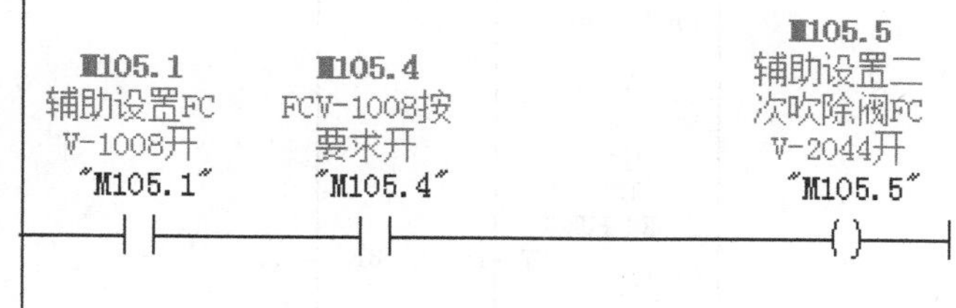

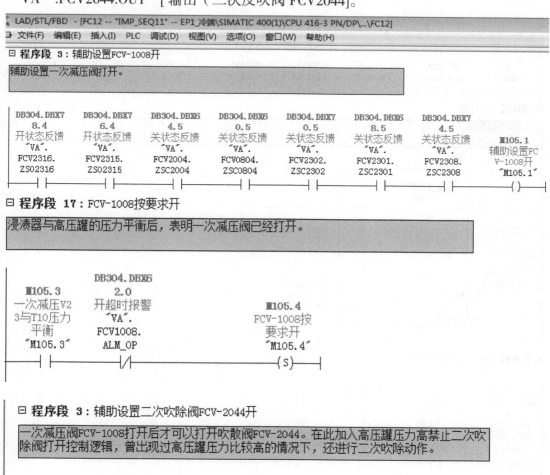

图27-6　FC12中辅助打开一次减压阀FCV1008的程序

⊟ **程序段 4**：二次吹除阀FCV-2044开/关

打开二次吹除阀吹散干冰烟丝。

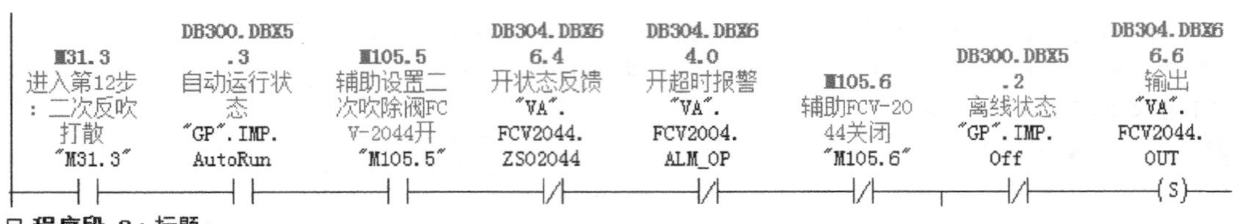

⊟ **程序段 8**：标题：

二次反吹时间设定

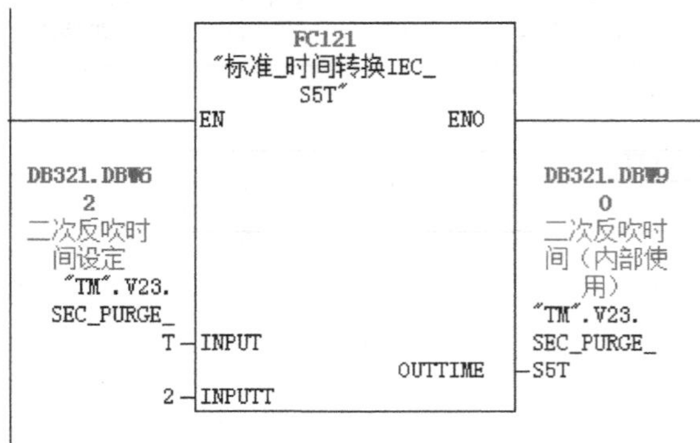

⊟ **程序段 10**：二次吹除时间

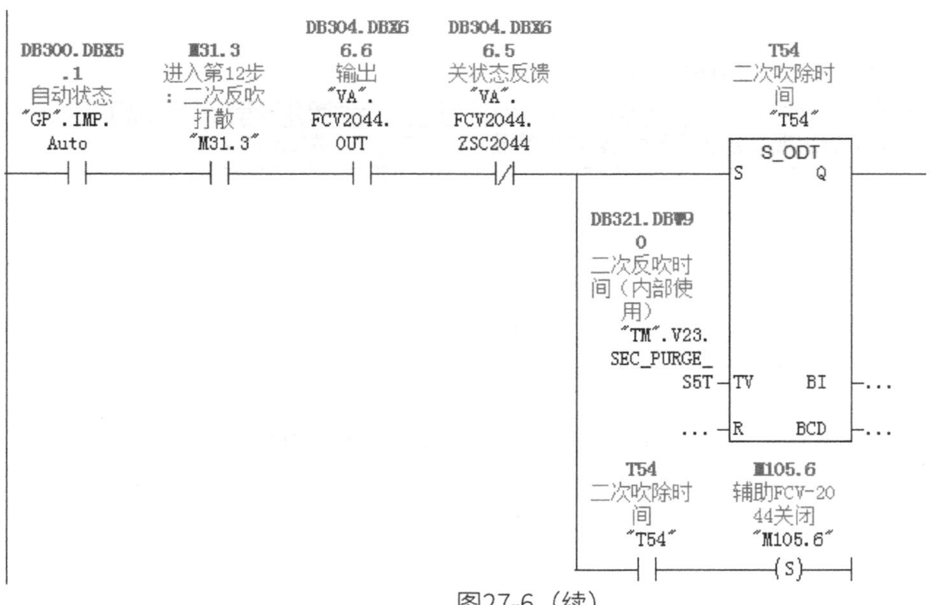

图27-6（续）

⊟ **程序段 11**：二次吹除阀FCV-2044开/关

二次吹除阀打开1秒钟后吹除后关闭二次吹除阀。

DB300.DBX5.1 自动状态 "GP".IMP.Auto — M31.3 进入第12步：二次反吹打散 "M31.3" — T54 二次吹除时间 "T54" — DB304.DBX6 6.6 输出 "VA".FCV2044.OUT —(R)—

4. 关闭一次减压阀 FCV1008

⊟ **程序段 13**：二次吹除阀FCV-2044关定时器

二次吹除阀关闭定时。二次吹除阀关闭后延时关闭一次减压阀FCV-1008。

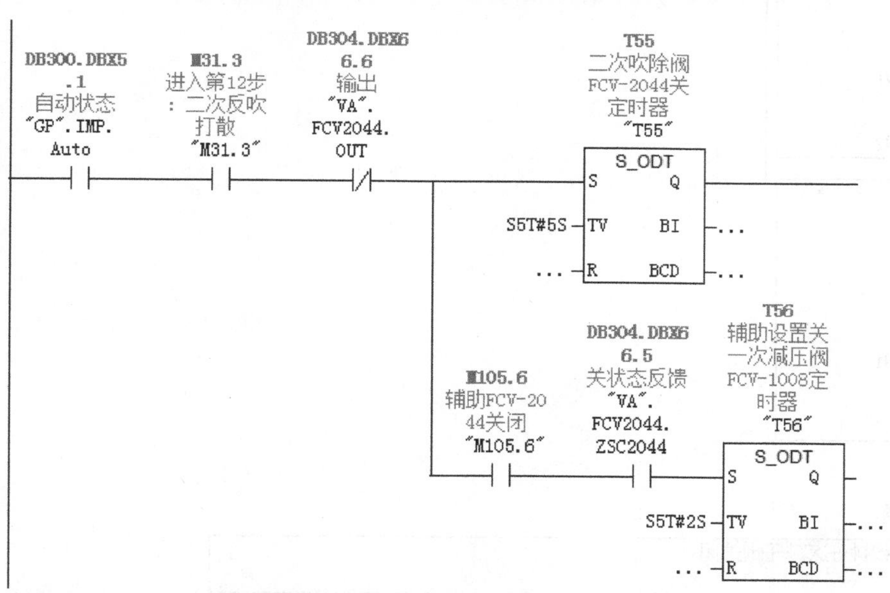

⊟ **程序段 15**：辅助设置FCV-1008开/关

二次吹除阀关闭延时2秒钟后关闭一次减压阀FCV-1008。

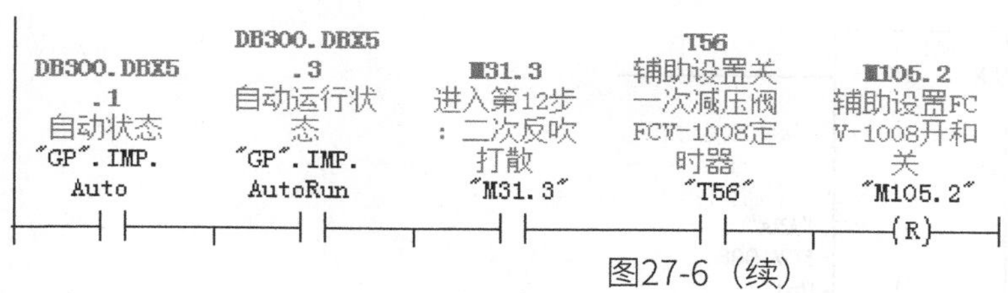

图27-6（续）

⊟ **程序段 18**：标题：

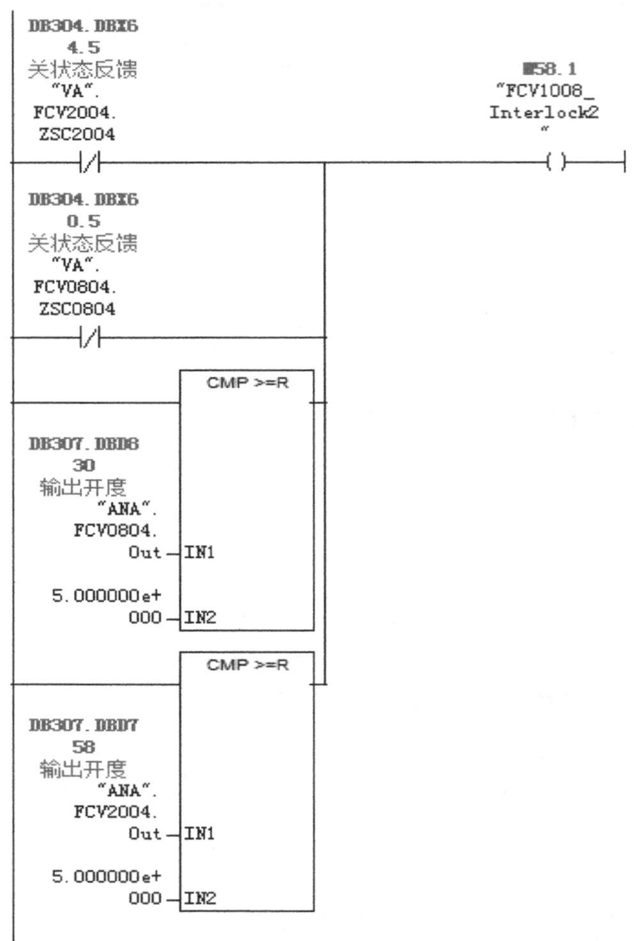

⊟ **程序段 19**：标题：

二次吹除阀关闭后2秒钟一次减压阀关闭。

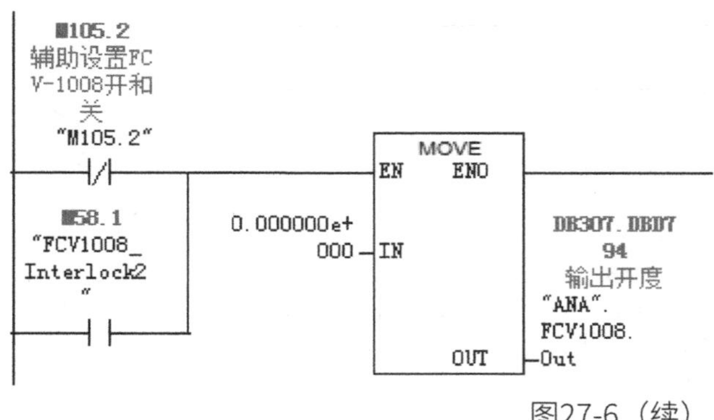

图27-6（续）

在程序段 13 中，二次反吹阀 FCV2044 的关闭信号"'VA'.FCV2044.OUT"（输出（二次反吹阀 FCV2044）的触点触发了两个定时器"T55"（二次吹除阀 FCV-2044 关定时器）和"T56"（辅助设置关一次减压阀 FCV-1008 定时器），定时器"T55"（二次吹除阀 FCV-2044 关定时器）用于设置二次反吹阀 FCV2044 关到位故障报警。在程序段 15 中，定时器"T56"（辅助设置关一次减压阀 FCV-1008 定时器）和其他条件复位了"M105.2"（辅助设置 FCV1008 开和关）。在程序段 18 中，利用二次加压阀 FCV2004 的触点和二次减压阀 FCV0804 的触点各自激活了"FCV1008_Interlock2"。在程序段 19 中，用"FCV1008_Interlock2"和"M105.2"（辅助设置 FCV1008 开和关）分别激活了传送指令，让系统把"0"传送给"'ANA'.FCV1008.Out"[输出（一次减压阀 FCV1008]，关闭一次减压阀 FCV1008。

4. 为第十三步做准备

在程序段 22 中，用"M105.4"（FCV1008 按要求开）的常闭触点合"M105.6"（辅助 FCV-2044）的常开触点等一些条件满足以后，系统就认为"第十二步"就结束了，"M34.3"（第 12 步定时器计时标志位）被复位、"M40.3"（第 12 步完成）被置位、"M150.0"（辅助复位分步计时器）被复位。如图 27-7 所示。

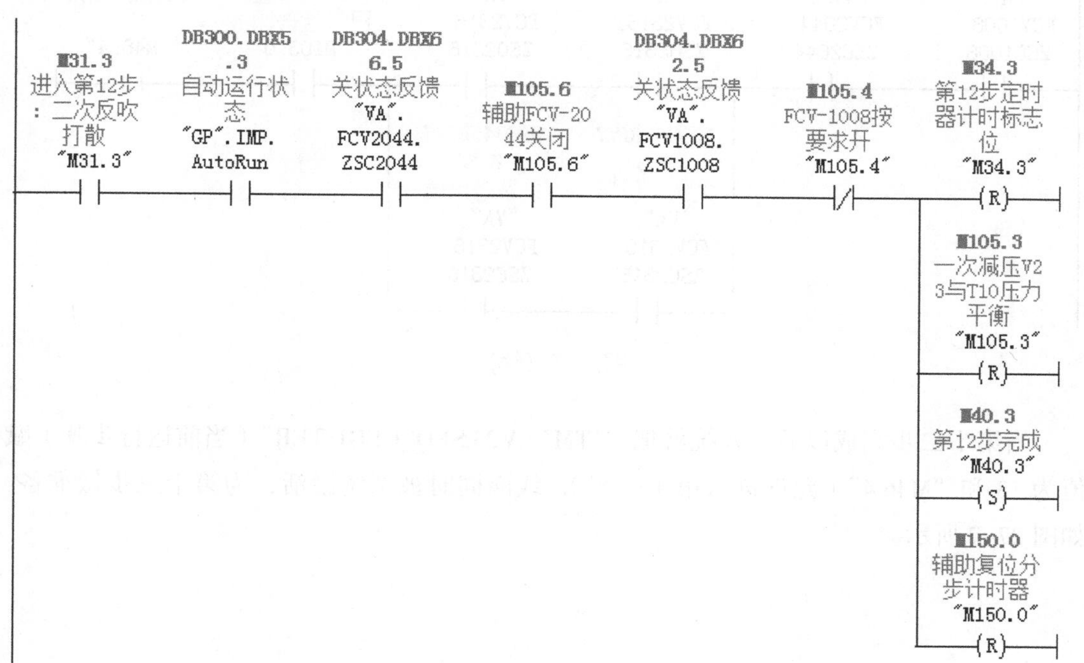

图27-7　为第十三步做准备

⊟ **程序段 25**：标题：

登录第十三步进入二次减压过程。

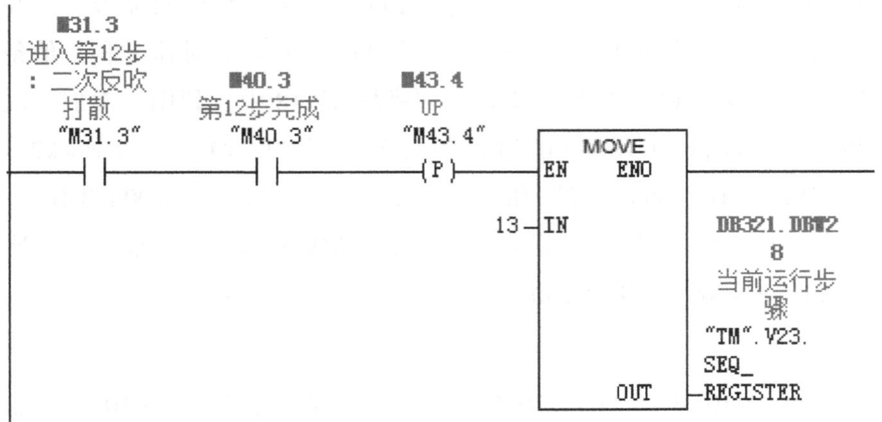

⊟ **程序段 26**：允许进入第13步

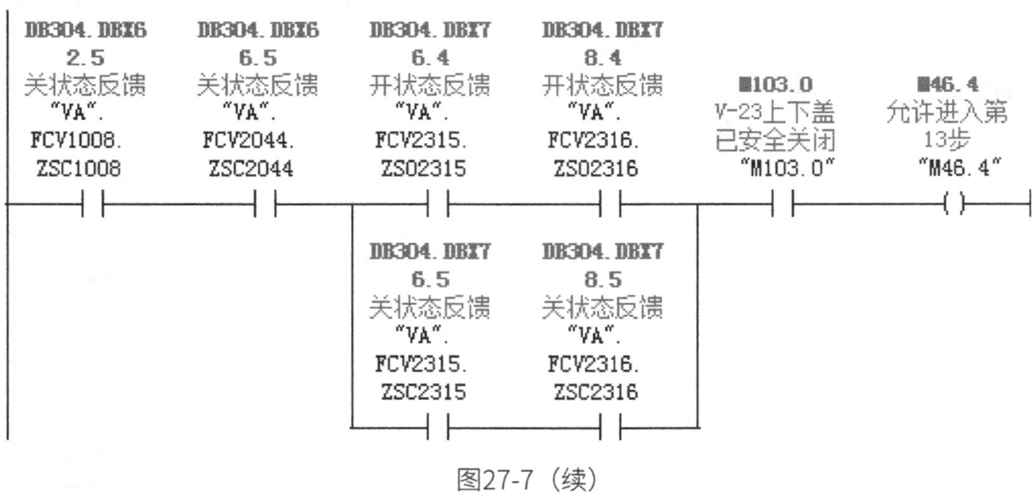

图27-7（续）

当第十二步完成以后，系统就把"'TM'.V23.SEQ_REGISTER"（当前运行步骤）赋值为 13 和"M46.4"（允许进入第十三步），线圈同时被系统激活，为第十三步做准备，如图 27–7 所示。

28　第十三步，二次减压

经过第一次的减压，浸渍器中还有和高压罐 T-10 压力相等的 10bar 左右的压力，逐步打开二次减压阀 FCV-0804，待浸渍器和低压罐的压力差值小于设定值时，关闭二次减压阀(FCV-0804)、上盖主阀（FCV-2316）和下盖主阀（FCV-2315），然后进入下一步。

1. 设置步序

打开 FC14（第十三步，二次减压），在程序段 1 中有“M37.4”（步序器允许进入第十三步）和“M40.4”（第 13 步完成）（图 28-1），经过对它们进行右键单击“跳转”—“对应位置”，打开 FC13（第十二步）。在第十二步完成以后，系统把“‘TM’.V23.SEQ_REGISTER”（当前运行步骤）赋值为 13，意思就是可以进入程序的第十三步，如果这时上、下盖已安全关闭，“M103.0”（V23 上、下盖已安全关闭）常开触点被触发和其他条件已经满足，这时“M46.4”（允许进入第十三步）就为进入第十三步做好准备，如图 28-2 所示。

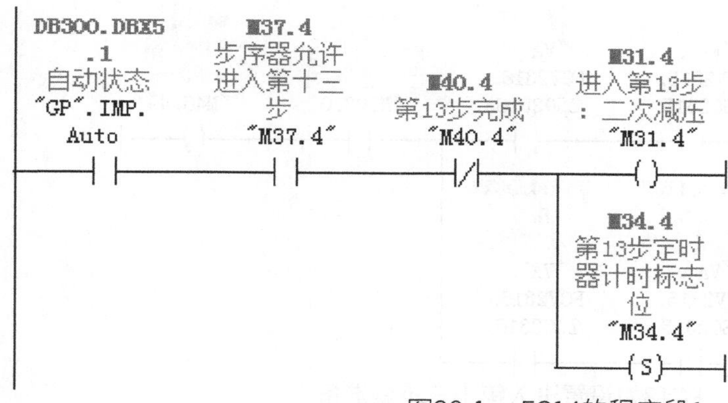

图28-1　FC14的程序段1

⊟ **程序段 25**：标题：

登录第十三步进入二次减压过程。

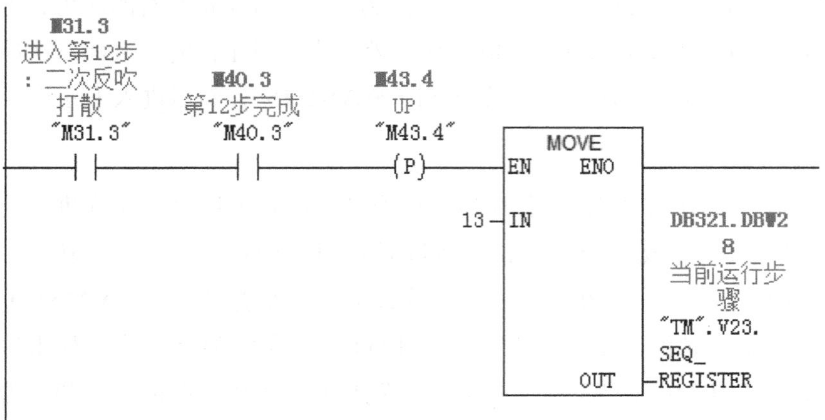

⊟ **程序段 26**：允许进入第13步

图28-2　FC13为设置进入第十三步做准备

⊟ **程序段 16**：允许进入第13步

第十三步：二次减压FCV-0804。

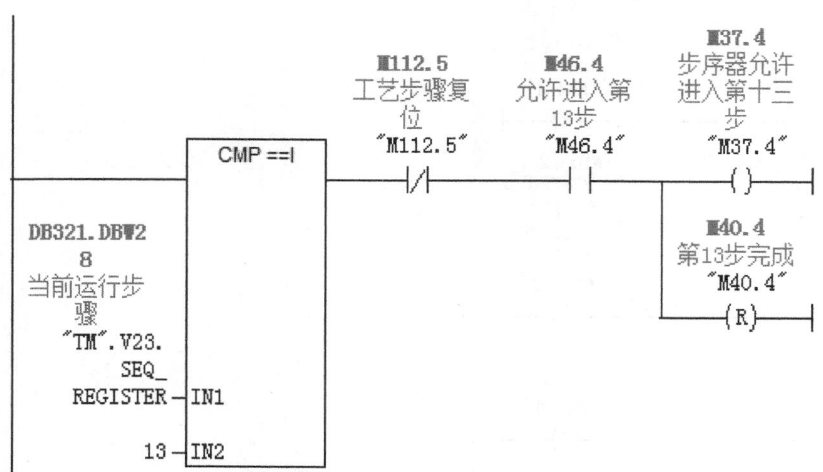

图28-3　FC23 为设置进入第十三步做准备已经完成

经过对 FC13 中的"'TM'.V23.SEQ_REGISTER"（当前运行步骤）进行右击—"跳转"—"对应位置"，打开了 FC23，当"'TM'.V23.SEQ_REGISTER"（当前运行步骤）=13 和"M46.4"（允许进入第十三步）被系统置 1 时，系统就激活了""M37.4"（步序器允许进入第十三步）和复位了"M40.4"（第 13 步完成），就为进入第十三步做好了充分的准备，如图 28-3 所示。在 FC14 的程序段 34、35 中，在第十三步结束以后""M40.4"（第 13 步完成）又被置位为 1，这时程序就进不到第十三步的系统循环中，保证了系统的安全（如图 28-4 所示），并且"M34.4"（第 13 步定时器计时标志位）被复位为 0。

⊟ **程序段 34**：第13步定时器允许复位

使用自锁可以避免在排空时出现计时错误。

DB300.DBX5.3 自动运行状态 "GP".IMP.AutoRun —| |— M31.4 进入第13步：二次减压 "M31.4" —| |— DB304.DBX78.5 关状态反馈 "VA".FCV2316.ZSC2316 —| |— DB304.DBX76.5 关状态反馈 "VA".FCV2315.ZSC2315 —| |— DB304.DBX60.5 关状态反馈 "VA".FCV0804.ZSC0804 —| |— M106.2 二次减压平衡后，阀FCV-0804按要求开 "M106.2" —| |— M40.4 第13步完成 "M40.4" —|/|— M95.2 "AD_LOCK12" —( )

M95.2 "AD_LOCK12" —| |—（并联）

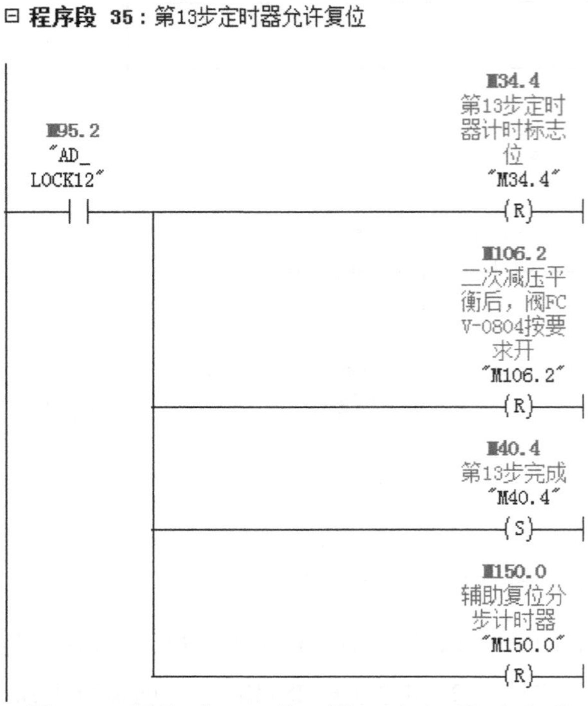

⊟ **程序段 35**：第13步定时器允许复位

M95.2
"AD_
LOCK12"

M34.4
第13步定时
器计时标志
位
"M34.4"
(R)

M106.2
二次减压平
衡后，阀FC
V-0804按要
求开
"M106.2"
(R)

M40.4
第13步完成
"M40.4"
(S)

M150.0
辅助复位分
步计时器
"M150.0"
(R)

图28-4 置位“M40.4”（第13步完成）和复位“M34.4”（第13步定时器计时标志位）

2. 辅助复位分步计时器

在“一秒尖峰脉冲的使用”专题当中讲述了程序的“单步运行时间计时”，使用“M150.0”（辅助复位分步计时器）来作为 19 步中每一步的计时开始和计时结束的标志，而且，在这 19 步中“M150.0”（辅助复位分步计时器）使用的是同一存储器位，这是因为用时置位，不用时复位，增加了程序的通用性和可读性，如图 28–5 所示。

⊟ **程序段 2**：二次减压阀FCV-0804按要求开

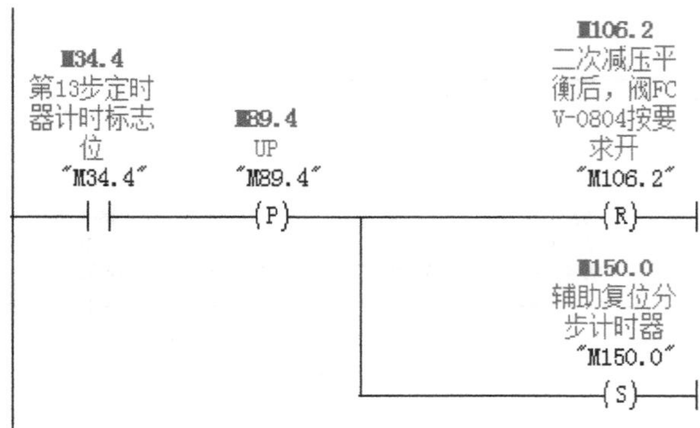

图28-5 FC11中“M150.0”（辅助复位分步计时器）的置位和复位

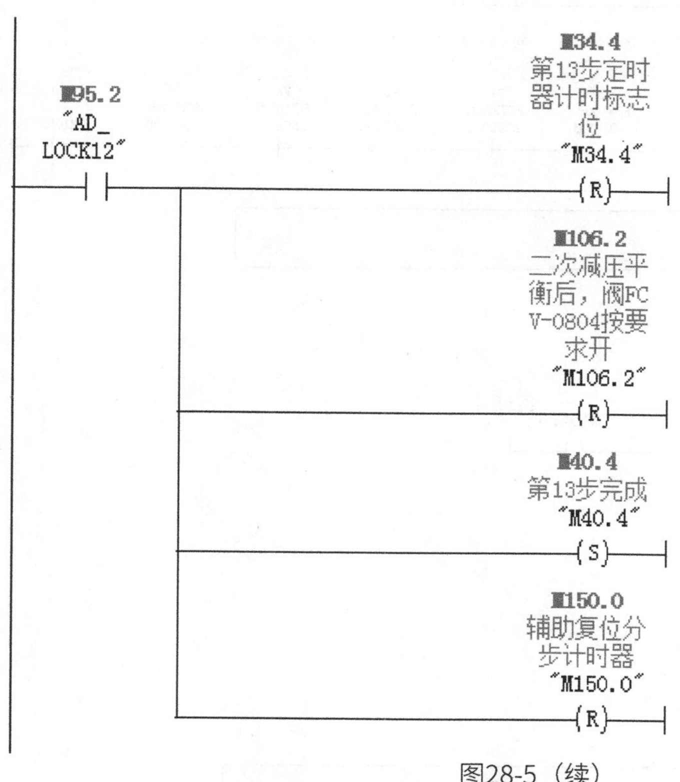

图28-5（续）

3. 为打开二次减压阀 FCV0804 做准备

在图 28-6 程序段 3 中，把几个主要阀门的状态作为打开二次减压阀 FCV0804 的辅助条件；在程序段 5 中，通过一个比较指令，当"'ANA'.T08.PT0807_PV"（低压罐实时压力显示）大于设定值 3.3bar 时，不允许打开二次减压阀 FCV0804，来自低压罐 T-08 的压力经过 FB3 中的压力变换成为"'ANA'.T08.PT0807_PV"（低压罐实时压力显示），成为能被使用的信号。所以，在"M106.0"（辅助二次减压阀 FCV-0804 开和关）的条件中又增加了一个"M104.3"（低压罐允许打开二次减压阀）。

在程序段 7 中，用"M106.0"（辅助二次减压阀 FCV-0804 开和关）定义了"'VA'.FCV0804.OUT"（输出），经过对它右键单击"跳转"—"对应位置"，没有发现向外输出的点，说明"'VA'.FCV0804.OUT"（输出）是内部存储器，这也是因为二次减压阀 FCV0804 是由定位器打开的原因。

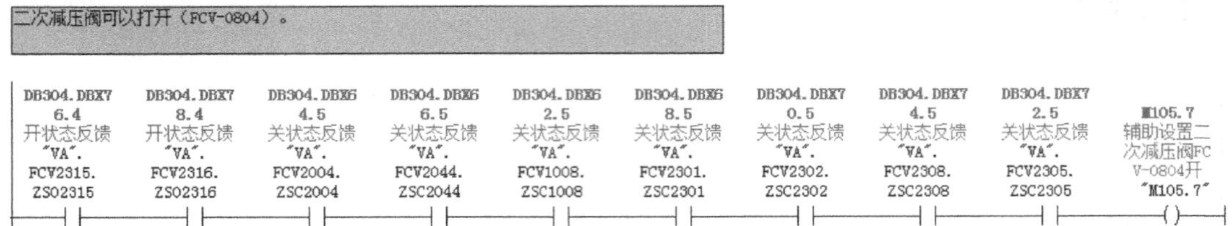

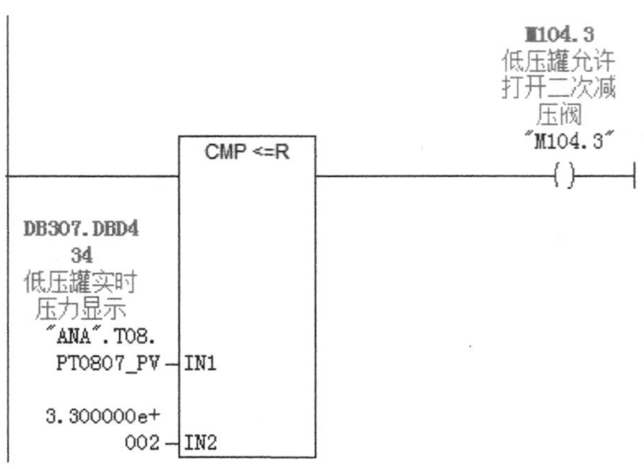

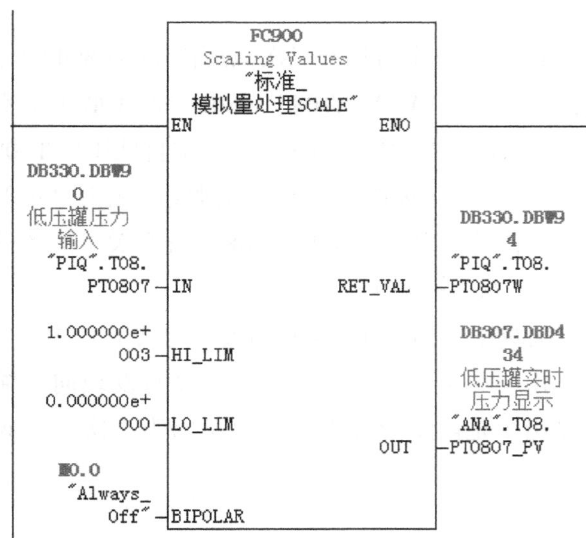

图28-6　为打开二次减压阀 FCV0804做准备的程序

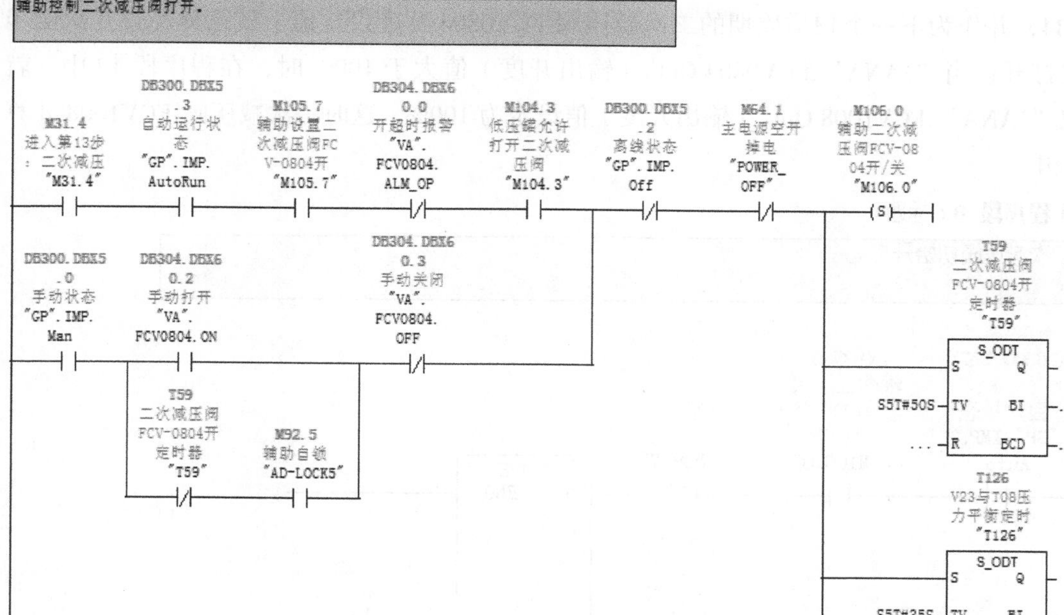

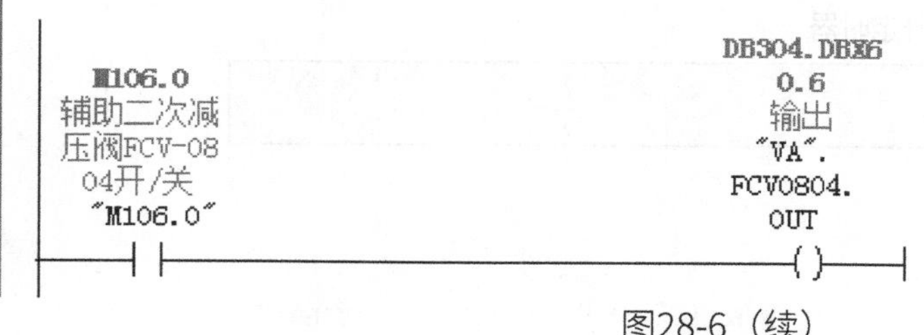

图28-6（续）

4. 逐渐打开二次减压阀 FCV0804

如图 28–7 所示，由于二次减压阀 FCV0804 一端和内部压力为 10bar 的浸渍器相连，另一端和 0.4bar 的低压罐 T–08 相连，由于压差很大，不能猛然打开，而是逐渐分步打开。所以，厂家为打开二次减压阀 FCV0804 的旋转气缸设置了一个定位器。

在图 28–7 的程序段 8 中，“‘ANA’.FCV0804.Ini”（初始开度设定值）是通过监视屏设置的，一般设定 20%（20），把这个初始值传送给“‘ANA’.FCV0804.Out”（输出开度），这个输出开度值即是 FC14 中的主要参数，也是和模拟量输出转换功能块 FB4 的纽带。二次减压阀 FCV0804 在旋转气缸作用下和定位器的控制下打开 20% 的开度。

在程序段 9 和 10 中，当二次减压阀 FCV0804 的开度还没有达到 100% 的时候，每五秒增加一个“‘ANA’.FCV0804.Step”（步进开度设定值），和原来的“‘ANA’.FCV0804.

Out ”（输出开度）相加以后重新赋值给“‘ANA’.FCV0804.Out”（输出开度），传送给FB4，并作为下一个扫描周期的二次减压阀 FCV0804 开度设定值。就这样经过几次的步进打开，当“‘ANA’.FCV0804.Out”（输出开度）值大于 100% 时，在程序段 12 中，就把“‘ANA’.FCV1008.Out”（输出开度）值设定为 100%，这时一次减压阀 FCV1008 才算打开。

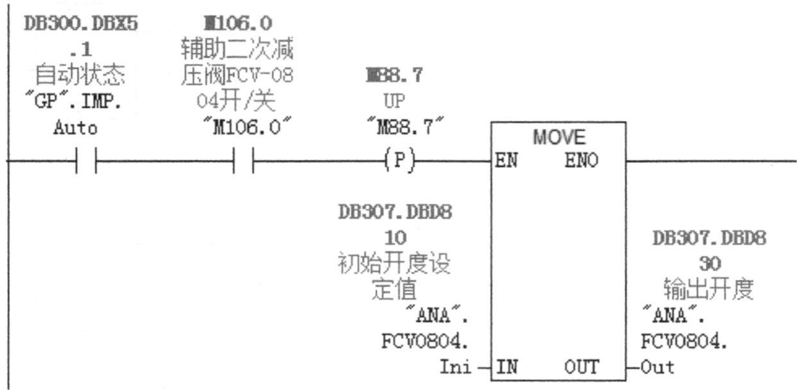

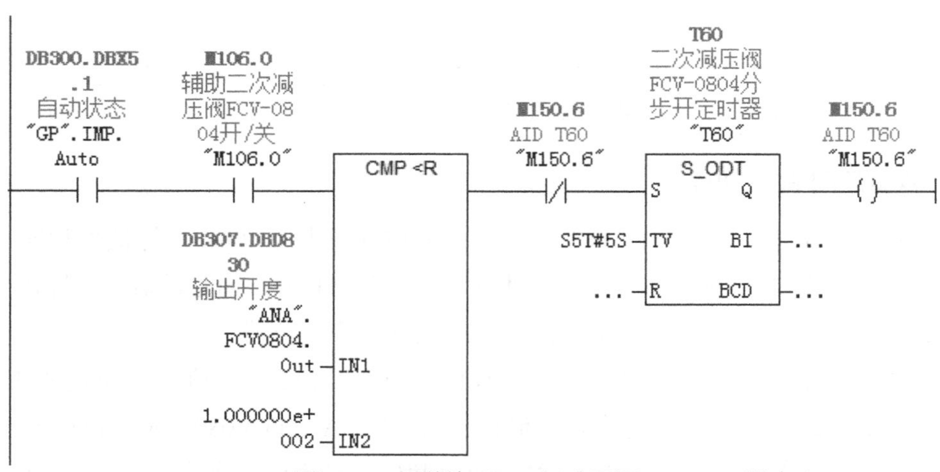

图28-7　逐渐打开二次减压阀FCV0804程序

⊟ **程序段 10**：标题：

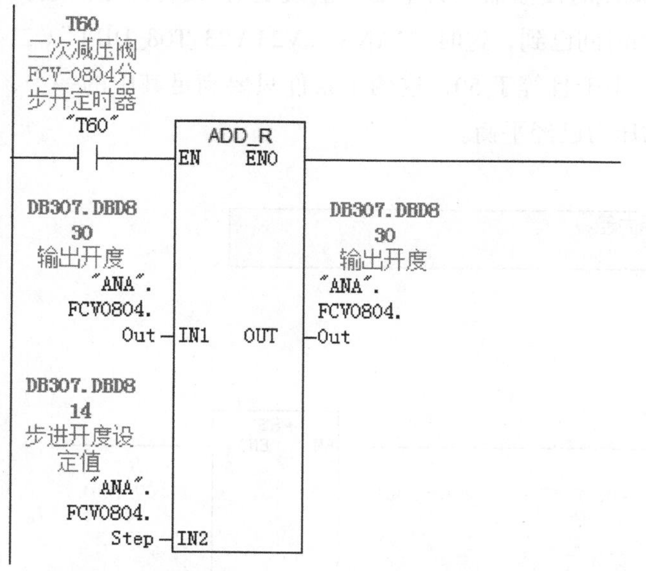

⊟ **程序段 12**：标题：

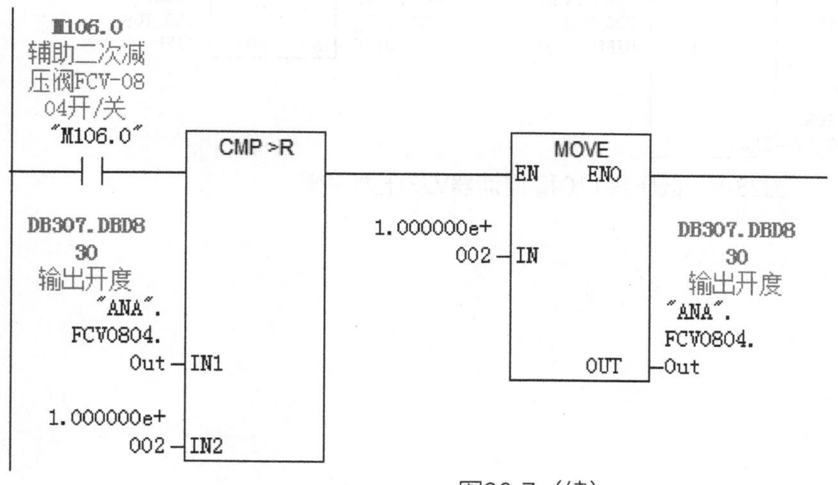

图28-7（续）

5. 低压罐 T08 和浸渍器 V23 压力平衡

如图 27–8 所示，在程序段 13 中来自 FB3 中的经过转换的"'ANA'.T08.PT0807_PV"（低压罐实时压力显示）和"'ANA'.V23.PT2323_PV"（浸渍器压力值 1），它们经过减法器的相减，又经过对它们的商进行绝对值，最后赋值给"'ANA'.V23.V20_V23_DIFF"（二次加压时浸渍器与工艺罐压力差值）。

在实际生产中，不可能做到绝对的平衡，所以在程序段 15 中只要"'ANA'.V23.

V20_V23_DIFF”（二次减压时浸渍器与低压罐压力差值）小于且等于设定的压差值“‘ANA’.V23.PT_DIFF_SP4”（ 二次减压时浸渍器压力平衡差值设定），或者设定的超长确认计时器“T179”计时 2 分 20 秒的时间已到，这时“‘ANA’.V23.V23_T08_DIFF”（二次减压时浸渍器与低压罐压力差值）小于且等于 50，这两个条件只要满足其中的一个，系统就认为浸渍器和工艺罐 V20 内的压力已经平衡。

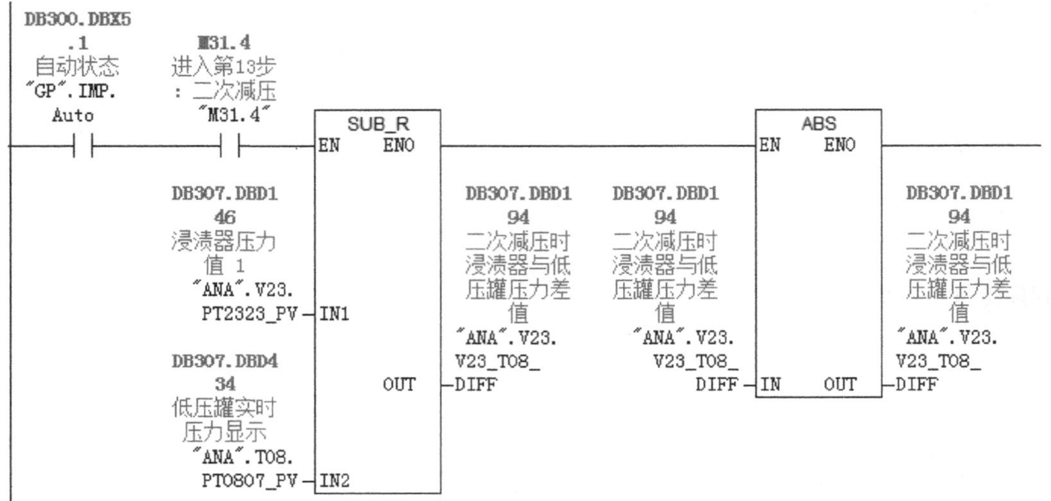

图28-8 低压罐T10和 浸渍器V23压力平衡

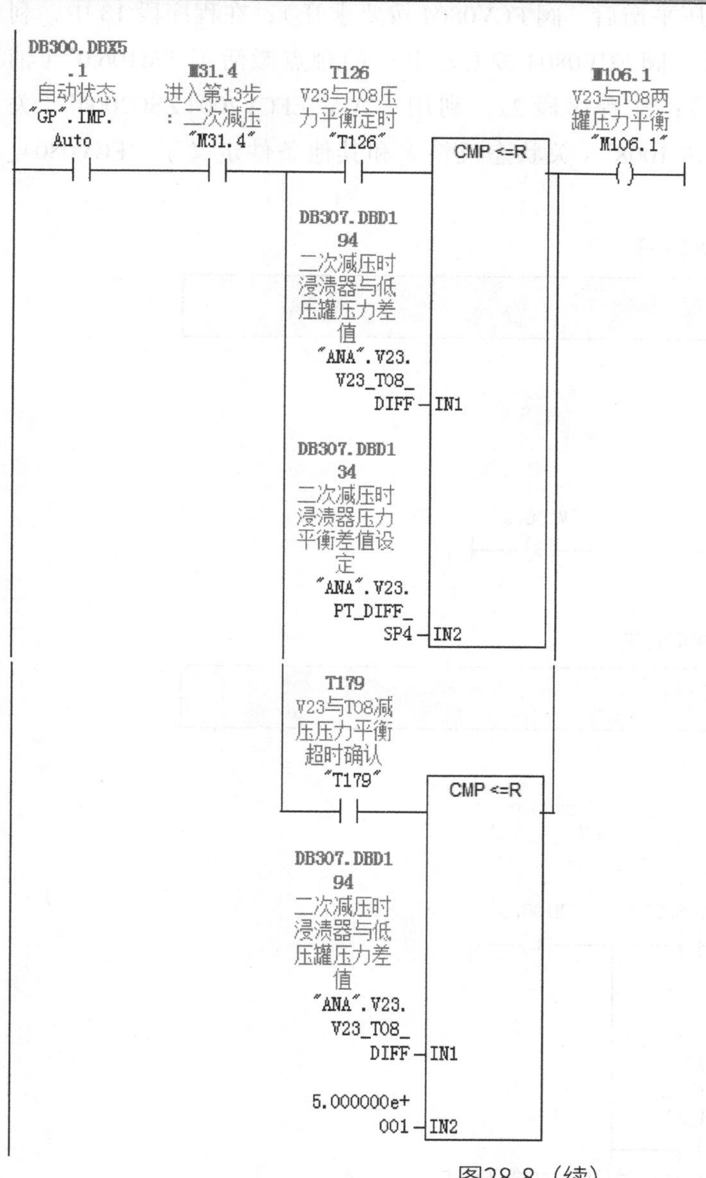

图28-8（续）

在程序段 16、17 中，低压罐 T10 和浸渍器 V23 压力平衡后，把在“为打开二次减压阀 FCV0804 做准备”中两个重要条件“M106.2”（二次减压平衡后，阀 FCV0804 按要求开）置位和“M106.0”（辅助二次减压阀 FCV-0804 开 / 关）复位。

6. 关闭二次减压阀 FCV-0804

在图 28–9 的程序段 17 中，定时器“M106.1”（V23 与 T08 两罐压力平衡）和其他条件置位了“M106.2”（二次减压平衡后，阀 FCV0804 按要求开）；在程序段 18 中，利用”M106.2”（二次减压平衡后，阀 FCV0804 按要求开）的触点激活了“M106.0”（辅助二次减压阀 FCV0804 开 / 关）；在程序段 22，利用“‘VA’.FCV2004.ZSC2004”（关状态反馈）、“‘VA’.FCV1008.ZSC1008”（关状态反馈）和其他条件定义了“FCV0804_Interlock2”）。

⊟ **程序段 17**：二次减压阀FCV-0804按要求开

压力平衡后证明二次减压阀已经打开。

M106.1
V23与T08两
罐压力平衡
"M106.1"

DB304.DBX6
0.0
开超时报警
"VA".
FCV0804.
ALM_OP

M106.2
二次减压平
衡后，阀FC
V-0804按要
求开
"M106.2"
(S)

⊟ **程序段 18**：辅助二次减压阀FCV-0804开/关

辅助关闭二次减压阀。

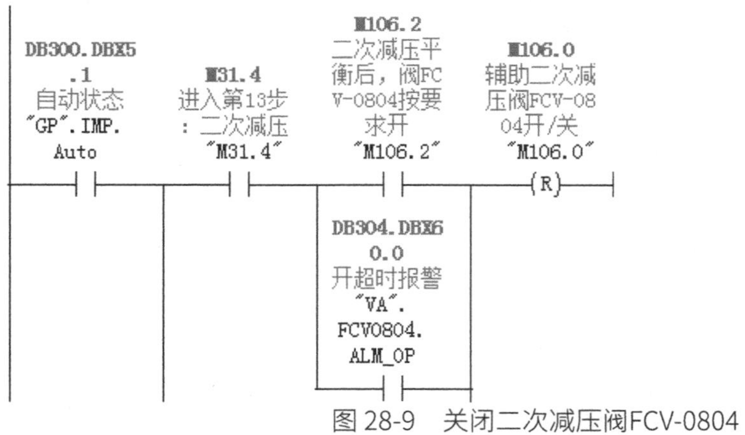

图 28-9　关闭二次减压阀FCV-0804

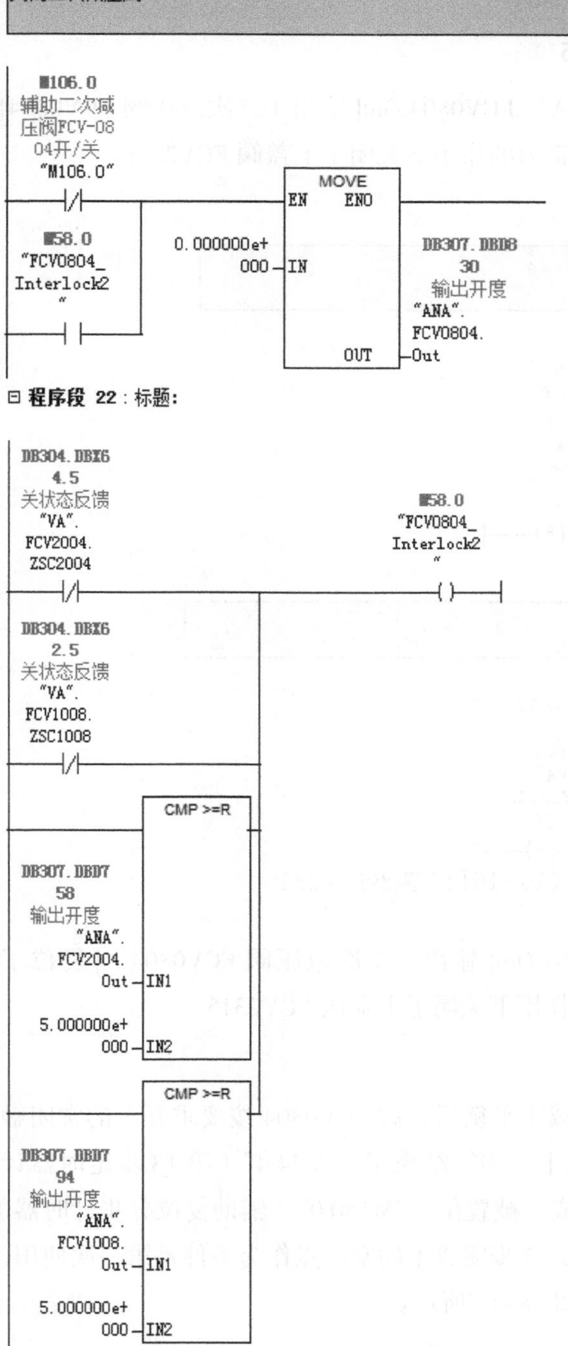

图 28-9（续）

在程序段 19 中，用“FCV0804_Interlock2”和“M106.0”（辅助二次减压阀 FCV0804

开 / 关）分别激活了传送指令，让系统把“0”传送给“‘ANA’.FCV0804.Out[输出（二次减压阀 FCV0804]，关闭二次减压阀 FCV0804。

7. 关闭上盖阀 FCV2316 和下盖阀 FCV2315

在在图 28-10 程序段 26 中，用“‘ANA’.FCV0804.Out[输出（二次减压阀 FCV0804] 复位了上盖阀 FCV2316 的电磁线圈，在弹簧力的作用下关闭了上盖阀 FCV2316。

⊟ **程序段 26：** V-23顶门主阀FCV-2316

关闭二次减压阀后立即关闭浸渍器顶盖主阀。

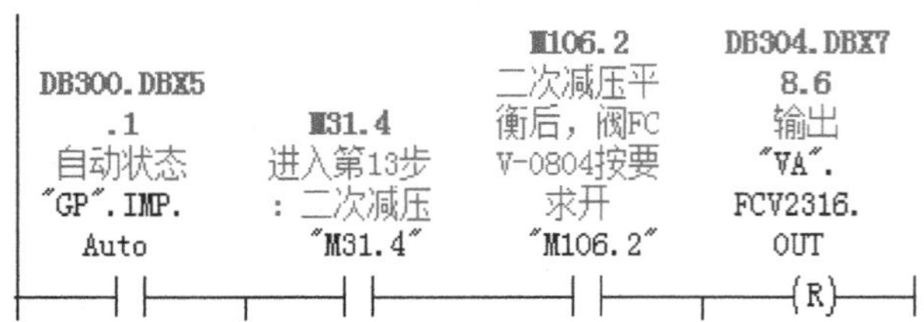

⊟ **程序段 30：** 底盖主阀FCV-2315

二次减压阀关闭后立即关闭浸渍器底盖主阀。

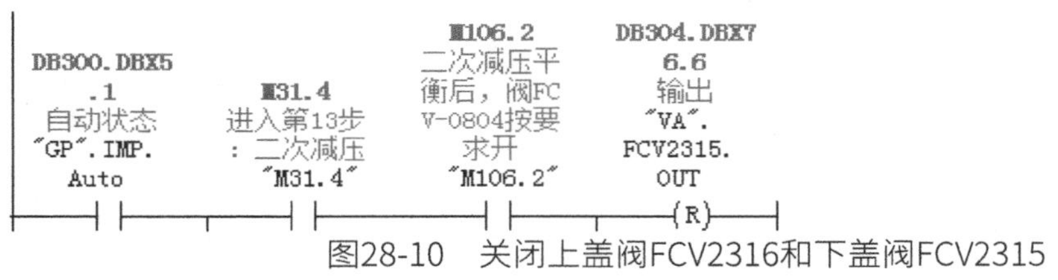

图28-10 关闭上盖阀FCV2316和下盖阀FCV2315

在程序段 30 中，用“‘ANA’.FCV0804.Out[输出（二次减压阀 FCV0804）] 复位了下盖阀 FCV2315 的电磁线圈，在弹簧力的作用下关闭了上盖阀 FCV2315。

8. 为第十四步做准备

在程序段 34 中，用“M106.2”（二次减压平衡后，阀 FCV0804 按要求开）的常闭触点等一些条件满足以后，系统就认为“第十三步”结束了，“M34.4”（第 13 步定时器计时标志位）被复位、“M40.4”（第 13 步完成）被置位、“M150.0”（辅助复位分步计时器）被复位。在众多的条件中，用“M40.4”（第 23 步完成）的常闭点作为条件是第一次使用，也是很安全的，紧接着就要把它置位。如图 28-11 所示。

⊟ **程序段 34**：第13步定时器允许复位

使用自锁可以避免在排空时出现计时错误。

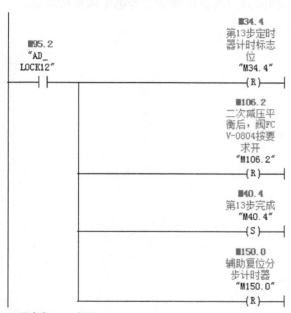

DB300.DBX5.3 自动运行状态 "GP".IMP.AutoRun
M31.4 进入第13步：二次减压 "M31.4"
DB304.DBX78.5 关状态反馈 "VA".FCV2316.ZSC2316
DB304.DBX76.5 关状态反馈 "VA".FCV2315.ZSC2315
DB304.DBX60.5 关状态反馈 "VA".FCV0804.ZSC0804
M106.2 二次减压平衡后，阀FCV-0804按要求开 "M106.2"
M90.0 阀恢复完成结束标志位 "M90.0"
M40.4 第13步完成 "M40.4"
M95.2 "AD_LOCK12"
M95.2 "AD_LOCK12"

⊟ **程序段 35**：第13步定时器允许复位

M95.2 "AD_LOCK12"
M34.4 第13步定时器计时标志位 "M34.4" (R)
M106.2 二次减压平衡后，阀FCV-0804按要求开 "M106.2" (R)
M40.4 第13步完成 "M40.4" (S)
M150.0 辅助复位分步计时器 "M150.0" (R)

⊟ **程序段 38**：标题：

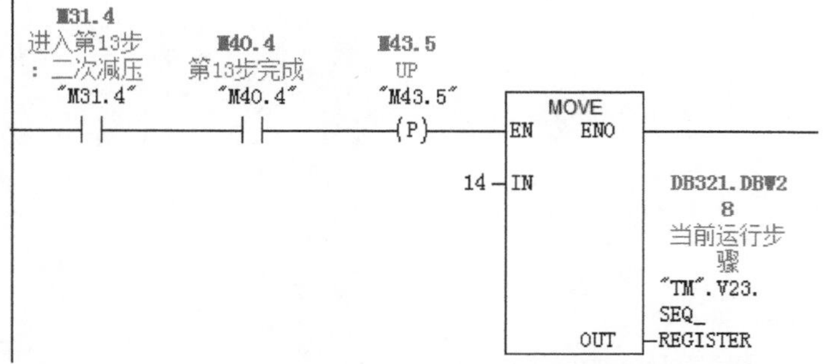

图28-11　为第十四步做准备

⊟ **程序段 39**：允许进入第14步

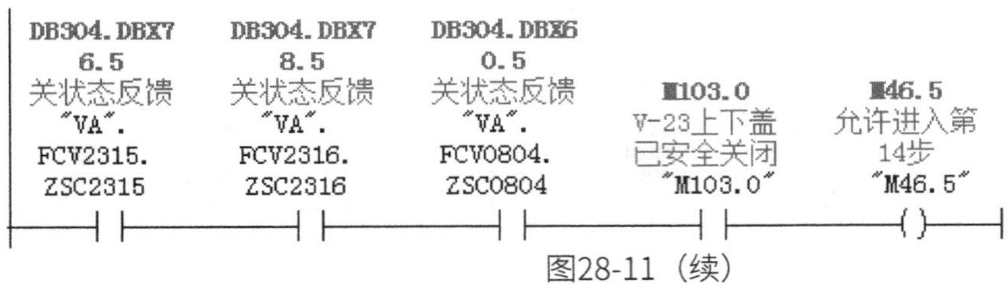

图28-11（续）

当第十三步完成以后，系统就把“‘TM’.V23.SEQ_REGISTER”（当前运行步骤）赋值为 14 和“M46.5”（允许进入第十四步），线圈同时被系统激活，为第十四步做准备。

29 第十四步，二次排空

系统运行到这里时，浸渍器中的压力还有4bar左右，没有办法回收，就是回收成本也很高。这时，打开排空阀FCV2308，浸渍器中剩余的二氧化碳气体经消音器（S–26）排至大气中，当浸渍器与大气的压力差值小于设定值，零压开关PSL2322和PSL2324动作，监控画面上的零压开关PSL2322和PSL2324由红变绿，排空结束，氮气密封系统进行泄压，解除密封，

1. 设置步序

打开FC15（第十四步，二次排空），在程序段1中有“M37.5”（步序器允许进入第十四步）和“"M40.5”（第14步完成）（图29–1所示），经过对它们进行右键单击“跳转”—“对应位置”，打开FC14（第十三步），在第十三步完成以后，系统把“"TM".V23.SEQ_REGISTER”（当前运行步骤）赋值为14，意思就是可以进入程序的第十四步，如果这时上、下盖已安全关闭，“M103.0”（V23上、下盖已安全关闭）常开触点被触发和其他条件已经满足，这时“M46.5”（允许进入第十四步）就为进入第十四步做好准备，如图29–2所示。

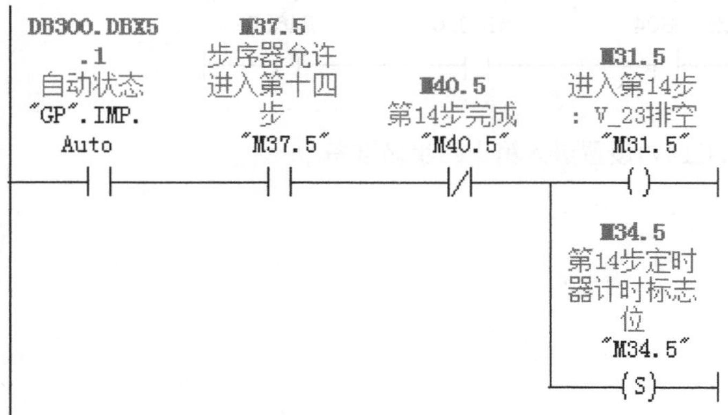

图29-1 FC15的程序段1

经过对FC14中的“‘TM’.V23.SEQ_REGISTER”（当前运行步骤）进行右击—“跳转”—“对应位置”，打开了FC23，当“‘TM’.V23.SEQ_REGISTER”（当前运行步骤）=14和“M46.5”（允许进入第十三步）被系统置1时，系统就激活了“"M37.5”（步序器允许进入第十四步）和复位了“M40.5”（第14步完成），就为进入第十四步做好了充分的准备，如图29–3所示。在FC15的程序段16中，在第十四步结束以后“"M40.5”（第14步完成）又被置位为1，这时程序就进不到第十四步的系统循环中，保证了系统的安

全,（如图 29–4 所示），并且 “M34.5”（第 14 步定时器计时标志位）被复位为 0。

□ **程序段 38：** 标题：

M31.4
进入第13步
：二次减压
"M31.4"

M40.4
第13步完成
"M40.4"

M43.5
UP
"M43.5"
(P)

MOVE
EN ENO
14 – IN
OUT

DB321.DBW28
当前运行步骤
"TM".V23.
SEQ_
REGISTER

□ **程序段 39：** 允许进入第14步

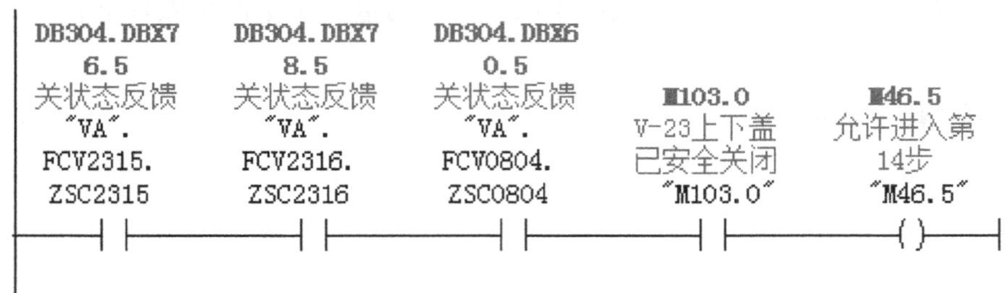

图29-2　FC14为设置进入第十四步做准备

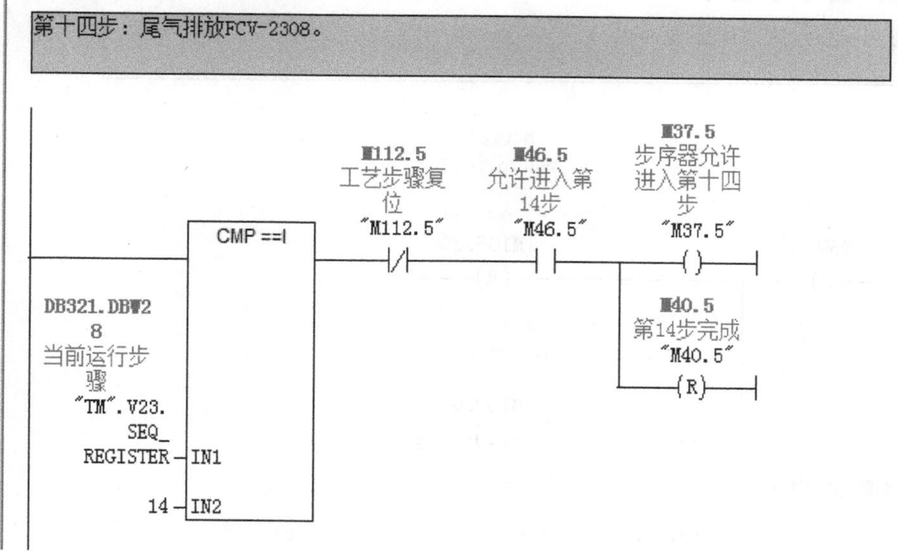

图 29-3　FC23 为设置进入第十四步做准备已经完成

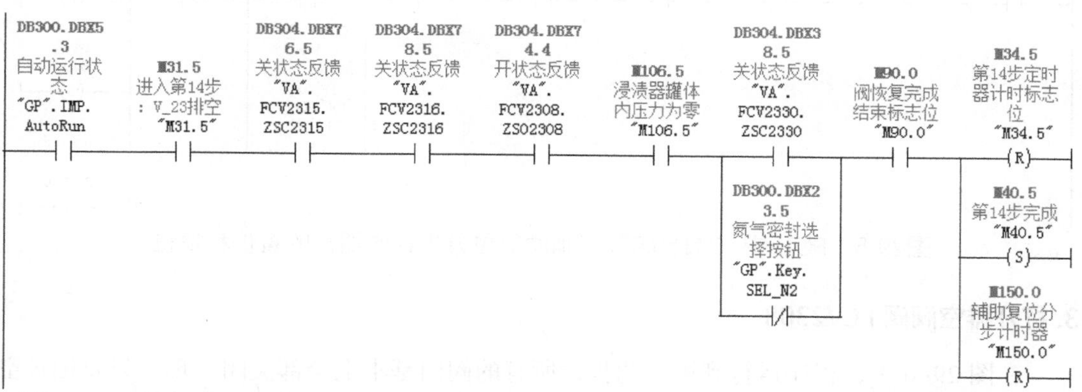

图 29-4　置位“M40.5”（第14步完成）和复位“M34.5”（第14步定时器计时标志位）

2. 辅助复位分步计时器

在“一秒尖峰脉冲的使用”专题当中讲述了程序的“单步运行时间计时”，使用“M150.0”（辅助复位分步计时器）来作为 19 步中每一步的计时开始和计时结束的标志，而且，在这 19 步中“M150.0”（辅助复位分步计时器）使用的是同一存储器位，这是因为用时置位，不用时复位，增加了程序的通用性和可读性，如图 29-5 所示。

⊟ **程序段 2：** 辅助设置大气排空阀FCV-2308

M106.3复位以后才可以打开大气排空阀。

M34.5
第14步定时器计时标志位
"M34.5"

M89.5
UP
"M89.5"
(P)

M106.3
辅助设置大气排空阀FCV-2308打开
"M106.3"
(R)

M150.0
辅助复位分步计时器
"M150.0"
(S)

⊟ **程序段 16：** 第14步定时器允许复位

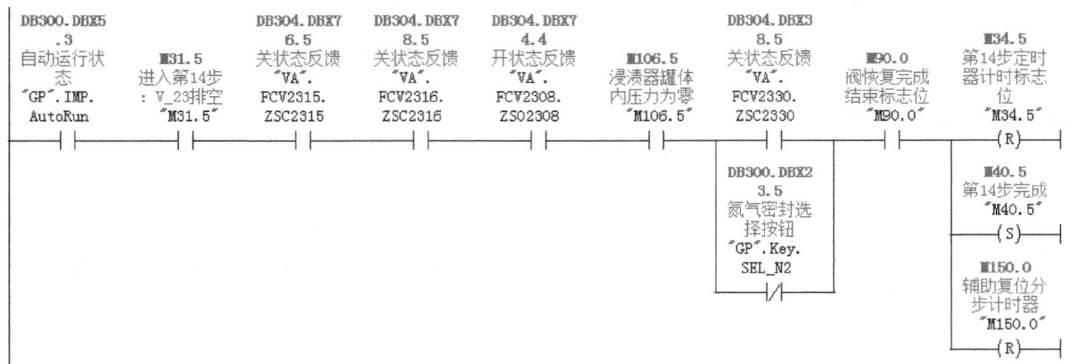

图29-5　FC15中“M150.0”（辅助复位分步计时器）的置位和复位

3. 打开排空阀阀 FCV2308

在图 29–6 中，程序运行到第十四步，所有的阀门基本上全部关闭，现在只要把排空阀 FCV2308 打开就行。在程序段 3 中，当条件具备以后置位了排空阀 FCV2308 的电磁线圈，FCV2308 在旋转气缸的作用下打开了排空阀 FCV2308。

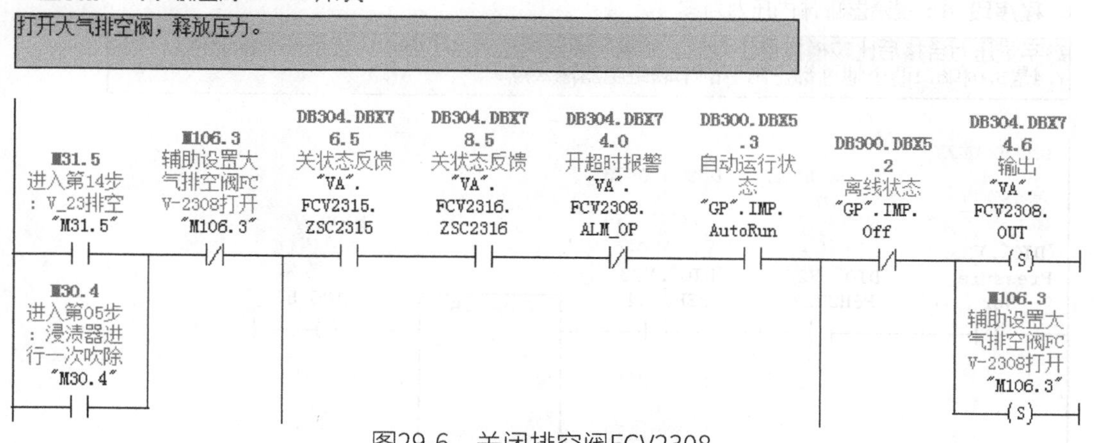

图29-6 关闭排空阀FCV2308

4. 打开氮气密封阀 FCV2330

在图 29-7 程序段 8 中，当“‘ANA’.V23.PT2323_PV”（浸渍器压力值 1）检测到的压力值低于“‘ANA’.V23.PT_Zero_SP”（浸渍器压力值设定）的时候，并且阀门架上两个浸渍器的零压力检测开关“‘DI/O’.V23.PSH2322”（浸渍器压力高开关）和“‘DI/O’.V23.PSH2324”（浸渍器压力高开关）被触发，三个条件同时具备，系统就认为浸渍器中的压力和大气压力相平衡，同时激活了“M106.5”（浸渍器罐体内压力为零）线圈，为后续程序使用。

在程序段 9 中，当“M106.5”（浸渍器罐体内压力为零）触点被触发，其他条件具备以后，线圈“‘VA’.FCV2330.OUT1”被复位，驱动气缸关闭氮气密封阀 FCV2330。因为这是一个两位三通的球阀，当打开的时候氮气向密封圈充压，起到密封的作用；当关闭的时候，密封圈中的氮气通过两位三通的球阀排放到大气中。

氮气密封在有的厂家是个选择使用的，现在也可以不使用氮气密封，而使用特殊的密封材料。所以当对“‘VA’.FCV2330.OUT1”右键单击“跳转”—“对应位置”，本来应该有硬件输入的，但是找不到，经过在 FC44（数字量输出映射）查找，找到了如图 29-8 所示在程序段 7 中所写的程序前面加上了“//”，说明是可选设备，这也是程序设计的技巧。

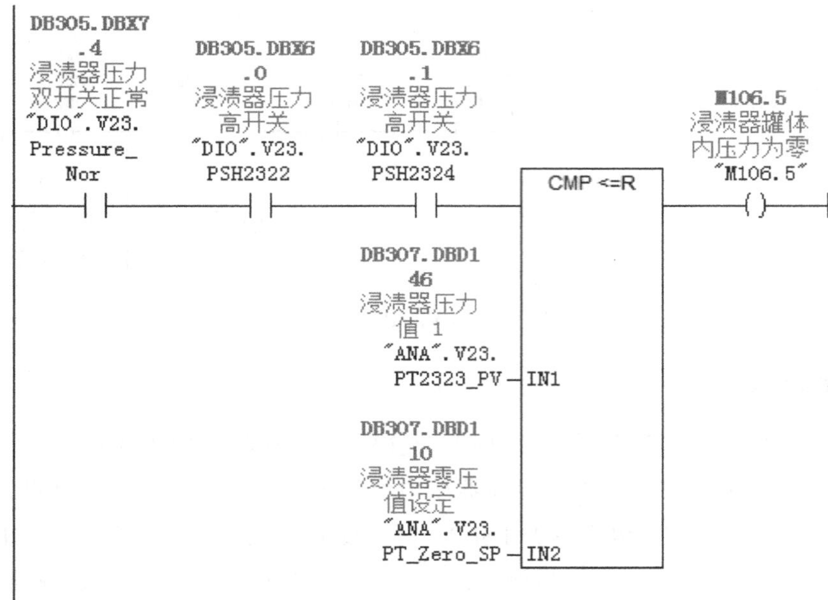

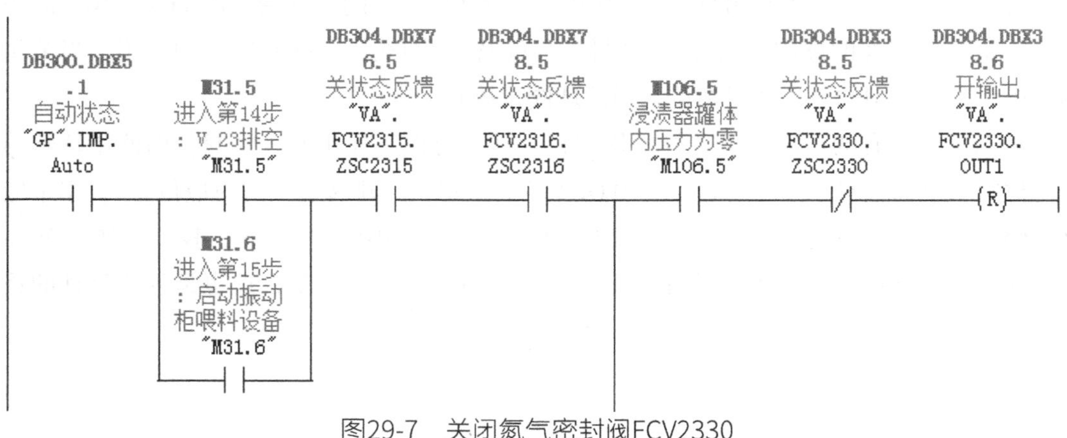

图29-7　关闭氮气密封阀FCV2330

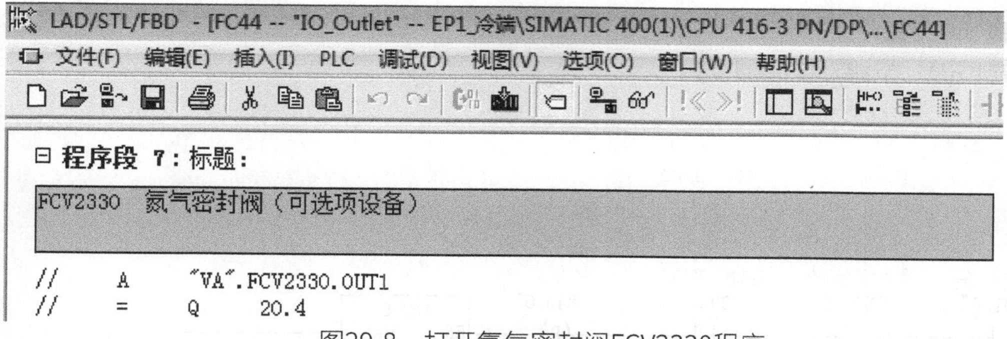

图29-8　打开氮气密封阀FCV2330程序

5. 为第十五步做准备

在程序段 16 中，用“M106.5”（浸渍器罐体内压力为零）的常闭触点等一些条件满足以后，系统就认为“第十四步”结束了，“M34.5”(第 14 步定时器计时标志位）被复位、“M40.5”（第 15 步完成）被置位、“M150.0”（辅助复位分步计时器）被复位。

当第十四步完成以后，系统就把“‘TM’.V23.SEQ_REGISTER”（当前运行步骤）赋值为 15 和“M46.6”（允许进入第十五步），线圈同时被系统激活，为第十五步做准备，如图 29–9 所示。

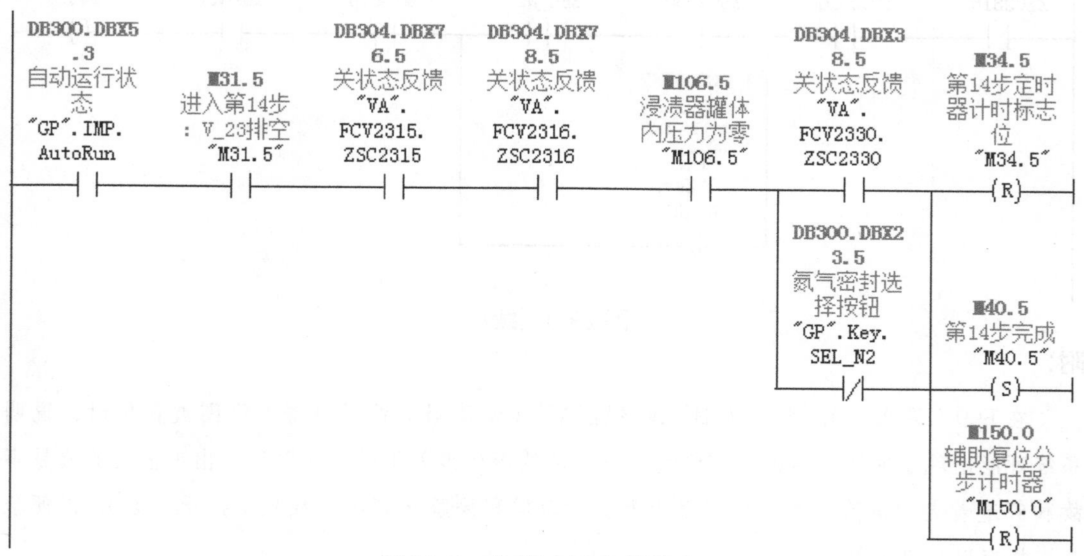

图 29-9　为第十五步做准备

⊟ **程序段 19**：标题：

登录到第十五步；启动振动柜的喂料设备。

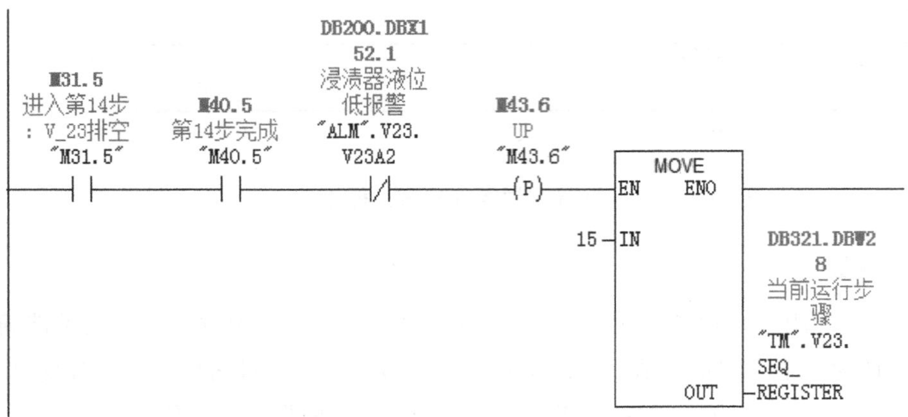

⊟ **程序段 21**：允许进入第15步

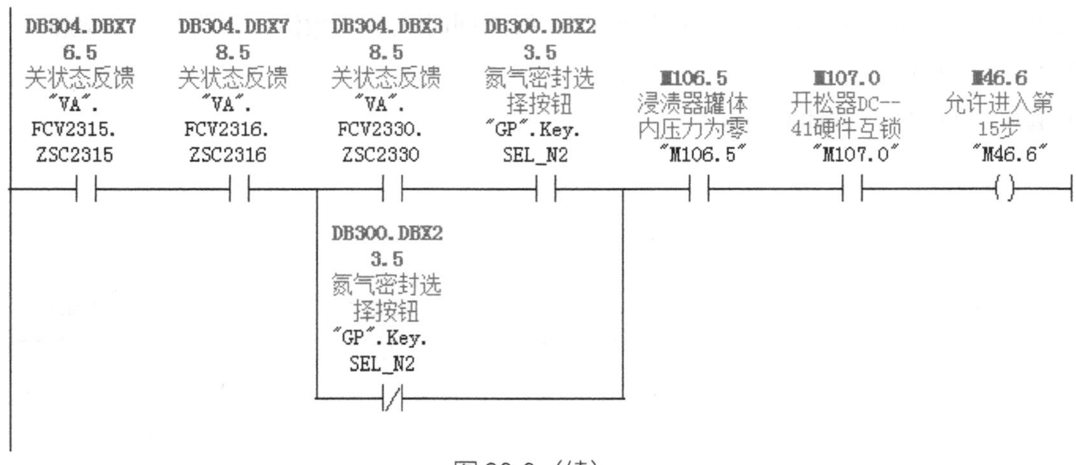

图 29-9（续）

附：

在 FC9（第八步），当"'ALM'.V23.V23A2"（浸渍器液位低报警）线圈被置位时，说明系统可能出现了问题，再则没有经过很好浸渍的烟丝落入下道工序以后，出现很大的质量事故和管道着火的危险，在运行到第十五步的时候程序跳转到第十八步（打开上盖），以便检查，检查以后再做处理。

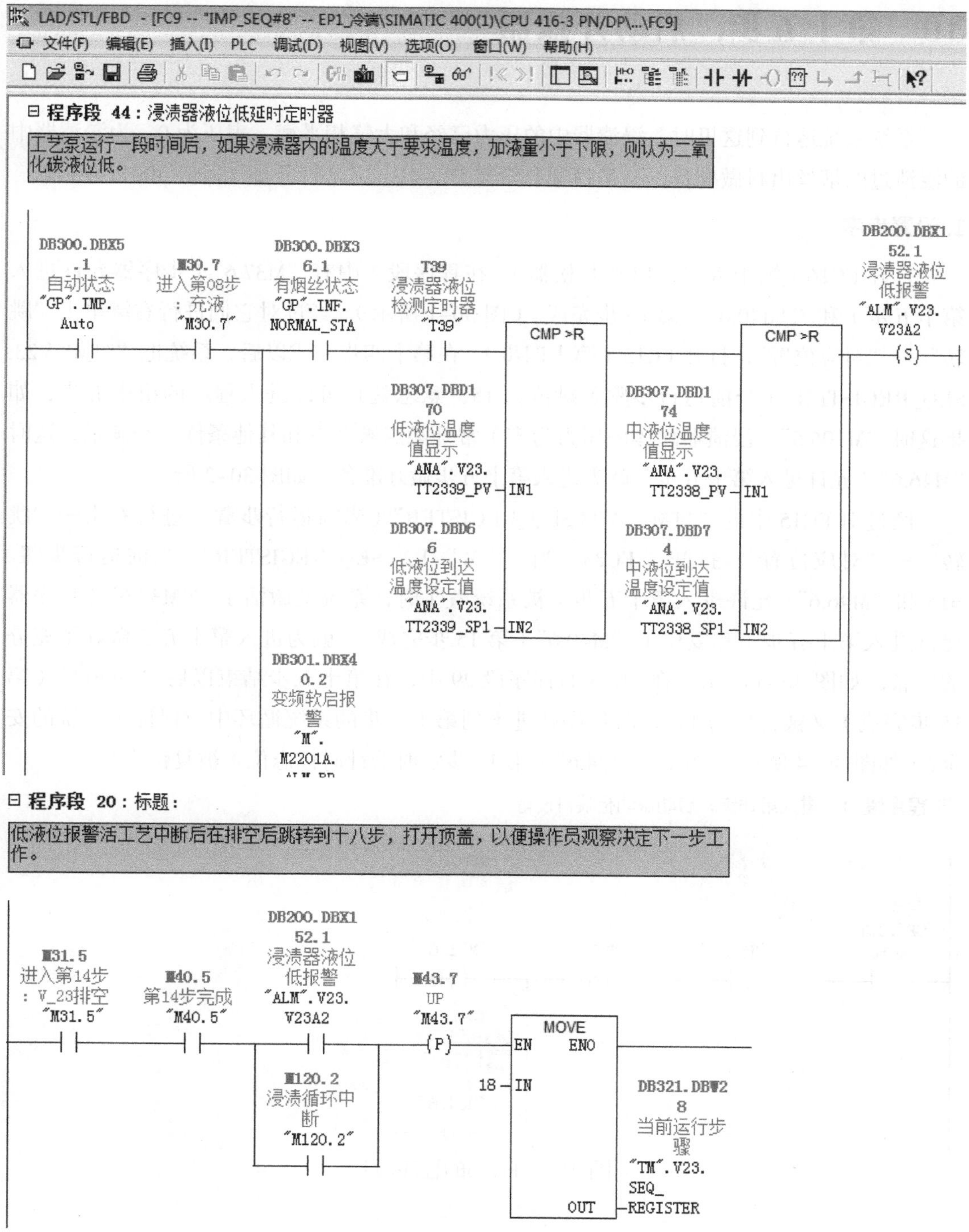

LAD/STL/FBD - [FC9 -- "IMP_SEQ#8" -- EP1_冷端\SIMATIC 400(1)\CPU 416-3 PN/DP\...\FC9]
文件(F) 编辑(E) 插入(I) PLC 调试(D) 视图(V) 选项(O) 窗口(W) 帮助(H)
程序段 44：浸渍器液位低延时定时器
工艺泵运行一段时间后，如果浸渍器内的温度大于要求温度，加液量小于下限，则认为二氧化碳液位低。
DB300.DBX5.1 自动状态 "GP".IMP.Auto
M30.7 进入第08步：充液 "M30.7"
DB300.DBX36.1 有烟丝状态 "GP".INF.NORMAL_STA
T39 浸渍器液位检测定时器 "T39"
CMP >R
DB307.DBD170 低液位温度值显示 "ANA".V23.TT2339_PV IN1
DB307.DBD66 低液位到达温度设定值 "ANA".V23.TT2339_SP1 IN2
CMP >R
DB307.DBD174 中液位温度值显示 "ANA".V23.TT2338_PV IN1
DB307.DBD74 中液位到达温度设定值 "ANA".V23.TT2338_SP1 IN2
DB200.DBX152.1 浸渍器液位低报警 "ALM".V23.V23A2
S
DB301.DBX40.2 变频软启报警 "M".M2201A.
程序段 20：标题：
低液位报警活工艺中断后在排空后跳转到十八步，打开顶盖，以便操作员观察决定下一步工作。
M31.5 进入第14步：V_23排空 "M31.5"
M40.5 第14步完成 "M40.5"
DB200.DBX152.1 浸渍器液位低报警 "ALM".V23.V23A2
M120.2 浸渍循环中断 "M120.2"
M43.7 UP "M43.7"
P
MOVE
EN ENO
18 IN
OUT
DB321.DBW28 当前运行步骤 "TM".V23.SEQ_REGISTER

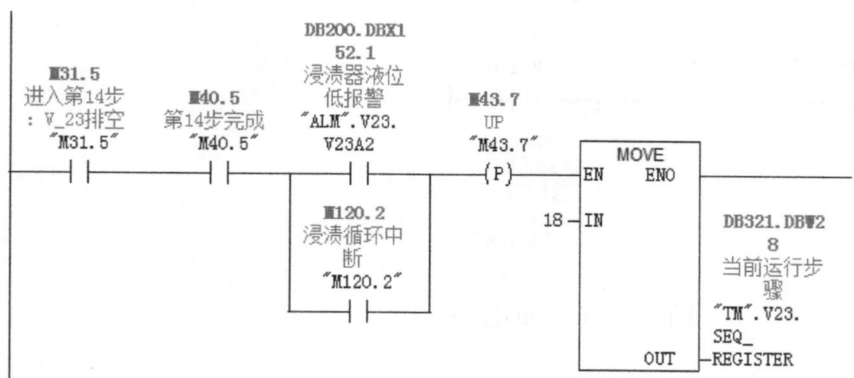

30　第十五步，启动开松器

系统系统运行到这里时，浸渍器中的压力已经和大气相平衡，表压为 0。为浸渍器中的浸渍过的烟丝出料做准备，一是打开开松器 DC-41，二是打开排气风机 4001。

1. 设置步序

打开 FC16（第十五步，启动开松器），在程序段 1 中有“M37.6”（步序器允许进入第十五步）和““M40.6”（第 15 步完成）（图 30-1 所示），经过对它们进行右键单击“跳转”—“对应位置”，打开 FC15（第十四步）。在第十四步完成以后，系统把““TM".V23.SEQ_REGISTER”（当前运行步骤）赋值为 15，意思就是可以进入程序的第十五步，如果这时“M106.5”（浸渍器罐体内压力为零）常开触点被触发和其他条件已经满足，这时“M46.6”（允许进入第十五步）就为进入第十五步做好准备，如图 30-2 所示。

经过对 FC15 中的“‘TM’.V23.SEQ_REGISTER”（当前运行步骤）进行右击—“跳转”—“对应位置”，打开了 FC23，当“‘TM’.V23.SEQ_REGISTER”（当前运行步骤）=15 和“M46.6”（允许进入第十五步）被系统置 1 时，系统就激活了““M37.6”（步序器允许进入第十五步）和复位了“M40.6”（第 15 步完成），就为进入第十五步做好了充分的准备，如图 30-3 所示。在 FC16 的程序段 29 中，在第十五步结束以后““M40.6”（第 15 步完成）又被置位为 1，这时程序就进不到第十五步的系统循环中，保证了系统的安全，（如图 30-4 所示），并且“M34.6”（第 15 步定时器计时标志位）被复位为 0。

⊟ **程序段 1**：进入第15步：启动振动柜喂料设备

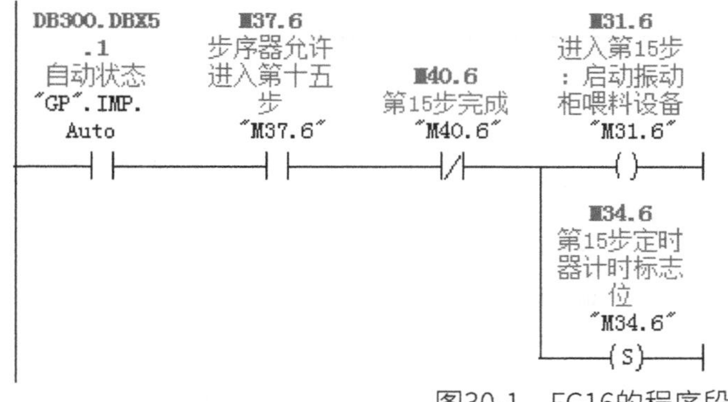

图30-1　FC16的程序段1

⊟ **程序段 19**：标题：

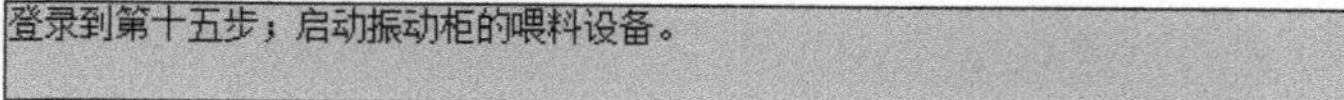

登录到第十五步；启动振动柜的喂料设备。

M31.5
进入第14步
：V_23排空
"M31.5"
M40.5
第14步完成
"M40.5"
DB200.DBX1
52.1
浸渍器液位
低报警
"ALM".V23.
V23A2
M43.6
UP
"M43.6"
(P)
MOVE
EN
ENO
15 - IN
OUT
DB321.DBW2
8
当前运行步
骤
"TM".V23.
SEQ_
REGISTER

⊟ **程序段 21**：允许进入第15步

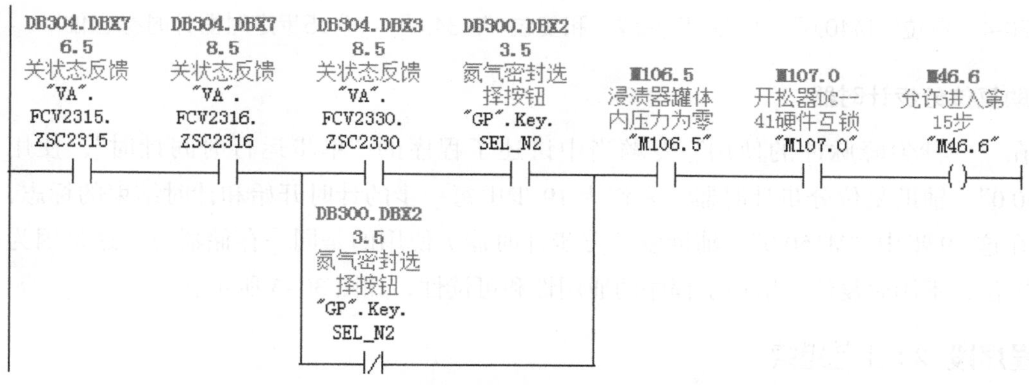

图30-2　FC15为设置进入第十五步做准备

⊟ **程序段 18**：允许进入第十五步

第十五步：启动振动柜喂料装置。

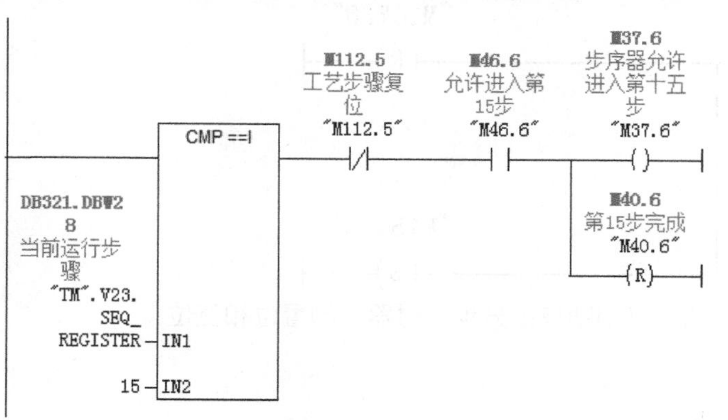

图30-3　FC23 为设置进入第十四步做准备已经完成

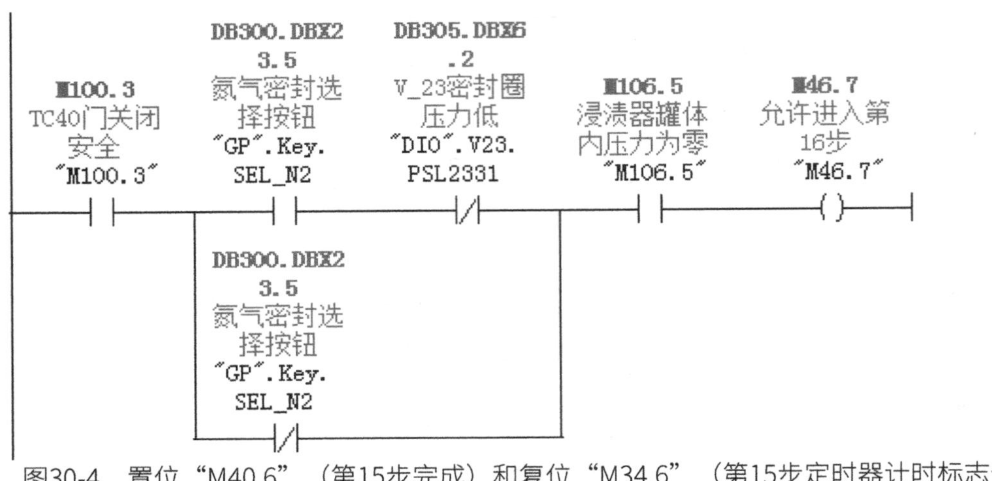

图30-4　置位“M40.6”（第15步完成）和复位“M34.6”（第15步定时器计时标志位）

2. 辅助复位分步计时器

在“一秒尖峰脉冲的使用”专题当中讲述了程序的“单步运行时间计时”，使用“M150.0”（辅助复位分步计时器）来作为 19 步中每一步的计时开始和计时结束的标志，而且在这 19 步中“M150.0”（辅助复位分步计时器）使用的是同一存储器位，这是因为用时置位，不用时复位，增加了程序的通用性和可读性，如图 30–5 所示。

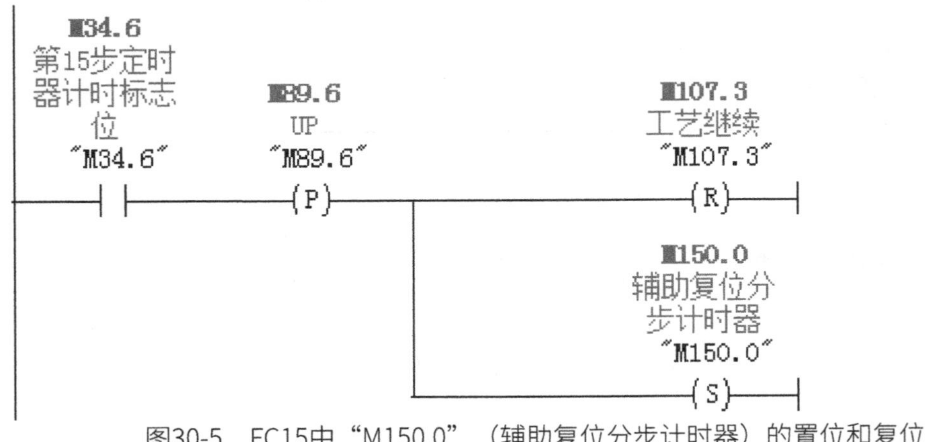

图30-5　FC15中“M150.0”（辅助复位分步计时器）的置位和复位

⊟ **程序段 25**：第15步定时器复位允许

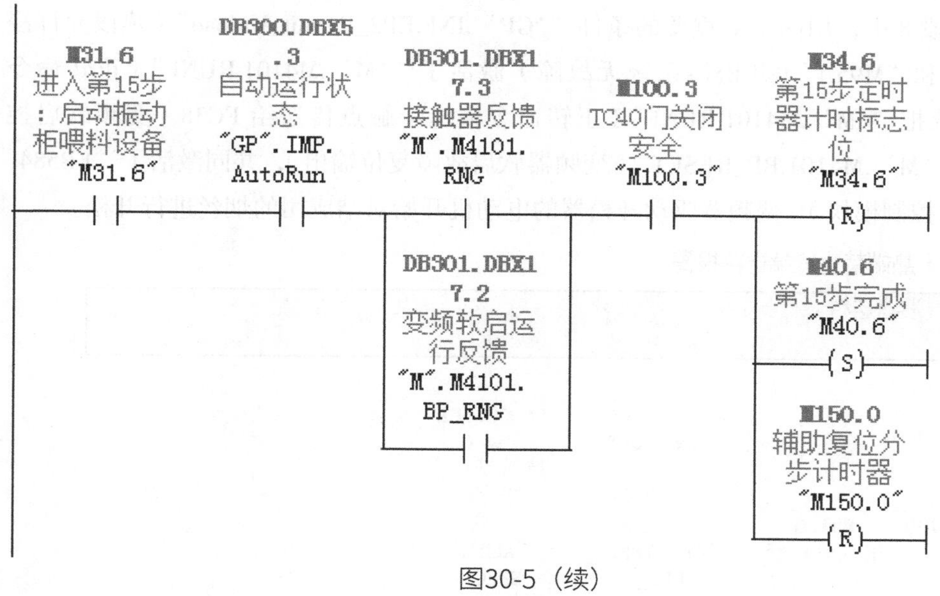

图30-5（续）

3. 启动开松器

在图 30-6 中，启动开松器是需要很多条件的，当热端不具备打开开松器如振动柜满了或者是热端有其他故障时，在程序段 3 中，右键单击"'GP'.INF.EP2_Permit_Unload"（热端允许浸渍器出料）—"跳转"—"对应位置"，打开 FC1；在其程序段 22 中对"'DI/O'.SIN.Permit_Imp_Unload"（准许浸渍器出料信号）右键单击—"跳转"—"对应位置"，打开了 FC44（数字量输出映射）；程序段 27 中，来自热端的信号通过 I7.4 传入到输入模块，通过激活"'DI/O'.SIN.Permit_Imp_Unload"（准许浸渍器出料信号）取得与冷端的联系。

在 FC16 的程序段 4 中，用"'GP'.INF.EP2_Permit_Unload"（热段允许浸渍器出料）和"'ALM'.SPEC.Ep2_Not_Ready"（热端禁止浸渍器出料报警）共同激活了"M106.6"（振动柜准备好，可以运行开松器）。

在程序段 5 中，"M106.6"（振动柜准备好，可以运行开松器）的触点和进入第 15 步的条件共同置位了"M106.7"（辅助开松器 DC-41 自动正转运行）线圈，"M106.7"（辅助开松器 DC-41 自动正转运行）线圈的触点；在程序段 8 中作为"'M'.M4101.RUNF"（正转命令输出）的条件，也是第 17 步停止开松器的唯一条件。

在程序段 12、13 中，用"'M'.M4101.RUNF"（正转命令输出）、"'M'.M4101.SSL"（旋转检测开关）和定时器"T67"（开松器低速报警定时器）定义了线圈"'M'.M4101.

ALM_SSL”（失速旋转检测报警）。在程序段 7 中，用“‘M’.M4101.ALM_SSL”（失速旋转检测报警）的触点触发了“M95.1”（开松器系统无故障）的线圈。

在程序段 8 中，用两个最重要的条件“‘GP’.INF.EP2_Permit_Unload”（热段允许浸渍器出料）和“M95.1”（开松器系统无故障）激活了“‘M’.M4101.RUNF”（正转命令输出），系统把“‘M’.M4101.RUNF”（正转命令输出）触点传送给 FC38（变频软启控制），连同“‘M’.M4101.BP_RESET”（变频器软启故障复位输出），共同激活了“FB584”（FC300 双向控制模块），变频器驱动开松器的电动机开始对结成团的烟丝进行开松。

⊟ **程序段 3**：热端禁止冷端送料报警

振动柜禁止浸渍器送料。

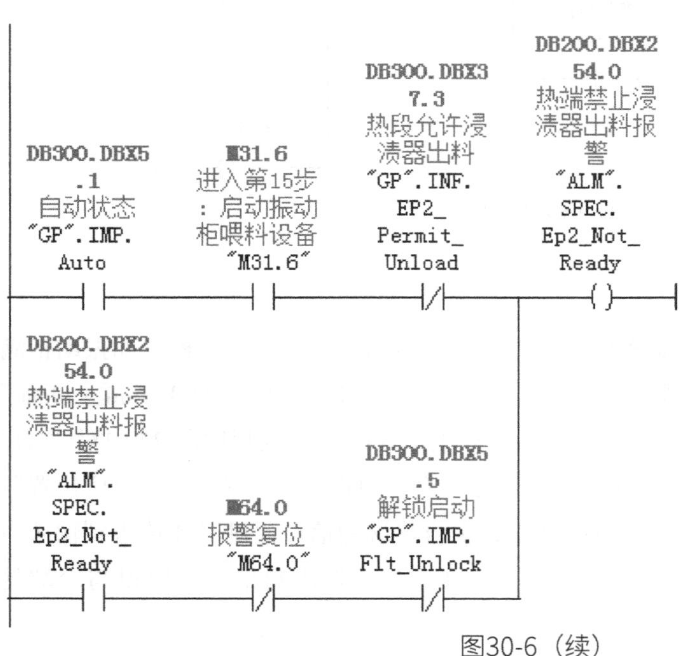

图30-6（续）

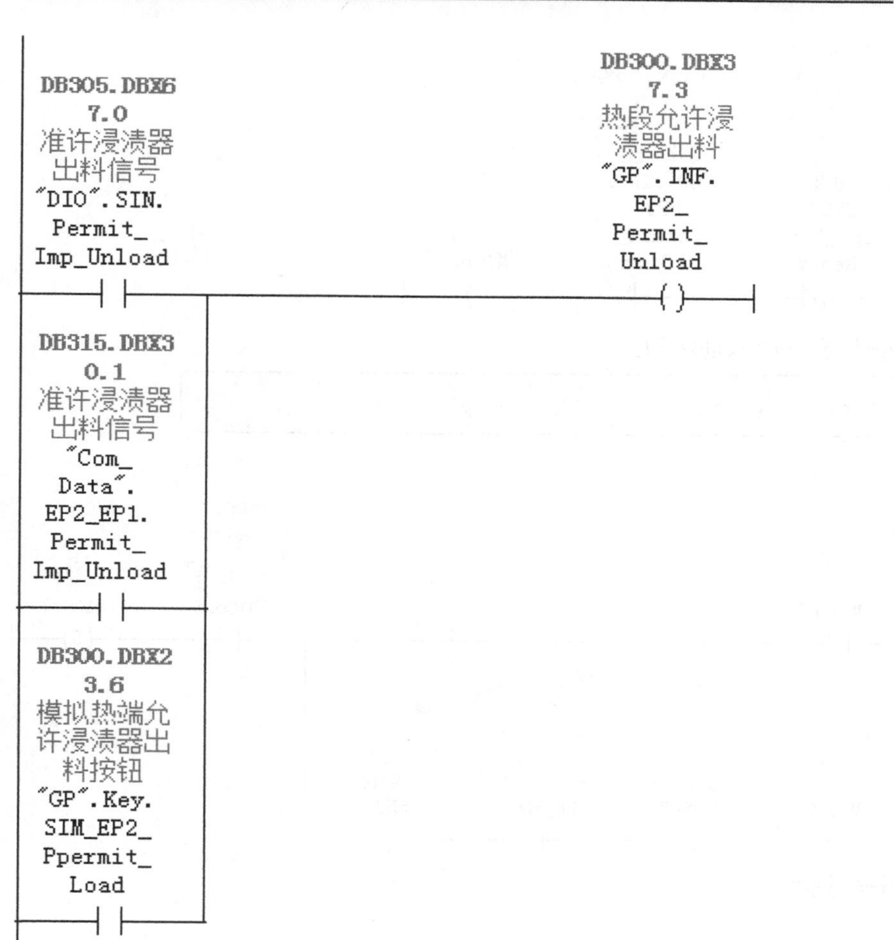
程序段 22：EP2 TO EP1 AB44允许进料
热端准许浸渍器向振动柜出料。
DB305.DBX67.0
准许浸渍器出料信号
"DIO".SIN.Permit_Imp_Unload
DB300.DBX37.3
热段允许浸渍器出料
"GP".INF.EP2_Permit_Unload
DB315.DBX30.1
准许浸渍器出料信号
"Com_Data".EP2_EP1.Permit_Imp_Unload
DB300.DBX23.6
模拟热端允许浸渍器出料按钮
"GP".Key.SIM_EP2_Ppermit_Load

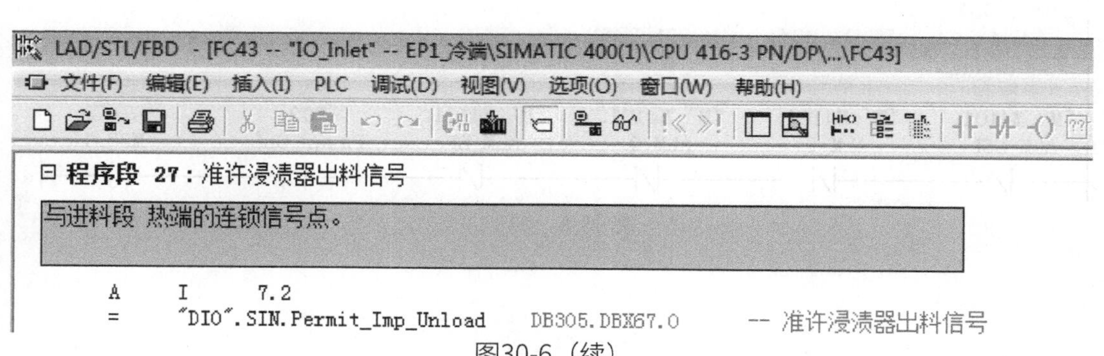
LAD/STL/FBD - [FC43 -- "IO_Inlet" -- EP1_冷端\SIMATIC 400(1)\CPU 416-3 PN/DP\...\FC43]
文件(F) 编辑(E) 插入(I) PLC 调试(D) 视图(V) 选项(O) 窗口(W) 帮助(H)
程序段 27：准许浸渍器出料信号
与进料段 热端的连锁信号点。
A I 7.2
= "DIO".SIN.Permit_Imp_Unload DB305.DBX67.0 -- 准许浸渍器出料信号

图30-6（续）

⊟ **程序段 4**：振动柜准备好，可以运行开松器

浸渍器可以向振动柜送料。如果热端准备好就可以出料。必须报警复位后才可以出料。

DB300.DBX5.3
自动运行状态
"GP".IMP.AutoRun

DB200.DBX254.0
热端禁止浸渍器出料报警
"ALM".SPEC.Ep2_Not_Ready

DB300.DBX37.3
热段允许浸渍器出料
"GP".INF.EP2_Permit_Unload

M106.6
振动柜准备好，可以运行开松器
"M106.6"

⊟ **程序段 5**：辅助开松器DC-41自动正转运行

辅助开松器运行。

DB300.DBX5.3
自动运行状态
"GP".IMP.AutoRun

M31.6
进入第15步：启动振动柜喂料设备
"M31.6"

M31.7
进入第16步：打开下盖
"M31.7"

DB305.DBX4.0
下盖开接近开关
"DIO".V23.ZS02807

DB301.DBX17.2
变频软启运行反馈
"M".M4101.BP_RNG

DB301.DBX17.3
接触器反馈
"M".M4101.RNG

M106.6
振动柜准备好，可以运行开松器
"M106.6"

M106.7
辅助开松器DC--41自动正转运行
"M106.7"

⊟ **程序段 7**：开送器系统故障

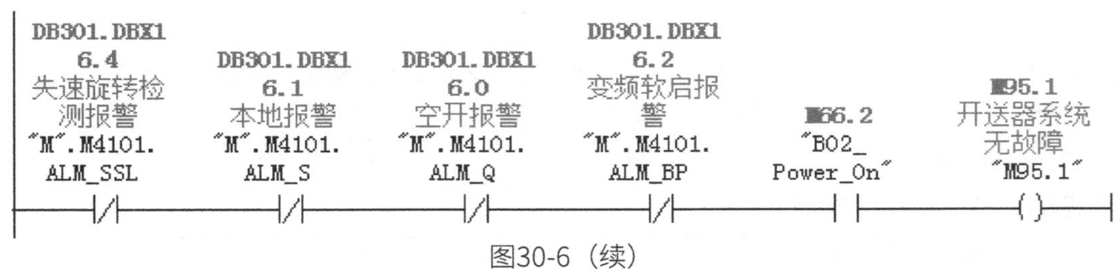

图30-6（续）

⊟ **程序段 12**：开松器低速报警定时器

开松器正转定时。

DB301.DBX1 9.0 正转命令输出 "M".M4101. RUNF
DB301.DBX1 7.4 旋转检测开关 "M".M4101. SSL
T67 开松器低速报警定时器 "T67"
S_ODT
S Q
S5T#10S TV BI ...
... R BCD ...
DB301.DBX1 9.1 反转命令输出 "M".M4101. RUNR

⊟ **程序段 13**：开松器低速报警

开松器低速报警。

T67 开松器低速报警定时器 "T67"
DB301.DBX1 6.4 失速旋转检测报警 "M".M4101. ALM_SSL
DB301.DBX1 6.4 失速旋转检测报警 "M".M4101. ALM_SSL
M64.0 报警复位 "M64.0"
DB300.DBX5 .5 解锁启动 "GP".IMP. Flt_Unlock

⊟ **程序段 8**：正转运行中输出

启动开松器正转运行。

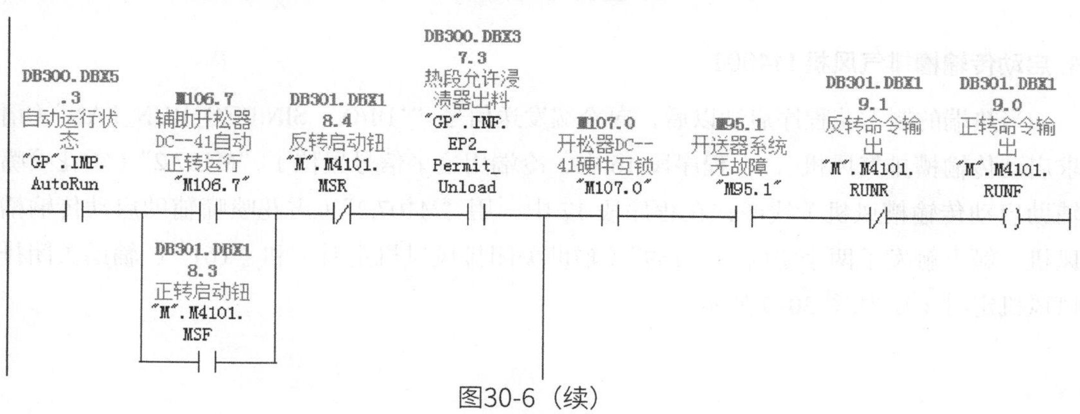

图30-6（续）

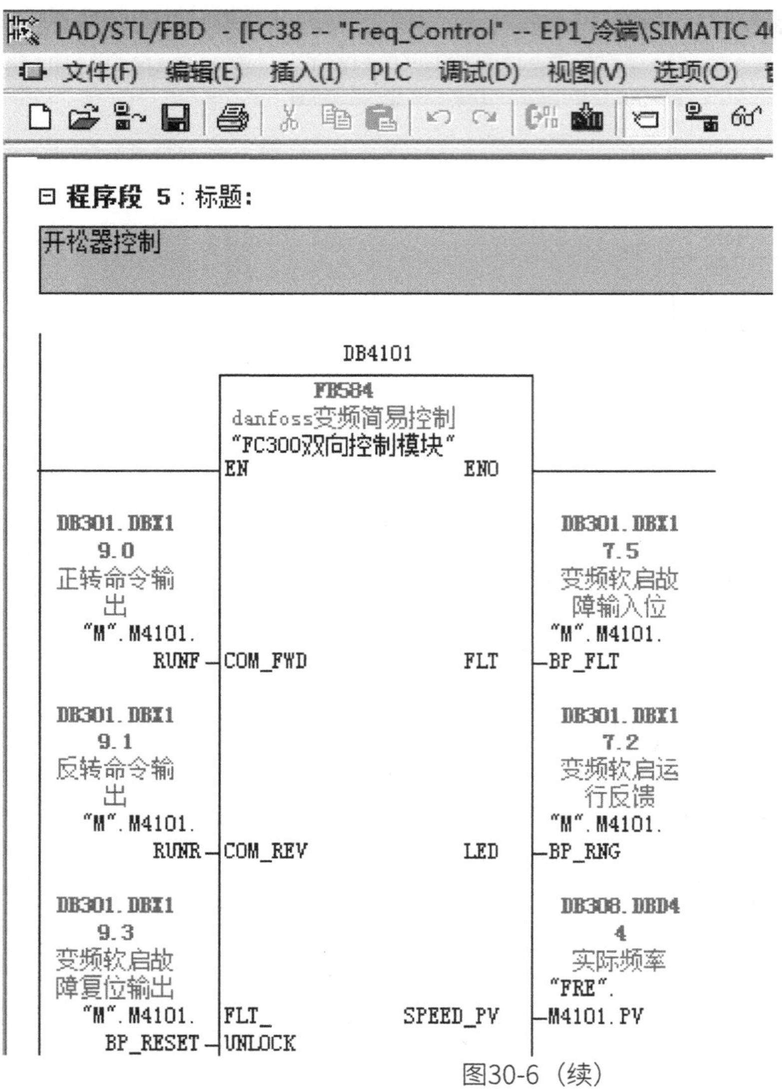

图30-6（续）

4. 启动传输槽排气风机 M4001

当热端的制雪花程序启动以后，向冷端发送信号“‘DI/O’.SIN.REQ_RUN_FAN”（请求启动传输槽排气风机），在程序段 16 中，冷端用这个信号置位了“M107.2”（雪花喷嘴辅助启动传输槽风机）线圈；在程序段 17 中，用“M107.2”（雪花喷嘴辅助启动传输槽风机）触点触发了两个定时器“T89”（辅助关闭排风风机定时）和“T61”（ 辅助关闭排风风机定时 1）。如图 30–7 所示。

⊟ **程序段 16：辅助启动传输槽风机**

热段EP2向振动柜喷射二氧化碳后发送来的准许启动排气扇信号。
用于当振动柜冷却时打开排气风机，延时关闭。

DB315.DBX30.4
请求启动传输槽排气风机
"Com_Data".EP2_EP1.REQ_RUN_FAN

M107.2
雪花喷嘴辅助启动传输槽风机
"M107.2"
(S)

DB305.DBX67.1
请求启动传输槽排气风机
"DIO".SIN.REQ_RUN_FAN

⊟ **程序段 17：辅助关闭排气风机定时**

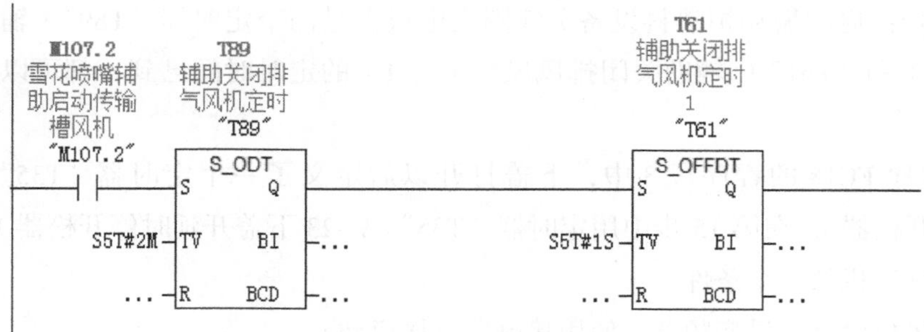

⊟ **程序段 21：正转运行中输出**

启动传输槽排风机。新增加在上盖打开后停止排气风机。t89的闭点未了断开雪花时对风机的锁定

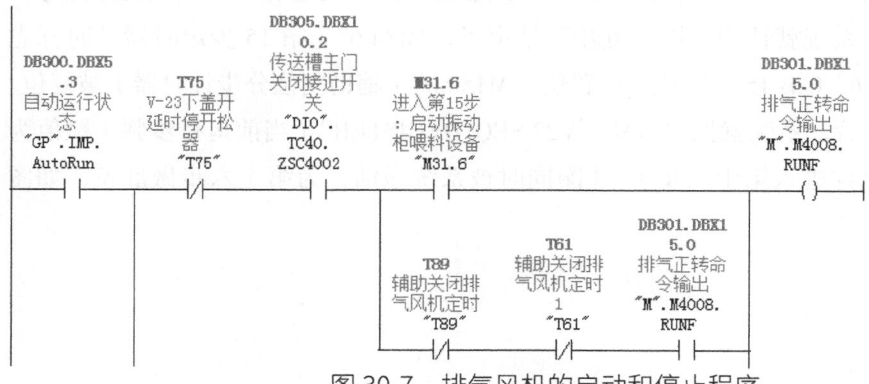

图 30-7　排气风机的启动和停止程序

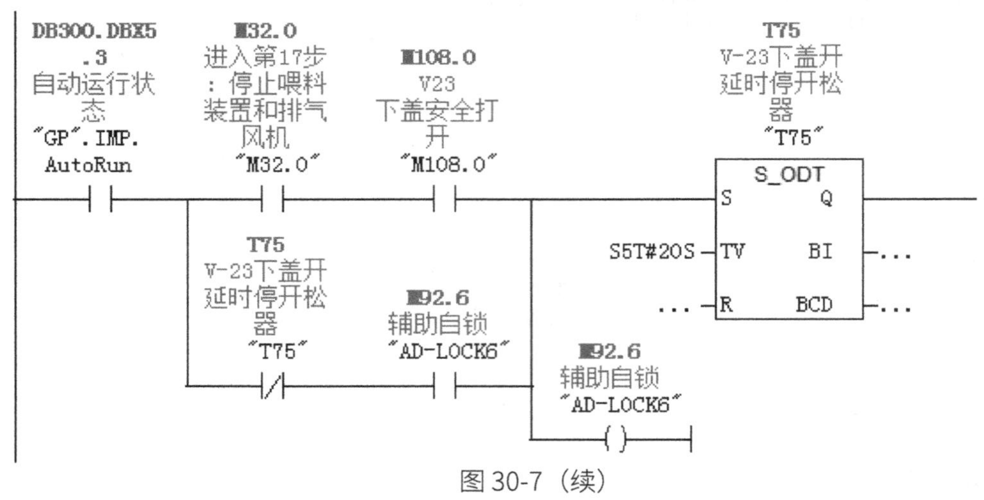

图 30-7（续）

在程序段 21 中，启动排气风机的条件只有“M31.6”（进入第 15 步：启动振动柜喂料设备），从这个条件分析，只要进入第 15 步，排气风机就开始启动。当第 15 步结束，“M31.6”（进入第 15 步：启动振动柜喂料设备）线圈失电或者是两个定时器“T89”（辅助关闭排风风机定时）和“T61”（ 辅助关闭排风风机定时 1）的定时时间已到，都可以停止排气风机。

在打开下盖的程序 FC18 的程序段 3 中，下盖打开以后定义了一个定时器“T35”（V–23 下盖开延时停开松器），在第 15 步中用定时器“T35”（V–23 下盖开延时停开松器）的常闭点作为停止排气风机的一个条件。

经过查看，排气风机没有经过变频器，使用接触器直接启动。

5. 为第十六步做准备

在程序段 25 中，当“‘M’.M4101.RNG”（接触器反馈）失电后，排气风机停止等一些条件满足以后，系统就认为“第十五步”结束了，“M34.6”（第 15 步定时器计时标志位）被复位、“M40.6”（第 15 步完成）被置位、“M150.0”（辅助复位分步计时器）被复位。当第十五步完成以后，系统就把“‘TM’.V23.SEQ_REGISTER”（当前运行步骤）赋值为 16 和“M46.7”（允许进入第十六步），线圈同时被系统激活，为第十六步做准备，如图 30–8 所示。

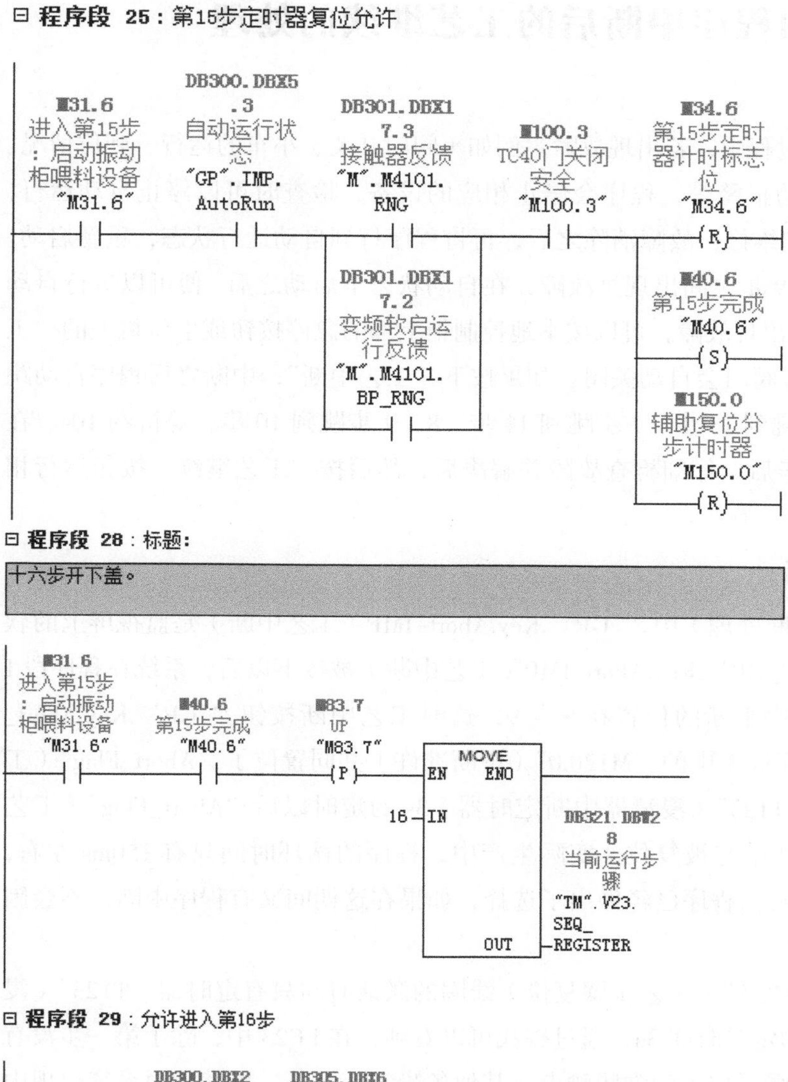

⊟ **程序段 25**：第15步定时器复位允许

M31.6 进入第15步：启动振动柜喂料设备 "M31.6"
DB300.DBX5.3 自动运行状态 "GP".IMP.AutoRun
DB301.DBX17.3 接触器反馈 "M".M4101.RNG
DB301.DBX17.2 变频软启运行反馈 "M".M4101.BP_RNG
M100.3 TC40门关闭安全 "M100.3"
M34.6 第15步定时器计时标志位 "M34.6" (R)
M40.6 第15步完成 "M40.6" (S)
M150.0 辅助复位分步计时器 "M150.0" (R)

⊟ **程序段 28**：标题:

十六步开下盖。

M31.6 进入第15步：启动振动柜喂料设备 "M31.6"
M40.6 第15步完成 "M40.6"
M83.7 UP "M83.7" (P)
MOVE EN ENO
16 - IN
OUT - DB321.DBW28 当前运行步骤 "TM".V23.SEQ_REGISTER

⊟ **程序段 29**：允许进入第16步

M100.3 TC40门关闭安全 "M100.3"
DB300.DBX23.5 氮气密封选择按钮 "GP".Key.SEL_N2
DB300.DBX23.5 氮气密封选择按钮 "GP".Key.SEL_N2 (常闭)
DB305.DBX6.2 V_23密封圈压力低 "DIO".V23.PSL2331 (常闭)
M106.5 浸渍器罐体内压力为零 "M106.5"
M46.7 允许进入第16步 "M46.7" ( )

图 31-8　为第十六步做准备

31　工艺中断和程序中断后的工艺继续的处理

在进行 1 ~ 19 步的过程中，若出现故障，例如（阀门开关、小车的运行、到位情况、空开、本地、接触器）的报警等，程序会停止相应的设备、检查时可以停止自动运行，在手动情况下进行检查和维修；故障消除之后，再将程序打到自动运行状态，重新启动。若程序在 1 ~ 4、10 ~ 19 步之间出现过故障，在自动状态下启动之后，便可以进行自动运行，若程序在 5 ~ 9 步出现故障，可以按本地控制柜上部的急停按钮或上位机上的“工艺中断”按钮，这时所有阀门会自动关闭。如果按下“工艺中断”，中断之后程序自动跳到相应的步骤，5、6 步跳到 13 步、7 步跳到 11 步、8、9 步跳到 10 步，等待约 10s。在急停或“工艺中断”完毕后，仔细检查故障并解决后，然后按“工艺继续”按钮运行相应的步骤。

1. 工艺中断的判断和准备

在图 31-1 FC21（中断处理）中，“‘GP’.Key.Abort-IMP”(工艺中断）是监视屏上的软按钮，当工艺中断按钮“‘GP’.Key.Abort_IMP”(工艺中断）被按下以后，系统在程序段 1 中要进行判断。如果程序中断的位置在 5 ~ 9，这时工艺中断按钮“‘GP’.Key.Abort_IMP”（工艺中断）和程序段 1 中的“M120.0”（中断准许）共同置位了“Abort_Flag”（工艺中断标示位)，经过“T123”（浸渍器中断定时器）3s 的定时以后“Abort_Flag”（工艺中断标示位）在程序段 4 中有被复位，实际生产中，程序的循环时间只有 150ms 左右，在这 3s 期间，该选择跳转的程序已经做出了选择，如果在这期间又有程序中断，不会因为时间过长而被影响。

在程序段 3 中，“M112.5”（工艺步骤复位）线圈的激活时间只有定时器“T123”（浸渍器系统中断计时器）的定时时间 3s，通过查找可以看到，在 FC23 中，除了第一步没有使用“M112.5”（工艺步骤复位）的常闭触点，其他各步都使用了，也就是说系统出现中断后，程序是要暂停的。

在程序段 10、11 中，工艺中断按钮“‘GP’.Key.Abort_IMP”（工艺中断）定义了一个定时器，定时器 1s 的定时时间到了以后，工艺中断按钮“‘GP’.Key.Abort_IMP”（工艺中断）被复位，可以重新使用工艺中断按钮“‘GP’.Key.Abort_IMP”（工艺中断）。

LAD/STL/FBD - [FC21 -- "IMP_ABORT" -- EP1_冷端\SIMATIC 400(1)\CPU 416-3 PN/DP\...\FC21]

文件(F) 编辑(E) 插入(I) PLC 调试(D) 视图(V) 选项(O) 窗口(W) 帮助(H)

程序段 1：中断准许

浸渍器工作运行到第五步（一次吹除）和第九步（浸渍）之间时才可以发出中断指令。

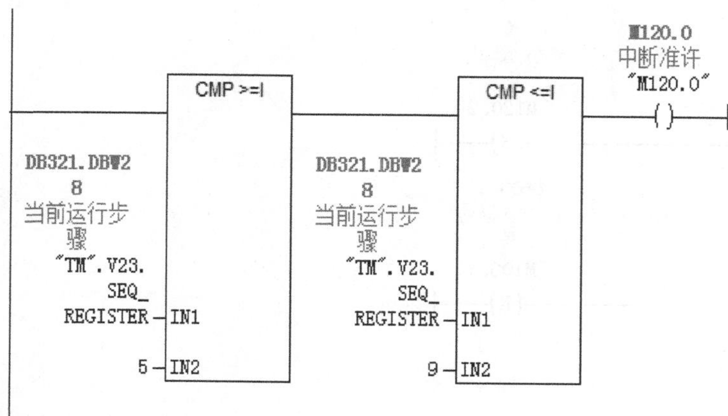

程序段 2：工艺中断标示位

锁存中断指令。

DB300.DBX2
2.0
工艺中断
"GP".Key.
Abort_IMP

M120.0
中断准许
"M120.0"

M120.1
工艺中断标示位
"Abort_
Flag"
(S)

程序段 3：浸渍系统中断定时器

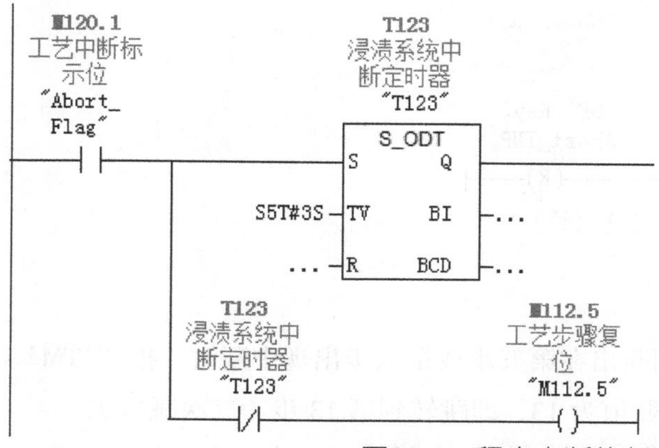

图31-1 程序中断的判断和准备程序

⊟ **程序段 4**：工艺中断标示位

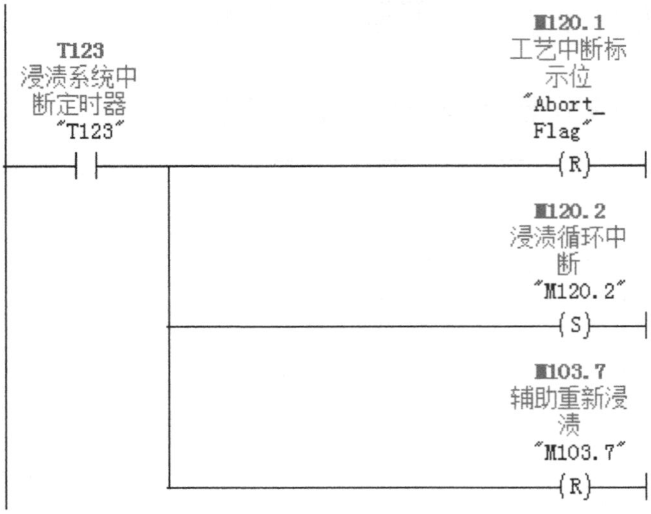

T123
浸渍系统中
断定时器
"T123"

M120.1
工艺中断标
示位
"Abort_
Flag"
(R)

M120.2
浸渍循环中
断
"M120.2"
(S)

M103.7
辅助重新浸
渍
"M103.7"
(R)

⊟ **程序段 10**：工艺中断按钮定时

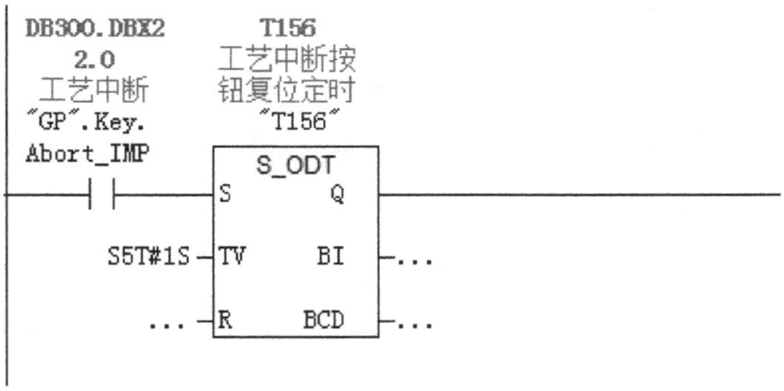

DB300.DBX2
2.0
工艺中断
"GP".Key.
Abort_IMP

T156
工艺中断按
钮复位定时
"T156"

S_ODT
S Q
S5T#1S - TV BI -...
... - R BCD -...

⊟ **程序段 11**：工艺中断

T156
工艺中断按
钮复位定时
"T156"

DB300.DBX2
2.0
工艺中断
"GP".Key.
Abort_IMP
(R)

图31-1（续）

2. 不同情况的跳转

在图 31–2 的程序段 5 中，当系统判断出在第五步或第六步出现中断时，把"'TM'.V23.SEQ_REGISTER"（当前运行步骤）赋值为 13，即跳转到第 13 步（二次减压）。

在程序段 6 中，当系统判断出在第七步出现中断时，把"'TM'.V23.SEQ_

REGISTER”（当前运行步骤）赋值为 11，把“M33.6”（第 07 步定器计时标志位）复位，即跳转到第 11 步（一次减压）。

⊟ **程序段 5**：标题：

工艺运行到第五步：一次净化和第六步：一次加压是如果工艺中断就会跳转到第十三步：二次减压。

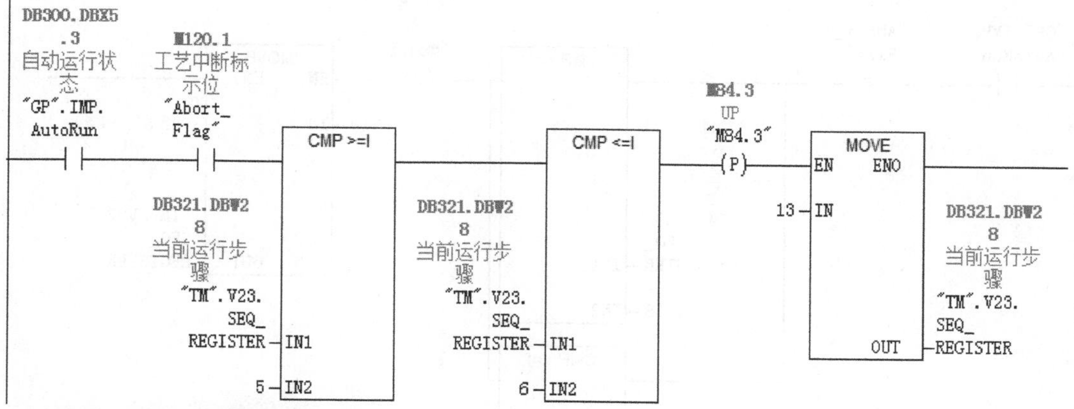

⊟ **程序段 6**：第7步定时器允许复位

如果工艺中断发生在第七步：二次加压中断就会跳转到第十一步：一次减压。

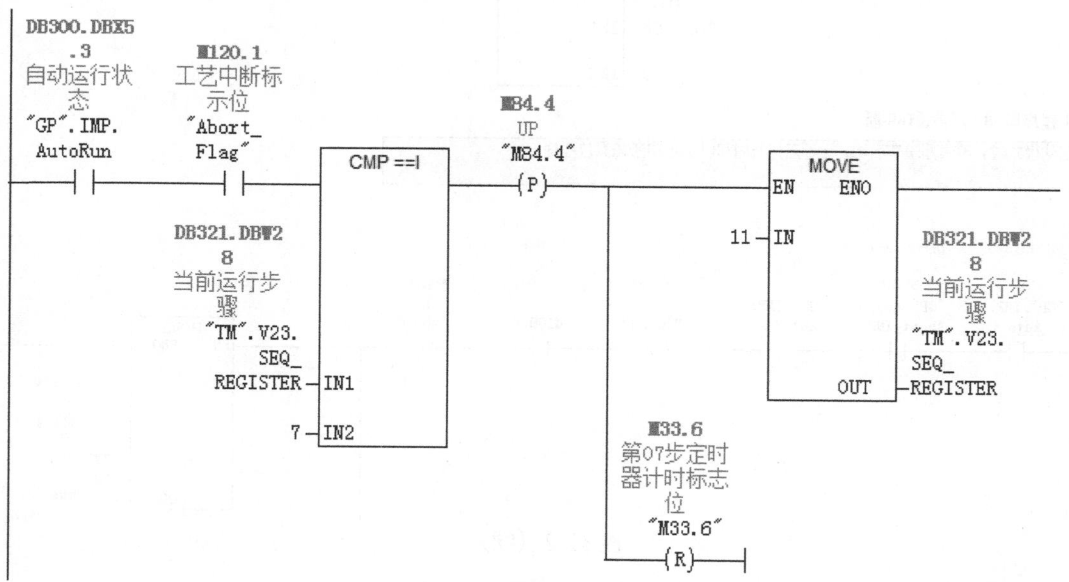

图31-2　几个不同情况的跳转

⊟ **程序段 7**：标题：

如果工艺在第八步：充液和第九步：浸渍过程中断就会跳转到第十步：排液。

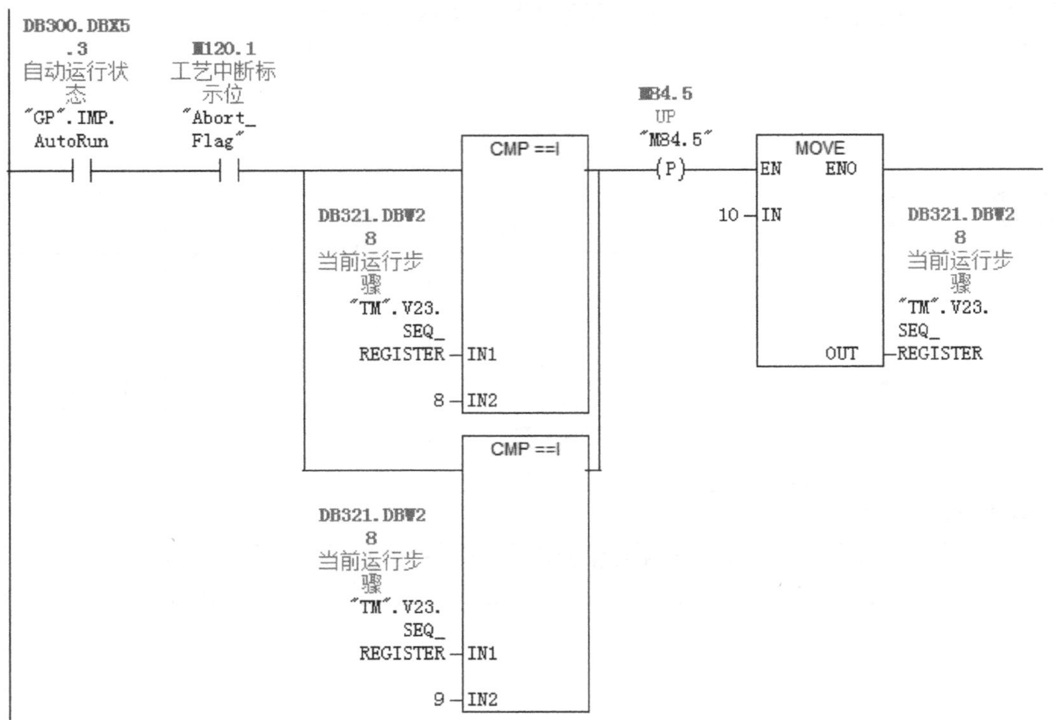

⊟ **程序段 8**：浸渍循环中断

自动模式时，浸渍器没有启动，上下盖打开时可以通过中断来复位程序。

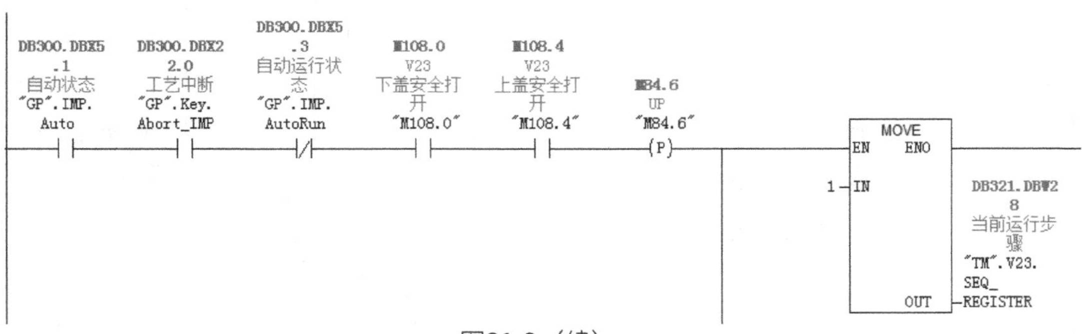

图31-2（续）

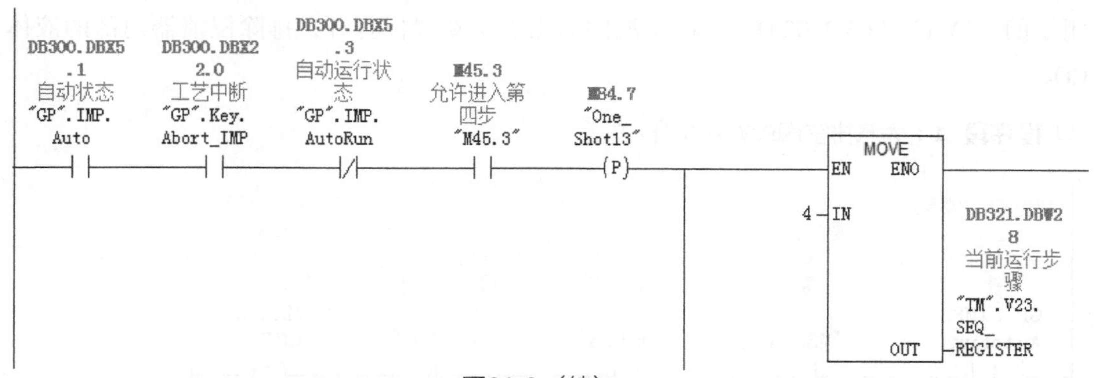

图31-2（续）

在程序段 7 中，当系统判断出在第八或九步出现中断时，把"'TM'.V23.SEQ_REGISTER"（当前运行步骤）赋值为 10，即跳转到第 10 步（排液）。

在程序段 8 中，在自动模式时，如果浸渍器没有启动，上、下盖打开时可以通过中断来复位程序。在程序段 9 中，在自动模式时，如果浸渍器没有启动，上盖打开、下盖关闭时可以通过中断来复位程序到第四步。

3. 按下工艺继续按钮后的控制程序

在图 31–3 的程序段 1 中，如果程序在第五步停止下来，经过处理以后按下监视屏上的软按钮"'GP'.Key.Process_IMP"（工艺继续）（工艺继续输出间接控制变量），把原来已经关闭了的"'VA'.FCV2308.OUT"（排空阀输出）、"'VA'.FCV2315.OUT"（下盖阀输出）和"M103.1"（辅助设置使能 FCV–2301 开关）重新置位打开，用高压罐中的气体 CO_2 吹除浸渍器中的空气。

在图 31–4 的程序段 2 中，如果程序在第六步停止下来，经过处理以后按下监视屏上的软按钮"'GP'.Key.Process_IMP"（工艺继续）（工艺继续输出间接控制变量），把原来已经关闭了的"'VA'.FCV2316.OUT"（上盖阀输出）、"'VA'.FCV2315.OUT"（下盖阀输出）和"M103.1"（辅助设置使能 FCV–2301 开关）重新置位打开，用高压罐中的气体 CO_2 对浸渍器进行第一次加压。

在图 31–5 的程序段 5 中，如果程序在第七、八、九、十步停止下来，经过处理以后按下监视屏上的软按钮"'GP'.Key.Process_IMP"（工艺继续）（工艺继续输出间接控制变量），把原来已经关闭了的"'VA'.FCV2316.OUT"（上盖阀输出）、"'VA'.FCV2315.OUT"（下盖阀输出）和"M103.5"（使能二次增压阀 FCV–2004 开关）重新置位打开。这时候处于排液的准备阶段，特别是在"M105.0"（排液时间到达标志位）的常闭点没有成为开点之前，“M103.5”（使能二次增压阀 FCV-2004 开关）还在做浸渍器的二次增压。

在程序段 4 中，如果程序在第十步停止下来，经过处理以后，按下监视屏上的软按钮“‘GP’.Key.Process_IMP”（工艺继续）（工艺继续输出间接控制变量），把原来已经关闭了的“‘VA’.FCV2302.OUT”（ 排液阀输出）重新置位打开，排除浸渍器内部的液体 CO_2。

⊟ **程序段 1**：大气排空阀FCV-2308开/关

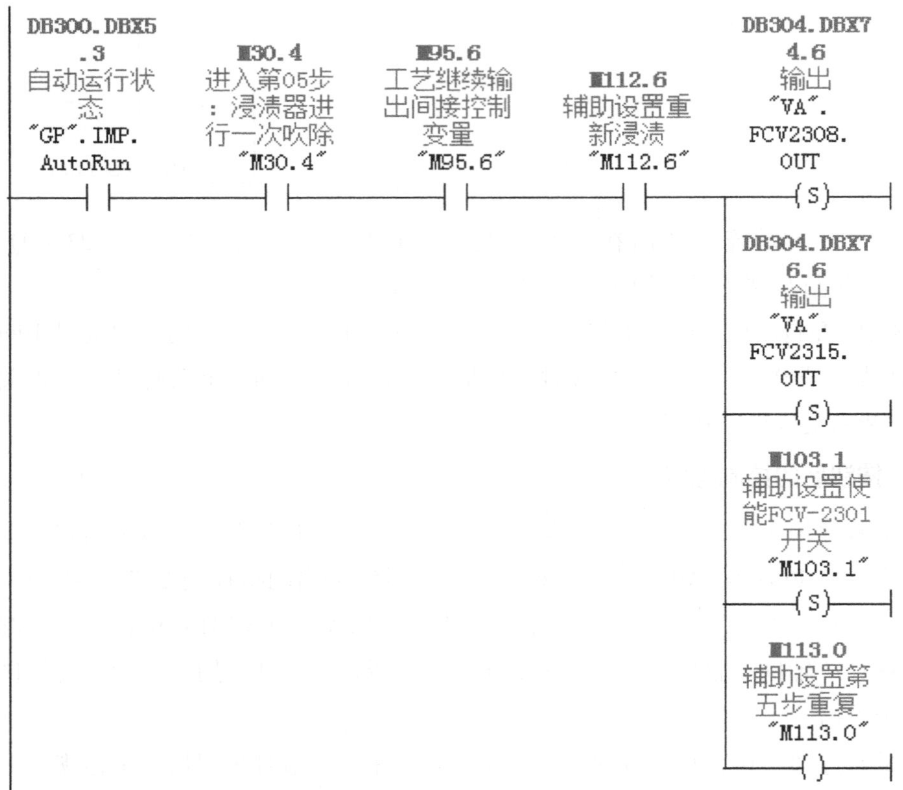

图 31-3　第五步时工艺继续后的程序

⊟ **程序段 2**：底盖主阀FCV-2315

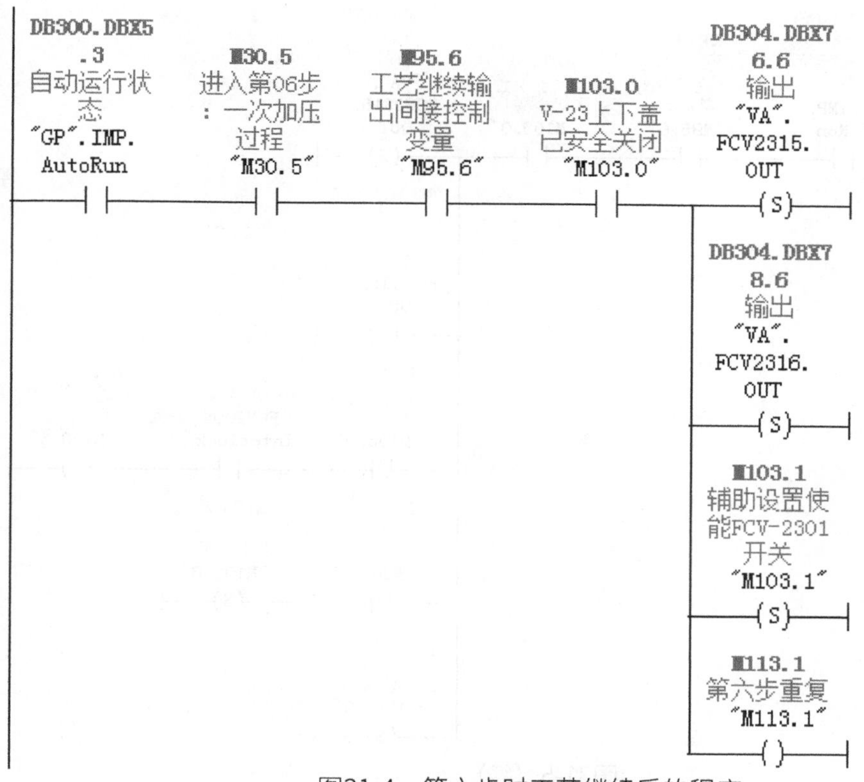

图31-4　第六步时工艺继续后的程序

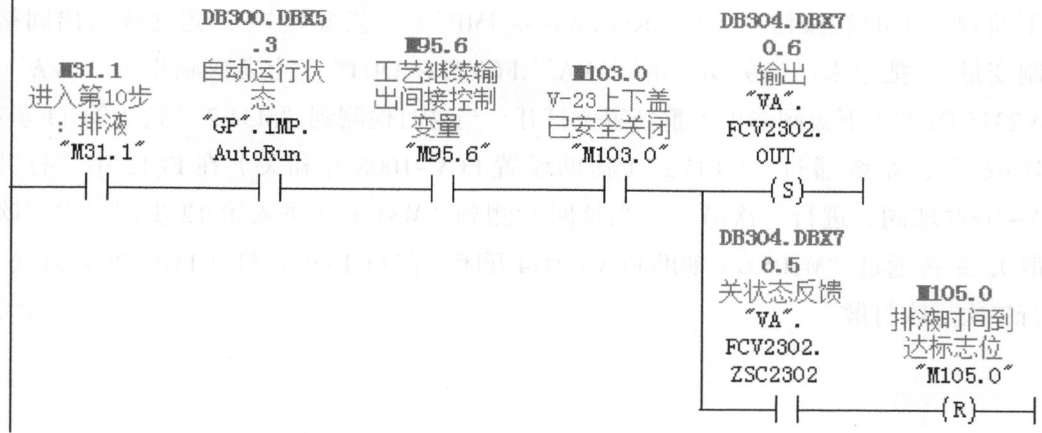

图31-5　第七、八、九、十步时工艺继续后的程序

⊟ **程序段 5**：输出

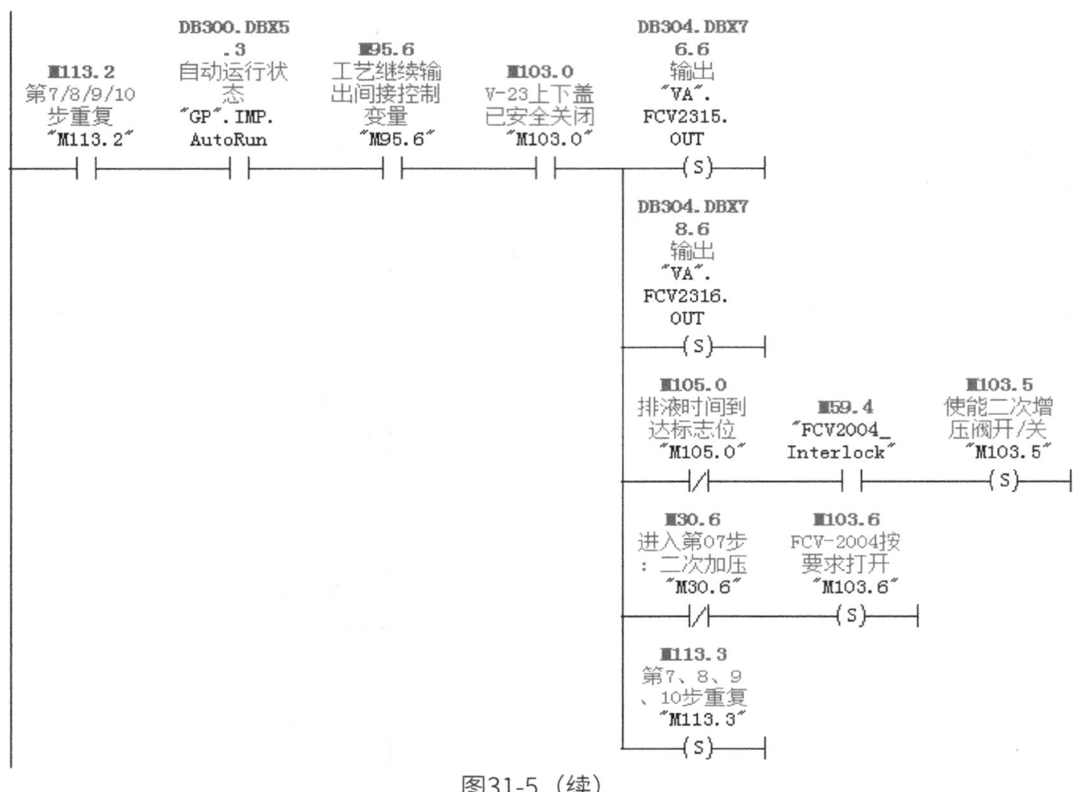

图31-5（续）

在图 31-6 的程序段 7 中，如果程序在第十一或十二步停止下来，经过处理以后按下监视屏上的软按钮“‘GP’.Key.Process_IMP”（工艺继续）（工艺继续输出间接控制变量），把原来已经关闭了的“‘VA’.FCV2316.OUT”（ 上盖阀输出）、“‘VA’.FCV2315.OUT”（下盖阀输出）重新置位打开。当这时检测到“M31.2”（进入第 11 步：一次减压），系统通过“M105.2”（辅助设置 FCV-1008 开和关）在 FC12 中，打开 FCV-1008 球阀，进行一次减压。当这时检测到“M31.3”（进入第 12 步：二次反吹打散），系统通过“M105.6”（辅助 FCV-2044 开闭）在 FC13 中，打开 FCV-2044 球阀，进行二次反吹打散。

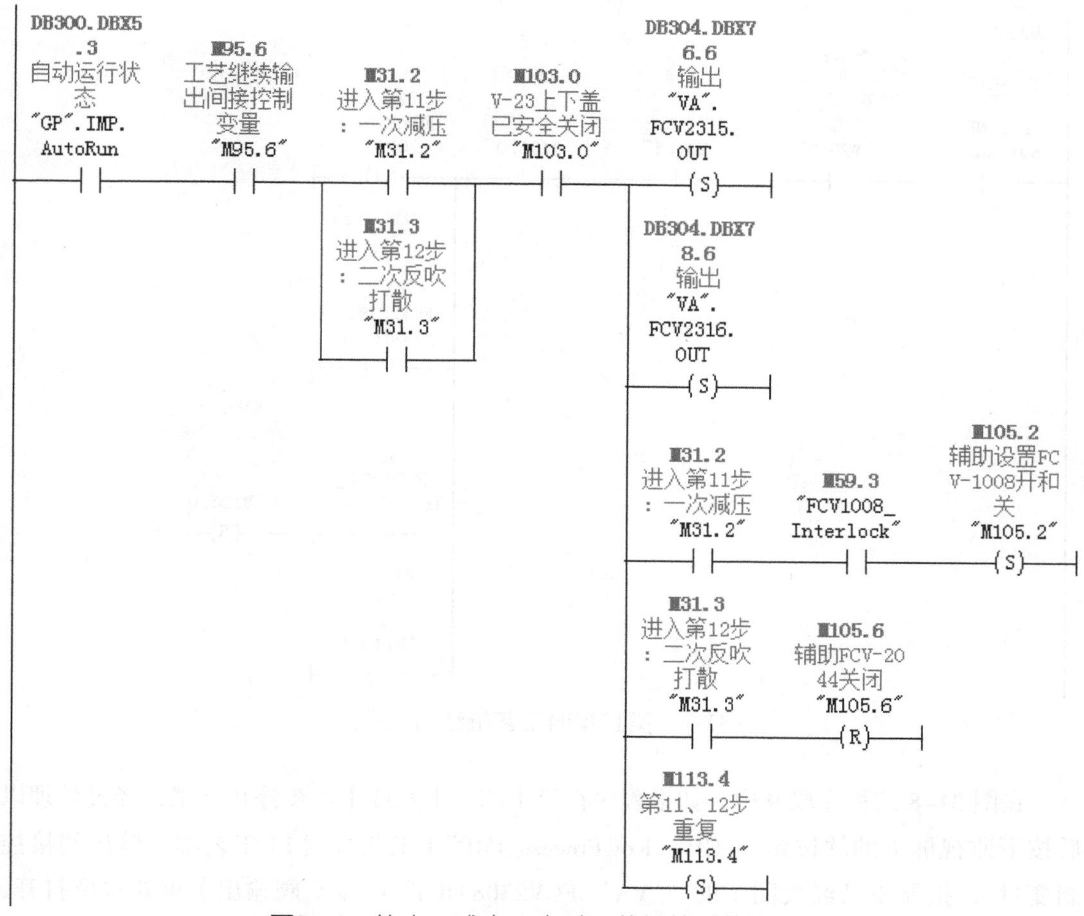

图31-6　第十一或十二步时工艺继续后的程序

在图 31-7 的程序段 8 中，如果程序在第十三步停止下来，经过处理以后按下监视屏上的软按钮“‘GP’.Key.Process_IMP”（工艺继续）（工艺继续输出间接控制变量），把原来已经关闭了的“‘VA’.FCV2316.OUT”（上盖阀输出）、“‘VA’.FCV2315.OUT”（下盖阀输出）重新置位打开，并且“M106.0”（辅助二次减压阀 FCV0804 开关），进行二次反吹打散。

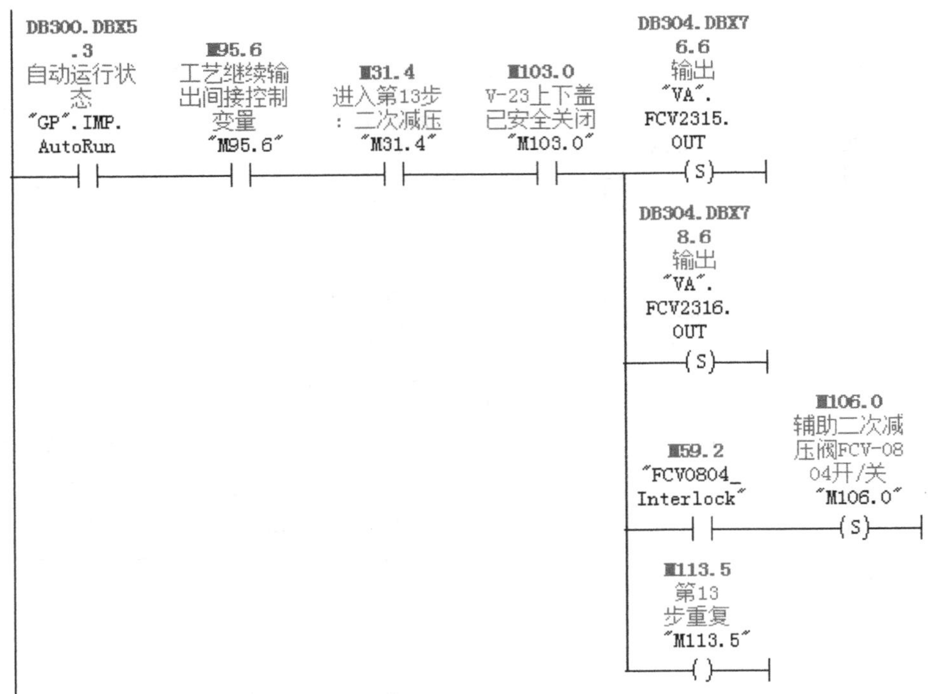

图31-7　第13步时工艺继续后的程序

在图 31-8 的程序段 9 中，如果程序在第十四、十六或十八步停止下来，经过处理以后按下监视屏上的软按钮“‘GP’.Key.Process_IMP”（工艺继续）（工艺继续输出间接控制变量），把原来已经关闭了的“‘VA’.FCV2308.OUT”（ 排空阀输出）重新置位打开，让浸渍器内部剩余的气体 CO_2 排到大气当中。

⊟ **程序段 9**：大气排空阀FCV-2308开/关

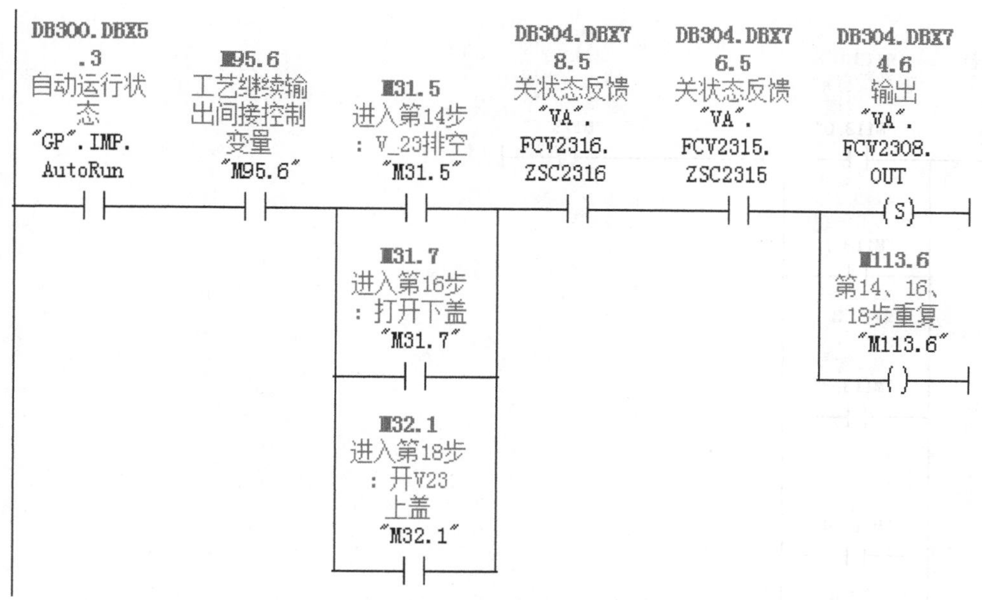

图31-8　第14、14、18步时工艺继续后的程序

4. 工艺继续后的复位设置

在图 31–3、4、5、6、7、8 中，程序的末尾分别定义了“M113.0”（辅助设置第五步重复）、“M113.1”（第六步重复）、“M113.3”（第 7、8、9、10 步重复）、“M113.4”（第 11、12 步重复）、“M113.5”（第 10 步重复）、“M113.6”（第 14、16、18 步重复）线圈。在图 31–9 的程序段 10 中，用这几个线圈的常开点定义了线圈“M113.7”（辅助设置阀重复定时器）；在程序段 11 中，系统用线圈“M113.7”（辅助设置阀重复定时器）的常开点定义了定时器“T98”（阀重复定时器）；在程序段 12 中，系统用定时器“T98”（阀重复定时器）定义了线圈“M90.0”（阀恢复完成结束标志位），右击线圈“M90.0”（阀恢复完成结束标志位）—“跳转”—“应用位置”，任意选择一个位置，如图 31–10 所示的 FC6 中，在程序段 22 中，只有当复位结束以后，线圈“M90.0”（阀恢复完成结束标志位）的常开点才能为结束第五步的提供条件。

⊟ **程序段 10**：辅助设置阀重复定时器

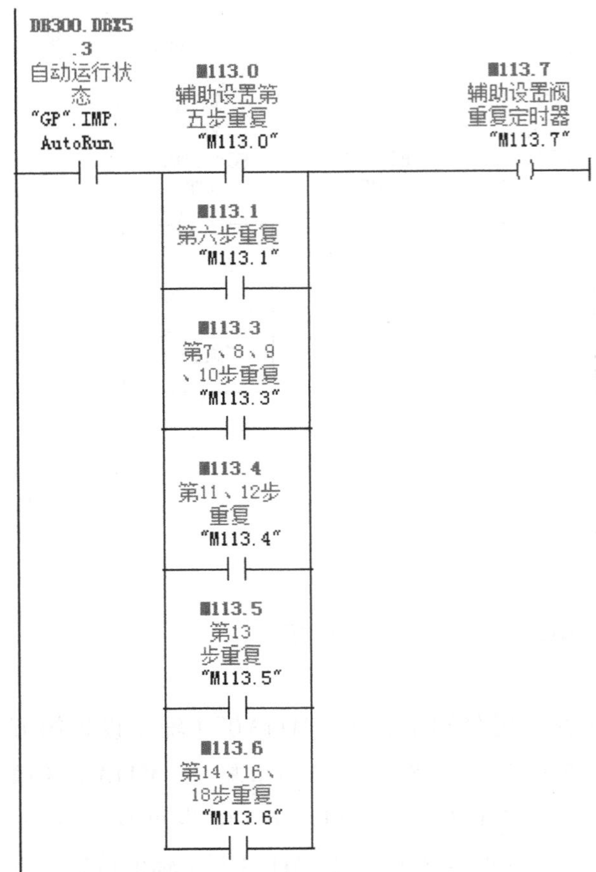

⊟ **程序段 11**：CO2 阀重复定时器

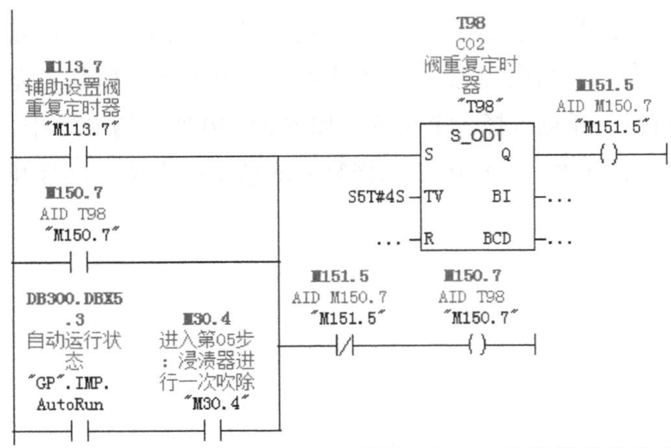

图31-9　工艺继续后的复位设置

⊟ **程序段 22**：第五步定时器允许复位

如果第五步一次净化过程完成，则进入第六步一次增压。

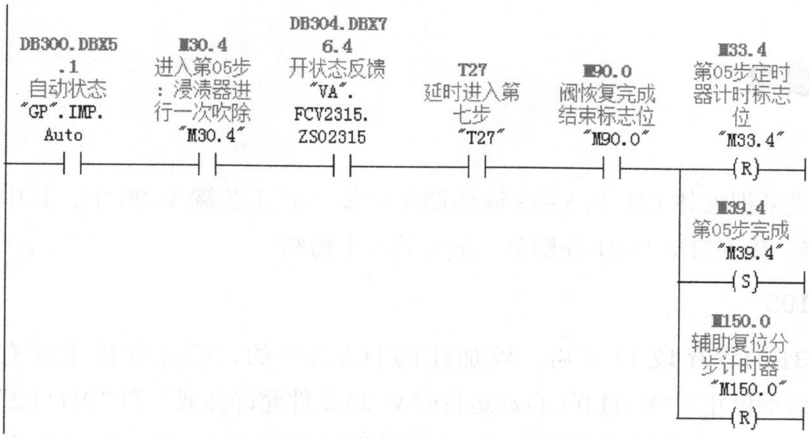

DB300.DBX5.1 自动状态 "GP".IMP.Auto
M30.4 进入第05步：浸渍器进行一次吹除 "M30.4"
DB304.DBX76.4 开状态反馈 "VA".FCV2315.ZS02315
T27 延时进入第七步 "T27"
M90.0 阀恢复完成结束标志位 "M90.0"
M33.4 第05步定时器计时标志位 "M33.4" (R)
M39.4 第05步完成 "M39.4" (S)
M150.0 辅助复位分步计时器 "M150.0" (R)

图31-10　第五步完成的条件

32　P-21 补偿泵

P-21 液体 CO_2 补偿泵把液体 CO_2 从 V-18 液体储罐中输送到工艺罐 V-20 中，其中先打开加注阀 FCV2105，接着启动 P-21 补偿泵，最后关闭平衡阀。

1. 启、停加注阀 FCV2105

在图 32-1 中，FC31 的程序段 17 是启、停加注阀 FCV2105 的，经过分析主要有“M115.7”（P-21 补偿泵启动停止）、“M111.0”（自动运行时 V-20 条件允许补液）和“M111.2”（人工干预下自动补液）三个主要的变化条件，这三个条件控制着 FCV2105 的打开和关闭。

1）在程序段 1 中，程序只要不是运行到第八步、第九步和第十步并且“‘ANA’.V20.WIT2017_PV”（工艺罐实时重量显示）小于“‘ANA’.V20.WIT2017_HI_SP1”（工艺罐补液重量高限设定值，“M115.0”（人工干预自动补液条件）线圈就被激活，在程序段 7 中，“M115.0”（人工干预自动补液条件）的常开触点和“‘GP’.Key.CO2_TEST_ST”（人工干预自动补液启动按钮）两个重要条件激活了“M111.2”（人工干预下自动补液）线圈，为启、停加注阀 FCV2105 做准备。

⊟ **程序段 17**：CO2补偿阀FCV-2105

打开工艺罐二氧化碳FCV-2105补给阀对工艺罐补液。本现场没有该电动阀门。

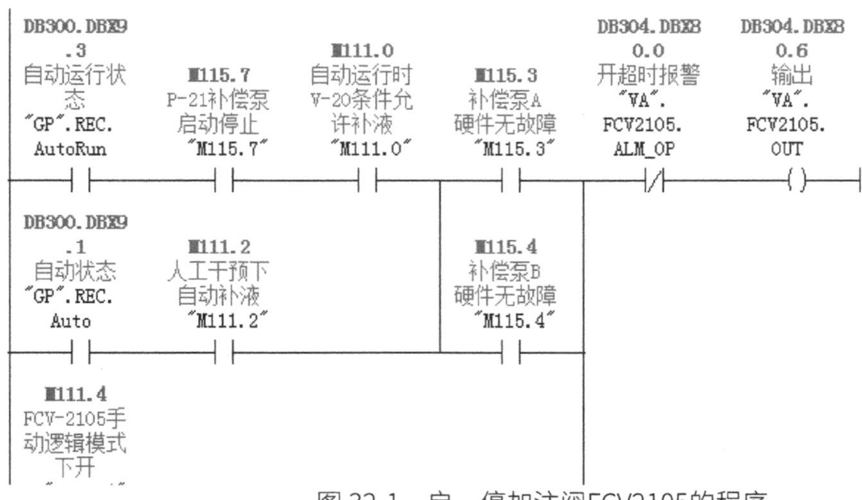

图 32-1　启、停加注阀FCV2105的程序

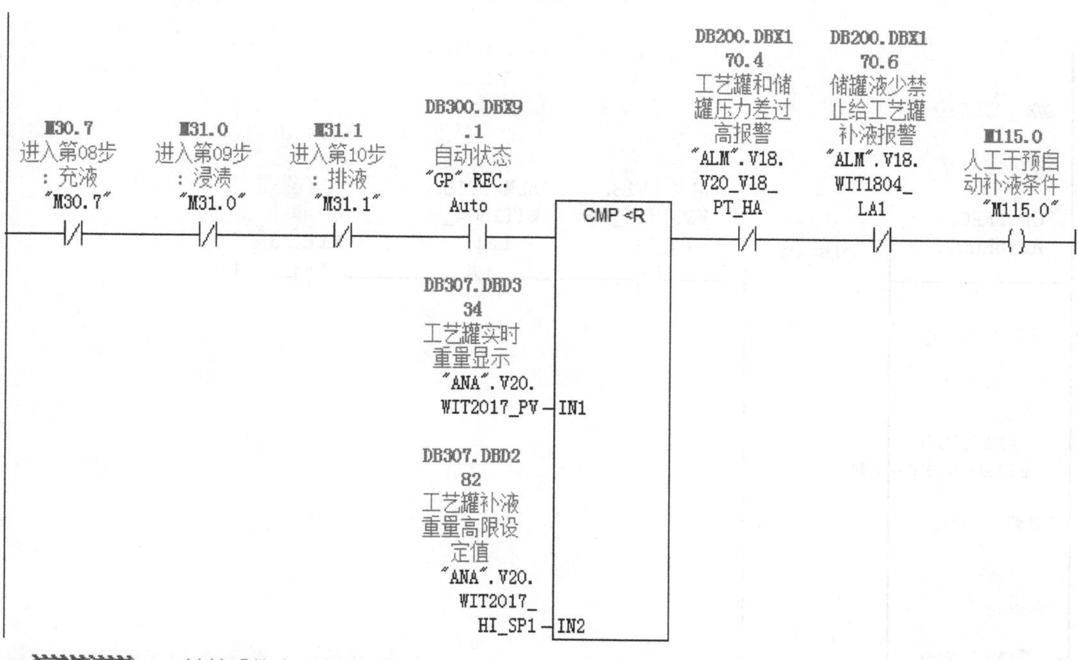
程序段 1：人工干预自动补液条件
人工干预下的自动补液控制
M30.7
进入第08步：充液
"M30.7"
M31.0
进入第09步：浸渍
"M31.0"
M31.1
进入第10步：排液
"M31.1"
DB300.DBX9.1
自动状态
"GP".REC.Auto
CMP <R
DB307.DBD334
工艺罐实时重量显示
"ANA".V20.WIT2017_PV
IN1
DB307.DBD282
工艺罐补液重量高限设定值
"ANA".V20.WIT2017_HI_SP1
IN2
DB200.DBX170.4
工艺罐和储罐压力差过高报警
"ALM".V18.V20_V18_PT_HA
DB200.DBX170.6
储罐液少禁止给工艺罐补液报警
"ALM".V18.WIT1804_LA1
M115.0
人工干预自动补液条件
"M115.0"

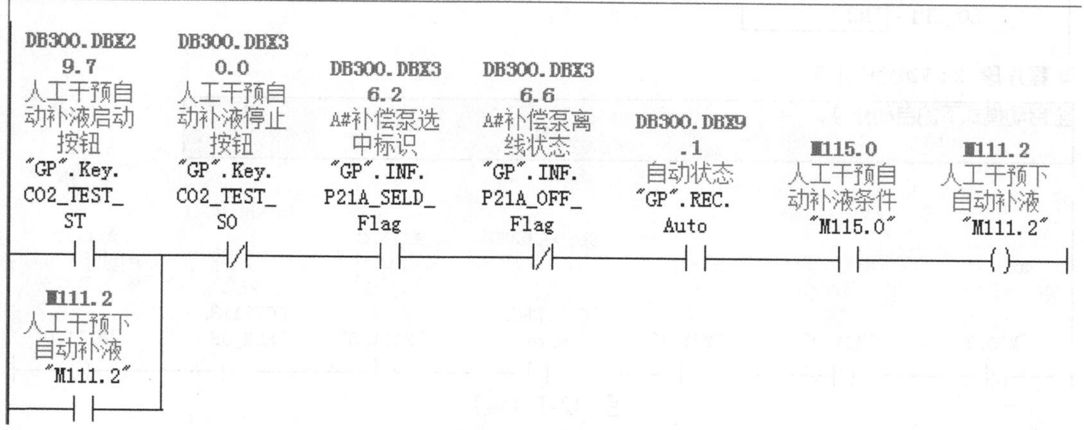
程序段 ?：CO2补给系统人工启动自动补液。
DB300.DBX29.7
人工干预自动补液启动按钮
"GP".Key.CO2_TEST_ST
DB300.DBX30.0
人工干预自动补液停止按钮
"GP".Key.CO2_TEST_SO
DB300.DBX36.2
A#补偿泵选中标识
"GP".INF.P21A_SELD_Flag
DB300.DBX36.6
A#补偿泵离线状态
"GP".INF.P21A_OFF_Flag
DB300.DBX9.1
自动状态
"GP".REC.Auto
M115.0
人工干预自动补液条件
"M115.0"
M111.2
人工干预下自动补液
"M111.2"

图 32-1（续）

⊟ **程序段 13：**两个罐体重量合乎要求准许补液

工艺罐如果没有充液、浸渍、排液10秒钟后，且工艺罐重量小于一定值并且储罐重量大于一定值，两个罐体的压力差合乎要求后才可以补液。

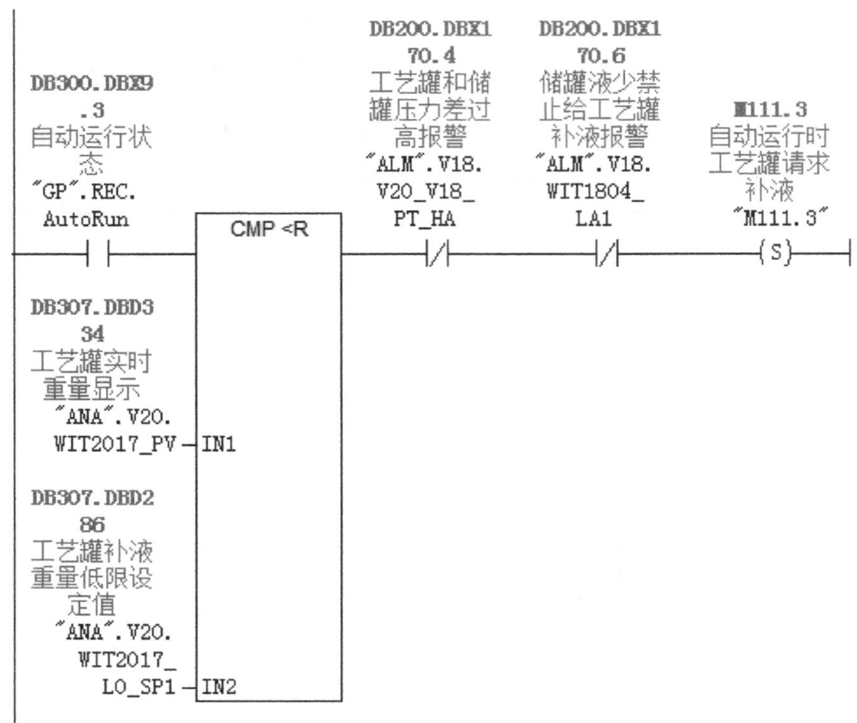

⊟ **程序段 2：**V20允许补液

全自动模式下的自动补液。

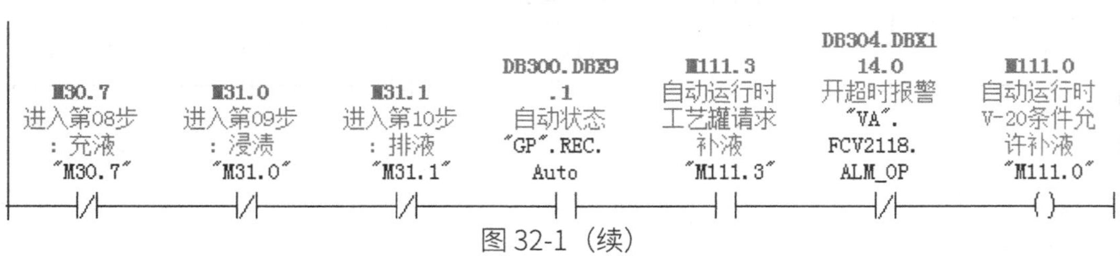

图 32-1（续）

⊟ **程序段 15**：V23和T18两罐重量合乎要求准许补液

如果工艺罐重量超重或与储罐的压力差达到一定值时停止补液。

M111.3 自动运行时工艺罐请求补液 "M111.3" (R)

CMP >=R

DB307.DBD334 工艺罐实时重量显示 "ANA".V20.WIT2017_PV — IN1

DB307.DBD282 工艺罐补液重量高限设定值 "ANA".V20.WIT2017_HI_SP1 — IN2

⊟ **程序段 3**：补偿泵系统启动准备延时

DB300.DBX9.3 自动运行状态 "GP".REC.AutoRun

DB300.DBX36.2 A#补偿泵选中标识 "GP".INF.P21A_SELD_Flag

DB300.DBX36.6 A#补偿泵离线状态 "GP".INF.P21A_OFF_Flag

DB301.DBX51.0 正转命令输出 "M".M2101A.RUNF

DB300.DBX36.3 B#补偿泵选中标识 "GP".INF.P21B_SELD_Flag

DB300.DBX36.7 B#补偿泵离线状态 "GP".INF.P21B_OFF_Flag

DB301.DBX55.0 正转命令输出 "M".M2101B.RUNF

T145 补偿泵系统启动准备延时 "T145"

S_ODT: S — Q; S5T#5S — TV BI —...; ... — R BCD —...

⊟ **程序段 4**：P-21补偿泵启动停止

T145 补偿泵系统启动准备延时 "T145"

M115.7 P-21补偿泵启动停止 "M115.7" (S)

图 32-1（续）

⊟ **程序段 5**：辅助停止补偿泵

DB300.DBX9 .1 自动状态 "GP".REC. Auto —| |— M111.6 P21A泵准许启动 "M111.6" —|/|— M111.7 P21B泵准许启动 "M111.7" —|/|— M115.6 UP "One_ Shot200" —(P)— M115.5 辅助停止补偿泵 "M115.5" —( )—

⊟ **程序段 6**：P-21补偿泵启动停止

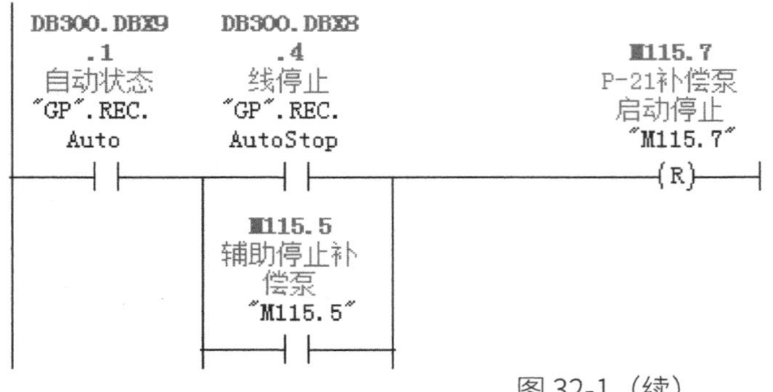

图 32-1（续）

2）在程序段 13 中，只要"'ANA'.V20.WIT2017_PV"（工艺罐实时重量显示）小于"'ANA'.V20.WIT2017_LO_SP1"（工艺罐补液重量低限设定值）并且只要不是运行到第八步、第九步和第十步，系统就置位"M111.3"（自动运行时工艺罐自动请求补液）线圈。在程序段 15 中，只要"'ANA'.V20.WIT2017_PV"（工艺罐实时重量显示）大于且等于"'ANA'.V20.WIT2017_HI_SP1"（工艺罐补液重量高限设定值）和和其他几个条件只要具备，系统自动把"M111.3"（自动运行时工艺罐自动请求补液）线圈复位。在程序段 2 中，这些条件激活了"M111.0"（自动运行时 V-20 条件允许补液）线圈，为启、停加注阀 FCV2105 做准备。

3）在程序段 3 中，只要选择好了 A 泵或者 B 泵以后，经过定时器"T145"（补偿泵系统启动准备延时）5 秒的延时以后，在程序段 4 中就置位了"M115.7"（P-21 补偿泵启动停止）线圈。在程序段 5 中，两台补偿泵不管是选中或者是不选中，只要处于停机状态，在程序段 6 中，就把"M115.7"（P-21 补偿泵启动停止）线圈复位，为启、停加注阀 FCV2105 做准备。

2. 对 V-18 储罐的限定

在程序段 26、27、28 中，用储罐的实际重量显示"'ANA'.V18.WIT1804_PV"[储罐重量显示（Kg）]分别和"'ANA'.V18.WIT1804_LO_SP1"（储罐禁止给工艺罐补液重量设定值）、"'ANA'.V18.WIT1804_LO_SP"（储罐重量低报警设定值）、

“‘ANA’.V18.WIT1804_HI_SP”（储罐重量高报警设定值）做出比较，再做出相应的报警，如图 32-2 所示。

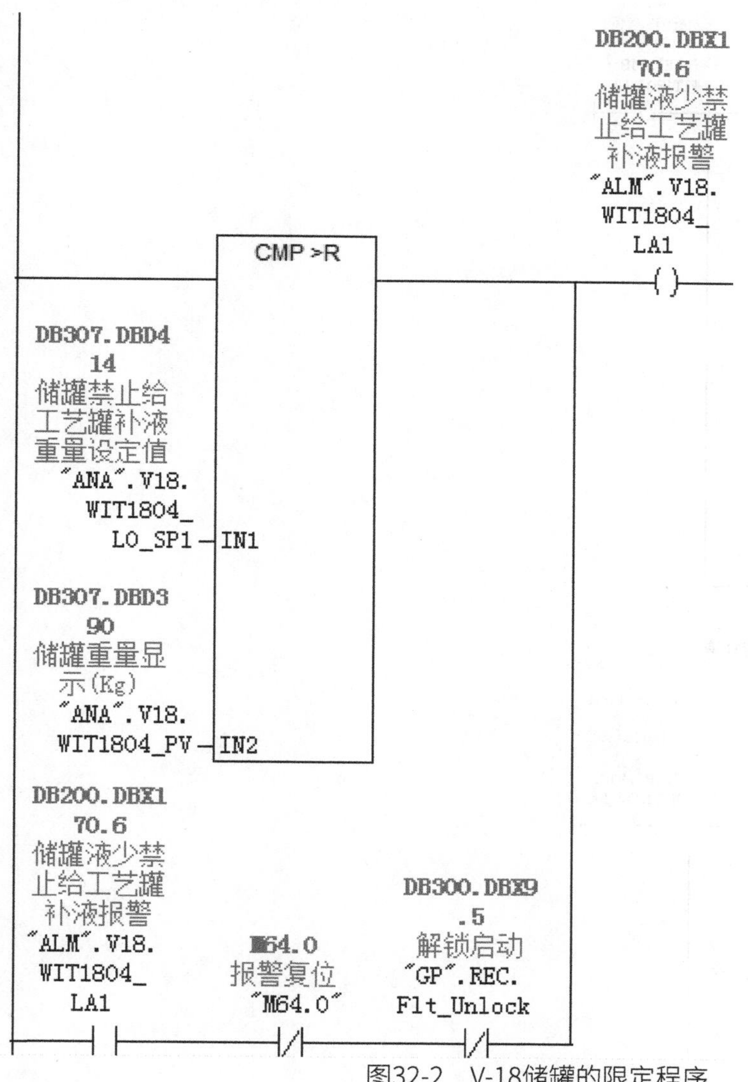

图32-2 V-18储罐的限定程序

⊟ **程序段 27：储罐重量低禁止给工艺罐补液**

重量低的报警设定值要高于禁止补液的设定值，这样才可以提前预知储罐禁止补液。

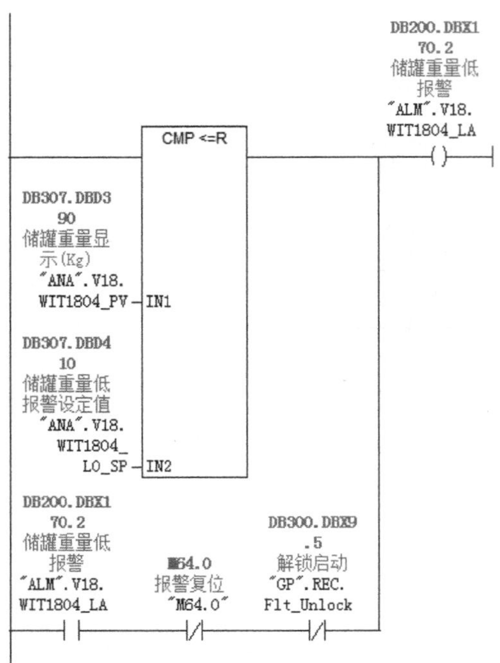

⊟ **程序段 28：储罐重量低禁止给工艺罐补液**

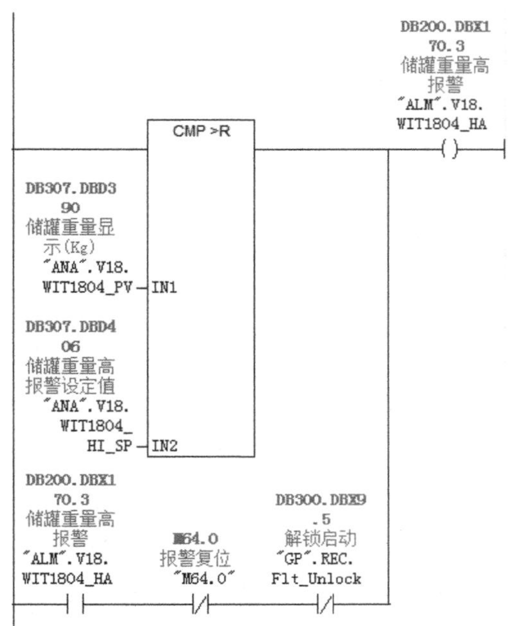

图32-2（续）

3. 启动和停止 P-21 补偿泵

在程序段 35 中，打开、关闭 FCV2105 的三个主要条件“M115.7”（P–21 补偿泵启动停止）、“M111.0”（自动运行时 V–20 条件允许补液）和“M111.2”（人工干预下自动补液）也是启、停 P–21 补偿泵的条件。

从几个启、停条件可以分析出，只要不是运行到第八步、第九步和第十步，“‘ANA’.V20.WIT2017_PV”（工艺罐实时重量显示）小于“‘ANA’.V20.WIT2017_HI_SP1”[工艺罐补液重量高限设定值，软按钮“‘GP’.Key.CO2_TEST_ST”（人工干预自动补液启动按钮）被选择，“‘ANA’.V20.WIT2017_PV”）工艺罐实时重量显示]小于“‘ANA’.V20.WIT2017_LO_SP1”（工艺罐补液重量低限设定值）这几个条件同时满足就达到了启动 P–21 泵的条件，反之，这些条件不满足时，就要停止 P–21 泵。如图 32–3 所示。

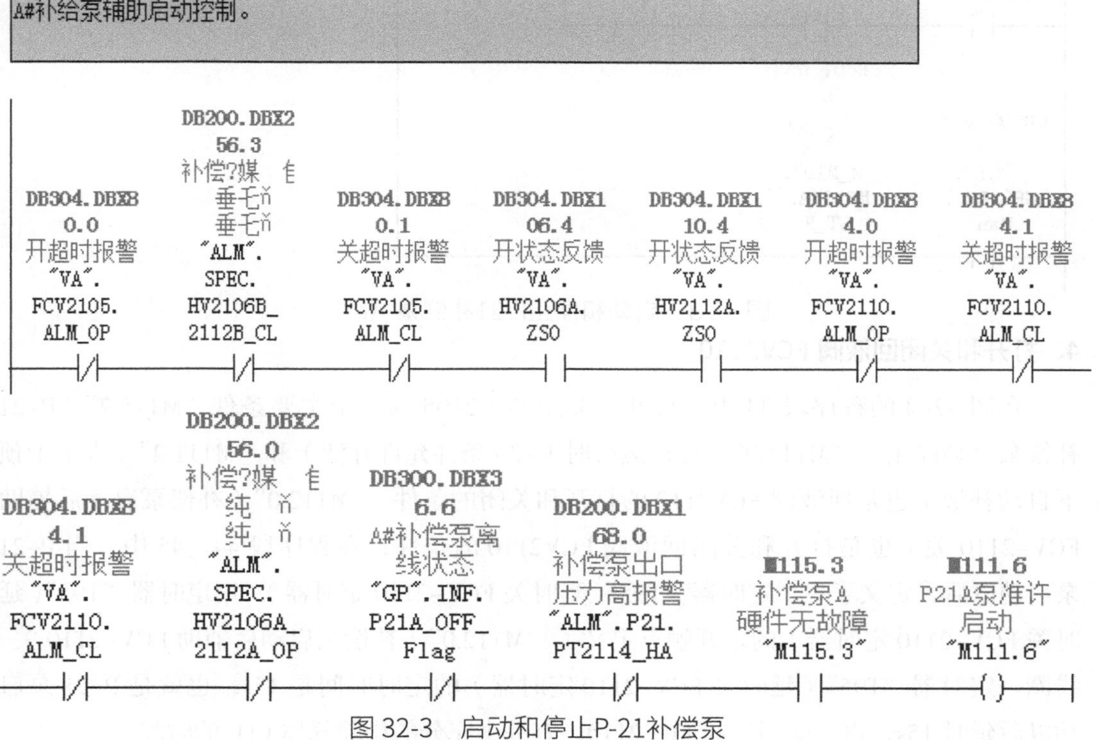

图 32-3 启动和停止P-21补偿泵

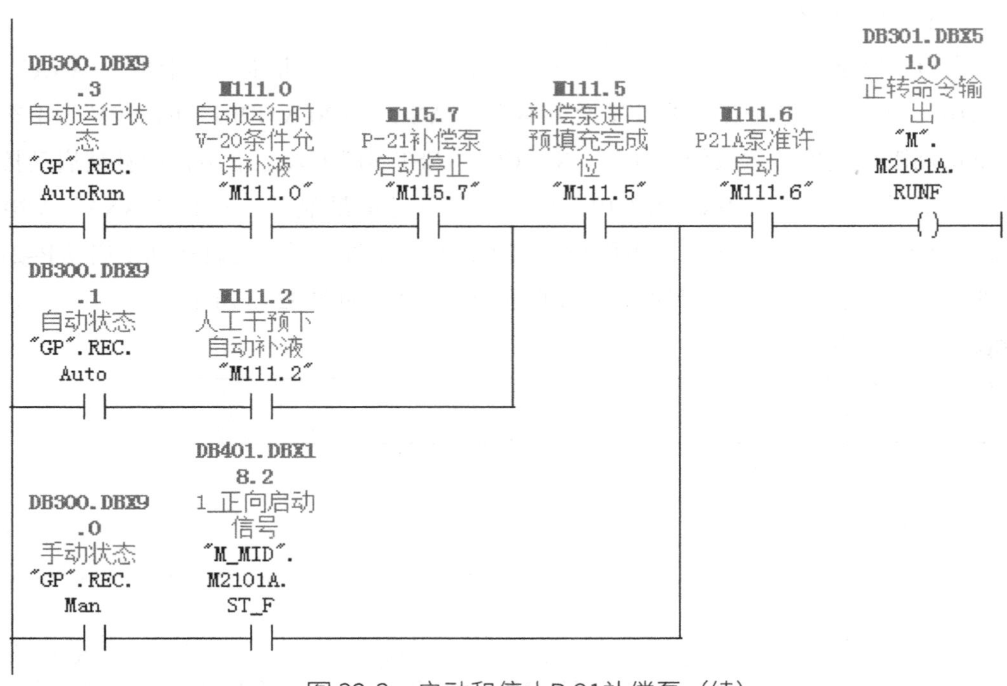

图 32-3　启动和停止P-21补偿泵（续）

4、打开和关闭回液阀 FCV2110

在图 32-4 的程序段 44 中，打开、关闭 FCV2105 的三个主要条件“M115.7”（P-21 补偿泵启动停止）、“M111.0”（自动运行时 V-20 条件允许补液）和“M111.2”（人工干预下自动补液）也是回液阀 FCV2110 的打开和关闭的条件。“M112.0”（补偿泵启动后辅助 FCV-2110 关）也是打开和关闭回液阀 FCV2110 的条件；在程序段 44、45 中，当 P-21 泵启动以后，定义了一个定时器“T95”（延时关 FCV-2110 定时器），用定时器“T95”（延时关 FCV-2110 定时器）的常开触点定义了“M112.0”（补偿泵启动后辅助 FCV-2110 关）线圈。定时器“T95”（延时关 FCV-2110 定时器）的定时时间是 15s，也就是 P-21 泵启动以后延时 15s，再关闭回液阀 FCV2110，有一个充分的排除气体 CO_2 的时间。

⊟ **程序段 44**：补液平衡阀FCV-2110

常开阀门，通电关闭阀体，开始补液

DB300.DBX9.3 自动运行状态 "GP".REC.AutoRun
M111.0 自动运行时V-20条件允许补液 "M111.0"
M115.7 P-21补偿泵启动停止 "M115.7"
M112.0 补偿泵启动后辅助FCV-2110关 "M112.0"
M115.4 补偿泵B硬件无故障 "M115.4"
DB300.DBX3.6.7 B#补偿泵离线状态 "GP".INF.P21B_OFF_Flag
DB304.DBX8.4.1 关超时报警 "VA".FCV2110.ALM_CL
DB304.DBX8.4.6 输出 "VA".FCV2110.OUT
DB300.DBX9.1 自动状态 "GP".REC.Auto
M111.2 人工干预下自动补液 "M111.2"
M115.3 补偿泵A硬件无故障 "M115.3"
DB300.DBX3.6.6 A#补偿泵离线状态 "GP".INF.P21A_OFF_Flag

⊟ **程序段 42**：延时关FCV-2110定时器

两台补偿泵启动运行定时15秒关闭平衡回流阀。

DB300.DBX3.6.2 A#补偿泵选中标识 "GP".INF.P21A_SELD_Flag
DB301.DBX5.1.0 正转命令输出 "M".M2101A.RUNF
DB300.DBX9.1 自动状态 "GP".REC.Auto
T95 延时关FCV-2110定时器 "T95"
S_ODT: S, Q, S5T#15S - TV, BI -..., ... - R, BCD -...
DB300.DBX3.6.3 B#补偿泵选中标识 "GP".INF.P21B_SELD_Flag
DB301.DBX5.5.0 正转命令输出 "M".M2101B.RUNF

⊟ **程序段 43**：补偿泵启动后辅助FCV-2110关

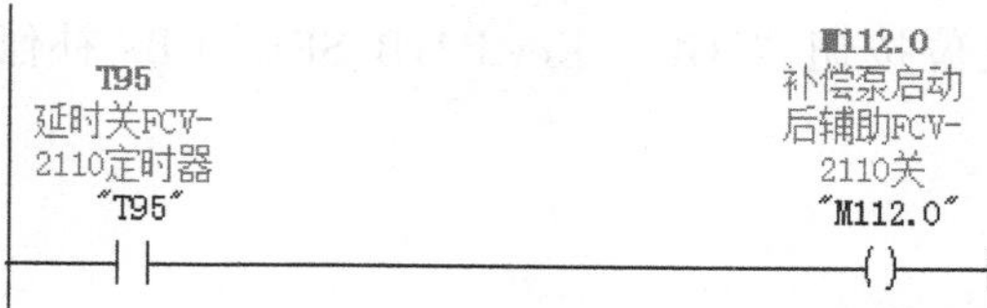

图32-4　打开和关闭回液阀FCV2110程序

5.P-21 泵的选择

在图 32-5 的程序段 51、52 中，"'GP'.Key.P21A_OFF"（A# 补偿泵离线按钮）和"'GP'.Key.P21B_OFF"（B# 补偿泵离线按钮）是监视换面上的两个软按钮，分别定义了"'GP'.INF.P21A_OFF_Flag"（A# 补偿泵离线状态）和"'GP'.INF.P21B_OFF_Flag"（B#

补偿泵离线状态）两个线圈，便于 P-21 泵启、停程序中使用。

⊟ 程序段 51：P-21泵离线

补偿泵离线命令。使用切换型按钮

DB300.DBX29.0 A#补偿泵离线按钮 "GP".Key.P21A_OFF —| |— —( )— DB300.DBX36.6 A#补偿泵离线状态 "GP".INF.P21A_OFF_Flag

⊟ 程序段 52：P-21泵离线

补偿泵离线命令。使用切换型按钮

DB300.DBX29.2 B#补偿泵离线按钮 "GP".Key.P21B_OFF —| |— —( )— DB300.DBX36.7 B#补偿泵离线状态 "GP".INF.P21B_OFF_Flag

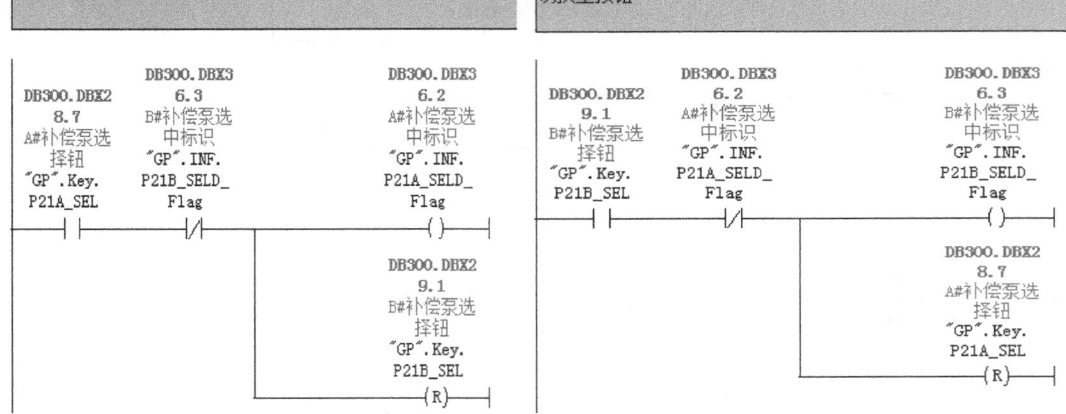

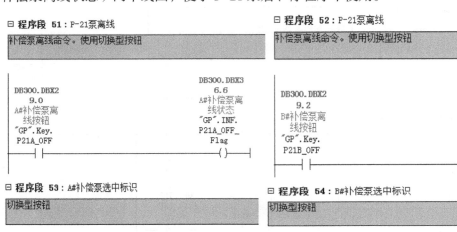

图32-5　P-21泵的选择程序

在程序段 53、54 中，"'GP'.Key.P21A_SEL"（A# 补偿泵选择按钮）和"'GP'.Key.P21B_SEL"（B# 补偿泵选择按钮）也是监视换面上的两个软按钮，分别定义了"'GP'.INF.P21A_SELD_Flag"（A# 补偿泵选中标示）和"'GP'.INF.P21B_SELD_Flag"（B# 补偿泵选中标示）两个线圈，同时复位了相反的选择按钮，"'GP'.Key.P21B_SEL"（B# 补偿泵选择按钮）按钮复位"'GP'.Key.P21A_SEL"（A# 补偿泵选择按钮）按钮，"'GP'.Key.P21A_SEL"（A# 补偿泵选择按钮）按钮复位按钮"'GP'.Key.P21B_SEL"（B# 补偿泵选择按钮）。

33 第十六步，开 V23 下盖

首先启动液压系统（P–28），打开液压主阀 (SV–2802），依次打开底盖安全装置 (SVO–2817)、底盖锁环 (SVO–2820)、底盖 (SVO–2807)，下盖打开后，干冰烟丝从浸渍器底部卸出。

1. 设置步序

打开 FC17（第十六步，打开下盖），在程序段 1 中有“M37.7”（步序器允许进入第十六步）和“"M40.7"(第 16 步完成)(图 33–1 所示)，经过对它们进行右键单击“跳转”—“对应位置”，打开 FC16（第十五步），在第十五步完成以后，系统把“‘TM’ .V23.SEQ_REGISTER”（当前运行步骤）赋值为 16，意思就是可以进入程序的第十六步，如果这时“M106.5”（浸渍器罐体内压力为零）常开触点被触发和其他条件已经满足，“M46.7”（允许进入第十六步）就为进入第十六步做好准备，如图 33–2 所示。

经过对 FC16 中的“‘TM’ .V23.SEQ_REGISTER”（当前运行步骤）进行右击—“跳转”—“对应位置”，打开了 FC23，当“‘TM’ .V23.SEQ_REGISTER”（当前运行步骤）=16 和“M46.7”（允许进入第十六步）被系统置 1 时，系统就激活了“"M37.7"（步序器允许进入第十六步）和复位了“M40.7”（第 16 步完成），就为进入第十六步做好了充分的准备，如图 33–3 所示。

⊟ **程序段 1**：进入第十六步：打开底盖

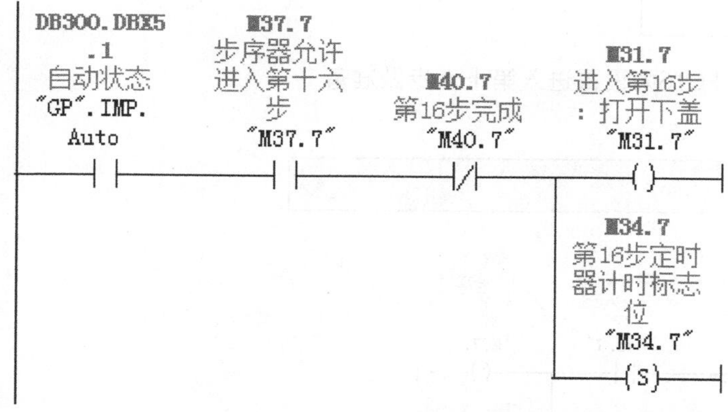

图33-1　FC17的程序段1

程序段 28：标题:
十六步开下盖。
M31.6
进入第15步：启动振动柜喂料设备
"M31.6"
M40.6
第15步完成
"M40.6"
M83.7
UP
"M83.7"
P
MOVE
EN
ENO
16
IN
OUT
DB321.DBW28
当前运行步骤
"TM".V23.SEQ_REGISTER
程序段 29：允许进入第16步
M100.3
TC40门关闭安全
"M100.3"
DB300.DBX23.5
氮气密封选择按钮
"GP".Key.SEL_N2
DB305.DBX6.2
V_23密封圈压力低
"DIO".V23.PSL2331
M106.5
浸渍器罐体内压力为零
"M106.5"
M46.7
允许进入第16步
"M46.7"
DB300.DBX23.5
氮气密封选择按钮
"GP".Key.SEL_N2

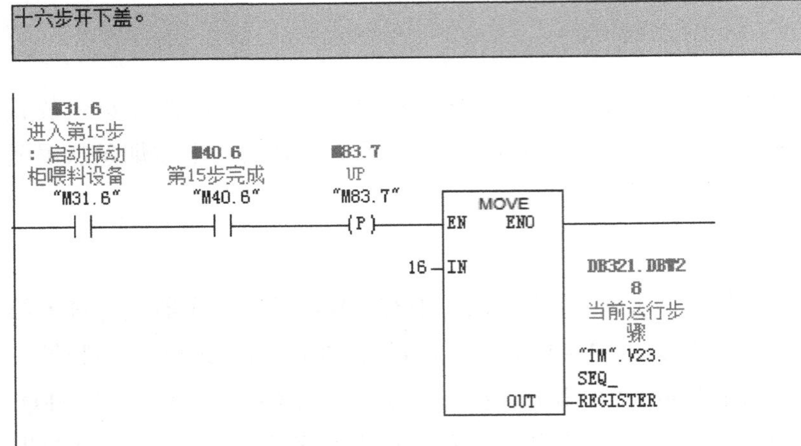

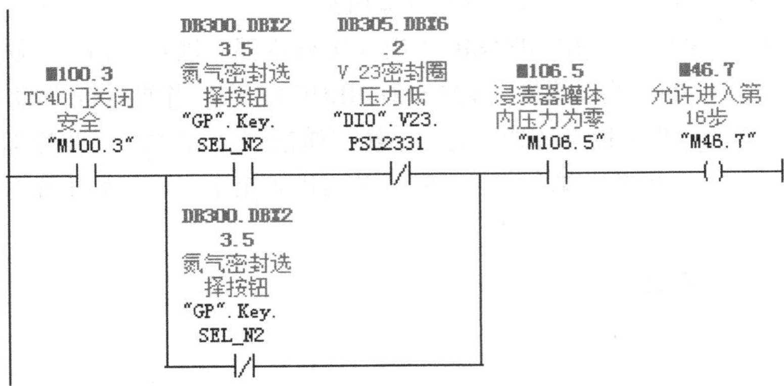

图33-2　FC16为设置进入第十六步做准备

程序段 19：允许进入第16步
第十六步：打开底盖。
CMP ==I
DB321.DBW28
当前运行步骤
"TM".V23.SEQ_REGISTER
IN1
16
IN2
M112.5
工艺步骤复位
"M112.5"
M46.7
允许进入第16步
"M46.7"
M37.7
步序器允许进入第十六步
"M37.7"
M40.7
第16步完成
"M40.7"
R

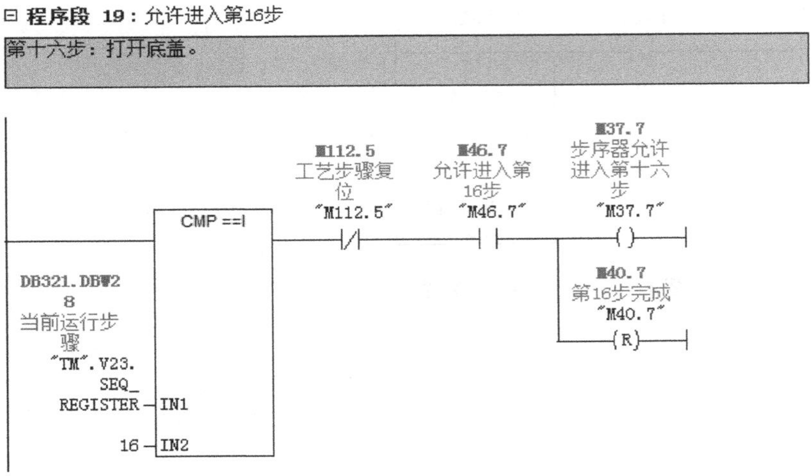

图33-3　FC23 为设置进入第十六步做准备已经完成

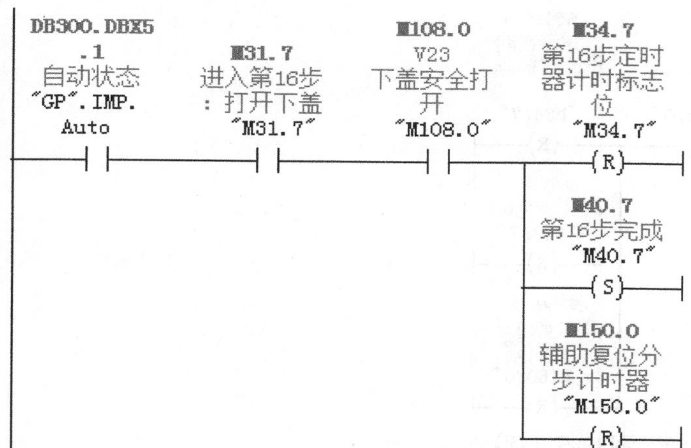

图33-4 置位“M40.7”（第16步完成）和复位“M34.7”（第16步定时器计时标志位）

在 FC17 的程序段 29 中，在第十六步结束以后“M40.7”（第 16 步完成）又被置位为 1，这时程序就进不到第十六步的系统循环中，保证了系统的安全（如图 33-4 所示）。并且“M34.7”（第 16 步定时器计时标志位）被复位为 0。

2. 辅助复位分步计时器

在“一秒尖峰脉冲的使用”专题当中讲述了程序的“单步运行时间计时”，使用“M150.0”（辅助复位分步计时器）来作为 19 步中每一步的计时开始和计时结束的标志，而且在这 19 步中“M150.0”（辅助复位分步计时器）使用的是同一存储器位，这是因为用时置位，不用时复位，增加了程序的通用性和可读性，如图 33–5 所示。

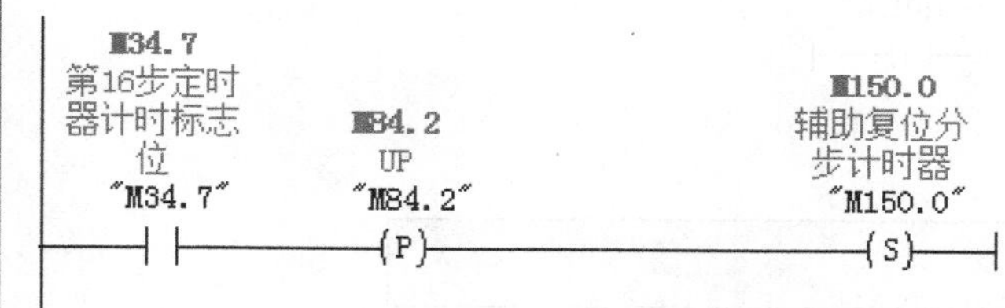

图33-5 FC15中“M150.0”（辅助复位分步计时器）的置位和复位

⊟ **程序段 29**：进入第16步：打开底盖

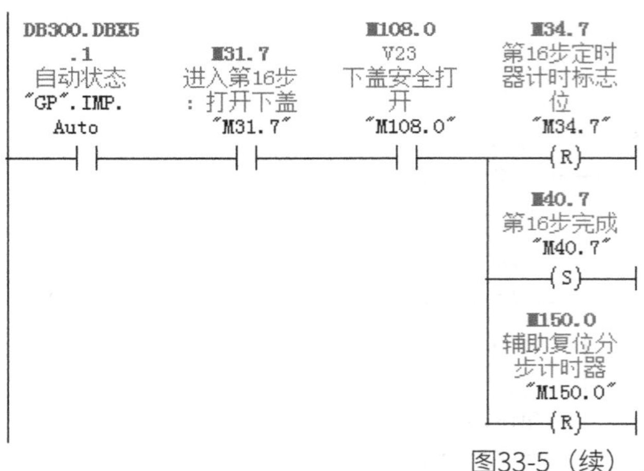

图33-5（续）

3. 启动液压系统

在系统进入自动运行并进入第十六步以后，系统置位了“M101.0”（自动模式时调用液压系统）线圈，在 FC22 中，“M101.0”（自动模式时调用液压系统）的触点作为启动液压泵电动机时的一个条件，这时自动启动液压系统，如图 33–6 所示。当然当第十六步结束以后，在程序段 29 中系统又复位了“M101.0”（自动模式时调用液压系统）线圈，液压系统自动停止。

⊟ **程序段 3**：自动模式时调用液压系统

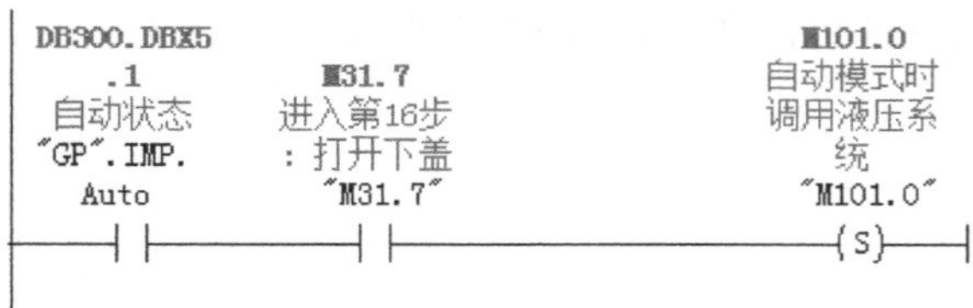

⊟ **程序段 4**：标题：

调用液压系统。

DB300.DBX5
.1
自动状态
"GP".IMP.
Auto
M31.7
进入第16步
：打开下盖
"M31.7"
FC22
液压系统
"IMP_P28"
CALL

⊟ **程序段 1**：允许液压系统自动运行

由于M101.0,M30.4的自锁使得液压站在关闭底盖和上盖过程中不停止运行
如果取消该自锁，则每一步都会重新启动液压站。

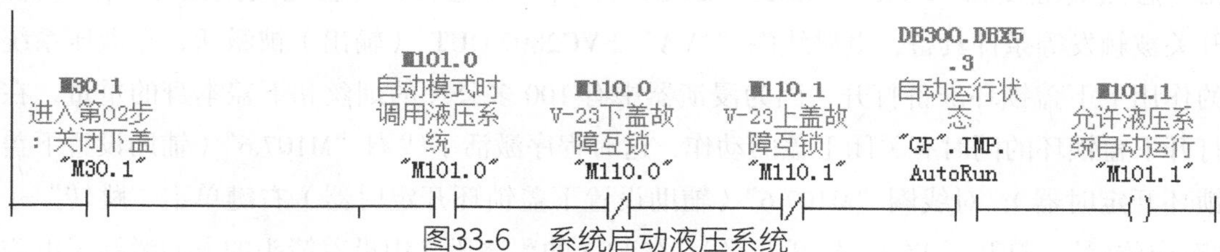

图33-6　系统启动液压系统

4. 开下盖安全锁环

在浸渍器的上、下盖各设置了安全锁环，用机械的方法保证锁环在正常生产时不会被打开，如图 33–7 所示。在程序段 7 中，当开松器的“‘M’.M4101.RUNF”（正转命令输出）线圈得电以后，就激活了安全锁环的电磁线圈“‘VA’.SVO2817.OUT”（输出），安全锁环打开。

安全锁环系统处于正常状态，否则计时器设定的时间 10s 计时到之后，安全锁环关到位检测开关“‘VA’.SVC2817.ZSC2817”还没有被感应到，说明安全锁环系统处于不正常状态，需要停下来检修。

⊟ **程序段 7**：V23底盖锁环安全设备开SVO-2817

通电打开底盖锁环安全装置。

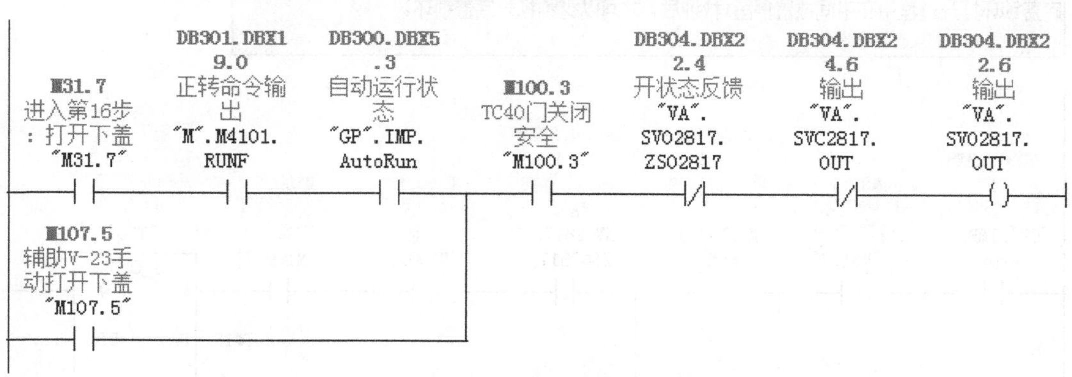

图33-7　打开下盖安全锁环程序

5. 打开下盖锁环

如图 33-3 所示，在程序段 10 中，当开松器的“‘M’.M4101.RUNF”（正转命令输出）触点被触发和“‘VA’.SVO2817.ZSO2817”［开状态反馈（上盖安全锁环）］开到位开关被触发等条件具备，电磁线圈“‘VA’.SVC2807.OUT”（输出）被激活，在液压系统的作用下下盖锁环准备打开，因为浸渍器中有 100 多公斤的烟丝和下盖本身的重量，在打开下盖锁环的同时有关闭下盖的动作，这时程序激活了线圈“M107.6”（辅助设置下盖锁环开定时器），对线圈“M107.6”（辅助设置下盖锁环开定时器）右键单击“跳转”—“对应位置”，打开了 FC3（打开下盖），在 FC3 的程序段 7 中沿着箭头的方向激活了电磁线圈“‘VA’.SVC2807.OUT”［输出（关闭上盖）］，下盖在液压缸的作用下做关上盖的动作，直到锁环关闭后停止。

先有关下盖的动作后，在程序段 11 中经过定时器“T118”（开锁环时先顶底盖延时）100ms 的延时，再让开锁环的电磁线圈“‘VA’.SVO2820.OUT”［输出（下盖锁环）］得电，打开锁环。为了安全，在锁环开到中间位置时，中间位接近开关“‘DI/O’.V23.ZSG2820”（下锁环中间位接近开关）被感应，程序中的中间位接近开关“‘DI/O’.V23.ZSG2820”（下锁环中间位接近开关）常闭触点成为开点，这时电磁线圈“‘VA’.SVO2820.OUT”［输出（下盖锁环）］失电，经过定时器“T71”（V-23 下盖锁环开时停定时器）1s 的停顿，电磁线圈“‘VA’.SVO2820.OUT”［输出（下盖锁环）］重新得电，继续打开锁环，直至“‘DI/O’.V23.ZSO2820”（下锁环开接近开关）被感应到。

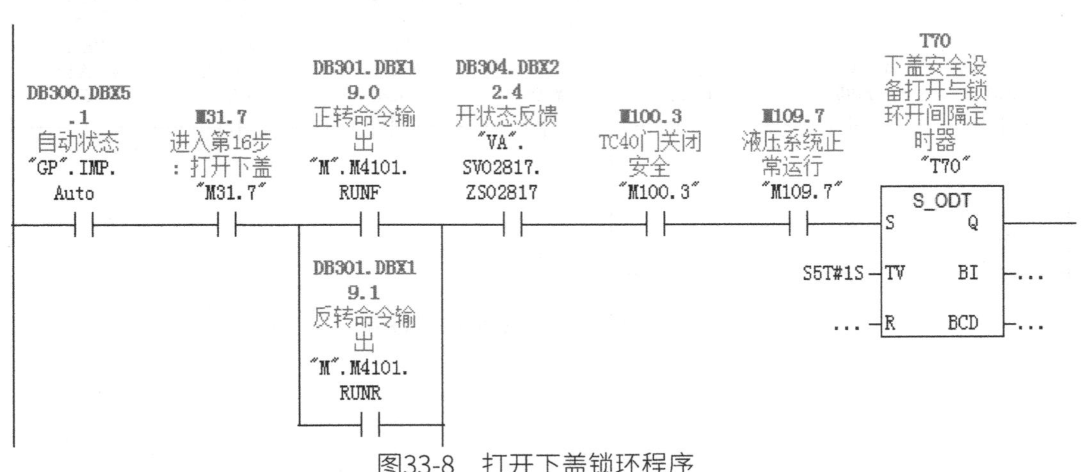

图33-8　打开下盖锁环程序

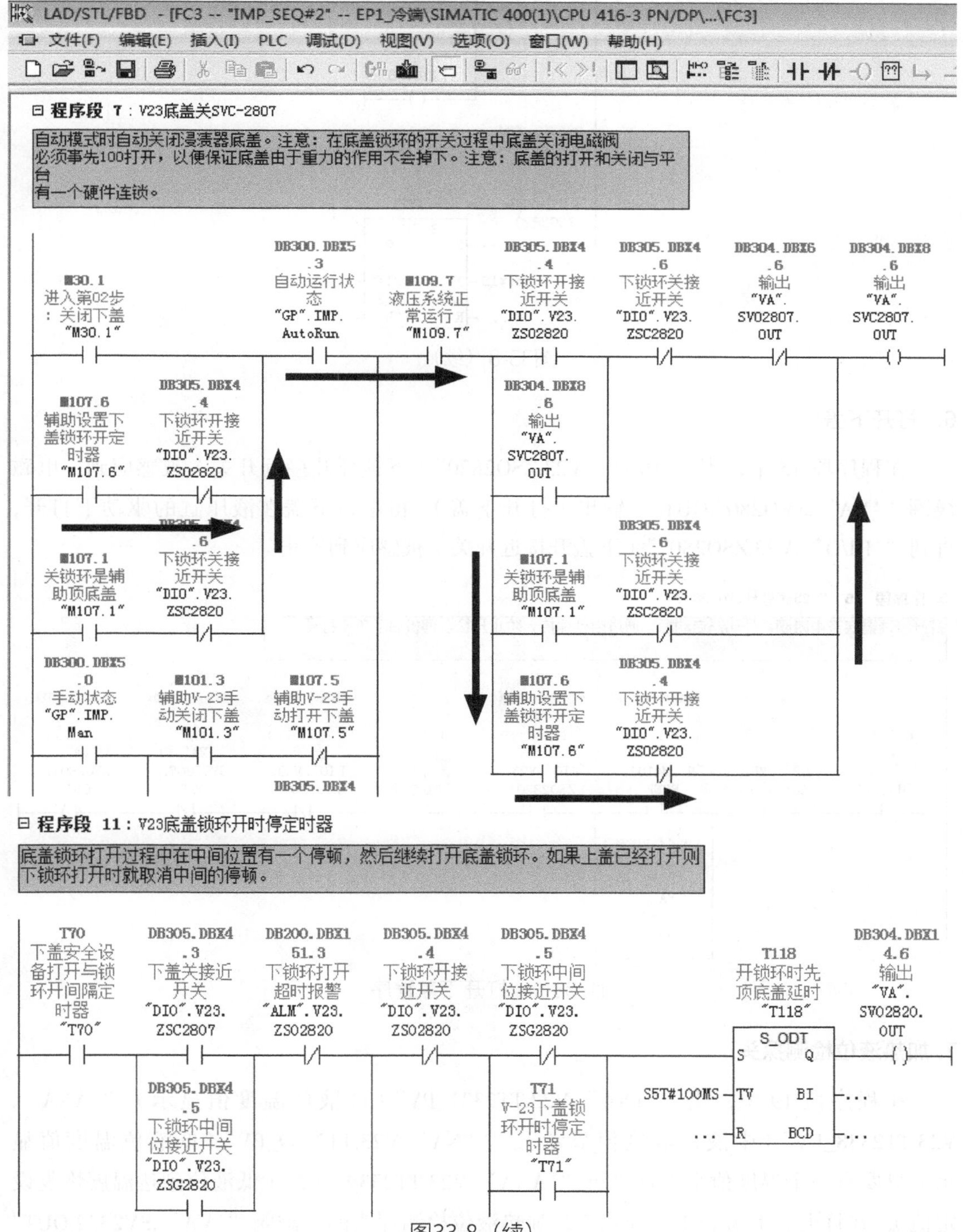
LAD/STL/FBD - [FC3 -- "IMP_SEQ#2" -- EP1_冷端\SIMATIC 400(1)\CPU 416-3 PN/DP\...\FC3]
文件(F) 编辑(E) 插入(I) PLC 调试(D) 视图(V) 选项(O) 窗口(W) 帮助(H)
程序段 7：V23底盖关SVC-2807
自动模式时自动关闭浸渍器底盖。注意：在底盖锁环的开关过程中底盖关闭电磁阀必须事先100打开，以便保证底盖由于重力的作用不会掉下。注意：底盖的打开和关闭与平台有一个硬件连锁。
M30.1 进入第02步：关闭下盖 "M30.1"
DB300.DBX5.3 自动运行状态 "GP".IMP.AutoRun
M109.7 液压系统正常运行 "M109.7"
DB305.DBX4.4 下锁环开接近开关 "DIO".V23.ZS02820
DB305.DBX4.6 下锁环关接近开关 "DIO".V23.ZSC2820
DB304.DBX6.6 输出 "VA".SV02807.OUT
DB304.DBX8.6 输出 "VA".SVC2807.OUT
M107.6 辅助设置下盖锁环开定时器 "M107.6"
M107.1 关锁环是辅助顶底盖 "M107.1"
DB300.DBX5.0 手动状态 "GP".IMP.Man
M101.3 辅助V-23手动关闭下盖 "M101.3"
M107.5 辅助V-23手动打开下盖 "M107.5"
程序段 11：V23底盖锁环开时停定时器
底盖锁环打开过程中在中间位置有一个停顿，然后继续打开底盖锁环。如果上盖已经打开则下锁环打开时就取消中间的停顿。
T70 下盖安全设备打开与锁环开间隔定时器 "T70"
DB305.DBX4.3 下盖关接近开关 "DIO".V23.ZSC2807
DB200.DBX151.3 下锁环打开超时报警 "ALM".V23.ZS02820
DB305.DBX4.4 下锁环开接近开关 "DIO".V23.ZS02820
DB305.DBX4.5 下锁环中间位接近开关 "DIO".V23.ZSG2820
T71 V-23下盖锁环开时停定时器 "T71"
T118 开锁环时先顶底盖延时 "T118"
S_ODT
S5T#100MS
DB304.DBX14.6 输出 "VA".SV02820.OUT

图33-8（续）

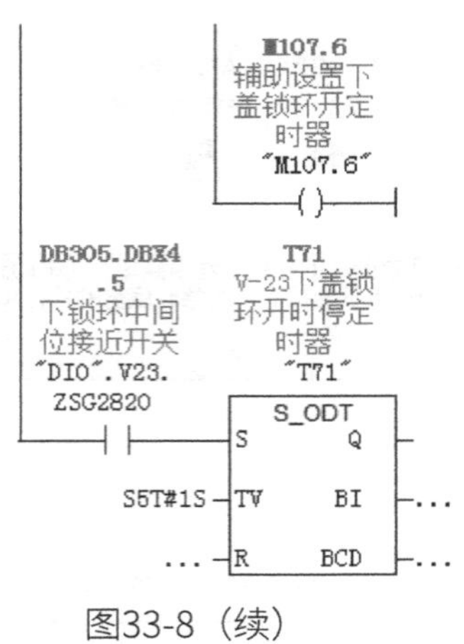

图33-8（续）

6、打开下盖

在程序段 15 中，当"'DI/O'.V23.ZSO2820"（下锁环开接近开关）被感应到，电磁线圈"'VA'.SVO2807.OUT"［输出（打开下盖）］得电，下盖在液压缸的驱动下打开，直到"'DI/O'.V23.ZSO2807"（下盖开接近开关）被感应到停止。

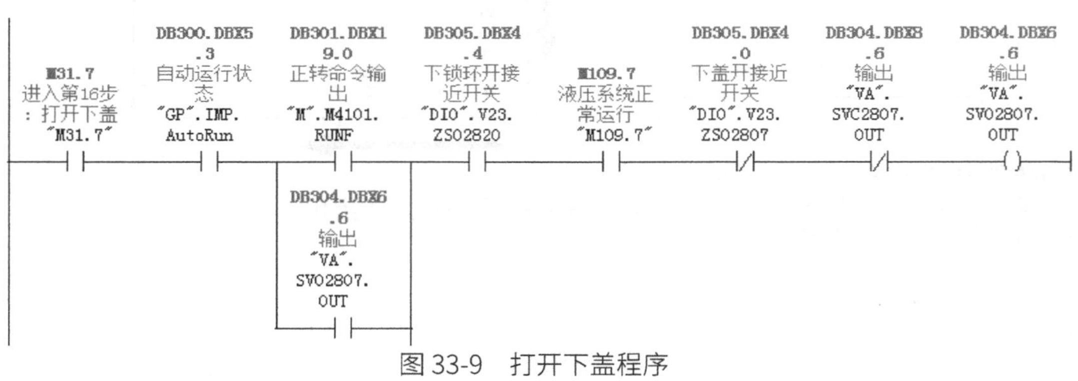

图 33-9　打开下盖程序

7. 加热液位检测探头

在程序段 19 中，当"'ANA'.V23.TT2337_PV"（高液位温度值显示）、"'ANA'.V23.TT2338_PV"（中液位温度值显示）、"'ANA'.V23.TT2339_PV"（低液位温度值显示）只要有一个温度值小于且等于"'ANA'.V23.TT2339_SP2"（低液位到达温度恢复设定值），并且上、下盖处于打开状态，加热液位检测探头的电磁阀"'VA'.SV2332.OUT"（输出）得电，用压缩空气吹液位检测探头，直到三个探头检测到的温度大于"'ANA'.V23.TT2339_SP2"（低液位到达温度恢复设定值）为止。如图 33–9 所示。

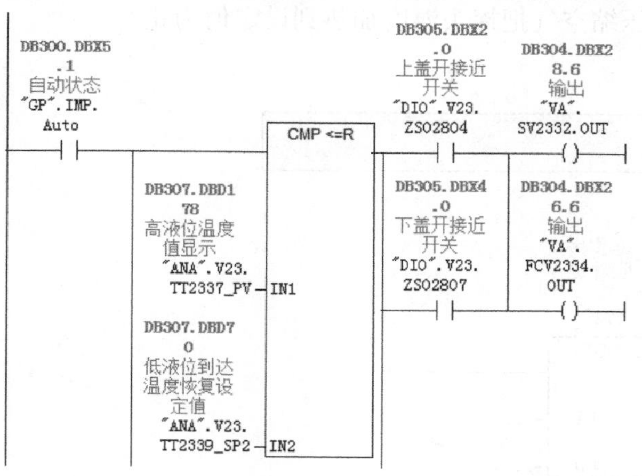

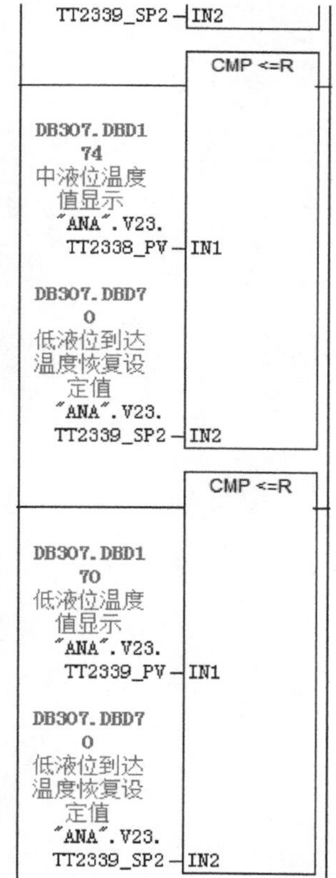

图33-10　加热液位检测探头的程序

8. 浸渍器罐体温度过低报警

在图 33-11 中，程序段 26 中用加热液位检测探头的电磁阀“‘VA’.SV2332.OUT”(输出）定义了一个定时器“T74”（V-23 温度传感器吹除定时器），当 3 分钟的加热定时到了以后，探头的温度还没有达到设定值，系统就“‘ALM’.V23.V23A3”（浸渍器液位温度传感器过冷报警）得电报警，直到用压缩空气把探头温度加热到设定值为止。

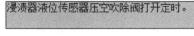

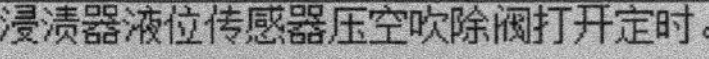
⊟ 程序段 26：V-23温度传感器吹除定时器

浸渍器液位传感器压空吹除阀打开定时。

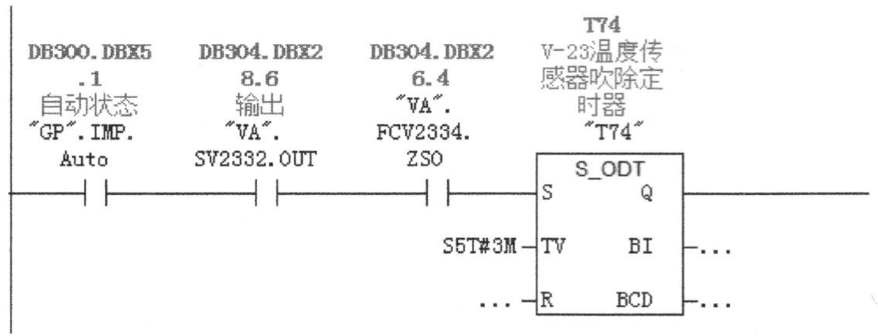

⊟ 程序段 27：浸渍器罐体温度过低报警

传感器吹除一段时间后，如果温度还低则报警。

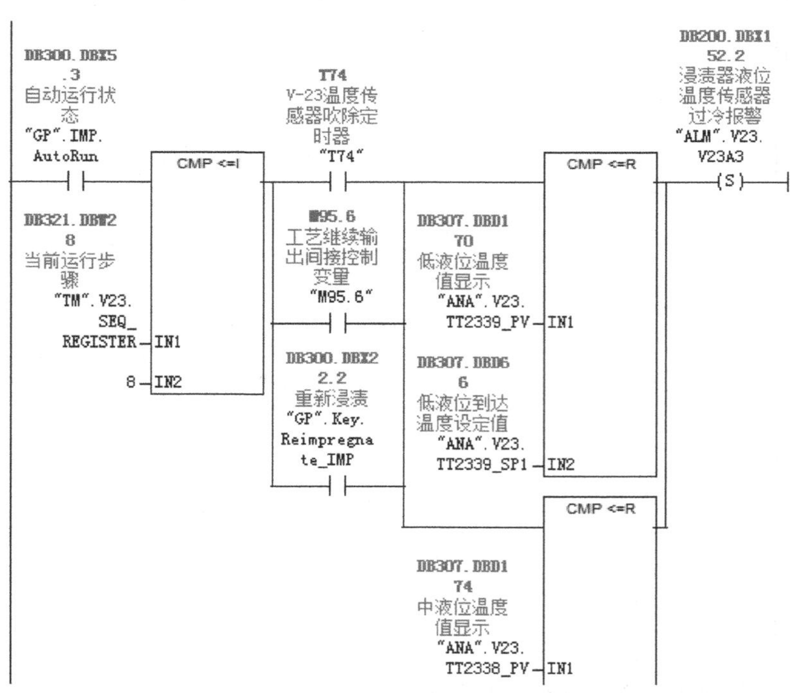

图33-11　浸渍器罐体温度过低报警程序

5. 为第十七步做准备

在程序段 29 中，当下盖开到位、下锁环开到位和下安全锁环开到位三个检测开关定义的“M108.0”（下盖安全打开）得电等一些条件满足以后，系统就认为“第十六步”结束了，“M34.7”（第 16 步定时器计时标志位）被复位、“M40.7”（第 16 步完成）被置位、“M150.0”（辅助复位分步计时器）被复位。当第十六步完成以后，系统就把“‘TM’.V23.SEQ_REGISTER”（当前运行步骤）赋值为 17 和“M47.0”（允许进入第十七步）线圈同时被系统激活，为第十七步做准备，如图 33-12 所示。

⊟ **程序段 29**：进入第16步：打开底盖

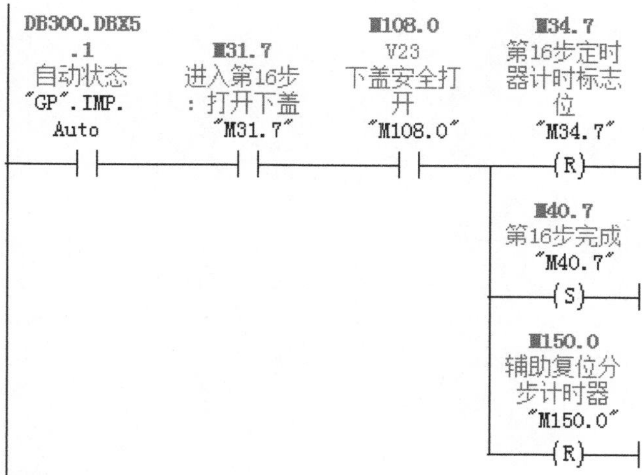

⊟ **程序段 32**：标题：

登录到第十八步：开上盖。

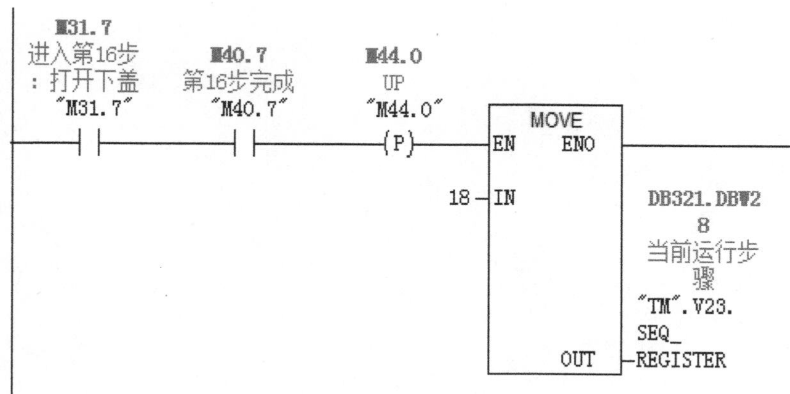

图33-12　为第十七步做准备

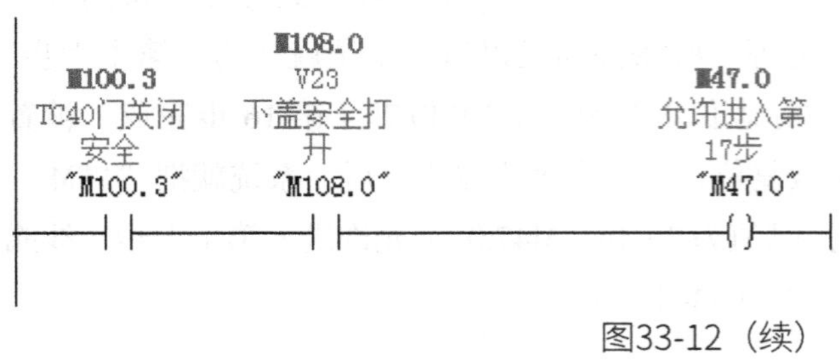
程序段 33：允许进入第17步
M100.3
TC40门关闭
安全
"M100.3"
M108.0
V23
下盖安全打
开
"M108.0"
M47.0
允许进入第
17步
"M47.0"

图33-12（续）

34 CP-11 高压压缩机

CP-11 高压压缩机用于将高压回收罐的 CO_2 气体压缩增压后，一部分以气体的形式送入工艺罐，另一部分在制冷系统的作用下变成液体 CO_2 重新返回工艺罐，保证浸渍系统工艺过程中一次加压与减压的正常进行，提高二氧化碳气体的利用率。高压压缩机启动、停止由高压回收罐的压力控制，当高压回收罐的压力≥ 0.78MPa 时，高压压缩机启动，高压压缩机启动 12s 之后加载；当高压回收罐的压力≤ 0.76MPa 时，高压压缩机卸载，卸载后压缩机运行 70s 自动停机，启动高低压压缩机及制冷机组之前必须先启动冷却水系统。

1.CP-11 高压压缩机的启停

在图 34–1 的程序段 16 中，当"'ANA'.T10.PT1006_PV"（高压罐实时压力显示）大于且等于"'ANA'.CP–11.PT1006_SP1"（高压压缩机启动加载压力设定值）时，再加上"M116.6"（辅助设置 CP–11 启动停止）、"M116.3"（CP–11 控制准许）和"M116.5"（CP–11 空载过长自动停止控制位）三个条件，作为 CP–11 高压压缩机启、停的条件。

1）在程序段 1 中，用"'DI/O'.CP–11.PSH1124"（CP–11 吸口压力高开关）等六个条件定义了"M116.0" [CP–11 安全互锁 1（辅助启动 CP–11）] 线圈。在程序段 2 中，用"'DI/O'.CP–11.FSL2519A"(CP–11 出口冷却水流量低开关）等四个条件定义了"M116.1" [CP–11 安全互锁 2（辅助启动 CP–11）] 线圈。在程序段 3 中，用"M116.0" [（CP–11 安全互锁 1（辅助启动 CP–11）] 和"M116.1" [CP–11 安全互锁 2（辅助启动 CP–11）] 定义了"M116.2"（CP–11 安全互锁）线圈。

在程序段 14 中，用 CP–11 压缩机的出口温度"'ANA'.CP–11.TT1121_PV"（出口温度）定义了线圈"M50.7"，在这里用了定时器"T174"，当检测到"'ANA'.CP–11.TT1121_PV"（出口温度）温度高于设定值的时候，不是马上激活线圈"M50.7"（CP–11 出口温度高），而是有 5s 的延时，减少短暂的检测和误检测，让检测温度稳定在设定值以后才激活线圈"M50.7"(CP–11 出口温度高)。

在程序段 20 中，当 CP–11 压缩机启动以后，定义了一个定时器"T104"（CP–11 油压低报警定时器）。在程序段 22 中，用"T104"（CP–11 油压低报警定时器）的常开点和"'DI/O'.CP–11.PSL1114"（CP–11 油压低开关）的常闭点共同激活了"'ALM'.CP–11.PSL1114"（ CP–11 油压开关低报警）线圈。这时常用的组合方式在刚开机的时候，油压的压力为零，只有经过一段时间的运行，CP–11 压缩机速度达到一定值后油压才会建立，才会参与控制。

在程序段 16 中，用上面定义的"M116.2"（CP–11 安全互锁）线圈的常闭点、

“‘ALM’.CP-11.PSL1114”（ CP-11 油压开关低报警）线圈的常闭点、“M50.7”（CP-11 出口温度高）线圈的常闭点和一些常用的条件定义了“M116.3”（CP-11 控制准许）线圈。

2）在程序段 38 中，当 CP-11 压缩机停止以后，用“‘M’.M1101.RUNF”（正转命令输出）的常闭点定义了“T107”（ CP-11 再启动定时器）。在程序段 39 中，用“T107”（ CP-11 再启动定时器）的常开点置位了“M116.6”（辅助设置 CP-11 启动停止）线圈。在程序段 41 中，在“‘GP’.REC.AutoStop”（线停止）等条件作用下，复位了“M116.6”（辅助设置 CP-11 启动停止）线圈。这段程序的实际意义就在于，CP-11 压缩机停止运行，30s 以后才允许再次启动。

3）在程序段 35 中，设定的空载后停机时间值“‘TM’.CP-11.IDLE_T_SP”（CP-11 空载延时设定）经过 FC121 的转换，变为系统能够识别的形式“‘TM’.CP-11.IDLE_T_SP_S5T”（ CP-11 空载延时设定（内部使用））。在程序段 33 中，CP-11 压缩机正在运行、加载阀“‘VA’.SV1111.OUT”（CP-11 压缩机加载阀）已经置位，用这两个重要的条件定义了定时器“T106”（CP-11 自动延时停机），当“‘TM’.CP-11.IDLE_T_SP_S5T”（CP-11 空载延时设定（内部使用））定时时间到了以后，在程序段 36 中用“T106”（CP-11 自动延时停机）的常开点置位了“M116.5”（CP-11 空载过长自动停止控制位）。在程序段 37 中，当“‘ANA’.T10.PT1006_PV”（高压罐实时压力显示）大于且等于“‘ANA’.CP-11.PT1006_SP1”（高压压缩机启动加载压力设定值）时，“M116.5”（CP-11 空载过长自动停止控制位）自动复位。

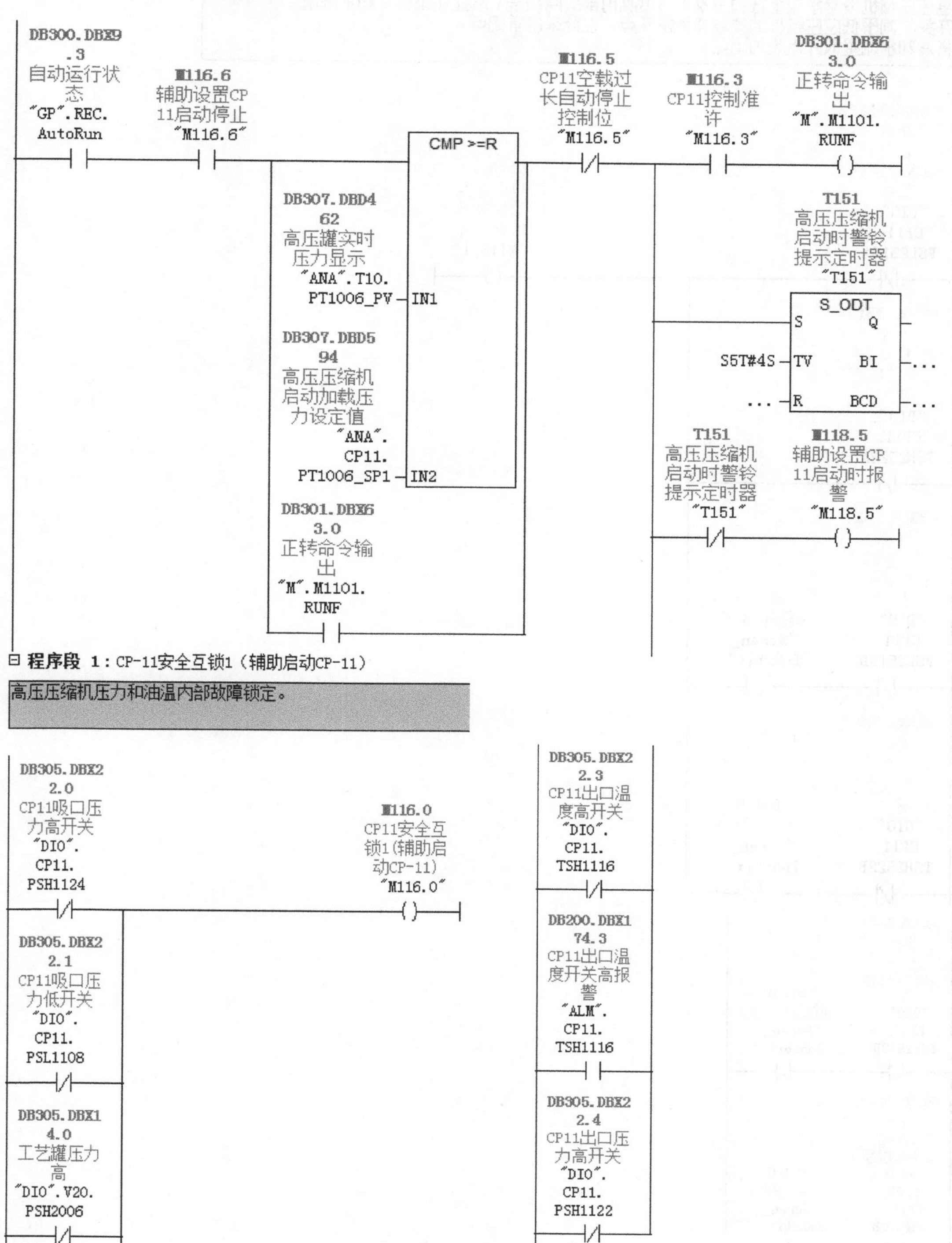

图34-1　CP-11高压压缩机的启停程序

⊟ **程序段 2**：CP-11安全互锁2（辅助启动CP-11）

高压压缩机冷凝水流量低和冷凝水温度高内部故障锁定。高压压缩机冷却水流量开关不同于低压压缩机的流量开关常开点，在此采用常闭点。
将冷却水流量低开点改为闭点。 3.14

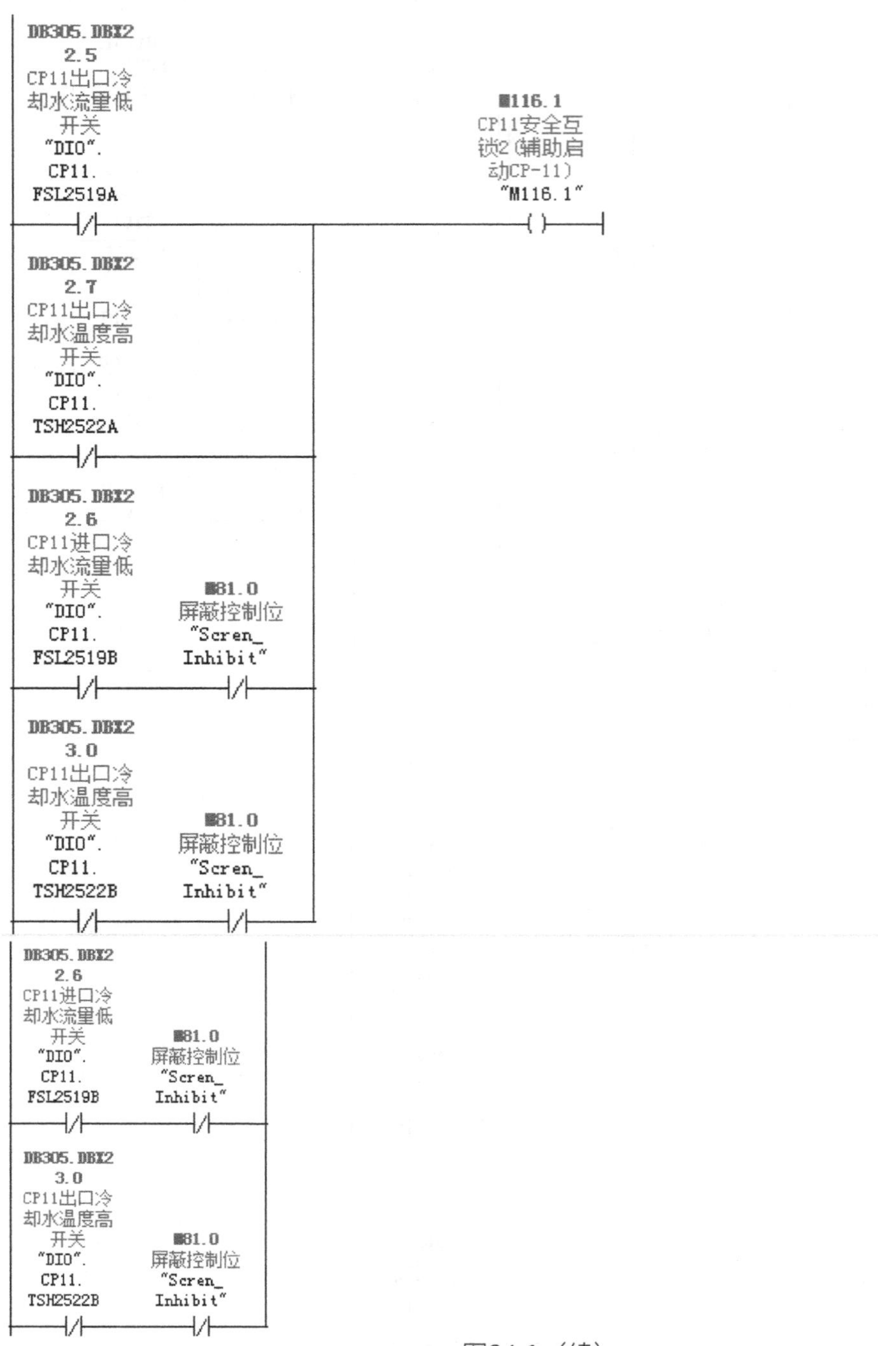

图34-1（续）

⊟ **程序段 3**：CP-11安全互锁

高压压缩机内部故障报警锁定。

M116.0
CP11安全互锁1(辅助启动CP-11)
"M116.0"

M116.2
CP11安全互锁
"M116.2"

M116.1
CP11安全互锁2(辅助启动CP-11)
"M116.1"

M116.2
CP11安全互锁
"M116.2"

DB300.DBX9.2
离线状态
"GP".REC.Off

M64.0
报警复位
"M64.0"

DB300.DBX9.5
解锁启动
"GP".REC.Flt_Unlock

⊟ **程序段 14**：CP-11控制准许

高压压缩机运行准许。

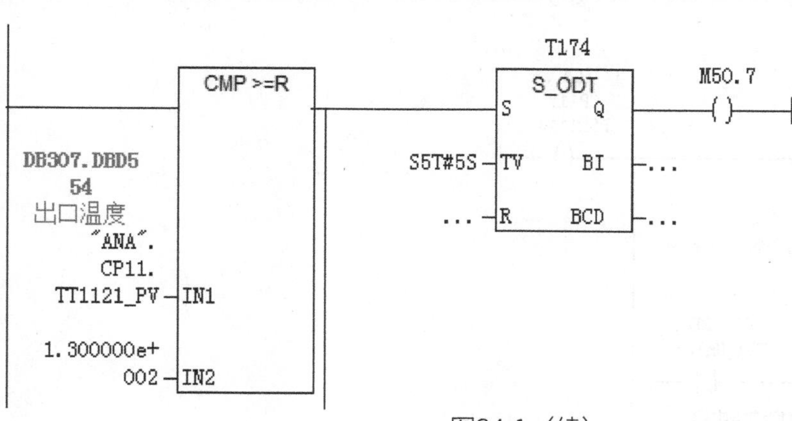

图34-1（续）

⊟ **程序段 20**：CP-11 HEAD LOAD DELAY TMR

高压压缩机空载运行定时。达到时间后启动装载电磁阀来装载压缩机。

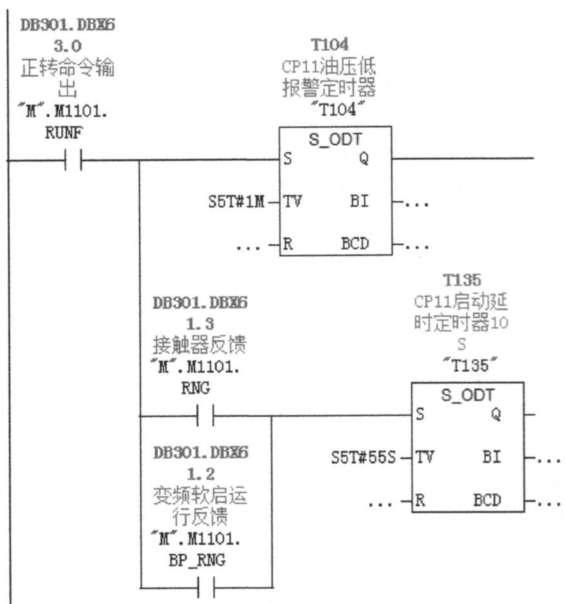

⊟ **程序段 22**：CP-11过流报警

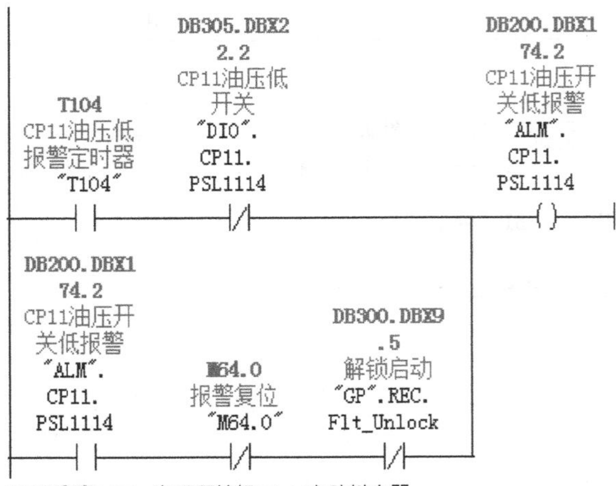

⊟ **程序段 15**：高压压缩机CP-11启动继电器

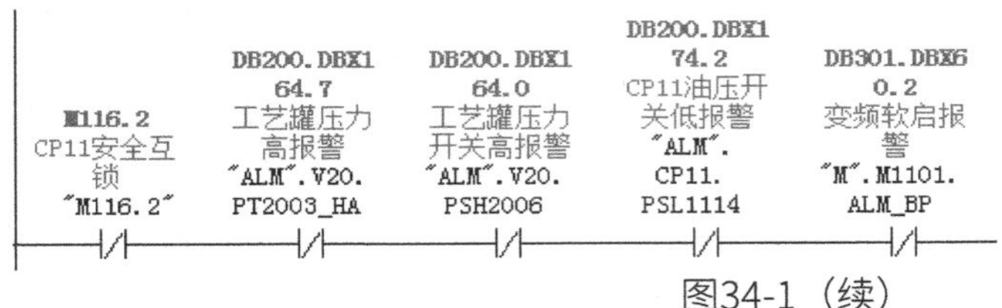

图34-1（续）

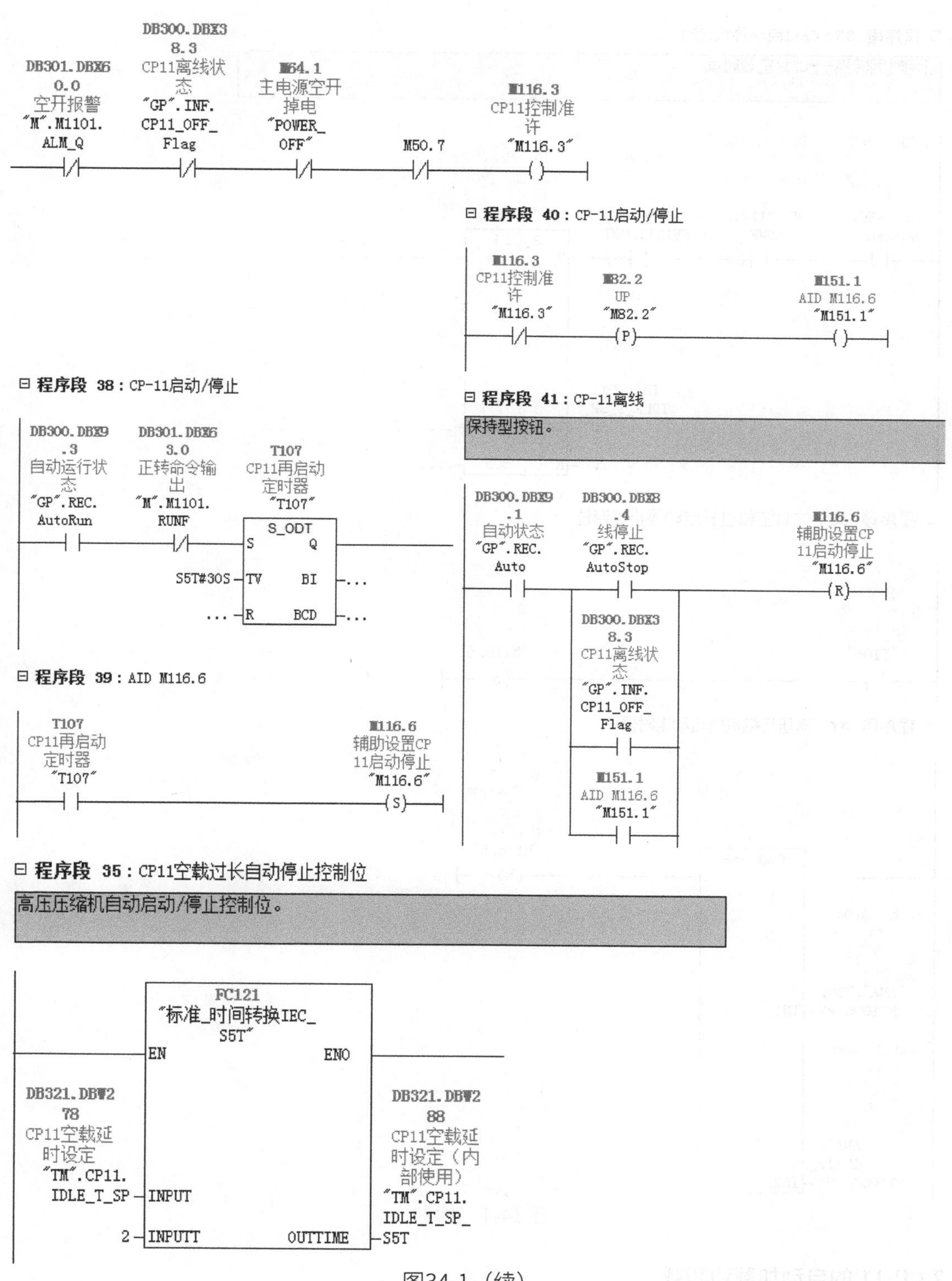
DB301.DBX6
0.0
空开报警
"M".M1101.
ALM_Q
DB300.DBX3
8.3
CP11离线状
态
"GP".INF.
CP11_OFF_
Flag
M64.1
主电源空开
掉电
"POWER_
OFF"
M50.7
M116.3
CP11控制准
许
"M116.3"
程序段 38：CP-11启动/停止
DB300.DBX9
.3
自动运行状
态
"GP".REC.
AutoRun
DB301.DBX6
3.0
正转命令输
出
"M".M1101.
RUNF
T107
CP11再启动
定时器
"T107"
S_ODT
S
Q
S5T#30S
TV
BI
R
BCD
程序段 39：AID M116.6
T107
CP11再启动
定时器
"T107"
M116.6
辅助设置CP
11启动停止
"M116.6"
程序段 40：CP-11启动/停止
M116.3
CP11控制准
许
"M116.3"
M82.2
UP
"M82.2"
M151.1
AID M116.6
"M151.1"
程序段 41：CP-11离线
保持型按钮。
DB300.DBX9
.1
自动状态
"GP".REC.
Auto
DB300.DBX8
.4
线停止
"GP".REC.
AutoStop
M116.6
辅助设置CP
11启动停止
"M116.6"
DB300.DBX3
8.3
CP11离线状
态
"GP".INF.
CP11_OFF_
Flag
M151.1
AID M116.6
"M151.1"
程序段 35：CP11空载过长自动停止控制位
高压压缩机自动启动/停止控制位。
FC121
"标准_时间转换IEC_
S5T"
EN
ENO
DB321.DBW2
78
CP11空载延
时设定
"TM".CP11.
IDLE_T_SP
INPUT
2
INPUTT
OUTTIME
DB321.DBW2
88
CP11空载延
时设定（内
部使用）
"TM".CP11.
IDLE_T_SP_
S5T

图34-1（续）

⊟ **程序段 33**：CP11自动停机延时

备用时间转换---CP11空载时间

DB300.DBX9.3 自动运行状态 "GP".REC.AutoRun

DB301.DBX63.0 正转命令输出 "M".M1101.RUNF

DB304.DBX42.6 输出 "VA".SV1111.OUT

T106 CP11自动停机延时 "T106"

S_ODT

S Q

DB321.DBW288 CP11空载延时设定（内部使用） "TM".CP11.IDLE_T_SP_S5T — TV BI —...

... — R BCD —...

⊟ **程序段 36**：CP11空载过长自动停止控制位

T106 CP11自动停机延时 "T106"

M116.5 CP11空载过长自动停止控制位 "M116.5" (S)

⊟ **程序段 37**：高压压缩机再启动定时器

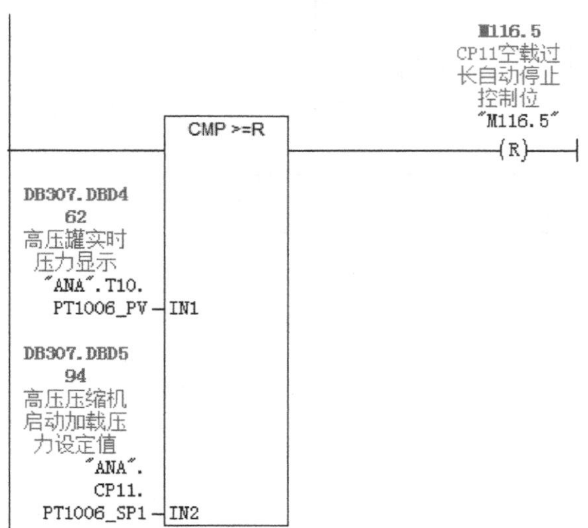

图34-1（续）

2.CP-11 的自动加载和卸载

在 CP-11 高压压缩机启动以后，这时候的加载阀在弹簧力的作用下处于置位状态，也就是压缩机是无载启动，当加载的条件具备以后，加载阀在气阀的作用下复位打开。

在图 34-2 的在程序段 28 中，程序使用了“M116.4”(CP-11 压缩机装载允许)、“T105”(CP-11 再次加载定时) 和“T135”(CP-11 启动延时定时器 10s) 三个主要条件复位“‘VA’.SV1111.OUT”[输出（加载阀）]，CP-11 压缩机带载运行。

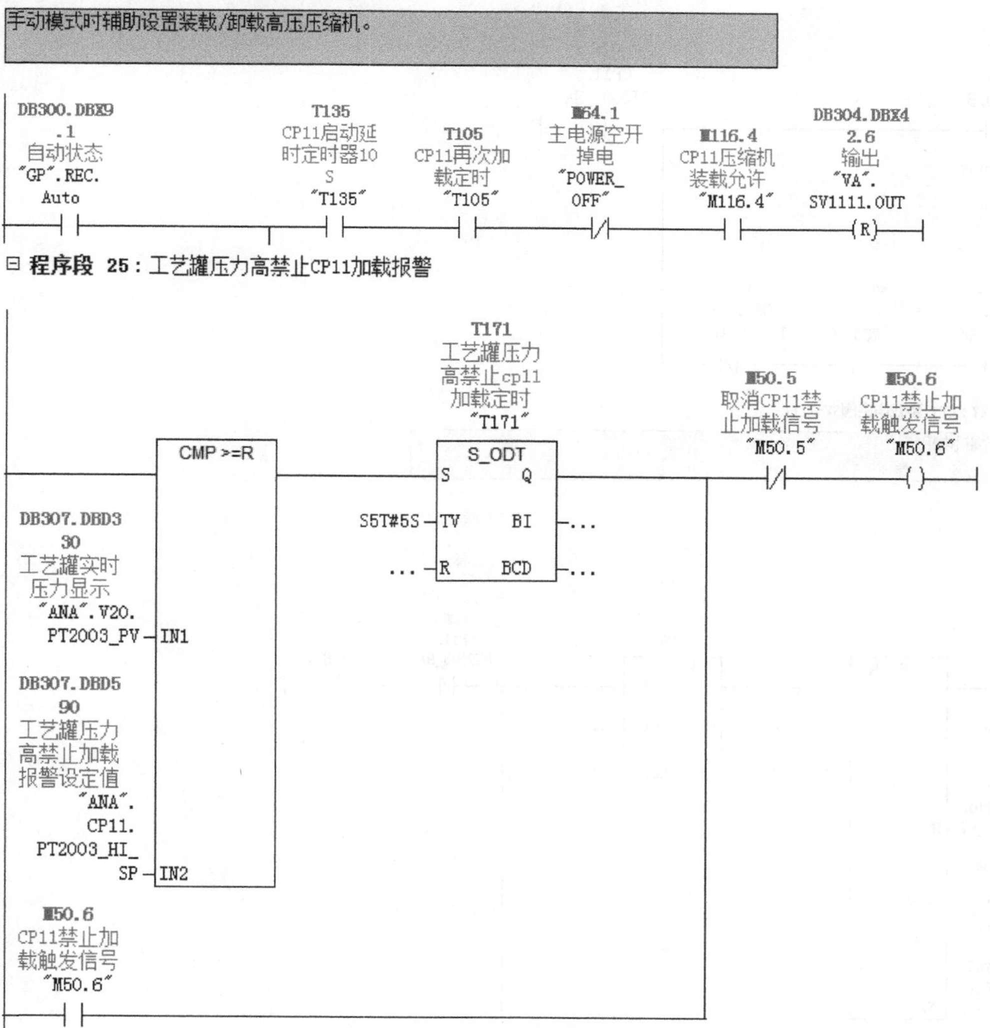

图34-2　CP-11的自动加载和卸载程序

⊟ **程序段 26**：CP-11压缩机装载允许

可以安全装载高压压缩机。

M50.6
CP11禁止加载触发信号
"M50.6"

DB200.DBX175.2
工艺罐压力高禁止CP11加载报警
"ALM".CP11.PT2003_HA

DB200.DBX175.2
工艺罐压力高禁止CP11加载报警
"ALM".CP11.PT2003_HA

M64.0
报警复位
"M64.0"

DB300.DBX9.5
解锁启动
"GP".REC.Flt_Unlock

⊟ **程序段 27**：CP11装载电磁阀SV-1111

装载高压压缩机电磁阀。

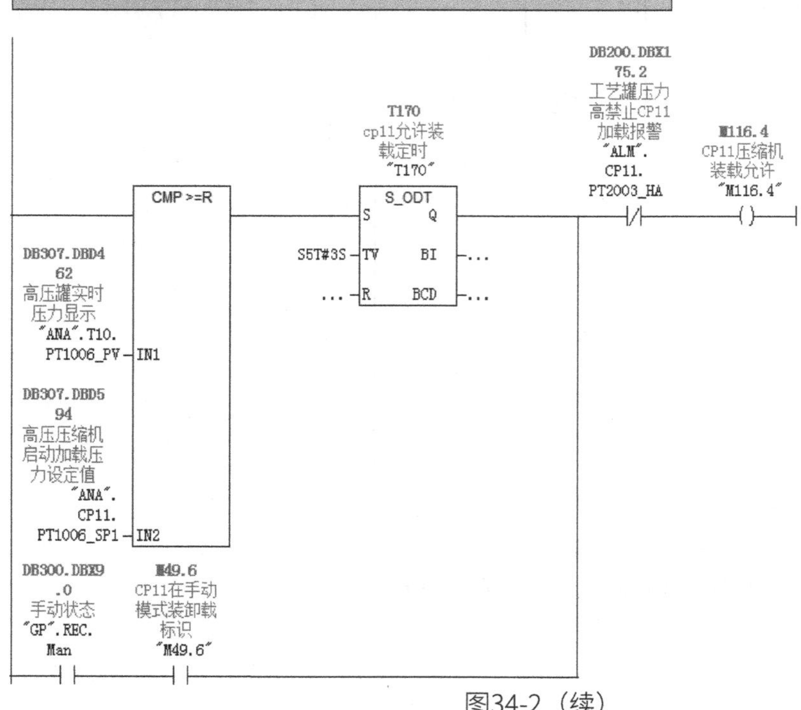

图34-2（续）

⊟ **程序段 20**：CP-11 HEAD LOAD DELAY TMR

高压压缩机空载运行定时。达到时间后启动装载电磁阀来装载压缩机。

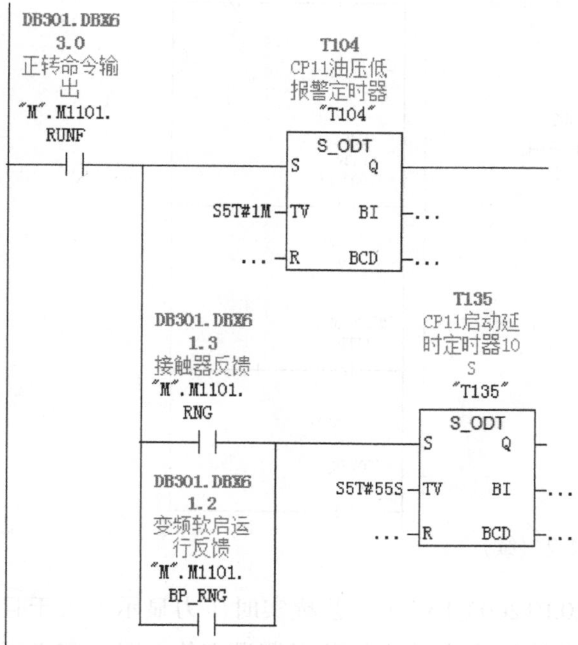

⊟ **程序段 21**：CP11再次加载定时

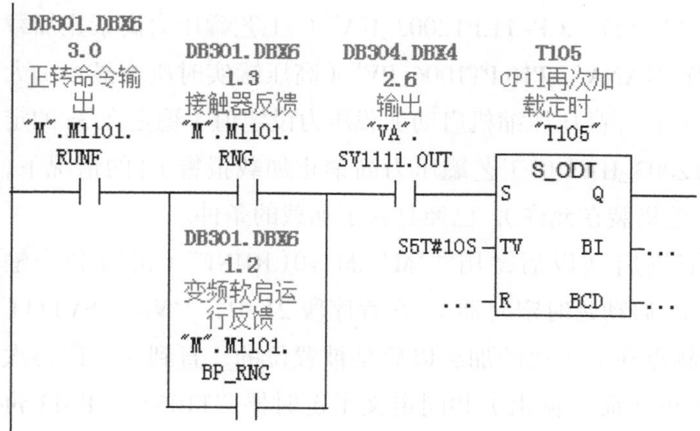

图34-2（续）

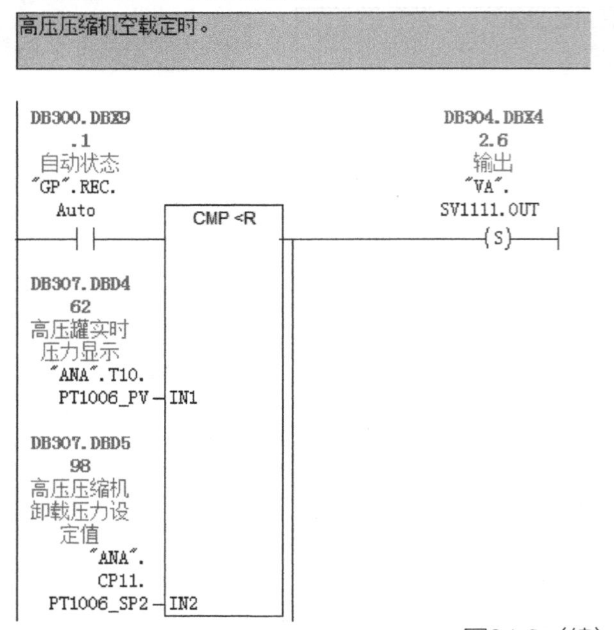

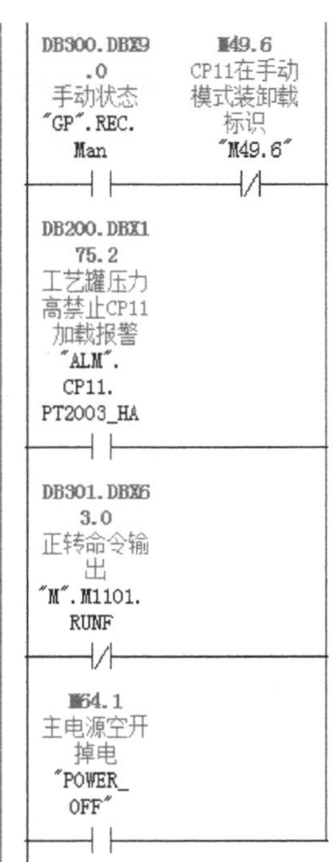

图34-2（续）

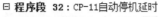

1）在程序段 25 中，当“‘ANA’.V20.PT2003_PV”（工艺罐实时压力显示）大于且等于“‘ANA’.CP-11.PT2003_HI_SP（工艺罐压力高禁止加载报警设定值）时，定义了“M50.6”（CP-11 禁止加载触发信号）线圈。在程序段 26 中，用“M50.6”（CP-11 禁止加载触发信号）的常开点定义了“‘ALM’.CP-11.PT2003_HA”（ 工艺罐压力高禁止加载报警）线圈。在程序段 27 中，当“‘ANA’.T10.PT1006_PV”（高压罐实时压力显示）大于等于“‘ANA’.CP-11.PT1006_SP1”（高压压缩机启动加载压力设定值）稳定在 3s 的定时和不报警 [“‘ALM’.CP-11.PT2003_HA”（ 工艺罐压力高禁止加载报警）] 的情况下，激活了线圈“M116.4”（CP-11 压缩机装在允许），已经具备了加载的条件。

2）在程序段 20 中，在压缩机启动以后，用“‘M’.M1101.RUNF”（正转命令输出）定义了定时器“T135”（CP-11 启动延时定时器）。在程序段 21 中，“‘VA’.SV1111.OUT”[输出（加载阀）] 的常开触点在上一次的加载以后是被置位的，直到这一次再次启动，和“‘M’.M1101.RUNF”（正转命令输出）共同定义了定时器“T105”（CP-11 再次加载定时）。

CP-11 压缩机在具备了条件“M116.4”（CP-11 压缩机装载允许）以后，经过“T105”（CP-11 再次加载定时）和“T135”（CP-11 启动延时定时器 10s）两个定时器的定时以后，复位“‘VA’.SV1111.OUT”[输出（加载阀）]，CP-11 压缩机开始运行。

在程序段 32 中，“‘ANA’.T10.PT1006_PV”（高压罐实时压力显示）小于“‘ANA’.CP-11.PT1006_SP2”（高压压缩机卸载压力设定值）和其他条件具备以后，“‘VA’.

SV1111.OUT”［输出（加载阀）］被置位，加载阀不再加载。

3. 变频器频率的设置

在程序段 43 中，只要 CP-11 压缩机开始启动，通过传送指令把 40Hz 的频率输送给“‘FRE’.M1101.SP”（使用频率），又通过 FC38 中的功能块 FB584（FC300 双向控制模块）传送给变频器。如图 34-3 所示。

⊟ **程序段 43**：用于CP11变频控制中

工艺罐压力小于DB5.DBD112时，CP11全速运行，将50HZ装载频率

DB301.DBX6 3.0 正转命令输出 “M”.M1101. RUNF —| |— M85.0 —(P)— MOVE EN ENO; 4.000000e+001 — IN; OUT — DB308.DBD208 使用频率 “FRE”.M1101.SP

⊟ **程序段 44**：用于CP11变频控制中

工艺罐压力在DB5.DBD144与DB5.DBD148之间时，CP11运行，将45HZ装载频率

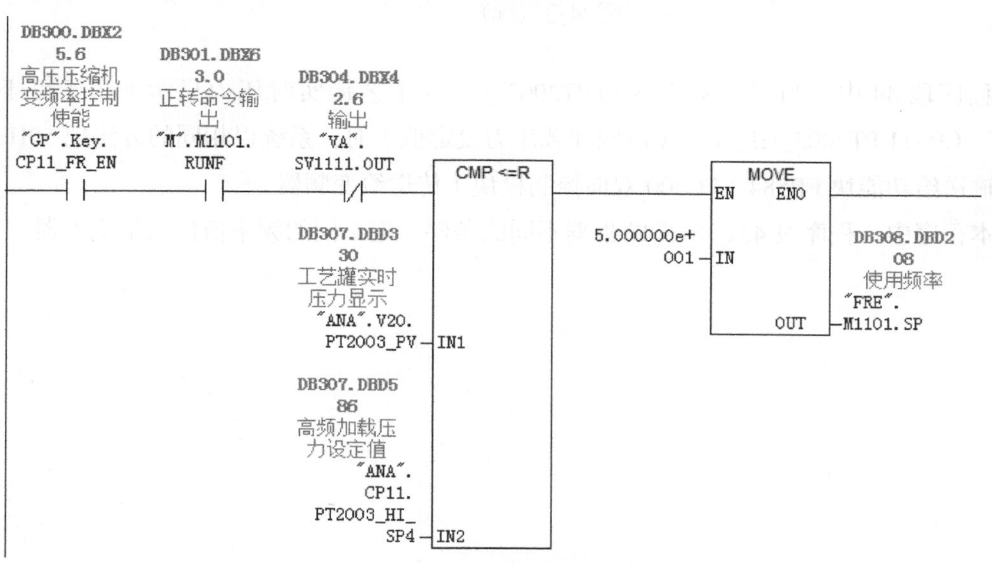

图34-3　变频器频率的设置程序

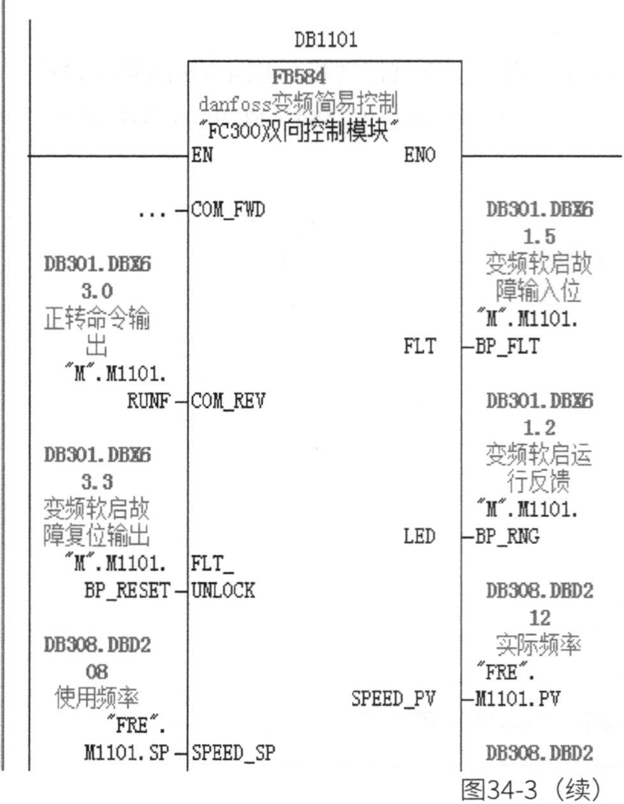

图34-3（续）

在程序段 44 中，当“‘ANA’.V20.PT2003_PV”（工艺罐实时压力显示）小于等于“‘ANA’.CP-11.PT2003_HI_SP4”（高频加载压力设定值）时，系统以相同的方法把 50Hz 的频率输送给功能块 FB584（FC300 双向控制模块）传送给变频器。

在本程序中，程序段 45、46、47 根据不同的条件，把不同的频率值传送给变频器。

35　第十七步，停开松器

为使干冰烟丝完全落入振动柜中，开松器和排气风机在下盖打开以后，继续运行 20s 后停止。

1. 设置步序

打开 FC18（第十七步，停止开松器），在程序段 1 中有“M38.0”（步序器允许进入第十七步）和“"M41.0"（第 17 步完成），如图 35-1 所示，经过对它们进行右键单击“跳转”—“对应位置”，打开 FC17（第十六步）。在第十六步完成以后，系统把“"TM".V23.SEQ_REGISTER”（当前运行步骤）赋值为 17，意思就是可以进入程序的第十七步，如果这时“M108.0"（下盖安全打开）常开触点被触发和其他条件已经满足，这时“M47.0"（允许进入第十七步）就为进入第十七步做好准备，如图 35-2 所示。

经过对 FC16 中的“‘TM’.V23.SEQ_REGISTER”（当前运行步骤）进行右击—“跳转”—“对应位置”，打开了 FC23，当“‘TM’.V23.SEQ_REGISTER”（当前运行步骤）=17 和“M447.0"（允许进入第十七步）被系统置 1 时，系统就激活了“"M38.0"（步序器允许进入第十七步）和复位了“M41.0"（第 17 步完成），就为进入第十七步做好了充分的准备，如图 35-3 所示。

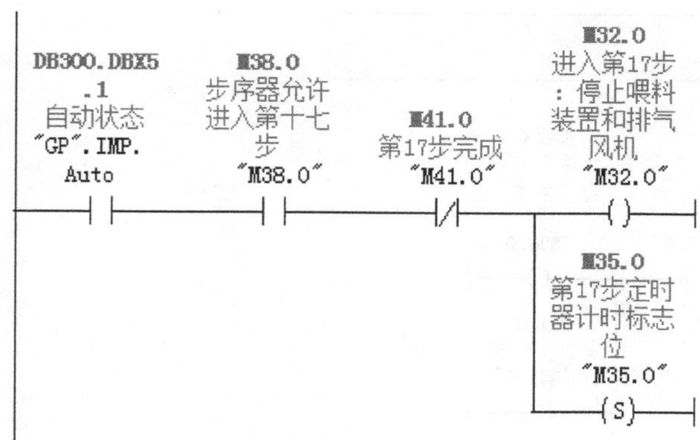

图35-1　FC17的程序段1

⊟ **程序段 32**：标题：

登录到第十八步：开上盖。

M31.7
进入第16步：打开下盖
"M31.7"

M40.7
第16步完成
"M40.7"

M44.0
UP
"M44.0"
(P)

MOVE
EN ENO
18 – IN
OUT – DB321.DBW28 当前运行步骤 "TM".V23.SEQ_REGISTER

⊟ **程序段 33**：允许进入第17步

M100.3
TC40门关闭安全
"M100.3"

M108.0
V23
下盖安全打开
"M108.0"

M47.0
允许进入第17步
"M47.0"
( )

图35-2 FC16为设置进入第十六步做准备

⊟ **程序段 20**：允许进入第17步

第十七步：停止振动柜喂料装置。

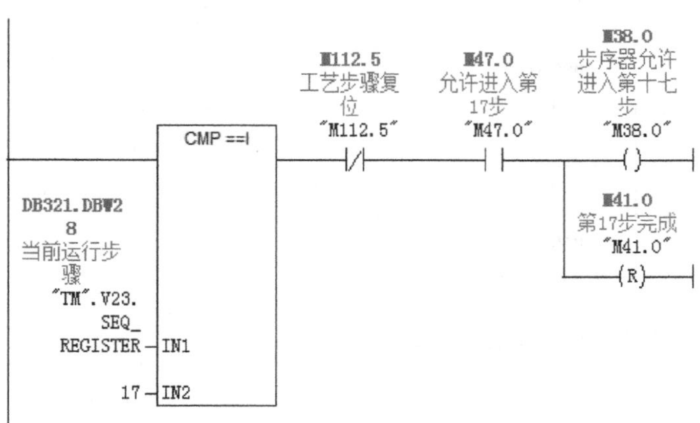

图35-3 FC23 为设置进入第十六步做准备已经完成

在 FC18 的程序段 5 中，在第十七步结束以后"M41.0"（第 17 步完成）又被置位为 1，这时程序就进不到第十七步的系统循环中，保证了系统的安全（如图 4 所示），并且"M35.0"（第 17 步定时器计时标志位）被复位为 0。

⊟ **程序段 5**：第17步定时器允许复位

由于步序控制先进入18步然后再进入17步，同时增加了上盖打开后才停止开松器命令，这样导致在该步序时t75无法触发，因此在此增加M106.7来进入第19步。

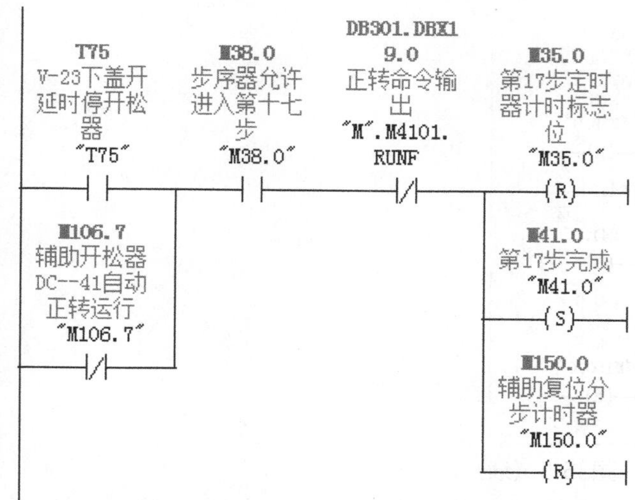

图35-4　置位“M40.7”（第16步完成）和复位“M34.7”（第16步定时器计时标志位）

2. 辅助复位分步计时器

在“一秒尖峰脉冲的使用”专题当中讲述了程序的“单步运行时间计时”，使用“M150.0”（辅助复位分步计时器）来作为 19 步中每一步的计时开始和计时结束的标志，而且在这 19 步中“M150.0”（辅助复位分步计时器）使用的是同一存储器位，这是因为用时置位，不用时复位，增加了程序的通用性和可读性，如图 35–5 所示。

⊟ **程序段 2**：辅助复位分步计时器

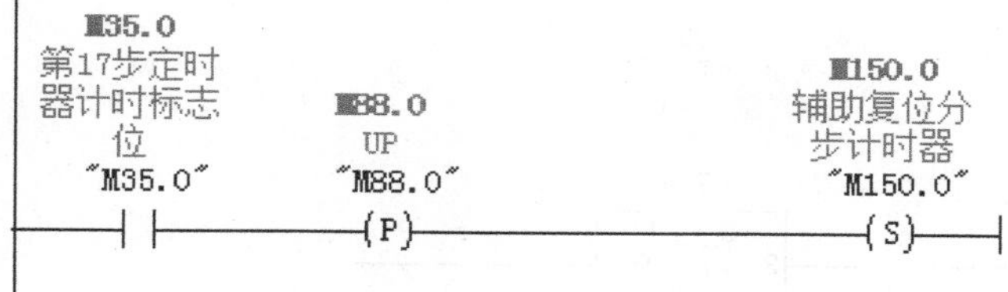

图35-5　FC18中“M150.0”（辅助复位分步计时器）的置位和复位

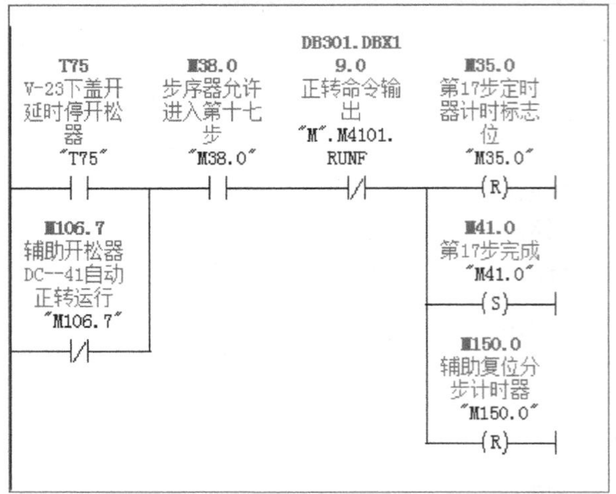

图35-5（续）

3. 停止开松器

在程序段 3 中，只要进入第 17 步就定义了定时器“T75”（V–23 下盖开延时停开松器），当 20s 的定时时间到后，“T75”（V–23 下盖开延时停开松器）的常开触点复位了“M106.7”（辅助开松器 DC–41 自动正转运行）线圈，在 FC16 的程序段 8 中“M106.7”（辅助开松器 DC–41 自动正转运行）的常开触点是“‘M’.M4101.RUNF”（正转命令输出）的启动条件，也是第 17 步停止开松器的唯一条件。只要“M106.7”（辅助开松器 DC–41 自动正转运行）线圈被复位，开松器就停止。如图 35–6 所示。

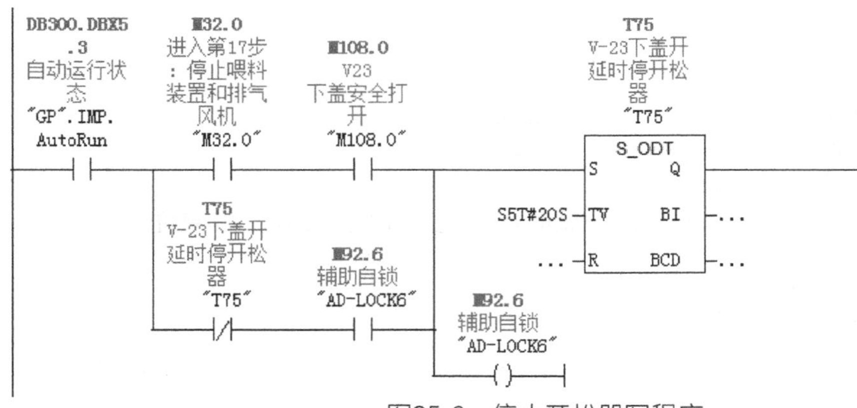

图35-6　停止开松器写程序

⊟ 程序段 4：辅助开松器DC--41自动正转运行

延时停止开松器运行。新增在18步上盖打开到位后停止开松器指令。

T75 V-23下盖开延时停开松器 "T75" —| |— —(R)— M106.7 辅助开松器DC--41自动正转运行 "M106.7"

T75 V-23下盖开延时停开松器 "T75" —|/|— DB301.DBX19.0 正转命令输出 "M".M4101.RUNF —|/|—

LAD/STL/FBD - [FC16 -- "IMP_SEQ15" -- EP1_冷端\SIMATIC 400(1)\CPU 416-3 PN/DP\...\FC16]

文件(F) 编辑(E) 插入(I) PLC 调试(D) 视图(V) 选项(O) 窗口(W) 帮助(H)

⊟ 程序段 5：辅助开松器DC-41自动正转运行

辅助开松器运行。

DB300.DBX5.3 自动运行状态 "GP".IMP.AutoRun —| |— M31.6 进入第15步：启动振动柜喂料设备 "M31.6" —| |— M106.6 振动柜准备好，可以运行开松器 "M106.6" —| |— —(S)— M106.7 辅助开松器DC--41自动正转运行 "M106.7"

M31.7 进入第16步：打开下盖 "M31.7" —| |— DB305.DBX4.0 下盖开接近开关 "DIO".V23.ZSO2807 —|/|— DB301.DBX17.2 变频软启运行反馈 "M".M4101.BP_RNG —|/|— DB301.DBX17.3 接触器反馈 "M".M4101.RNG —|/|—

⊟ 程序段 8：正转运行中输出

启动开松器正转运行。

DB300.DBX5.3 自动运行状态 "GP".IMP.AutoRun —| |— M106.7 辅助开松器DC--41自动正转运行 "M106.7" —| |— DB301.DBX18.4 反转启动钮 "M".M4101.MSR —|/|— DB300.DBX37.3 热段允许浸渍器出料 "GP".INF.EP2_Permit_Unload —| |— M107.0 开松器DC--41硬件互锁 "M107.0" —| |— M95.1 开送器系统无故障 "M95.1" —| |— DB301.DBX19.1 反转命令输出 "M".M4101.RUNR —|/|— DB301.DBX19.0 正转命令输出 "M".M4101.RUNF —( )—

DB301.DBX18.3 正转启动钮 "M".M4101.MSF —| |—

DB300.DBX5.0 手动状态 "GP".IMP.Man —| |— DB401.DBX8.2 1_正向启动信号 "M_MID".M4101.ST_F —| |—

图35-6　（续）

4. 停止排气风机

在第 17 步 FC18（停开松器）的程序段 3 中，进入第 17 步后系统定义了一个定时器

“T35”（V–23 下盖开延时停开松器）；在第 15 步，用定时器“T35”（V–23 下盖开延时停开松器）的常闭点作为停止排气风机的一个条件。如图 35–7 所示。

⊟ **程序段 3**：V-23底盖开延时停开松器

DB300.DBX5.3 自动运行状态 "GP".IMP.AutoRun
M32.0 进入第17步：停止喂料装置和排气风机 "M32.0"
M108.0 V23 下盖安全打开 "M108.0"
T75 V-23下盖开延时停开松器 "T75"
S_ODT S Q
S5T#20S TV BI ...
... R BCD ...
T75 V-23下盖开延时停开松器 "T75"
M92.6 辅助自锁 "AD-LOCK6"
M92.6 辅助自锁 "AD-LOCK6"

⊟ **程序段 21**：正转运行中输出

启动传输槽排风机。新增加在上盖打开后停止排气风机。t89的闭点未了断开雪花时对风机的锁定

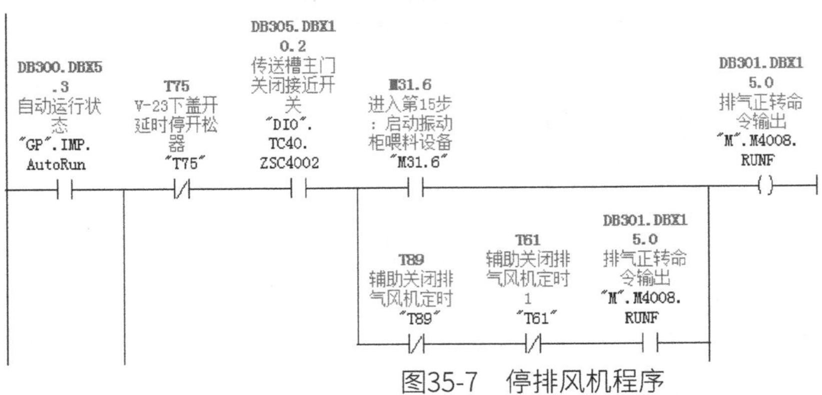

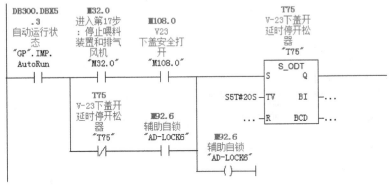

图35-7　停排风机程序

5. 为第十八步做准备

在程序段 5 中，当开松器已经停止、“M106.7”（辅助开松器 DC–41 自动正转运行）线圈被复位等一些条件满足以后，系统就认为“第十七步”结束了，“M34.0”（第 17 步定时器计时标志位）被复位、“M41.0”（第 17 步完成）被置位、“M150.0”（辅助复位分步计时器）被复位。当第十七步完成以后，系统就把“‘TM’.V23.SEQ_REGISTER”（当前运行步骤）赋值为 18 和“M47.1”（允许进入第十八步），线圈同时被系统激活，为第十八步做准备，如图 35–8 所示。

⊟ **程序段 5**：第17步定时器允许复位

由于步序控制先进入18步然后再进入17步，同时增加了上盖打开后才停止开松器命令，这样导致在该步序时t75无法触发，因此在此增加M106.7来进入第19步。

T75
V-23下盖开延时停开松器
"T75"

M38.0
步序器允许进入第十七步
"M38.0"

DB301.DBX19.0
正转命令输出
"M".M4101.RUNF

M35.0
第17步定时器计时标志位
"M35.0"
(R)

M106.7
辅助开松器DC--41自动正转运行
"M106.7"

M41.0
第17步完成
"M41.0"
(S)

M150.0
辅助复位分步计时器
"M150.0"
(R)

⊟ **程序段 8**：标题：

第十七步与十八步调整了一下位置，并不影响程序的运行。

M32.0
进入第17步：停止喂料装置和排气风机
"M32.0"

M41.0
第17步完成
"M41.0"

M44.1
UP
"M44.1"
(P)

MOVE
EN ENO
19 – IN
OUT – DB321.DBW28 当前运行步骤 "TM".V23.SEQ_REGISTER

⊟ **程序段 9**：允许进入第18步

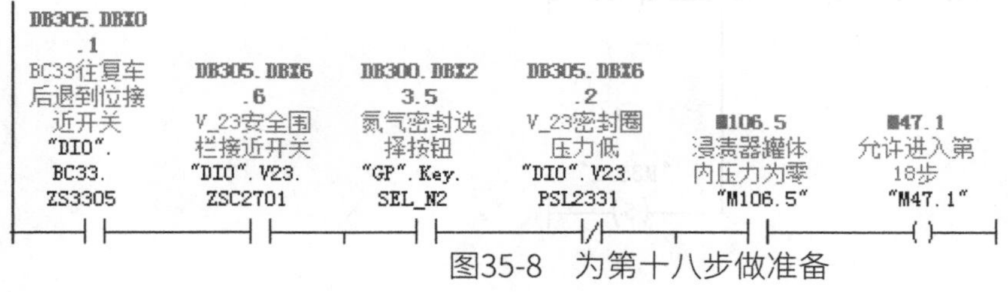

图35-8 为第十八步做准备

36　第十八步，开上盖

首先启动液压系统（P–28），液压站主阀（SV–2802）打开，依次打开顶盖锁环安全装置 (SVO–2814)、顶盖锁环 (SVO–2810)、顶盖 (SVO–2804)。此步同时打开液位探头净化阀 (SV–2332) 对传感器吹出。

1. 设置步序

打开 FC19（第十八步，停止开松器），在程序段 1 中有“M38.1”（步序器允许进入第十八步）和“"M41.1”（第 18 步完成）（图 36–1 所示），经过对它们进行右键单击“跳转”—“对应位置”，打开 FC18（第十七步）。在第十七步完成以后，系统把“"TM".V23. SEQ_REGISTER”（当前运行步骤）赋值为 18，意思就是可以进入程序的第十八步。如果这时“M106.5”（浸渍器罐体内压力为零）常开触点被触发和其他条件已经满足，“M47.1”（允许进入第十八步）就为进入第十八步做好准备，如图 36–2 所示。

经过对 FC18 中的“‘TM’.V23.SEQ_REGISTER”（当前运行步骤）进行右击—“跳转”—“对应位置”，打开了 FC23，当“‘TM’.V23.SEQ_REGISTER”（当前运行步骤）=18 和“M47.1”（允许进入第十八步）被系统置 1 时，系统就激活了“"M38.1”（步序器允许进入第十八步）和复位了“M41.1”（第 18 步完成），就为进入第十八步做好了充分的准备，如图 36–3 所示。

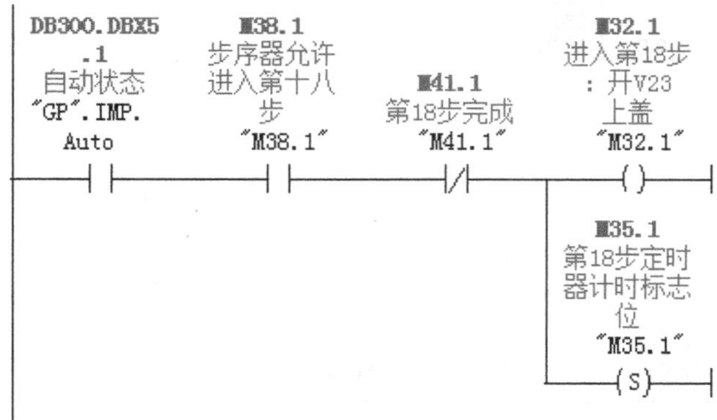

图 36-1　FC17的程序段1

⊟ **程序段 8**：标题：

第十七步与十八步调整了一下位置，并不影响程序的运行。

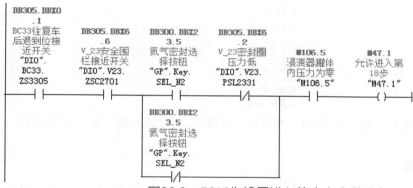

M32.0
进入第17步
：停止喂料
装置和排气
风机
"M32.0"

M41.0
第17步完成
"M41.0"

M44.1
UP
"M44.1"
(P)

MOVE
EN　ENO
18 — IN
OUT — DB321.DBW28 当前运行步骤 "TM".V23.SEQ_REGISTER

⊟ **程序段 9**：允许进入第18步

DB305.DBX0.1
BC33往复车
后退到位接
近开关
"DIO".
BC33.
ZS3305

DB305.DBX6.6
V_23安全围
栏接近开关
"DIO".V23.
ZSC2701

DB300.DBX23.5
氮气密封选
择按钮
"GP".Key.
SEL_N2

DB305.DBX6.2
V_23密封圈
压力低
"DIO".V23.
PSL2331
/

M106.5
浸渍器罐体
内压力为零
"M106.5"

M47.1
允许进入第
18步
"M47.1"
( )

DB300.DBX23.5
氮气密封选
择按钮
"GP".Key.
SEL_N2
/

图36-2　FC16为设置进入第十六步做准备

⊟ **程序段 21**：允许进入第18步

第十八步：打开顶盖。

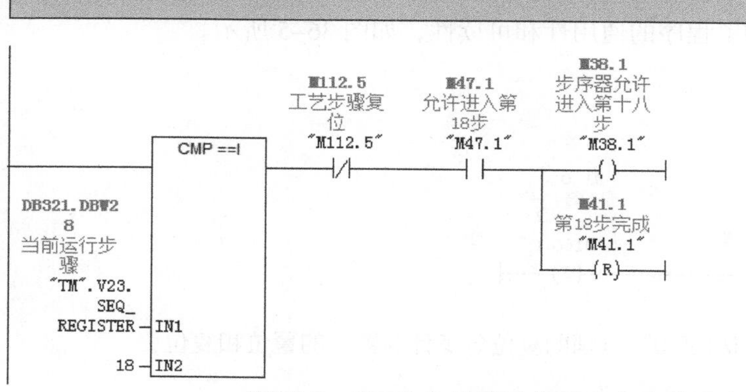

图36-3　FC23 为设置进入第十六步做准备已经完成

在 FC19 的程序段 19 中，在第十八步结束以后"M41.1"（第 18 步完成）又被置位为 1，这时程序就进不到第十八步的系统循环中，保证了系统的安全（如图 36-4

所示）。并且“M35.1”（第 18 步定时器计时标志位）被复位为 0。

⊟ **程序段 19**：第18步定时器允许复位

如果浸渍器充液时CO2液位到达要求，顶盖完全打开后停止液压系统并进入第一步。

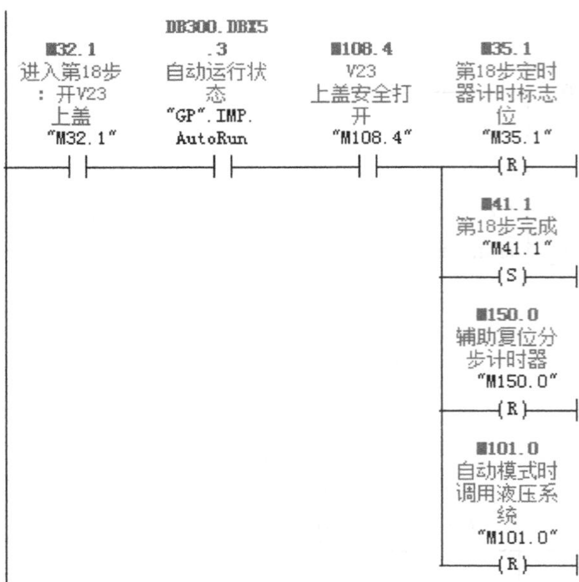

图36-4　置位“M40.7”（第16步完成）和复位“M34.7”（第16步定时器计时标志位）

2. 辅助复位分步计时器

在“一秒尖峰脉冲的使用”专题当中讲述了程序的“单步运行时间计时”，使用“M150.0”（辅助复位分步计时器）来作为 19 步中每一步的计时开始和计时结束的标志，而且在这 19 步中“M150.0”（辅助复位分步计时器）使用的是同一存储器位，这是因为用时置位，不用时复位，增加了程序的通用性和可读性，如图 36–5 所示。

⊟ **程序段 2**：标题：

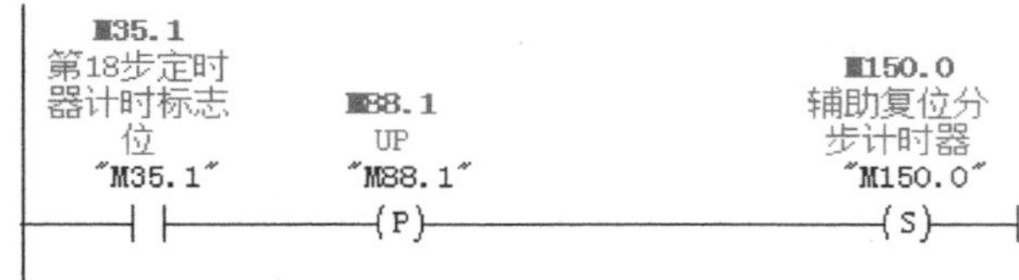

图36-5　FC18中“M150.0”（辅助复位分步计时器）的置位和复位

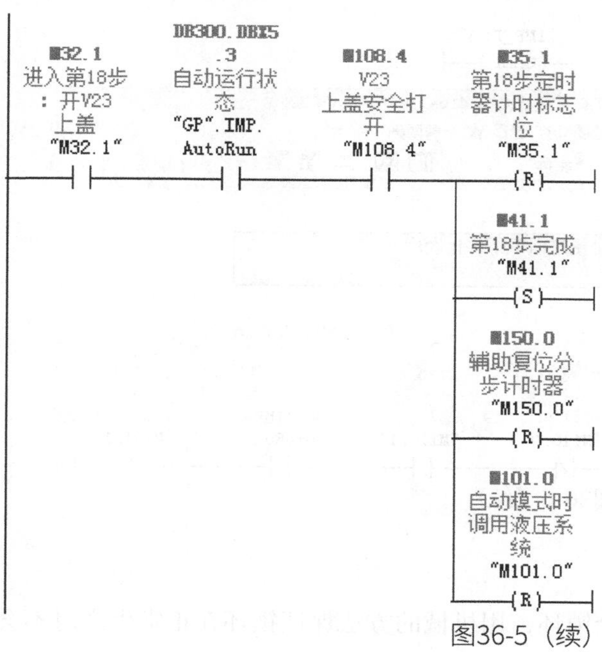

图36-5（续）

3. 启动液压系统

在系统进入自动运行并进入第十八步以后，系统置位了"M101.0"（自动模式时调用液压系统）线圈，在FC22中，"M101.0"（自动模式时调用液压系统）的触点作为启动液压泵电动机时的一个条件，这时自动启动液压系统，如图36-6所示。当然当第十八步结束以后，在程序段19中系统又复位了"M101.0"（自动模式时调用液压系统）线圈，液压系统自动停止。

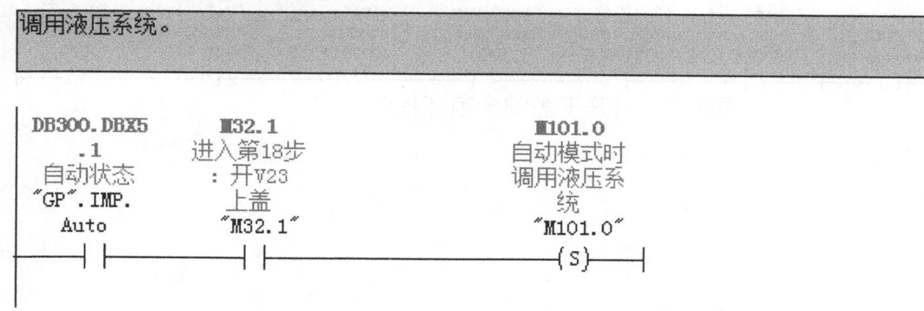

图36-6　系统启动液压系统

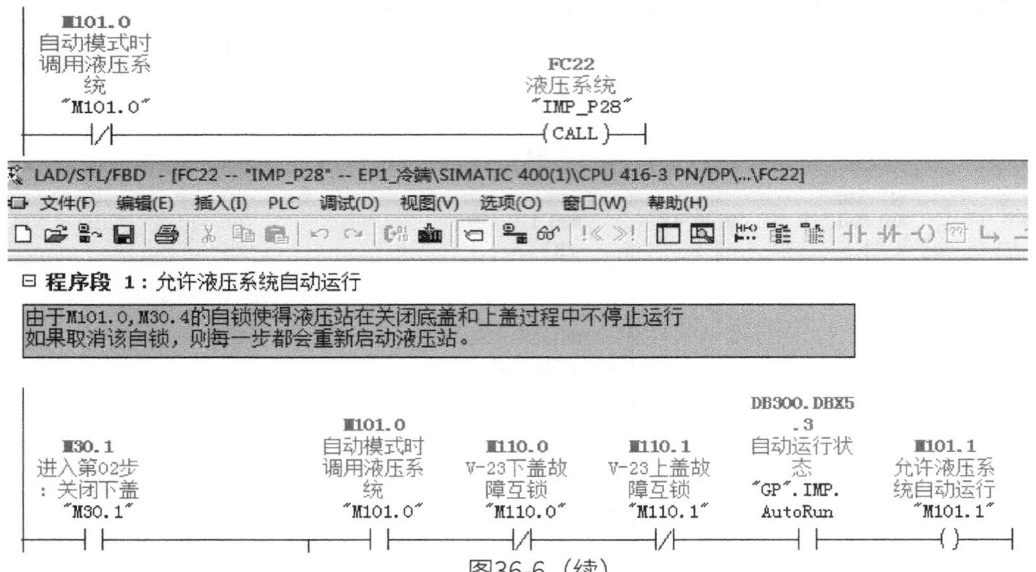

图36-6（续）

4. 开上盖安全锁环

在浸渍器的上、下盖各设置了安全锁环，用机械的方法保证锁环在正常生产时不会被打开。如图 36–7 所示，在程序段 7 中 “M32.1”（进入第十八步：开 V23 上盖）触点是激活了安全锁环的电磁线圈 “‘VA’.SVO2814.OUT”（输出）的唯一的变化条件，即只要到了第十八步，液压系统的液压油达到要求，安全锁环在液压缸的驱动下打开。

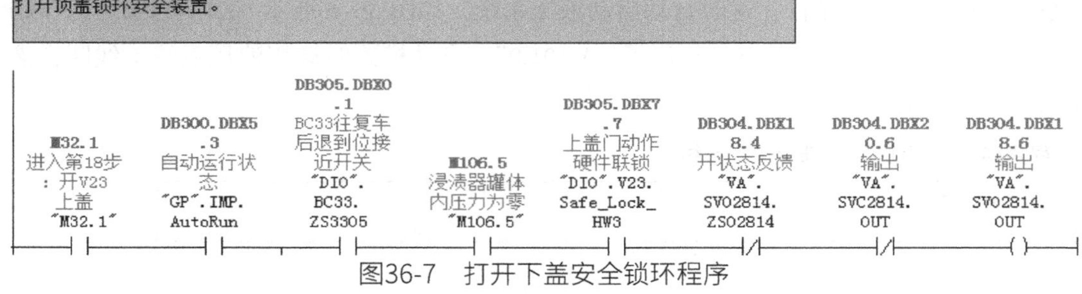

图36-7　打开下盖安全锁环程序

5. 打开上盖锁环

如图 36-8 所示，在程序段 10 中，当"'VA'.SVO2814.ZSO2814"［开状态反馈（上盖安全锁环）］开到位开关被触发等条件具备，经过定时器"T77"（上锁环安全设备开延时）500ms 的延时，再让开上盖锁环的电磁线圈"'VA'.SVO2810.OUT"［输出（上盖盖锁环）］得电，打开锁环。为了安全，在锁环开到中间位置时，中间位接近开关"'DI/O'.V23.ZSG2810"（上锁环中间位接近开关）被感应，程序中的中间位接近开关"'DI/O'.V23.ZSG2810"（上锁环中间位接近开关）常闭触点成为开点，这时电磁线圈"'VA'.SVO2810.OUT"［输出（上盖盖锁环）］失电，经过定时器"T78"（V-23 上盖锁环开时停定时器）1s 的停顿，电磁线圈"'VA'.SVO2810.OUT"［输出（上盖盖锁环）］重新得电，继续打开锁环，直至"'DI/O'.V23.ZSO2820"（下锁环开接近开关）被感应到。这段程序和开下盖很显然是一个人写的，下盖锁环在中间位置停 1s 的意义就是让内部的压力进一步释放，避免出现事故，实际生产中确实存在压力，可是上盖锁环打开的过程中停顿 1s 就没有必要了，这是因为下盖已经打开，浸渍器已经不是一个密闭的空间，不可能产生压力。

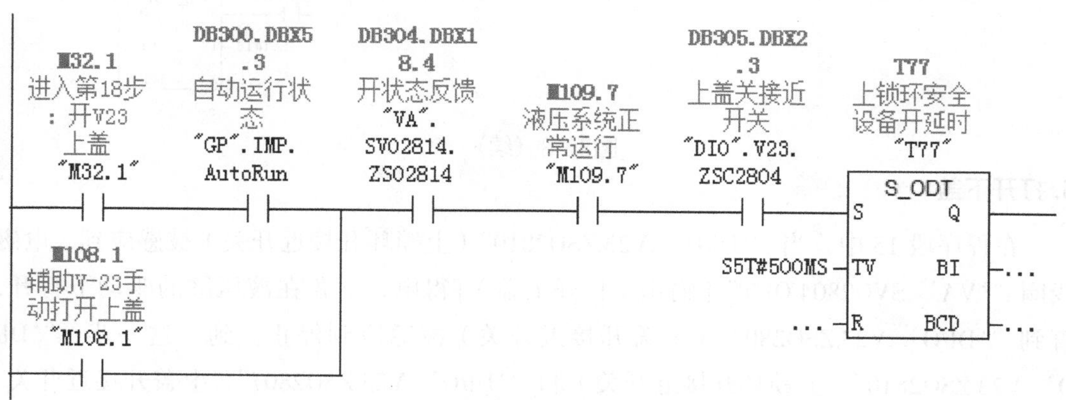

图36-8 打开下盖锁环程序

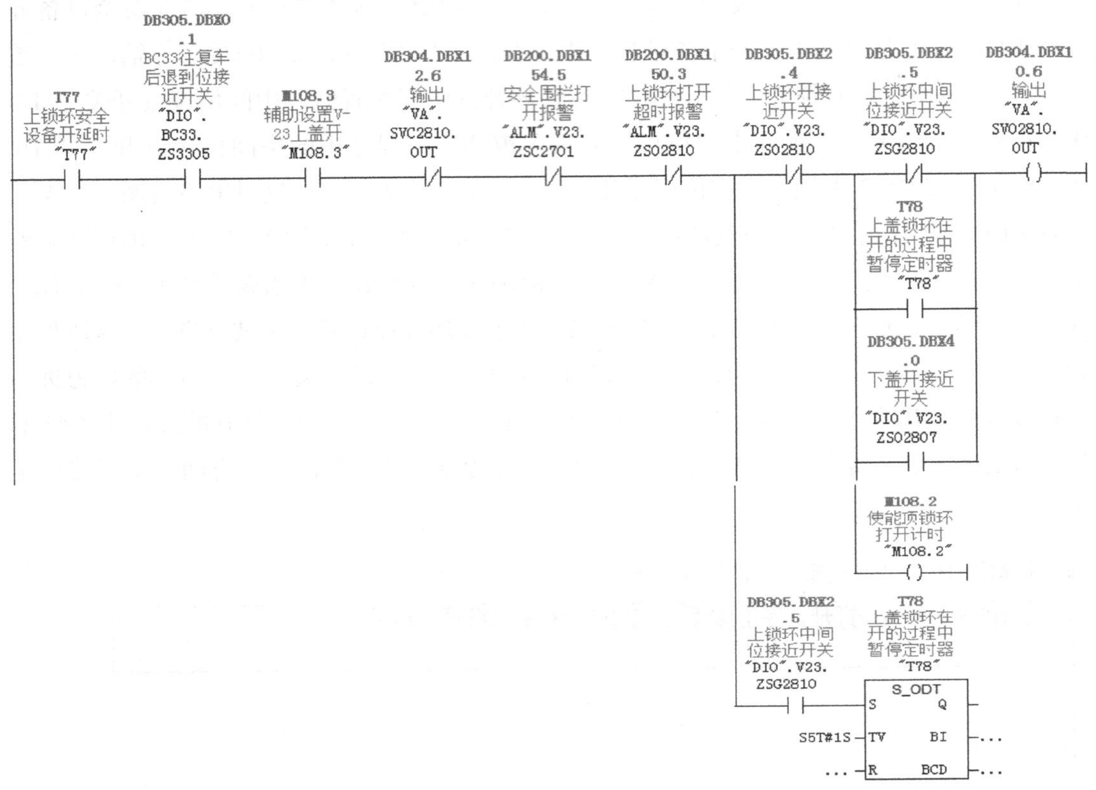

图36-8（续）

6. 打开下盖

在程序段 15 中，当"'DI/O'.V23.ZSO2810"（上锁环开接近开关）被感应到，电磁线圈"'VA'.SVO2804.OUT"[输出（打开上盖）]得电，下盖在液压缸的驱动下打开，直到"'DI/O'.V23.ZSO2807"（上盖开接近开关）被感应到停止。到了这一步，"'DI/O'.V23.ZSO2810"（上锁环开接近开关）和"'DI/O'.V23.ZSO2807"（上盖开接近开关）是最重要的启动和停止开上盖的条件。如图 36-9 所示。

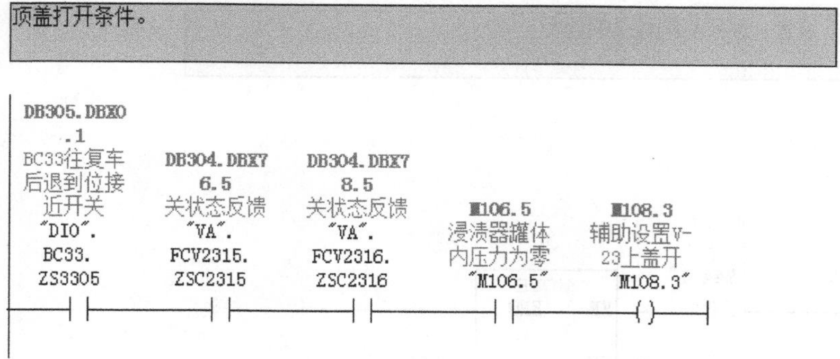

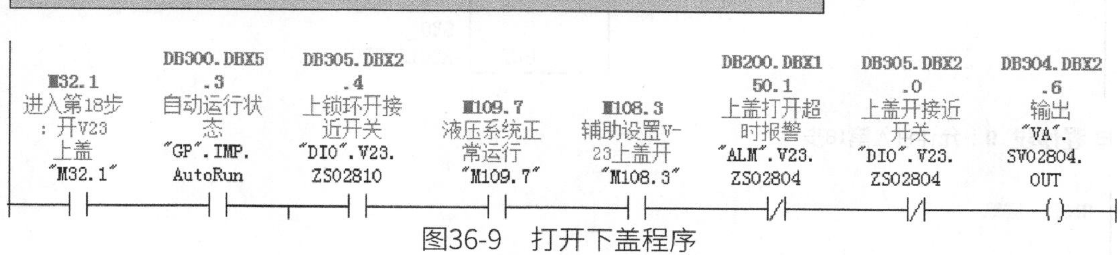

图36-9　打开下盖程序

5. 为第十九步做准备

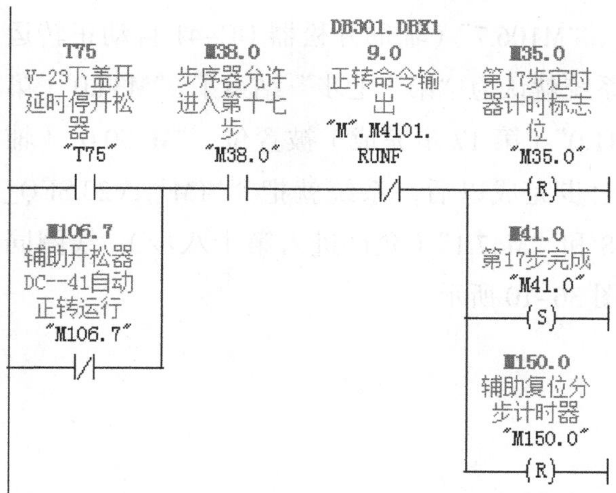

图36-10　为第十九步做准备

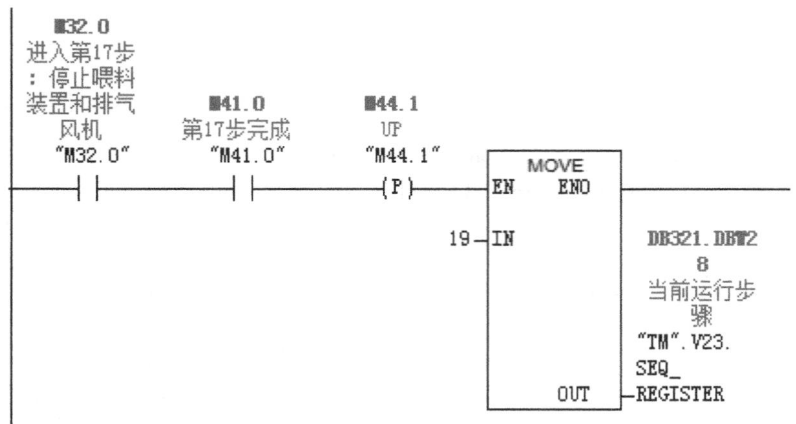

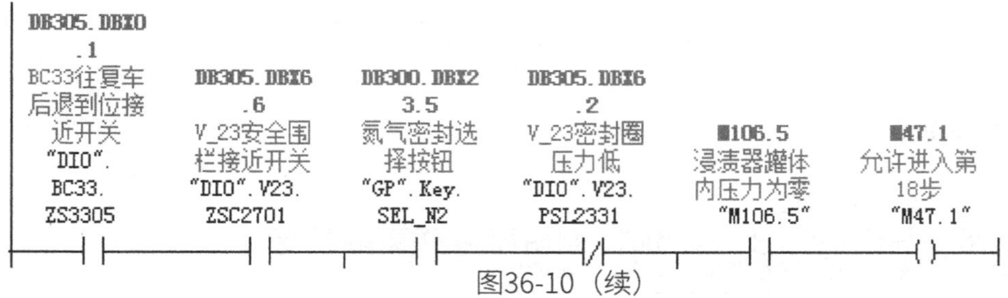

图36-10（续）

在程序段 5 中，当开松器已经停止、"M106.7"（辅助开松器 DC–41 自动正转运行）线圈被复位等一些条件满足以后，系统就认为"第十七步"结束了，"M34.0"（第 17 步定时器计时标志位）被复位、"M41.0"（第 17 步完成）被置位、"M150.0"（辅助复位分步计时器）被复位。当第十七步完成以后，系统就把"'TM'.V23.SEQ_REGISTER"（当前运行步骤）赋值为 18 和"M47.1"（允许进入第十八步），线圈同时被系统激活，为第十八步做准备，如图 36–10 所示。

37 加热器

系统为工艺罐 V20 设计了三组加热器，在工艺罐压力低并且制冷机组 CP-14 压缩机停机时使用，PT2003 主要用于测量工艺罐的压力。当工艺罐的重量低于设定值时，加热器禁止启动。由于三组加热器的控制方式都是一样的，所以就以 HE2013A 为例介绍。

在程序段 11 中，加热器使用的是三相电，也使用接触器启、停三组加热器，所以为了程序的统一，使用了电动机的形式——正转命令输出。并使用“M119.0”（V20 加热器允许启动）、“HE2013A_ST”（启动 HE2103A# 加热器）、“T64”（通八断五脉冲）、“HE2013A_Con_Permit”（ HE2013A 允许启动）作为启动加热器的四个主要条件。

1）在程序段 10 中，只要“‘DI/O’.V20.TS2013A ”（工艺罐加热器 1 号温控开关）的温度值不超过设定值，“‘ALM’.V20.TS2013A”（工艺罐加热器 1 号温度高报警）不报警，“HE2013A_Con_Permit”（ HE2013A 允许启动）线圈就会得电，为加热器启动准备条件。

2）在程序段 1、2 中，用定时器“T64”和“T68”以及它们的常开和常闭点共同是实现了通八断五脉冲。

3）在功能块 FB6 中，当“‘ANA’.V20.WIT2017_PV”（工艺罐实时重量显示）小于“‘ANA’.V20.WIT2017_LO_SP2”（工艺罐重量低限重量设定值）时，在程序段 3 中系统用“‘ALM’.V20.WIT2017_LA ”（ 工艺罐重量低报警）定义了“Prohibit_Heat”（工艺罐重量低禁止加热）线圈，作为程序段 4“M119.0”（V20 加热器允许启动）的一个条件。在程序段 4 中，只用工艺罐压力低于设定值、工艺罐重量高于设定值以及不在第 8、9、10 步，“M119.0”（V20 加热器允许启动）的条件就能满足。

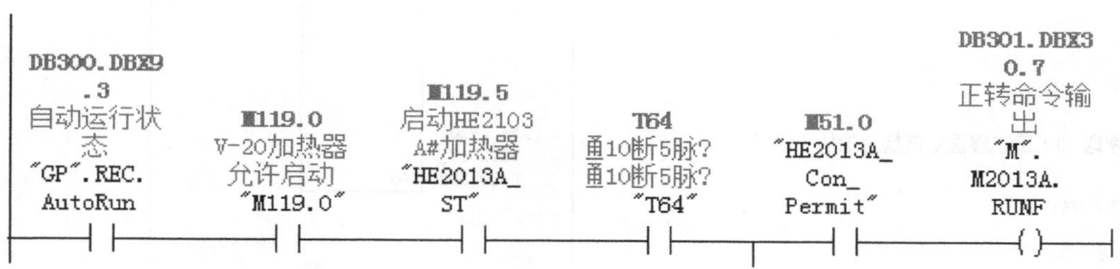

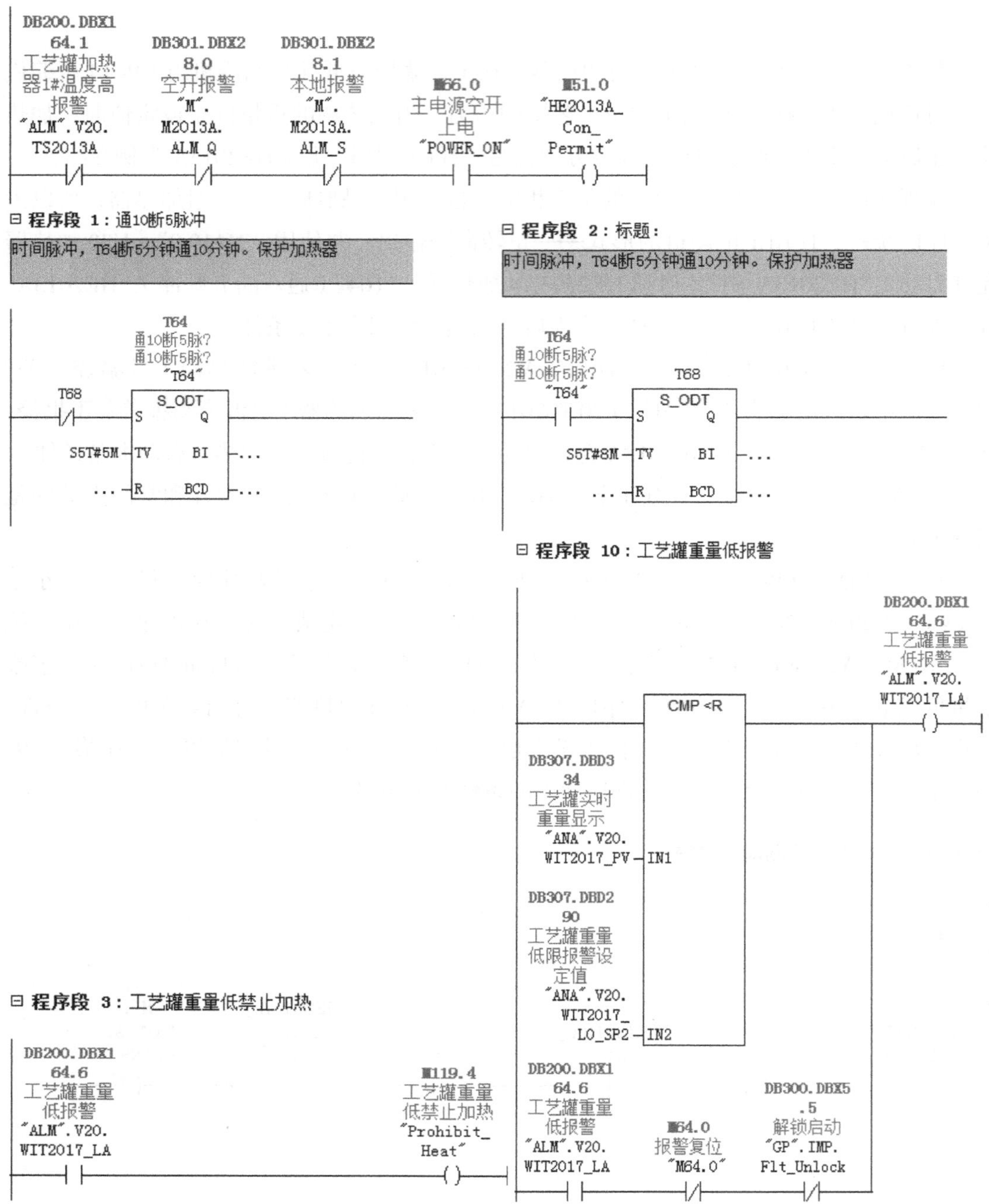
程序段 10：标题：
DB200.DBX1 64.1 工艺罐加热器1#温度高报警 "ALM".V20.TS2013A
DB301.DBX2 8.0 空开报警 "M".M2013A.ALM_Q
DB301.DBX2 8.1 本地报警 "M".M2013A.ALM_S
M66.0 主电源空开上电 "POWER_ON"
M51.0 "HE2013A_Con_Permit"
程序段 1：通10断5脉冲
时间脉冲，T64断5分钟通10分钟。保护加热器
T64 通10断5脉? 通10断5脉? "T64"
T68
S_ODT
S Q
S5T#5M TV BI
R BCD
程序段 2：标题：
时间脉冲，T64断5分钟通10分钟。保护加热器
T64 通10断5脉? 通10断5脉? "T64"
T68
S_ODT
S5T#8M TV BI
程序段 10：工艺罐重量低报警
DB200.DBX1 64.6 工艺罐重量低报警 "ALM".V20.WIT2017_LA
CMP <R
DB307.DBD3 34 工艺罐实时重量显示 "ANA".V20.WIT2017_PV IN1
DB307.DBD2 90 工艺罐重量低限报警设定值 "ANA".V20.WIT2017_LO_SP2 IN2
DB200.DBX1 64.6 工艺罐重量低报警 "ALM".V20.WIT2017_LA
M64.0 报警复位 "M64.0"
DB300.DBX5 .5 解锁启动 "GP".IMP.Flt_Unlock
程序段 3：工艺罐重量低禁止加热
DB200.DBX1 64.6 工艺罐重量低报警 "ALM".V20.WIT2017_LA
M119.4 工艺罐重量低禁止加热 "Prohibit_Heat"

⊟ **程序段 4**：V-20加热器允许启动

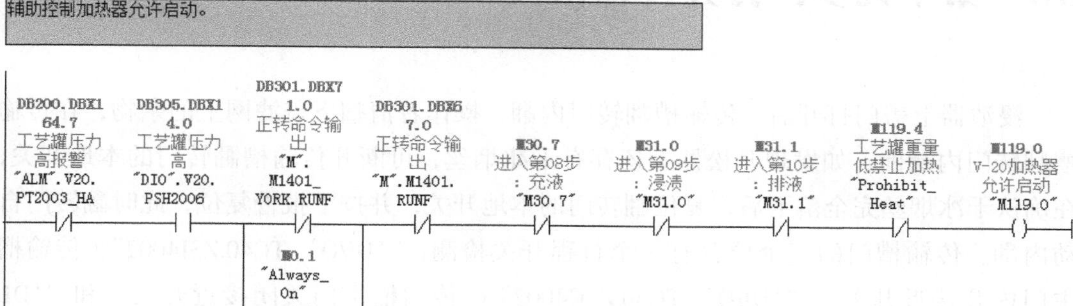

⊟ **程序段 15**：V20启动HE-2013B定时器

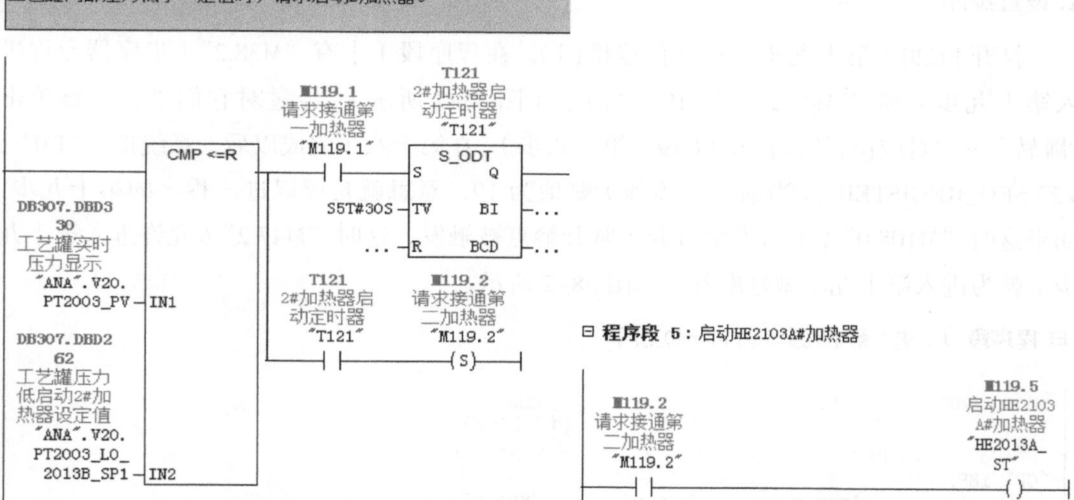

4）在程序段 8 中，当“‘ANA’.V20.PT2003_PV”（工艺罐实时压力显示）小于且等于“‘ANA’.V20.PT2003_LO_2013B_SP1”（工艺罐压力低启动 2 号加热器设定值），再经过 30S 的延时，用“M119.2”（请求接通第二加热器）在程序段 15 激活了“HE2013A_ST”（启动 HE2013A# 加热器）线圈。

38　第十九步，打开传输槽门

浸渍器上盖门打开后，传输槽翻转门内翻，操作者清扫下盖滤网上的杂物，在传输槽翻转门内翻前，如发现开松器上还存有干冰烟丝，可断开传输槽翻转门的本地开关，在确认干冰烟丝完全落下后，复位翻转门的本地开关，并按下报警复位，此时翻转门自动内翻。传输槽门的三个位置有三个行程开关检测："'DI/O'.TC40.ZSI4002"（传输槽主门内开接近开关）、"'DI/O'.TC40.ZSC4002"（ 传输槽主门关闭接近开关）和"'DI/O'.TC40.ZSO4002"（ 传输槽主门外开接近开关）。

1. 设置步序

打开 FC20（第十九步，打开传输槽门），在程序段 1 中有"M38.2"（步序器允许进入第十九步）和""M41.2"（第 19 步完成）（图 38–1 所示），经过对它们进行右键单击"跳转"—"对应位置"，打开 FC19（第十八步）。在第十八步完成以后，系统把"'TM'.V23.SEQ_REGISTER"（当前运行步骤）赋值为 19，意思就是可以进入程序的第十九步，如果这时"M108.0"（下盖安全打开）常开触点被触发，这时"M47.2"（允许进入第十九步）就为进入第十九步做好准备，如图 38–2 所示。

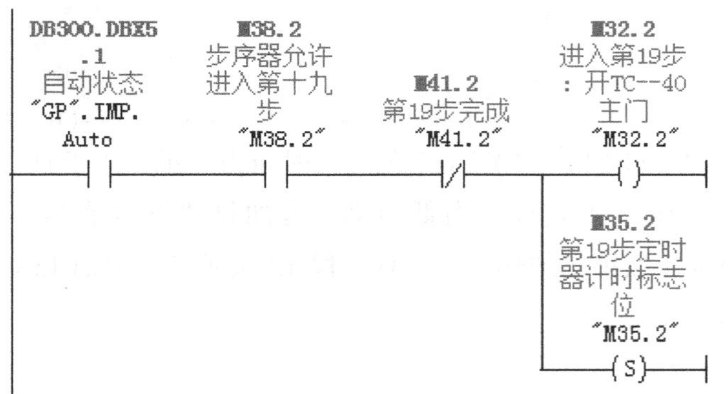

图38-1　FC20的程序段1

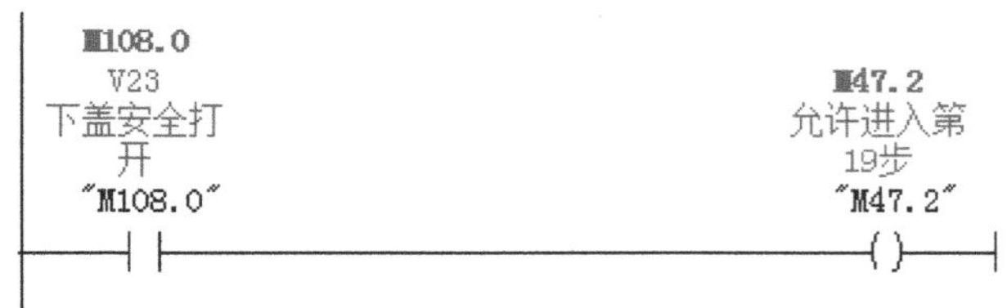

图 38-2　FC19为设置进入第十六步做准备

经过对 FC19 中的"'TM'.V23.SEQ_REGISTER"（当前运行步骤）进行右击—"跳

转”—“对应位置”，打开了 FC23，当“‘TM’.V23.SEQ_REGISTER”（当前运行步骤）=19 和“M47.2”（允许进入第十九步）被系统置 1 时，系统就激活了“M38.2”（步序器允许进入第十九步）和复位了“M41.2”（第 19 步完成），就为进入第十九步做好了充分的准备，如图 38-3 所示。在 FC19 的程序段 19 中，在第十九步结束以后“M41.2”（第 18 步完成）又被置位为 1，这时程序就进不到第十九步的系统循环中，保证了系统的安全（如图 38-4 所示），并且“M35.2”(第 19 步定时器计时标志位）被复位为 0。

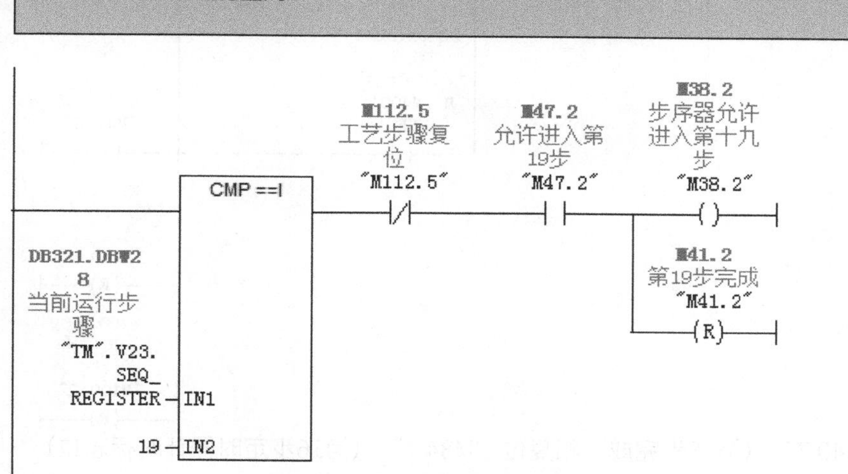

图38-3　FC23 为设置进入第十六步做准备已经完成

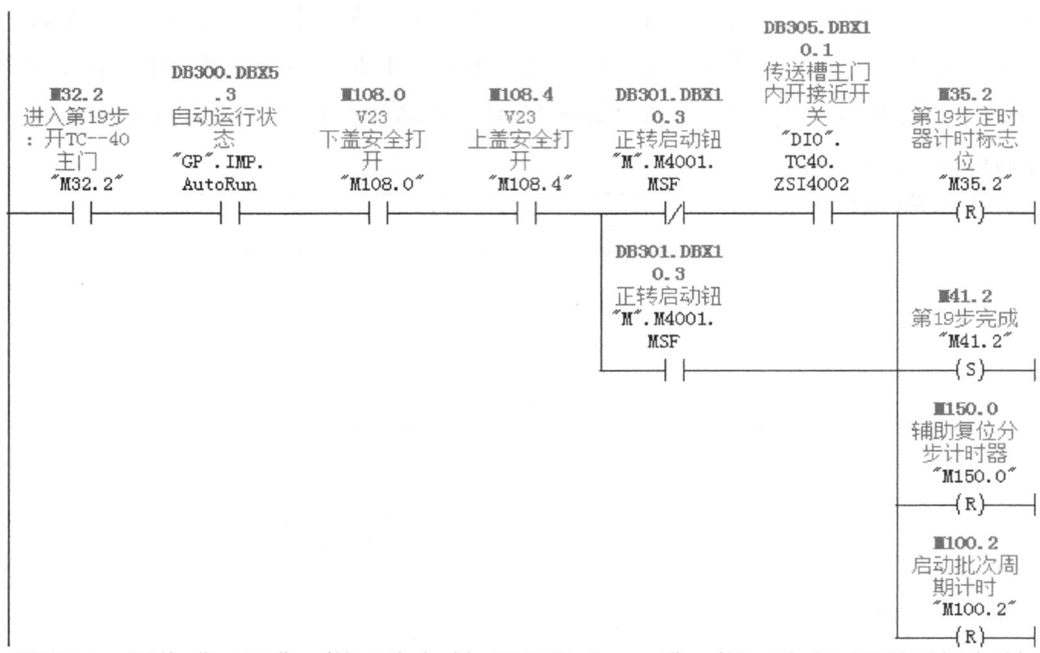

图 38-4　置位“M40.7”（第16步完成）和复位“M34.7”（第16步定时器计时标志位）

2. 辅助复位分步计时器

在“一秒尖峰脉冲的使用”专题当中讲述了程序的“单步运行时间计时”，使用“M150.0”（辅助复位分步计时器）来作为 19 步中每一步的计时开始和计时结束的标志，而且在这 19 步中“M150.0”（辅助复位分步计时器）使用的是同一存储器位，这是因为用时置位，不用时复位，增加了程序的通用性和可读性，如图 38-5 所示。

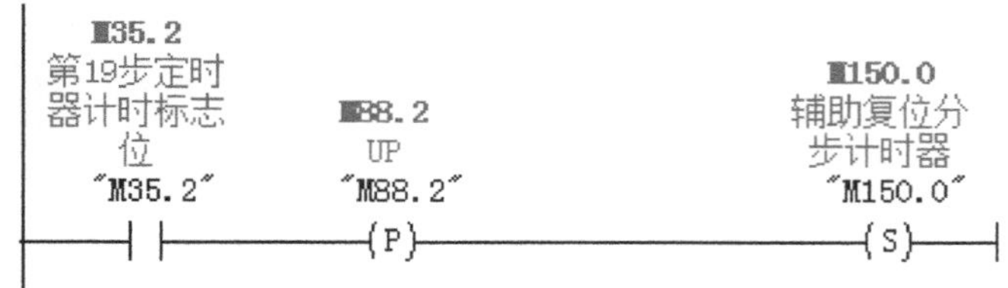

图38-5　FC20中“M150.0”（辅助复位分步计时器）的置位和复位

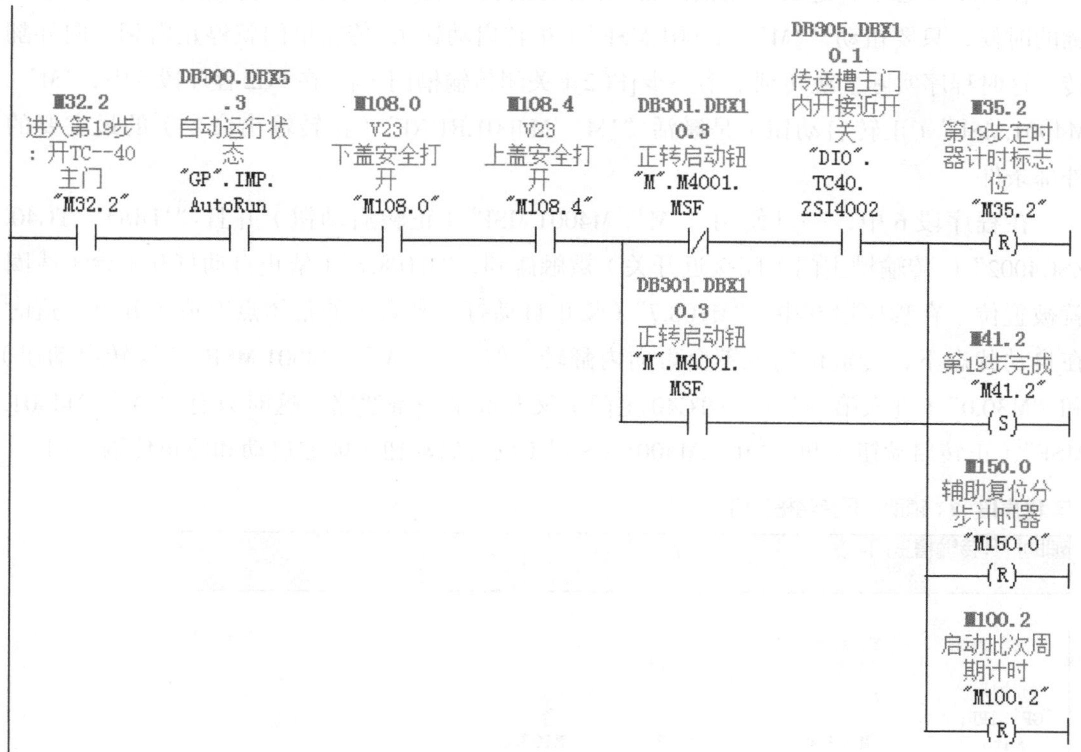

图38-5（续）

3. 打开传输槽门

程序进入第十九步，如图 38–6 所示，在程序段 9 中"M108.7"（禁止自动打开平台）的常闭点和"M108.6"（辅助打开传输槽主门）的常开点是"'M'.M4001.RUNR"（反转命令输出）的主要两个启动条件。

在程序段 3 中找到了"M108.6"（辅助打开传输槽主门）的常开点的线圈，经过分析激活"M108.6"（辅助打开传输槽主门）线圈的三个条件可知，只要程序进入第十九步，"M108.6"（辅助打开传输槽主门）线圈就被置位，在自动的情况下传输槽门这时要向内部翻转，直至程序段 4 中的行程开关"'DI/O'.TC40.ZSI4002"(传输槽主门内开接近开关）被感应到，"M108.6"（辅助打开传输槽主门）线圈被复位，"'M'.M4001.RUNR"（反转命令输出）失电，传输槽门停止翻转。

在程序段 5 中找到了"M108.7"（禁止自动打开平台）的常闭点的线圈，经过分析激活“M108.7”（禁止自动打开平台）线圈的三个条件可知，只要程序运行到第十六步（开下盖），“M108.7”（禁止自动打开平台）线圈就被复位了，使用它的常闭触点为“‘M’.M4001.RUNR”（反转命令输出）线圈激活提供条件。

在自动状态下，这时传输槽门自动向内翻转，当这时内翻转的传输槽门需要停止内翻的时候，只要扭动“‘M’.M4001.MSF”（正转启动钮），传输槽门就停止内翻，向外翻转，这时程序实际上跳转到了第一步[FC2（关闭传输槽门）]。在 FC2 程序段 5 中，“‘M’.M4001.MSF”（正转启动钮）是激活“‘M’.M4001.RUNF”（正转输出命令）的最主要的外部条件。

在程序段 6 中，一旦使用“‘M’.M4001.MSF”（正转启动钮）并且“‘DI/O’.TC40.ZSC4002”（ 传输槽主门关闭接近开关）被触碰到，“M108.7”（禁止自动打开平台）线圈就被置位。在程序段 9 中，“M108.7”（禁止自动打开平台）的常闭点变成了开点，这时在自动状态下，传输槽门就不会再向内翻转。但是，“‘M’.M4001.MSR”（反转启动钮）和“M30.0”（进入第一步：关 TC40 主门）又开辟了一条通路，这时只有“‘M’.M4001.MSF”（正转启动钮）和“‘M’.M4001.MSR”（反转启动钮）能够启动和停止传输槽门。

⊟ **程序段 3**：辅助打开传输槽主门

辅助打开传输槽主门。

DB300.DBX5.1 自动状态 "GP".IMP.Auto —| |— M108.4 V23 上盖安全打开 "M108.4" —| |— M32.2 进入第19步：开TC--40主门 "M32.2" —| |— M108.6 辅助打开传输槽主门 "M108.6" —(S)—

⊟ **程序段 4**：辅助打开传输槽主门

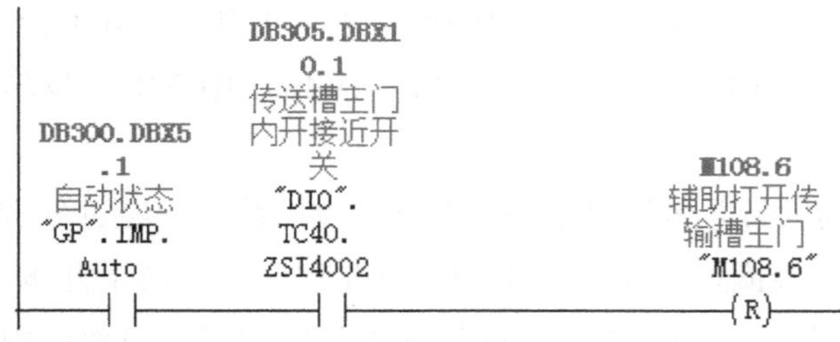

图38-6　传输槽门正转和反转启动的程序

□ **程序段 5**：禁止自动打开平台

DB300.DBX5 .1 自动状态 "GP".IMP. Auto

M37.7 步序器允许进入第十六步 "M37.7"

DB305.DBX4 .0 下盖开接近开关 "DIO".V23. ZS02807

M108.7 禁止自动打开平台 "M108.7" (R)

□ **程序段 6**：禁止自动打开平台

在不需要打开下盖门清扫时，可保持MSF4001为1，这样平台就不会自动打开.

DB300.DBX5 .1 自动状态 "GP".IMP. Auto

M38.1 步序器允许进入第十八步 "M38.1"

M36.0 步序器允许进入第一步 "M36.0"

DB301.DBX1 0.3 正转启动钮 "M".M4001. MSF

DB305.DBX1 0.2 传送槽主门关闭接近开关 "DIO". TC40. ZSC4002

M108.7 禁止自动打开平台 "M108.7" (S)

□ **程序段 9**：反转运行中输出

确信底盖完全打开到位，然后传输槽主门内开反转打开。
本现场由于下盖关闭时，启动翻板门可能会导致碰撞，
因此取消下盖关闭状态下翻板门的动作。

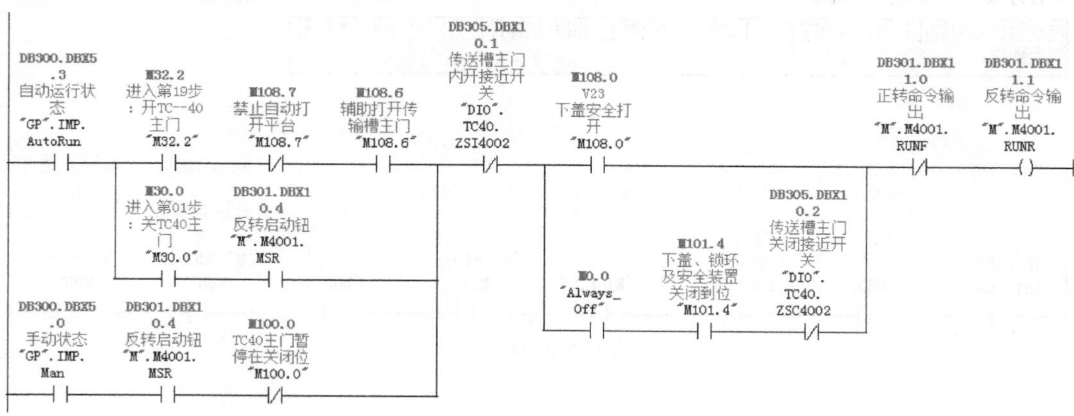

图38-6（续）

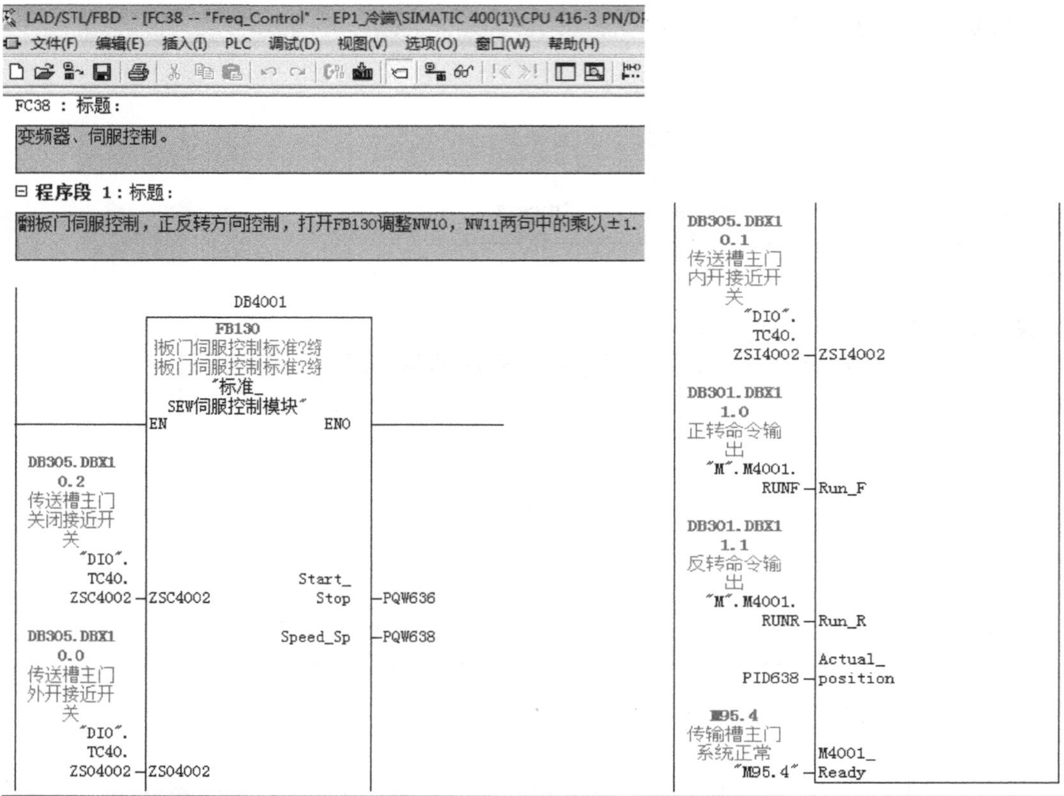

LAD/STL/FBD - [FC38 -- "Freq_Control" -- EP1_冷端\SIMATIC 400(1)\CPU 416-3 PN/DP
文件(F) 编辑(E) 插入(I) PLC 调试(D) 视图(V) 选项(O) 窗口(W) 帮助(H)
FC38 ：标题：
变频器、伺服控制。
程序段 1：标题：
翻板门伺服控制，正反转方向控制，打开FB130调整NW10，NW11两句中的乘以±1.
DB4001
FB130
扳门伺服控制标准?绛
扳门伺服控制标准?绛
"标准_
SEW伺服控制模块"
EN
ENO
DB305.DBX1
0.2
传送槽主门
关闭接近开
关
"DIO".
TC40.
ZSC4002
ZSC4002
Start_
Stop
PQW636
Speed_Sp
PQW638
DB305.DBX1
0.0
传送槽主门
外开接近开
关
"DIO".
TC40.
ZSO4002
ZSO4002
DB305.DBX1
0.1
传送槽主门
内开接近开
关
"DIO".
TC40.
ZSI4002
ZSI4002
DB301.DBX1
1.0
正转命令输
出
"M".M4001.
RUNF
Run_F
DB301.DBX1
1.1
反转命令输
出
"M".M4001.
RUNR
Run_R
Actual_
PID638
position
M95.4
传输槽主门
系统正常
"M95.4"
M4001_
Ready

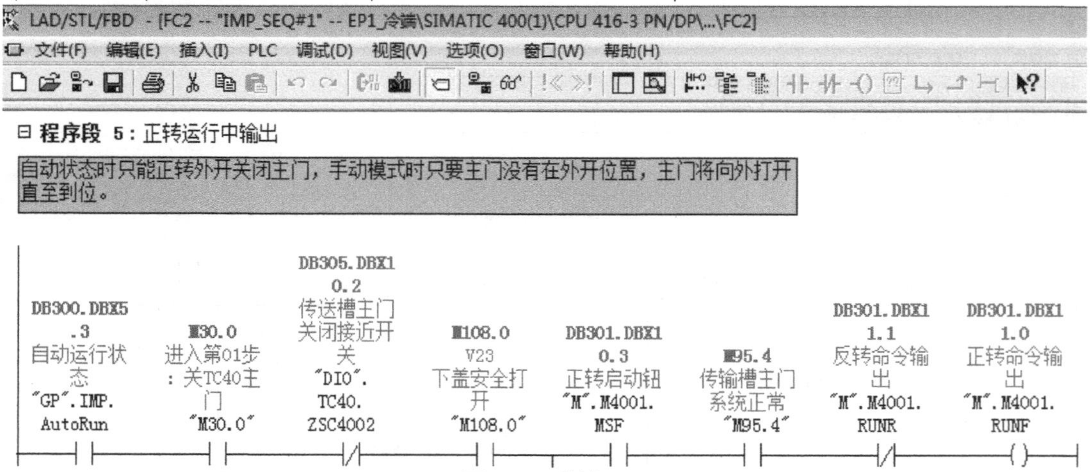

LAD/STL/FBD - [FC2 -- "IMP_SEQ#1" -- EP1_冷端\SIMATIC 400(1)\CPU 416-3 PN/DP\...\FC2]
文件(F) 编辑(E) 插入(I) PLC 调试(D) 视图(V) 选项(O) 窗口(W) 帮助(H)
程序段 5：正转运行中输出
自动状态时只能正转外开关闭主门，手动模式时只要主门没有在外开位置，主门将向外打开直至到位。
DB300.DBX5
.3
自动运行状
态
"GP".IMP.
AutoRun
M30.0
进入第01步
：关TC40主
门
"M30.0"
DB305.DBX1
0.2
传送槽主门
关闭接近开
关
"DIO".
TC40.
ZSC4002
M108.0
V23
下盖安全打
开
"M108.0"
DB301.DBX1
0.3
正转启动钮
"M".M4001.
MSF
M95.4
传输槽主门
系统正常
"M95.4"
DB301.DBX1
1.1
反转命令输
出
"M".M4001.
RUNR
DB301.DBX1
1.0
正转命令输
出
"M".M4001.
RUNF

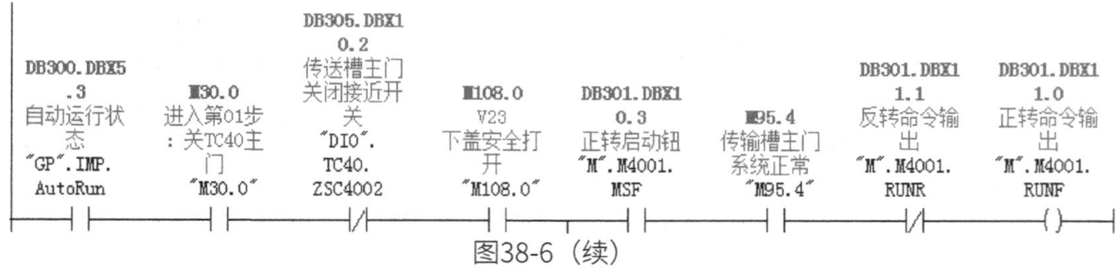

图38-6（续）

5. 为下一个周期的第一步做准备

⊟ **程序段 12**：第19步定时器允许复位

如果在19步序前"M".M4001.MSF在正转位置，则不会打开主门，直接进入19步序。如果在19步序前"M".M4001.MSF不在正转位置，"则必须打开主门到位DIO".TC40.ZSI4002接近开关后才能进入到第一步序。

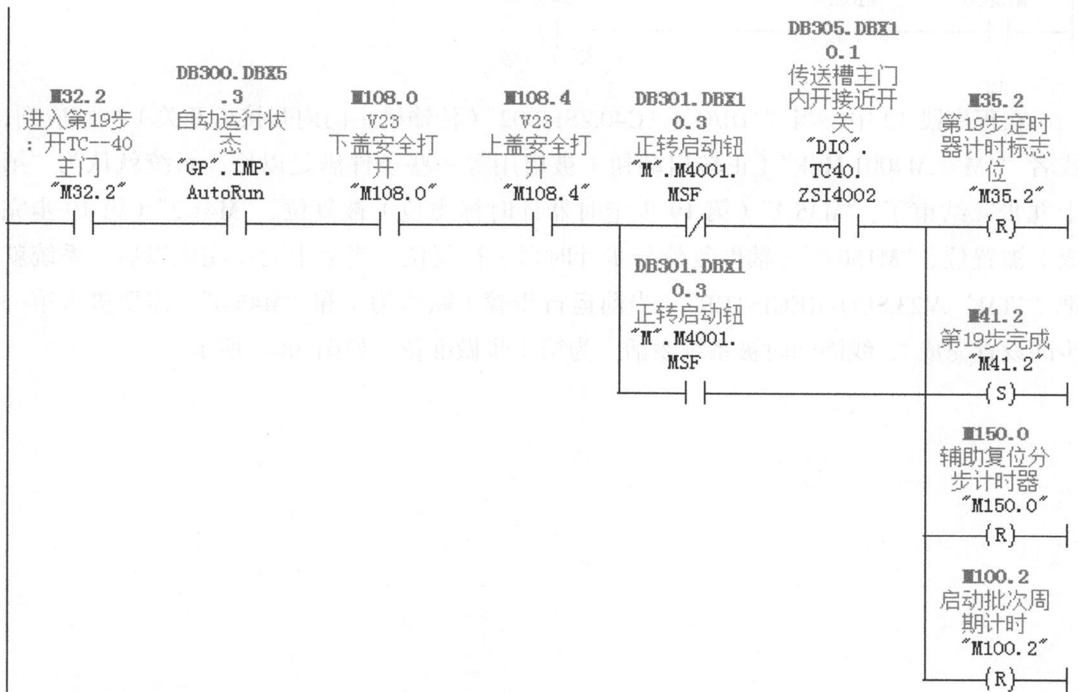

⊟ **程序段 15**：标题：

登录第一步：关闭传输槽主门。

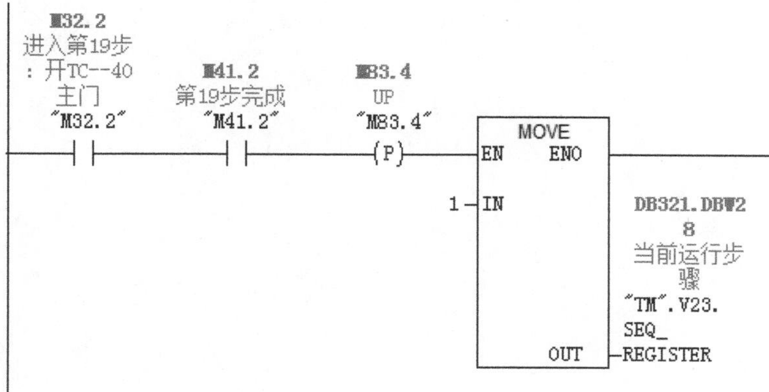

图38-7　为下一个周期的第一步做准备

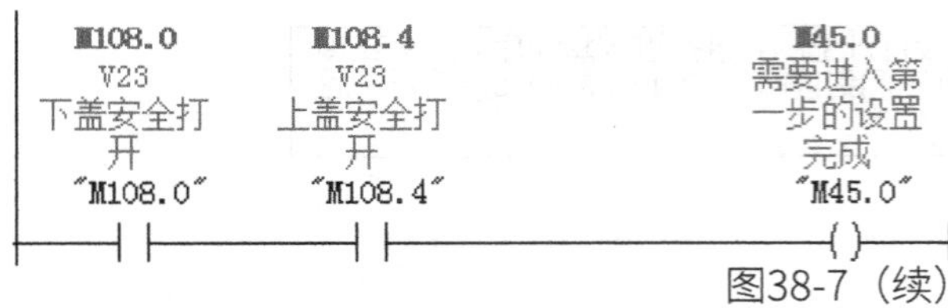

图38-7（续）

在程序段 12 中，当“‘DI/O’.TC40.ZSI4002”（传输槽主门内开接近开关）被感应到，或者“‘M’.M4001.MSF”（正转启动钮）被启用等一些条件满足以后，系统就认为“第十九步”结束了，“M35.2”（第 19 步定时器计时标志位）被复位、“M41.2”（第 19 步完成）被置位、“M150.0”（辅助复位分步计时器）被复位。当第十七步完成以后，系统就把“‘TM’.V23.SEQ_REGISTER”（当前运行步骤）赋值为 1 和“M45.0”（需要进入第一步的设置完成），线圈同时被系统激活，为第 1 步做准备，如图 38–7 所示。

39　电机运行指示灯

在 EP1– 冷端共使用了 13 台电机和 3 个加热器，它们的启动、停止都是用如图 39–1 所示中显示的开关、按钮和指示灯。在图 39–1 中显示的是最复杂的双向皮带机的开关、按钮和指示灯。

下面以 BC33 双向皮带机上布料车的双向移动控制和布料带的双向转动控制为例介绍。

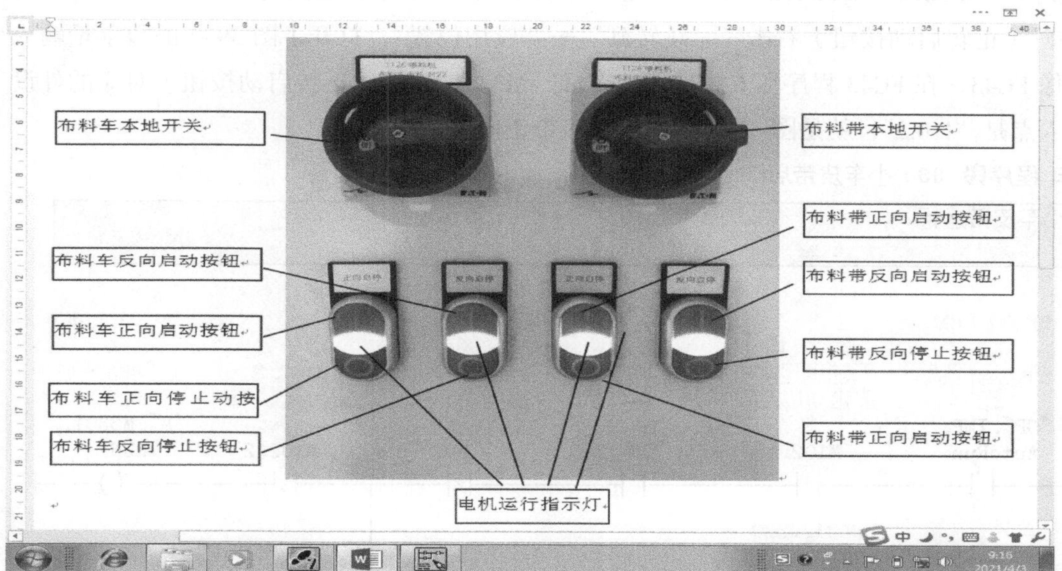

图39-1　布料车的双向移动控制和布料带的双向转动控制面板

1.1s 方波的形成

如图 39–2 所示，在程序段 1 中使用了“SYS_1.0_SEC_SQ_PULSE”（1_ 方波脉冲），这是 PLC 自带的 1_ 方波脉冲，具体在“时间存储器的使用”这一专题中介绍。

在程序段 1 中，最终“M63.1”（报警脉冲）的效果是 1s 得电 1s 失电，这样不停地得电失电、得电失电……

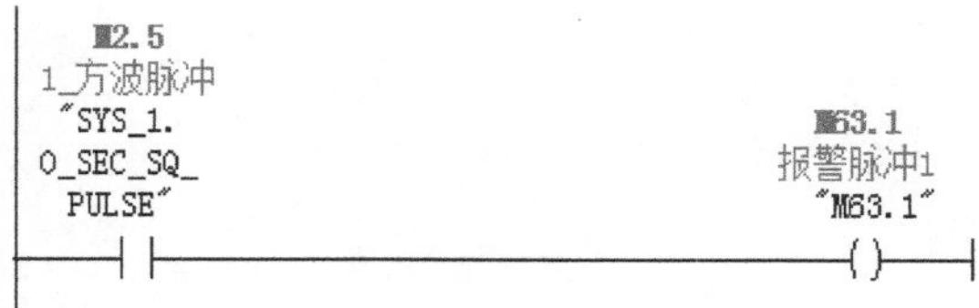

图39-2　1s方波的形成程序

2. 两种状态指示灯的实现方式

在程序段 2 中，对"'M'.M3301.RUNF"（正转命令输出）右击—"跳转到"—"应用位置"，打开了图 39-3 的 FC4 的程序段 33，在此定义了在自动状态和手动状态下如何激活"'M'.M3301.RUNF"（正转命令输出）线圈的。在自动状态下，只要条件满足，系统就会自动激活"'M'.M3301.RUNF"（正转命令输出）线圈，对图 39-3 中的"M_MID".M3301.ST_F"（1_ 正向启动信号）右击—"跳转"—"应用位置"，打开了图 39-4 中 FB111 的程序段 2，很显然，把"'M'.M3301.MSF"（正转启动按钮）通过 FB588 转换成了"M_MID".M3301.ST_F"（1_ 正向启动信号）。在程序段 2 中，对"'M'.M3301.MSF"（正转启动按钮）右击—"跳转到"—"应用位置"，打开了图 39-5 的数字量输入映像 FC43，在 FC43 程序段 6 中看到，"'M'.M3301.MSF"（正转启动按钮）对应的外设输入点是"I10.2"，就是图 39-1 中的"布料带正向启动按钮"。

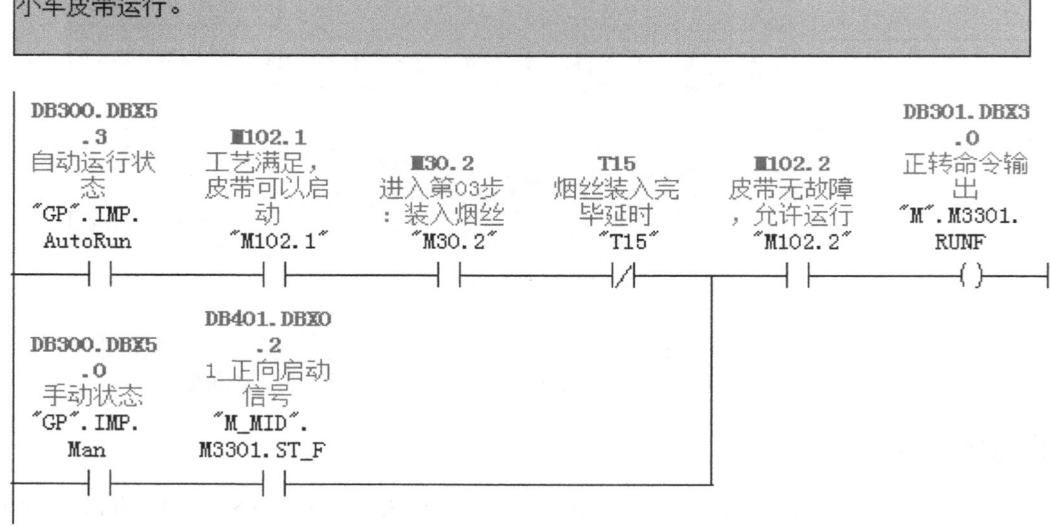

图39-3　FC4中的正转命令输出程序

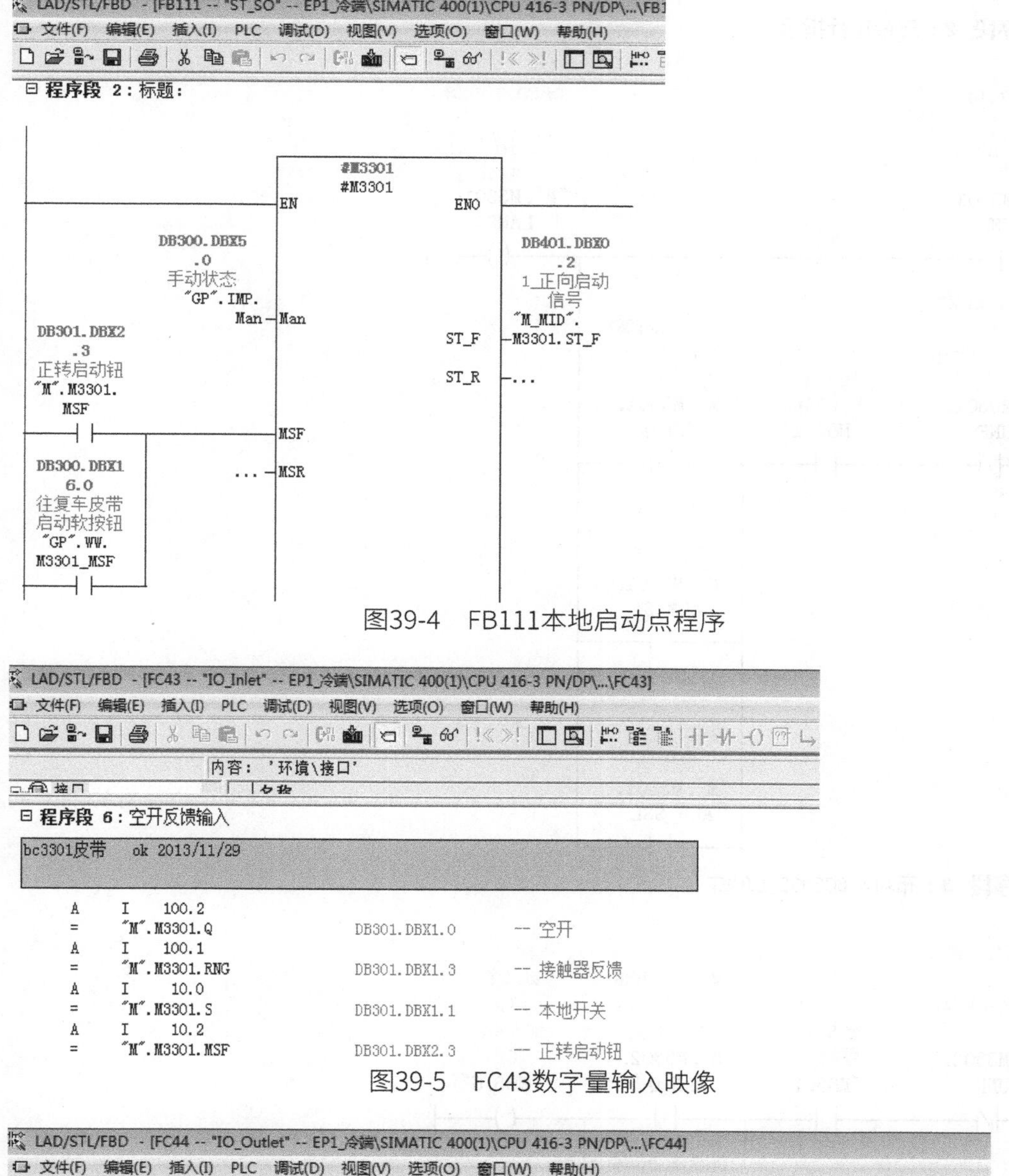

图39-4　FB111本地启动点程序

图39-5　FC43数字量输入映像

LAD/STL/FBD - [FC44 -- "IO_Outlet" -- EP1_冷端\SIMATIC 400(1)\CPU 416-3 PN/DP\...\FC44]

文件(F) 编辑(E) 插入(I) PLC 调试(D) 视图(V) 选项(O) 窗口(W) 帮助(H)

程序段 2：标题：

bc3301、02皮带、小车、电磁阀 ok

```
A    "M".M3301.LAMP          DB301.DBX3.2       -- 状态指示灯输出
```

图39-6　FC44数字量输出映像

⊟ **程序段 2**：皮带运行指示

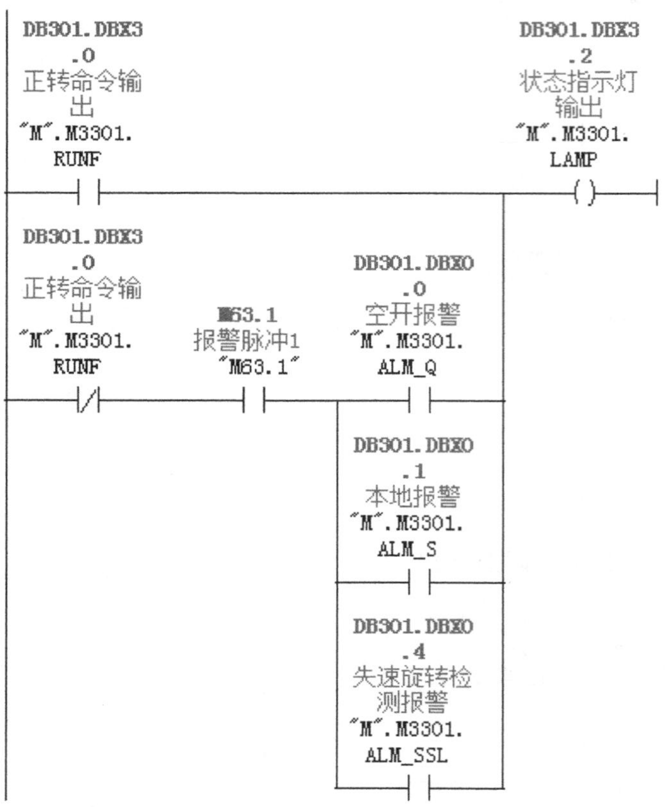

⊟ **程序段 3**：布料车BC3302 LIGHT

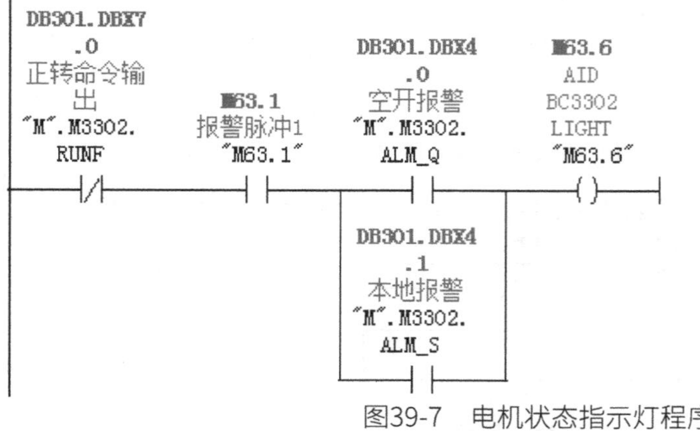

图39-7　电机状态指示灯程序

⊟ **程序段 4：**布料车BC3302 LIGHT

DB301.DBX7.1
反转命令输出
"M".M3302.RUNR

M63.1
报警脉冲1
"M63.1"

DB301.DBX4.0
空开报警
"M".M3302.ALM_Q

DB301.DBX4.1
本地报警
"M".M3302.ALM_S

M63.5

⊟ **程序段 5：**小车运行指示

DB301.DBX7.0
正转命令输出
"M".M3302.RUNF

M63.6
AID BC3302 LIGHT
"M63.6"

DB301.DBX7.2
状态指示灯输出正转
"M".M3302.LAMP1

⊟ **程序段 6：**小车运行指示

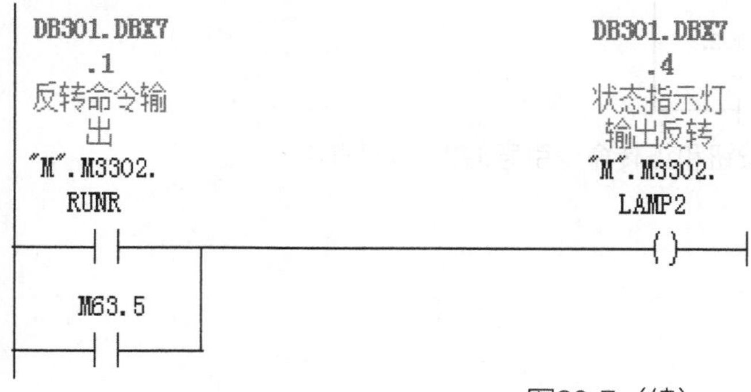

图39-7（续）

在程序段 2 中，当"'M'.M3301.RUNF"（正转命令输出）以后，就激活了"'M'.

M3301.LAMP"(状态指示灯输出)，对"'M'.M3301.LAMP"(状态指示灯输出)右击—"跳转"—"应用位置"，打开了图 39-6 的数字量输出映像 FC44。在 FC44 的程序段 2 中看到，"'M'.M3301.LAMP"(状态指示灯输出)对应外设输出点是"Q10.4"，就是图 39-1 中"电机运行指示灯"。

在程序段 2 中，如果电动机已经停止，用"'M'.M3301.RUNF"(正转命令输出)线圈的常闭点和"M63.1"(报警脉冲)等待外界的变化，如果空开没有关断、本地开关没有关断、失速检测没有被感应时，图 39-1 中的"电机运行指示灯"是不输出的。反之当空开没有关断、本地开关没有关断、失速检测没有被感应三个条件中有一个满足，"'M'.M3301.LAMP"(状态指示灯输出)对应外设输出点是"Q10.4 就得电，图 39-1 中"电机运行指示灯"就亮 1s 灭 1s 的不停的闪烁。

图 39-7 中程序段 3、5 可以合并为图 39-8，效果是一样的。图 39-7 中程序段 4、6 可以合并为图 39-9，效果是一样的。这和上面的解释是一样的，不再赘述。

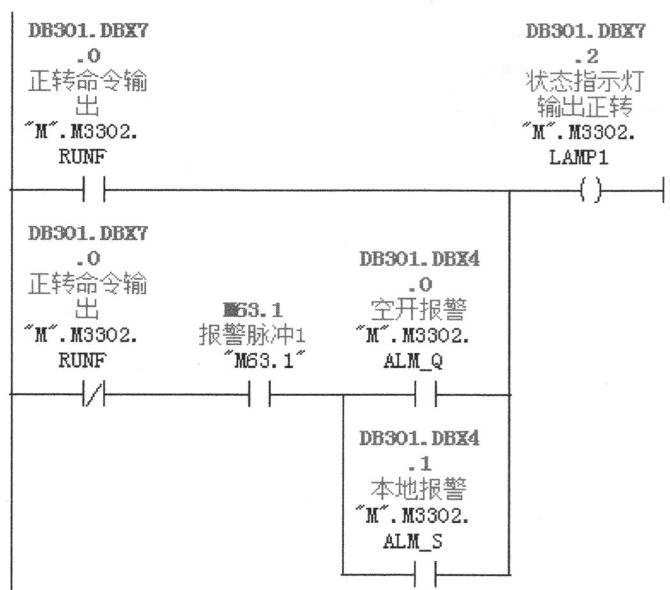

图39-8　正转按钮和正转命令引导的指示灯程序

⊟ **程序段 6**：小车运行指示

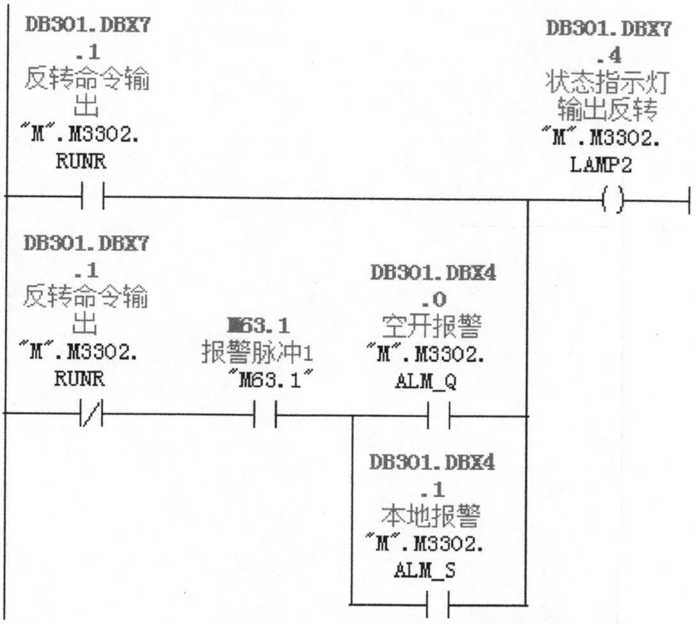

图39-9 正转按钮和正转命令引导的指示灯程序

40 电机运行时间

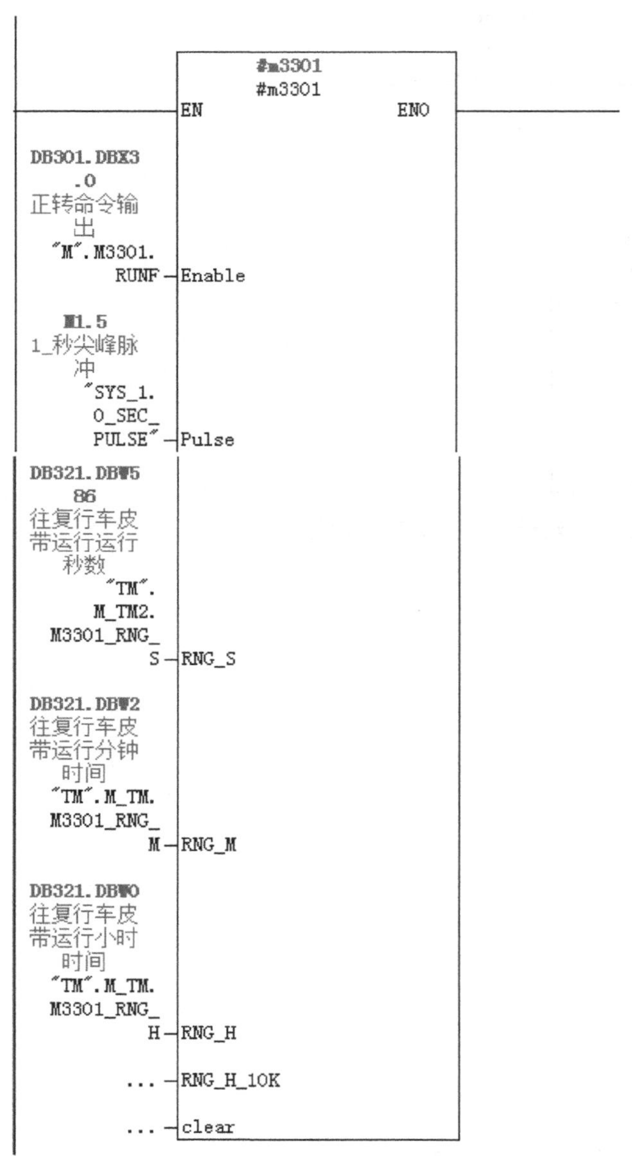

图40-1 FB12双向皮带机上布料带的双向转动的电机运行程序

在 EP1– 冷端共使用了 13 台电机，系统专门设计了功能块 FB12 用于对这 13 台电机的运行时间进行检测，以备 WinCC 程序调用。下面以 BC33 双向皮带机上布料带的双向转动的电机运行为例介绍。

系统为了检测和记录这 13 台电机的运行时间值，设计了功能块 FB12，其中程序段 1 是双向皮带机上布料带的双向转动控制程序，因为这 13 台电机运行时间的记录方式是一样的，所以，系统又设计了功能块 FB590。

1.FB590 的控制程序

在 FB590 的变量声明表中，“Enable” 和 “Pulse” 是输入变量，对应调用块的输入变量，“RNG_S”“RNG_M”“RNG_H”“RNG_H_10K” 和 “clear” 是输入输出变量，对应调用块的输出变量。

在图在程序段 1 中，用 “#Enable” 作为计时的开始条件，即对应调用块 FB12 中的 “‘M’.M3301.RUNF”(正转命令输出)，“#Pulse” 作为计时单位，在这里用 1s 为最小单位，即对应调用块 FB12 中的 “SYS_1.0_SEC_PULSE”(1_s 尖峰脉冲)。当计时的起始条件满足以后就开始计时，首先把秒的计时变量 “#RNG_S” 通过加法器加 1，然后再赋值给秒的计时变量 “#RNG_S”。

在程序段 2 中，当秒的计时变量 “#RNG_S” 等于 60s 时，把分钟的计时变量 “#RNG_M” 通过加法器加 1，然后再赋值给分钟的计时变量 “#RNG_M”。

在程序段 3 中，当分钟的计时变量 “#RNG_M” 等于 61min 时，把小时的计时变量 “#RNG_H” 通过加法器加 1，然后再赋值给小时的计时变量 “#RNG_H”。

在程序段 4 中，当小时的计时变量 “#RNG_H” 等于 10001h 时，把万小时的计时变量 “#RNG_H_10K” 通过加法器加 1，然后再赋值给万小时的计时变量 “#RNG_H_10K”。

在程序段 5 中，当清零信号输入以后，系统把 “0” 分别赋值给万小时的计时变量 “#RNG_H_10K”、小时的计时变量 “#RNG_H” 和分钟的计时变量 “#RNG_M”。

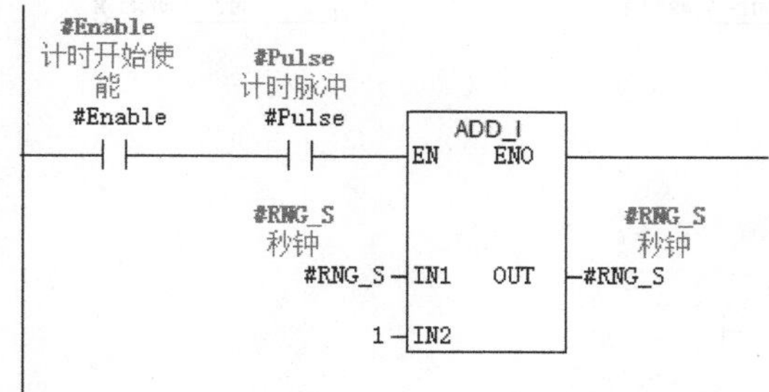

图40-2 FB590中的计时程序

⊟ **程序段 2**：标题：

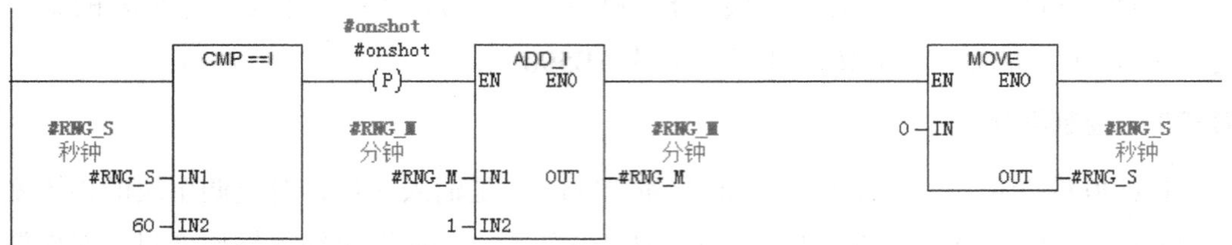

⊟ **程序段 3**：标题：

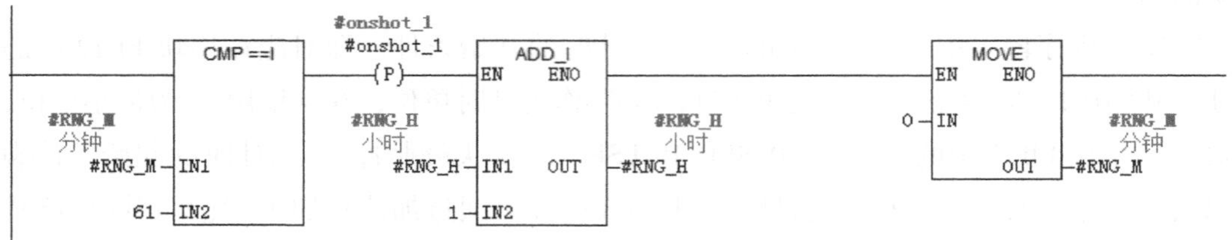

⊟ **程序段 4**：标题：

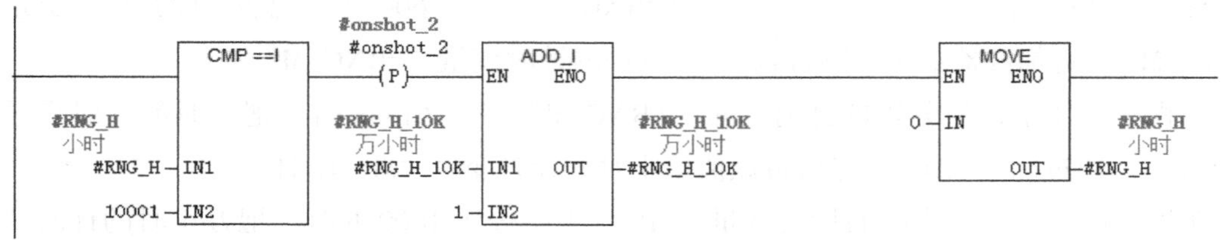

⊟ **程序段 5**：标题：

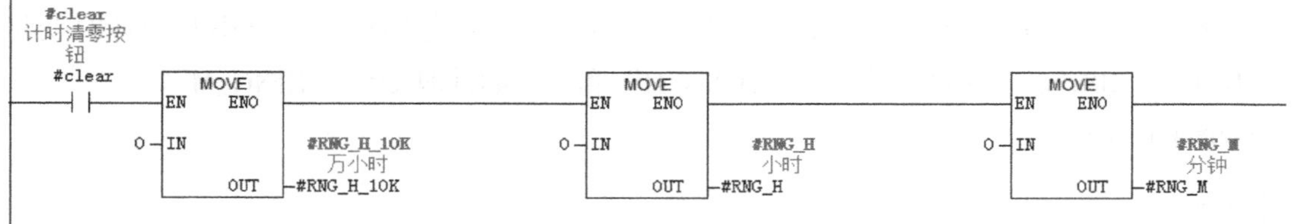

⊟ **程序段 6**：标题：

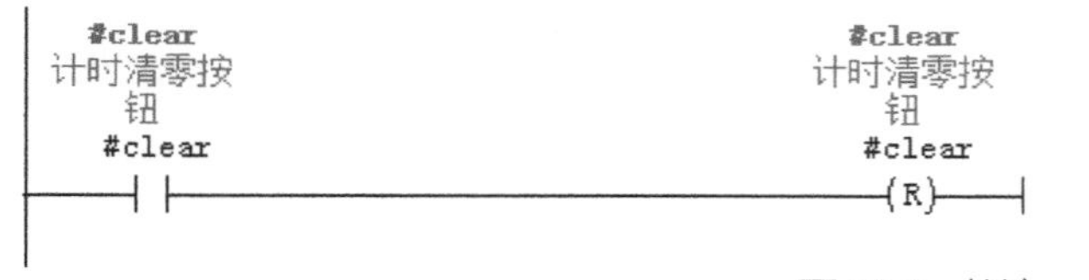

图40-2（续）

在程序段 6 中，用“#clear”（计时清零按钮）复位它本身“#clear”（计时清零按钮），为下一个万小时计时准备条件。

2. 多重背景功能的变量声明表

在 FB12 中的变量声明表的静态变量（STAT）中，声明了 18 个具有“标准 _RNG_

TIME”（FB590 的符号名）数据类型的变量，在左边的“总览”的“多重背景”文件夹中自动生成了 18 个块，在 FB12 和 FB590 中的变量声明中的内容是一样的，如图 3 所示。

FB12 自动生成的背景数据块中内容和 FB590 中的变量声明中的内容也是一样的，为了区分同一个背景数据块中不同的设备，在名称中略有差异，具体参见“多重背景块的使用”专题。

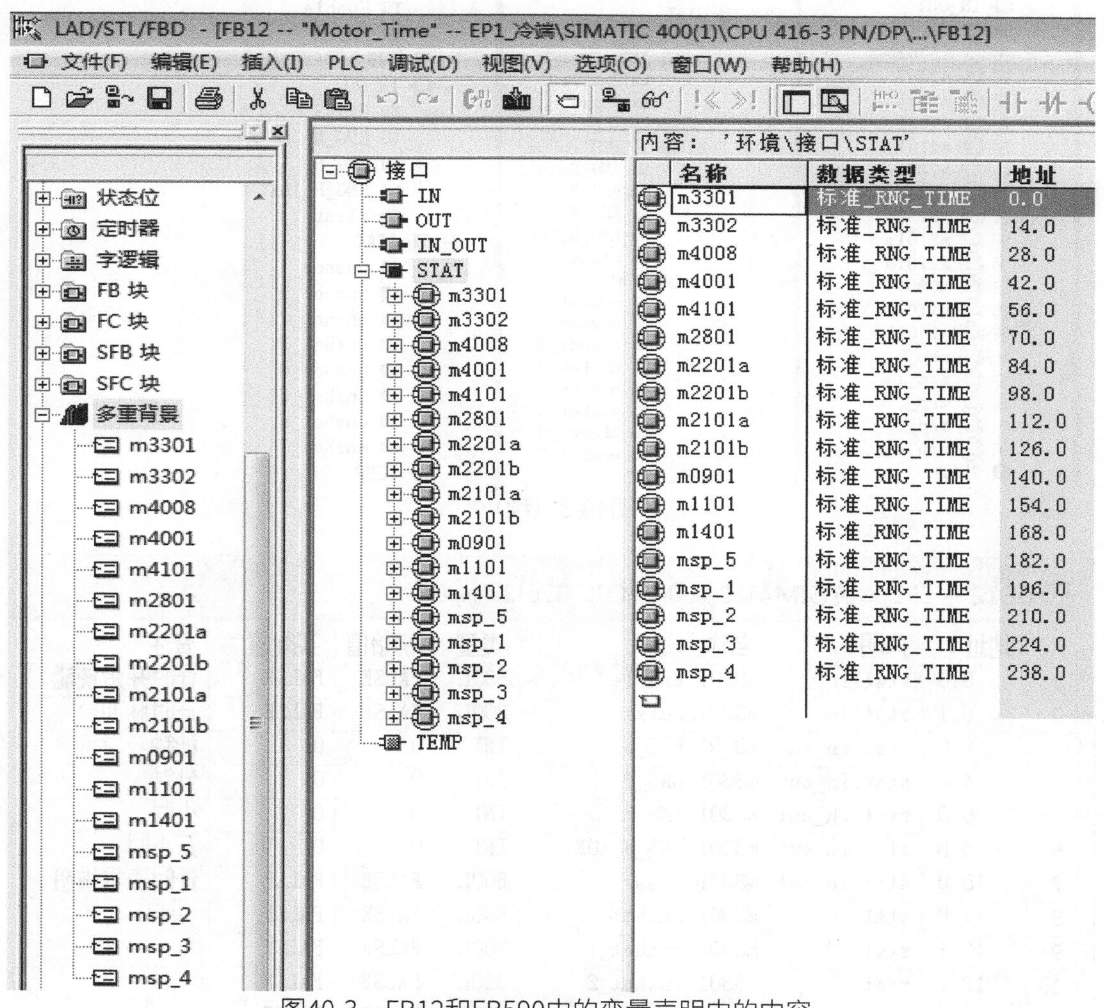

图40-3 FB12和FB590中的变量声明中的内容

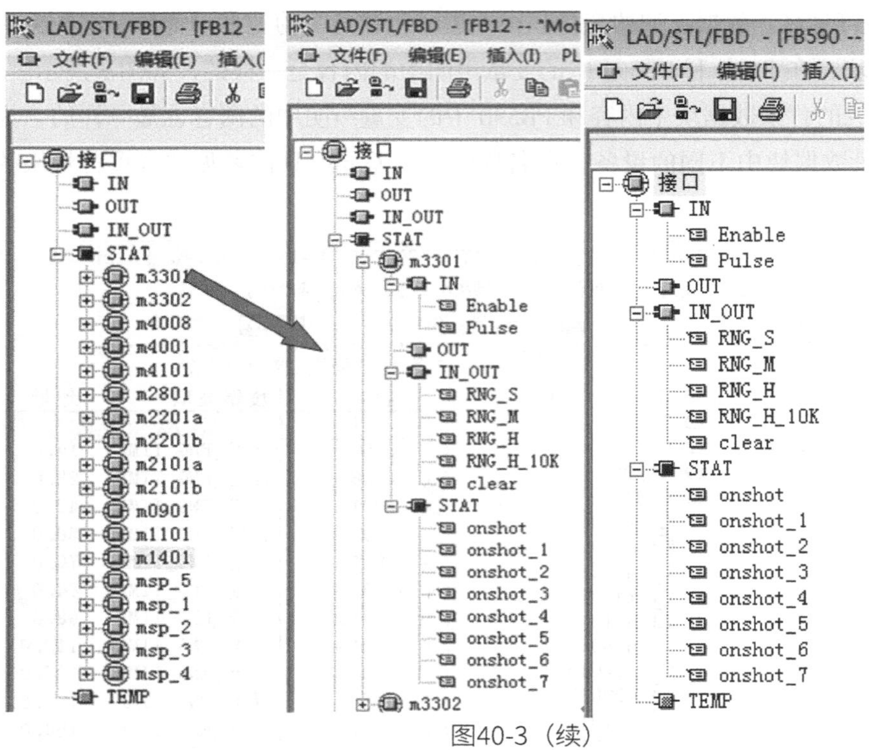

图40-3（续）

DB12 -- EP1_冷端\SIMATIC 400(1)\CPU 416-3 PN/DP

	地址	声明	名称	类型	初始值	实际值	备注
1	0.0	stat:in	m3301.Enable	BOOL	FALSE	FALSE	计时开始使能
2	0.1	stat:in	m3301.Pulse	BOOL	FALSE	FALSE	计时脉冲
3	2.0	stat:in_out	m3301.RNG_S	INT	0	0	秒钟
4	4.0	stat:in_out	m3301.RNG_M	INT	0	0	分钟
5	6.0	stat:in_out	m3301.RNG_H	INT	0	0	小时
6	8.0	stat:in_out	m3301.RNG_H_10K	INT	0	0	万小时
7	10.0	stat:in_out	m3301.clear	BOOL	FALSE	FALSE	计时清零按钮
8	12.0	stat	m3301.onshot	BOOL	FALSE	FALSE	
9	12.1	stat	m3301.onshot_1	BOOL	FALSE	FALSE	
10	12.2	stat	m3301.onshot_2	BOOL	FALSE	FALSE	
11	12.3	stat	m3301.onshot_3	BOOL	FALSE	FALSE	
12	12.4	stat	m3301.onshot_4	BOOL	FALSE	FALSE	
13	12.5	stat	m3301.onshot_5	BOOL	FALSE	FALSE	
14	12.6	stat	m3301.onshot_6	BOOL	FALSE	FALSE	
15	12.7	stat	m3301.onshot_7	BOOL	FALSE	FALSE	

图40-4　FB12中双向皮带机上布料带的双向转动电机的变量声明表（13个中的1个）

41 报警监测

在 SIMATIC 管理器的右边右击 FB6—“对象属性”，可以看到 FB6 是“报警监测”，是对 EP1_ 冷端的“‘GP’.StopSiren”(总报警消音按钮)、“M61.6”(辅助启动蜂鸣器)、“‘DI/O’.AR.HOOTER”(警笛)、“‘DI/O’.AR.CautI/On_Light”(警灯)、“‘DI/O’.AR.BELL”(警铃)、“‘ALM’.V23.PSH2333”(吹除压空压力高报警)、“‘ALM’.V18.YS1850”(停工制冷机系统故障报警)、“‘ALM’.V20.WIT2017_LA”(工艺罐重量低报警)、“‘ALM’.V18.PT1810”(储罐压力高报警)、“‘ALM’.V18.PSH1809”(储罐压力开关高报警)、“‘ALM’.TRIP.Q”(主空开过流)、“‘ALM’.TRIP.QMB01”(主控柜内 1 号本地柜动力分支空开 B_01)、“‘ALM’.TRIP.QMB02”(主控柜内 2 号本地柜动力分支空开 B_02)、“‘ALM’.TRIP.QMB03”(主控柜内 3 号本地柜动力分支空开 B_03)、“‘ALM’.TRIP.QSB01”(本地柜内动力分支空开 B_01)、“‘ALM’.TRIP.QSB02”(本地柜内动力分支空开 B_02)、“‘ALM’.TRIP.QSB03”(“ALM”.TRIP.QSB03)、“‘ALM’.TRIP.WIT1804_F”(储罐荷重传感器线路开关 F033)、“‘ALM’.TRIP.WIT2017_F”(工艺罐荷重传感器线路开关 F034)共 19 报警事项，其中除了“‘DI/O’.AR.HOOTER”(警笛)、“‘DI/O’.AR.CautI/On_Light”(警灯)、“‘DI/O’.AR.BELL”(警铃)的线圈经过右击—“跳转到”—“应用位置”，可以找到 FC44(数字量输出映射)中的对外输出点之外，就像放在 FB6 程序段前面的话一样，FB6“只对报警块进行处理，不直接显示报警点”。

1. 程序段 8～21 的报警处理

在程序段 13 中，系统用“‘DI/O’.QMB.Q”(主空开)的触点定义了“‘ALM’.TRIP.Q”(主空开过流)，当主控开运行时超过了它的额定设定值时，主控开就被自动拉断，由它定义的“‘ALM’.TRIP.Q”(主空开过流)线圈就被激活，出现报警。

在程序段 13 中，对于“‘DI/O’.QMB.Q”(主空开)右击—“跳转到”—“应用位置”，可以打开图 41-2，在 FC43(数字量输入映射)的程序段 3 中可以看到它的硬件输入点“I0.0”。

在程序段 13 中，对于“‘ALM’.TRIP.Q”(主空开过流)右击—“跳转到”—“应用位置”而打开了图 41-3，可以看到在图 41-3 中是没有向外联接的硬件输出点的(例如 FC44)，只是在内部使用，有的只是为 WinCC 监控而设置的。

⊟ **程序段 13**：冷端主空开过流

DB305.DBX30.0
主空开
"DIO".QMB.Q

DB200.DBX102.0
主空开过流
"ALM".TRIP.Q

DB200.DBX102.0
主空开过流
"ALM".TRIP.Q

M64.0
报警复位
"M64.0"

图41-1　FC6中报警中的一个——主空开报警程序段

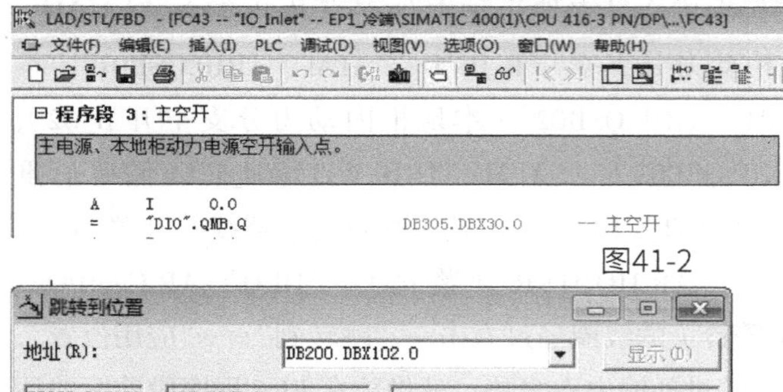

图41-2

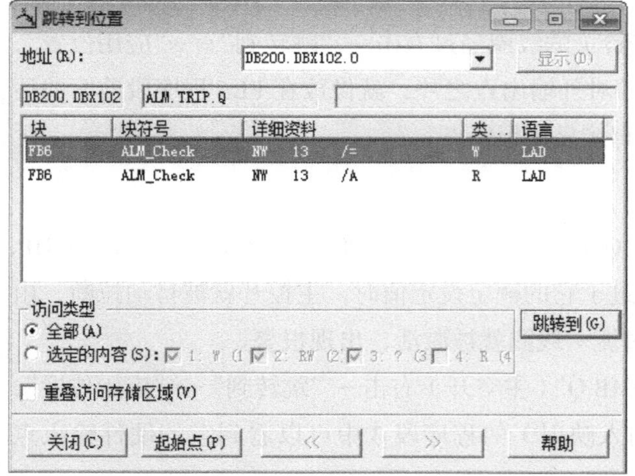

图41-3　“‘ALM’.TRIP.Q”（主空开过流）线圈的跳转位置

2. 程序段 1 中的 FB502（标准 _ 系统报警模块）的处理

在程序段 1 中，13 个输出变量中只有“‘GP’.Alarm.New_Alarm”（新报警）、“‘GP’.Alarm.Total_Alarm”（总报警）这两个输出变量经过右击—“跳转”—“应用位置”，分别找到了程序段 4、5，对外有“‘DI/O’.AR.HOOTER”（警笛）、“‘DI/O’.AR.CautI/On_Light”（警灯）的输出点之外，其他都不向外输出，如图 41–4 所示。

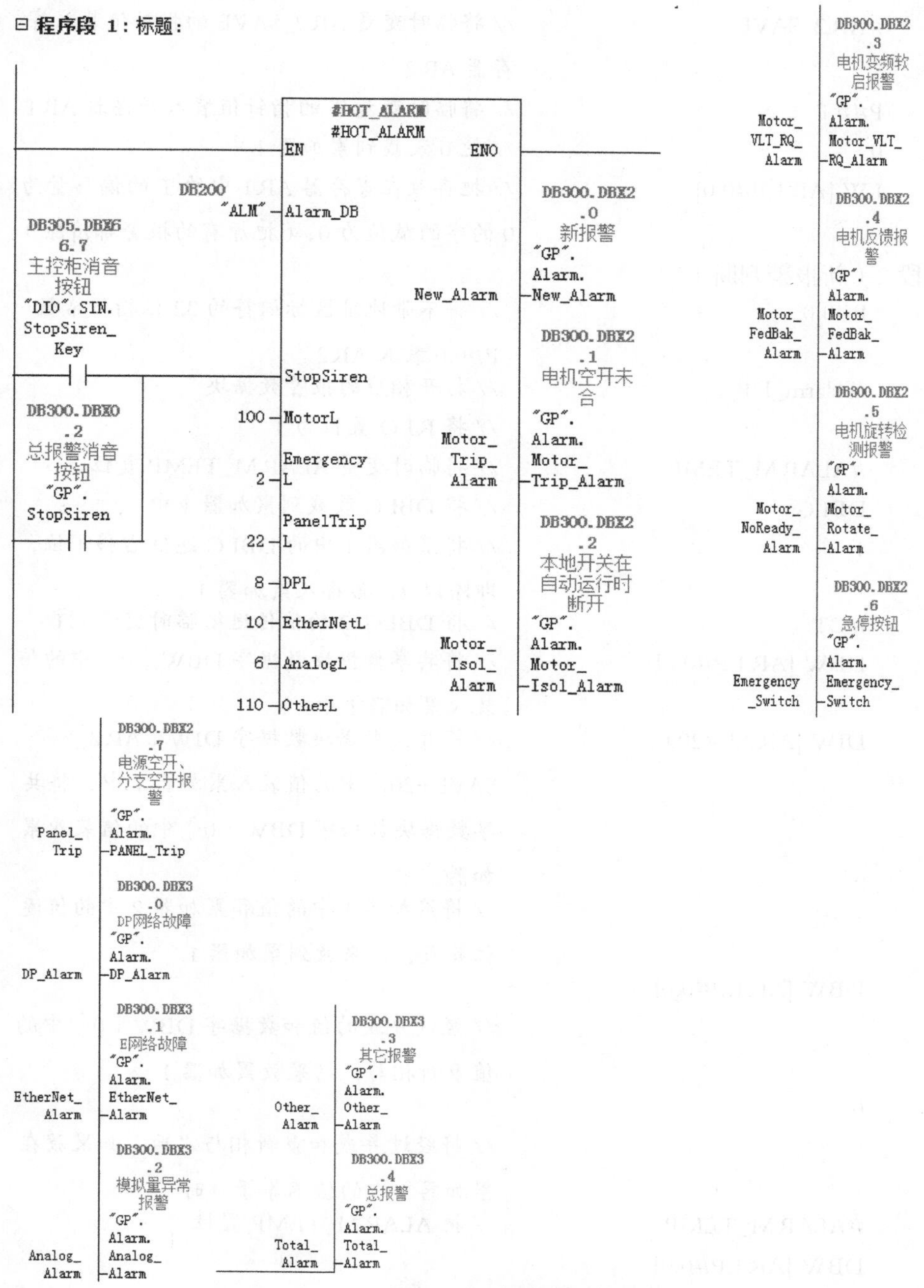

图41-4 程序段1 的程序

3.FB502（标准 _ 系统报警模块）

1）程序段 1（清除所有报警标志）

```
    TAR2     #AR2_SAVE              // 将临时变量 AR2_SAVE 的指针值装入寄存器 AR2
    LAR1     P##T                   // 将临时变量 T 的指针值装入寄存器 AR1
    L        0                      // 把 0 装载到累加器 1 中
    T        LW [AR1,P#0.0]         // 把存放在寄存器 AR1 中的 T 的偏移量为 0 的字的赋值为 0，（把原有的报警都清除）
```

2）程序段 2（新报警判断）

```
    LAR1     P#0.0                  // 将不带地址区标识符的 32 位指针常数 P#0.0 装入 AR2
    OPN      #Alarm_DB              // 打开相应的报警数据块
    SET                             // 将 RLO 置位为 1
    R        #ALARM_TEMP            // 将临时变量 ALARM_TEMP 复位
    L        DBLG                   // 将 DBLG 装载到累加器 1 中
    SRW      1                      // 将累加器 1 中的 DBLG 逐位右移 1 位，即除以 2，再存入累加器 1
nex2: T      #CT                    // 将 DBLG/2 的值传送给临时变量 CT
    L        DBW [AR1,P#0.0]        // 将共享数据块数据字 DBW［0］中的值装入累加器 1 中
    L        DIW [AR2,P#20.0]       // 将背景数据块数据字 DIW［AR2_SAVE+20］中的值装入累加器 1 中，将共享数据块数据字 DBW［0］中的值装入累加器 2 中
    XOW                             // 将累加器 1 中的值和累加器 2 中的值逐位异或，结果放到累加器 1
    L        DBW [AR1,P#0.0]
    AW                              // 经过异或的值和数据字 DBW［0］中的值重新相与，结果放累加器 1
    L        0
    <>I                             // 将经过异或和重新相与以后，如果放在累加器 1 中的值不等于 0 时
    S        #ALARM_TEMP            // 把 ALARM_TEMP 置位
    L        DBW [AR1,P#0.0]
    T        DIW [AR2,P#20.0]       // 把共享数据块 DBW [AR1,P#0.0] 中的值传送给背景数据块
    DIW      [AR2,P#20.0]
    +AR1     P#2.0                  // 把寄存器 1 的指针值加上 2
    +AR2     P#2.0                  // 把寄存器 2 的指针值加上 2
```

```
    L           #CT                       // 将 DBLG/2 的值传送给临时变量 CT
LOOP            nex2                      // 返回到 "next2"
    LAR2        #AR2_SAVE                 // 将经过异或和重新相与以后，如果放在
                                          累加器 1 中的值等于 0 时
    SET
    A           #ALARM_TEMP
    S           #New_Alarm                // 用 "ALARM_TEMP" 置位 "New_
                                          Alarm"
    A           #StopSiren
    R           #New_Alarm                // 用 "StopSiren" 复位 "New_Alarm"
```

3）程序段 3（电机报警）（程序段 3 中可以参见图 5）

```
    LAR1        P#0.0                     // 将不带地址区标识符的 32 位指针常数
                                          P#0.0 装入寄存器 AR1
    L           #MotorL                   // 将输入值 MotorL 加载到累加器 1 中
    SRW         1                         // 将累加器 1 中 MotorL 逐位右移 1 位，即
                                          除以 2，再存入累加器 1
MT: T           #CT                       // 将 MotorL/2 的值传送给临时变量 CT
                                          // 电机过流
    L           DBW [AR1,P#0.0]           // 将共享数据块数据字 DBW［0］中的值
                                          装入累加器 1 中
    L           W#16#101                  // W#16#101=B#100000001
    AW                                    // DBW [0] 和 W#16#101 逐位相与后，再
                                          存入累加器 1
    L           W#16#0
    <>I                                   // DBW [0] 和 W#16#101 逐位相与后，如
                                          果不等于 0
    S           #T.Motor_Trip_Alarm       // 置位 T.Motor_Trip_Alarm 为 1，即有电
                                          机过流报警
                                          // 自动运行本地断开
    L           DBW [AR1,P#0.0]
    L           W#16#202                  // W#16#202=B#100000010
    AW                                    //DBW [0] 和 W#16#202 逐位相与后，再
                                          存入累加器 1
    L           W#16#0
    <>I                                   //DBW [0] 和 W#16#202 逐位相与后，如
                                          果不等于 0
```

```
      S        #T.Motor_Isol_Alarm          // 置位 T.Motor_Isol_Alarm 为 1，即电机的自动运行本地断开
                                            // 变频软启故障
      L        DBW [AR1,P#0.0]
      L        W#16#404                     // W#16#404=B#100000100
      AW                                    // DBW [0] 和 W#16#404 逐位相与后，再存入累加器 1
      L        W#16#0
      <>I                                   //DBW [0] 和 W#16#404 逐位相与后，如果不等于 0
      S        #T.Motor_VLT_RQ_Alarm        // 置位 T.Motor_VLT_RQ_Alarm 为 1，即变频软启故障
                                            // 反馈故障
      L        DBW [AR1,P#0.0]
      L        W#16#808                     // W#16#808=100000001000
      AW                                    // DBW [0] 和 W#16#808 逐位相与后，再存入累加器 1
      L        W#16#0
      <>I                                   //DBW [0] 和 W#16#808 逐位相与后，如果不等于 0
      S        #T.Motor_FedBak_Alarm        // 置位 T.Motor_FedBak_Alarm 为 1，即反馈故障
                                            // 电机自动运行中未准备好报警
      L        DBW [AR1,P#0.0]
      L        W#16#1010                    // W#16#808=1000000010000
      AW                                    // DBW [0] 和 W#16#1010 逐位相与后，再存入累加器 1
      L        W#16#0
      <>I                                   //DBW [0] 和 W#16#1010 逐位相与后，如果不等于 0
      S        #T.Motor_NoReady_Alarm       // 置位 T.Motor_NoReady_Alarm 为 1，即电机自动运行中未准备好报警
      +AR1     P#2.0                        // 把寄存器 AR1 的指针值加上 2
      L        #CT                          // 将 CT 值传送给累加器 1
LOOP  MT                                    // 返回到 MT
```

地址	名称	类型	初始值	注释
0.0		STRUCT		
+0.0	M3301	STRUCT		往复皮带机皮带
+0.0	Q	BOOL	FALSE	过流报警
+0.1	ISO	BOOL	FALSE	本地报警
+0.2	FREQ	BOOL	FALSE	变频软启报警
+0.3	FDBK	BOOL	FALSE	接触器故障
+0.4	SSL	BOOL	FALSE	失速旋转检测报警
+0.5	SP1	BOOL	FALSE	
+0.6	SP2	BOOL	FALSE	
+0.7	SP3	BOOL	FALSE	
=2.0		END_STRUCT		
+2.0	M3302	STRUCT		往复皮带机行走
+0.0	Q	BOOL	FALSE	过流报警
+0.1	ISO	BOOL	FALSE	本地报警
+0.2	FREQ	BOOL	FALSE	变频软启报警
+0.3	FDBK	BOOL	FALSE	接触器故障
+0.4	SSL	BOOL	FALSE	失速旋转检测报警
+0.5	SP1	BOOL	FALSE	
+0.6	SP2	BOOL	FALSE	
+0.7	SP3	BOOL	FALSE	

图41-5 DBW0和DBW2中的值

4. 程序段 4（急停按钮报警）

```
L        #EmergencyL              //将 EmergencyL 装载到累加器 1 中
SRW      1                        //将累加器 1 中 EmergencyL 逐位右移 1 位，即除以 2，再存入累加器 1
JT:  T   #CT                      //将 EmergencyL/2 的值传送给临时变量 CT
L        DBW [AR1,P#0.0]          //将共享数据块数据字 DBW［AR1+0］中的值装入累加器 1 中
L        W#16#0
<>I                               //共享数据块数据字 DBW［AR1+0］中的值不等于 0
S        #T.Emergency_Switch      //置位 T.Emergency_Switch 为 1，即急停按钮报警
+AR1     P#2.0                    //把寄存器 AR1 的指针值加上 2
L        #CT                      //将 EmergencyL/2 的值传送给临时变量 CT
LOOP     JT
```

5. 程序段 5（分支空开报警）

```
      L       #PanelTripL          // 将 PanelTripL 装载到累加器 1 中
      SRW     1                    // 将累加器 1 中 PanelTripL 逐位右移 1 位，即除以 2，再存入累加器 1 中
FZKK: T       #CT                  // 将 PanelTripL /2 的值传送给临时变量 CT
      L       DBW [AR1,P#0.0]      // 将共享数据块数据字 DBW［AR1+0］中的值装入累加器 1 中
      L       W#16#0
      <>I                          // 共享数据块数据字 DBW［AR1+0］中的值不等于 0
      S       #T.Panel_Trip        // 置位 T.Panel_Trip 为 1，即分支空开报警
      +AR1    P#2.0                // 把寄存器 AR1 的指针值加上 2
      L       #CT
      LOOP    FZKK
```

6. 程序段 6（DP 网络报警）

```
      L       #DPL                 // 将 DPL 装载到累加器 1 中
      SRW     1                    // 将累加器 1 中 PanelTripL 逐位右移 1 位，即除以 2，再存入累加器 1 中
DP:   T       #CT                  // 将 DPL /2 的值传送给临时变量 CT
      L       DBW [AR1,P#0.0]      // 将共享数据块数据字 DBW［AR1+0］中的值装入累加器 1 中
      L       W#16#0
      <>I                          // 共享数据块数据字 DBW［AR1+0］中的值不等于 0
      S       #T.DP_Alarm          // 置位 T.DP_Alarm 为 1，即 DP 网络报警
      +AR1    P#2.0                // 把寄存器 AR1 的指针值加上 2
      L       #CT                  // 把 CT 中的值装载到累加器 1 中
      LOOP    DP
```

7. 程序段 7（EtherNet 网络报警）

```
L       #EtherNetL          // 将 EtherNetL 装载到累加器 1 中
SRW     1                   // 将累加器 1 中 EtherNet 逐位右移 1 位，
                            即除以 2，再存入累加器 1 中
EN: T   #CT                 // 将 EtherNetL /2 的值传送给临时变量
                            CT
L       DBW [AR1,P#0.0]
L       W#16#0
<>I                         // 当共享数据块数据字 DBW［AR1+0］
                            中的值不等于 0
S       #T.EtherNet_Alarm   // 置位 T.EtherNet_Alarm 为 1，即
                            EtherNet 网络报警
+AR1    P#2.0               // 把寄存器 AR1 的指针值加上 2
L       #CT                 // 把 CT 中的值装载到累加器 1 中
LOOP    EN
```

8. 程序段 8（模拟量信号故障报警）

```
L       #AnalogL            // 将 AnalogL 装载到累加器 1 中

SRW     1                   // 将累加器 1 中 AnalogL 逐位右移 1 位，
                            即除以 2，再存入累加器 1 中
ANA: T  #CT                 // 将 EtherNetL /2 的值传送给临时变量
                            CT
L       DBW [AR1,P#0.0]
L       W#16#0
<>I                         // 当共享数据块数据字 DBW［AR1+0］
                            中的值不等于 0
S       #T.Analog_Alarm     置位 T.Analog_Alarm 为 1，即模拟量信号
                            故障报警
+AR1    P#2.0               // 把寄存器 AR1 的指针值加上 2
L       #CT                 // 把 CT 中的值装载到累加器 1 中
LOOP    ANA
```

9. 程序段 9（其他信号报警）

```
L       #OtherL             // 将 OtherL 装载到累加器 1 中
SRW     1                   // 将累加器 1 中 OtherL 逐位右移 1 位，
                            即除以 2，再存入累加器 1 中
```

```
    OTH:     #CT                        // 将 OtherL /2 的值传送给临时变量 CT
T
    L        DBW [AR1,P#0.0]
    L        W#16#0
    <>I                                 // 当共享数据块数据字 DBW [AR1+0]
                                        中的值不等于 0
    S        #T.Other_Alarm             // 置位 T.Other_Alarm 为 1，即其他信号
                                        报警
    +AR1     P#2.0                      // 把寄存器 AR1 的指针值加上 2
    L        #CT                        // 把 CT 中的值装载到累加器 1 中
LOOP  OTH
```

10. 程序段 10（总报警）

```
    LAR1     P##T                       // 将临时变量 T 的指针值装入寄存器
                                        AR1
    L        LW [AR1,P#0.0]             // 把存放在寄存器 AR1 中的 T 的偏移量
                                        为 0 的局部字中的值装载到累加器 1 中
    L        0
    <>I                                 // 当 T 中的值不等于 0 时
    =        #Total_Alarm               // 激活 Total_Alarm，发出报警
    =        #T.Total_Alarm             // 激活临时变量中的 Total_Alarm，发出
                                        报警

    A        #New_Alarm                 // 用上面的 New_Alarm 激活新报警
                                        T.New_Alarm
    =        #T.New_Alarm

    L        LW [AR1,P#0.0]
    T        DIW [AR2,P#18.0]           // 把局部变量 LW [AR1,P#0.0] 中的值传
                                        送给背景数据块
    DIW      [AR2,P#20.0]
    SET
    SAVE                                // 将状态字中的 RLO 位保存到 BR
    CLR
```

42 网络及硬件通信

在FB9（网络和硬件通信）中，以多重背景的形式调用了系统功能块SFB14、SFB15、SFB12、SFB13和系统功能SFC14，用于处理热端发送给冷端信号（GET，SFB14）、冷端发送给热端信号（PUT，SFB15）、进料端发送给冷端信号（GET，SFB14）、冷端发送给进料端信号（PUT，SFB15）、冷端发送给进料端信号（send，SFB12）、进料端发送给冷端信号（receive，SFB13）和SFC14（智能仪表）。

1. 热端发送给冷端信号（GET，SFB14）和冷端发送给热端信号（PUT，SFB15）

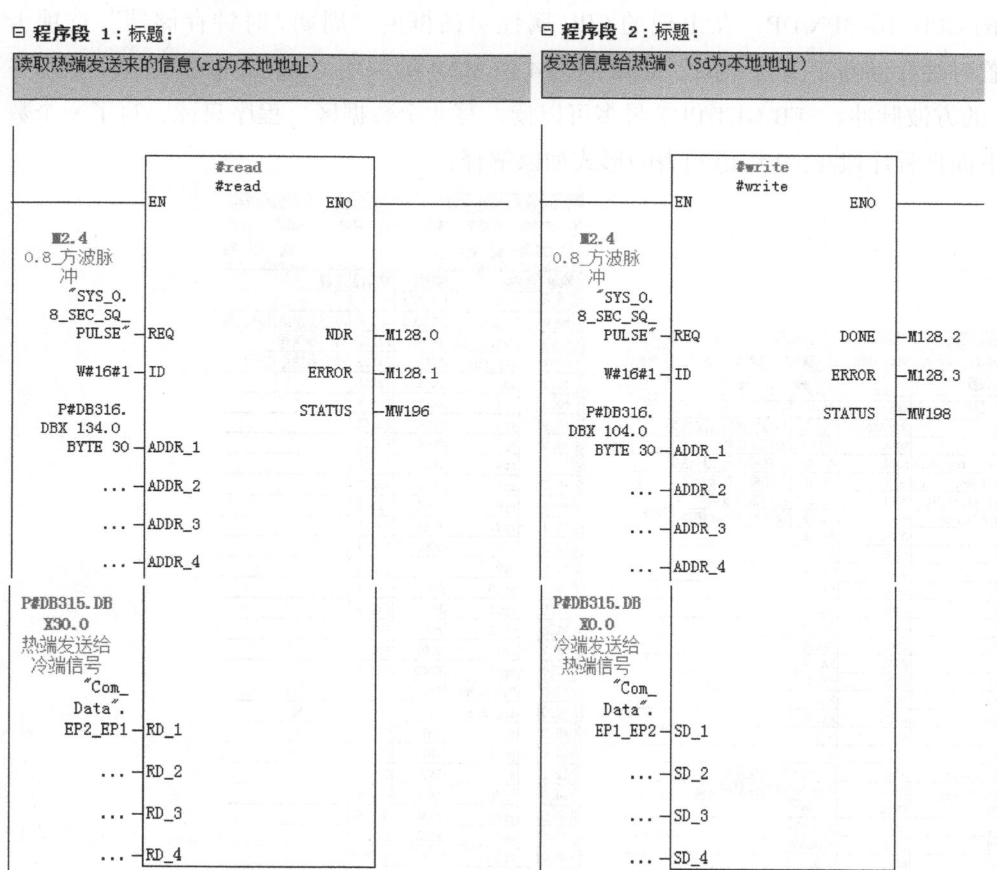

图42-1 热端发送给冷端信号（GET，SFB14）和冷端发送给热端信号（PUT，SFB15）

在图42-1的程序段1、2中，来自EP2_热端的共享数据块DB316的“P#DB316.DBX 134.0 BYTE 30”的数据信息，存放在EP1_冷端的共享数据块DB315的“‘Com_Data’.EP2_EP1”（P#DB315.DBX30.0）当中。来自EP1_冷端的共享数据块DB315的

“‘Com_Data’.EP1_EP2”（ P#DB315.DBX0.0）的数据信息，存放在 EP2_ 热端的共享数据块 DB316 的“P#DB316.DBX 104.0 BYTE 30”当中。对程序段 1 中的“read”右击—“跳转”—“应用位置”，可以看到系统功能块是不允许打开的。

为两台 CPU 生成的数据块 DB315 和 DB316，分别在数据块中创建一个有 30 个字节元素的结构 STRUCT，如图 42-2 所示。EP1_ 冷端作为客户机，在它的 OB35 中调用单向通信功能块 GET 和 PUT，读、写服务器的存储区，如图 42-3 所示。EP2_ 热端作为服务器，不需要调用通信功能块。

在通信请求信号 REQ 的上升沿时激活 GET、PUT 的数据传输。为了实现周期性的数据传输，用时钟存储器位提供的时钟脉冲作为 REQ 信号。组态时双击 HW Config 的机架中的 CPU416-3PN/DP，在出现的 CPU 属性对话框的“周期 / 时钟存储器”选项卡中，设置时钟存储器字节为 MB2。MB2 的第 4 位 M2.4 的周期为 800ms(0 状态和 1 状态各 100ms）的方波脉冲。SFB GET/PUT 最多可以读、写 4 个数据区，程序只读、写了一个数据区。下面把程序段 1、2 用语句表的形式加以解释：

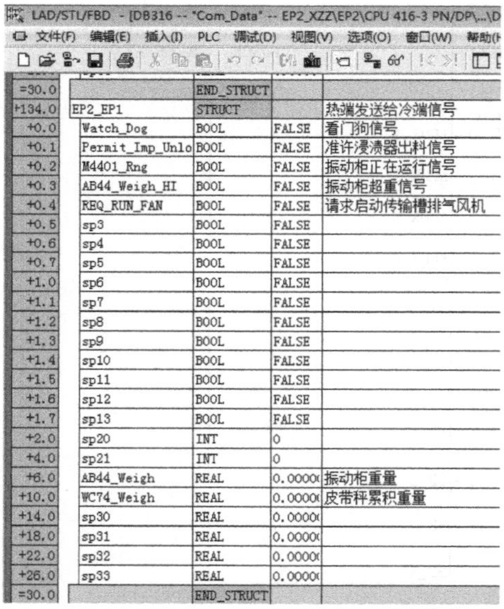

LAD/STL/FBD - [DB316 -- "Com_Data" -- EP2_XZZ\EP2\CPU 416-3 PN/DP\...\D

文件(F) 编辑(E) 插入(I) PLC 调试(D) 视图(V) 选项(O) 窗口(W) 帮助(H

=30.0		END_STRUCT		
+134.0	EP2_EP1	STRUCT		热端发送给冷端信号
+0.0	Watch_Dog	BOOL	FALSE	看门狗信号
+0.1	Permit_Imp_Unlo	BOOL	FALSE	准许浸渍器出料信号
+0.2	M4401_Rng	BOOL	FALSE	振动柜正在运行信号
+0.3	AB44_Weigh_HI	BOOL	FALSE	振动柜超重信号
+0.4	REQ_RUN_FAN	BOOL	FALSE	请求启动传输槽排气风机
+0.5	sp3	BOOL	FALSE	
+0.6	sp4	BOOL	FALSE	
+0.7	sp5	BOOL	FALSE	
+1.0	sp6	BOOL	FALSE	
+1.1	sp7	BOOL	FALSE	
+1.2	sp8	BOOL	FALSE	
+1.3	sp9	BOOL	FALSE	
+1.4	sp10	BOOL	FALSE	
+1.5	sp11	BOOL	FALSE	
+1.6	sp12	BOOL	FALSE	
+1.7	sp13	BOOL	FALSE	
+2.0	sp20	INT	0	
+4.0	sp21	INT	0	
+6.0	AB44_Weigh	REAL	0.00000	振动柜重量
+10.0	WC74_Weigh	REAL	0.00000	皮带秤累积重量
+14.0	sp30	REAL	0.00000	
+18.0	sp31	REAL	0.00000	
+22.0	sp32	REAL	0.00000	
+26.0	sp33	REAL	0.00000	
=30.0		END_STRUCT		

LAD/STL/FBD - [DB315 -- "Com_Data" -- EP1_冷端\SIMAT

文件(F) 编辑(E) 插入(I) PLC 调试(D) 视图(V) 选项(

地址	名称	类型	初始值	注释
0.0		STRUCT		
+0.0	EP1_EP2	STRUCT		冷端发送给热端信号
+0.0	Watch_Dog	BOOL	FALSE	看门狗信号
+0.1	Imp_Rng	BOOL	FALSE	浸渍系统正在运行
+0.2	sp	BOOL	FALSE	
+0.3	sp1	BOOL	FALSE	
+0.4	sp2	BOOL	FALSE	
+0.5	sp3	BOOL	FALSE	
+0.6	sp4	BOOL	FALSE	
+0.7	sp5	BOOL	FALSE	
+1.0	sp6	BOOL	FALSE	
+1.1	sp7	BOOL	FALSE	
+1.2	sp8	BOOL	FALSE	
+1.3	sp9	BOOL	FALSE	
+1.4	sp10	BOOL	FALSE	
+1.5	sp11	BOOL	FALSE	
+1.6	sp12	BOOL	FALSE	
+1.7	sp13	BOOL	FALSE	
+2.0	sp15	WORD	W#16#0	
+4.0	Patch_Num	INT	0	完成批次数
+6.0	Imp_Num	INT	0	浸渍步骤
+8.0	sp20	INT	0	
+10.0	sp21	INT	0	
+12.0	sp22	INT	0	
+14.0	sp30	REAL	0.0000	
+18.0	sp31	REAL	0.0000	
+22.0	sp32	REAL	0.0000	
+26.0	sp33	REAL	0.0000	
=30.0		END_STR		

图42-2 为两台CPU生成的数据块DB316和DB315

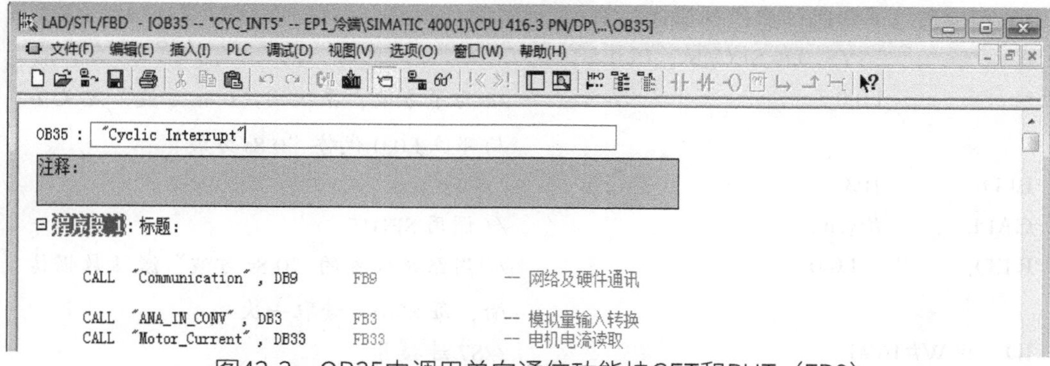

图42-3 OB35中调用单向通信功能块GET和PUT（FB9）

1）程序段 1（读取热端发送来的信息）

```
A           "SYS_0.8_SEC_SQ_PULSE"
=           L0.0                      //为了方便，系统用“0.8s 方波”定义了局部位 L0.0 代替“0.8s 方波”
BLD         103
CALL        #read                     //调用 SFB14
REQ         :=L0.0                    //用系统设置的“0.8s 方波”激活数据传输，每 800ms 读取一次
ID          :=W#16#1                  //S7 连接号
NDR         :=M128.0                  //每次读取完成产生一个脉冲
ERROR       :=M128.1                  //错误标志，错误时为 1
STATUS:=MW196                         //状态字，为 0 是标示没有警告和错误
ADDR_1:=P#DB316.DBX 134.0 BYTE 30     //读取的热端一号地址区（DB316.DBX 134.0 BYTE 30）
ADDR_2:=
ADDR_3:=
ADDR_4:=
RD_1        :=" Com_Data" .EP2_EP1    //冷端读取到的数据存放在一号地址区（“Com_Data” .EP2_EP1）
RD_2        :=
RD_3        :=
RD_4        :=
NOP         0
```

2）程序段 2（发送信息给热端）

```
A        "SYS_0.8_SEC_SQ_PULSE"
=        L0.0                    // 为了方便，系统用"0.8s 方波"定义了局部位 L0.0 代替"0.8s 方波"
BLD      103
CALL     #write                  // 调用 SFB15
REQ      :=L0.0                  // 用系统设置的"0.8s 方波"激活数据传输，每 800ms 读取一次
ID   :=W#16#1                    //S7 连接号
DONE  :=M128.2                   // 每次读取完成产生一个脉冲
ERROR :=M128.3                   // 错误标志，错误时为 1
STATUS:=MW198                    // 状态字，为 0 是标示没有警告和错误
ADDR_1:=P#DB316.DBX104.0 BYTE 30 // 要写入的热端一号地址区
ADDR_2:=
ADDR_3:=
ADDR_4:=
SD_1:=" Com_Data" .EP1_EP2       // 冷端要发送的数据存放在一号地址区
SD_2     :=
SD_3     :=
SD_4     :=
NOP      0
```

2. 冷端发送给进料端信号（send，SFB12）和进料端发送给冷端信号（recive，SFB13）

在图 42–4 程序段 10、11 中，来自 EP1_ 冷端的"'Com_Data' .EP1_JL"（P#DB315.DBX60.0）信息发送给进料端，来自进料端的信息存放在"'Com_Data' .JL_EP1"（P#DB315.DBX94.0）双方的通信程序基本上相同，首先生成各自的数据块，在数据块中生成有 34 个字节元素的结构 STRUCT，如图 42–5 所示。

为了实现周期性的数据传输，组态硬件时，在 CPU 的属性对话框的"周期 / 时钟存储器"选项卡中将 MB2 组态为时钟存储器字节，对程序段 10 中的"SYS_0.2_SEC_PULSE"（M1.1）右击—"跳转"—"应用位置"，打开了 FB2（时钟和报警复位），系统根据"SYS_0.2_SEC_SQ_PULSE"（M2.1）又定义了一个 200ms 脉冲"SYS_0.2_SEC_PULSE"（M1.1）。M1.1 周期为 200ms，用 M1.1 为 BSEND 提供发送请求信号 REQ。

使用时，打开程序编辑器左边的指令列表窗口中的文件夹"\ 库 \Standard Library\System FunctI/On Blocks"，将其中的 SFB12"BSEND"和 SFB13"BRCV"指令拖放到程序区即可。

SFB BSEND/BRCV 的输入参数 ID 为连接的标识符，R_ID 用于区分同一连接中不同的数据包传送。同一个数据包的发送方与接收方的 R_ID 应相同。站点（EP1_ 冷端）发送和接收的数据包的 R_ID 分别为 2 和 1（如图 42–5 所示），站点进料端发送和接收的数据包的 R_ID 分别为 1 和 2。下面是站点（EP1_ 冷端）的 OB35 中的程序（OB35 调用 FB9）。

BSEND 的 IN_OUT 参数 LEN 是要发送的数据的字节数，数据类型为 WORD。因为不能使用常数，设置 LEN 的实参为 MW204，用下面两条语句预置它的初始值为 34，如图 42–4 中的程序段 9。下面把程序段 1、2 用语句表的形式加以解释：

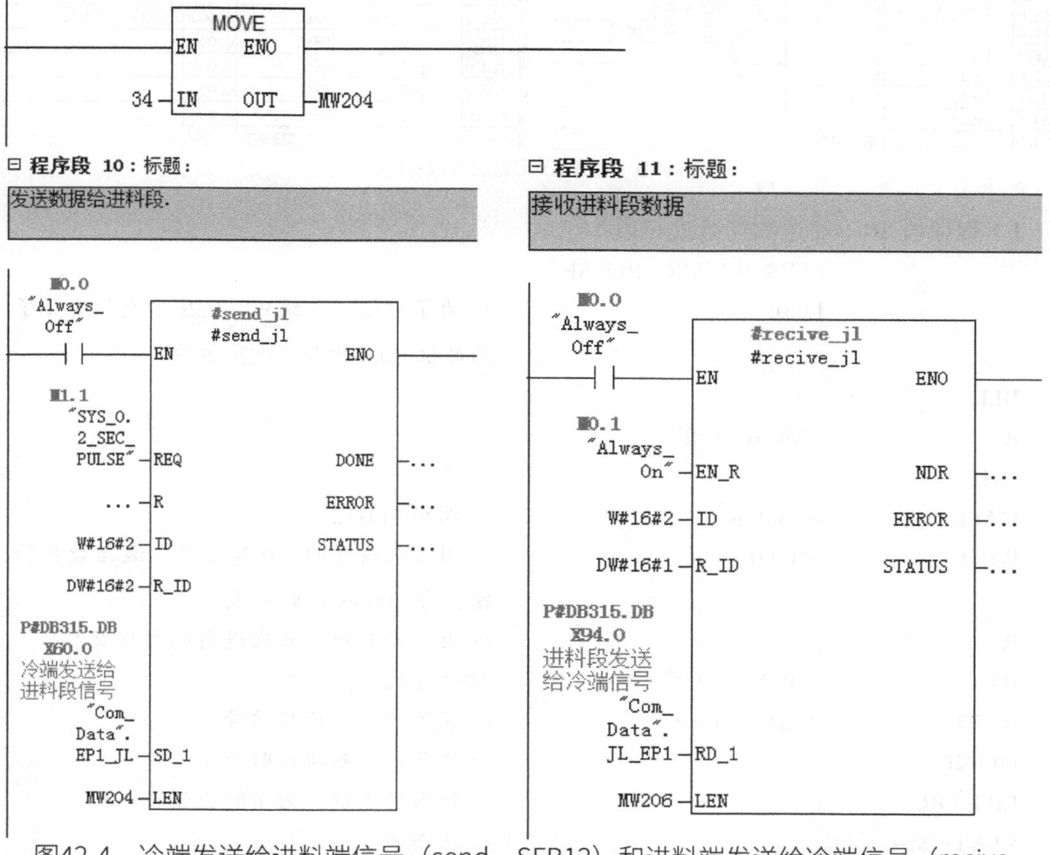

图42-4 冷端发送给进料端信号（send，SFB12）和进料端发送给冷端信号（recive，SFB13）

+60.0	EP1_JL	STRUCT		冷端发送给进料段信号
+0.0	Watch_Dog	BOOL	FALSE	看门狗信号
+0.1	REQ_LODA	BOOL	FALSE	请求装入烟丝信号
+0.2	Auto	BOOL	FALSE	浸渍系统自动状态
+0.3	sp4	BOOL	FALSE	
+0.4	sp5	BOOL	FALSE	
+0.5	sp6	BOOL	FALSE	
+0.6	sp7	BOOL	FALSE	
+0.7	sp8	BOOL	FALSE	
+1.0	sp9	BOOL	FALSE	
+1.1	sp10	BOOL	FALSE	
+1.2	sp11	BOOL	FALSE	
+1.3	sp12	BOOL	FALSE	
+1.4	sp13	BOOL	FALSE	
+2.0	Batch_Numbe	INT	0	完成批次
+4.0	Imp_Sequence	INT	0	浸渍器工作步序
+6.0	sp212	INT	0	
+8.0	sp21	INT	0	
+10.0	AB44_Weigh	REAL	0.000(	振动柜重量
+14.0	WC74_Weigh	REAL	0.000(	皮带秤累积重量
+18.0	sp30	REAL	0.000(	
+22.0	sp31	REAL	0.000(	
+26.0	sp32	REAL	0.000(	
+30.0	sp33	REAL	0.000(	
=34.0		END_STRUCT		

+94.0	JL_EP1	STRUCT		进料段发送给冷端信号
+0.0	Watch_Dog	BOOL	FALSE	看门狗信号
+0.1	Tobacco_Rea	BOOL	FALSE	烟丝准备好
+0.2	Loading_Tob	BOOL	FALSE	正在装烟丝
+0.3	Infeet_Over	BOOL	FALSE	装烟丝完毕
+0.4	LAST_batch	BOOL	FALSE	最后一批料
+0.5	sp6	BOOL	FALSE	
+0.6	sp7	BOOL	FALSE	
+0.7	sp8	BOOL	FALSE	
+1.0	sp9	BOOL	FALSE	
+1.1	sp10	BOOL	FALSE	
+1.2	sp11	BOOL	FALSE	
+1.3	sp12	BOOL	FALSE	
+1.4	sp13	BOOL	FALSE	
+2.0	sp23	INT	0	
+4.0	sp25	INT	0	
+6.0	sp26	INT	0	
+8.0	sp21	INT	0	
+10.0	Tobacco_Wei	REAL	0.000(	每批烟丝重量
+14.0	Tota_Weigh	REAL	0.000(	皮带秤累积重量
+18.0	sp30	REAL	0.000(	
+22.0	sp31	REAL	0.000(	
+26.0	sp32	REAL	0.000(	
+30.0	sp33	REAL	0.000(	
=34.0		END_STRUCT		

图42-5　冷端的DB315数据块

1）程序段 10（发送数据给进料段）

```
A           "SYS_0.2_SEC_PULSE"
   =        L0.0                     //为了方便，系统用“0.2s 方波”定义了局部位 L0.0 代替“0.2s 方波”
   BLD      103
   A        "Always_Off"
   JNB      _002
   CALL     #send_jl                 //调用 SFB12
   REQ      :=L0.0                   //用系统设置的“0.2s 方波”激活数据传输，每 200ms 读取一次
   R        :=                       //上升沿时中断正在进行的数据交换
   ID       :=W#16#2                 //S7 连接号
   R_ID     :=DW#16#2                //发送和接受请求信号
   DONE     :=                       //任务被正确执行时为 1
   ERROR    :=                       //错误标志位，为 1 时出错
   STATUS:=                          //状态字
   SD_1     :=" Com_Data" .EP1_JL    //存放要发送的数据地址区
   LEN      :=MW204                  //要发送的数据字节数
_002: NOP   0
```

2）程序段 11（接收进料段数据）

```
A                 "Always_On"                 // 系统用 M0.1（Always_on）定义了 L0.0
    =             L0.0
    BLD           103
    A             "Always_Off"
    JNB           _003
    CALL          #recive_jl                  // 调用 SFB13
    EN_R          :=L0.0                      // 接收请求，为 1 时，允许接受
    ID            :=W#16#2                    //S7 连接号
    R_ID          :=DW#16#1                   // 发送和接受请求信号
    NDR           :=                          // 任务被正确执行时为 1
    ERROR         :=                          // 错误标志位，为 1 时出错
    STATUS:=                                  // 状态字
    RD_1          :=" Com_Data" .JL_EP1       // 存放接收的数据的地址区
    LEN           :=MW206                     // 已接收的数据字节数
_003: NOP         0
```

3.DP 从站（5）接收到数据包的系统功能 SFC14

在图 42–6 的程序段 16 中，来自"W#16#2B4"（692）（5 号从站的输入地址）的数据被 SFC14 读取，存放在"'智能仪表'.DB_VAR21"（P#DB331.DBX304.0）连续的 68 字节的数据区中。

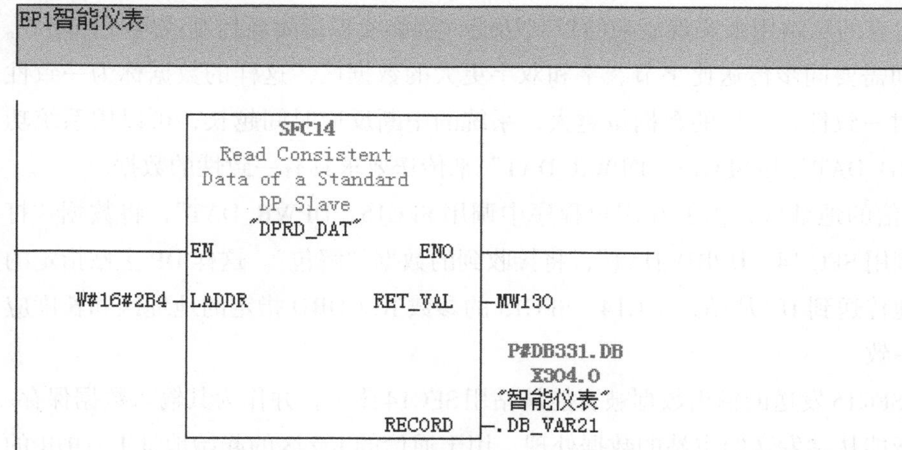

图42-6 接收到数据包的系统功能SFC14的程序

1）数据的一致性，数据的一致性 (Consistency）又称为连续性。通信块被执行、通信数据被传送的过程如果被一个更高优先级的 OB 块中断，将会使传送的数据不一致（不连续），即被传输的数据一部分来自中断之前，一部分来自中断之后，因此这些数据是不连

续的。

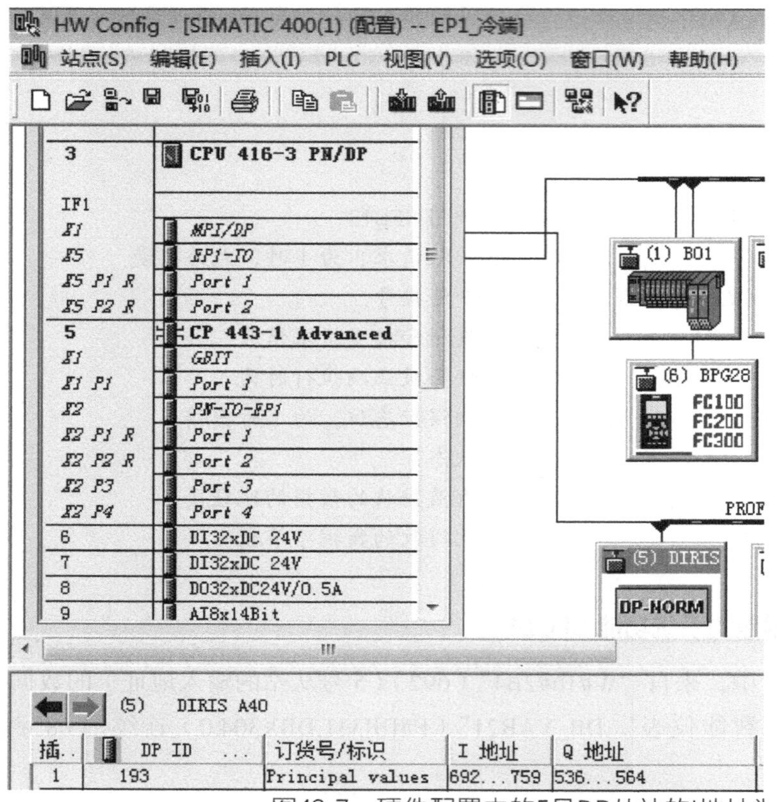

图42-7　硬件配置中的5号DP从站的I地址为692

在通信中，有的从站用来实现复杂的控制功能，例如模拟量闭环控制或电气传动等。从站与主站之间需要同步传送比字节、字和双字更大的数据区，这样的数据称为一致性数据，需要绝对一致性，传送的数据量越大，系统的中断反应时间越长；可以用系统功能 SFC14“DPRD_DAT”和 SFC15“DPWR_DAT”来传送要求具有一致性的数据。

2）主从通信的地址区，需要在用户程序中调用 SFC15“DPWR_DAT”，将数据“打包”后发送，调用 SFC 14“DPRD_DAT”，将接收到的数据“解包”。这样 DP 主站指定的数据区被连续地传送到 DP 从站，SFC14、SFC15 的参数 RECORD 指定的地址区和长度应与组态的参数一致。

DP 主站用 SFC15 发送的输出数据被智能从站用 SFC14 读出，并作为其输入数据保存。反之也适用于智能从站发送给主站的数据处理。用于通信的 I/Q 区的起始地址 LADDR 的数据类型为 WORD，应使用十六进制数格式。十六进制数为 16#2B4 对应 692，如图 42-7 所示。

下面把程序段 16 用语句表的形式加以解释：

```
CALL        "DPRD_DAT"               // 调用 SFC14
LADDR       :=W#16#2B4               // 接收通信数据的过程影像输入区的
                                     起始地址为 IB692
RET_VAL     :=MW130                  // 错误代码
RECORD      :="智能仪表".DB_VAR21    // 存放接收的数据的目标数据区
NOP         0
```

43　电机电流

在功能块 FB33 中，分别读取了“FRE”.M3301.I”“FRE”.M3302.I”“FRE”.M2801A.I”“FRE”.M2801B.I”“FRE”.M4001.I”“FRE”.M4006.I”“FRE”.M4101.I”“FRE”.M2201A.I”“FRE”.M2201B.I”“FRE”.M_SP133.I”“FRE”.M_SP134.I”共 11 个冷端高性能馈电器驱动的电机电流，而且每一个馈电器都分配有地址。下面以 BC33 双向皮带机上布料带的双向转动的电机运行为例介绍。

1. 功能块 FB33 中的相关信息

在图 43-1 的程序块 1 中，来自 BC33 布料带双向转动的电机的高性能馈电器内部的信息被读取出来，存放在背景数据块 DB33 中（如图 43-2 所示），传送给“‘FRE’.M3301.I”（DB308.DBD356 电流），存放在共享数据块 DB308 中。

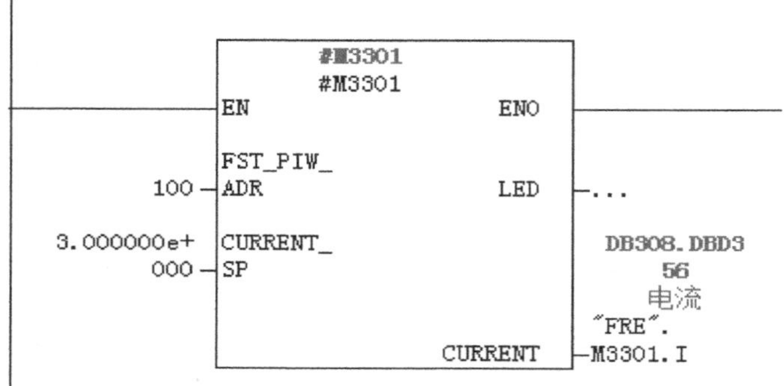

图43-1　BC33双向皮带机上布料带的双向转动的电机的电流的读取

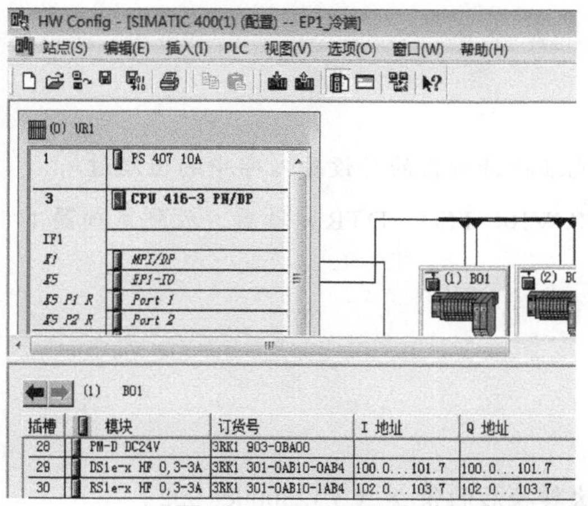

图43-2　BC33双向皮带机上布料带的双向转动的电机的馈电器地址

DB33 -- EP1_冷端\SIMATIC 400(1)\CPU 416-3 PN/DP

	地址	声明	名称	类型	初始值	实际值	备注
1	0.0	stat:in	M3301.FST_PIW_ADR	INT	0	0	状态字PIW
2	2.0	stat:in	M3301.CURRENT_SP	REAL	0.000000e+000	0.000000e+000	电机额定电流值
3	6.0	stat:out	M3301.LED	BOOL	FALSE	FALSE	运行指示灯
4	8.0	stat:out	M3301.CURRENT	REAL	0.000000e+000	0.000000e+000	电机实际工作电流

图43-3　背景数据块FB33中的BC33双向皮带机上布料带的双向转动电机的信息

在程序段 1 中，“FST_PIW_ADR”对应的“100”来自图 43–2 中的 DP 地址为 1 的子站箱的 29 槽的高性能馈电器的地址值。

2.FB33 调用的 FB591（西门子高性能模块）中的程序

```
        //初始化控制字
        //  L   0
        //  T   LW2

        //读取状态字
L       #FST_PIW_ADR
ITD
SLD  3
LAR1                          //把起始地址通过“ITD”（整数转换双整数），向左
                              移动三位“SLD3”把起始地址变成了寄存器间接寻址
                              的指针形式，作为起始指针，便于后面使用，并存放
                              在寄存器 AR1 中
L       PIW [AR1,P#0.0]
T       LW0                   //把起始地址指针所指的外设输入字中的值装载到累
                              加器 1 中，并传送给 LW0
        //计算电流
```

```
SLW   10
SRW   10
ITD
DTR                               // 把起始地址指针所指的外设输入字中的值经过
                                  SLW10—SRW10—ITD—DTR，最后，放到累加器 1
                                  中
L        3.125000e-002
*R
L        #CURRENT_SP
*R
T        #CURRENT                 // 经过多次转换后的值 ×（3.125000e-002）
                                  ×CURRENT_SP= CURRENT “CURRENT” 值
                                  存放在 DB33 中，最后赋值给 “‘FRE’.M3301.I”
                                  （DB308.DB356 电流）中
```

44　热端和燃烧炉之间的通信

1. 块移动 SFC20

在 EP3_ 燃烧炉的 FC30（Exch_Data）中，两个 SFC20 的系统功能，如图 44-1 所示。SFC20 的系统功能的作用就是 [“BLKMOV”(块移动)]，顾名思义，就是把形参“SRCBLK”对应的实参“‘Com_Data’.EP2_EP3”（接收热端发送来的命令，P#DB315.DBX0.0）中的一组数据传送到形参“DSTBLK”对应的实参“‘ANA’.EP2_IN60”(热端发送给燃烧炉的命令，P#DB307.DBX84.0）一组数据中来。同样，要发送给燃烧炉的一组数据“‘ANA’.IN60_EP2”(发送燃烧炉的信息给热端，P#DB307.DBX114.0）传送给“‘Com_Data’.EP3_EP2”(反馈燃烧炉的信息给热端，P#DB315.DBX30.0)。

这样做的目的就是把从热端传送来的和要发送给热端的数据统一放在 DB307，DB315 中的数据只是中转站，以免出现操作失误，如图 44-2 所示。

2. 数据的读取和发送

由于 EP2_ 热端和 EP3_ 燃烧炉之间通信固定，由热端读取和发送数据，燃烧炉不负责编写数据的读取和发送。

在 EP2_ 热端的 FB9（网络及硬件通信）中，在图 44-3 的程序段 1 中，(EP3_EP2) SFB14 来自 EP3_ 燃烧炉的一组数据“P#DB315.DBX 30.0 BYTE 74”经过 SFB14（EP3_EP2）存放到了 EP2_ 热端的“‘Com_Data’.EP3_EP2”(接收燃烧炉的信息，P#DB316.DBX30.0）这段区域中，如图 44-4 所示。(EP2_EP3) SFB15 来自 EP2_ 热端的一组数据“‘Com_Data’.EP2_EP3”(发送给燃烧炉的信息，P#DB316.DBX0.0）经过 SFB15（EP2_EP3）存放到了 EP3_ 燃烧炉的“P#DB315.DBX 0.0 BYTE 30”这段区域中，如图 44-5 所示。

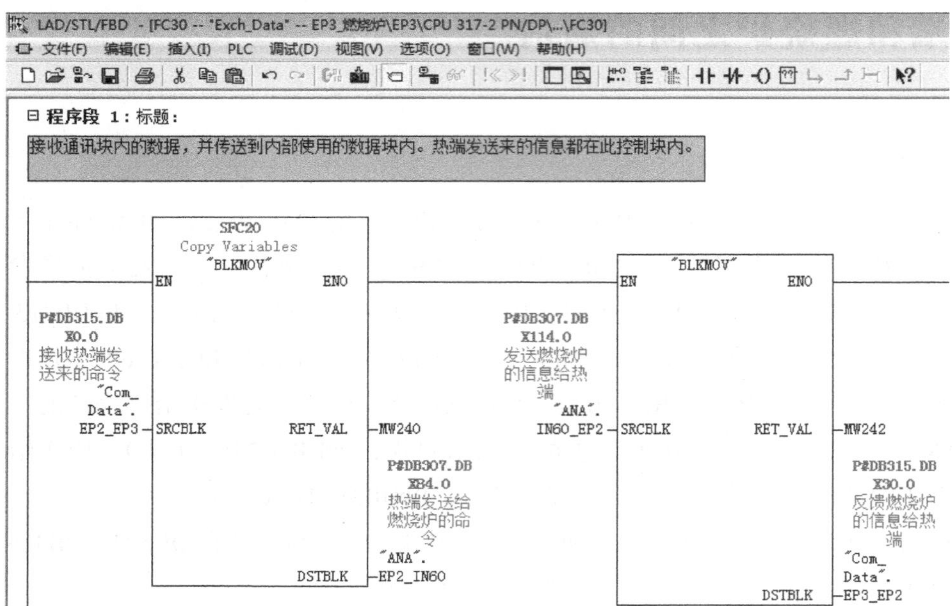

图44-1　EP3_热端FC30中的SFC20的块移动程序

LAD/STL/FBD - [DB307 -- "ANA" -- EP3_燃烧炉\EP3\CPU 317-2 PN/DP\..

文件(F) 编辑(E) 插入(I) PLC 调试(D) 视图(V) 选项(O) 窗口(W)

地址	名称	类型	初始值	注释
+84.0	EP2_IN60	STRUCT		热端发送给燃烧炉的命令
+0.0	Start	BOOL	FALSE	允许启动
+0.1	Reset	BOOL	FALSE	复位
+0.2	First_Down	BOOL	FALSE	第一次降温请求信号
+0.3	Second_Dowr	BOOL	FALSE	第二次降温请求信号
+0.4	Third_Down	BOOL	FALSE	第三次降温请求信号
+0.5	Spare1	BOOL	FALSE	
+0.6	Spare2	BOOL	FALSE	
+0.7	Watch_Dog	BOOL	FALSE	看门狗校验位
+2.0	Temp_Sp	REAL	7.500000e+002	燃烧炉温度设定
+6.0	First_Temp_	REAL	7.000000e+002	第一次降温设定值
+10.0	Second_Temp	REAL	6.500000e+002	第二次降温设定值
+14.0	Third_Temp_	REAL	6.000000e+002	第三次降温设定值
+18.0	TT5004Pv	REAL	0.000000e+000	TT5004切向分离器温度
+22.0	TY6103Pv	REAL	0.000000e+000	TY6103联动风门反馈值
+26.0	Spare332	REAL	0.000000e+000	
=30.0		END_STRUCT		

图44-2　EP3_燃烧炉DB307中发送给热端和接收来自热端的数据存放点

LAD/STL/FBD - [DB307 -- "ANA" -- EP3_燃烧炉\EP3\CPU 317-2 PN/DP

文件(F) 编辑(E) 插入(I) PLC 调试(D) 视图(V) 选项(O) 窗口(W)

114.0	IN60_EP2	STRUCT		发送燃烧炉的信息给热端
+0.0	Ready	BOOL	FALSE	燃烧炉准备好信号
+0.1	Fine	BOOL	FALSE	燃烧炉运行正常
+0.2	Spare10	BOOL	FALSE	燃烧炉消音热端
+0.3	Spare101	BOOL	FALSE	
+0.4	Spare102	BOOL	FALSE	
+0.5	Spare103	BOOL	FALSE	
+0.6	Spare104	BOOL	FALSE	
+0.7	Watch_Dog	BOOL	FALSE	看门狗校验位
+2.0	ALM1	WORD	W#16#0	报警状态字
+4.0	ALM11	WORD	W#16#0	报警状态字
+6.0	TT6001	REAL	0.000000e+000	
+10.0	TT6104	REAL	0.000000e+000	
+14.0	TT6102	REAL	0.000000e+000	
+18.0	TT6101	REAL	0.000000e+000	
+22.0	TT6201	REAL	0.000000e+000	
+26.0	TT6202	REAL	0.000000e+000	
+30.0	TT6203	REAL	0.000000e+000	
+34.0	TT6304	REAL	0.000000e+000	
+38.0	TT6302	REAL	0.000000e+000	
+42.0	TT6303	REAL	0.000000e+000	
+46.0	TT6301	REAL	0.000000e+000	
+50.0	FT106	REAL	0.000000e+000	燃油流量
+54.0	FT508	REAL	0.000000e+000	燃气流量
+58.0	Spare	REAL	0.000000e+000	
+62.0	Spare1	REAL	0.000000e+000	
+66.0	Spare2	REAL	0.000000e+000	
+70.0	Spare3	REAL	0.000000e+000	
=74.0		END_STRUCT		

图44-2（续）

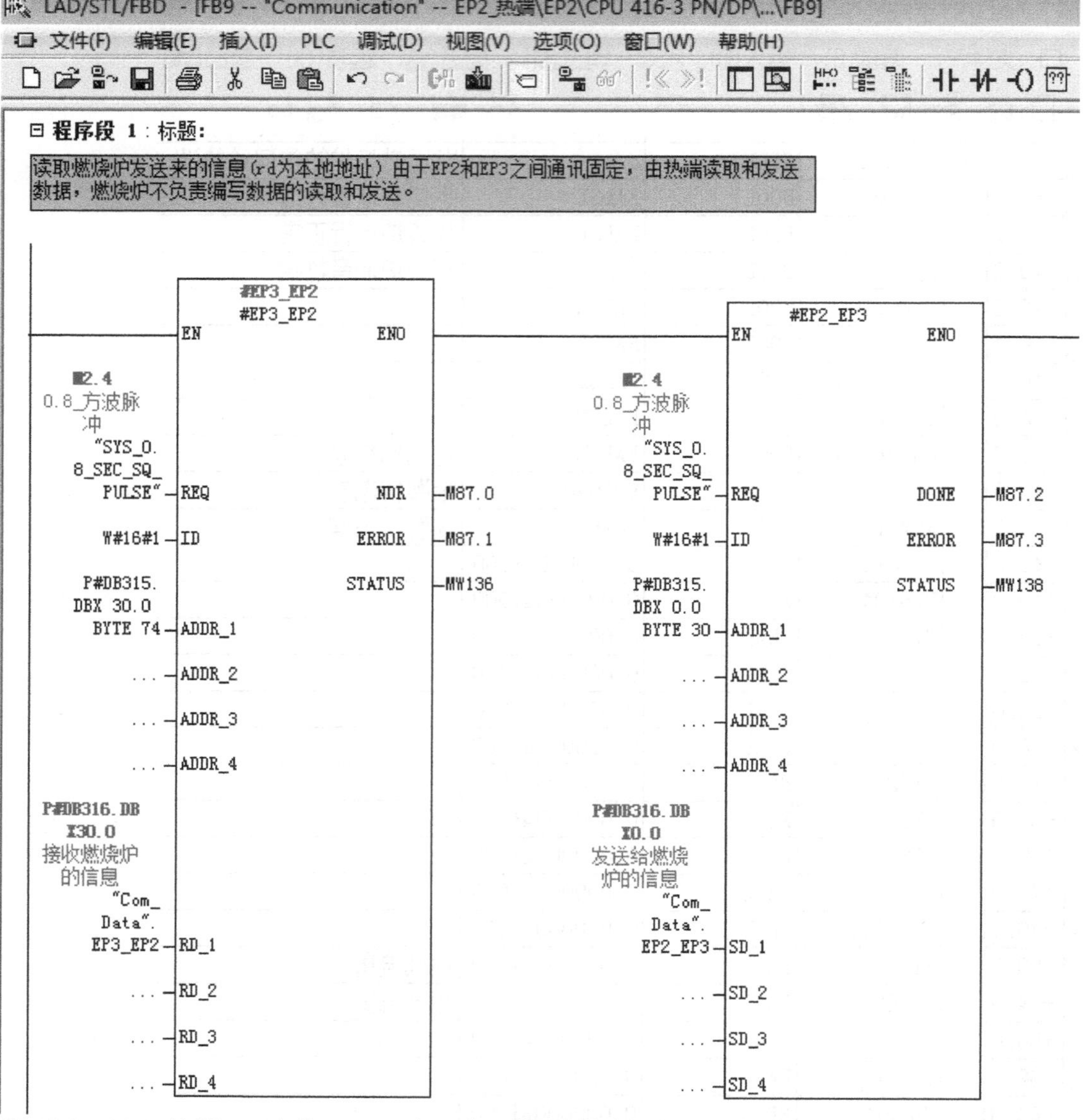

图44-3 EP2_热端FB9中的SFB14（GET）（接收燃烧炉数据）和SFB15（PUT）（发送热端数据）的程序

LAD/STL/FBD - [DB315 -- "Com_Data" -- EP3_燃烧炉\EP3\CPU 317-2 PN/DP\...\DB315]

文件(F) 编辑(E) 插入(I) PLC 调试(D) 视图(V) 选项(O) 窗口(W) 帮助(H)

+30.0	EP3_EP2	STRUCT		反馈燃烧炉的信息给热端
+0.0	Ready	BOOL	FALSE	燃烧炉准备好信号
+0.1	Fine	BOOL	FALSE	燃烧炉运行正常
+0.2	Spare10	BOOL	FALSE	
+0.3	Spare101	BOOL	FALSE	
+0.4	Spare102	BOOL	FALSE	
+0.5	Spare103	BOOL	FALSE	
+0.6	Spare104	BOOL	FALSE	
+0.7	Watch_Dog	BOOL	FALSE	看门狗校验位
+2.0	ALM1	WORD	W#16#0	报警状态字
+4.0	ALM11	WORD	W#16#0	报警状态字
+6.0	TT6001	REAL	0.000000e+	燃烧炉炉头温度
+10.0	TT6104	REAL	0.000000e+	
+14.0	TT6105	REAL	0.000000e+	
+18.0	TT6106	REAL	0.000000e+	
+22.0	TT6201	REAL	0.000000e+	
+26.0	TT6202	REAL	0.000000e+	
+30.0	TT6203	REAL	0.000000e+	
+34.0	TT6204	REAL	0.000000e+	
+38.0	TT6301	REAL	0.000000e+	
+42.0	TT6302	REAL	0.000000e+	
+46.0	FT6003	REAL	0.000000e+	
+50.0	oxcy1	REAL	0.000000e+	进口处含氧量
+54.0	oxcy2	REAL	0.000000e+	燃烧后含氧量
+58.0	Spare	REAL	0.000000e+	
+62.0	Spare1	REAL	0.000000e+	
+66.0	Spare2	REAL	0.000000e+	
+70.0	Spare3	REAL	0.000000e+	
=74.0		END_STRUCT		

图44-4　EP3_燃烧炉DB315中发送给热端和EP2_热端DB316中接收来自燃烧炉的数据存放点

LAD/STL/FBD - [DB316 -- "Com_Data" -- EP2_热端\EP2\CPU 416-3 PN/DP\...\DB316]

文件(F) 编辑(E) 插入(I) PLC 调试(D) 视图(V) 选项(O) 窗口(W) 帮助(H)

地址	名称	类型	初始值	注释
+30.0	EP3_EP2	STRUCT		接收燃烧炉的信息
+0.0	Ready	BOOL	FALSE	燃烧炉准备好信号
+0.1	Fine	BOOL	FALSE	燃烧炉运行正常
+0.2	Spare10	BOOL	FALSE	
+0.3	Spare101	BOOL	FALSE	
+0.4	Spare102	BOOL	FALSE	
+0.5	Spare103	BOOL	FALSE	
+0.6	Spare104	BOOL	FALSE	
+0.7	Watch_Dog	BOOL	FALSE	看门狗校验位
+2.0	ALM1	WORD	W#16#0	报警状态字
+4.0	ALM11	WORD	W#16#0	报警状态字
+6.0	TT6001	REAL	0.000000e+(	燃烧炉炉头温度
+10.0	TT6104	REAL	0.000000e+(	HE61进口处工艺气体温度
+14.0	TT6102	REAL	0.000000e+(	HE61出口处工艺气体温度
+18.0	TT6101	REAL	0.000000e+(	HE61进口处炉气温度
+22.0	TT6201	REAL	0.000000e+(	HE62进口处废气温度
+26.0	TT6202	REAL	0.000000e+(	HE62出口处废气温度
+30.0	TT6203	REAL	0.000000e+(	HE61与HE62之间炉气温度
+34.0	TT6304	REAL	0.000000e+(	烟囱处的炉气温度
+38.0	TT6302	REAL	0.000000e+(	HE63进口处废气温度
+42.0	TT6303	REAL	0.000000e+(	HE63出口处废气温度
+46.0	FT6301	REAL	0.000000e+(	HE62与HE63之间炉气温度
+50.0	FT6003	REAL	0.000000e+(	燃油流量
+54.0	FT6004	REAL	0.000000e+(	燃气流量
+58.0	Spare	REAL	0.000000e+(	
+62.0	Spare1	REAL	0.000000e+(	
+66.0	Spare2	REAL	0.000000e+(	
+70.0	Spare3	REAL	0.000000e+(	
=74.0		END_STRUCT		

图44-4（续）

LAD/STL/FBD - [DB316 -- "Com_Data" -- EP2_热端\EP2\CPU 416-3 PN/DP\...\DB316]

文件(F) 编辑(E) 插入(I) PLC 调试(D) 视图(V) 选项(O) 窗口(W) 帮助(H)

地址	名称	类型	初始值	注释
+0.0	EP2_EP3	STRUCT		发送给燃烧炉的信息
+0.0	Start	BOOL	FALSE	允许启动
+0.1	Rest	BOOL	FALSE	复位
+0.2	First_Down	BOOL	FALSE	第一次降温请求信号
+0.3	Second_Down	BOOL	FALSE	第二次降温请求信号
+0.4	Third_Down	BOOL	FALSE	第三次降温请求信号
+0.5	Spare1	BOOL	FALSE	报警消音连锁
+0.6	Spare2	BOOL	FALSE	风机运行反馈
+0.7	Watch_Dog	BOOL	FALSE	看门狗校验位
+2.0	Temp_Sp	REAL	0.000000e+(	燃烧炉温度设定
+6.0	First_Temp_Sp	REAL	0.000000e+(	第一次降温设定值
+10.0	Second_Temp_Sp	REAL	0.000000e+(	第二次降温设定值
+14.0	Third_Temp_Sp	REAL	0.000000e+(	第三次降温设定值

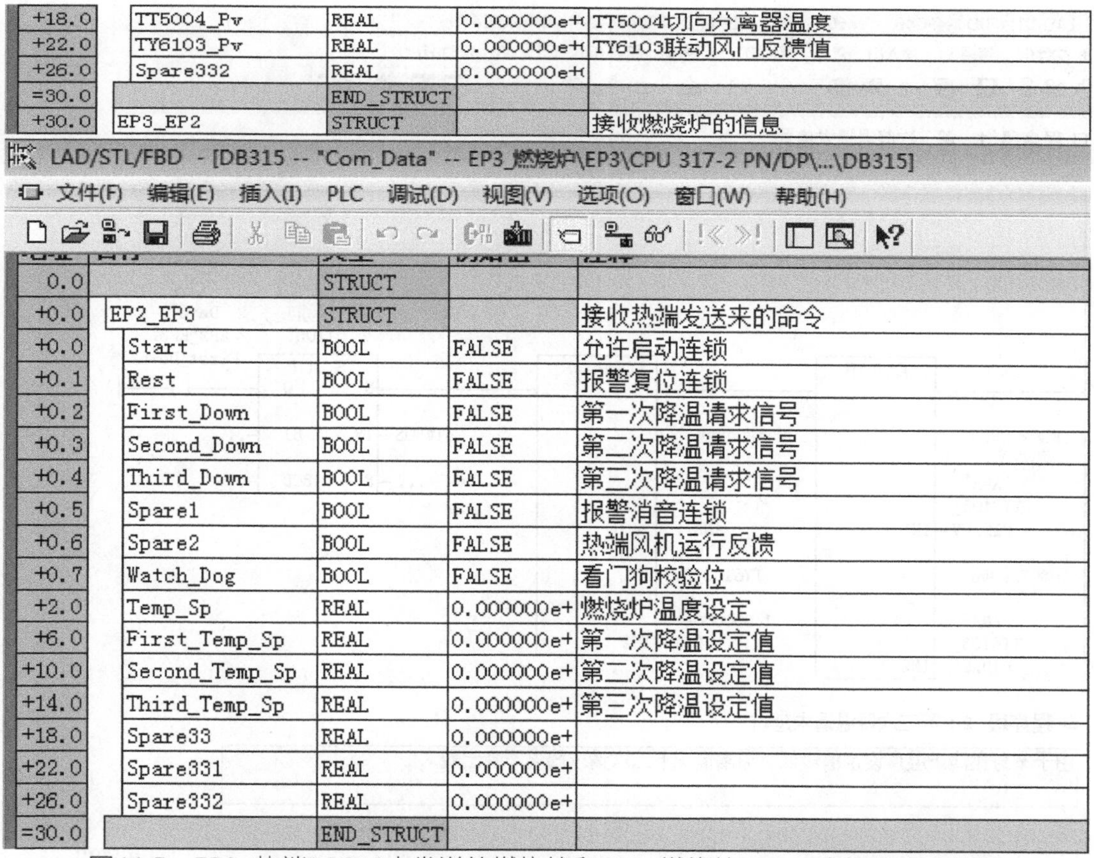

+18.0	TT5004_Pv	REAL	0.000000e+(	TT5004切向分离器温度
+22.0	TY6103_Pv	REAL	0.000000e+(	TY6103联动风门反馈值
+26.0	Spare332	REAL	0.000000e+(	
=30.0		END_STRUCT		
+30.0	EP3_EP2	STRUCT		接收燃烧炉的信息

LAD/STL/FBD - [DB315 -- "Com_Data" -- EP3_燃烧炉\EP3\CPU 317-2 PN/DP\...\DB315]

文件(F)　编辑(E)　插入(I)　PLC　调试(D)　视图(V)　选项(O)　窗口(W)　帮助(H)

地址	名称	类型	初始值	注释
0.0		STRUCT		
+0.0	EP2_EP3	STRUCT		接收热端发送来的命令
+0.0	Start	BOOL	FALSE	允许启动连锁
+0.1	Rest	BOOL	FALSE	报警复位连锁
+0.2	First_Down	BOOL	FALSE	第一次降温请求信号
+0.3	Second_Down	BOOL	FALSE	第二次降温请求信号
+0.4	Third_Down	BOOL	FALSE	第三次降温请求信号
+0.5	Spare1	BOOL	FALSE	报警消音连锁
+0.6	Spare2	BOOL	FALSE	热端风机运行反馈
+0.7	Watch_Dog	BOOL	FALSE	看门狗校验位
+2.0	Temp_Sp	REAL	0.000000e+	燃烧炉温度设定
+6.0	First_Temp_Sp	REAL	0.000000e+	第一次降温设定值
+10.0	Second_Temp_Sp	REAL	0.000000e+	第二次降温设定值
+14.0	Third_Temp_Sp	REAL	0.000000e+	第三次降温设定值
+18.0	Spare33	REAL	0.000000e+	
+22.0	Spare331	REAL	0.000000e+	
+26.0	Spare332	REAL	0.000000e+	
=30.0		END_STRUCT		

图44-5　EP2_热端DB316中发送给燃烧炉和EP3_燃烧炉DB315中接收来自热端的数据存放点

3. 数据的读取和发送的具体应用

1）在图 44-6 中，EP2_ 热端的 FC40（燃烧炉控制）程序段 1 中，当工艺热交换器 T61 的“‘ANA’.TT6103_PID.PV”（测量值）大于“‘ANA’.TT6103_PID.SP”（设定值）并且“‘ANA’.TT61.TY6103_PV”（联动风门位置反馈）小于且等于 10 时，经过定时器“T105”（第一次降温请求延时）的 50s 的延时以后，向燃烧炉发出“‘Com_Data’.EP2_EP3.First_Down”（第一次降温请求信号）。

在程序段 2 中，当工艺热交换器 T61 的“‘ANA’.TT6103_PID.PV”（测量值）大于“‘ANA’.TT61.TT6103_HI_SP1”（工艺气温度高限报警设定）并且“‘ANA’.TT61.TY6103_PV”（联动风门位置反馈）小于且等于 10 时，经过定时器“T106”（第二次降温请求延时）的 50s 的延时以后，向燃烧炉发出“‘Com_Data’.EP2_EP3.Second_Down”（第二次降温请求信号）。

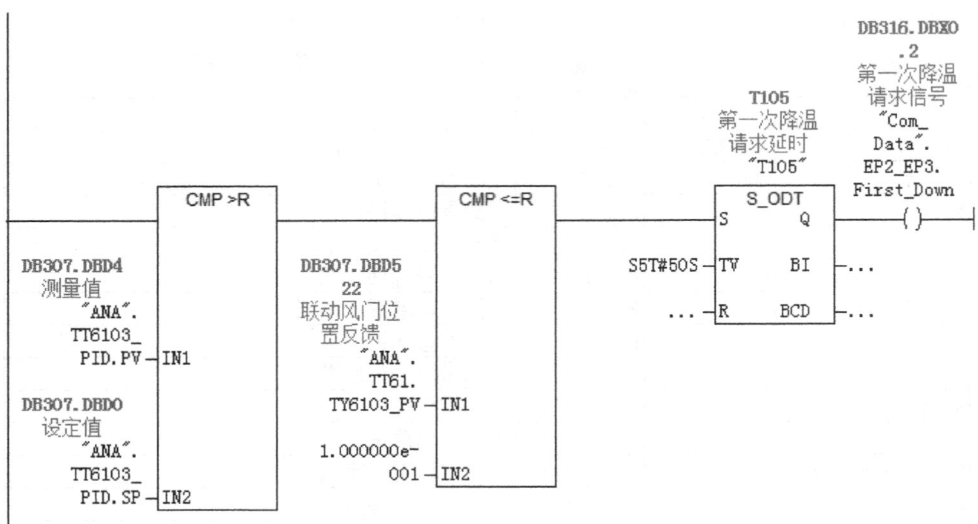

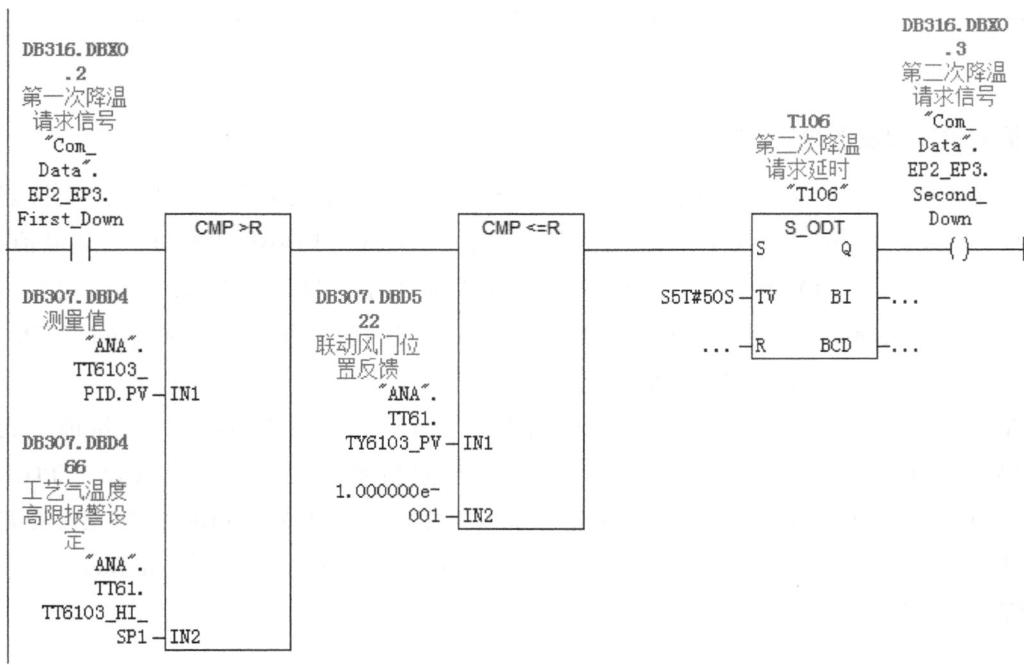

图44-6 热端向燃烧炉发出降温请求

□ **程序段 3**：第三次降温请求信号

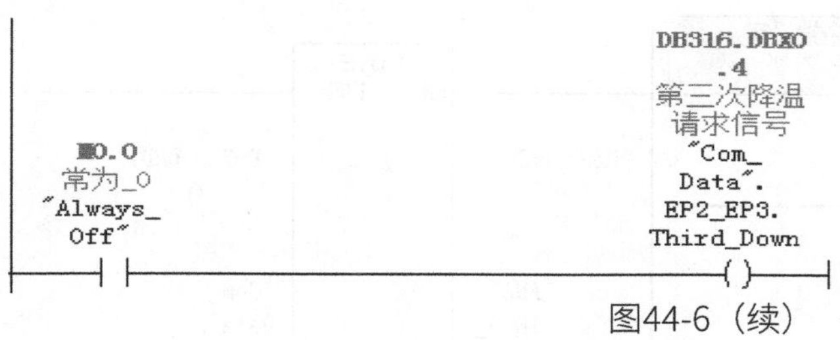

图44-6（续）

在程序段4、5、6、7中，存放在DB307中的数据"'ANA'.IN60_Temp_Sp"（燃烧炉温度设定）、"'ANA'.IN60_First_Temp_Sp"（第一次降温设定值）、"'ANA'.IN60_Second_Temp_Sp"（第二次降温设定值）、"'ANA'.IN60_Third_Temp_Sp"（第三次降温设定值）经过传送指令"MOVE"传送到DB316中的"'Com_Data'.EP2_EP3.Temp_Sp"（燃烧炉温度设定）、"'Com_Data'.EP2_EP3.First_Temp_Sp"（第一次降温设定值）、"'Com_Data'.EP2_EP3.Second_Temp_Sp"（第二次降温设定值）、"'Com_Data'.EP2_EP3.Third_Temp_Sp"（第三次降温设定值）。

就如前述，图44-5中的EP2_热端DB316中发送给燃烧炉和EP3_燃烧炉DB315中接收来自热端的数据都通过SFB14（GET）和SFB15(PUT）的接收和传递，实现EP2_热端和EP3_燃烧炉的数据交换。

2）在图44-8的EP3_燃烧炉FC15（EP2_Requ）程序段1中，系统用"'ANA'.EP2_IN60.First_Down"（第一次降温请求信号）、"'ANA'.EP2_IN60.Second_Down"（第二次降温请求信号）、"'ANA'.EP2_IN60.Third_Down"（第三次降温请求信号）三个主要条件的常闭点激活了传送指令，把"'ANA'.EP2_IN60.Temp_Sp"（燃烧炉温度设定值）传送到"'ANA'.TT6001_PID.SP"（设定值），作为燃烧炉温度PID控制的主要参数。

⊟ **程序段 4**：标题：

⊟ **程序段 6**：标题：

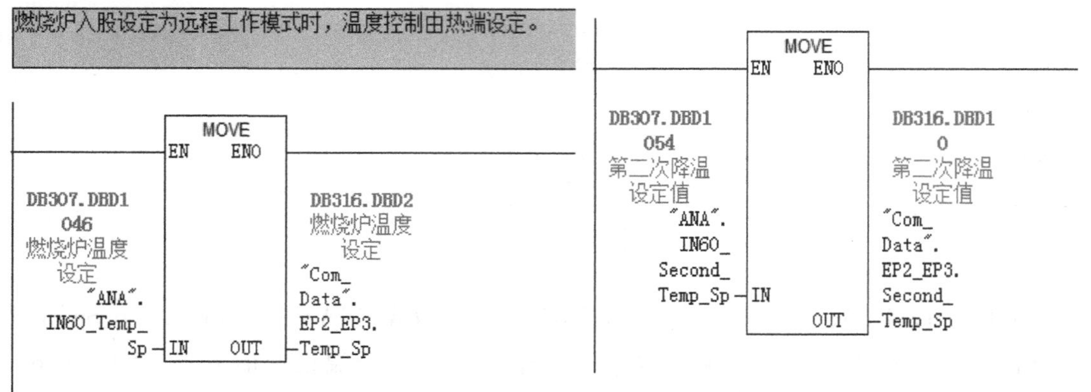

⊟ **程序段 7**：标题：

⊟ **程序段 5**：标题：

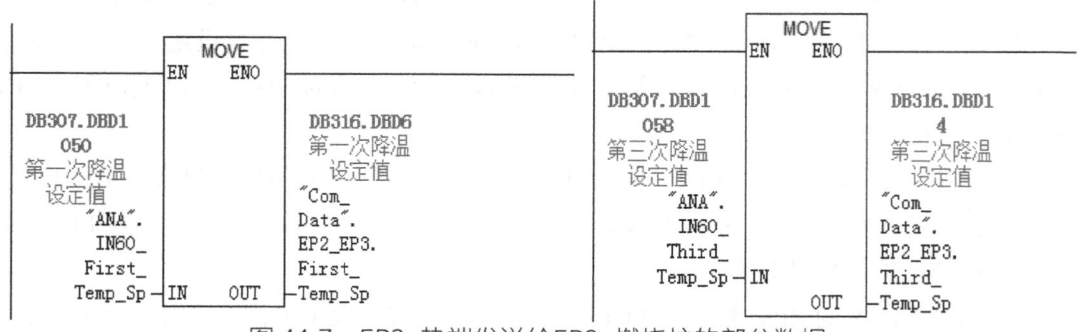

图 44-7　EP3_热端发送给EP3_燃烧炉的部分数据

在程序段 2 中，当燃烧炉接收到热端发来的“‘ANA’.EP2_IN60.First_ Down”（第一次降温请求信号）以后，用“‘ANA’.EP2_IN60.First_ Down”（第一次降温请求信号）的上升沿“One_Shot1”（M37.0）激活了传送指令，把经常使用的“‘ANA’.TT6001_PID.SP”（设定值）传送给“‘ANA’.TT6001_SP_BAK1”[燃烧炉温度设定备份（内部使用）]，暂时保存下来。

⊟ **程序段 1**：标题：

本地还是远程设定。在有配方的情况下使用远程设定，通常情况下使用本地设定。

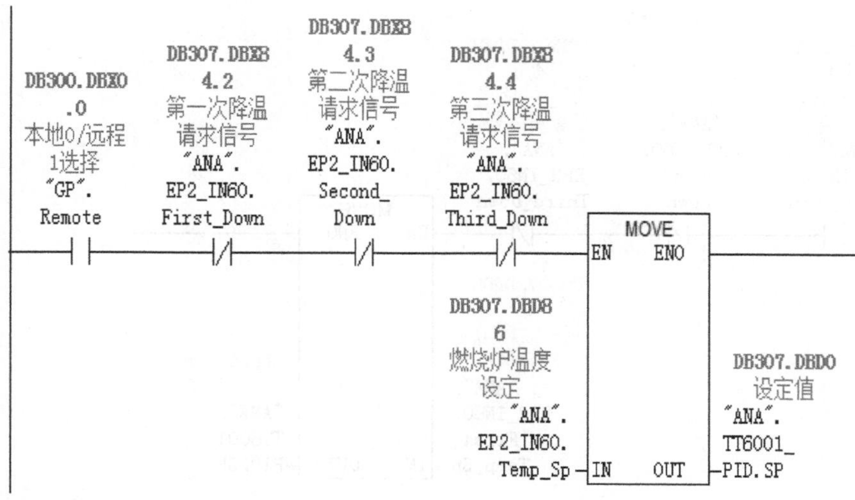

⊟ **程序段 2**：标题：

一次降温时记录原始温度设定值。

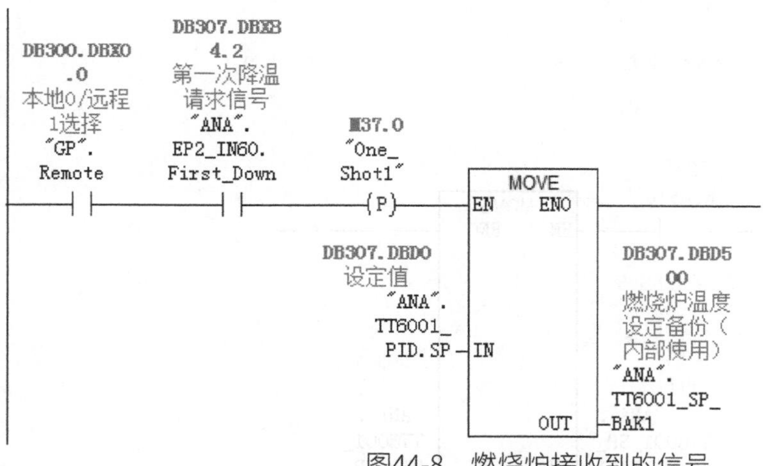

图44-8　燃烧炉接收到的信号

⊟ **程序段 3**：标题：

降温属于控制要求决定，与生产工艺无关。

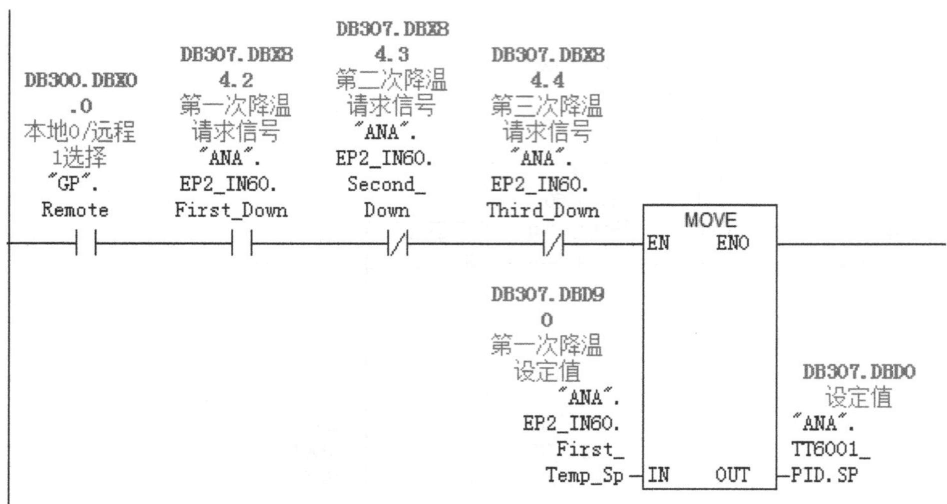

⊟ **程序段 4**：标题：

一次降温结束时恢复原始设定值。

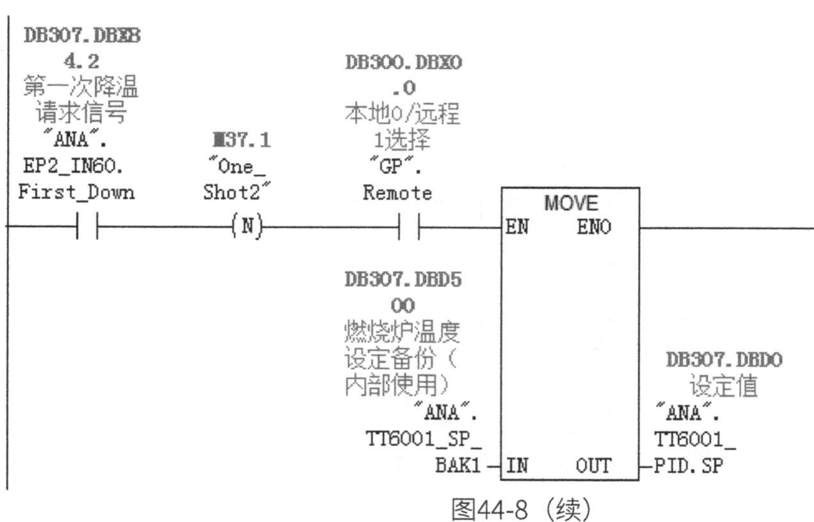

图44-8（续）

在程序段 3 中，系统用"'ANA'.EP2_IN60.First_ Down"（第一次降温请求信号）激活了传送指令，把从热端传送过来的"'Com_Data'.EP2_EP3.First_Temp_Sp"（第一次降温设定值）传送给"'ANA'.TT6001_PID.SP"（设定值），作为燃烧炉温度 PID 控制的设定值。

在程序段 4 中，当“‘ANA’.EP2_IN60.First_ Down”（第一次降温请求信号）结束以后，系统用“‘ANA’.EP2_IN60.First_ Down”（第一次降温请求信号）信号的下降沿“One_Shot2”（M37.1）激把活了传送命令，把“‘ANA’.TT6001_SP_BAK1”[燃烧炉温度设定备份（内部使用）]保存的值重新传送给“‘ANA’.TT6001_PID.SP”（设定值），作为燃烧炉温度 PID 控制的主要参数，燃烧炉重新进入正常的燃烧状态。

以上是燃烧炉接收到第一次降温请求信号的具体控制程序，第二次降温请求信号和第三次降温请求信号的控制方式与第一次降温请求信号的具体控制程序基本相同，在此不再赘述。

45 热端和皮带秤之间的通信

在图 45-3 程序段 3 的注释里面有“如果皮带秤与控制系统对等通信，则在此编写程序，如果作为 I/O 通信需要在 FC43 内编写通信”，经过查找，FC43 内没有编写与皮带秤之间的通信程序，从这里可以看出，皮带秤与 EP2_ 热端控制系统是对等通信。在烟草制丝环节，所有的皮带秤与主站之间都是对等通信，通过 SFB/FB 14“GET”从远程 CPU 中读取数据，通过 SFB/FB 15“PUT”向远程 CPU 写入数据。

在 EP2_ 热端的 FC31（Exch_Data）中，两个 SFC20 的系统功能，如图 45-1 所示。SFC20 的系统功能的作用就是（“BLKMOV”(块移动)），顾名思义，就是把形参“SRCBLK”对应的实参“‘Exch_D’.WC74_EP2”（ 接收皮带秤数据，P#DB400.DBX40.0）中的一组数据传送到形参“DSTBLK”对应的实参“‘IWB’.WC74_EP2”（接收皮带秤数据，P#DB306.DBX40.0）一组数据中来。同样，要发送给皮带秤的一组数据“‘IWB’.EP2_WC74”（发送数据给皮带秤，P#DB306.DBX0.0）传送给“‘Exch_D’.EP2_WC74”（发送数据给皮带秤，P#DB400.DBX0.0）。

这样做的目的就是把从皮带秤传送来的和要传送给皮带秤的数据统一放在 DB306，DB400 中的数据只是中转站，以免出现操作失误，如图 2 所示。

由于 EP2_ 热端和 WC74_ 皮带秤之间通信固定，由热端读取和发送数据，皮带秤不负责编写数据的读取和发送。

在 EP2_ 热端的 FB9（网络及硬件通信）中，在图 45-3 的程序段 3 中，（WC74_EP2）SFC14 来自 WC74_ 皮带秤的一组数据“P#DB3.DBX0.0 BYTE 66”，经过 SFC14（WC74_EP2）存放到了 EP2_ 热端的“‘Exch_D’ WC74_EP2”（接收皮带秤数据，P#DB400.DBX40.0）这段区域中。（EP2_WC74）SFC15 来自 EP2_ 热端的一组数据“‘Exch_D’.EP2_WC74”（发送数据给给皮带秤，P#DB400.DBX0.0），经过 SFC15（EP2_WC74）存放到了 WC74_ 皮带秤的“P#DB3.DBX66.0 BYTE 38 ”这段区域中。

⊟ **程序段 3**：标题：

皮带秤的反馈信息数据经400块发送到306块内。如果400块与皮带秤方提供的数据结构不同，则需要在此编写程序把306块送入到400块内，不要更改306块数据结构。

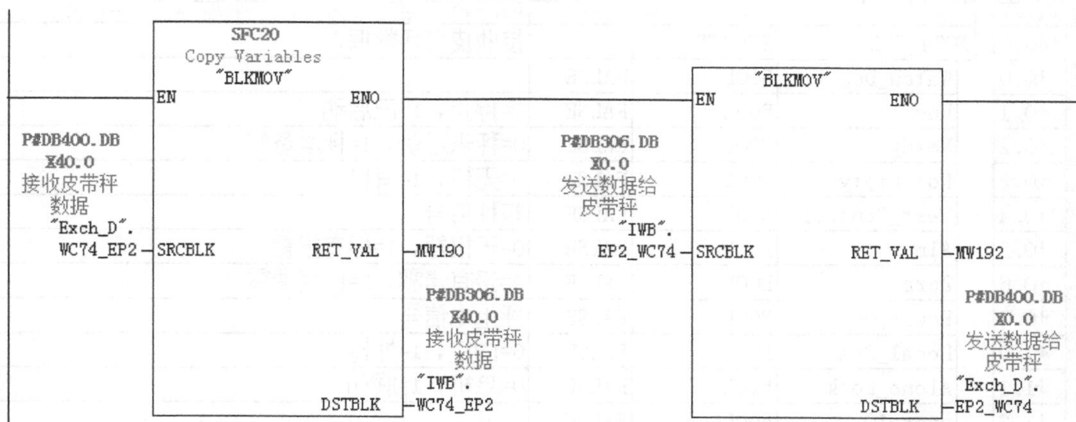

图45-1　EP3_热端FC31中的SFC20的块移动程序

LAD/STL/FBD - [DB306 -- "IWB" -- EP2_热端\EP2\CPU 416-3 PN/DP\...\DB306]

文件(F)　编辑(E)　插入(I)　PLC　调试(D)　视图(V)　选项(O)　窗口(W)　帮助(H)

地址	名称	类型	初始值	注释
0.0		STRUCT		
+0.0	EP2_WC74	STRUCT		发送数据给皮带秤
+0.0	Watch_Dog	BOOL	FALSE	
+0.1	St_So	BOOL	FALSE	0=停止，1=启动
+0.2	Line_Control	BOOL	FALSE	联动输入
+0.3	Clear	BOOL	FALSE	0=无清零信号，1=清零信号
+0.4	spare1	BOOL	FALSE	
+0.5	spare2	BOOL	FALSE	
+0.6	spare21	BOOL	FALSE	
+0.7	spare22	BOOL	FALSE	
+2.0	Flow_SP	REAL	5.000000	秤设定流量（单位Kg/h）
+6.0	real121	REAL	0.000000	
+10.0	real2211	REAL	0.000000	
+14.0	real22111	REAL	0.000000	
+18.0	real1211	REAL	0.000000	
+22.0	real1212	REAL	0.000000	
+26.0	real1213	REAL	0.000000	
+30.0	real1214	REAL	0.000000	
+34.0	real2214	WORD	W#16#0	
+36.0	real221	WORD	W#16#0	
+38.0	real2213	WORD	W#16#0	
=40.0		END_STRUCT		

图45-2　EP2_热端DB306中发送给皮带秤和接收来自皮带秤的数据存放点

LAD/STL/FBD - [DB306 -- "IWB" -- EP2_热端\EP2\CPU 416-3 PN/DP\...\DB306]

文件(F) 编辑(E) 插入(I) PLC 调试(D) 视图(V) 选项(O) 窗口(W) 帮助(H)

地址	名称	类型	初始值	注释
+40.0	WC74_EP2	STRUCT		接收皮带秤数据
+0.0	Watch_Dog	BOOL	FALSE	
+0.1	Rng	BOOL	FALSE	0=停止，1=已启动
+0.2	Ready	BOOL	FALSE	0=秤未准备，1=秤准备好
+0.3	Not_Empty	BOOL	FALSE	0=无料，1=有料
+0.4	Test_Control	BOOL	FALSE	校秤信号
+0.5	Alm	BOOL	FALSE	0=无报警，1=秤有报警
+0.6	Zero	BOOL	FALSE	0=没有清零，1=已经清零
+0.7	Power_On	BOOL	FALSE	秤上电信号
+1.0	Local_Rem	BOOL	FALSE	0=内控，1=外控
+1.1	Alone_Lock	BOOL	FALSE	0=单机，1=联动
+1.2	spare10	BOOL	FALSE	
+1.3	spare11	BOOL	FALSE	
+1.4	spare12	BOOL	FALSE	
+1.5	spare13	BOOL	FALSE	
+1.6	spare14	BOOL	FALSE	
+1.7	spare15	BOOL	FALSE	
+2.0	Flow_real	REAL	0.00000(	秤瞬时流量（单位Kg/h）
+6.0	Weg_Tota_Pv	REAL	0.00000(	秤当前的累计产量（单位Kg）
+10.0	Velocity	REAL	0.00000(	皮带秤速度(米/分)
+14.0	Rng_Freq	REAL	0.00000(	运行频率 (单位Hz)
+18.0	spare21	REAL	0.00000(	
+22.0	spare22	REAL	0.00000(	
+26.0	spare211	REAL	0.00000(	
+30.0	spare212	REAL	0.00000(	
+34.0	real2211	WORD	W#16#0	
+36.0	spare2	WORD	W#16#0	
+38.0	real221	WORD	W#16#0	
=40.0		END_STRUCT		

图45-2（续）

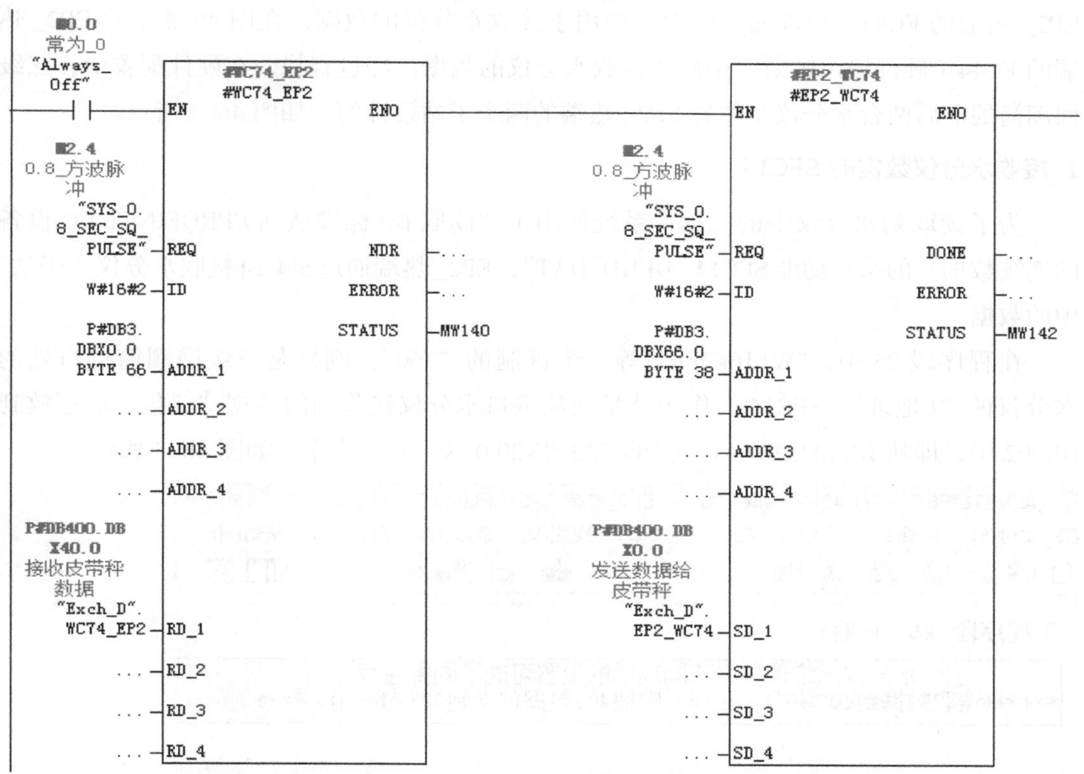

图45-3　EP2_热端FB9中的SFB14（GET）（接收皮带秤数据）和SFC15（PUT）（发送给皮带秤数据）的程序

46　热端和水分仪的通信

在“热端和皮带秤之间的通信”专题中提到的，“如果皮带秤与控制系统对等通信，则在此编写程序；如果作为 I/O 通信需要在 FC43 内编写通信”，图 46–1 中的程序就写在 EP2_ 热端的 FC43（硬件输入映射）中用于接收水分仪的数据，在图 46–5 中的 EP2_ 热端的 FC44（硬件输出映射）中用于接收水分仪的数据。经过查找，在硬件配置中，三级回潮筒的前后两台水分仪是作为 EP2_ 热端的两个子站设计的，如图 46–2 所示。

1. 接收水分仪数据的 SFC14

为了读取到水分仪中的数据，系统使用了“读取 DP 标准从站 //PROFINET I/O 设备的连续数据”的系统功能 SFC14“DPRD_DAT”，EP2_ 热端通过 SFC14 接收水分仪（子站）中的数据。

在程序段 25 中，“W#16#2F8”等于十进制的“760”，刚好是三级回潮筒进口处的水分仪的“I 地址”。SFC14 的作用就是把从进口水分仪接收到的数据“解包”后存放到 DB402 中，即从 DB402.DBX4.0 到 DB402.DBX20.0 这十六个字中，如图 46–3 所示。

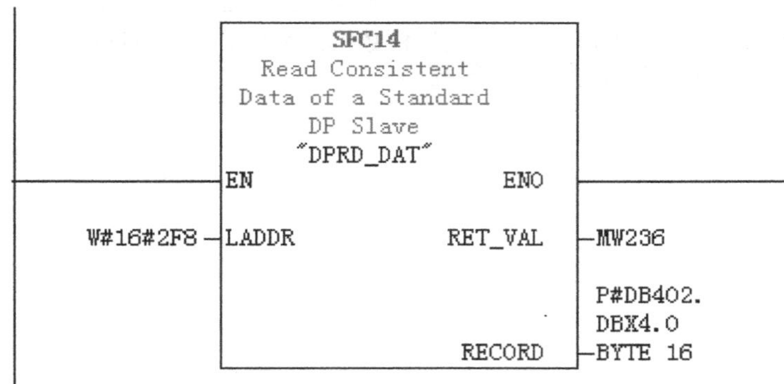

图46-1　向两台水分仪中读取数据的程序

⊟ **程序段 26：** 标题：

回潮筒出口水分仪网络读取。不同现场的配置可能不同要注意。
********读取数据到402块内，在fc31中把402数据传送到307内使用。******

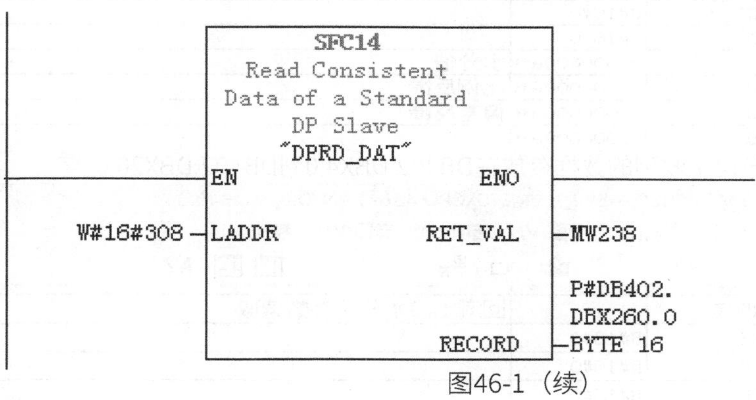

图46-1（续）

在程序段 26 中，“W#16#308”等于十进制的“776”，刚好是三级回潮筒出口处的水分仪的“I 地址”。SFC14 的作用就是把从出口水分仪接收到的数据“解包”后存放到 DB402 中，即从 DB402.DBX260.0 到 DB402.DBX276.0 这十六个字中，如图 46–3 所示。

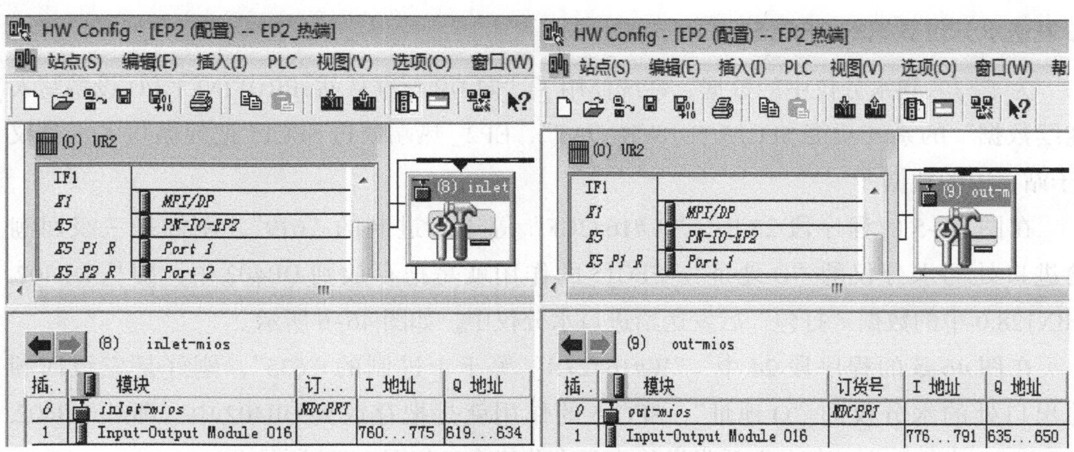

图46-2 两台水分仪在硬件配置中的地址

LAD/STL/FBD - [DB402 -- "TM_MOIS" -- EP2_热端\EP2\CPU 416-3 PN/DP\...\DB402]

文件(F) 编辑(E) 插入(I) PLC 调试(D) 视图(V) 选项(O) 窗口(W) 帮助(H)

+0.0	TM1108A_RX	STRUCT		回潮入口水分仪参数读取
+0.0	SP1	BYTE	B#16#0	
+1.0	SP11	BYTE	B#16#0	
+2.0	SP12	BYTE	B#16#0	
+3.0	SP13	BYTE	B#16#0	
+4.0	mois	REAL	0.000000e+(	水分值
+8.0	Span_Pv	REAL	1.000000e+(	比例反馈
+12.0	Trim_Pv	REAL	0.000000e+(	偏差反馈
+16.0	spare1352	REAL	0.000000e+(	

图46-3 从进口水分仪中收到的数据存放在DB402.DBX4.0到DB402.DBX20.0

LAD/STL/FBD - [DB402 -- "TM_MOIS" -- EP2_热端\EP2\CPU 416-3 PN/DP\...\DB402]

文件(F) 编辑(E) 插入(I) PLC 调试(D) 视图(V) 选项(O) 窗口(W) 帮助(H)

+256.0	TM1108B_RX	STRUCT		回潮出口水分仪参数读取
+0.0	SP1	BYTE	B#16#0	
+1.0	SP11	BYTE	B#16#0	
+2.0	SP12	BYTE	B#16#0	
+3.0	SP13	BYTE	B#16#0	
+4.0	mois	REAL	0.000000e+(	水分值
+8.0	Span_Pv	REAL	1.000000e+(	比例反馈
+12.0	Trim_Pv	REAL	0.000000e+(	偏差反馈
+16.0	spare1352	REAL	0.000000e+(	
+20.0	spare1353	REAL	0.000000e+(	

图46-4 从出口水分仪中收到的数据存放在DB402.DBX260.0到DB402.DBX276.0

2. 发送水分仪数据的 SFC15

为了写入到水分仪中的数据，系统使用了“向 DP 标准从站 /PROFINET I/O 设备写入连续数据”的系统功能 SFC15“DPWR_DAT”，EP2_ 热端通过 SFC15 把数据写入水分仪（子站）中的数据。

在图 46–5 的程序段 23 中，“W#16#2CF”等于十进制的“619”，刚好是三级回潮筒进口处的水分仪的“O 地址”。SFC15 的作用就是把存放到 DB402 中，即从 DB402.DBX128.0 中的数据“打包”后发送给进口水分仪中，如图 46–6 所示。

在图 46–5 的程序段 24 中，“W#16#27B”等于十进制的“635”，刚好是三级回潮筒出口处的水分仪的“O 地址”，SFC15 的作用就是把存放到 DB402 中，即从 DB402.DBX384.0 中的数据“打包”后发送给出口水分仪中，如图 46–6 所示。

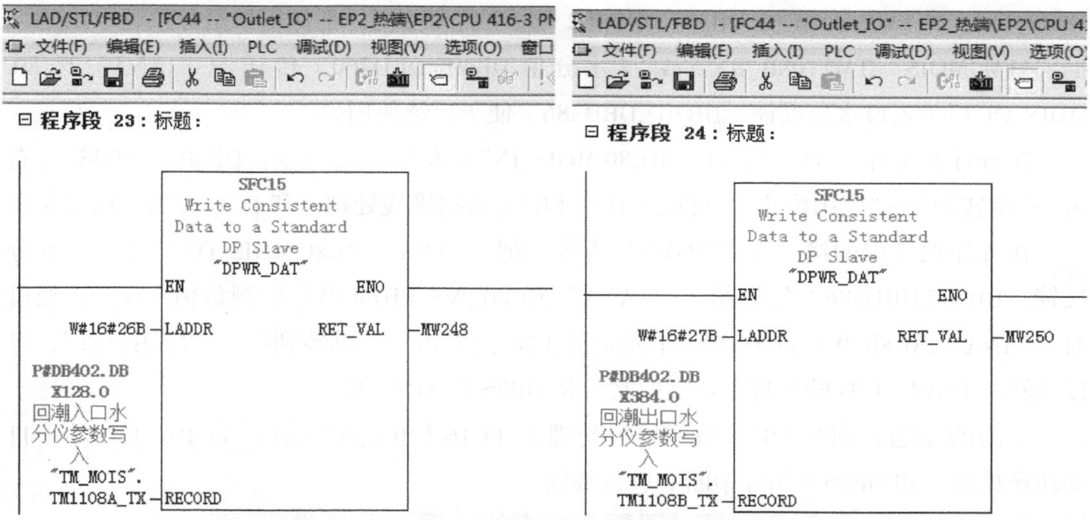

图46-5　向两台水分仪中发送数据的程序

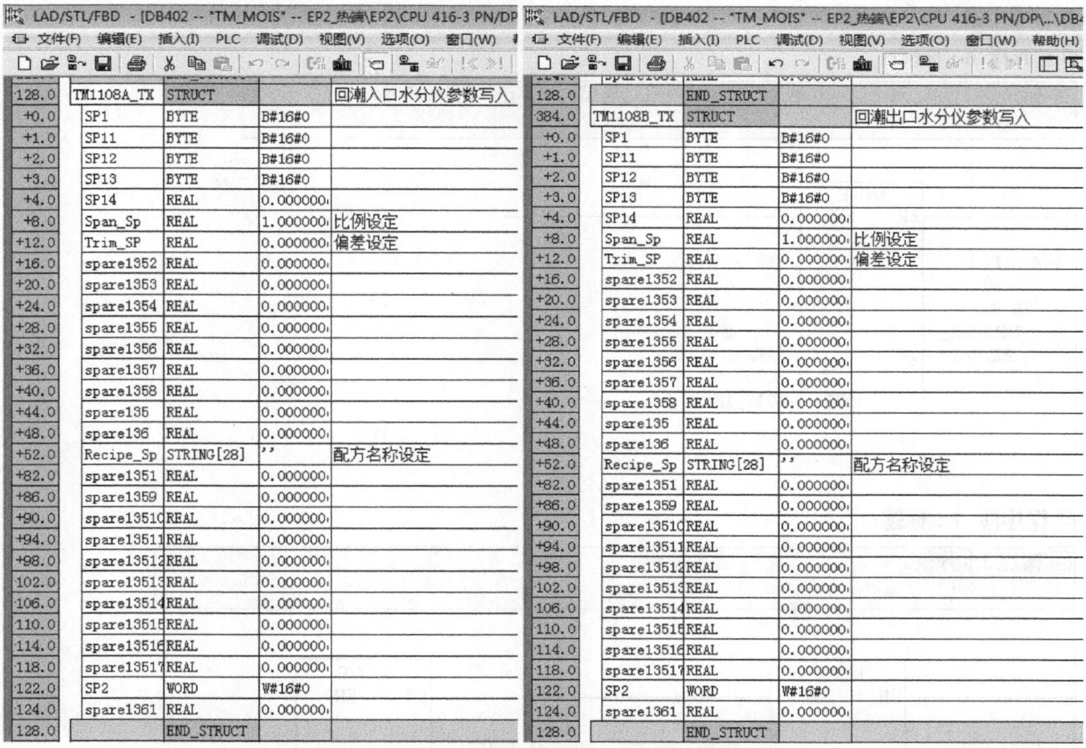
LAD/STL/FBD - [DB402 -- "TM_MOIS" -- EP2_热端\EP2\CPU 416-3 PN/DP

128.0	TM1108A_TX	STRUCT		回潮入口水分仪参数写入
+0.0	SP1	BYTE	B#16#0	
+1.0	SP11	BYTE	B#16#0	
+2.0	SP12	BYTE	B#16#0	
+3.0	SP13	BYTE	B#16#0	
+4.0	SP14	REAL	0.000000	
+8.0	Span_Sp	REAL	1.000000	比例设定
+12.0	Trim_SP	REAL	0.000000	偏差设定
+16.0	spare1352	REAL	0.000000	
+20.0	spare1353	REAL	0.000000	
+24.0	spare1354	REAL	0.000000	
+28.0	spare1355	REAL	0.000000	
+32.0	spare1356	REAL	0.000000	
+36.0	spare1357	REAL	0.000000	
+40.0	spare1358	REAL	0.000000	
+44.0	spare135	REAL	0.000000	
+48.0	spare136	REAL	0.000000	
+52.0	Recipe_Sp	STRING[28]	''	配方名称设定
+82.0	spare1351	REAL	0.000000	
+86.0	spare1359	REAL	0.000000	
+90.0	spare13510	REAL	0.000000	
+94.0	spare13511	REAL	0.000000	
+98.0	spare13512	REAL	0.000000	
102.0	spare13513	REAL	0.000000	
106.0	spare13514	REAL	0.000000	
110.0	spare13515	REAL	0.000000	
114.0	spare13516	REAL	0.000000	
118.0	spare13517	REAL	0.000000	
122.0	SP2	WORD	W#16#0	
124.0	spare1361	REAL	0.000000	
128.0		END_STRUCT		

LAD/STL/FBD - [DB402 -- "TM_MOIS" -- EP2_热端\EP2\CPU 416-3 PN/DP\...\DB4

128.0		END_STRUCT		
384.0	TM1108B_TX	STRUCT		回潮出口水分仪参数写入
+0.0	SP1	BYTE	B#16#0	
+1.0	SP11	BYTE	B#16#0	
+2.0	SP12	BYTE	B#16#0	
+3.0	SP13	BYTE	B#16#0	
+4.0	SP14	REAL	0.000000	
+8.0	Span_Sp	REAL	1.000000	比例设定
+12.0	Trim_SP	REAL	0.000000	偏差设定
+16.0	spare1352	REAL	0.000000	
+20.0	spare1353	REAL	0.000000	
+24.0	spare1354	REAL	0.000000	
+28.0	spare1355	REAL	0.000000	
+32.0	spare1356	REAL	0.000000	
+36.0	spare1357	REAL	0.000000	
+40.0	spare1358	REAL	0.000000	
+44.0	spare135	REAL	0.000000	
+48.0	spare136	REAL	0.000000	
+52.0	Recipe_Sp	STRING[28]	''	配方名称设定
+82.0	spare1351	REAL	0.000000	
+86.0	spare1359	REAL	0.000000	
+90.0	spare13510	REAL	0.000000	
+94.0	spare13511	REAL	0.000000	
+98.0	spare13512	REAL	0.000000	
102.0	spare13513	REAL	0.000000	
106.0	spare13514	REAL	0.000000	
110.0	spare13515	REAL	0.000000	
114.0	spare13516	REAL	0.000000	
118.0	spare13517	REAL	0.000000	
122.0	SP2	WORD	W#16#0	
124.0	spare1361	REAL	0.000000	
128.0		END_STRUCT		

图46-6　EP2_热端发送给皮带秤的数据

3. 从水分仪接收的数据的使用

在图 46–7 的 EP2_ 热端 FC31 的程序段 6、7 中，系统从入口水分仪读取出的数据“‘TM_MOIS’.TM1108A_RX.mois”（水分值，DB402.DBD4）传送给“‘ANA’.RC80.

MOIS_IN”（入口水分反馈，DB307.DBD382）便于后续使用，把从出口水分仪读取出的数据“‘TM_MOIS’.TM1108B_RX.mois”（水分值 DB402.DBD260）传送给“‘ANA’.RC80.MOIS_OUT”（入口水分反馈，DB307.DBD386）便于后续使用。

在程序段 6 中，对“‘ANA’.RC80.MOIS_IN”（入口水分反馈，DB307.DBD382）右击—“跳转到”—“应用位置”，可以跳转到 FB7（数据堆栈处理）和 FC16（电磁阀控制）。

在程序段 7 中的第二个“MOVE”指令，把“‘ANA’.RC80.MOIS_OUT”（入口水分反馈，DB307.DBD386）传送给了“‘ANA’.RC80_W3_PIDM.PV”（ 测量值（%）)，经过对“‘ANA’.RC80_W3_PIDM.PV”[测量值（%）] 右击— “跳转到” — “应用位置”，可以跳转到 FC19（PID 的手自动转换控制）和 OB35（循环中断）。

下面的专题分别对 FB7（数据堆栈处理）、FC16（电磁阀控制）、FC19（PID 的手自动转换控制）和 OB35（循环中断）进行解读。

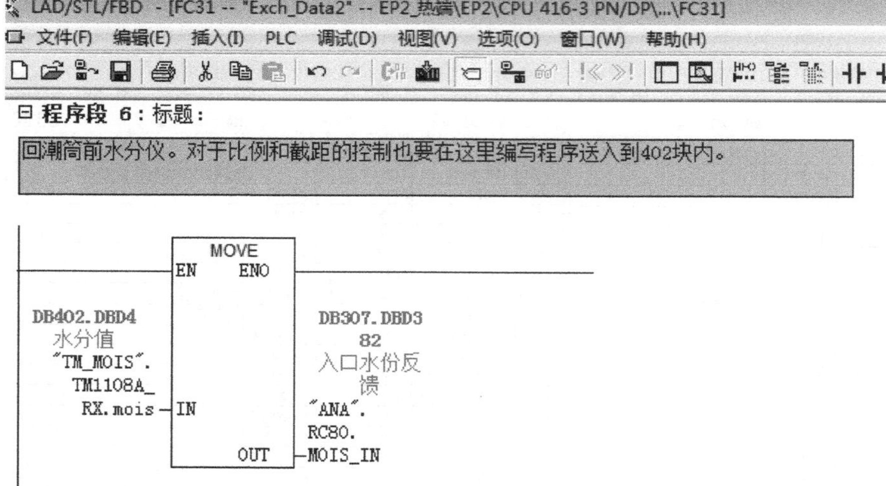

程序段 7：标题：

回潮出口水分仪。

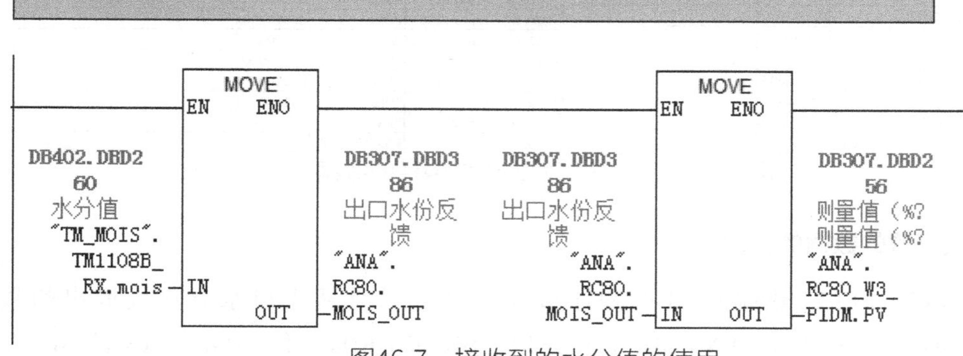

图46-7 接收到的水分值的使用

47 热端电磁阀的控制

在 EP2_ 热端 FC16 中，系统把热端使用的"'VA'.FCV4409.OUT"[阀门输出（制雪花）]、"'VA'.SVC7103.OUT"[阀门输出（冷却振槽的除杂门）]、"'VA'.FCV9011.OUT"[阀门输出（加蒸汽）]、"'VA'.RC80_AIR1.OUT"[阀门输出（一区气喷吹电磁阀）]、"'VA'.RC80_AIR2.OUT"[阀门输出（二区气喷吹电磁阀）]、"'VA'.RC80_AIR3.OUT"[阀门输出（三区气喷吹电磁阀）]、"'VA'.RC80_W1.OUT"[阀门输出（一区加水电磁阀）]、"'VA'.RC80_W2.OUT"[阀门输出（二区加水电磁阀）]、"'VA'.RC80_W3.OUT"[阀门输出（三区加水电磁阀）]、"'VA'.V1108.OUT"[阀门输出（三级回潮出口振槽）]共 10 个阀门，进行了定义。

1. 制雪花

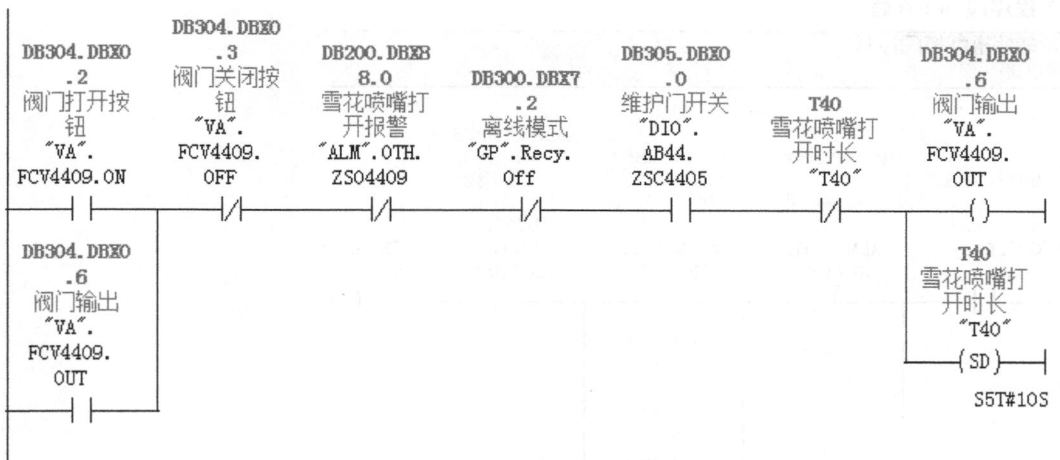

图47-1 制雪花程序

在第一批的经过浸渍器浸渍过的干冰烟丝，在落入振动柜之前，要对振动柜冷却处理，方法就是向振动柜里面喷射液态的 CO_2。液态的 CO_2 在进到没有压力的地方以后，直接变成了固态的 CO_2 颗粒，达到了冷却振动柜的目的。制雪花是在热端控制的，但是在制雪花时需要启动排风风机，排风风机是冷端控制的，所以制雪花时需要向冷端发出启动排风风机的信息。当浸渍装置（冷端）第一批烟丝处于"排液"时，调出喷雪花控制画面，点击"'VA'.FCV4409.ON"（阀门打开按钮），喷嘴开始喷雪花，10s 后自动停止喷雪花，在 10 秒之内，点击"'VA'.FCV4409.OFF"（阀门关闭按钮），也会停止喷雪花。具体的控制程序如图 1。

2. 冷却振槽的除杂门的打开和关闭

干冰烟丝经过升华器的膨胀、干燥和定型以后，被落料气锁卸到了 VC71 冷却振槽中，在 VC71 冷却振槽的进口处设置了两个火花探测器，目的就是检测出干冰烟丝在膨胀、干燥和定型的过程中被燃烧的烟丝团。经过一定的延时以后，当被燃烧的烟丝团到达 VC71 冷却振槽翻板门处以后，自动打开翻板门，被燃烧的烟丝团被剔除出系统外，避免事故的发生。通过手动打开 VC71 冷却振槽翻板门，把内部的杂物剔除，保证烟丝的纯净度，具体的控制程序如图 47–2 所示。

在程序段 5 中，在自动状态下并且设备已经启动，当火花探测器检测到被燃烧的烟丝团以后，系统置位了线圈“REQ.OP/CL_GATE”（M32.3）。在程序段 9 中，线圈“REQ.OP/CL_GATE”（M32.3）的常开触点复位了两位五通一端的电磁阀“‘VA’.SVC7103.OUT”（阀门输出），在气缸的驱动下，VC71 冷却振槽翻板门被打开。实际上是应该经过一段时间的延时以后 VC71 冷却振槽翻板门被打开，可是程序中没有反应出来，可能是设计人员的失误。

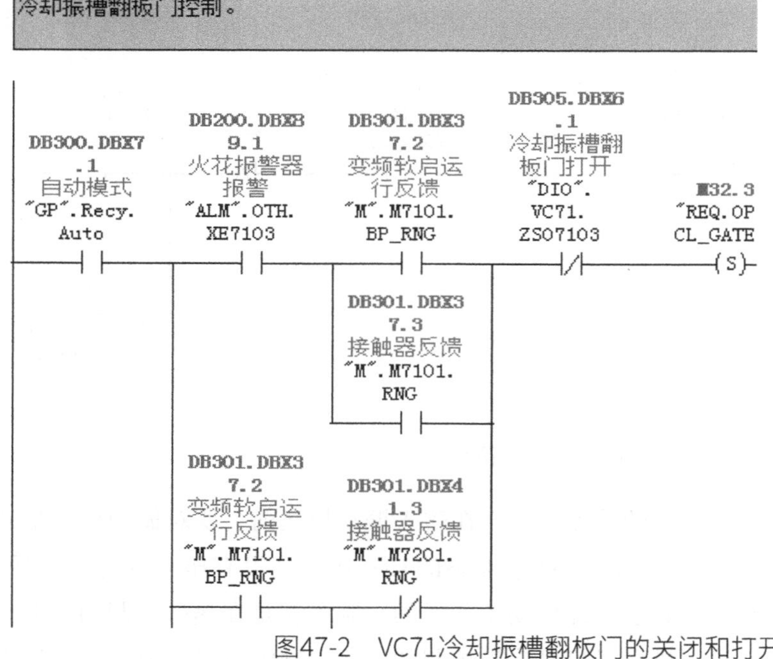

图47-2　VC71冷却振槽翻板门的关闭和打开

程序段 9：标题：

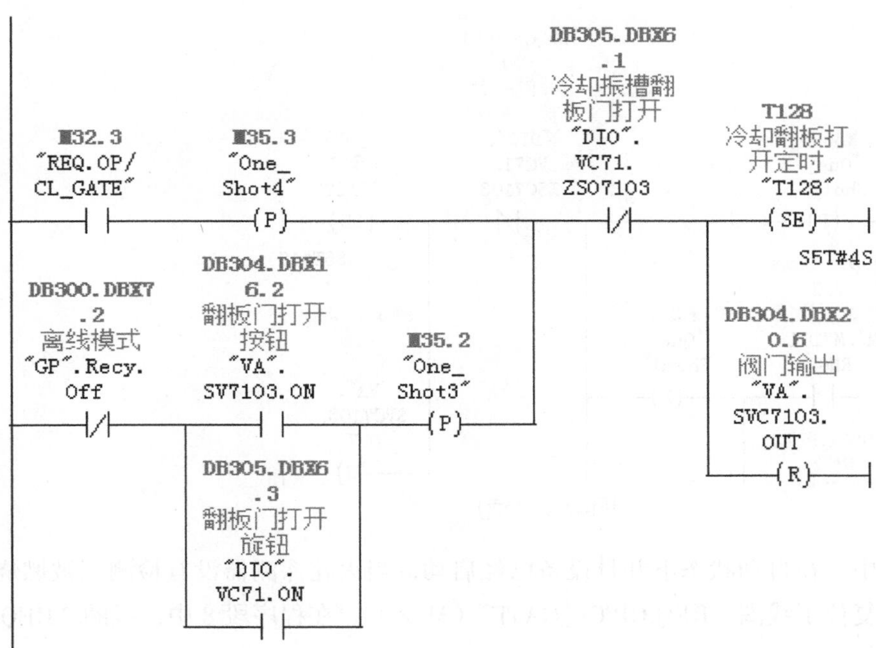

程序段 6：标题：

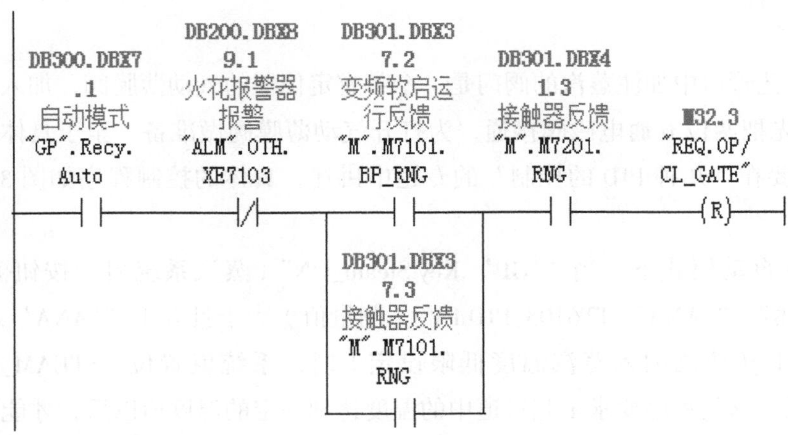

图47-2（续）

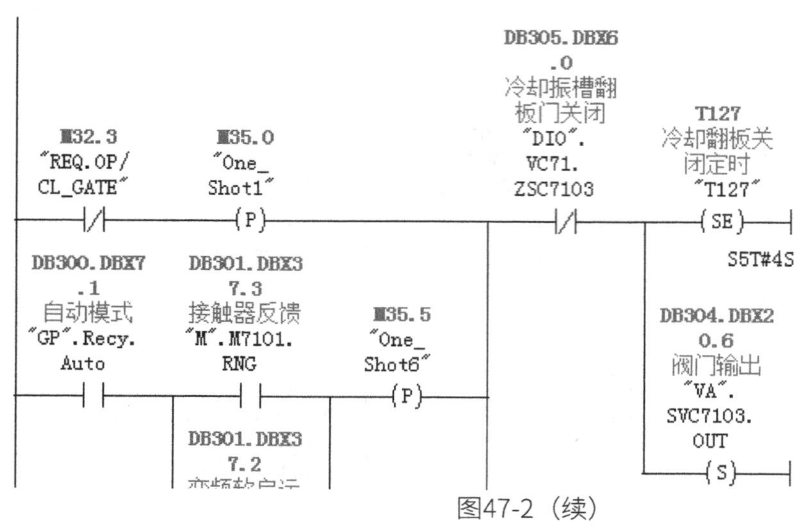

图47-2（续）

在程序段 5 中，在自动状态下并且设备已经启动，当火花探测器没有检测到被燃烧的烟丝团，系统复位了线圈“REQ.OP/CL_GATE”（M32.3）。在程序段 8 中，线圈“REQ.OP/CL_GATE”（M32.3）的常闭触点置位了两位五通一端的电磁阀“‘VA’.SVC7103.OUT”（阀门输出），在气缸的驱动下 VC71 冷却振槽翻板门被关闭。

3. 为系统加入蒸汽

在 EP2_ 热端，向工艺管道中加注蒸汽的阀门是一个带有定位器的气动薄膜阀，加入蒸汽的条件具备以后，先把两位五通电磁阀接通，为打开气动薄膜阀做准备。至于具体怎样打开气动薄膜阀，要在“几种 PID 的控制”的专题中讲述，具体的控制程序如图 3 所示。

在程序段 15 中，在自动模式下，当“‘GP’.Key.Steam_ON”（蒸汽系统启动按钮）软按钮被按下，工艺加热器“‘ANA’.TT6103_PID.PV”（测量值）大于且等于“‘ANA’.TT61.TT6103_FT9006_SP1”（使能加入蒸汽温度低限设定）时，系统就置位“STEAM_EN”（加蒸汽使能）线圈，这句程序要求工艺管道中的温度达到一定的温度值以后，才能加入蒸汽。在程序段 21 中，系统用“STEAM_EN”（加蒸汽使能）的常开触点激活了线圈“‘VA’.FCV9011.OUT”[阀门输出（加蒸汽）]，为气动薄膜阀提供了压缩空气，为逐步打开提供条件。

在程序段 16 中，当“‘GP’.Key.Steam_OFF”（蒸汽系统的停止按钮）软按钮被按下或者停止工艺风机的“‘M’.M5501.RUNF”（正转命令输出）已经发出等条件，这时系统及时地复位“STEAM_EN”（加蒸汽使能）线圈。

在程序段 19 中，经过对线圈“M86.0”右击—“跳转”—“应用位置”以后，没有发现使用线圈“M86.0”的地方。不过这个程序段为大于某个数、小于某个数进行比较时，提供了一个很好的例子。

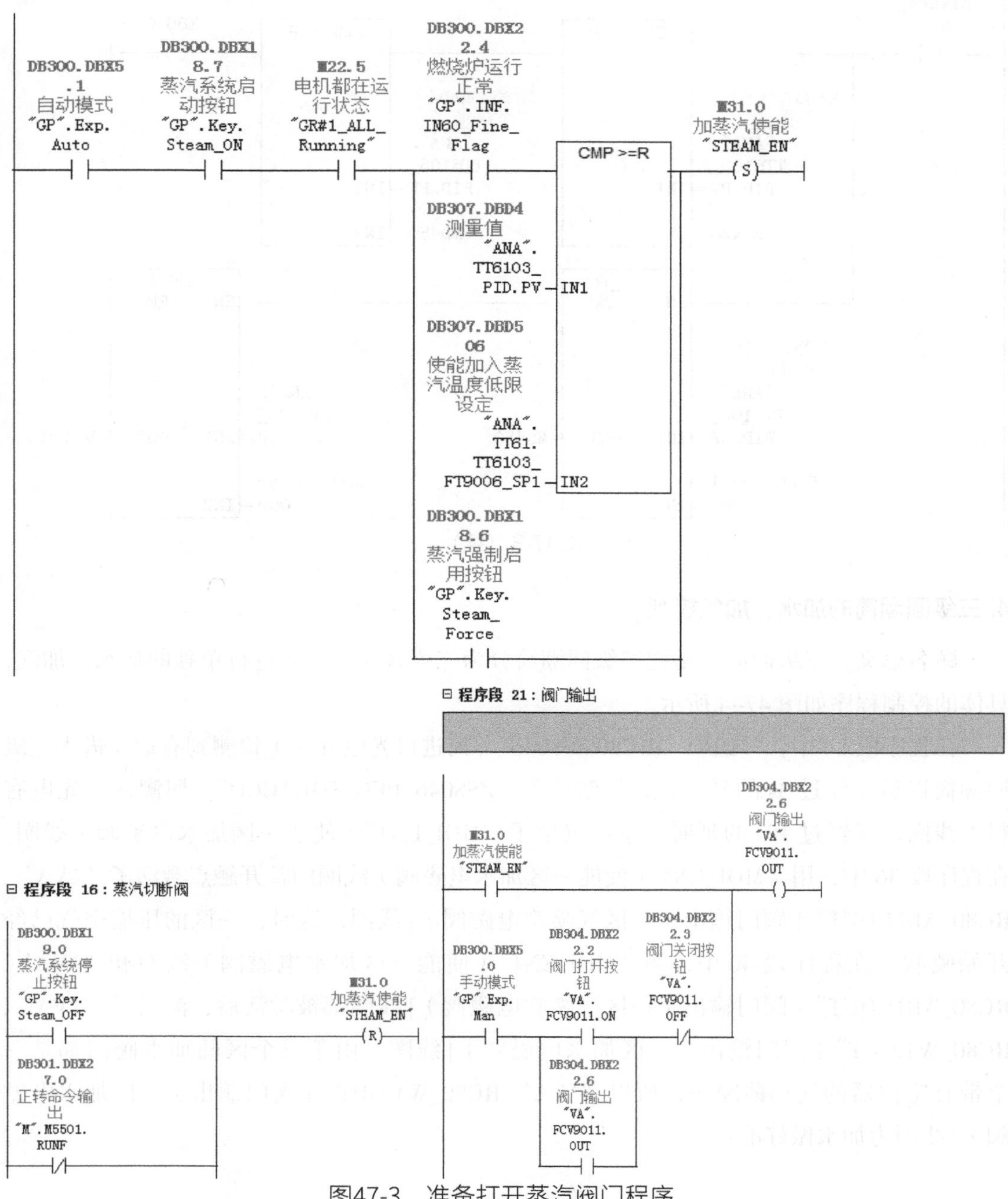

图47-3　准备打开蒸汽阀门程序

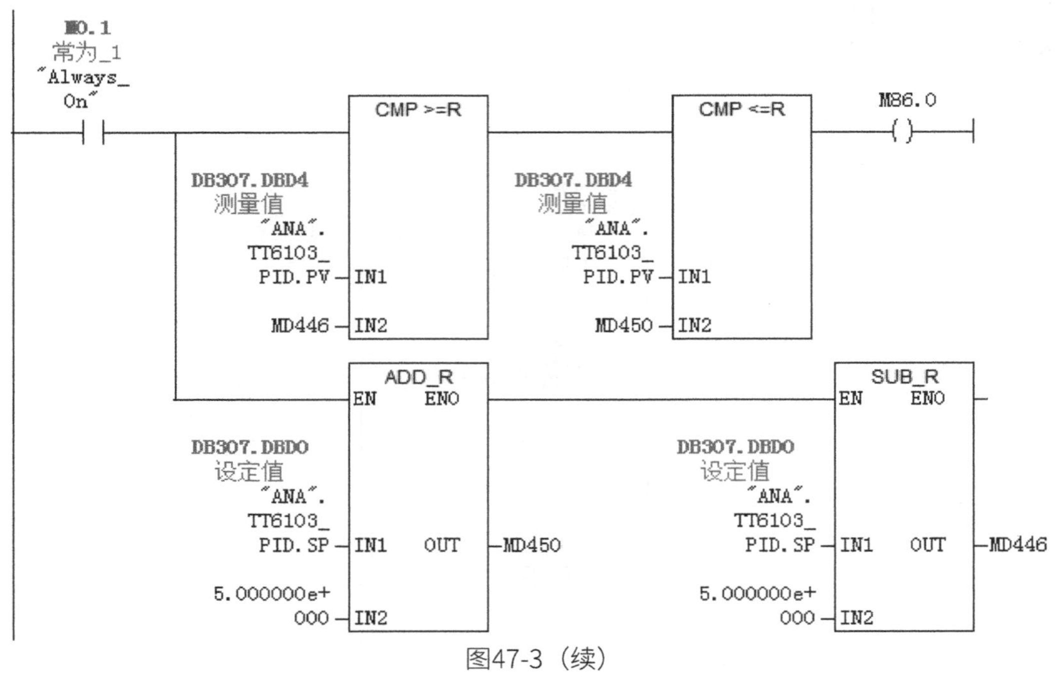

图47-3（续）

4. 三级回潮筒的加水、加气控制

顾名思义，三级回潮就是把三级回潮筒分为三个区，每个区进行单独的加水、加气，具体的控制程序如图 47–4 所示。

在程序段 24 中，“‘DI/O’.RC80.ZS8046”（筒进口光电开关）检测到有烟丝进入三级回潮筒以后，经过 3s 的延时，系统激活了“ZS8046_PEC_TOBACCO”（回潮入口光电有料）线圈，又经过 18s 的延时，系统置位了“MOI_EN1”（使能一区加水电磁阀）线圈。在程序段 36 中，用“MOI_EN1”（使能一区加水电磁阀）线圈的常开触点激活了“‘VA’.RC80_AIR1.OUT”[阀门输出（一区气喷吹电磁阀）] 线圈，这时，一区的压缩空气已经开始喷吹。在程序段 40 中，当“MOI_EN1”（使能一区加水电磁阀）线圈和“‘VA’.RC80_AIR1.OUT”[阀门输出（一区气喷吹电磁阀）] 线圈都被激活后，激活了“‘VA’.RC80_W1.OUT”[阀门输出（一区加水电磁阀）] 线圈，由于三个区的加水阀门都是一个带有定位器的气动薄膜阀，所以“‘VA’.RC80_W1.OUT”[阀门输出（一区加水电磁阀）] 线圈为加水做好准备。

⊟ **程序段 24**：回潮入口光电开关延时

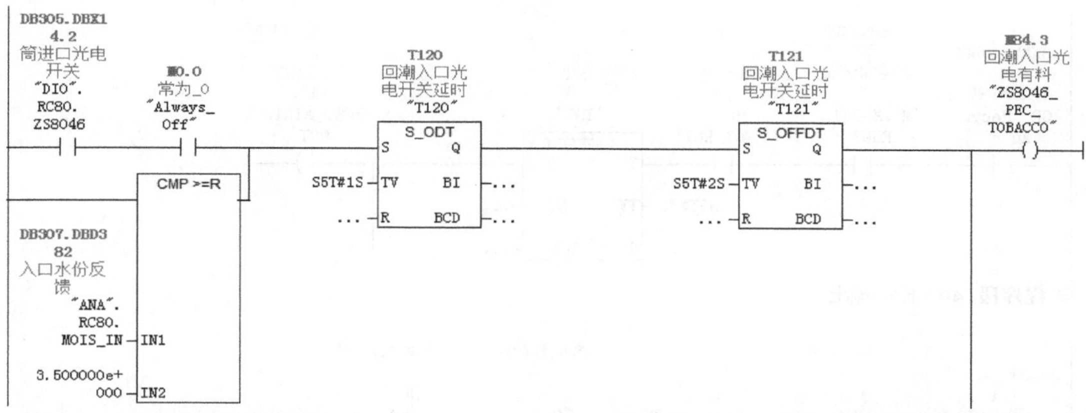

⊟ **程序段 25**：光电打开一区水电磁阀延时

⊟ **程序段 31**：光电停止一区水电磁阀延时

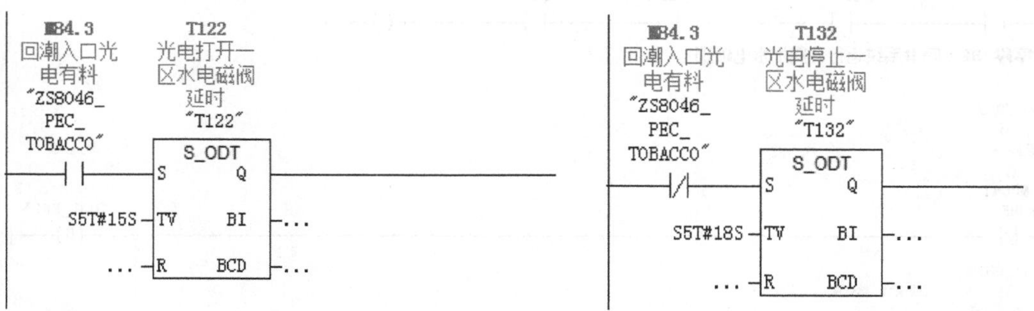

⊟ **程序段 26**：标题：

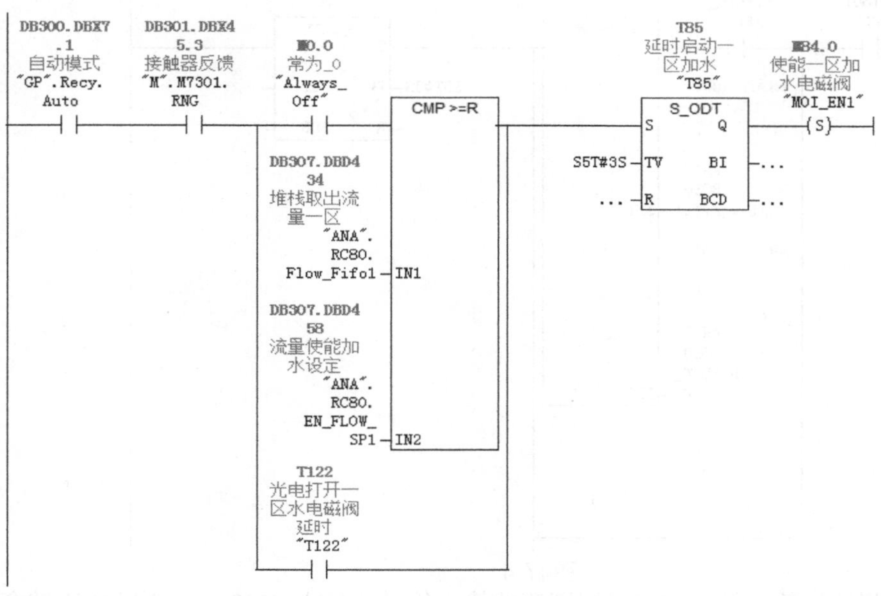

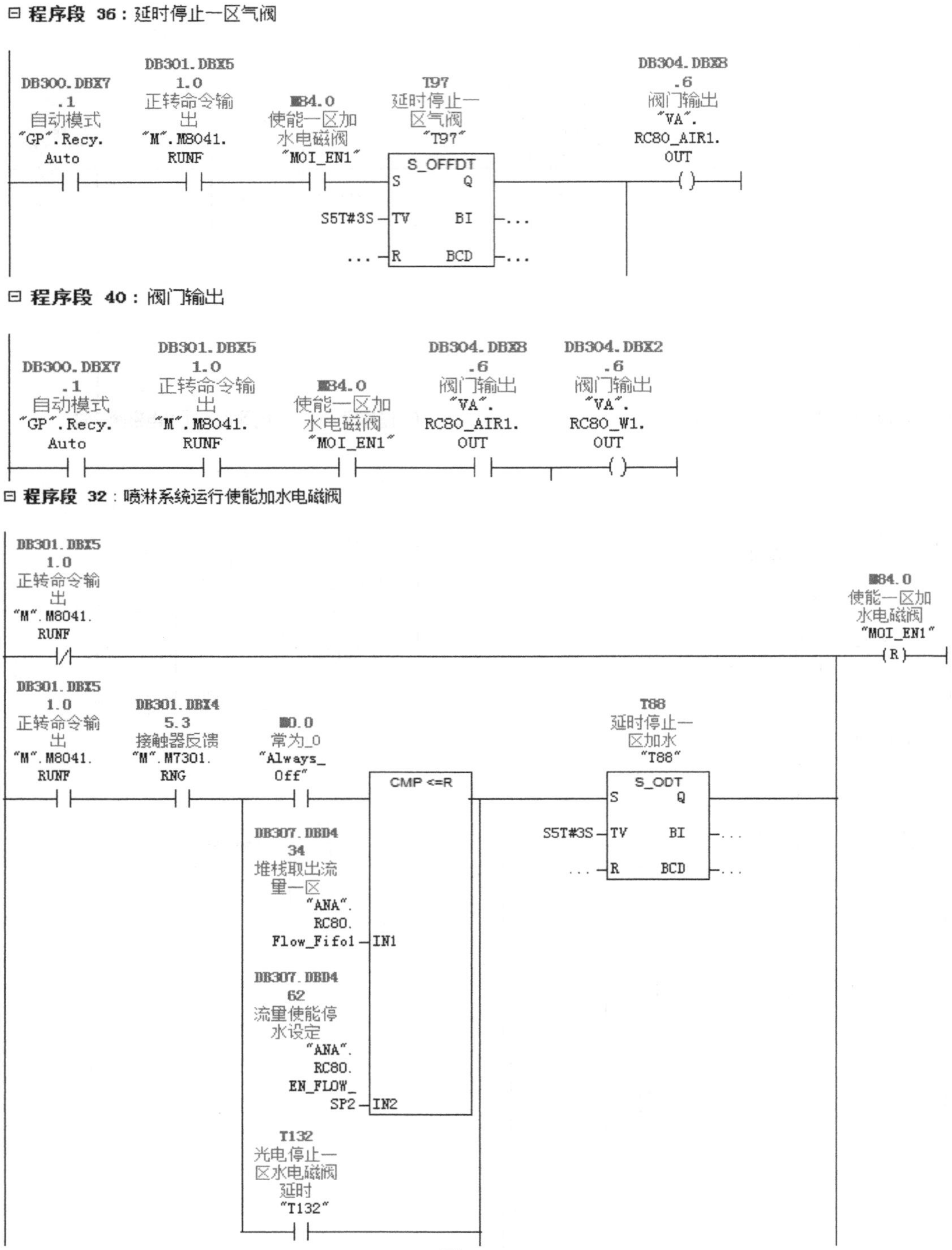

程序段 36：延时停止一区气阀
DB300.DBX7 .1 自动模式 "GP".Recy. Auto
DB301.DBX5 1.0 正转命令输出 "M".M8041. RUNF
M84.0 使能一区加水电磁阀 "MOI_EN1"
T97 延时停止一区气阀 "T97"
S_OFFDT
S Q
S5T#3S TV BI
R BCD
DB304.DBX8 .6 阀门输出 "VA". RC80_AIR1. OUT
程序段 40：阀门输出
DB300.DBX7 .1 自动模式 "GP".Recy. Auto
DB301.DBX5 1.0 正转命令输出 "M".M8041. RUNF
M84.0 使能一区加水电磁阀 "MOI_EN1"
DB304.DBX8 .6 阀门输出 "VA". RC80_AIR1. OUT
DB304.DBX2 .6 阀门输出 "VA". RC80_W1. OUT
程序段 32：喷淋系统运行使能加水电磁阀
DB301.DBX5 1.0 正转命令输出 "M".M8041. RUNF
M84.0 使能一区加水电磁阀 "MOI_EN1"
R
DB301.DBX5 1.0 正转命令输出 "M".M8041. RUNF
DB301.DBX4 5.3 接触器反馈 "M".M7301. RNG
M0.0 常为_0 "Always_ Off"
CMP <=R
DB307.DBD4 34 堆栈取出流量一区 "ANA". RC80. Flow_Fifo1 IN1
DB307.DBD4 62 流量使能停水设定 "ANA". RC80. EN_FLOW_ SP2 IN2
T132 光电停止一区水电磁阀延时 "T132"
T88 延时停止一区加水 "T88"
S_ODT
S Q
S5T#3S TV BI
R BCD

图47-4

当系统接收到停机的信号，如三级回潮筒的停止信号“‘M’.M8041.RUNF”（正转命令输出）已经收到或者是已经检测到没有物料等条件，系统就复位“MOI_EN1”（使能一

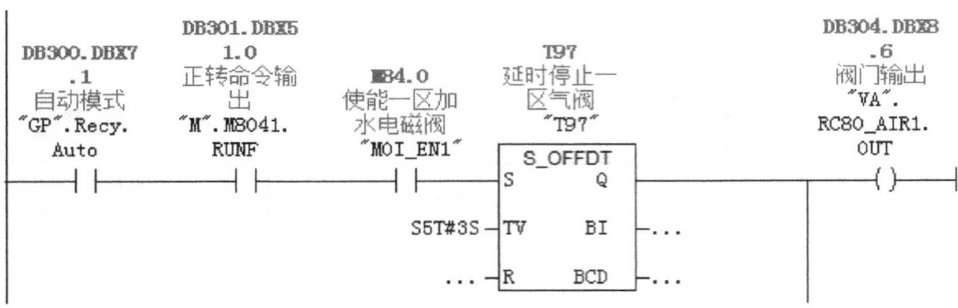

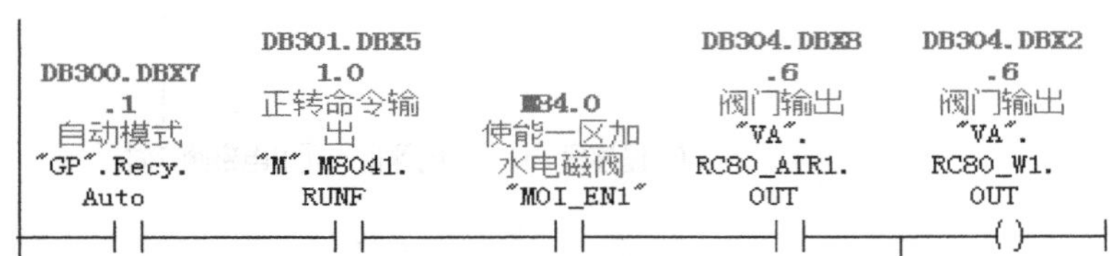

区加水电磁阀）线圈。在程序段 36 中，经过 3s 的延时，"'VA'.RC80_AIR1.OUT"（阀门输出（一区气喷吹电磁阀））失电，在程序段 40 中，"MOI_EN1"（使能一区加水电磁阀）线圈复位和"'VA'.RC80_AIR1.OUT"[阀门输出（一区气喷吹电磁阀）]失电以后，为加水做好准备"'VA'.RC80_W1.OUT"[阀门输出（一区加水电磁阀）]线圈失电，系统停止加水、加气。

以上只是对一区的加水、加气进行的解读，二、三区的加水、加气程序是一样的，在此不再赘述。

48 几种 PID 的手自动转换控制

1. 废气风门自动模式下的手动控制模式

在图 48-2 的 FC19 的程序段 6 中，右击“‘ANA’.PT5603_PID.OP”（手动值）—“跳转到”—“应用位置”，找到了图 48-1 的 OB35 的程序段 4 中，FC19 中的“‘ANA’.PT5603_PID.OP”（手动值）传送到了 OB35，经过分析这是 PID 工艺自动模式下的手动控制模式。

在图 48-2 程序段 3 中，一旦系统选择为“自动模式”，马上复位“‘ANA’.PT5603_PID.MAN”（手动）线圈，便于后面的应用。

在程序段 1、2 中，系统选择为“自动模式”，并且具备了废气风机启动的条件后，定义了两个定时器“T13”（延时打开废气风门定时）和“T10”（废气风门打开脉冲定时）。

在程序段 4 中，在系统进入“自动模式”之前，只有“‘M’.M5601.RUNF”（正转命令输出）线圈的常闭点起作用，而“‘ANA’.PT5603_PID.MAN”（手动）线圈没有置位程序设计，这个点不起作用。当系统进入“自动模式”之后，只有“T10”（废气风门打开脉冲定时）的常开点起作用。

在程序段 6 中，在系统进入“自动模式”之前，“‘M’.M5601.RUNF”（正转命令输出）线圈和“‘ANA’.PT5603_PID.MAN”（手动）线圈的常闭点接通，系统把“0”传送给“‘ANA’.PT5603_PID.OP”（手动值），进而在 OB35 中让废气风门自动关闭。当系统进入“自动模式”之后，如果检测到废气风门的关闭程度由于外界的影响没有达到合适的值，系统再次把“0”传送给“‘ANA’.PT5603_PID.OP”（手动值），进而在 OB35 中，让废气风门进一步关闭。

在程序段 5 中，当条件达到了“REQ.TO.STOP.FAN”（请求停止工艺风机）时，废气风机风门开度设定为 50%，联动风门开度设定为 80%，实现快速给炉体和管道降温。

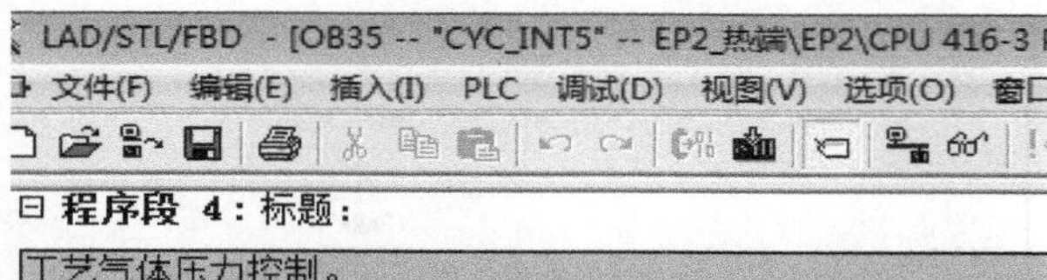

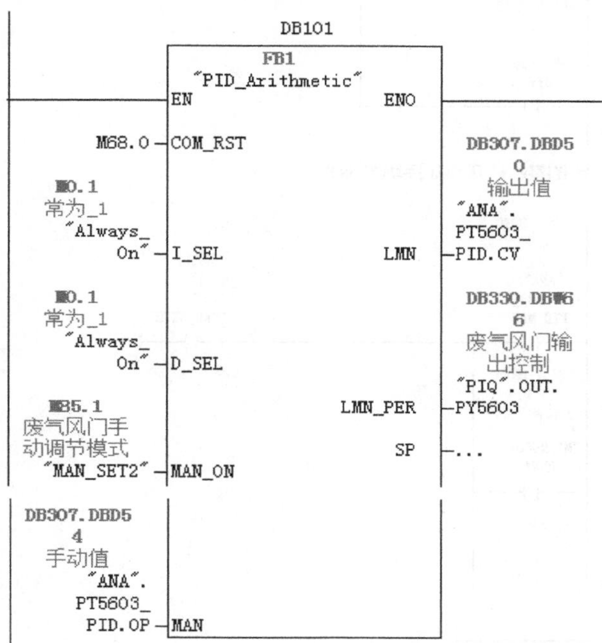

图48-1　OB35中的废气风门控制模块

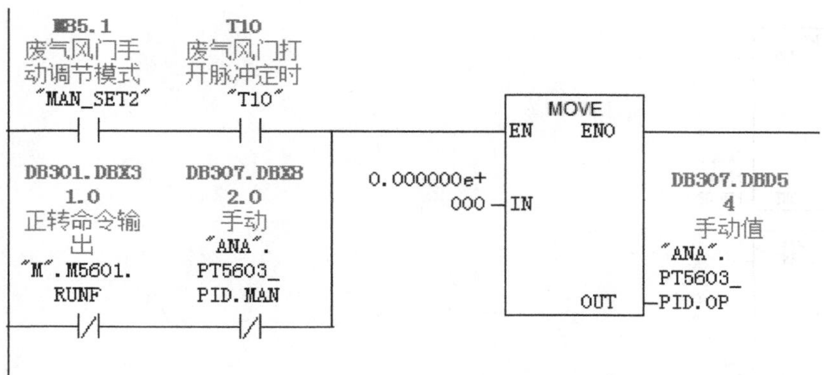

图48-2　废气风门自动模式下的手动关闭废气风机风门

⊟ **程序段 1**：废气风门打开脉冲定时

DB301.DBX29.3 接触器反馈 "M".M5601.RNG
DB301.DBX29.2 变频软启运行反馈 "M".M5601.BP_RNG
DB301.DBX31.0 正转命令输出 "M".M5601.RUNF
T13 延时打开废气风门定时 "T13"
T10 废气风门打开脉冲定时 "T10"
(SP)
S5T#1M

⊟ **程序段 2**：延时打开废气风门定时

DB301.DBX29.3 接触器反馈 "M".M5601.RNG
DB301.DBX29.2 变频软启运行反馈 "M".M5601.BP_RNG
T13 延时打开废气风门定时 "T13"
S_ODT
S Q
S5T#50S – TV BI –...
... – R BCD –...

⊟ **程序段 3**：废气风门手动

DB300.DBX5.1 自动模式 "GP".Exp.Auto
DB300.DBX5.2 离线模式 "GP".Exp.Off
M21.7 "M21.7"
(P)
DB307.DBX82.0 手动 "ANA".PT5603_PID.MAN
(R)

⊟ **程序段 4**：废气风门手动调节模式

DB307.DBX82.0 手动 "ANA".PT5603_PID.MAN
DB301.DBX31.0 正转命令输出 "M".M5601.RUNF
T10 废气风门打开脉冲定时 "T10"
M85.1 废气风门手动调节模式 "MAN_SET2"
( )

⊟ **程序段 5**：新增降温

废气风机风门开50%，联动风门风门开50%，实现快速给炉体和管道降温。

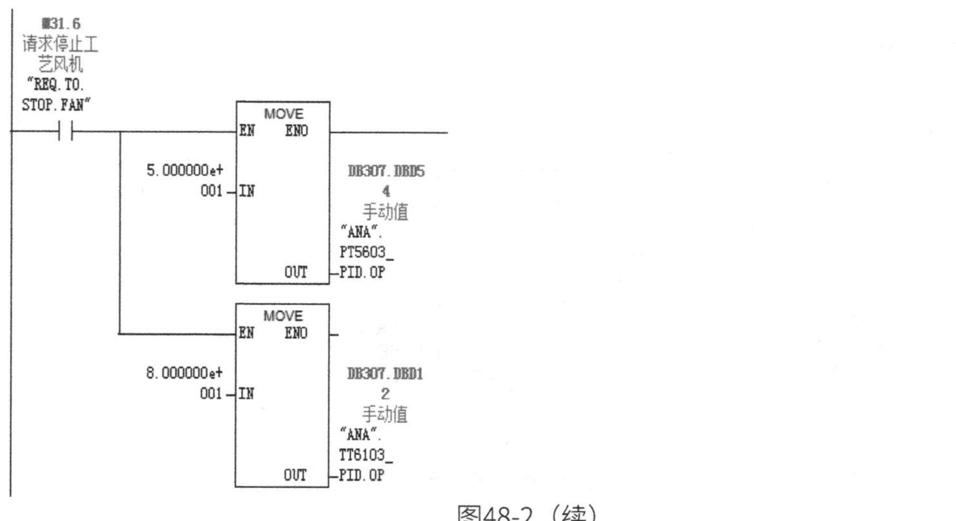

图48-2（续）

2. 蒸汽薄膜阀自动模式下的手动控制模式

在图 48–4 的 FC19 的程序段 13 中，右击"'ANA'.FT9006_PID.OP"（手动值）—"跳转到"—"应用位置"，找到了图 48–3 的 OB35 的程序段 8 中 FC19 的"'ANA'.FT9006_PID.OP"（手动值）传送到了 OB35，经过分析这是 PID 工艺自动模式下的手动控制模式。

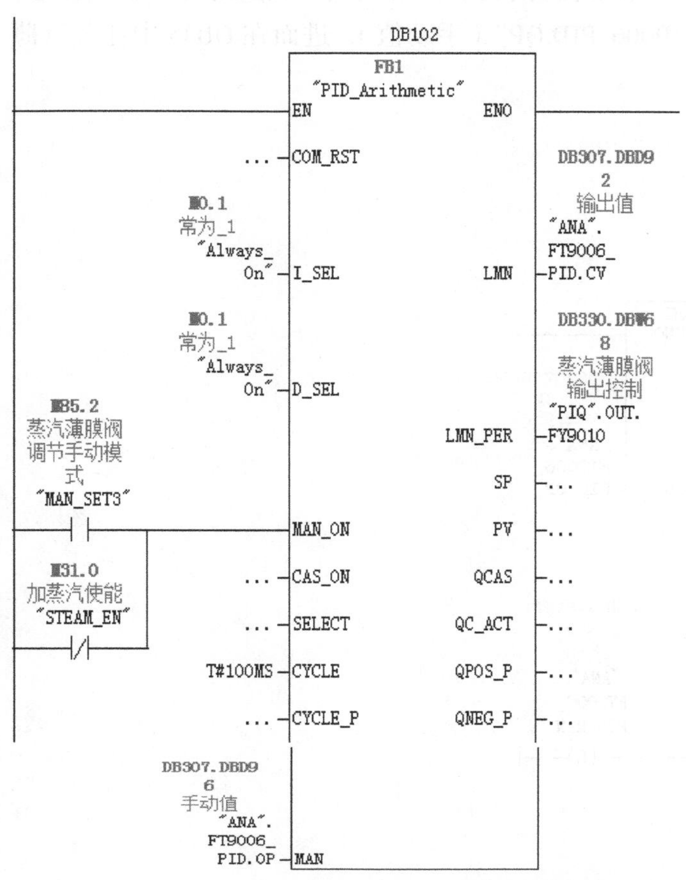

图48-3　OB35中的蒸汽薄膜阀控制模块

在图 48–2 程序段 8 中，一旦系统选择为"自动模式"，马上复位"'ANA'.FT9006_PID.MAN"（手动）线圈，便于后面的应用。

在程序段 9 中，系统选择为"自动模式"，在蒸汽流量达到设定值之前，"T81"（蒸汽流量检测定时）就是一个普通的常闭点，当具备了加蒸汽的条件后，定义了定时器"T82"（蒸汽薄膜阀打开调整定时），便于后面的应用。

在程序段 4 中，在系统进入“自动模式”之前，只有“STEAM_EN”（加蒸汽使能）线圈的常闭点起作用，而“‘ANA’.FT9006_PID.MAN”（手动）线圈没有置位程序设计，这个点不起作用。当系统进入“自动模式”之后，只有“T82”（蒸汽薄膜阀打开调整定时）的常开点起作用，定义了“MAN_SET3”（蒸汽薄膜阀调节手动模式）线圈。

在程序段 13 中，当系统进入“自动模式”之后，“‘VA’.FCV9011.OUT”[阀门输出（加蒸汽）]还没有被使能之前，用“‘VA’.FCV9011.OUT”[阀门输出（加蒸汽）]的常闭点和“MAN_SET3”（蒸汽薄膜阀调节自动模式）线圈的常开触点接通，系统把“0”传送给“‘ANA’.FT9006_PID.OP”（手动值），进而在 OB35 中让蒸汽薄膜阀自动关闭。

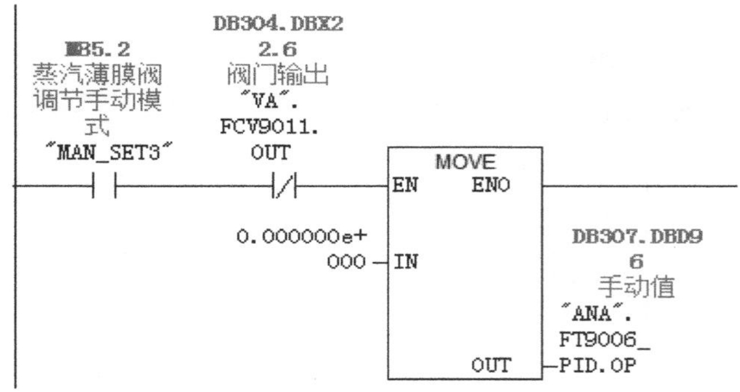

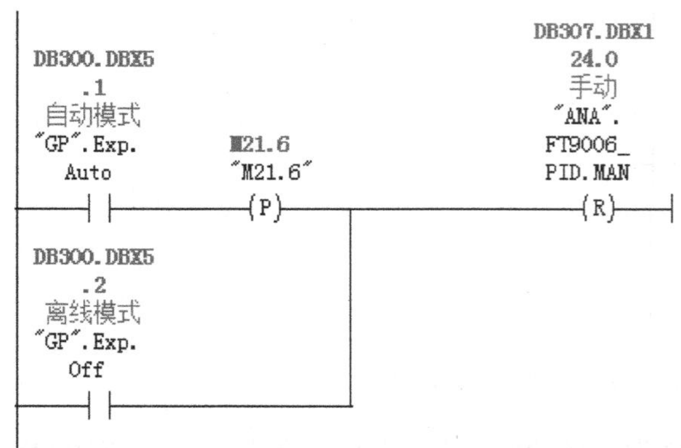

图48-4　蒸汽薄膜阀自动模式下的手动控制模式

⊟ **程序段 9**：蒸汽薄膜阀手动调节定时

DB300.DBX5.1 自动模式 "GP".Exp.Auto —| |— M31.0 加蒸汽使能 "STEAM_EN" —| |— DB307.DBX124.0 手动 "ANA".FT9006_PID.MAN —|/|— T81 蒸汽流量检测定时 "T81" —|/|— T82 蒸汽薄膜阀打开调整定时 "T82" —(SP)— S5T#2M

⊟ **程序段 10**：蒸汽薄膜阀调节手动模式

DB307.DBX124.0 手动 "ANA".FT9006_PID.MAN —| |—
M31.0 加蒸汽使能 "STEAM_EN" —|/|—
T82 蒸汽薄膜阀打开调整定时 "T82" —| |—
—( )— M35.2 蒸汽薄膜阀调节手动模式 "MAN_SET3"

⊟ **程序段 11**：蒸汽流量检测定时

通过自锁防止出现波动后PID再次切换到手动模式。

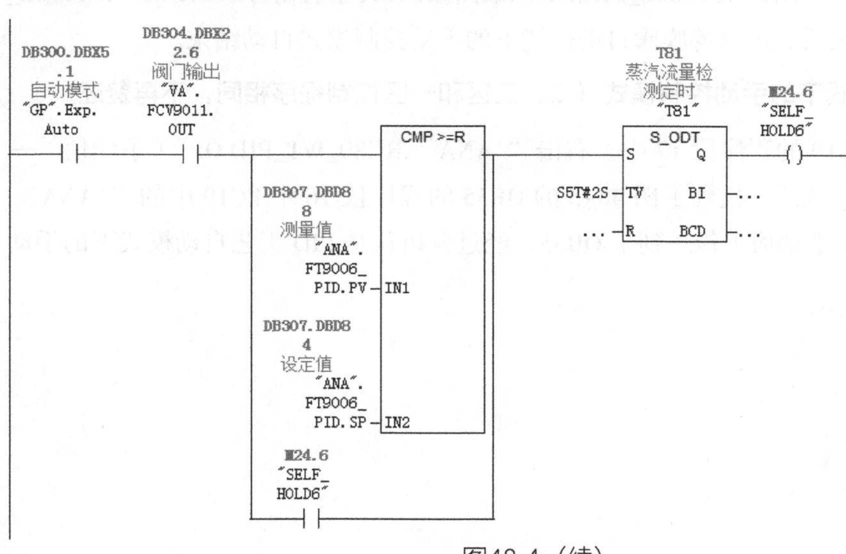

图48-4（续）

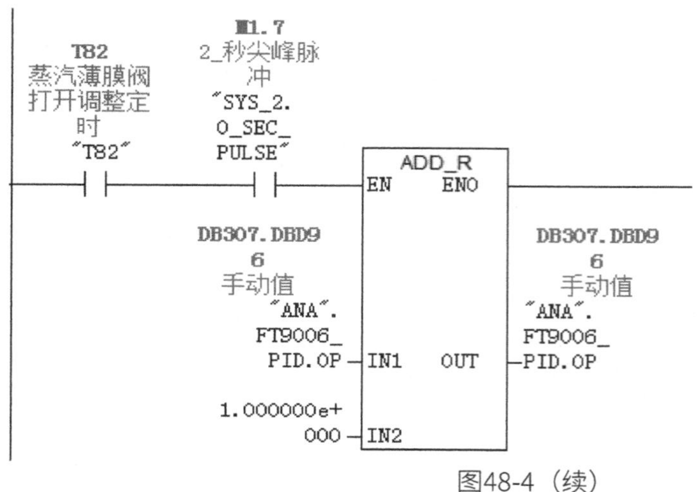

图48-4（续）

在程序段 13 中，蒸汽薄膜阀已经自动关闭，这时的"'ANA'.FT9006_PID.PV"（测量值）是为零的，在"'ANA'.FT9006_PID.PV"（测量值）大于且等于"'ANA'.FT9006_PID.SP"（设定值）之前，在程序段 9 中，定义的"T82"（蒸汽薄膜阀打开调整定时）线圈已经被激活。在程序段 12 中，在"T82"（蒸汽薄膜阀打开调整定时）定时的"2 分钟"之内，每"2 秒"，系统把"'ANA'.FT9006_PID.OP"（手动值）增加 1%，一直到程序段 11 中，"'ANA'.FT9006_PID.PV"（测量值）大于且等于"'ANA'.FT9006_PID.SP"（设定值）之后，蒸汽薄膜阀自动模式下的手动控制模式自动结束。

3．一区加水自动模式下的手动控制模式（二、三区和一区控制程序相同，不再赘述）

在图 48–6 的 FC19 的程序段 17 中，右击"'ANA'.RC80_W1_PID.OP"（手动值）—"跳转到"—"应用位置"，找到了图 48–5 的 OB35 的程序段 16 中 FC19 中的"'ANA'.RC80_W1_PID.OP"（手动值）传送到了 OB35，经过分析这是 PID 工艺自动模式下的手动控制模式。

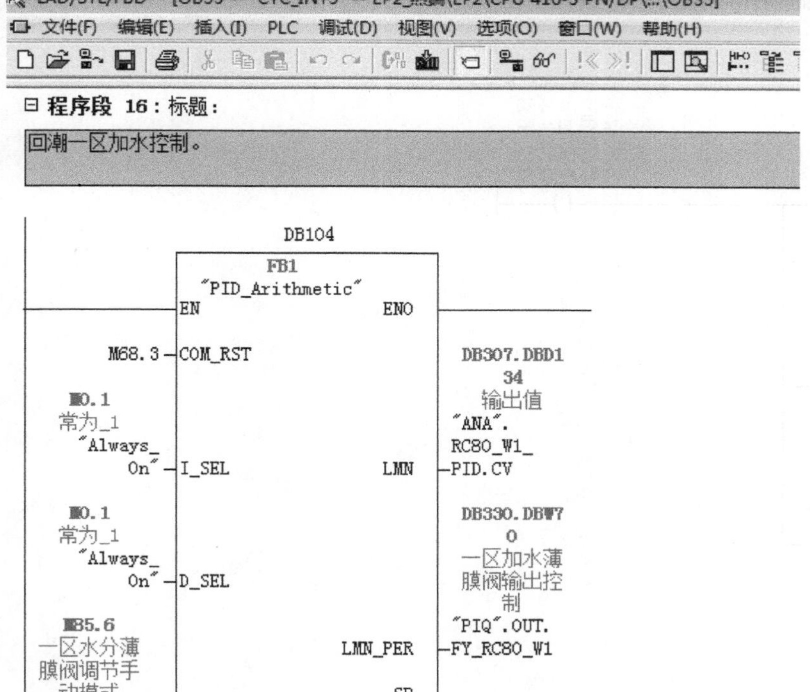

图48-5　OB35中的蒸汽薄膜阀一区加水控制模块

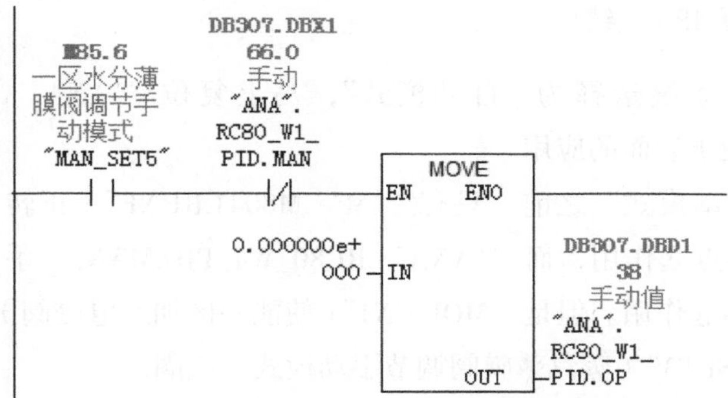

图48-6　一区加水自动模式下的手动控制模式

⊟ **程序段 15**：一区水分薄膜阀调节手动模式

DB307.DBX1
66.0
手动
"ANA".
RC80_W1_
PID.MAN

M85.6
一区水分薄
膜阀调节手
动模式
"MAN_SET5"

DB301.DBX5
1.0
正转命令输
出
"M".M8041.
RUNF

DB300.DBX7
.1
自动模式
"GP".Recy.
Auto

M84.0
使能一区加
水电磁阀
"MOI_EN1"

⊟ **程序段 16**：手动

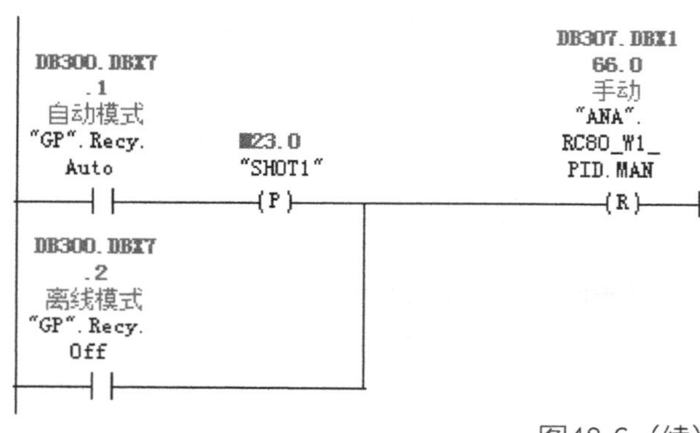

图48-6（续）

在图 48–6 的程序段 16 中，一旦系统选择为“自动模式”，马上复位“‘ANA’.RC80_W1_PID.MAN”（手动）线圈，便于后面的应用。

在程序段 15 中，在系统进入“自动模式”之前，只有“‘M’.M8041.RUNF”（正转命令输出（三级回潮筒））线圈的常闭点起作用，而“‘ANA’.RC80_W1_PID.MAN”（手动）线圈没有置位程序设计，这个点不起作用。但是“MOI_EN1”（使能一区加水电磁阀）的常闭点起作用，分别定义了“MAN_SET3”（蒸汽薄膜阀调节手动模式）线圈。

在程序段 13 中，当系统进入“自动模式”之后，用“‘ANA’.RC80_W1_PID.MAN”（手动）线圈的常闭点和“MAN_SET3”（蒸汽薄膜阀调节手动模式）线圈的常开触点接通，系统把“0”传送给“‘ANA’.RC80_W1_PID.OP”（手动值），进而在 OB35 中让一区加水薄膜阀自动关闭。

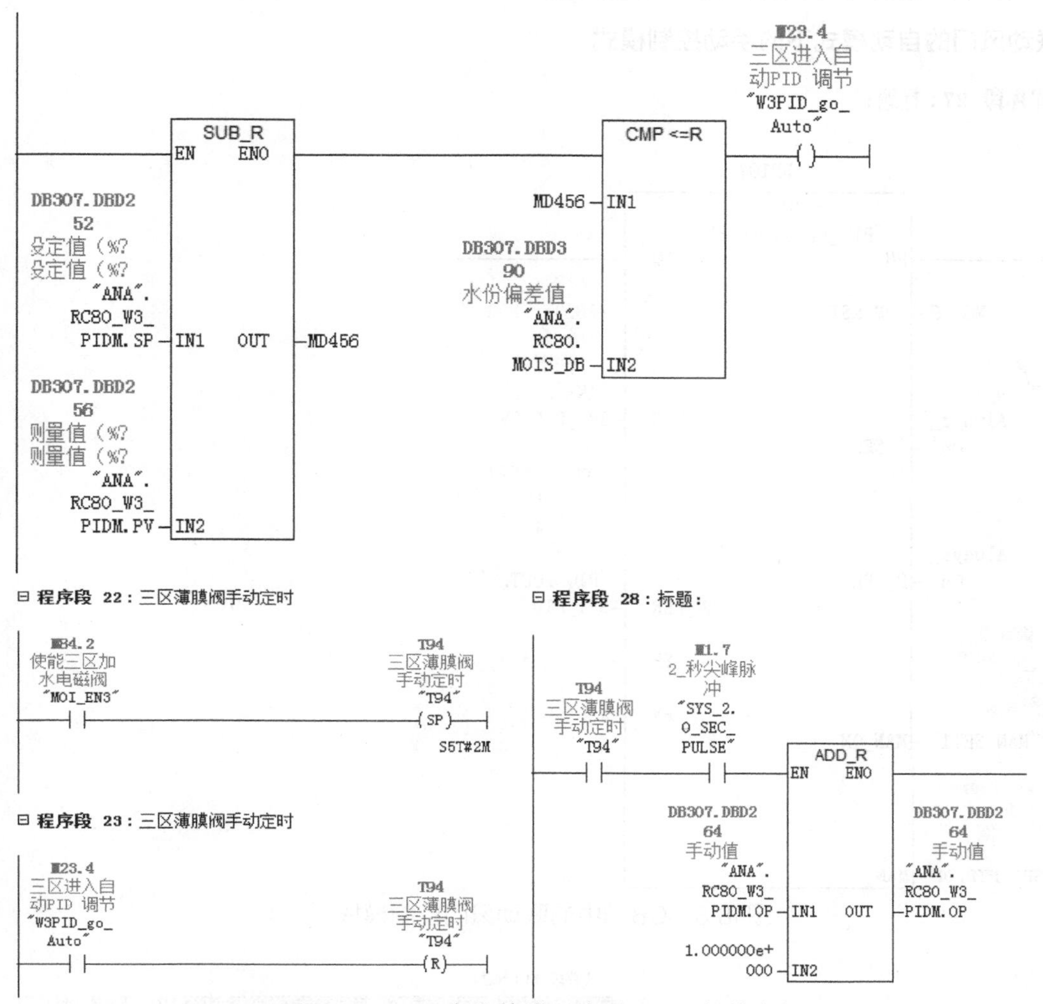

图48-7 三区水分的进入自动PID调节的条件

在图 48-7 的程序段 26 中，三区水分薄膜阀已经自动关闭；在程序段 27 中，这时的“‘ANA’.RC80_W3_PIDM.PV”（测量值）是为零的，当“‘ANA’.RC80_W3_PIDM.SP”（设定值）减去“‘ANA’.RC80_W3_PIDM.PV”（测量值）所得的值小于且等于“‘ANA’.RC80.MOIS_DB”（水分偏差值），系统定义了“W3PID_go_Auto”（三区自动进入 PID 调节）线圈。在三区没有自动进入 PID 调节之前，在程序段 22 中定义的“T94”（三区薄膜阀手动定时）线圈已经被激活。在程序段 28 中，在“T94”（三区薄膜阀手动定时）定时的“2 分钟”之内，每“2 秒”，系统把“‘ANA’.RC80_W1_PID.OP”（手动值）增加 1%，一直到程序段 27 中“‘ANA’.RC80_W3_PIDM.

SP”（设定值）减去“‘ANA’.RC80_W3_PIDM.PV”（测量值）所得的值小于且等于“‘ANA’.RC80.MOIS_DB”（水分偏差值）之后，三区水分薄膜阀自动模式下的手动控制模式自动结束，三区自动进入 PID 调节。

4. 联动风门的自动模式下的手动控制模式

⊟ **程序段 27：** 标题：

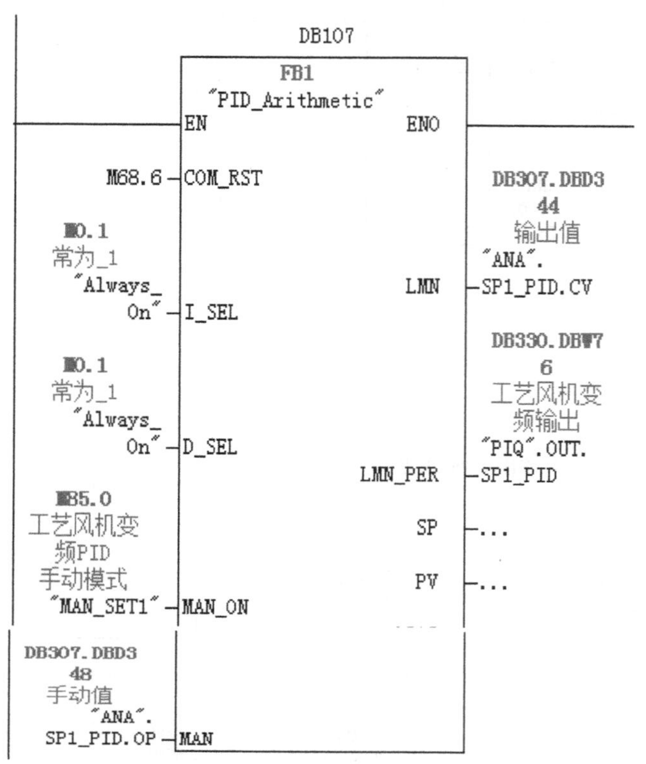

图48-8　OB35中的联动风门控制模块

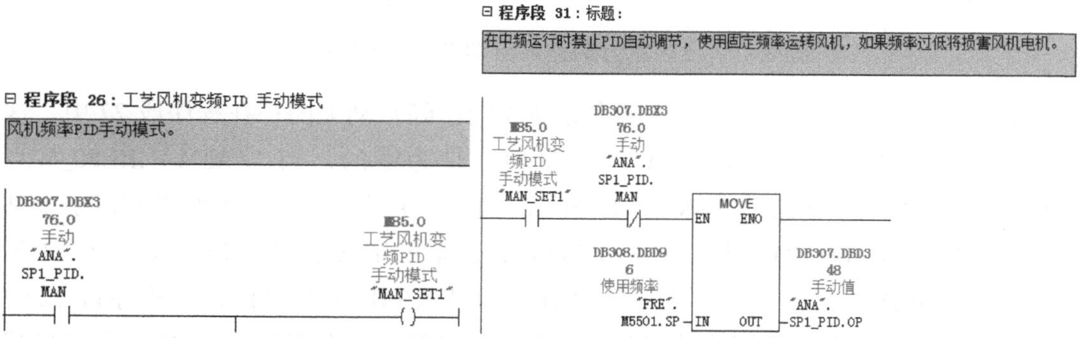

⊟ **程序段 26：** 工艺风机变频PID 手动模式

风机频率PID手动模式。

DB307.DBX376.0 手动 "ANA".SP1_PID.MAN —— M85.0 工艺风机变频PID手动模式 "MAN_SET1"

⊟ **程序段 31：** 标题：

在中频运行时禁止PID自动调节，使用固定频率运转风机，如果频率过低将损害风机电机。

M85.0 工艺风机变频PID手动模式 "MAN_SET1"；DB307.DBX376.0 手动 "ANA".SP1_PID.MAN；MOVE EN ENO；DB308.DBD96 使用频率 "FRE".M5501.SP — IN　OUT — DB307.DBD348 手动值 "ANA".SP1_PID.OP

图48-9　联动风门自动模式下的手动控制模式

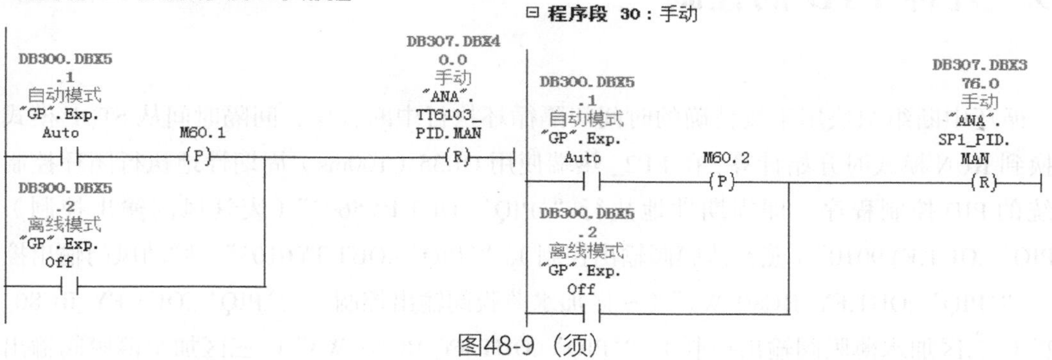

图48-9（须）

在图 48-9 的 FC19 的程序段 31 中，右击“‘ANA’.SP1_PID.OP”（手动值）—“跳转到”—“应用位置”，找到了图 48-8 的 OB35 的程序段 27 中 FC19 的“‘ANA’.SP1_PID.OP”（手动值）传送到了 OB35，经过分析这是 PID 工艺自动模式下的手动控制模式。

在图 48-9 程序段 30 中，一旦系统选择为“自动模式”，马上复位“‘ANA’.SP1_PID.MAN”（手动）线圈，便于后面的应用。

在图 48-9 程序段 29 中，一旦系统选择为“自动模式”，马上复位“‘ANA’.TT6103_PID.MAN”（手动）线圈，经过右击“‘ANA’.TT6103_PID.MAN”（手动）线圈—“跳转到”—“应用位置”，找到了图 48-9 的 OB35 的程序段 26 中，用“‘ANA’.TT6103_PID.MAN”（手动）线圈的常开点定义了“MAN_SET1”（工艺风机变频 PID 手动模式）线圈，便于后面的应用。

在程序段 31 中，有两个条件，“‘ANA’.TT6103_PID.MAN”（手动）线圈的常闭触点和“MAN_SET1”（工艺风机变频 PID 手动模式）线圈的常开触点，经过分析还是“自动模式”这个条件，即一旦系统选择为“自动模式”，系统把“FRE”.M5501.SP”（使用频率）传送给“‘ANA’.SP1_PID.OP”（手动值），进而在 OB35 中系统以固定频率运转风机，减少对风机电机损害。

49　几种 PID 的控制

循环中断组织块用于按精确的时间间隔循环执行中断程序，间隔时间从 STOP 模式切换到 RUN 模式时开始计算，在 EP2_ 热端使用 OB35（100ms）周期性地执行闭环控制系统的 PID 控制程序，即周期性地执行"'PIQ'.OUT.PY5603"（废气风门输出控制）、"'PIQ'.OUT.FY9010"（蒸汽薄膜阀输出控制）、"'PIQ'.OUT.TY6103"（联动风门输出控制）、"'PIQ'.OUT.FY_RC80_W1"（一区加水薄膜阀输出控制）、"'PIQ'.OUT.FY_RC80_W2"（ 二区加水薄膜阀输出控制）、"'PIQ'.OUT.FY_RC80_W3"（ 三区加水薄膜阀输出控制）共六个 PID 控制的执行机构。下面以"工艺气体压力控制"为例进行介绍。

膨胀系统运行时需要一定的负压，主要是进料口处必须是负压状态（设定值为 -1000Pa），保证干冰烟丝顺利地进入膨胀系统当中，用于进料口处压力传感器（PT-5603）检测。负压的形成是通过废气风机实现的，废气风机从工艺风机的出口抽走部分工艺气体，升华器内的工艺气体减少，压力低于大气压力，从而形成负压。被抽走的工艺气体的流量大小由风门（PY-5603）控制，风门开度加大，抽走的工艺气体流量升高，负压降低（负压绝对值加大），反之负压升高。PY-5603 与 PT-5603 构成闭环 PID 控制，以 PT-5603 的测量值为过程变量，PY-5603 的开度为控制变量，应用 PID 调节，运算结果经模拟量模板输出 4 ~ 20mA 电流信号，来控制 PY-5603 的伺服电机，调节风门的开度。

1. 工艺气体压力控制——废气风门的控制

在 OB35 的程序段 4 中，右击—"被调用块"—"打开"，显示的是"块被保护"，说明"FB1"内部细节不允许使用者详细了解。如图 49-1 所示程序段 2、3 中的"'ANA'.PT5603_PID.I"（积分值）、"'ANA'.PT5603_PID.D"（微分值）、"'ANA'.PT5603_PID.DEADB_W"（死区值）是为 PID 功能块提供参数的。这些参数在背景数据块中有很好的体现，如图 49-2 所示。

在图 49-3 的程序段 4 中，右击"'PIQ'.OUT.PY5603"（废气风门输出控制）—"跳转"—"应用位置"，找到了图 49-4 中 FB4。"'PIQ'.OUT.PY5603"（废气风门输出控制）对应的"DB330.DBW66"中的值传送给了外设输出字"PQW512"中，经过在硬件配置中查找，如图 49-5 所示中的"DB330.DBW66"值被送到了 EP2_ 热端 1 号子站箱中的第 26 槽模拟量模块"2AO I ST"中，经过模拟量模块"2AO I ST"的转换，模板输出 4 ~ 20mA 电流信号，来控制 PY-5603 的伺服电机，调节风门的开度。

⊟ **程序段 2**：标题：

把实型数值转换为整型。实际内部是时间型地址即一个双整数型。

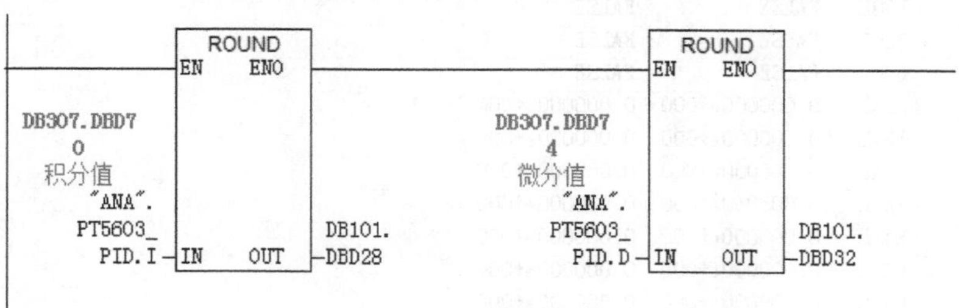

⊟ **程序段 3**：标题：

死区设定值并激活死区控制位。

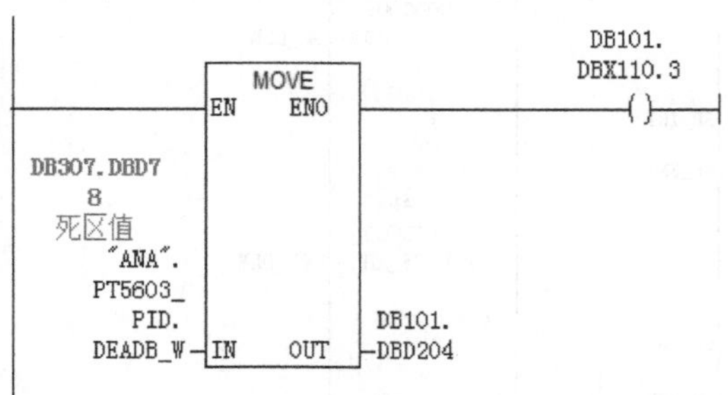

图49-1 赋给PID功能模块内部的几个重要参数

DB 参数 - [DB101 -- EP2_热镀\EP2\CPU 416-3 PN/DP]

数据块(A) 编辑(E) PLC(P) 调试(D) 查看(V) 窗口(W) 帮助(H)

	地址	声明	名称	类型	初始值	实际值	备注
1	0.0	in	COM_RST	BOOL	FALSE	FALSE	complete restart
2	0.1	in	I_SEL	BOOL	TRUE	TRUE	integral action on
3	0.2	in	D_SEL	BOOL	FALSE	FALSE	derivative action on
4	0.3	in	MAN_ON	BOOL	TRUE	TRUE	manual value on (variable MAN, continuous controller)
5	0.4	in	CAS_ON	BOOL	FALSE	FALSE	cascade mode on
6	1.0	in	SELECT	BYTE	B#16#0	B#16#0	if PULS_ON=TRUE: 0=PID&pulsgen, 1=PID in OB1, 2=pulsgen, 3=PID
7	2.0	in	CYCLE	TIME	T#1S	T#1S	sample time of continuous controller
8	6.0	in	CYCLE_P	TIME	T#10MS	T#10MS	sample time of pulse generator
9	10.0	in	SP_INT	REAL	0.000000e+000	0.000000e+000	internal setpoint
10	14.0	in	SP_EXT	REAL	0.000000e+000	0.000000e+000	external setpoint
11	18.0	in	PV_IN	REAL	0.000000e+000	0.000000e+000	process variable in
12	22.0	in	PV_PER	INT	0	0	process variable peripherie
13	24.0	in	GAIN	REAL	2.000000e+000	2.000000e+000	proportional gain
14	28.0	in	TI	TIME	T#20S	T#20S	reset time
15	32.0	in	TD	TIME	T#10S	T#10S	derivative time
16	36.0	in	TM_LAG	TIME	T#2S	T#2S	time lag of the derivative action

174	436.0	stat	stDo...	TIME	T#0MS	T#0MS
175	440.0	stat	sbStart	BOOL	TRUE	TRUE
176	440.1	stat	sbQrsact	BOOL	FALSE	FALSE
177	440.2	stat	sbAr...	BOOL	FALSE	FALSE
178	440.3	stat	sbAr...	BOOL	FALSE	FALSE
179	440.4	stat	bRFa...	BOOL	FALSE	FALSE
180	440.5	stat	sbPosP	BOOL	FALSE	FALSE
181	442.0	stat	spassPTm	REAL	0.000000e+000	0.000000e+000
182	446.0	stat	sCyc...	REAL	0.000000e+000	0.000000e+000
183	450.0	stat	sPer	REAL	0.000000e+000	0.000000e+000
184	454.0	stat	sPer_RF	REAL	0.000000e+000	0.000000e+000
185	458.0	stat	sPTm	REAL	0.000000e+000	0.000000e+000
186	462.0	stat	sCycle_P	REAL	0.000000e+000	0.000000e+000
187	466.0	stat	sMinTm_1	REAL	0.000000e+000	0.000000e+000
188	470.0	stat	sMinTm_2	REAL	0.000000e+000	0.000000e+000

图49-2　工艺气体压力的PID控制模块的背景数据块

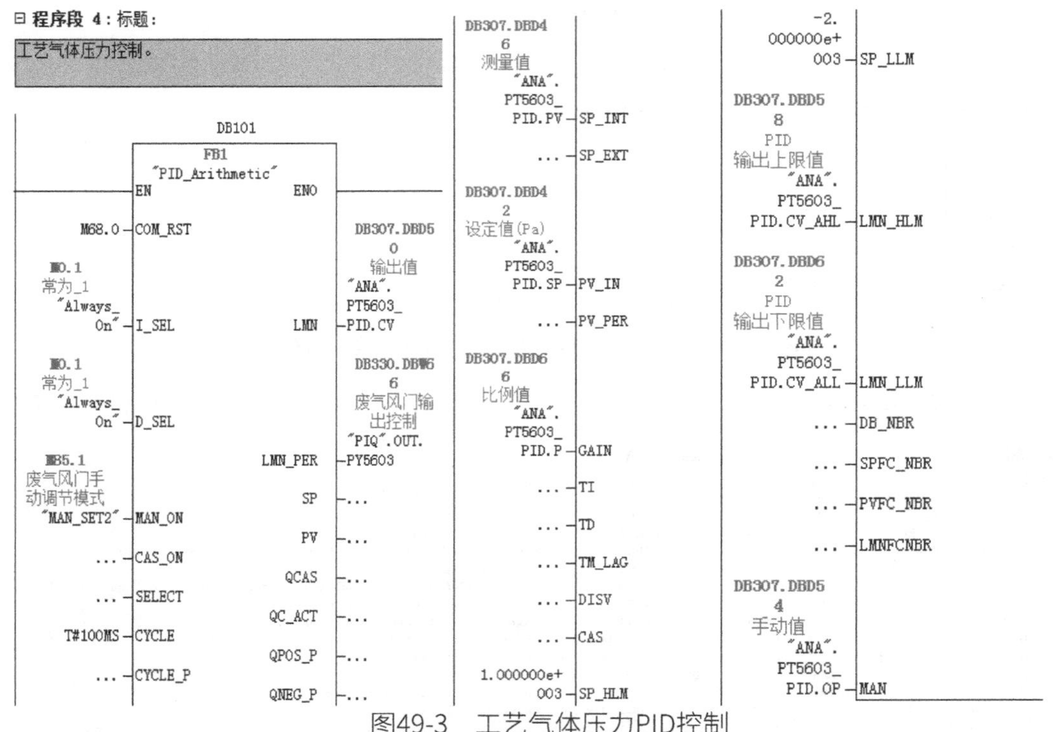

图49-3　工艺气体压力PID控制

下面是工艺气体压力 PID 控制的梯形图：

```
A   M   68.0
=   L   20.0
BLD   103
A   "Always_On"
=   L   20.1
BLD   103
```

```
A    "Always_On"
=    L    20.2
BLD  103
A    "MAN_SET2"
=    L    20.3
BLD              103
CALL             "PID_Arithmetic", DB101                // 调用"FB1"
COM_RST          :=L20.0                                // 启动标志，在 OB100 被复位
I_SEL            :=L20.1                                // 采用默认值 TRUE，启用积分 (I) 操作
D_SEL            :=L20.2                                // 采用默认值 TRUE，启用微分（D）操作
MAN_ON           :=L20.3                                // 初始化为 FALSE，自动运行
CAS_ON           :=
SELECT           :=
CYCLE            :=T#100MS                              // 采样时间，设置为 T#200MS
CYCLE_P          :=
SP_INT           :=" ANA" .PT5603_PID.PV                // PT5603(负压）的测量值
SP_EXT           :=
PV_IN            :=" ANA" .PT5603_PID.SP                // PT5603（负压）的设定值
PV_PER           :=                                     // 外部设备输入的 I/O 格式的过程变量值，未用
GAIN             :=" ANA" .PT5603_PID.P                 // 增益，初始值为 2.0，可用 PID 控制参数赋值工具修改
TI               :=                                     // 积分时间，初始值为 4s，可用 PID 控制参数赋值工具修改
TD               :=                                     // 微分时间，初始值为 0.2s，可用 PID 控制参数赋值工具修改
TM_LAG           :=                                     // 微分部分的延迟时间，被初始化为 0s
DISV             :=                                     // 扰动输入变量，采用默认值 0.0
CAS              :=
SP_HLM           :=1.000000e+003                        // 设定值输出上限值，采用默认值 100.0
```

```
    SP_LLM        :=-2.000000e+003               // 设定值输出下限值，采用默认值 -100.0
    LMN_HLM       :=" ANA" .PT5603_PID.CV_AHL    // 控制器输出上限值
    LMN_LLM       :=" ANA" .PT5603_PID.CV_ALL    // 控制器输出下限值
    DB_NBR        :=                             //
    SPFC_NBR      :=                             //
    PVFC_NBR      :=                             //
    LMNFCNBR      :=                             //
    LMN           :=" ANA" .PT5603_PID.CV        // 控制器浮点数输出值，被送给被控对象的输入变量 INV
    LMN_PER       :=" PIQ" .OUT.PY5603           // I/O 格式的控制器输出值
    SP            :=                             //
    PV            :=                             // 格式化的过程变量，可用于调试
    QCAS          :=
    QC_ACT        :=
    QPOS_P        :=                             // 开阀输出信号，没用
    QNEG_P        :=                             // 关阀输出信号，没用
    MAN           :=" ANA" .PT5603_PID.OP        // 自动模式下的手动控制模式
NOP               0
```

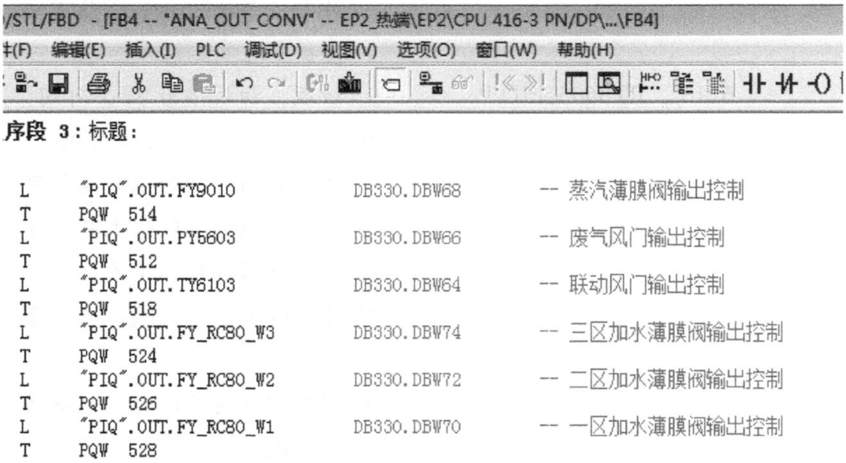

/STL/FBD - [FB4 -- "ANA_OUT_CONV" -- EP2_热端\EP2\CPU 416-3 PN/DP\...\FB4]

牛(F) 编辑(E) 插入(I) PLC 调试(D) 视图(V) 选项(O) 窗口(W) 帮助(H)

序段 3：标题：

```
L    "PIQ".OUT.FY9010        DB330.DBW68     -- 蒸汽薄膜阀输出控制
T    PQW  514
L    "PIQ".OUT.PY5603        DB330.DBW66     -- 废气风门输出控制
T    PQW  512
L    "PIQ".OUT.TY6103        DB330.DBW64     -- 联动风门输出控制
T    PQW  518
L    "PIQ".OUT.FY_RC80_W3    DB330.DBW74     -- 三区加水薄膜阀输出控制
T    PQW  524
L    "PIQ".OUT.FY_RC80_W2    DB330.DBW72     -- 二区加水薄膜阀输出控制
T    PQW  526
L    "PIQ".OUT.FY_RC80_W1    DB330.DBW70     -- 一区加水薄膜阀输出控制
T    PQW  528
```

图49-4　FB4中废气风门输出对应的外设输出字

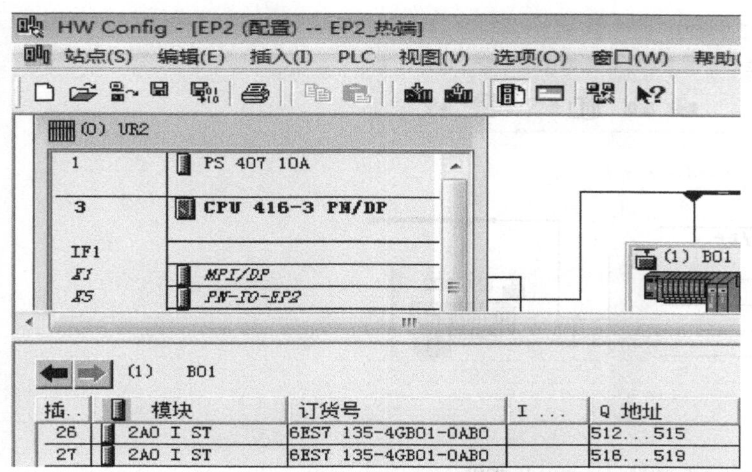

图49-5　硬件配置中的废气风门控制模块

在程序段 4 中，有两个输出变量“‘ANA’.PT5603_PID.CV”（输出值）和“‘PIQ’.OUT.PY5603”（废气风门输出控制），经过查找资料，“‘ANA’.PT5603_PID.CV”（输出值）是“控制器浮点数输出值，被送给被控对象的输入变量 INV”，可以用与被控对象的使用（经过模块的转换）来调节风门的开度。不过，在本例中没有使用它去参与控制，而是使用了“‘PIQ’.OUT.PY5603”（废气风门输出控制），可以看出本例使用的 FB1 是“I/O 格式的控制器输出值”。

2. 其他几个 PID 控制的执行机构在硬件配置中的控制模块

在图 49–4 中，“‘PIQ’.OUT.PY5603”（废气风门输出控制）的值传送给了外设输出字“PQW512”中、“‘PIQ’.OUT.FY9010”（蒸汽薄膜阀输出控制）的值传送给了外设输出字“PQW514”中、“‘PIQ’.OUT.TY6103”（联动风门输出控制）的值传送给了外设输出字“PQW518”中，“‘PIQ’.OUT.FY_RC80_W1”（一区加水薄膜阀输出控制）的值传送给了外设输出字“PQW524”中、“‘PIQ’.OUT.FY_RC80_W2”（二区加水薄膜阀输出控制）的值传送给了外设输出字“PQW526”中、“‘PIQ’.OUT.FY_RC80_W3”（三区加水薄膜阀输出控制）的值传送给了外设输出字“PQW528”中，经过在硬件配置中查找，如图 49–5 所示中，“‘PIQ’.OUT.PY5603”（废气风门输出控制）和“‘PIQ’.OUT.FY9010”（蒸汽薄膜阀输出控制）的值被送到了 EP2_ 热端 1 号子站箱的第 26 槽模拟量模块“2AO I ST”中，“‘PIQ’.OUT.TY6103”（联动风门输出控制）的值被送到了 EP2_ 热端 1 号子站箱中的第 27 槽模拟量模块“2AO I ST”中。在图 49–6 中，“‘PIQ’.OUT.FY_RC80_W1”（一区加水薄膜阀输出控制）中的值和“‘PIQ’.OUT.FY_RC80_W2”（二区加水薄膜阀输出控制）的值被送到了 EP2_ 热端 2 号子站箱中的第 24 槽模拟量模块“2AO I ST”中，“‘PIQ’.OUT.FY_RC80_W2”（二区加水薄膜阀输出控制）的值被送到了 EP2_ 热端 2 号子站箱的第 25 槽模拟量模块“2AO I ST”中。

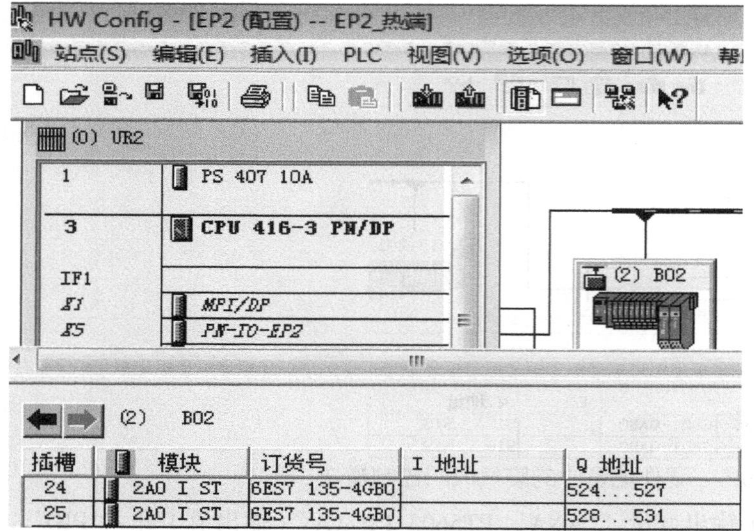

图49-6 硬件配置中的其他控制模块

50 工艺风门控制

在工艺风机之前设置一扇工艺风门，风门开度加大，工艺气体流量增大，反之则流量减小。工艺风门的打开、关闭由 FY5503 控制，风门的实际开度由 4 ~ 20mA 反馈信号输入 PLC，工艺风门 FY-5503 与风速 FT-5503 构成闭环 PID 控制。

以上是过去没有使用变频器控制，完全由工艺风门控制风速的；现在，在变频器控制的基础上，使用 PLC 的两个数字量输出点 Q12.2 和 Q12.3 分别控制工艺风门打开接触器线圈和工艺风门关闭接触器线圈，通过编制合理的 PLC 程序，满足对工艺风门的控制要求。

1. 关闭工艺风门

在图 50-1 中，当工艺风机具备了启动条件以后，线圈“‘M’.M5501.RUNF”（正转命令输出）就被激活，在工艺风门控制功能 FC20 的程序段 2 中，系统用“‘M’.M5501.RUNF”（正转命令输出）线圈的常开触点定义了延时关闭定时器“T61”（ 延时关闭风门定时）。

在正常的启动初期阶段，程序段 3 中“T61”（ 延时关闭风门定时）的常闭点变成开点，程序不能置位线圈“‘DI/O’.FY5503.CL_RUN”（工艺风门关闭接触器线圈），反而在程序段 4 中，“‘M’.M5501.RUNF”（正转命令输出）线圈的常开触点复位了“‘DI/O’.FY5503.CL_RUN”（工艺风门关闭接触器线圈），便于后面打开风门。

在正常的停机阶段，程序段 2 中，“‘M’.M5501.RUNF”（正转命令输出）线圈的常开触点失电断开，延时关闭定时器“T61”（ 延时关闭风门定时）经过 2 分钟的延时以后。在程序段 3 中，置位了线圈“‘DI/O’.FY5503.CL_RUN”（工艺风门关闭接触器线圈），工艺风门自动关闭。直到“‘DI/O’.FY5503.ZSC5503”（工艺风门关闭状态）检测开关感应到后，在程序段 4 中用“‘DI/O’.FY5503.ZSC5503”（工艺风门关闭状态）复位了线圈“‘DI/O’.FY5503.CL_RUN”（工艺风门关闭接触器线圈）。

2. 打开工艺风门

在图 50-2 中，工艺风机停机时和刚启动的初期，“‘DI/O’.FY5503.CL_RUN”（工艺风门关闭接触器线圈）是处于复位状态，便于后面打开风门。

在程序段 5 中，当工艺热交换器中的温度“‘ANA’.TT6103_PID.PV”（测量值）等于“‘ANA’.TT61.TT6103_FY5503_SP1”（工艺风门打开温度设定）时，系统定义了“T62”（工艺风门延时打开）定时器。

⊟ **程序段 3**：工艺风门关继电器

变频调整风速时，只取消风门的自动调节模式，如果风门进入手动模式还是可以调整的。

T61
延时关闭工艺风门定时
"T61"

DB300.DBX19.6
工艺风门手动模式按钮
"GP".Key.FY5503_MODE

DB300.DBX21.0
工艺风速变频控制使能按钮
"GP".Key.EN_PF55_Frequence

DB305.DBX16.0
工艺风门关闭状态
"DIO".FY5503.ZSC5503

DB305.DBX17.0
工艺风门打开接触器线圈
"DIO".FY5503.OP_RUN

DB305.DBX17.1
工艺风门关闭接触器线圈
"DIO".FY5503.CL_RUN

(S)

⊟ **程序段 3**：工艺风门关继电器

变频调整风速时，只取消风门的自动调节模式，如果风门进入手动模式还是可以调整的。

T61
延时关闭工艺风门定时
"T61"

DB300.DBX19.6
工艺风门手动模式按钮
"GP".Key.FY5503_MODE

DB300.DBX21.0
工艺风速变频控制使能按钮
"GP".Key.EN_PF55_Frequence

DB305.DBX16.0
工艺风门关闭状态
"DIO".FY5503.ZSC5503

DB305.DBX17.0
工艺风门打开接触器线圈
"DIO".FY5503.OP_RUN

DB305.DBX17.1
工艺风门关闭接触器线圈
"DIO".FY5503.CL_RUN

(S)

M70.7
辅助关闭工艺风门
"ADD_Close_FY5503"

⊟ **程序段 4**：工艺风门关继电器

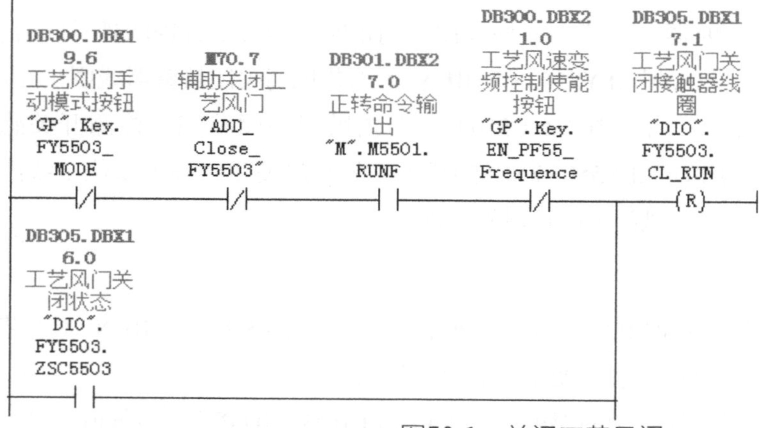

图50-1　关闭工艺风门

⊟ **程序段 17**：辅助关闭工艺风门

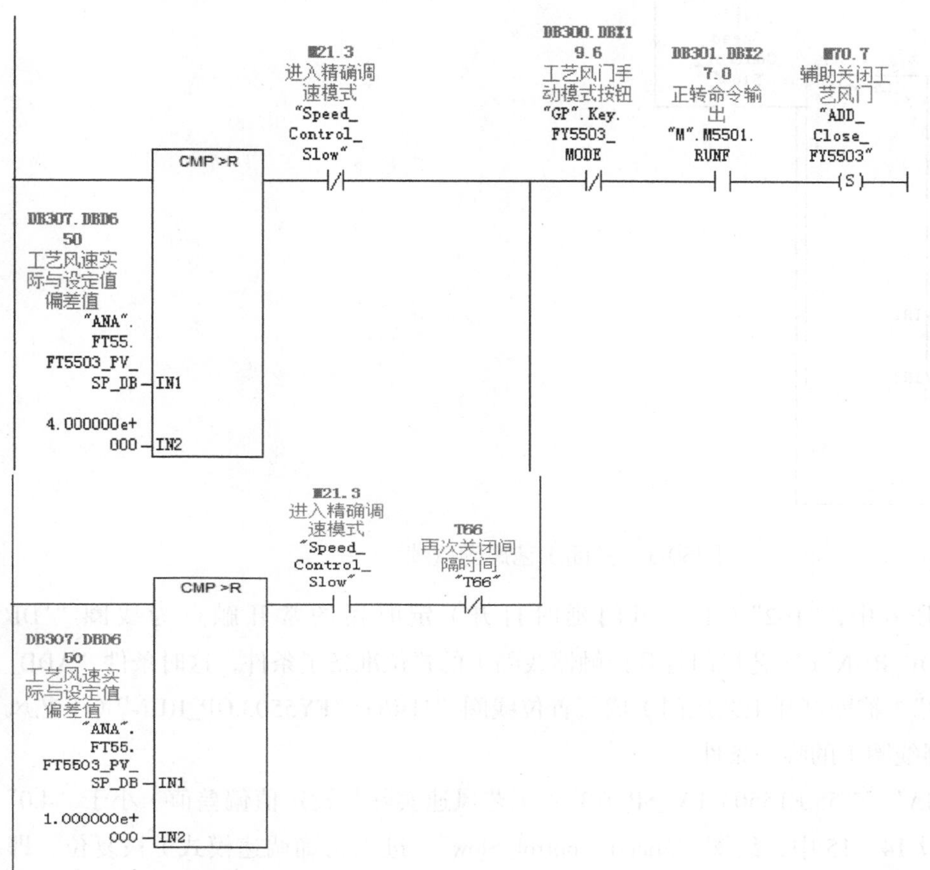

⊟ **程序段 19**：辅助关闭工艺风门

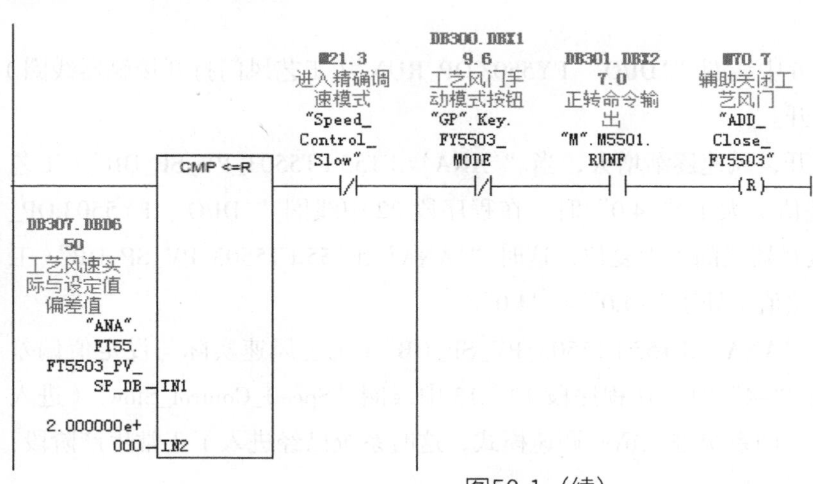

图50-1（续）

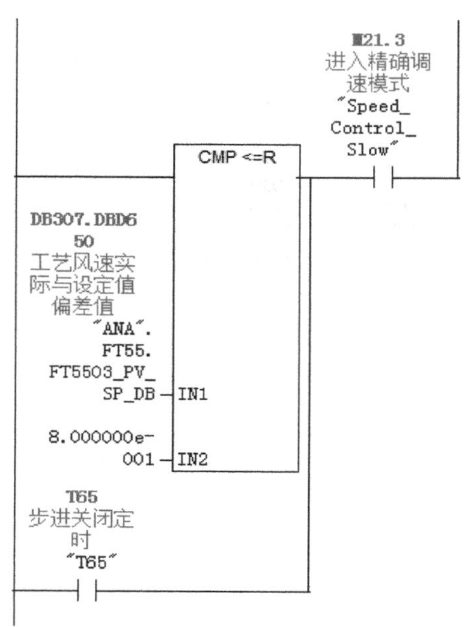

图50-1　关闭工艺风门（续）

在程序段 6 中，“T62”（工艺风门延时打开）定时器的常开触点为线圈“‘DI/O’.FY5503.OP_RUN”（工艺风门打开接触器线圈）的置位准备了条件，这时条件“ADD_Open_FY5503”（辅助打开工艺风门）成了置位线圈“‘DI/O’.FY5503.OP_RUN”（工艺风门打开接触器线圈）的唯一条件。

当“‘ANA’.FT55.FT5503_PV_SP_DB”（工艺风速实际与设定值偏差值）小于“4.0”时，在程序段 14、15 中，线圈“Speed_Control_Slow”（进入精确调速模式）被复位，即系统进入非精确调速模式；在程序段 21 中，“ADD_Open_FY5503”（辅助打开工艺风门）线圈被置位。

接下来，在程序段 6 中线圈“‘DI/O’.FY5503.OP_RUN”（工艺风门打开接触器线圈）被置位，工艺风门被打开。

随着工艺风门的打开，风速逐渐增大，当“‘ANA’.FT55.FT5503_PV_SP_DB”（工艺风速实际与设定值偏差值）大于“–4.0”时，在程序段 22 中线圈“‘DI/O’.FY5503.OP_RUN”（工艺风门打开接触器线圈）被复位，这时,“‘ANA’.FT55.FT5503_PV_SP_DB”（工艺风速实际与设定值偏差值）处于“–4.0”～“4.0”。

在图 50–3 中，当“‘ANA’.FT55.FT5503_PV_SP_DB”（工艺风速实际与设定值偏差值）小于“4.0”但大于“–4”时，在程序段 12、13 中线圈“Speed_Control_Slow”（进入精确调速模式）被置位，即系统进入精确调速模式，这时系统已经进入了正常生产阶段，不允许工艺风门的大范围调整。

3. 重新关闭工艺风门

当“‘ANA’.FT55.FT5503_PV_SP_DB”（工艺风速实际与设定值偏差值）小于“1.0”时，在程序段 17 中，线圈“ADD_Close_FY5503”（辅助关闭工艺风门）被置位；在程序段 3 中，线圈“ADD_Close_FY5503”（辅助关闭工艺风门）的常开触点置位了线圈“‘DI/O’.FY5503.CL_RUN”（工艺风门关闭接触器线圈），即工艺风门开始关闭。

随着工艺风门的关闭，风速逐渐减小，当”ANA”.FT55.FT5503_PV_SP_DB”（工艺风速实际与设定值偏差值）小于“0.8”时，在程序段 19 中，线圈“ADD_Close_FY5503”（辅助关闭工艺风门）被复位；在程序段 4 中，线圈“ADD_Close_FY5503”（辅助关闭工艺风门）的常闭触点复位了线圈“‘DI/O’.FY5503.CL_RUN”（工艺风门关闭接触器线圈），即工艺风门停止关闭。

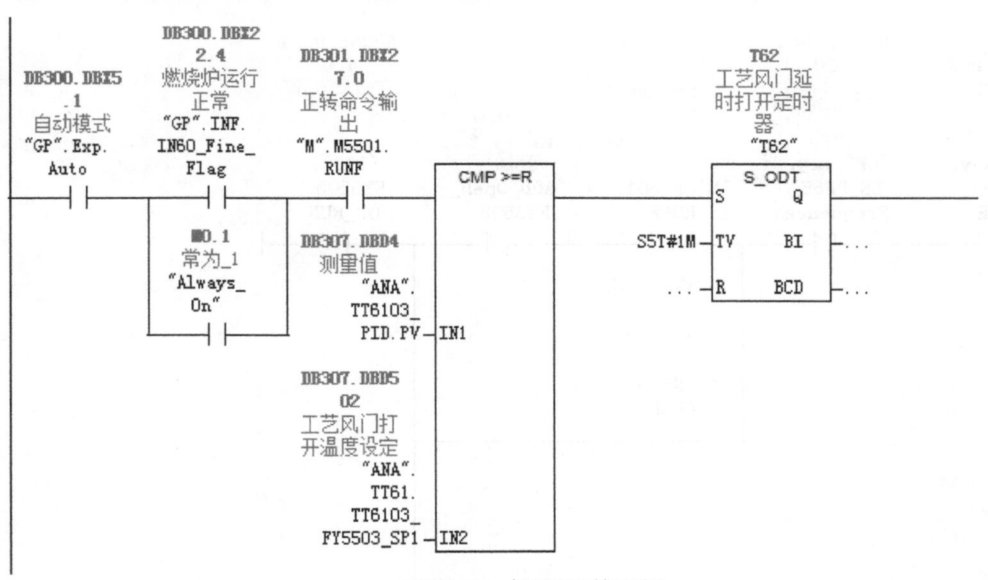

图50-2　打开工艺风门

⊟ **程序段 6**：工艺风门开继电器

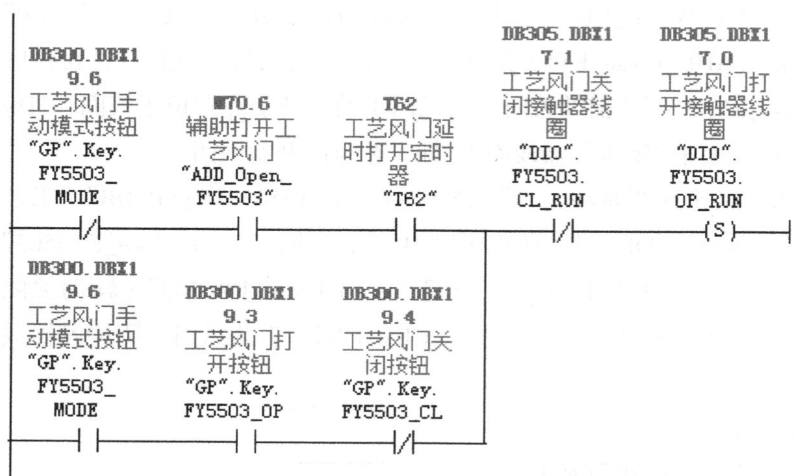

⊟ **程序段 7**：工艺风门开继电器

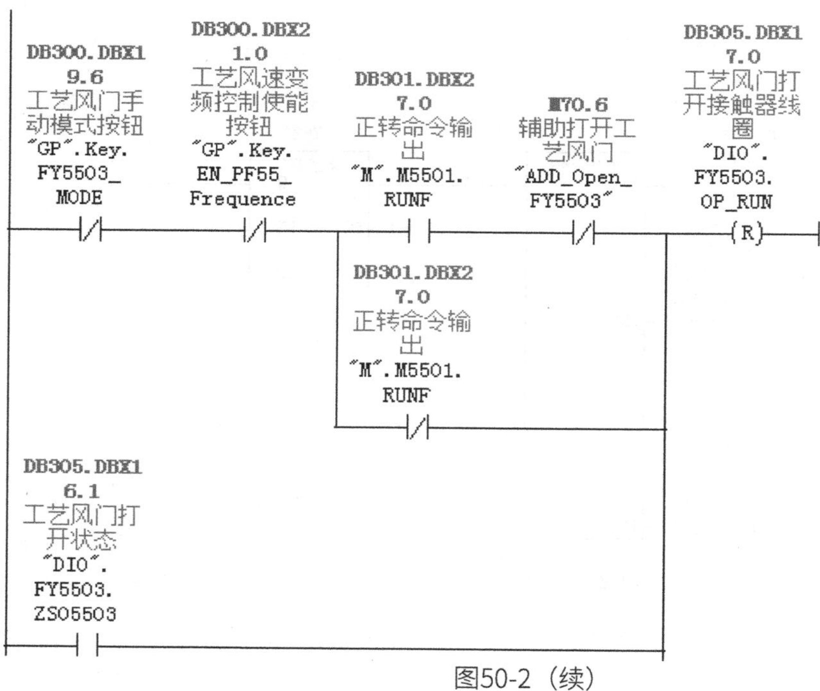

图50-2（续）

⊟ **程序段 21**：辅助打开工艺风门

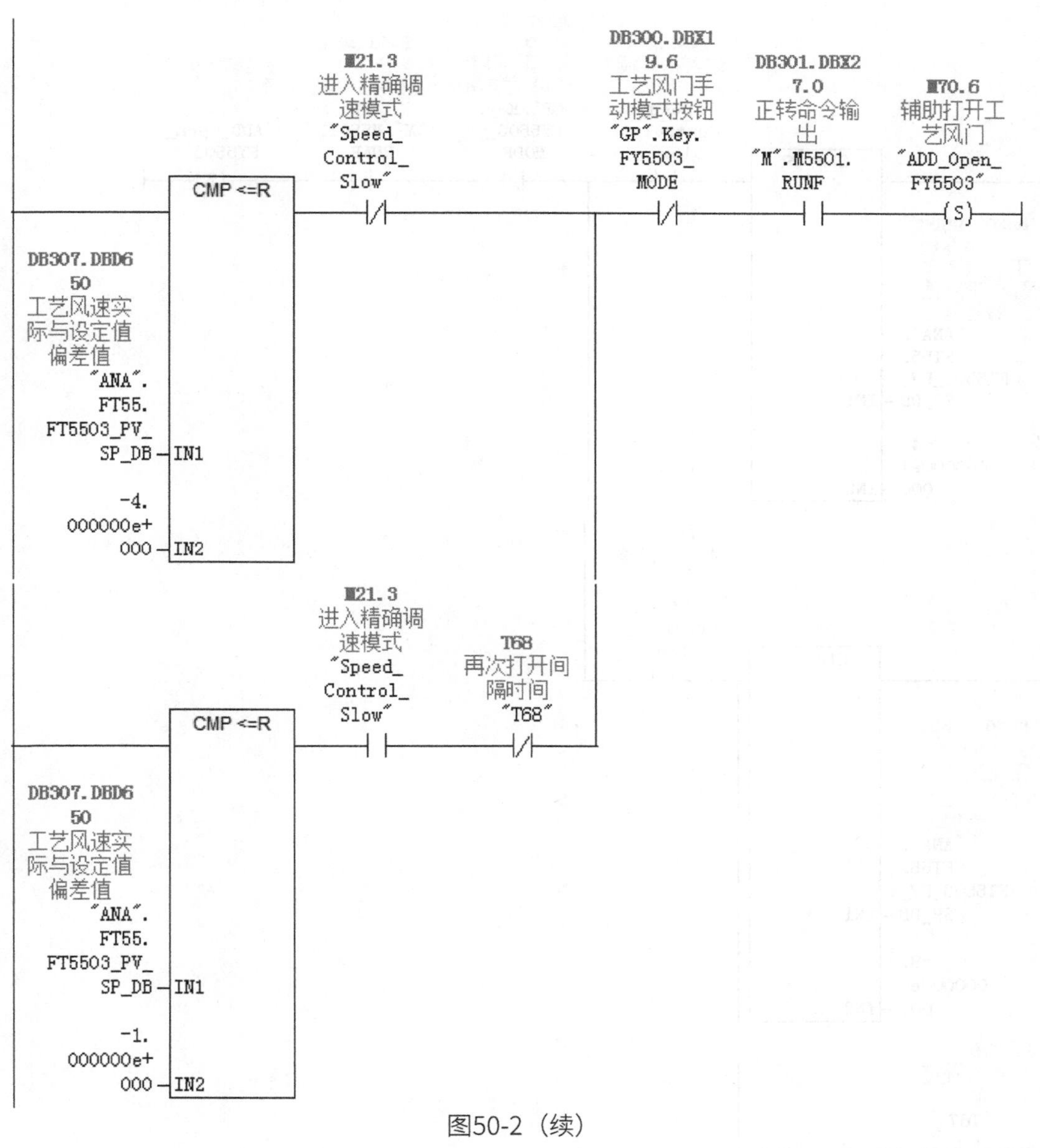

图50-2（续）

⊟ **程序段 22**：辅助打开工艺风门

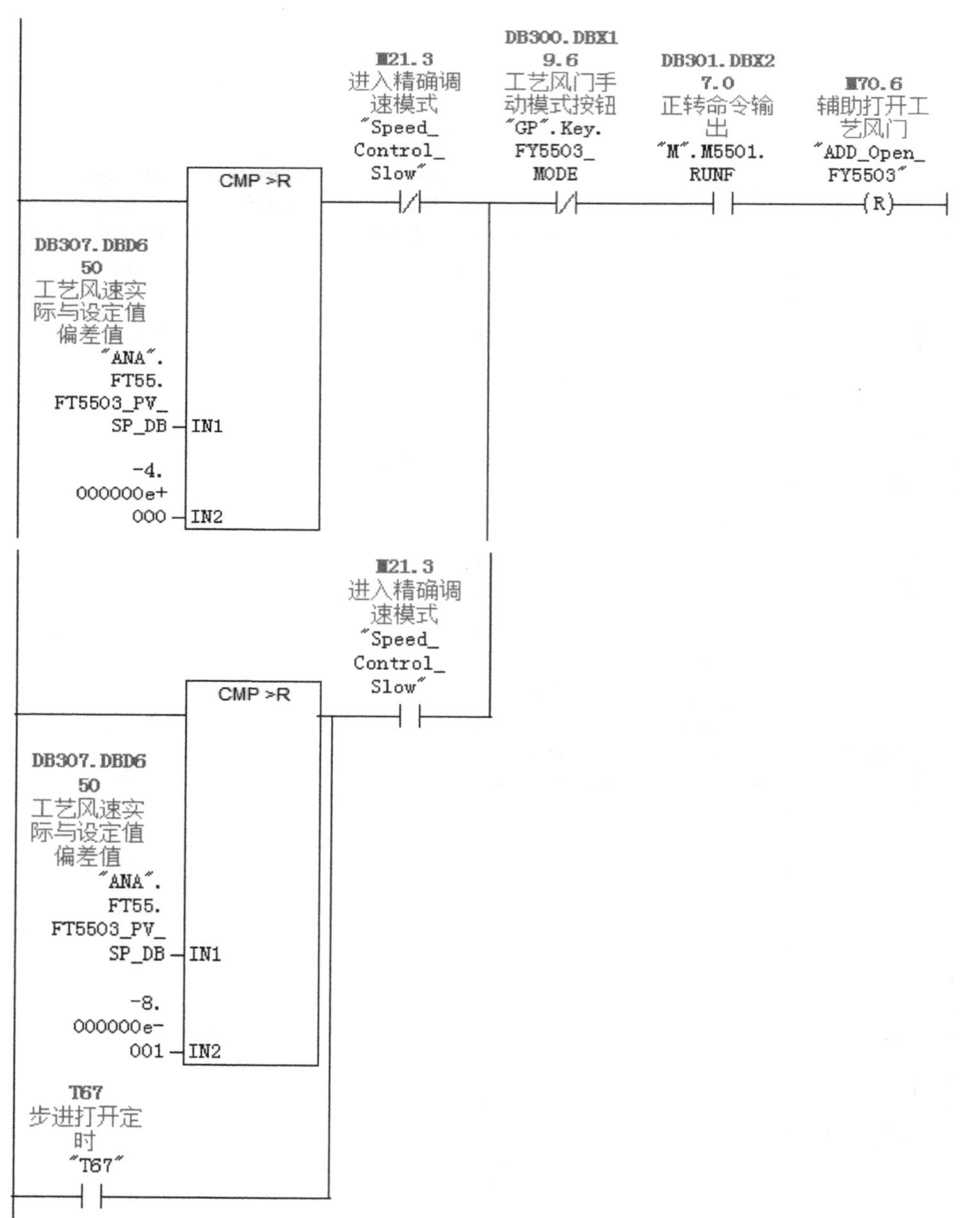

图50-2（续）

4、重新打开工艺风门

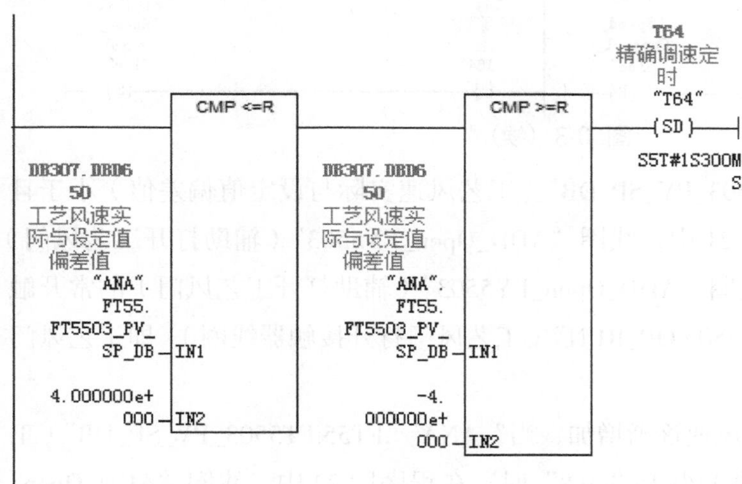

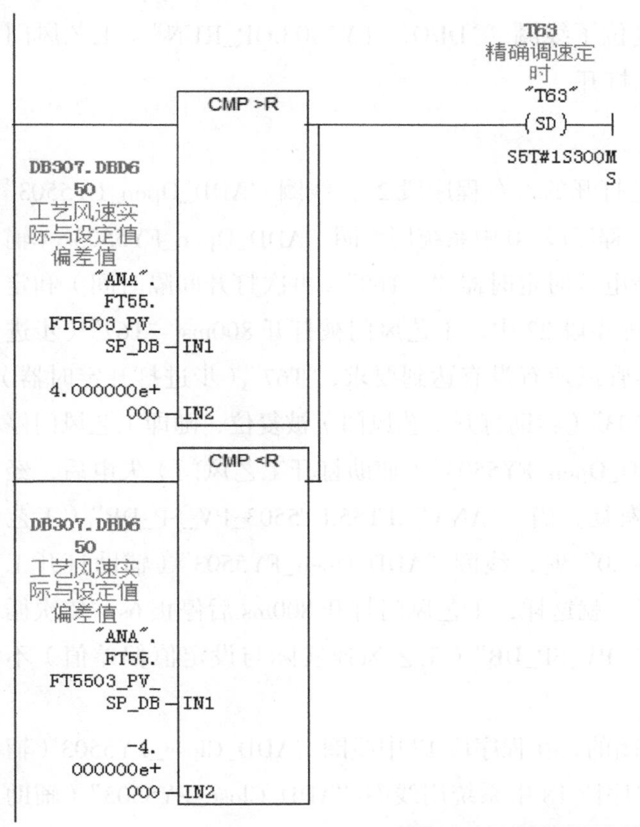

图50-3　精确调速模式

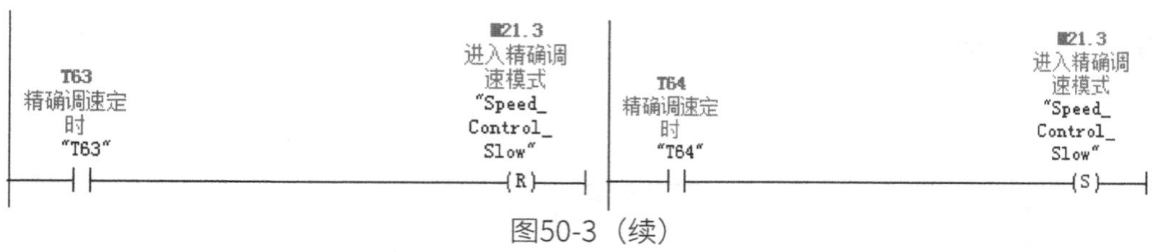

图50-3（续）

当“‘ANA’.FT55.FT5503_PV_SP_DB”（工艺风速实际与设定值偏差值）小于且等于“–1.0”时，在程序段 21 中，线圈“ADD_Open_FY5503”（辅助打开工艺风门）被置位；在程序段 6 中，线圈“ADD_Open_FY5503”（辅助打开工艺风门）的常开触点置位了线圈“‘DI/O’.FY5503.OP_RUN”（工艺风门打开接触器线圈），即工艺风门开始打开。

随着工艺风门的打开，风速逐渐增加，当”ANA”.FT55.FT5503_PV_SP_DB”（工艺风速实际与设定值偏差值）小于“–0.8”时，在程序段 22 中，线圈“ADD_Open_FY5503”（辅助打开工艺风门）被复位；在程序段 7 中，线圈“ADD_Open_FY5503”（辅助打开工艺风门）的常闭触点复位了线圈“‘DI/O’.FY5503.OP_RUN”（工艺风门打开接触器线圈），即工艺风门停止打开。

5. 步进打开和步进关闭工艺风门

当然，工艺风门的关闭也是步进打开的，在程序段 21，线圈“ADD_Open_FY5503”（辅助打开工艺风门）被置位以后，在程序段 20 中系统用线圈“ADD_Open_FY5503”（辅助打开工艺风门）常开触点定义了断电延时定时器“”T68”（再次打开间隔时间）和定时器“T67”（步进打开定时器）。在程序段 22 中，工艺风门被打开 800ms[“T67”（步进打开定时器）的定时时间] 以后，不管风速有没有达到要求，“T67”（步进打开定时器）的常开触点让线圈“ADD_Open_FY5503”（辅助打开工艺风门）被复位，随即工艺风门停止打开。在程序段 20 中，线圈“ADD_Open_FY5503”（辅助打开工艺风门）失电后，经过 6s 的延时，在程序段 21 中又被恢复。当“‘ANA’.FT55.FT5503_PV_SP_DB”（工艺风速实际与设定值偏差值）小于“–1.0”时，线圈“ADD_Open_FY5503”（辅助打开工艺风门）被置位，工艺风门又被打开。就这样，工艺风门打开 800ms 后停止 6s，依次循环下去，直到“‘ANA’.FT55.FT5503_PV_SP_DB”（工艺风速实际与设定值偏差值）不在 –1.0~–0.8 为止。

当然，工艺风门的关闭是步进关闭的，在程序段 17 中线圈“ADD_Close_FY5503”(辅助关闭工艺风门）被置位以后，在程序段 18 中系统用线圈“ADD_Close_FY5503”（辅助关闭工艺风门）常开触点定义了断电延时定时器“T66”（再次关闭间隔时间）和定时器

“T65”(步进关闭定时器)。工艺风门被关闭 800ms[“T65”(步进关闭定时器) 的定时时间] 以后，不管风速有没有达到要求，在程序段 19 中 “T65”（步进关闭定时器）的常开触点让线圈 “ADD_Close_FY5503”（辅助关闭工艺风门）被复位，随即，工艺风门停止关闭。在程序段 18 中，线圈 “ADD_Close_FY5503”（辅助关闭工艺风门）失电后，经过 6s 的延时，在程序段 17 中又被恢复，当“‘ANA’.FT55.FT5503_PV_SP_DB”（工艺风速实际与设定值偏差值）小于“1.0”时，线圈 “ADD_Close_FY5503”（辅助关闭工艺风门）被置位，工艺风门又被关闭。就这样，工艺风门关闭 800ms 后停止 6s，依次循环下去，直到“‘ANA’.FT55.FT5503_PV_SP_DB”（工艺风速实际与设定值偏差值）不在 −0.8~1.0 为止。

51 燃烧炉的启动和温度 PID 控制

系统把燃烧炉作为主站——EP3_ 燃烧炉来设计的，使用的 PLC 是 CPU317-2PN/DP，具体对燃烧炉的控制在 FC12 中，先按燃烧炉启动按钮，打开引火的燃气电磁阀，进行引火，经过一定时间的延时以后，打开主燃气阀，主火被点燃。这时，系统已经自动进入了燃气量的自动控制，不过还是处于自动状态下的手动控制模式，把一个固定值赋给 OB35 中的燃烧炉的温度自动控制模块，又经过一定时间的延时，把燃烧炉的温度自动控制模块的输出值赋值并给模拟输出量模块，由模拟输出量模块控制燃气薄膜阀，燃烧炉正式进入自动控制模式。燃料的选择有天然气和柴油两种，现在以使用最多的天然气为例进行介绍。

1. 启动燃烧炉（图 51-1）

⊟ **程序段 1**：burner ready

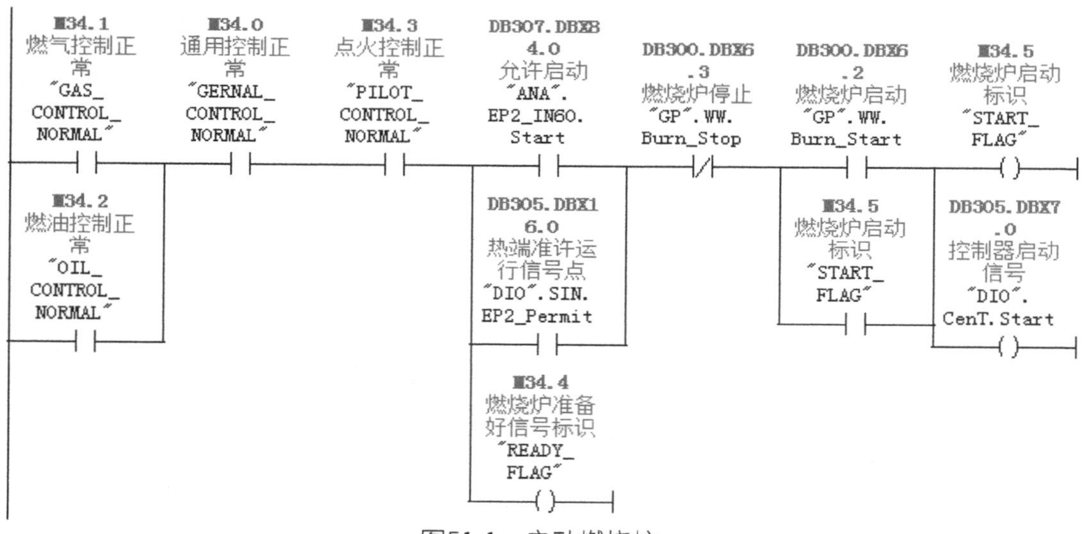

图51-1　启动燃烧炉

在图 51-1 的程序段 1 中，当燃烧炉的各个手动阀门打开到位，热端发来"'ANA'.EP2_IN60.Start"（允许启动）或"'DI/O'.SIN.EP2_Permit"（热端准许运行信号点）（I2.7）中的任意一个，图中的其他条件也已满足。这时，按下监视屏上的"'GP'.WW.Burn_Start"（燃烧炉启动）软按钮，激活了两个线圈，线圈"START_FLAG"（燃烧炉启动标示）作为后面燃烧炉已经启动的标志来使用，线圈"'DI/O'.CenT.Start"（控制器启动信号）（Q0.1）作为硬件输出，把信息传入点火控制器，输出高压点火。

2. 引火和点火

线圈“‘DI/O’.CenT.Start”（控制器启动信号）（Q0.1）是个隐含信号，当它被激活以后，点火控制器中的高压点火线圈输出高压火花，为点燃喷入燃烧炉内部的天然气做准备。

在图 50–2 的程序段 5 中，线圈“START_FLAG”（燃烧炉启动标示）的常开触点激活了“‘DI/O’.VA_Out.XEV4”（引火空气电磁阀）（I0.4）；在程序段 6 中，激活了“‘DI/O’.VA_Out.XEV3”（引火燃气散放阀）（I0.3）；在程序段 7 中，激活了“‘DI/O’.VA_Out.XEV1”（引火燃气阀 1）（I0.0）。这些都是在 FC44（数字量输出映像）中有输出点的，当这些点输出以后，用于点火的燃气就被高压火花点燃。

当引火的的火焰被超声波火焰探测器探测到以后，向 PLC 发出信号“‘DI/O’.CenT.MF”（主火信号）（I2.3），这个信号输入到 FC43（数字量输入映像）。

在程序段 8 中，“‘DI/O’.CenT.MF”（主火信号）（I2.3）和“‘DI/O’.CenT.Start”（控制器启动信号）（Q0.1）共同激活线圈“‘DI/O’.VA_Out.XEV7”（主燃气排放阀）（I0.7），主燃气排放阀关闭；在程序段 9 中，主燃气排放阀关闭的关到位检测开关“‘DI/O’.SW.ZSC7”（天然气排放电动阀 XEV7 关反馈）和“‘DI/O’.CenT.MF”（主火信号）（I2.3）共同激活了“‘DI/O’.VA_Out.XEV5”（主燃气阀 1）（I0.5）和“‘DI/O’.VA_Out.XEV6”（主燃气阀 2）（I0.6），这时主管道的天然气输送到了燃烧炉中，当燃气接触到引火的火焰时，主火火焰就被点燃起来。

⊟ **程序段 5**：引火空气电磁阀

引火空气电磁阀需要一直打开。

图51-2　引火和点火程序

⊟ **程序段 6**：引火燃气阀 1

控制器启动时引火继电器得电输出，但是点火控制器输出引火命令，因此引火电磁阀不会得电打开。当点火控制器发出引火命令时引火电磁阀立即得电。

DB300.DBX10.1 气路选中标识 "GP".STA.Gas_Flag
T3 延时关闭引火电磁阀定时器 "T3"
M34.5 燃烧炉启动标识 "START_FLAG"
DB305.DBX5.2 引火燃气放散阀 "DIO".VA_Out.XEV3
DB300.DBX10.0 油路选中标识 "GP".STA.Oil_Flag
T4 延时关闭引火电磁阀定时器 "T4"

⊟ **程序段 4**：延时关闭引火电磁阀定时器

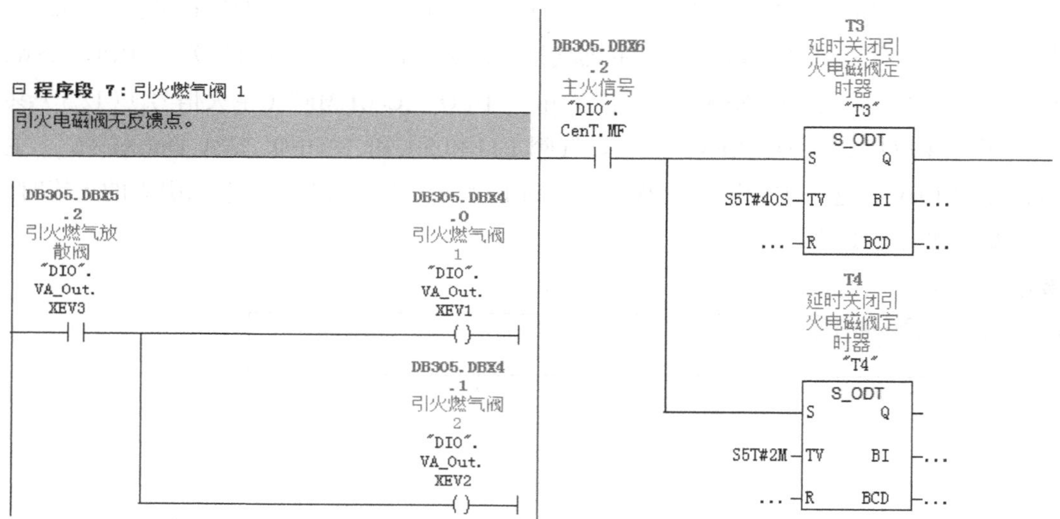

⊟ **程序段 8**：天然气排放阀

收到点火控制器的主火信号后PLC关闭主燃气排放阀。

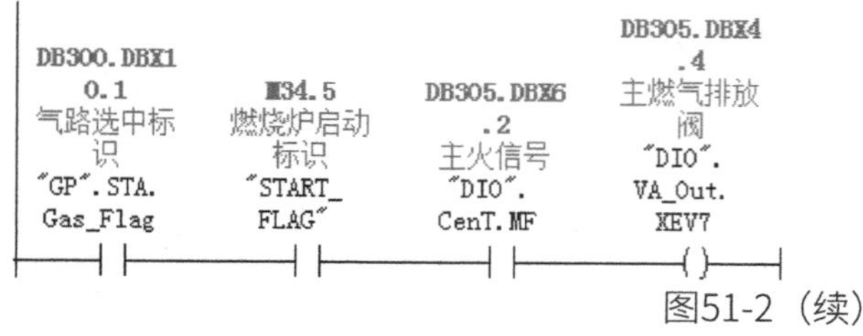

图51-2（续）

⊟ **程序段 9**：XEV3 MAIN GAS BLOCK VALVE RELAY

主燃气排放阀关闭后立即打开两个燃气截止阀XEV3，XEV4.

DB300.DBX1 0.1 气路选中标识 "GP".STA. Gas_Flag

DB305.DBX0 .7 天然气排放电动阀XEV7关反馈 "DIO".SW. ZSC7

DB305.DBX6 .2 主火信号 "DIO". CenT.MF

DB305.DBX4 .2 主燃气阀 1 "DIO". VA_Out. XEV5

DB305.DBX4 .3 主燃气阀 2 "DIO". VA_Out. XEV6

⊟ **程序段 13**：主火自动调节定时

主火信号收到一定时间后开始进入自动调节。

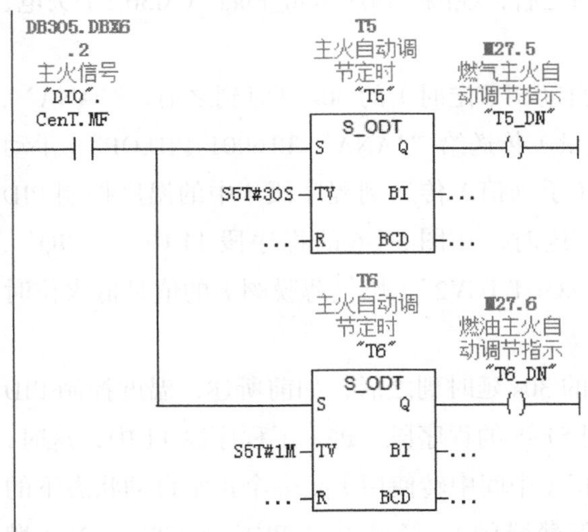

图51-2（续）

这时，引火火焰和主火火焰是同时燃烧的。

在程序段 4 中，"'DI/O'.CenT.MF"（主火信号）（I2.3）激活了定时器"T3"（延时关引火惑电磁阀定时器）和"T4"（延时关引火惑电磁阀定时器）。在程序段 6 中，定时器"T3"（延时关引火或电磁阀定时器）常闭触点和"T4"（延时关引火或电磁阀定时器）的常闭触点分别激活了线圈"'DI/O'.VA_Out.XEV3"（引火燃气散放阀）（I0.3）。在程序段 7 中，线圈"'DI/O'.VA_Out.XEV3"（引火燃气散放阀）（I0.3）的常开触点让"'DI/O'.VA_Out.XEV1"（引火燃气阀 1）（I0.0）失电，引火关闭。

之所以让引火火焰和主火火焰同时燃烧，主要是要保证主火火焰稳定燃烧以后，才延时熄灭引火火焰。

3. 燃烧炉温度的手动和自动控制

在图 50–2 的程序段 13 中，点火控制器发出"'DI/O'.CenT.MF"（主火信号）后，经过定时器"T5"（主火自动调节定时）的 30s 延时以后，激活了线圈（I2.3）"T5_DN"（燃气主火自动调节显示）。右击线圈（I2.3）"T5_DN"（燃气主火自动调节显示）—"跳转到"—"应用位置"，找到了图 50–4 中 OB35 的程序段 6，系统用线圈"T5_DN"（燃气主火自动调节显示）的常闭触点激活了线圈"PID_Man_Flag"（M36.1），线圈"PID_Man_Flag"（M36.1）的触点输入到了图 50–3 中 OB35 的程序段 4 中，线圈"PID_Man_Flag"（M36.1）的触点对应的"MAN_ON"是手动 / 自动控制位，当输入"1"是手动控制，当输入为"0"进入自动控制状态。

在图 50–4 的程序段 6 中，在定时器"T5"（主火自动调节定时）的 30s 延时到之前，线圈"PID_Man_Flag"（M36.1）得电，为"1,"，控制温度的 PID 处于手动状态。当定时器"T5"（主火自动调节定时）的 30s 延时到之后，线圈"PID_Man_Flag"（M36.1）失电，为"0"，控制温度的 PID 处于自动状态。

在程序段 8 中，在定时器"T5"（主火自动调节定时）的 30s 延时到之前，"'ANA'.Low_Fire_SP"（低火位启动开度设定燃气流量）传送给"'ANA'.TT6001_PID.OP"（手动值），系统又把"'ANA'.TT6001_PID.OP"（手动值）传送到程序段 4 中的温度控制 PID 模块"'PIQ'.OUT.SP1"（中间中转使用）。这时，在图 50–6 的程序段 11 中，"'PIQ'.OUT.SP1"（中间中转使用）传送给"'PIQ'.OUT.TCV2"（燃气薄膜阀）的值是低火位时的开度值。

在定时器"T5"（主火自动调节定时）的 30s 延时到之后，如前所述，温度控制 PID 模块已经进入自动模式，程序已经跳出了图 51–5 的程序段，进入了程序段 11 中，这时，温度控制 PID 模块输出的"'PIQ'.OUT.SP1"（中间中转使用）是一个正常自动状态下的值，并传送给了"'PIQ'.OUT.TCV2"（燃气薄膜阀）。经过对"'PIQ'.OUT.TCV2"（燃气薄膜阀）右击—"跳转"—"应用位置"，找到了图 7 的 FC44 的程序段 4 中，"'PIQ'.OUT.TCV2"（燃气薄膜阀）的开度设定值被赋值给了外设输出字"PQW354"中，用模拟量输出模块去控制燃气薄膜阀的开度。

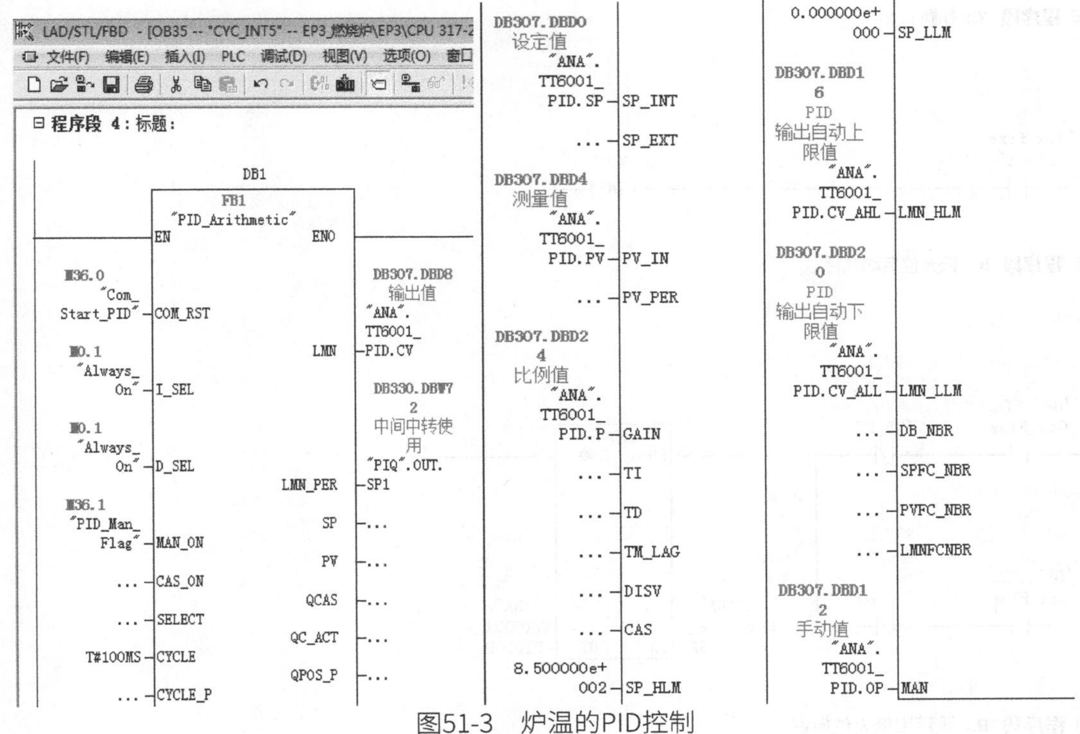

图51-3　炉温的PID控制

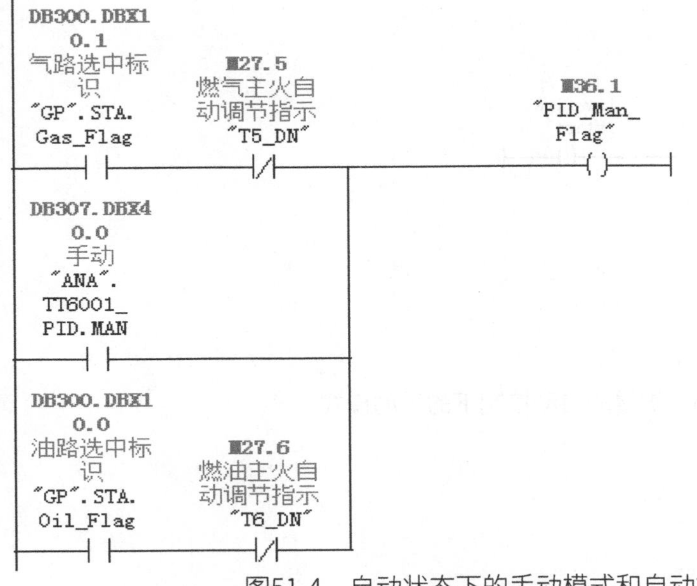

图51-4　自动状态下的手动模式和自动模式的改变

⊟ **程序段 7**：标题：

M37.7
跳转出低火
位标识
"low fire
start"
M001
(JMP)

⊟ **程序段 8**：低火位启动跳转

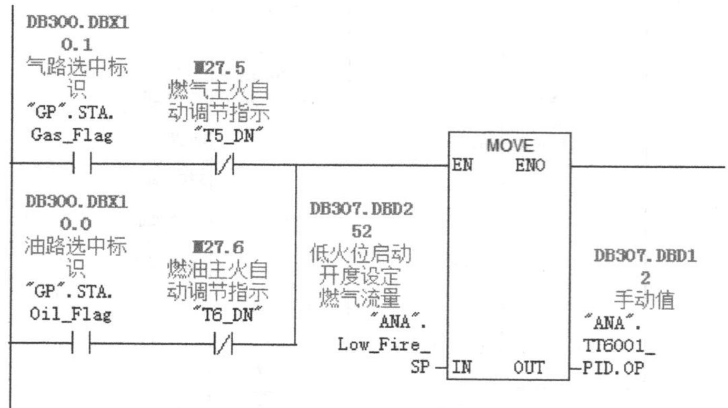

⊟ **程序段 9**：跳转出低火位标识

M001

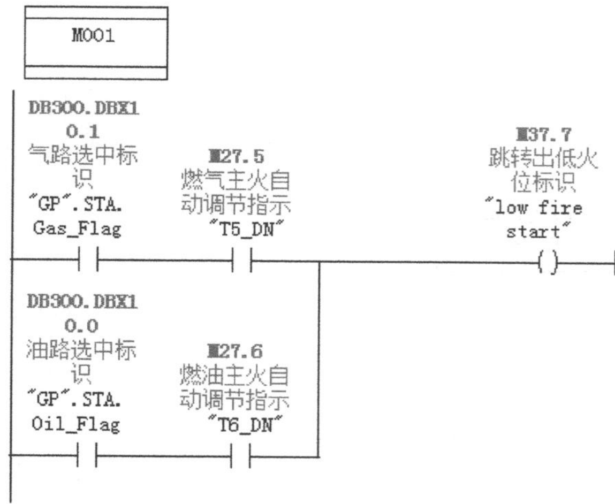

图51-5　炉温的自动控制下的手动模式

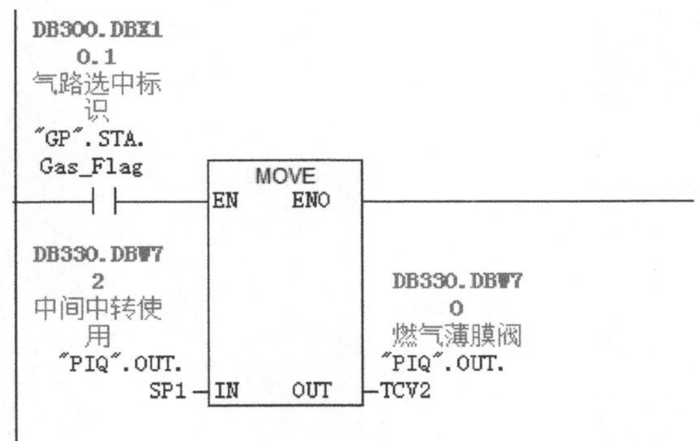

图51-6 赋值给燃气薄膜阀

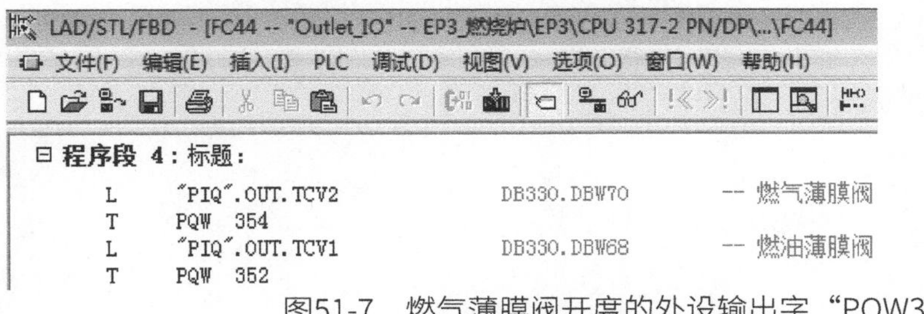

图51-7 燃气薄膜阀开度的外设输出字“PQW354”

参考文献

1. 范爱军，张明琰 . ControlLogix 在烟草行业的应用［M］. 武汉：华中科技大学出版社 . 2013.11.

2. 廖长初 . S7–300/400 应用技术［M］. 4 版 . 北京：机械工业出版社，2016.4.